电气自动化工程师自学宝典

（精通篇）

蔡杏山　编著

机 械 工 业 出 版 社

本书主要内容包括PLC基础与简单项目实战、三菱FX3S/3G/3U系列PLC介绍、三菱PLC编程与仿真软件的使用、基本指令的使用与实例、步进指令的使用与实例、应用指令的使用与实例、PLC扩展与模拟量模块的使用、PLC通信、变频器的原理与使用、变频器的典型电路与参数设置、PLC与变频器的综合应用、三菱通用伺服驱动器介绍、伺服驱动器三种工作模式应用举例、步进驱动器的使用与应用实例、西门子精彩系列触摸屏（SMART LINE）入门、西门子WinCC组态软件快速入门、西门子触摸屏操作和监视三菱PLC实战。

本书具有基础起点低、内容由浅入深、语言通俗易懂、结构安排符合学习认知规律的特点。本书适合作为电气自动化工程师中高级层次自学图书，也适合作为职业学校和社会培训机构的电工技术中高级培训教材。

图书在版编目（CIP）数据

电气自动化工程师自学宝典．精通篇/蔡杏山编著．—北京：机械工业出版社，2020.7（2024.6重印）

ISBN 978-7-111-65797-2

Ⅰ.①电…　Ⅱ.①蔡…　Ⅲ.①电气系统-自动化　Ⅳ.①TM92

中国版本图书馆CIP数据核字（2020）第096199号

机械工业出版社（北京市百万庄大街22号　邮政编码100037）
策划编辑：任　鑫　责任编辑：任　鑫
责任校对：张　薇　封面设计：马精明
责任印制：邓　博
北京盛通数码印刷有限公司印刷
2024年6月第1版第3次印刷
184mm×260mm·27.75印张·683千字
标准书号：ISBN 978-7-111-65797-2
定价：99.00元

电话服务　　　　　　　　　　网络服务
客服电话：010-88361066　　机 工 官 网：www.cmpbook.com
　　　　　010-88379833　　机 工 官 博：weibo.com/cmp1952
　　　　　010-68326294　　金 书 网：www.golden-book.com
封底无防伪标均为盗版　　　　机工教育服务网：www.cmpedu.com

前 言

随着科学技术的快速发展，社会各领域的电气自动化程度越来越高，使得电气及相关行业需要越来越多的电气自动化技术人才。对于一些对电气技术一无所知或略有一点基础的人来说，要想成为一名电气自动化工程师或达到相同的技术程度，既可以在培训机构培训，也可以在职业学校系统学习，还可以自学成才，不管是哪种情况，都需要一些合适的学习图书。选择一些好图书，不但可以让学习者轻松迈入专业技术的大门，而且能让学习者的技术水平迅速提高，快速成为本领域的行家里手。

“电气自动化工程师自学宝典”是一套零基础起步、由浅入深、知识技能系统全面的电气自动化技术学习图书，读者只需初中文化水平，通过系统阅读本套书，就能很快达到电气自动化工程师的技术水平。本套书分为基础篇、提高篇和精通篇三册，其内容说明如下：

《电气自动化工程师自学宝典（基础篇）》主要内容包括电气基础与安全用电、电工基本操作技能、电工仪表、低压电器、电子元器件、传感器、变压器、电动机、三相异步电动机常用控制线路识图与安装、电液装置和液压气动系统、室内配电与照明插座线路的安装、变频器的使用和 PLC 入门。

《电气自动化工程师自学宝典（提高篇）》主要内容包括电气识图基础、电气测量电路、照明与动力配电电路、常用机床电气控制电路、供配电系统电气线路、模拟电路、数字电路、电力电子电路、常用集成电路及应用电路、电工电子实用电路、单片机入门、单片机编程软件的使用和单片机开发实例。

《电气自动化工程师自学宝典（精通篇）》主要内容包括 PLC 基础与简单项目实战、三菱 FX3S/3G/3U 系列 PLC 介绍、三菱 PLC 编程与仿真软件的使用、基本指令的使用与实例、步进指令的使用与实例、应用指令的使用与实例、PLC 扩展与模拟量模块的使用、PLC 通信、变频器的原理与使用、变频器的典型电路与参数设置、PLC 与变频器的综合应用、三菱通用伺服驱动器介绍、伺服驱动器三种工作模式应用举例、步进驱动器的使用与应用实例、西门子精彩系列触摸屏（SMART LINE）入门、西门子 WinCC 组态软件快速入门、西门子触摸屏操作和监视三菱 PLC 实战。

“电气自动化工程师自学宝典”主要有以下特点：

◆ 基础起点低。读者只需具有初中文化程度即可学习。

◆ 语言通俗易懂。书中少用专业化的术语，遇到较难理解的内容用形象比喻说明，尽量避免复杂的理论分析和烦琐的公式推导，阅读起来感觉会十分顺畅。

◆ 内容解说详细。考虑到自学时一般无人指导，因此在编写过程中对书中的知识技能进行详细解说，让读者能轻松理解所学内容。

◆ 采用图文并茂的表现方式。书中大量采用直观形象的图表方式表现内容，使阅读变得非常轻松，不易产生阅读疲劳。

◆ 内容安排符合认识规律。按照循序渐进、由浅入深的原则来确定各章节内容的先后顺序，读者只需从前往后阅读，便会水到渠成。

◆ 突出显示知识要点。为了帮助读者掌握书中的知识要点，书中用阴影和文字加粗的方法突出显示知识要点，指示学习重点。

◆ 网络免费辅导。读者在阅读时遇到难理解的问题，可添加易天电学网微信号 etv100，观看有关辅导材料或向老师提问。

本书在编写过程中得到了许多教师的支持，在此一并表示感谢。由于水平有限，书中的错误和疏漏在所难免，望广大读者和同仁予以批评指正。

编　者

目　录

第1章　PLC基础与简单项目实战

1.1　认识PLC

1.1.1　什么是PLC

PLC是英文Programmable Logic Controller的缩写，意为可编程逻辑控制器，是一种专为工业应用而设计的控制器。世界上第一台PLC于1969年由美国数字设备公司（DEC）研制成功，随着技术的发展，PLC的功能越来越强大，不再仅限于逻辑控制，因此美国电气制造商协会（NEMA）于1980年对它进行重命名，称为可编程控制器（Programmable Controller），简称PC。但由于PC容易和个人计算机（Personal Computer，PC）混淆，故人们仍习惯将PLC当作可编程控制器的缩写。

扫一扫看视频

由于可编程控制器一直在发展中，至今尚未对其下最后的定义。国际电工委员会（IEC）对PLC最新定义为：

可编程控制器是一种数字运算操作电子系统，专为在工业环境下应用而设计，它采用了可编程的存储器，用来在其内部存储执行逻辑运算、顺序控制、定时、计数和算术运算等操作的指令，并通过数字的、模拟的输入和输出，控制各种类型的机械或生产过程，可编程控制器及其相关的外围设备，都应按易于与工业控制系统形成一个整体、易于扩充其功能的原则设计。

图1-1是几种常见的PLC，从左往右依次为三菱PLC、欧姆龙PLC和西门子PLC。

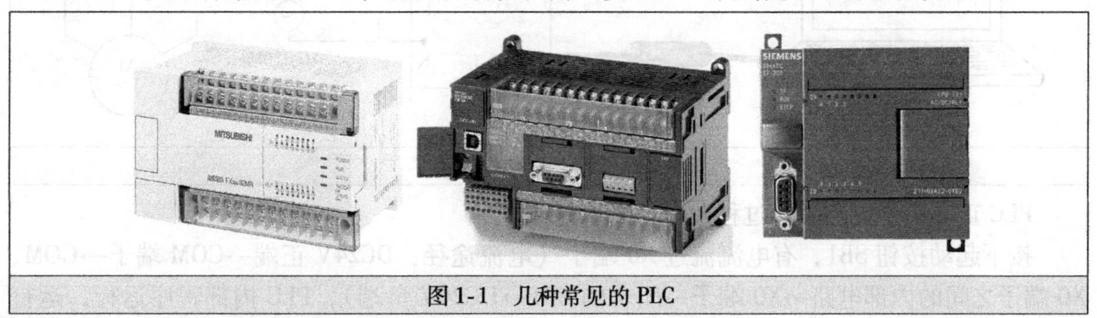

图1-1　几种常见的PLC

1.1.2　PLC控制与继电器控制比较

PLC控制是在继电器控制基础上发展起来的，为了更好地了解PLC控制方式，下面以电动机正转控制电路为例对两种控制系统进行比较。

1. 继电器正转控制

图 1-2 是一种常见的继电器正转控制电路。其可以对电动机进行正转和停转控制，左图为控制电路，右图为主电路。

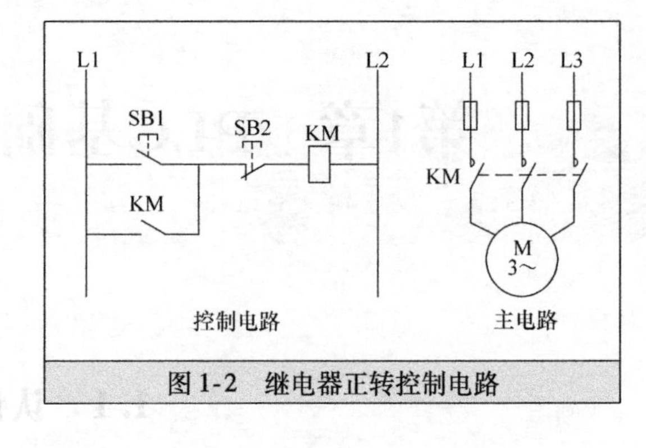

图 1-2 继电器正转控制电路

电路工作原理如下：

按下起动按钮 SB1，接触器 KM 线圈得电，主电路中的 KM 主触点闭合，电动机得电运转，与此同时，控制电路中的 KM 常开自锁触点也闭合，锁定 KM 线圈得电（即 SB1 断开后 KM 线圈仍可通过自锁触点得电）。

按下停止按钮 SB2，接触器 KM 线圈失电，KM 主触点断开，电动机失电停转，同时 KM 常开自锁触点也断开，解除自锁（即 SB2 闭合后 KM 线圈无法得电）。

2. PLC 正转控制

图 1-3 是 PLC 正转控制电路。其可以实现图 1-2 所示的继电器正转控制电路相同的功能。PLC 正转控制电路也可分为主电路和控制电路两部分，PLC 与外接的输入、输出设备构成控制电路，主电路与继电器正转控制主电路相同。

在组建 PLC 控制系统时，除了要硬件接线外，还要为 PLC 编写控制程序，并将程序从计算机通过专用电缆传送给 PLC。PLC 正转控制电路的硬件接线如图 1-3 所示，PLC 输入端子连接 SB1（起动）、SB2（停止）和电源，输出端子连接接触器线圈 KM 和电源，PLC 本身也通过 L、N 端子获得供电。

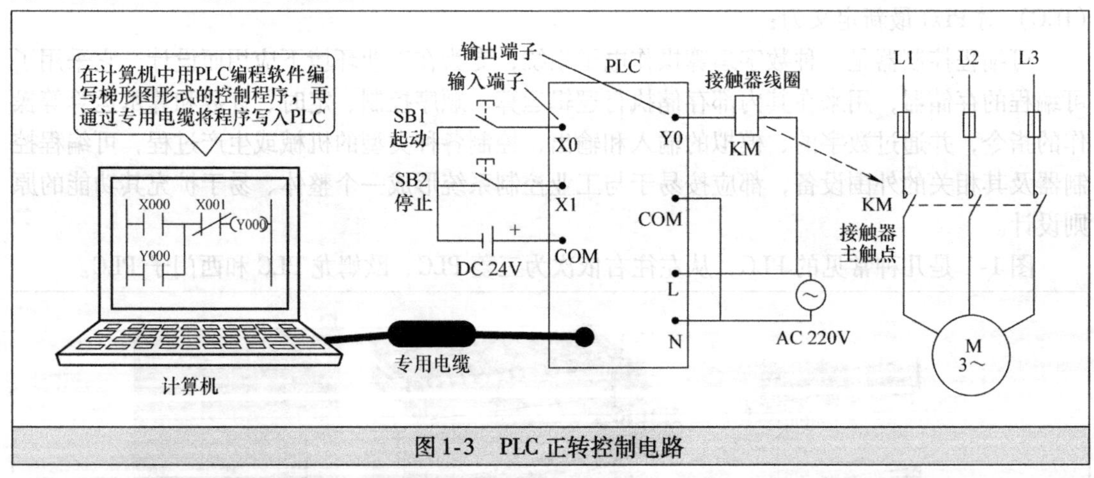

图 1-3 PLC 正转控制电路

PLC 正转控制电路工作过程如下：

按下起动按钮 SB1，有电流流过 X0 端子（电流途径：DC24V 正端→COM 端子→COM、X0 端子之间的内部电路→X0 端子→闭合的 SB1→DC24V 负端），PLC 内部程序运行，运行结果使 Y0、COM 端子之间的内部触点闭合，有电流流过接触器线圈（电流途径：AC220V 一端→接触器线圈→Y0 端子→Y0、COM 端子之间的内部触点→COM 端子→AC220V 另一端），接触器 KM 线圈得电，主电路中的 KM 主触点闭合，电动机运转，松开 SB1 后，X0 端子无电流流过，PLC 内部程序维持 Y0、COM 端子之间的内部触点闭合，让 KM 线圈继续得电（自锁）。

按下停止按钮 SB2，有电流流过 X1 端子（电流途径：DC24V 正端→COM 端子→COM、X1 端子之间的内部电路→X1 端子→闭合的 SB2→DC24V 负端），PLC 内部程序运行，运行结果使 Y0、COM 端子之间的内部触点断开，无电流流过接触器 KM 线圈，线圈失电，主电路中的 KM 主触点断开，电动机停转，松开 SB2 后，内部程序让 Y0、COM 端子之间的内部触点维持断开状态。

当 X0、X1 端子输入信号（即输入端子有电流流过）时，PLC 输出端会输出何种控制是由写入 PLC 的内部程序决定的，比如可通过修改 PLC 程序将 SB1 用作停止控制，将 SB2 用作起动控制。

1.2 PLC 分类与特点

1.2.1 PLC 的分类

PLC 的种类很多，下面按结构形式、控制规模和实现功能对 PLC 进行分类。

1. 按结构形式分类

按硬件的结构形式不同，PLC 可分为整体式和模块式。

整体式 PLC 又称箱式 PLC，如图 1-4a 所示。其外形像一个方形的箱体，这种 PLC 的 CPU、存储器、I/O 接口电路等都安装在一个箱体内。整体式 PLC 的结构简单、体积小、价格低。小型 PLC 一般采用整体式结构。

模块式 PLC 又称组合式 PLC，如图 1-4b 所示。模块式 PLC 有一个总线基板，基板上有很多总线插槽，其中由 CPU、存储器和电源构成的一个模块通常固定安装在某个插槽中，其他功能模块可随意安装在不同的插槽内。模块式 PLC 配置灵活，可通过增减模块来组成不同规模的系统，安装维修方便，但价格较贵。大、中型 PLC 一般采用模块式结构。

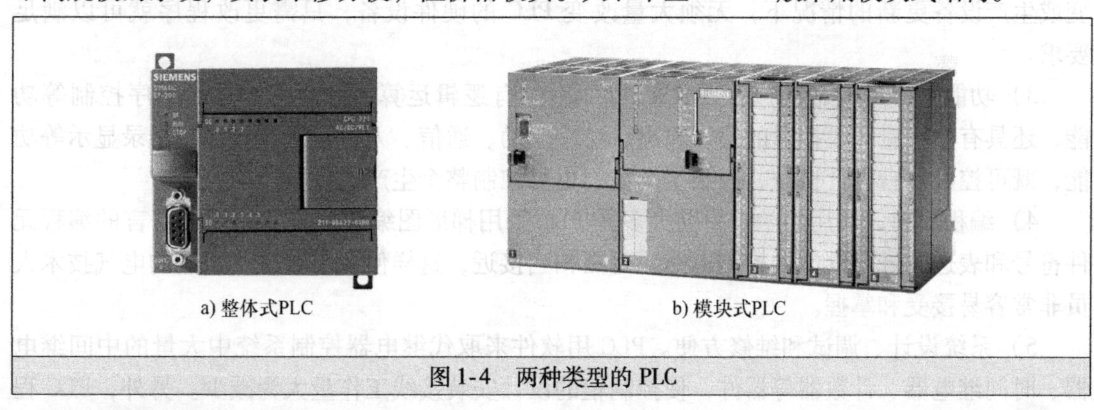

a) 整体式PLC　　b) 模块式PLC

图 1-4　两种类型的 PLC

2. 按控制规模分类

I/O 点数（输入/输出端子的个数）是衡量 PLC 控制规模的重要参数，根据 I/O 点数的多少，可将 PLC 分为小型、中型和大型三类。

1）小型 PLC。其 I/O 点数小于 256 点，采用 8 位或 16 位单 CPU，用户存储器容量在

4KB 以下。

2）中型 PLC。其 I/O 点数在 256 点 ~ 2048 点之间，采用双 CPU，用户存储器容量为 2 ~ 8KB。

3）大型 PLC。其 I/O 点数大于 2048 点，采用 16 位、32 位多 CPU，用户存储器容量为 8 ~ 16KB。

3. 按功能分类

根据 PLC 具有的功能不同，可将 PLC 分为低档、中档、高档三类。

1）低档 PLC。它具有逻辑运算、定时、计数、移位以及自诊断、监控等基本功能，有些还有少量模拟量输入/输出、算术运算、数据传送和比较、通信等功能。低档 PLC 主要用于逻辑控制、顺序控制或少量模拟量控制的单机控制系统。

2）中档 PLC。它除了具有低档 PLC 的功能外，还具有较强的模拟量输入/输出、算术运算、数据传送和比较、数制转换、远程 I/O、子程序、通信联网等功能，有些还增设有中断控制、PID 控制等功能。中档 PLC 适用于比较复杂的控制系统。

3）高档 PLC。它除了具有中档 PLC 的功能外，还增加了带符号算术运算、矩阵运算、位逻辑运算、平方根运算及其他特殊功能函数的运算、制表及表格传送功能等。高档 PLC 具有很强的通信联网功能，一般用于大规模过程控制或构成分布式网络控制系统，实现工厂控制自动化。

1.2.2 PLC 的特点

PLC 是一种专为工业应用而设计的控制器，它主要有以下特点：

1）可靠性高，抗干扰能力强。为了适应工业应用要求，PLC 从硬件和软件方面采用了大量的技术措施，以便能在恶劣环境下长时间可靠运行。现在大多数 PLC 的平均无故障运行时间已达到几十万小时，如三菱公司的一些 PLC 平均无故障运行时间可达 30 万 h。

2）通用性强，控制程序可变，使用方便。PLC 可利用齐全的各种硬件装置来组成各种控制系统，用户不必自己再设计和制作硬件装置。用户在硬件确定以后，在生产工艺流程改变或生产设备更新的情况下，无须大量改变 PLC 的硬件设备，只需更改程序就可以满足要求。

3）功能强，适应范围广。现代的 PLC 不仅有逻辑运算、计时、计数、顺序控制等功能，还具有数字量和模拟量的输入输出、功率驱动、通信、人机对话、自检、记录显示等功能，既可控制一台生产机械、一条生产线，也可控制整个生产过程。

4）编程简单，易用易学。目前大多数 PLC 采用梯形图编程方式。梯形图语言的编程元件符号和表达方式与继电器控制电路原理图相当接近，这样使大多数工厂企业的电气技术人员非常容易接受和掌握。

5）系统设计、调试和维修方便。PLC 用软件来取代继电器控制系统中大量的中间继电器、时间继电器、计数器等器件，使控制柜的设计安装接线工作量大为减少。另外，PLC 程序可以在计算机上仿真调试，减少了现场的调试工作量。此外，由于 PLC 结构模块化及很强的自我诊断能力，维修也极为方便。

1.3　PLC 组成与工作原理

1.3.1　PLC 的组成框图

PLC 种类很多，但结构大同小异，典型的 PLC 控制系统组成框图如图 1-5 所示。在组建 PLC 控制系统时，需要给 PLC 的输入端子连接相关的输入设备（如按钮、触点和行程开关等），给输出端子连接相关的输出设备（如指示灯、电磁线圈和电磁阀等）。如果需要 PLC 与其他设备通信，可在 PLC 的通信接口连接其他设备；如果希望增强 PLC 的功能，可在 PLC 的扩展接口连接扩展单元。

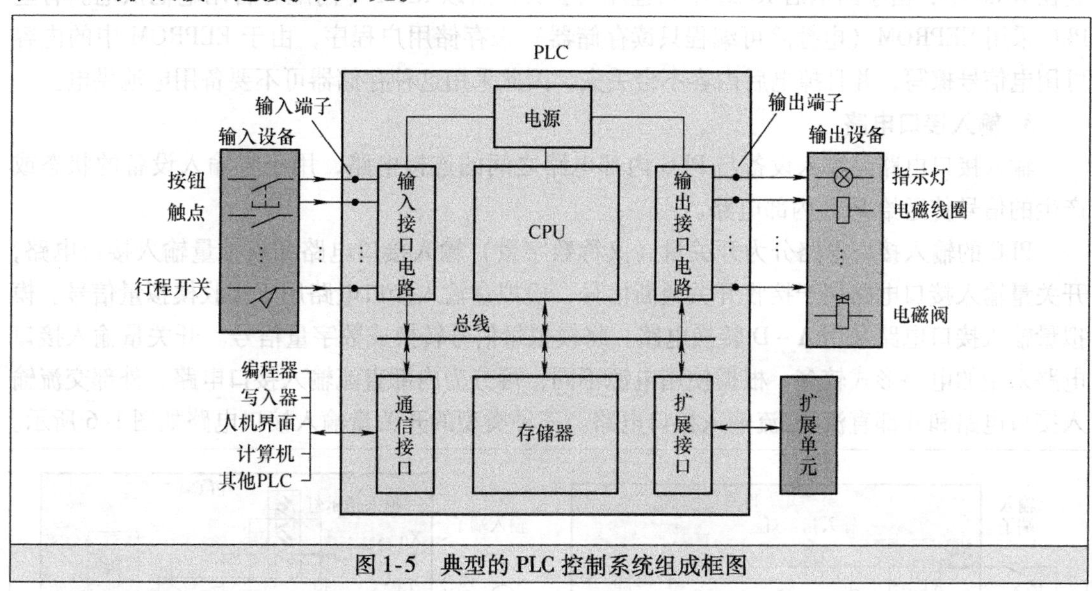

图 1-5　典型的 PLC 控制系统组成框图

1.3.2　PLC 各组成部分说明

PLC 内部主要由 CPU、存储器、输入接口电路、输出接口电路、通信接口、扩展接口和电源等组成，如图 1-5 所示。

1. CPU

CPU（中央处理器）是 PLC 的控制中心，它通过总线（包括数据总线、地址总线和控制总线）与存储器和各种接口连接，以控制它们有条不紊地工作。CPU 的性能对 PLC 工作速度和效率有较大的影响，故大型 PLC 通常采用高性能的 CPU。

CPU 的主要功能如下：

1）接收通信接口送来的程序和信息，并将它们存入存储器。

2）采用循环检测（即扫描检测）方式不断检测输入接口电路送来的状态信息，以判断输入设备的状态。

3）逐条运行存储器中的程序，并进行各种运算，再将运算结果存储下来，然后通过输出接口对输出设备进行有关的控制。

4）监测和诊断内部各电路的工作状态。

2. 存储器

存储器的功能是存储程序和数据。PLC 通常配有 ROM（只读存储器）和 RAM（随机存储器）两种存储器，ROM 用来存储系统程序，RAM 用来存储用户程序和程序运行时产生的数据。

系统程序由厂商编写并固化在 ROM 中，用户无法访问和修改系统程序。系统程序主要包括系统管理程序和指令解释程序。系统管理程序的功能是管理整个 PLC，让内部各个电路能有条不紊地工作。指令解释程序的功能是将用户编写的程序翻译成 CPU 可以识别和执行的代码。

用户程序是用户通过编程器输入存储器的程序，为了方便调试和修改，用户程序通常存放在 RAM 中，由于断电后 RAM 中的程序会丢失，所以 RAM 专门配有备用电池供电。有些 PLC 采用 EEPROM（电擦除可编程只读存储器）来存储用户程序，由于 EEPROM 中的内容可用电信号擦写，并且掉电后内容不会丢失，因此采用这种存储器可不要备用电池供电。

3. 输入接口电路

输入接口电路是输入设备与 PLC 内部电路之间的连接电路，用于将输入设备的状态或产生的信号传送给 PLC 内部电路。

PLC 的输入接口电路分为开关量（又称数字量）输入接口电路和模拟量输入接口电路，开关量输入接口电路用于接收开关通断信号，模拟量输入接口电路用于接收模拟量信号。模拟量输入接口电路采用 A－D 转换电路，将模拟量信号转换成数字量信号。开关量输入接口电路采用的电路形式较多，根据使用电源不同，可分为内部直流输入接口电路、外部交流输入接口电路和外部直流/交流输入接口电路。三种类型的开关量输入接口电路如图 1-6 所示。

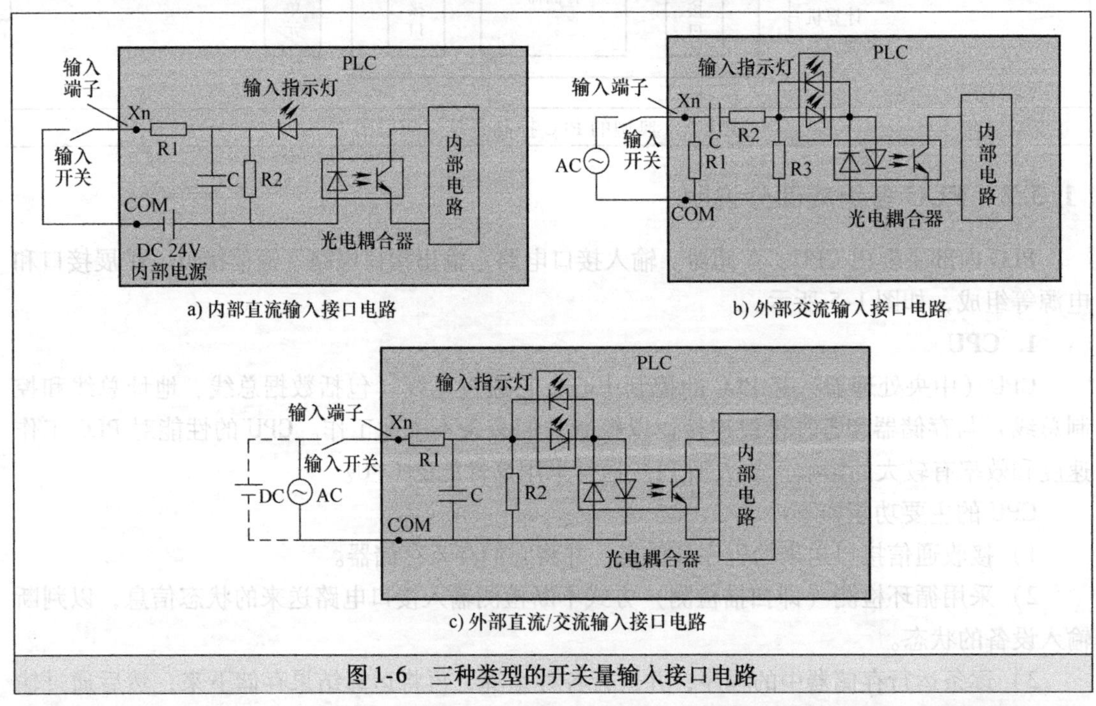

图 1-6　三种类型的开关量输入接口电路

图 1-6a 为内部直流输入接口电路，输入接口电路的电源由 PLC 内部直流电源提供。当输入开关闭合时，有电流流过光电耦合器和输入指示灯（电流途径：DC24V 右正→光电耦

合器的发光二极管→输入指示灯→R1→Xn 端子→输入开关→COM 端子→DC24V 左负），光电耦合器的光电晶体管受光导通，将输入开关状态传送给内部电路，由于光电耦合器内部是通过光线传递信号，故可以将外部电路与内部电路有效隔离，输入指示灯点亮用于指示输入端子有输入。输入端子 Xn 有电流流过时称作输入为 ON（或称输入为 1）。R2、C 为滤波电路，用于滤除输入端子窜入的干扰信号，R1 为限流电阻。

图 1-6b 为外部交流输入接口电路，输入接口电路的电源由外部的交流电源提供。为了适应交流电源的正负变化，接口电路采用了双向发光二极管型光电耦合器和双向发光二极管指示灯。当输入开关闭合时，若交流电源极性为上正下负，有电流流过光电耦合器和指示灯（电流途径：AC 电源上正→输入开关→Xn 端子→C、R2 元件→左正右负发光二极管指示灯→光电耦合器的上正下负发光二极管→COM 端子→AC 电源下负），当交流电源极性变为上负下正时，也有电流流过光电耦合器和指示灯（电流途径：AC 电源下正→COM 端子→光电耦合器的下正上负发光二极管→右正左负发光二极管指示灯→R2、C 元件→Xn 端子→输入开关→AC 电源上负），光电耦合器导通，将输入开关状态传送给内部电路。

图 1-6c 为外部直流/交流输入接口电路，输入接口电路的电源由外部的直流或交流电源提供。输入开关闭合后，不管外部是直流电源还是交流电源，均有电流流过光电耦合器。

4. 输出接口电路

输出接口电路是 PLC 内部电路与输出设备之间的连接电路，用于将 PLC 内部电路产生的信号传送给输出设备。

PLC 的输出接口电路也分为开关量输出接口电路和模拟量输出接口电路。模拟量输出接口电路采用 D－A 转换电路将数字量信号转换成模拟量信号。开关量输出接口电路主要有三种类型：继电器输出接口电路、晶体管输出接口电路和双向晶闸管（也称双向可控硅）输出接口电路。三种类型开关量输出接口电路如图 1-7 所示。

图 1-7a 为继电器输出接口电路，当 PLC 内部电路输出为 ON（也称输出为 1）时，内部电路会输出电流流过继电器 KA 线圈，继电器 KA 常开触点闭合，负载有电流流过（电流途径：电源一端→负载→Yn 端子→内部闭合的 KA 触点→COM 端子→电源另一端）。由于继电器触点无极性之分，故继电器输出接口电路可驱动交流或直流负载（即负载电路可采用直流电源或交流电源供电），但触点开闭速度慢，其响应时间长，动作频率低。

图 1-7b 为晶体管输出接口电路，它采用了光电耦合器与晶体管。当 PLC 内部电路输出为 ON 时，内部电路会输出电流流过光电耦合器的发光二极管，光电晶体管受光导通，为晶体管基极提供电流，晶体管也导通，负载有电流流过（电流途径：DC 电源上正→负载→Yn 端子→导通的晶体管→COM 端子→DC 电源下负）。由于晶体管有极性之分，故晶体管输出接口电路只可驱动直流负载（即负载电路只能使用直流电源供电）。晶体管输出接口电路是依靠晶体管导通和截止实现开闭的，开闭速度快，动作频率高，适合输出脉冲信号。

图 1-7c 为双向晶闸管输出接口电路，它采用双向晶闸管型光电耦合器，在受光照射时，光电耦合器内部的双向晶闸管可以双向导通。双向晶闸管输出接口电路的响应速度快，动作频率高，用于驱动交流负载。

5. 通信接口

PLC 可通过通信接口与监视器、打印机、其他 PLC 和计算机等设备进行通信。PLC 与编程器或写入器连接，可以接收编程器或写入器输入的程序；PLC 与打印机连接，可将过程信息、系统参数等打印出来；PLC 与人机界面（如触摸屏）连接，可以在人机界面直接操作 PLC 或监视 PLC 工作状态；PLC 与其他 PLC 连接，可组成多机系统或连接成网络，实现更大规模的控制；与计算机连接，可组成多级分布式控制系统，实现控制与管理相结合。

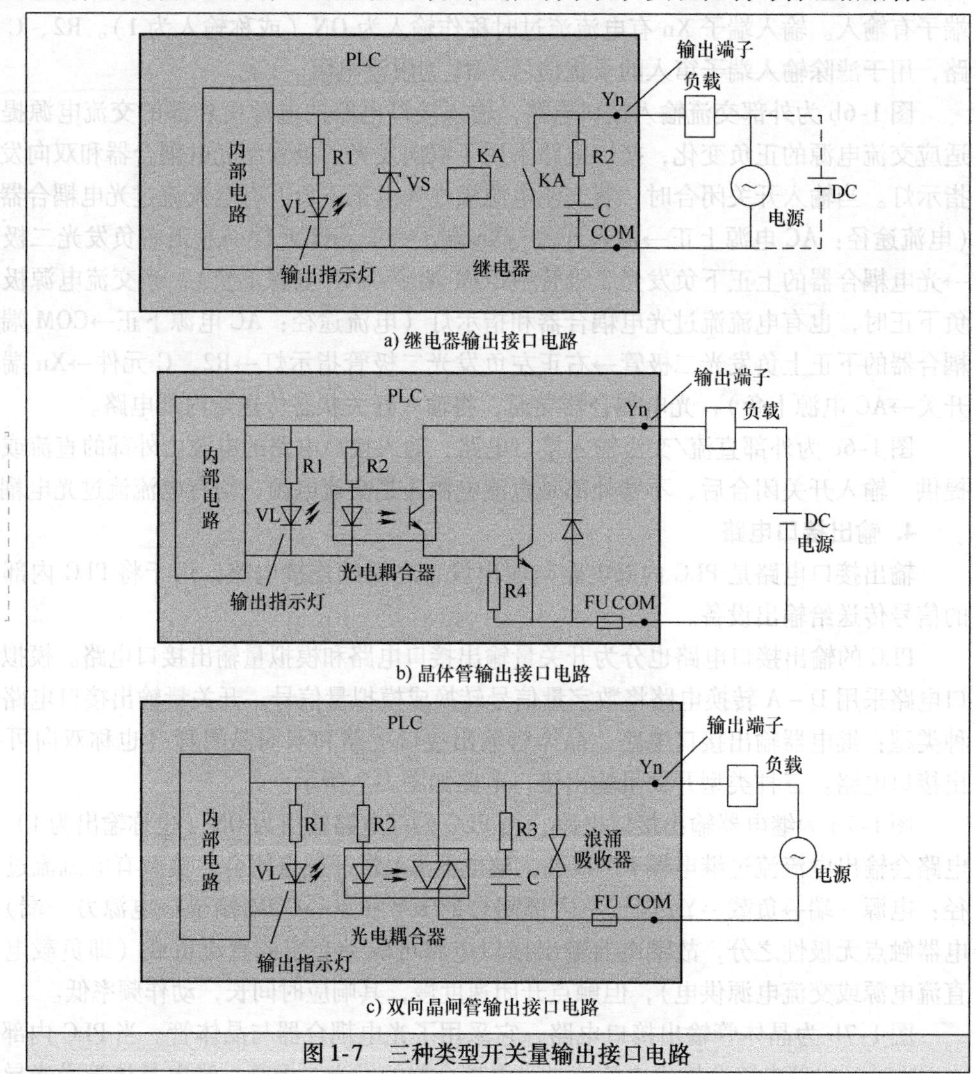

a) 继电器输出接口电路

b) 晶体管输出接口电路

c) 双向晶闸管输出接口电路

图 1-7　三种类型开关量输出接口电路

扫一扫看视频

6. 扩展接口

为了提升 PLC 的性能，增强 PLC 控制功能，可以通过扩展接口给 PLC 加接一些专用功能模块，如高速计数模块、闭环控制模块、运动控制模块、中断控制模块等。

7. 电源

PLC 一般采用开关电源供电，与普通电源相比，PLC 电源的稳定性好、抗干扰能力强。PLC 的电源对电网提供的电源稳定度要求不高，一般允许电源电压在其额定值 ±15% 的范围内波动。有些 PLC 还可以通过端子往外提供 24V 直流电源。

1.3.3　PLC 的工作方式

PLC 是一种由程序控制运行的设备，其工作方式与微型计算机不同，微型计算机运行到结束指令 END 时，程序运行结束。PLC 运行程序时，会按顺序依次逐条执行存储器中的程序指令，当执行完最后的指令后，并不会马上停止，而是又重新开始再次执行存储器中的程序，如此周而复始，PLC 的这种工作方式称为循环扫描方式。PLC 的工作过程如图 1-8 所示。

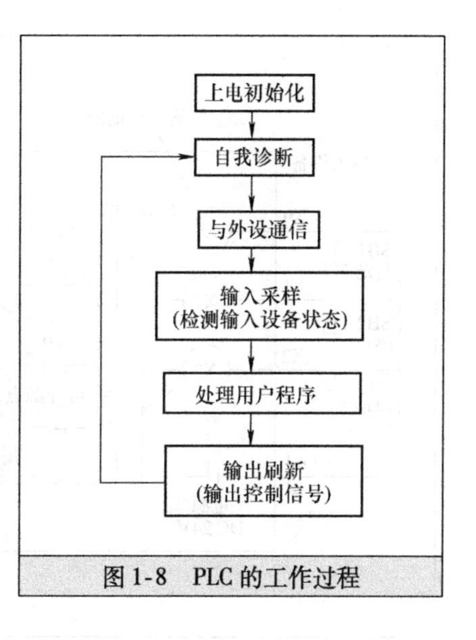

图 1-8　PLC 的工作过程

PLC 通电后，首先进行系统初始化，将内部电路恢复到起始状态，然后进行自我诊断，检测内部电路是否正常，以确保系统能正常运行，诊断结束后对通信接口进行扫描，若接有外设则与其通信。通信接口无外设或通信完成后，系统开始进行输入采样，检测输入设备（开关、按钮等）的状态，然后根据输入采样结果执行用户程序，程序运行结束后对输出进行刷新，即输出程序运行时产生的控制信号。以上过程完成后，系统又返回，重新开始自我诊断，以后不断重复上述过程。

PLC 有两个工作模式：RUN（运行）模式和 STOP（停止）模式。当 PLC 处于 RUN 模式时，系统会执行用户程序，当 PLC 处于 STOP 模式时，系统不执行用户程序。PLC 正常工作时应处于 RUN 模式，而在下载和修改程序时，应让 PLC 处于 STOP 模式。PLC 两种工作模式可通过面板上的开关进行切换。

PLC 工作在 RUN 模式时，执行图 1-8 中输入采样、处理用户程序和输出刷新所需的时间称为扫描周期，一般为 1 ~ 100ms。扫描周期与用户程序的长短、指令的种类和 CPU 执行指令的速度有很大的关系。

1.3.4　例说 PLC 程序控制硬件的工作过程

PLC 的用户程序执行过程很复杂，下面以 PLC 正转控制电路为例进行说明。图 1-9 是 PLC 正转控制电路与内部用户程序，为了便于说明，图中画出了 PLC 内部等效图。

图 1-9 中的 X0（也可用 X000 表示）、X1、X2 称为输入继电器，它由线圈和触点两部分组成，由于线圈与触点都是等效而来，故又称为软件线圈和软件触点，Y0（也可用 Y000 表示）称为输出继电器，也包括线圈和触点。PLC 内部中间部分为用户程序（梯形图程序），程序形式与继电器控制电路相似，两端相当于电源线，中间为触点和线圈。

PLC 正转控制电路与内部用户程序工作过程如下：

当按下起动按钮 SB1 时，输入继电器 X0 线圈得电（电流途径：DC24V 正端→X0 线圈→X0 端子→SB1→COM 端子→DC24V 负端），X0 线圈得电会使用户程序中的 X0 常开触点（软件触点）闭合，输出继电器 Y0 线圈得电（电流途径：左等效电源线→已闭合的 X0 常开触点→X1 常闭触点→Y0 线圈→右等效电源线），Y0 线圈得电一方面使用户程序中的 Y0 常开自锁触点闭合，对 Y0 线圈供电进行锁定，另一方面使输出端的 Y0 硬件常开触点闭合（Y0 硬件触点又称物理触点，实际是继电器的触点或晶体管），接触器 KM 线圈得电（电流途径：AC220V 一端→KM 线圈→Y0 端子→内部 Y0 硬件触点→COM 端子→AC220V 另一端），主电路中的接触器 KM 主触点闭合，电动机得电运转。

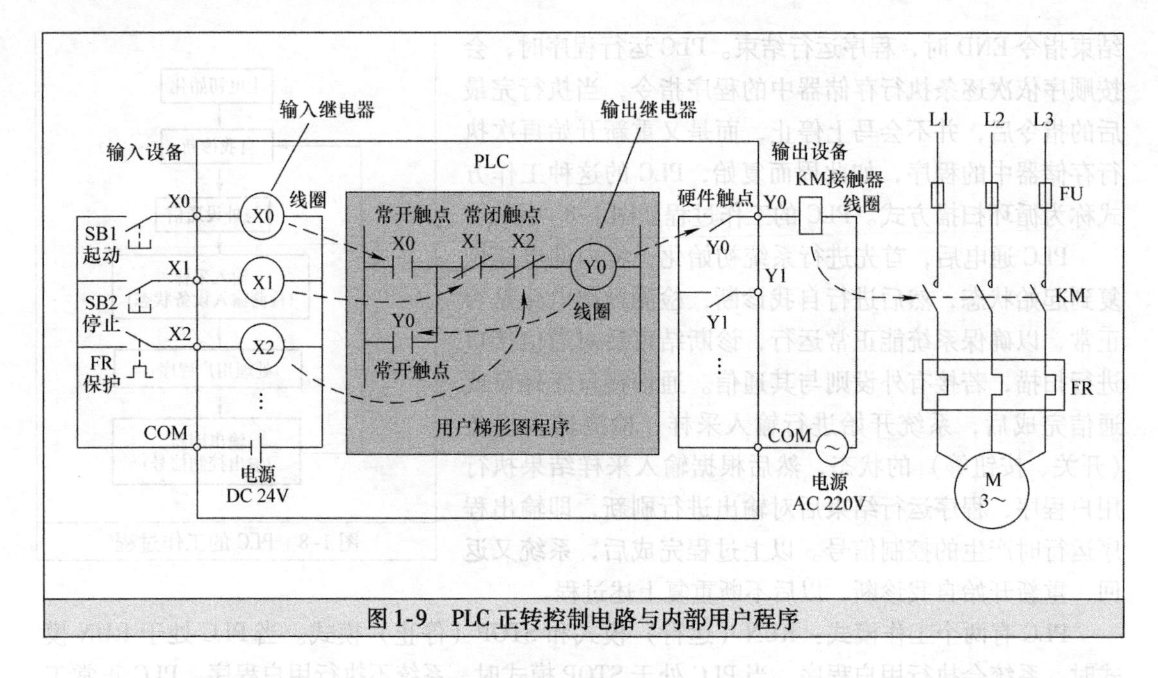

图 1-9　PLC 正转控制电路与内部用户程序

当按下停止按钮 SB2 时，输入继电器 X1 线圈得电，它使用户程序中的 X1 常闭触点断开，输出继电器 Y0 线圈失电，一方面使用户程序中的 Y0 常开自锁触点断开，解除自锁，另一方面使输出端的 Y0 硬件常开触点断开，接触器 KM 线圈失电，KM 主触点断开，电动机失电停转。

若电动机在运行过程中长时间电流过大，热继电器 FR 动作，使 PLC 的 X2 端子外接的 FR 触点闭合，输入继电器 X2 线圈得电，使用户程序中的 X2 常闭触点断开，输出继电器 Y0 线圈马上失电，输出端的 Y0 硬件常开触点断开，接触器 KM 线圈失电，KM 主触点闭合，电动机失电停转，从而避免电动机长时间过电流运行。

1.4　PLC 项目开发实战

1.4.1　三菱 FX3U 系列 PLC 硬件介绍

三菱 FX3U 系列 PLC 属于 FX 三代高端机型，图 1-10 是一种常用的 FX3U－32M 型 PLC。在没有拆下保护盖时，只能看到 RUN/STOP 模式切换开关、RS－422 端口（编程端口）、输入输出指示灯和工作状态指示灯，如图 1-10a 所示；拆下面板上的各种保护盖后，可以看到输入输出端子和各种连接器，如图 1-10b 所示。如果要拆下输入和输出端子台保护盖，应先拆下黑色的顶盖和右扩展设备连接器保护盖。

扫一扫看视频

1.4.2　PLC 控制双灯先后点亮的硬件电路及说明

三菱 FX3U－MT/ES 型 PLC 控制双灯先后点亮的硬件电路如图 1-11 所示。

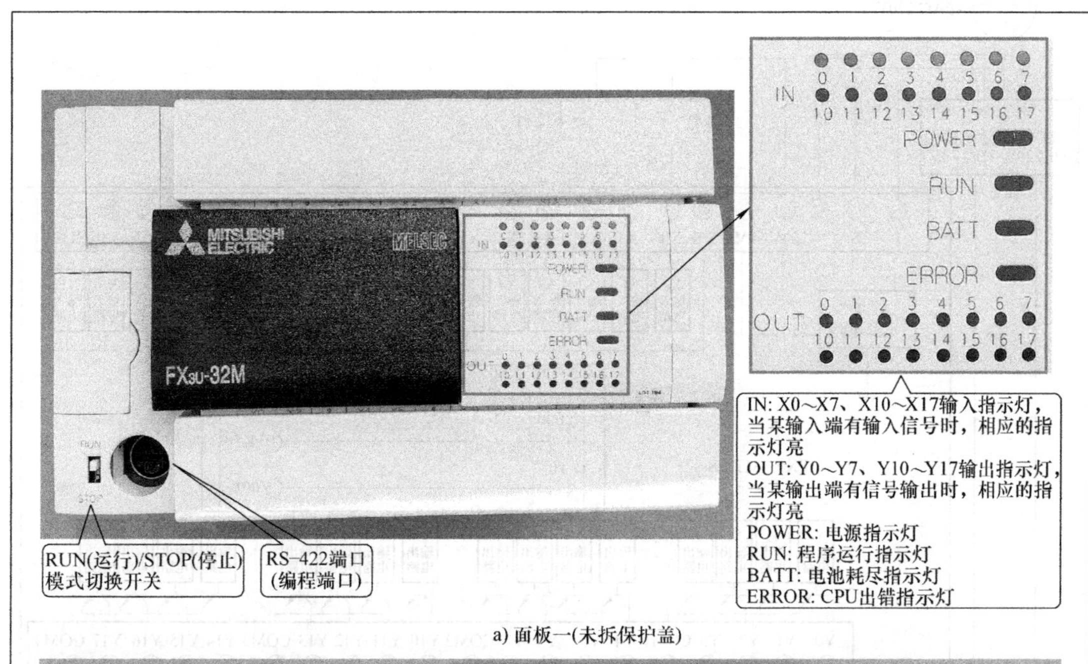

a) 面板一(未拆保护盖)

输入端子台保护盖
FX3U-7DM设置显示器连接器
存储盒连接器
电源端子和输入端子台
电池仓盖
右扩展设备连接器保护盖
左扩展设备连接器保护盖
输出端子台
输出端子台保护盖
显示型号的顶盖

b) 面板二(拆下各种保护盖)

图 1-10　三菱 FX3U－32M 型 PLC 面板组成部件及名称

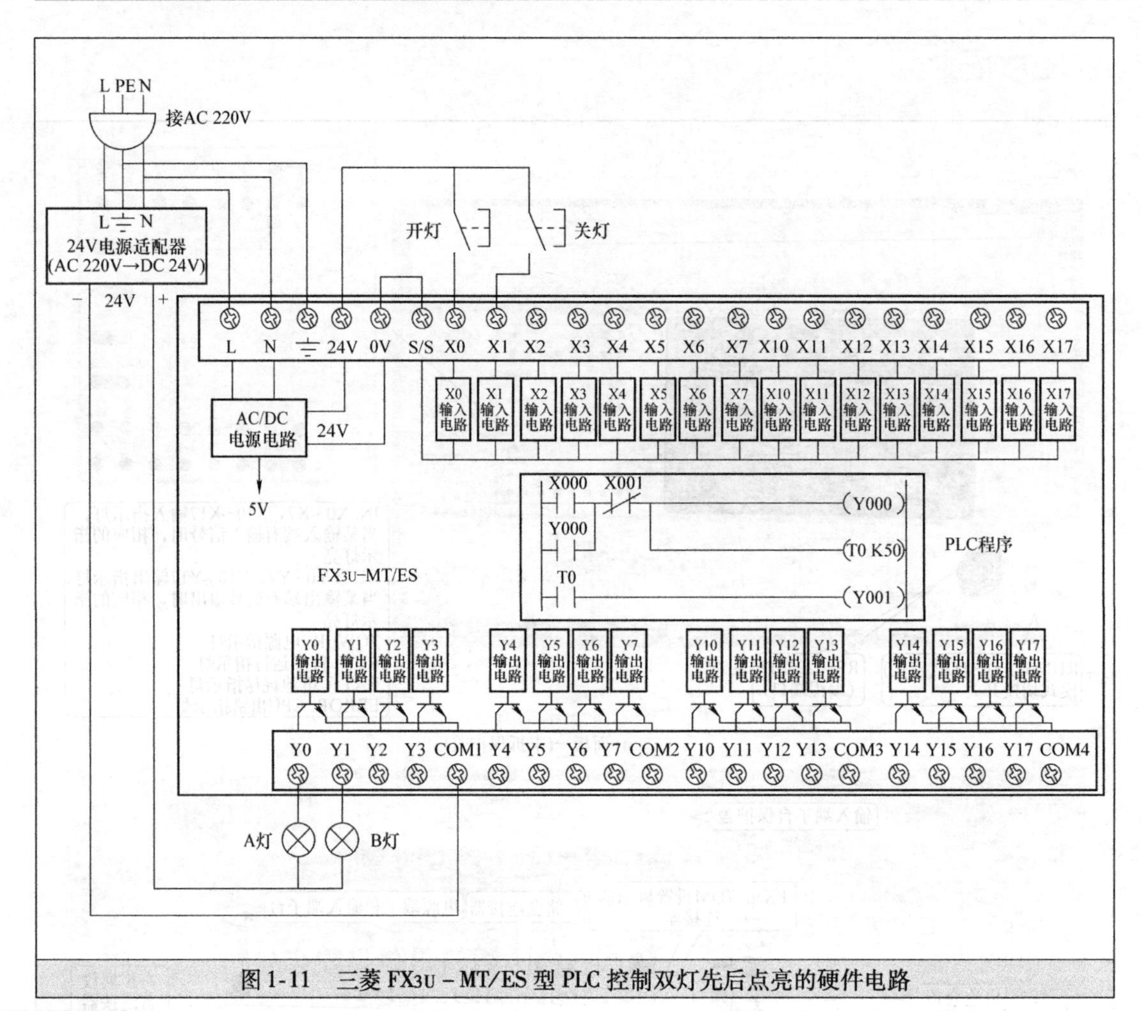

图 1-11　三菱 FX3U－MT/ES 型 PLC 控制双灯先后点亮的硬件电路

1. 电源、输入和输出接线

（1）电源接线

220V 交流电源的 L、N、PE 线分作两路：一路接到 24V 电源适配器的 L、N、接地端，电源适配器将 220V 交流电压转换成 24V 直流电压输出；另一路接到 PLC 的 L、N、接地端，220V 电源经 PLC 内部 AC/DC 电源电路转换成 24V 直流电压和 5V 直流电压，24V 电压从 PLC 的 24V、0V 端子往外输出，5V 电压则供给 PLC 内部其他电路使用。

（2）输入端接线

PLC 输入端连接开灯、关灯两个按钮，这两个按钮一端连接在一起并接到 PLC 的 24V 端子，开灯按钮的另一端接到 X0 端子，关灯按钮另一端接到 X1 端子，另外需要将 PLC 的 S/S 端子（输入公共端）与 0V 端子用导线直接连接在一起。

（3）输出端接线

PLC 输出端连接 A 灯、B 灯，这两个灯的工作电压为 24V，由于 PLC 为晶体管输出类型，故输出端电源必须为直流电源。在接线时，A 灯和 B 灯一端连接在一起并接到电源适配器输出的 24V 电压正端，A 灯另一端接到 Y0 端子，B 灯另一端接到 Y1 端子，电源适配器输出的 24V 电压负端接到 PLC 的 COM1 端子（Y0～Y3 的公共端）。

2. PLC 控制双灯先后点亮电路的硬件、软件工作过程

PLC 控制双灯先后点亮电路实现的功能是，当按下开灯按钮时，A 灯点亮，5s 后 B 灯再点亮，按下关灯按钮时，A、B 灯同时熄灭。

PLC 控制双灯先后点亮系统的硬、软件工作过程如下：

当按下开灯按钮时，有电流流过内部的 X0 输入电路（电流途径：24V 端子→开灯按钮→X0 端子→X0 输入电路→S/S 端子→0V 端子），使内部 PLC 程序中的 X000 常开触点闭合，Y000 线圈和 T0 定时器同时得电。Y000 线圈得电一方面使 Y000 常开自锁触点闭合，锁定 Y000 线圈得电，另一方面让 Y0 输出电路输出控制信号，控制晶体管导通，有电流流过 Y0 端子外接的 A 灯（电流途径：24V 电源适配器的 24V 正端→A 灯→Y0 端→内部导通的晶体管→COM1 端→24V 电源适配器的 24V 负端），A 灯点亮。在程序中的 Y000 线圈得电时，T0 定时器同时也得电，T0 进行 5s 计时，5s 后 T0 定时器动作，T0 常开触点闭合，Y001 线圈得电，让 Y1 输出电路输出控制信号，控制晶体管导通，有电流流过 Y1 端子外接的 B 灯（电流途径：24V 电源适配器的 24V 正端→B 灯→Y0 端→内部导通的晶体管→COM1 端→24V 电源适配器的 24V 负端），B 灯也点亮。

当按下关灯按钮时，有电流流过内部的 X1 输入电路（电流途径：24V 端子→关灯按钮→X1 端子→X1 输入电路→S/S 端子→0V 端子），使内部 PLC 程序中的 X001 常闭触点断开，Y000 线圈和 T0 定时器同时失电。Y000 线圈失电一方面让 Y000 常开自锁触点断开，另一方面让 Y0 输出电路停止输出控制信号，晶体管截止（不导通），无电流流过 Y0 端子外接的 A 灯，A 灯熄灭。T0 定时器失电会使 T0 常开触点断开，Y001 线圈失电，Y001 端子内部的晶体管截止，B 灯也熄灭。

1.4.3　DC24V 电源适配器与 PLC 的电源接线

PLC 供电电源有两种类型：DC24V（24V 直流电源）和 AC220V（220V 交流电源）。对于采用 220V 交流供电的 PLC，一般内置 AC220V 转 DC24V 的电源电路，对于采用 DC24V 供电的 PLC，可以在外部连接 24V 电源适配器，由其将 AC220V 转换成 DC24V 后再提供给 PLC。

1. DC24V 电源适配器介绍

DC24V 电源适配器的功能是将 220V（或 110V）交流电压转换成 24V 的直流电压输出。图 1-12 是一种常用 DC24V 电源适配器。

扫一扫看视频

如图 1-12a 所示，电源适配器的 L、N 端为交流电压输入端，L 端接相线（也称火线），N 端接零线，接地端与接地线（与大地连接的导线）连接，若电源适配器出现漏电使外壳带电，外壳的漏电可以通过接地端和接地线流入大地，这样接触外壳时不会发生触电。当然接地端不接地线，电源适配器仍会正常工作。-V、+V 端为 24V 直流电压输出端，-V端为电源负端，+V 端为电源正端。电源适配器上有一个输出电压调节电位器，可以调节输出电压，使输出电压在 24V 左右变化，在使用时应将输出电压调到 24V。电源指示灯用于指示电源适配器是否已接通电源。

在电源适配器上一般会有一个铭牌（标签），如图 1-12b 所示，在铭牌上会标注型号及额定输入、输出电压和电流参数。从铭牌可以看出，该电源适配器输入端可接 100 ~ 120V 的交流电压，也可以接 200 ~240V 的交流电压，输出电压为 24V，输出电流最大为 1.5A。

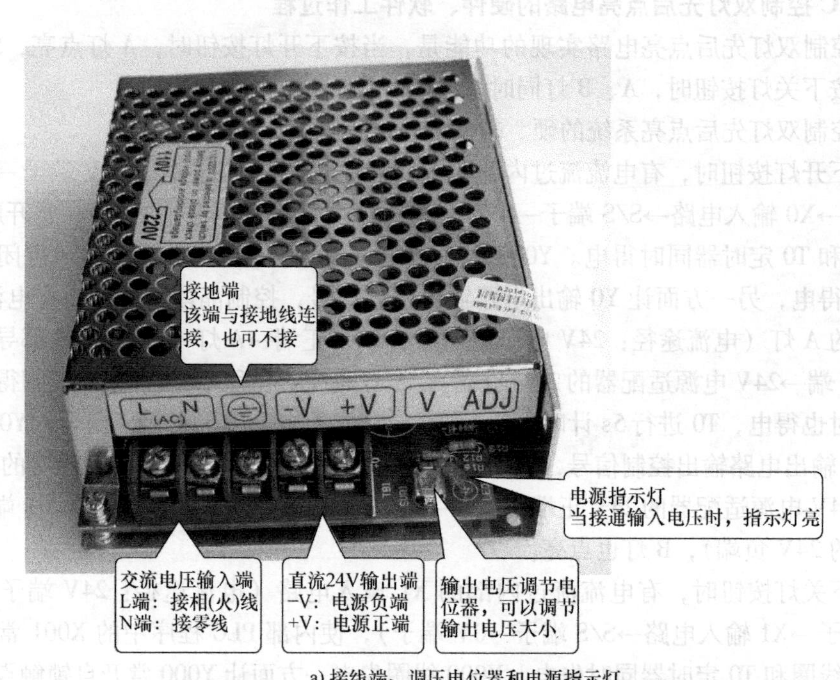

a) 接线端、调压电位器和电源指示灯

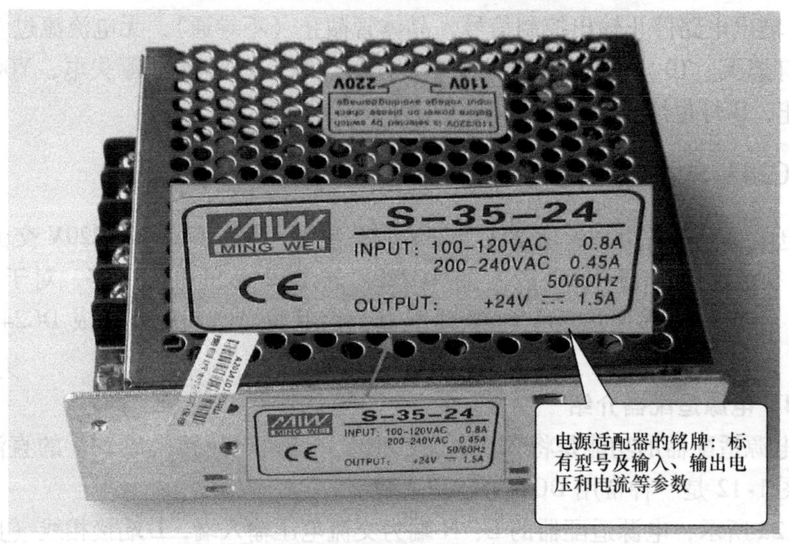

b) 铭牌

图 1-12　一种常用的 DC24V 电源适配器

2. 三线电源线及插头、插座说明

图 1-13 是常见的三线电源线、插头和插座，其导线的颜色、插头和插座的极性都有规定标准。L 线（即相线，俗称火线）可以使用红、黄、绿或棕色导线，N 线（即零线）使用蓝色线，PE 线（即接地线）使用黄绿双色线，插头的插片和插座的插孔极性规定具体如图 1-13 所示，接线时要按标准进行。

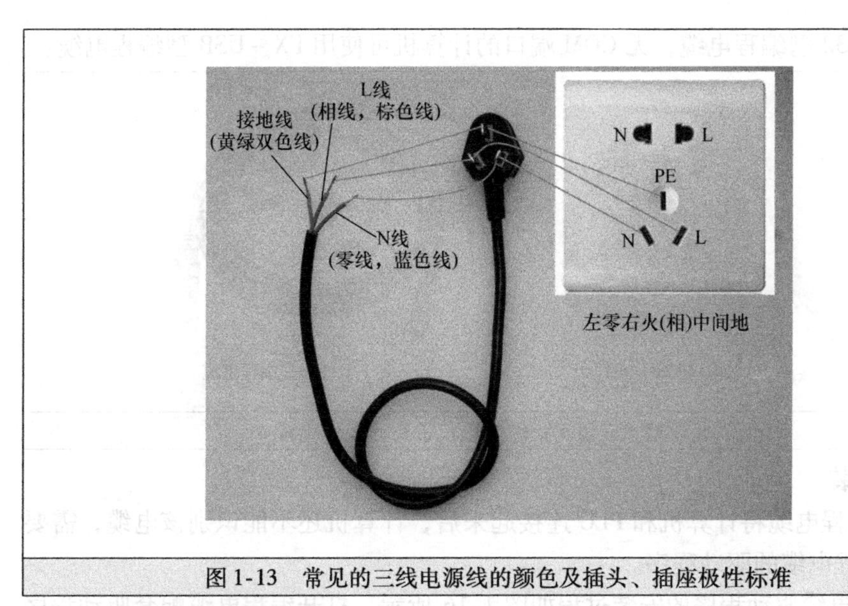

图 1-13　常见的三线电源线的颜色及插头、插座极性标准

3. PLC 的电源接线

在 PLC 下载程序和工作时都需要连接电源，三菱 FX3U－MT/ES 型 PLC 没有采用 DC24V 供电，而是采用 220V 交流电源直接供电，其供电接线如图 1-14 所示。

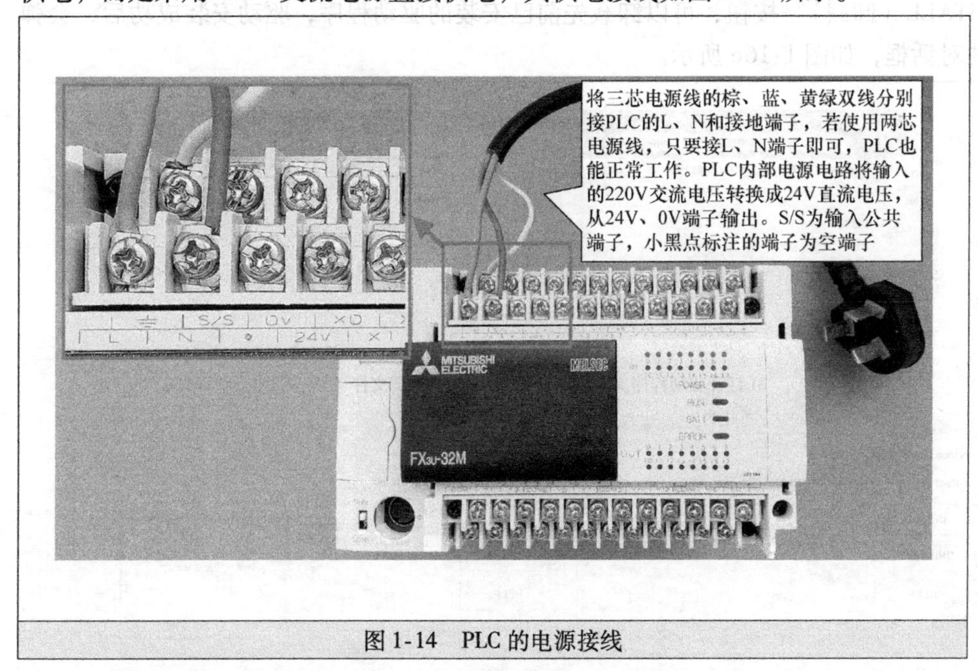

图 1-14　PLC 的电源接线

1.4.4　编程电缆（下载线）及驱动程序的安装

1. 编程电缆

在计算机中用 PLC 编程软件编写好程序后，如果要将其传送到 PLC，须用编程电缆（又称下载线）将计算机与 PLC 连接起来。三菱 FX 系列 PLC 常用的编程电缆有 FX－232 型和 FX－USB 型，其外形如图 1-15 所示。一些旧计算机有 COM 端口（又称串口，RS－232

端口），可使用 FX－232 型编程电缆，无 COM 端口的计算机可使用 FX－USB 型编程电缆。

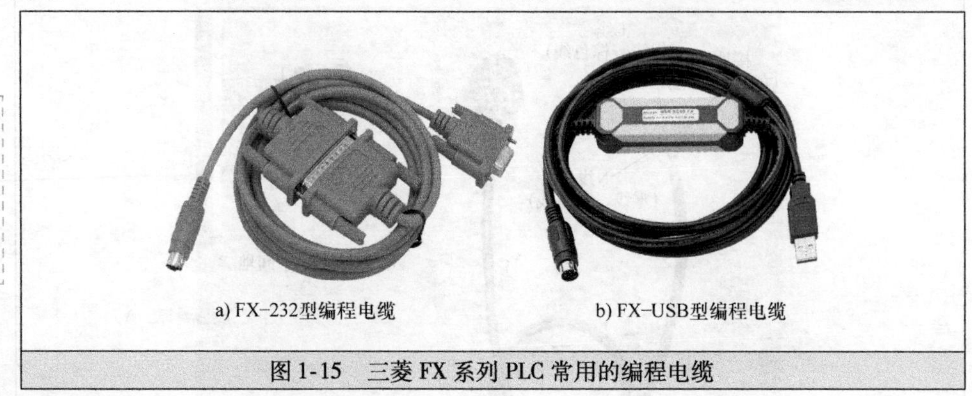

a) FX-232型编程电缆　b) FX-USB型编程电缆

图 1-15　三菱 FX 系列 PLC 常用的编程电缆

2. 驱动程序的安装

用 FX－USB 型编程电缆将计算机和 PLC 连接起来后，计算机还不能识别该电缆，需要在计算机中安装此编程电缆的驱动程序。

FX－USB 型编程电缆驱动程序的安装过程如图 1-16 所示。打开编程电缆配套驱动程序的文件夹，如图 1-16a 所示，文件夹中有一个“HL－340. EXE”可执行文件，双击该文件，将弹出图 1-16b 所示的对话框，单击“INSTALL（安装）”按钮，即开始安装驱动程序，单击“UNINSTALL（卸载）”按钮，可以卸载先前已安装的驱动程序，驱动安装成功后，会弹出安装成功对话框，如图 1-16c 所示。

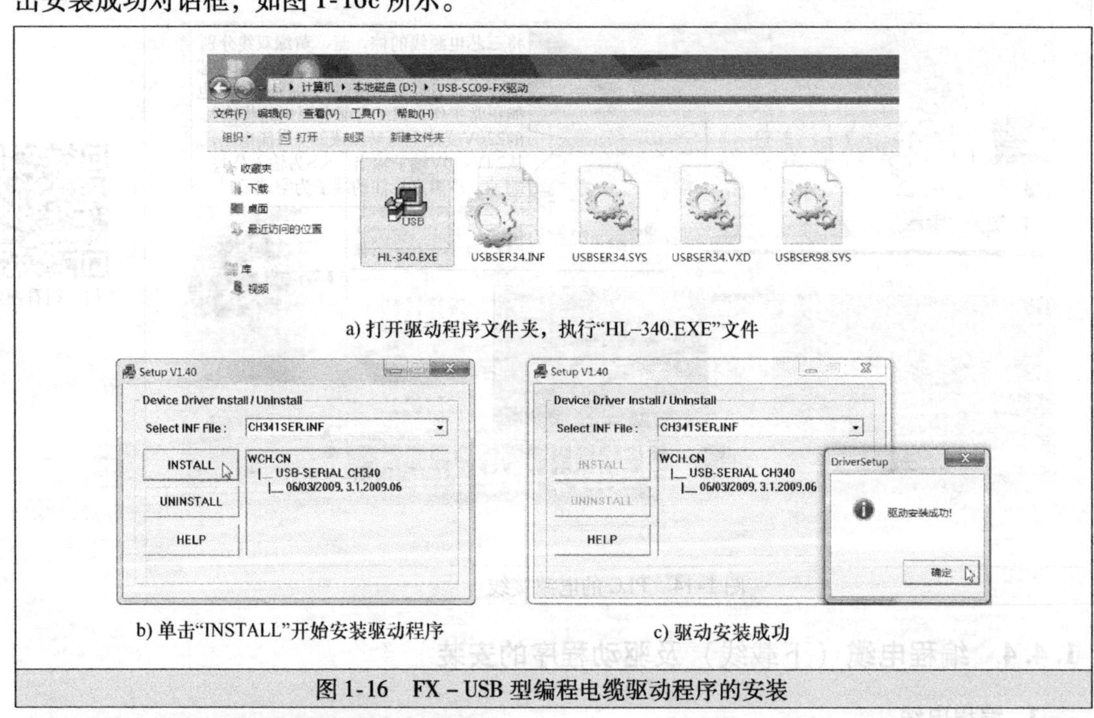

a) 打开驱动程序文件夹，执行“HL-340.EXE”文件

b) 单击“INSTALL”开始安装驱动程序　c) 驱动安装成功

图 1-16　FX－USB 型编程电缆驱动程序的安装

3. 查看计算机连接编程电缆的端口号

编程电缆的驱动程序成功安装后，在计算机的“设备管理器”中可查看到计算机与编程电缆连接的端口号。先将 FX－USB 型编程电缆的 USB 端口插入计算机的 USB 端口，再在计算机桌面上右击“计算机”图标，弹出右键菜单，如图 1-17 所示，选择“设备管理器”，

弹出设备管理器窗口，其中有一项“端口（COM 和 LPT）”，若未成功安装编程电缆的驱动程序，则不会出现该项（操作系统为 Windows 7 系统时），展开“端口（COM 和 LPT）”项，从中看到一项端口信息“USB - SERIAL CH340（COM3）”，该信息表明编程电缆已被计算机识别出来，分配给编程电缆的连接端口号为 COM3。也就是说，当编程电缆将计算机与 PLC 连接起来后，计算机是通过 COM3 端口与 PLC 进行连接的，记住该端口号，在计算机与 PLC 通信设置时要输入或选择该端口号。如果编程电缆插在计算机不同的 USB 端口，分配的端口号会不同。

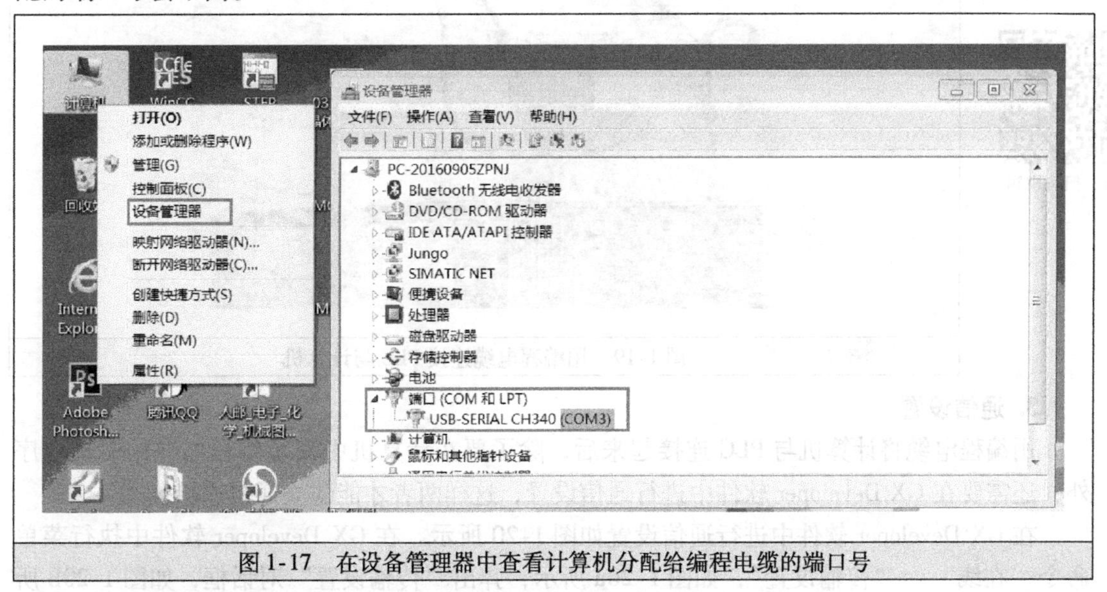

图 1-17　在设备管理器中查看计算机分配给编程电缆的端口号

1.4.5　编写程序并下载到 PLC

1. 用编程软件编写程序

三菱 FX1、FX2、FX3 系列 PLC 可使用三菱 GX Developer 软件编写程序。用 GX Developer 软件编写的控制双灯先后点亮的 PLC 程序如图 1-18 所示。

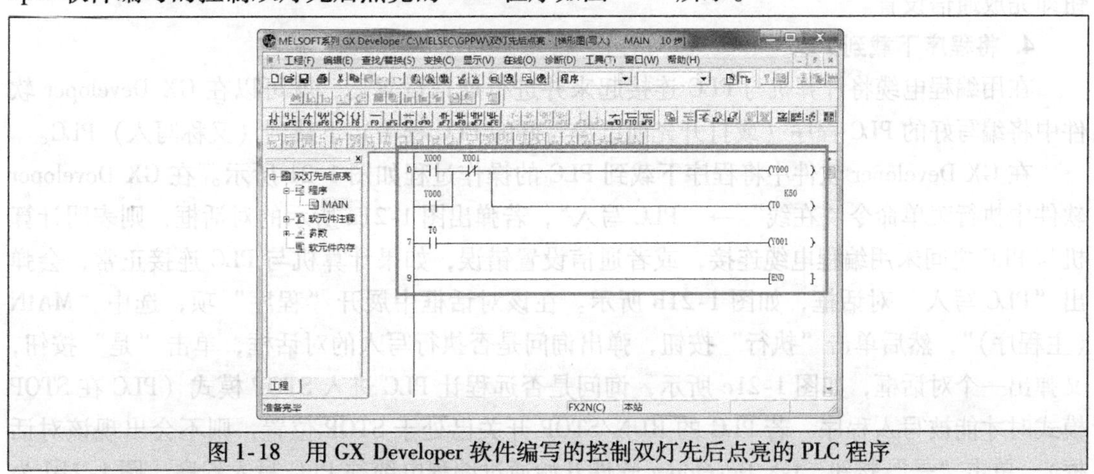

图 1-18　用 GX Developer 软件编写的控制双灯先后点亮的 PLC 程序

2. 用编程电缆连接 PLC 与计算机

在将计算机中编写好的 PLC 程序下载到 PLC 前，需要用编程电缆将计算机与 PLC 连接起来，如图 1-19 所示。在连接时，将 FX－USB 型编程电缆一端的 USB 端口插入计算机的 USB 端口，另一端的 9 针圆口插入 PLC 的 RS－422 端口，再给 PLC 接通电源，PLC 面板上的 POWER（电源）指示灯亮。

扫一扫看视频

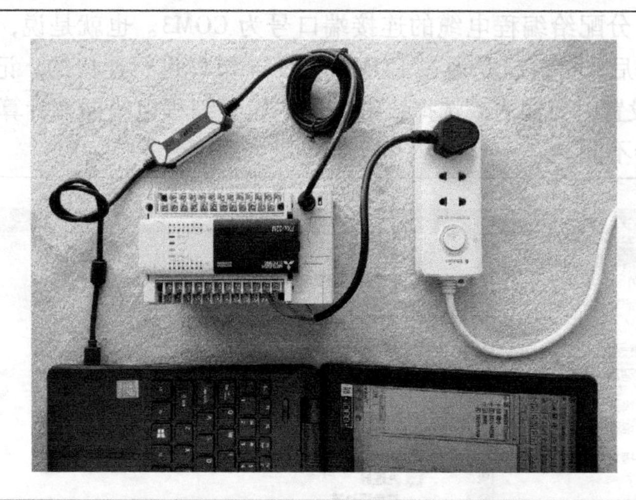

图 1-19　用编程电缆连接 PLC 与计算机

3. 通信设置

用编程电缆将计算机与 PLC 连接起来后，除了要在计算机中安装编程电缆的驱动程序外，还需要在 GX Developer 软件中进行通信设置，这样两者才能建立通信连接。

在 GX Developer 软件中进行通信设置如图 1-20 所示。在 GX Developer 软件中执行菜单命令“在线”→“传输设置”，如图 1-20a 所示，弹出“传输设置”对话框，如图 1-20b 所示，在该对话框内双击左上角的“串行 USB”项，弹出“PC I/F 串口详细设置”对话框，在此对话框中选中“RS－232C”项，COM 端口选择 COM3（须与在设备管理器中查看到的端口号一致，否则无法建立通信连接），传输速度设为 19.2kbps㊀，然后单击“确认”按钮关闭当前的对话框，回到上一个对话框（“传输设置”对话框），再单击对话框“确认”按钮即完成通信设置。

4. 将程序下载到 PLC

在用编程电缆将计算机与 PLC 连接起来并进行通信设置后，就可以在 GX Developer 软件中将编写好的 PLC 程序（或打开先前已编写好的 PLC 程序）下载到（又称写入）PLC。

在 GX Developer 软件中将程序下载到 PLC 的操作过程如图 1-21 所示。在 GX Developer 软件中执行菜单命令“在线”→“PLC 写入”，若弹出图 1-21a 所示的对话框，则表明计算机与 PLC 之间未用编程电缆连接，或者通信设置错误，如果计算机与 PLC 连接正常，会弹出“PLC 写入”对话框，如图 1-21b 所示。在该对话框中展开“程序”项，选中“MAIN（主程序）”，然后单击“执行”按钮，弹出询问是否执行写入的对话框，单击“是”按钮，又弹出一个对话框，如图 1-21c 所示，询问是否远程让 PLC 进入 STOP 模式（PLC 在 STOP 模式时才能被写入程序，若 PLC 的 RUN/STOP 开关已处于 STOP 位置，则不会出现该对话框），单击“是”按钮，GX Developer 软件开始通过编程电缆在 PLC 写入程序。图 1-21d 为

㊀ 19.2kbps＝19.2kbit/s，后同。

程序写入进度条，程序写入完成后，会弹出一个对话框，如图 1-21e 所示，询问是否远程让 PLC 进入 RUN 模式，单击“是”按钮，弹出程序写入完成对话框（见图 1-21e），单击“确定”按钮，完成 PLC 程序的写入（见图 1-21f）。

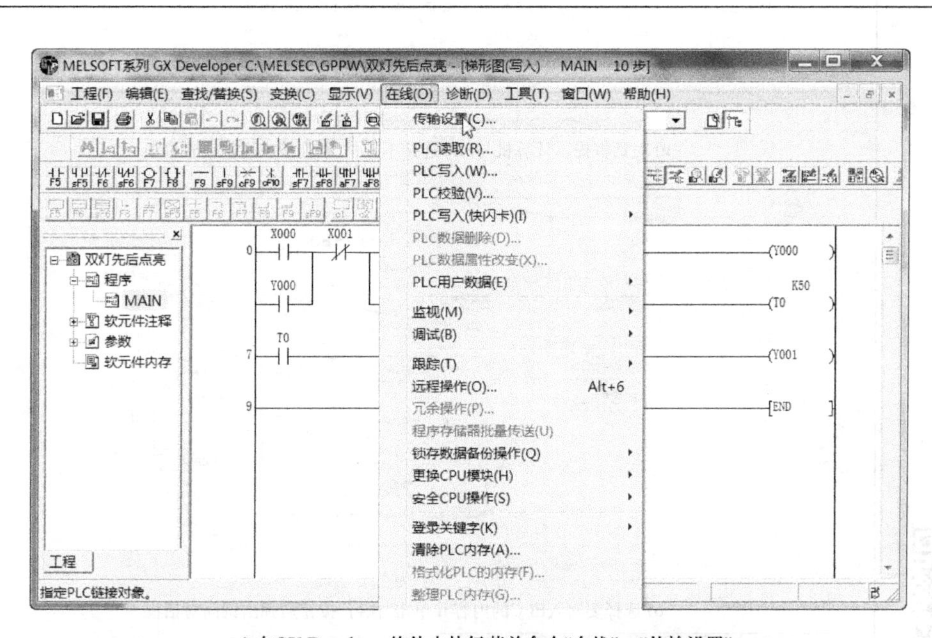

a) 在GX Developer软件中执行菜单命令“在线”→“传输设置”

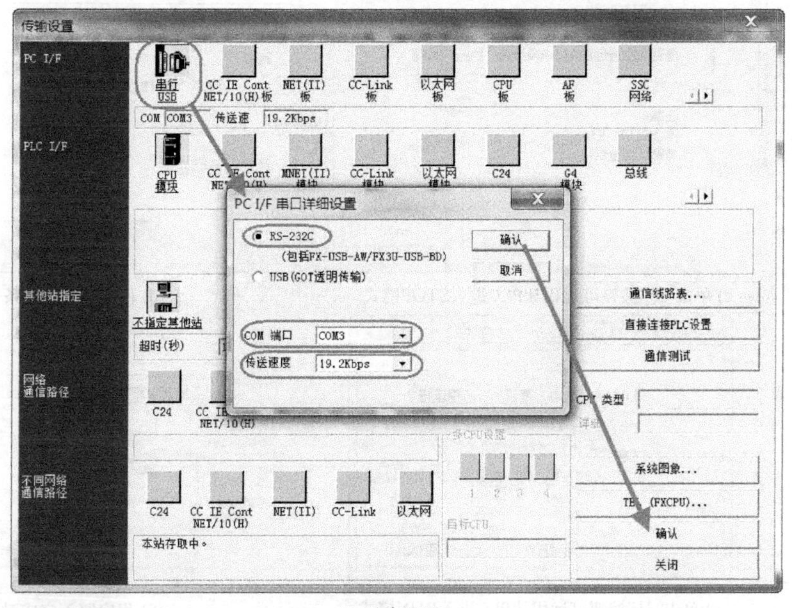

b) 通信设置

图 1-20　在 GX Developer 软件中进行通信设置

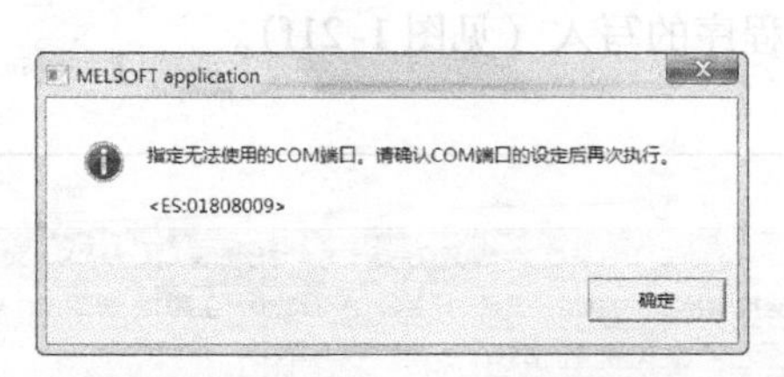

a) 对话框提示计算机与PLC连接不正常(未连接或通信设置错误)

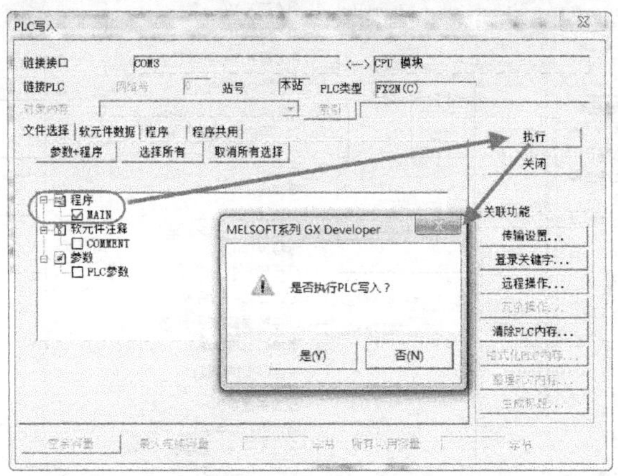

b) 选择要写入PLC的内容并单击“执行”按钮后弹出询问对话框

扫一扫看视频

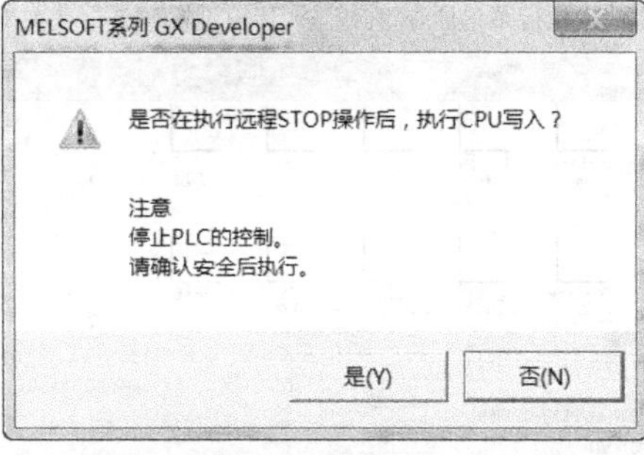

c) 单击“是”按钮可远程让PLC进入STOP模式

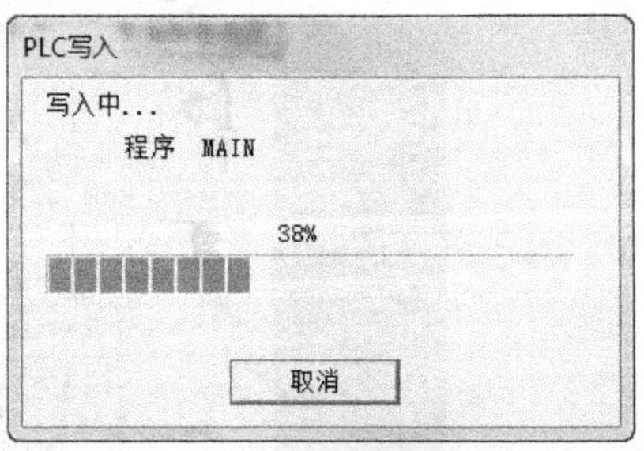

d) 程序写入进度条

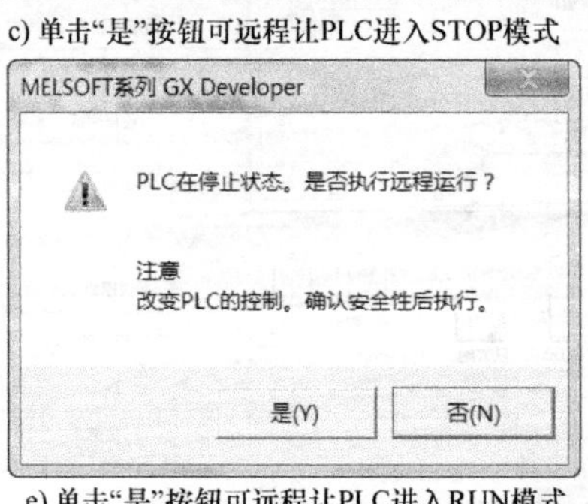

e) 单击“是”按钮可远程让PLC进入RUN模式

f) 程序写入完成对话框

图 1-21　在 GX Developer 软件下载程序到 PLC 的操作过程

1.4.6　项目实际接线

图 1-22 为 PLC 控制双灯先后点亮电路的实际接线（全图）。图 1-23a 为电源适配器的接线，图 1-23b 左图为输出端的 A 灯、B 灯接线，右图为 PLC 电源和输入端的开灯、关灯按钮接线。在实际接线时，可对照图 1-11 所示硬件电路图进行。

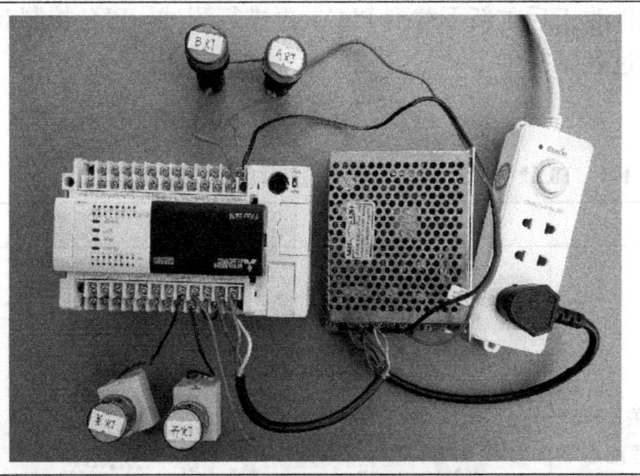

扫一扫看视频

图 1-22　PLC 控制双灯先后点亮电路的实际接线（全图）

a) 电源适配器的接线

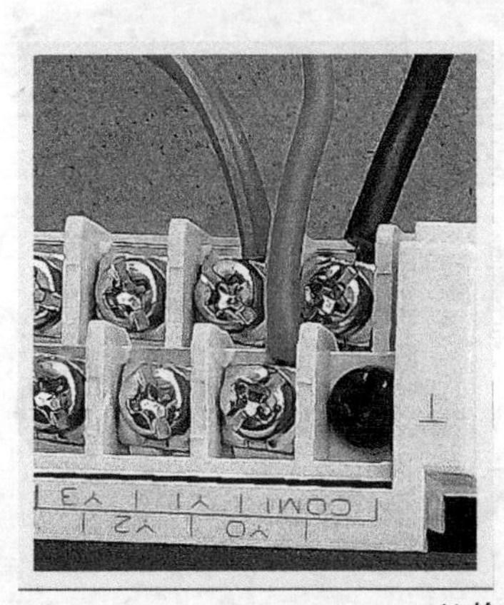

b) 输出端、输入端和电源端的接线

图 1-23　PLC 控制双灯先后点亮电路的实际接线（细节图）

1.4.7 项目通电测试

扫一扫看视频

PLC 控制双灯先后点亮电路的硬件接线完成，程序也已经下载到 PLC 后，就可以给系统通电，观察系统能否正常运行，并进行各种操作测试，观察能否达到控制要求，如果不正常，应检查硬件接线和编写的程序是否正确，若程序不正确，用编程软件改正后重新下载到 PLC，再进行测试。PLC 控制双灯先后点亮电路的通电测试过程见表 1-1。

表 1-1 PLC 控制双灯先后点亮电路的通电测试过程

序号	操作说明	操作图
1	按下电源插座上的开关，220V 交流电压送到 24V 电源适配器和 PLC，电源适配器工作，输出 24V 直流电压（输出指示灯亮），PLC 获得供电后，面板上的“POWER（电源）”指示灯亮，由于 RUN/STOP 模式切换开关处于 RUN 位置，故“RUN”指示灯也亮	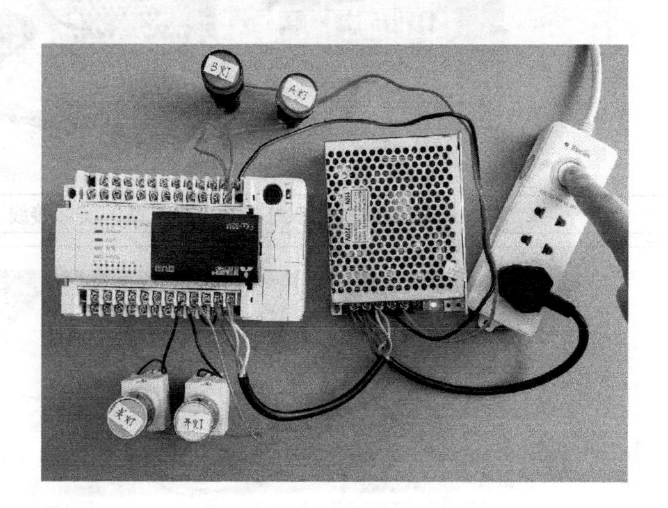
2	按下开灯按钮，PLC 面板上的 X0 端指示灯亮，表示 X0 端有输入，内部程序运行，面板上的 Y0 端指示灯变亮，表示 Y0 端有输出，Y0 端外接的 A 灯变亮	

（续）

序号	操作说明	操作图
3	5s 后，PLC 面板上的 Y1 端指示灯变亮，表示 Y1 端有输出，Y1 端外接的 B 灯也变亮	
4	按下关灯按钮，PLC 面板上的 X1 端指示灯亮，表示 X1 端有输入，内部程序运行，面板上的 Y0、Y1 端指示灯均熄灭，表示 Y0、Y1 端无输出，Y0、Y1 端外接的 A 灯和 B 灯均熄灭	
5	将 RUN/STOP 开关拨至 STOP 位置，再按下开灯按钮，虽然面板上的 X0 端指示灯亮，但由于 PLC 内部程序已停止运行，故 Y0、Y1 端均无输出，A、B 灯都不会亮	

第2章　三菱FX3S/3G/3U系列PLC介绍

2.1　概述

2.1.1　三菱 FX 系列 PLC 的三代机型

三菱 FX 系列 PLC 是三菱公司推出的小型整体式 PLC，在我国拥有量非常大，具体分为 FX1S、FX1N、FX1NC、FX2N、FX2NC、FX3SA、FX3S、FX3GA、FX3G、FX3GE、FX3GC、FX3U、FX3UC 等多个子系列，FX1S、FX1N、FX1NC 为一代机，FX2N、FX2NC 为二代机，FX3SA、FX3S、FX3GA、FX3G、FX3GE、FX3GC、FX3U、FX3UC 为三代机，因为一、二代机推出时间有一二十年，故社会的拥有量比较大，不过由于三代机性能强大且价格与二代机差不多，故越来越多的用户开始选用三代机。

FX1NC、FX2NC、FX3GC、FX3UC 分别是三菱 FX 系列的一、二、三代机变形机种，变形机种与普通机种区别主要在于：①变形机种较普通机种体积小，适合在狭小空间安装；②变形机种的端子采用插入式连接，普通机种的端子采用接线端子连接；③变形机种的输入电源只能是 DC 24V，普通机种的输入电源可以使用 DC 24V 或 AC 电源。在三菱 FX3 系列 PLC 中，FX3SA、FX3S 为简易机型，FX3GA、FX3G、FX3GE、FX3GC 为基本机型，FX3U、FX3UC 为高端机型。

2.1.2　三菱 FX 系列 PLC 的型号含义

PLC 的一些基本信息可以从产品型号了解，三菱 FX 系列 PLC 的型号含义如下：

FX2N-16MR-□-UA1/UL
①　②③④　⑤　⑥　⑦

FX3U-16 M R/ES
①　②　③④⑧

	区分	内容		区分	内容
①	系列名称	FX1S、FX1N、FX1NC、FX2N、FX2NC、FX3SA、FX3S、FX3GA、FX3G、FX3GE、FX3GC、FX3U、FX3UC	④	输出形式	R：继电器 S：双向晶闸管 T：晶体管
②	输入输出合计点数	8、16、32、48、64 等			
③	单元区分	M：基本单元 E：输入输出混合扩展设备 EX：输入扩展模块 EY：输出扩展模块	⑤	连接形式等	T：FX2NC 的端子排方式 LT（-2）：内置 FX3UC 的 CC-Link/LT 主站功能

（续）

	区分	内容
⑥	电源、输入输出方式	无：AC电源，漏型输出 E：AC电源，漏型输入、漏型输出 ES：AC电源，漏型/源型输入，漏型/源型输出 ESS：AC电源，漏型/源型输入，源型输出（仅晶体管输出） UA1：AC电源，AC输入 D：DC电源，漏型输入、漏型输出 DS：DC电源，漏型/源型输入，漏型输出 DSS：DC电源，漏型/源型输入，源型输出（仅晶体管输出）
⑦	UL规格（电气部件安全性标准）	无：不符合的产品 UL：符合UL规格的产品 即使是⑦未标注UL的产品，也有符合UL规格的机型
⑧	电源、输入输出方式	ES：AC电源，漏型/源型输入（晶体管输出型为漏型输出） ESS：AC电源，漏型/源型输入，源型输出（仅晶体管输出） D：DC电源，漏型输入、漏型输出 DS：DC电源，漏型/源型输入（晶体管输出型为漏型输出） DSS：DC电源，漏型/源型输入，源型输出（仅晶体管输出）

2.2 三菱FX3SA、FX3S系列PLC介绍

三菱FX3SA、FX3S是FX1S的升级机型，是三代机中的简易机型，机身小巧但是性能强，自带或易于扩展模拟量和Ethernet（以太网）、MODBUS通信功能。FX3SA、FX3S的区别主要在于FX3SA只能使用交流电源（AC100～240V）供电，而FX3S有交流电源供电的机型，也有直流电源（DC24V）供电的机型。

2.2.1 面板说明

三菱FX3SA、FX3S系列PLC基本单元（也称主机单元，可单独使用）面板外形如图2-1a所示，面板组成部件如图2-1b所示。

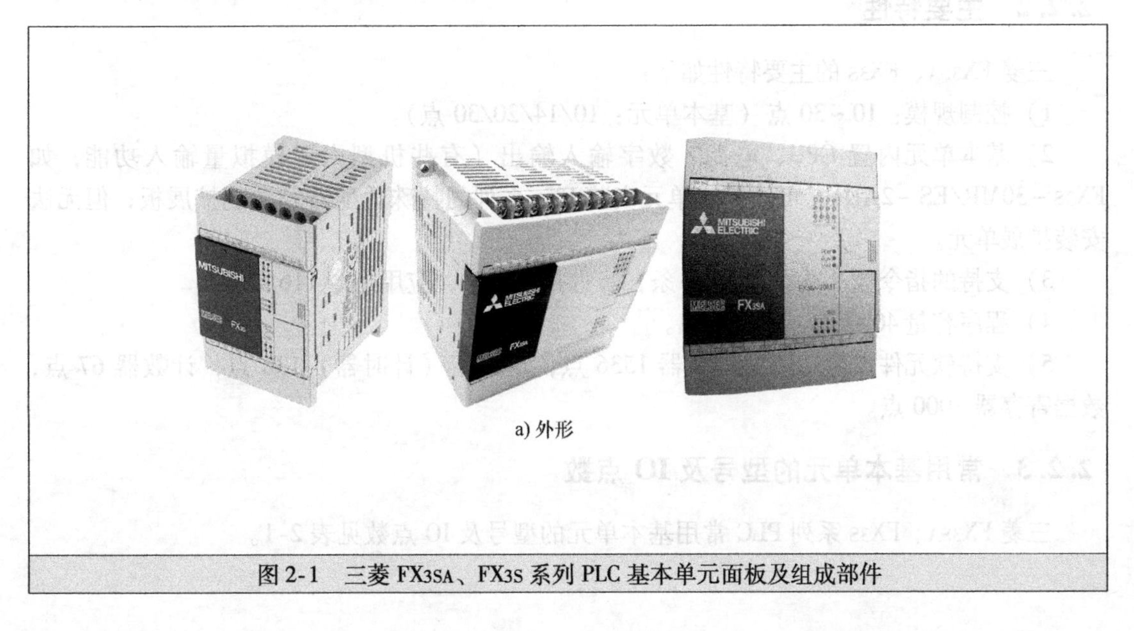

a) 外形

图2-1 三菱FX3SA、FX3S系列PLC基本单元面板及组成部件

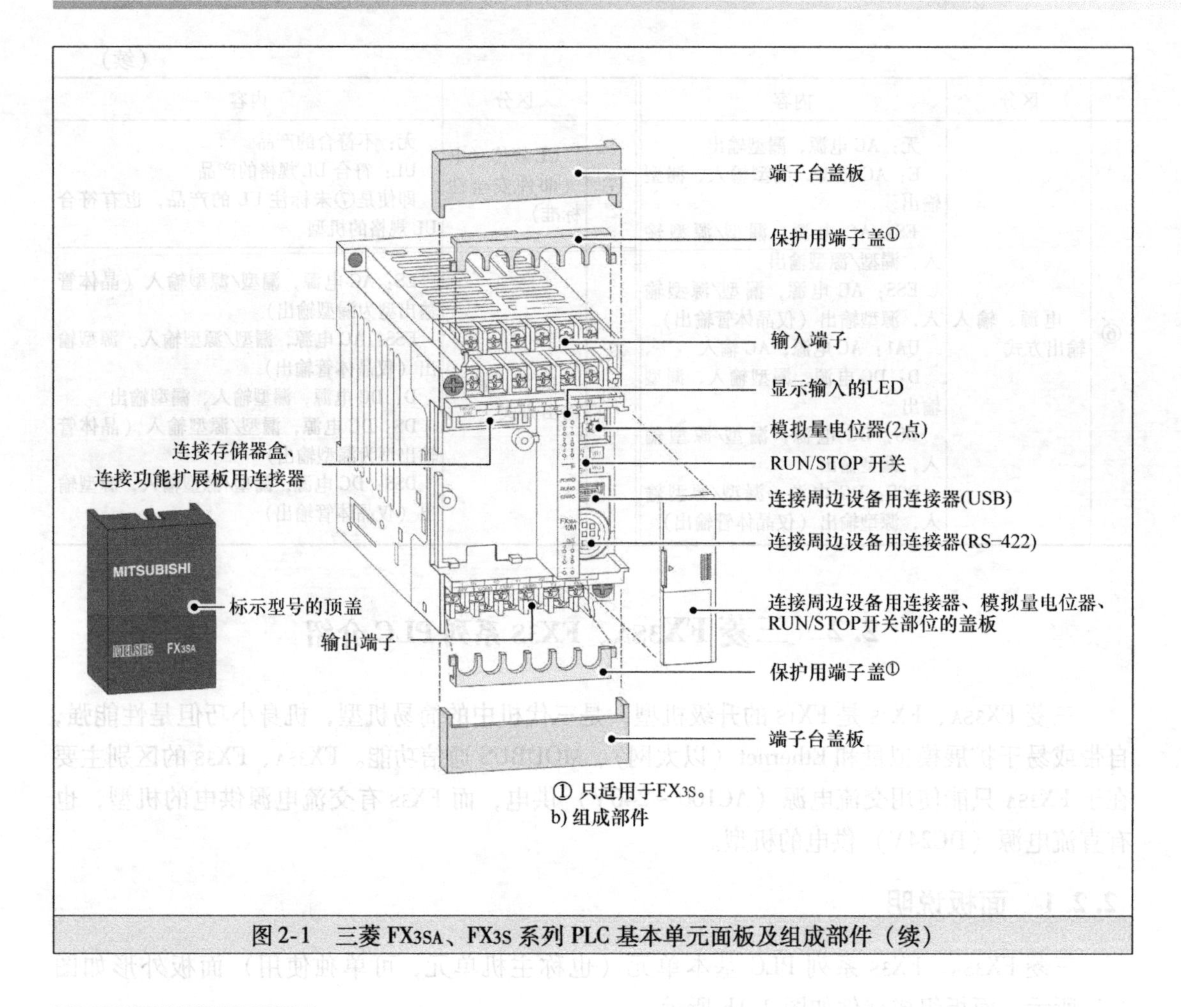

图 2-1　三菱 FX3SA、FX3S 系列 PLC 基本单元面板及组成部件（续）

2.2.2　主要特性

三菱 FX3SA、FX3S 的主要特性如下：

1）控制规模：10 ~ 30 点（基本单元：10/14/20/30 点）。

2）基本单元内置 CPU、电源、数字输入输出（有些机型内置模拟量输入功能，如 FX3S - 30MR/ES - 2AD)，可给基本单元安装 FX3 系列的特殊适配器和功能扩展板，但无法安装扩展单元。

3）支持的指令数：基本指令 29 条，步进指令 2 条，应用指令 116 条。

4）程序容量 4000 步，无须电池。

5）支持软元件数量：辅助继电器 1536 点，定时器（计时器）138 点，计数器 67 点，数据寄存器 3000 点。

2.2.3　常用基本单元的型号及 IO 点数

三菱 FX3SA、FX3S 系列 PLC 常用基本单元的型号及 IO 点数见表 2-1。

表 2-1 三菱 FX3SA、FX3S 系列 PLC 常用基本单元型号及 IO 点数

型号		点数		外形尺寸/mm
		输入	输出	($W \times H \times D$)
FX3SA 系列	FX3SA－10MR－CM	6	4	60×90×75
	FX3SA－10MT－CM			
	FX3SA－14MR－CM	8	6	
	FX3SA－14MT－CM			
	FX3SA－20MR－CM	12	8	75×90×75
	FX3SA－20MT－CM			
	FX3SA－30MR－CM	16	14	100×90×75
	FX3SA－30MT－CM			
FX3S 系列	FX3S－10MT/ESS	6	4	60×90×75
	FX3S－10MR/DS			60×90×49
	FX3S－10MT/DS			
	FX3S－10MT/DSS			
	FX3S－14MT/ESS	8	6	60×90×75
	FX3S－14MR/DS			60×90×49
	FX3S－14MT/DS			
	FX3S－14MT/DSS			
	FX3S－20MT/ESS	12	8	75×90×75
	FX3S－20MR/DS			75×90×49
	FX3S－20MT/DS			
	FX3S－20MT/DSS			
	FX3S－30MT/ESS	16	14	100×90×75
	FX3S－30MR/DS			100×90×49
	FX3S－30MT/DS			
	FX3S－30MT/DSS			
	FX3S－30MR/ES－2AD			100×90×75
	FX3S－30MT/ES－2AD			
	FX3S－30MT/ESS－2AD			

2.2.4 规格概要

三菱 FX3SA、FX3S 系列 PLC 基本单元规格概要见表 2-2。

表 2-2 三菱 FX3SA、FX3S 系列 PLC 基本单元规格概要

项目		规格概要
电源、输入输出	电源规格	AC 电源型①：AC100～240V 50/60Hz DC 电源型：DC24V
	消耗电量②	AC 电源型：19W（10M，14M），20W（20M），21W（30M） DC 电源型：6W（10M），6.5W（14M），7W（20M），8.5W（30M）

（续）

项目		规格概要
电源、输入输出	冲击电流	AC 电源型：最大 15A　5ms 以下/AC100V，最大 28A 5ms 以下/AC200V DC 电源型：最大 20A　1ms 以下/DC24V
	24V 供给电源	DC 电源型：DC24V 400mA
	输入规格	DC24V，5mA/7mA（无电压触点或漏型输入为 NPN、源型输入为 PNF 开路集电极晶体管）
	输出规格	继电器输出型：2A/1 点，8A/4 点 COM AC250V（取得 CE、UL/cUL 认证时为 240V），DC30V 以下 晶体管输出型：0.5A/1 点，0.8A/4 点 COM，DC5～30V
内置通信端口		RS－422，USB Mini－B 各 1 个通道

① FX3SA 只有 AC 电源机型。

② 这是基本单元上可连接的扩展结构最大时的值（AC 电源型全部使用 DC24V 供给电源）。另外还包括输入电流部分（每点为 7mA 或 5mA）。

2.3　三菱 FX3GA、FX3G、FX3GE、FX3GC 系列 PLC 介绍

三菱 FX3GA、FX3G、FX3GE、FX3GC 是三代机中的标准机型，这 4 种机型的主要区别是，FX3GA、FX3G 外形功能相同，但 FX3GA 只有交流供电型，而 FX3G 既有交流供电型，也有直流供电型；FX3GE 是在 FX3G 基础上内置了模拟量输入输出和以太网通信功能，故价格较高；FX3GC 是 FX3G 小型化的异形机型，只能使用 DC24V 供电。

三菱 FX3GA、FX3G、FX3GE、FX3GC 共有特性如下：

1）支持的指令数：基本指令 29 条，步进指令 2 条，应用指令 124 条。

2）程序容量 32000 步。

3）支持软元件数量：辅助继电器 7680 点，定时器（计时器）320 点，计数器 235 点，数据寄存器 8000 点，扩展寄存器 24000 点，扩展文件寄存器 24000 点。

2.3.1　三菱 FX3GA、FX3G 系列 PLC 简介

三菱 FX3GA、FX3G 系列 PLC 的控制规模为 24～128（FX3GA 基本单元：24/40/60 点）；14～128（FX3G 基本单元：14/24/40/60 点）；使用 CC－Link 远程 I/O 时为 256 点。FX3GA 只有交流供电型（AC 型），FX3G 既有交流供电型，也有直流供电型（DC 型）。

1. 面板及组成部件

三菱 FX3GA、FX3G 系列 PLC 基本单元面板外形如图 2-2a 所示，面板组成部件如图2-2b 所示。

2. 常用基本单元的型号及 IO 点数

三菱 FX3GA、FX3G 系列 PLC 常用基本单元的型号及 IO 点数见表 2-3。

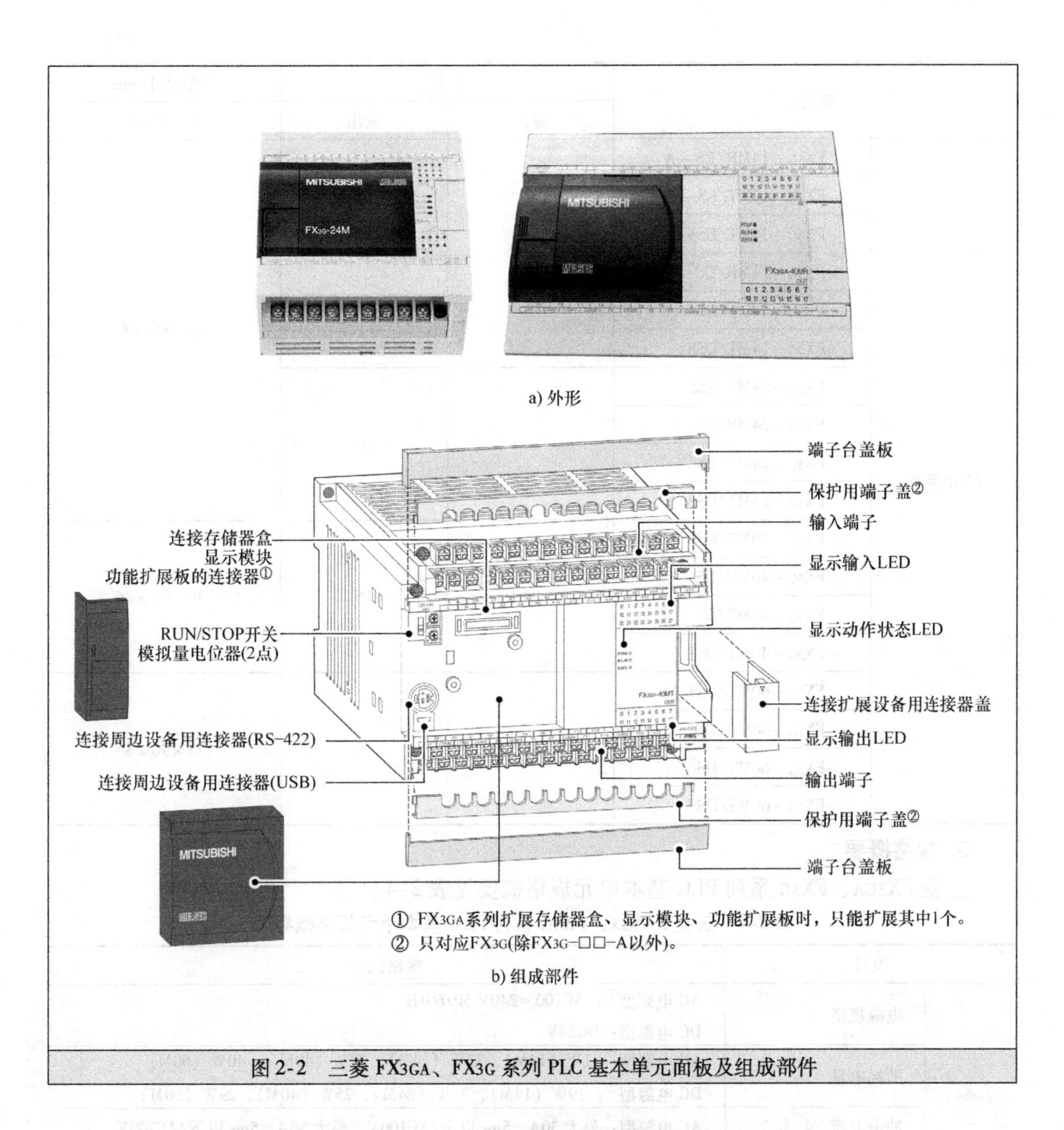

a) 外形

b) 组成部件

图 2-2 三菱 FX3GA、FX3G 系列 PLC 基本单元面板及组成部件

表 2-3 三菱 FX3GA、FX3G 系列 PLC 常用基本单元型号及 IO 点数

型号		点数		外形尺寸/mm
		输入	输出	(*W*×*H*×*D*)
FX3GA 系列	FX3GA-24MR-CM	14	10	90×90×86
	FX3GA-24MT-CM			
	FX3GA-40MR-CM	24	16	130×90×86
	FX3GA-40MT-CM			
	FX3GA-60MR-CM	36	24	175×90×86
	FX3GA-60MT-CM			

（续）

型号		点数		外形尺寸/mm
		输入	输出	（$W \times H \times D$）
FX3G 系列	FX3G－14MR/ES－A	8	6	90×90×86
	FX3G－14MT/ES－A			
	FX3G－14MT/ESS			
	FX3G－14MR/DS			
	FX3G－14MT/DS			
	FX3G－14MT/DSS			
	FX3G－24MT/ESS	14	10	
	FX3G－24MR/DS			
	FX3G－24MT/DS			
	FX3G－24MT/DSS			
	FX3G－40MT/ESS	24	16	130×90×86
	FX3G－40MR/DS			
	FX3G－40MT/DS			
	FX3G－40MT/DSS			
	FX3G－60MT/ESS	36	24	175×90×86
	FX3G－60MR/DS			
	FX3G－60MT/DS			
	FX3G－60MT/DSS			

3. 规格概要

三菱 FX3GA、FX3G 系列 PLC 基本单元规格概要见表 2-4。

表 2-4　三菱 FX3GA、FX3G 系列 PLC 基本单元规格概要

项目		规格概要
电源、输入输出	电源规格	AC 电源型①：AC100～240V 50/60Hz DC 电源型：DC24V
	消耗电量	AC 电源型：31W（14M），32W（24M），37W（40M），40W（60M） DC 电源型②：19W（14M），21W（24M），25W（40M），29W（60M）
	冲击电流	AC 电源型：最大 30A　5ms 以下/AC100V　最大 50A　5ms 以下/AC200V
	24V 供给电源	AC 电源型：400mA 以下
	输入规格	DC24V，5/7mA（无电压触点或漏型输入时：NPN 开路集电极晶体管，源型输入时：PNP 开路集电极晶体管）
	输出规格	继电器输出型：2A/1 点，8A/4 点 COM，AC250V（取得 CE、UL/cUL 认证时为 240V），DC30V 以下 晶体管输出型：0.5A/1 点，0.8A/4 点，DC5～30V
	输入输出扩展	可连接 FX2N 系列用扩展设备
内置通信端口		RS－422、USB 各 1 个通道

① FX3GA 只有 AC 电源机型。

② 为使用 DC28.8V 时的消耗电量。

2.3.2　三菱 FX3GE 系列 PLC 简介

三菱 FX3GE 系列 PLC 是在 FX3G 基础上内置了模拟量输入输出和以太网通信功能，其价格较高。三菱 FX3GE 系列 PLC 的控制规模为 24～128 点（基本单元有 24/40 点，连接扩展 IO 时可最多可使用 128 点），使用 CC-Link 远程 I/O 时为 256 点。

1. 面板及组成部件

三菱 FX3GE 系列 PLC 基本单元面板外形如图 2-3a 所示，面板组成部件如图 2-3b 所示。

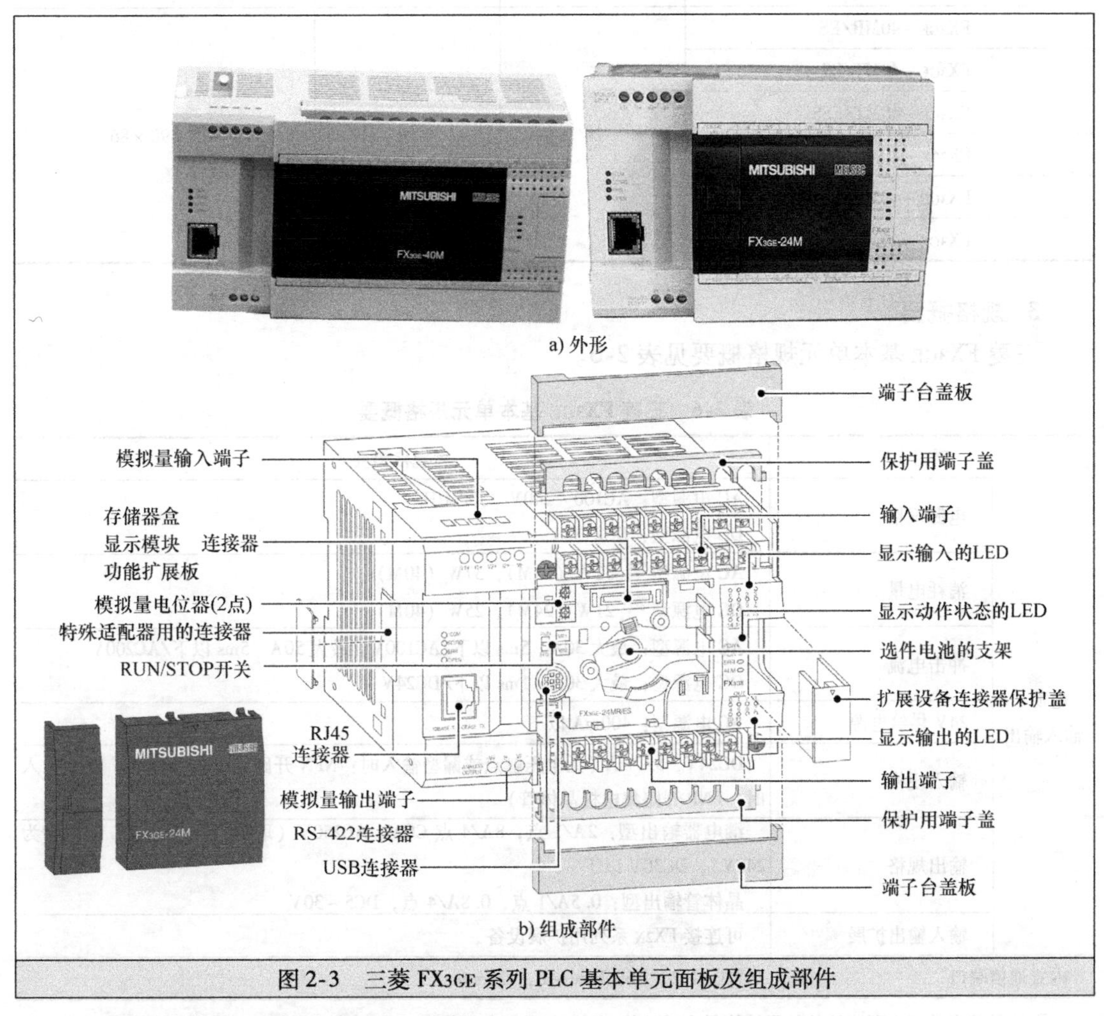

图 2-3　三菱 FX3GE 系列 PLC 基本单元面板及组成部件

2. 常用基本单元的型号及 IO 点数

三菱 FX3GE 系列 PLC 常用基本单元的型号及 IO 点数见表 2-5。

表 2-5　三菱 FX3GE 系列 PLC 常用基本单元的型号及 IO 点数

<table>
<tr><th rowspan="2">型号</th><th colspan="2">点数</th><th>外形尺寸/mm</th></tr>
<tr><th>输入</th><th>输出</th><th>(W×H×D)</th></tr>
<tr><td>FX3GE-24MR/ES</td><td rowspan="2">14</td><td rowspan="2">10</td><td rowspan="2">130×90×86</td></tr>
<tr><td>FX3GE-24MT/ES</td></tr>
</table>

（续）

型号	点数		外形尺寸/mm
	输入	输出	（W×H×D）
FX3GE－24MT/ESS	14	10	130×90×86
FX3GE－24MR/DS			
FX3GE－24MT/DS			
FX3GE－24MT/DSS			
FX3GE－40MR/ES	24	16	175×90×86
FX3GE－40MT/ES			
FX3GE－40MT/ESS			
FX3GE－40MR/DS			
FX3GE－40MT/DS			
FX3GE－40MT/DSS			

3. 规格概要

三菱 FX3GE 基本单元规格概要见表 2-6。

表 2-6　三菱 FX3GE 基本单元规格概要

项目		规格概要
电源、输入输出	电源规格	AC 电源型：AC100～240V　50/60Hz DC 电源型：DC24V
	消耗电量	AC 电源型①：32W（24M），37W（40M） DC 电源型②：21W（24M），25W（40M）
	冲击电流	AC 电源型：最大 30A　5ms 以下/AC100V，最大 50A　5ms 以下/AC200V DC 电源型：最大 30A　1ms 以下/DC24V
	24V 供给电源	AC 电源型：400mA 以下
	输入规格	DC24V，5/7mA（无电压触点或漏型输入时：NPN 开路集电极晶体管，源型输入时：PNP 开路集电极晶体管）
	输出规格	继电器输出型：2A/1 点，8A/4 点 COM，AC250V（取得 CE、UL/cUL 认证时为 240V），DC30V 以下 晶体管输出型：0.5A/1 点，0.8A/4 点，DC5～30V
	输入输出扩展	可连接 FX2N 系列用扩展设备
内置通信端口		RS－422，USB Mini－B，Ethernet

① 这是基本单元上可连接的扩展结构最大时的值（AC 电源型全部使用 DC24V 供给电源）。另外还包括输入电流部分（每点为 7mA 或 5mA）。

② 为使用 DC28.8V 时的消耗电量。

2.3.3　三菱 FX3GC 系列 PLC 简介

三菱 FX3GC 系列 PLC 是 FX3G 小型化的异形机型，只能使用 DC24V 供电，适合安装在狭小的空间。三菱 FX3GC 系列 PLC 的控制规模为 32～128 点（基本单元有 32 点，连接扩展 IO 时最多可使用 128 点），使用 CC－Link 远程 I/O 时可达 256 点。

1. 面板及组成部件

三菱 FX3GC 系列 PLC 基本单元面板外形如图 2-4a 所示，面板组成部件如图 2-4b 所示。

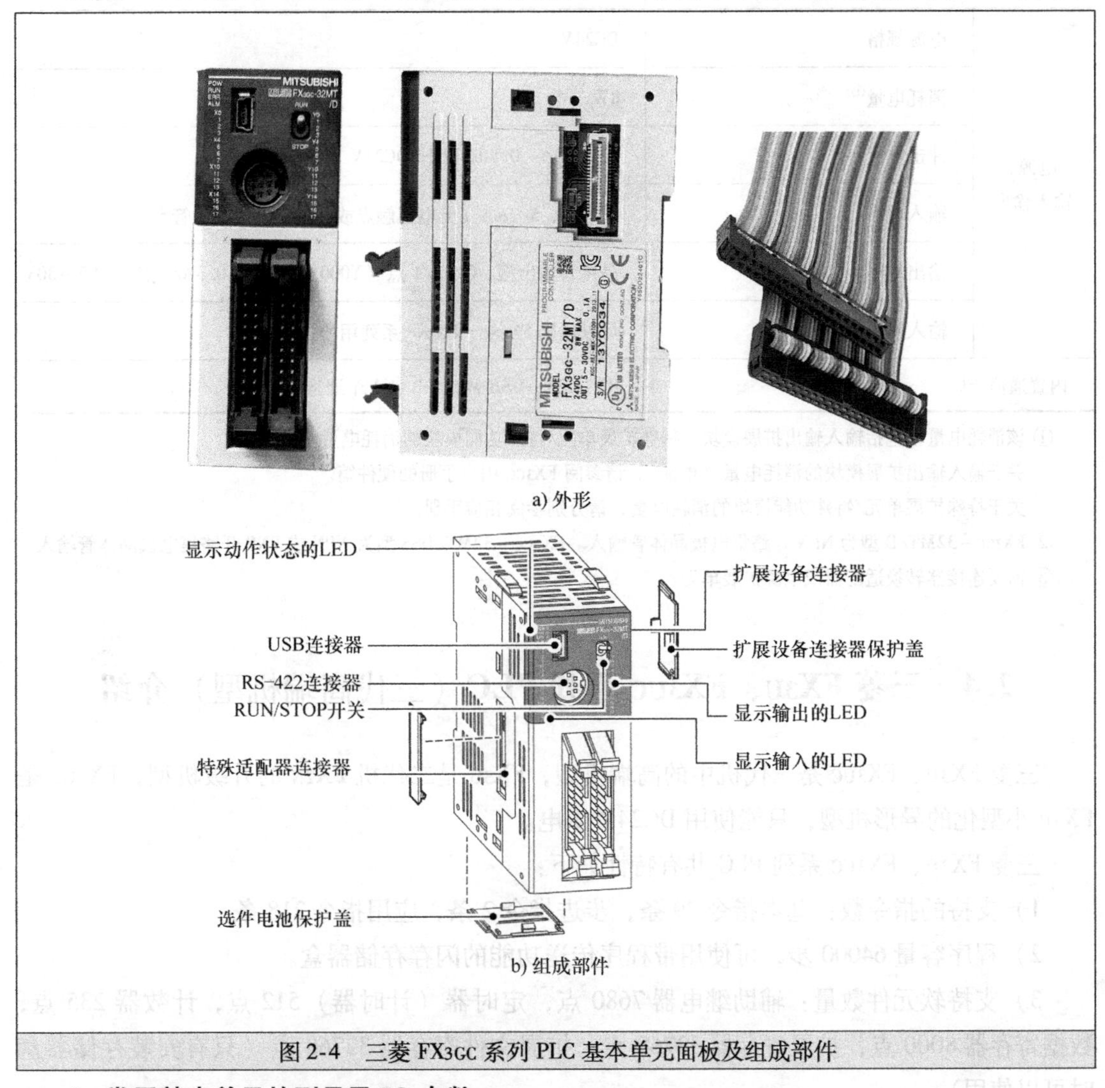

图 2-4　三菱 FX3GC 系列 PLC 基本单元面板及组成部件

2. 常用基本单元的型号及 IO 点数

三菱 FX3GC 系列 PLC 常用基本单元的型号及 IO 点数见表 2-7。

表 2-7　三菱 FX3GC 系列 PLC 常用基本单元的型号及 IO 点数

型号	点数		外形尺寸/mm
	输入	输出	*W*×*H*×*D*
FX3GC-32MT/D	16	16	34×90×87
FX3GC-32MT/DSS			

3. 规格概要

三菱 FX3GC 系列 PLC 基本单元规格概要见表 2-8。

表 2-8　三菱 FX3GC 系列 PLC 基本单元规格概要

项目		规格概要
电源、输入输出	电源规格	DC24V
	消耗电量①	8W
	冲击电流	最大 30A　0.5ms 以下/DC24V
	输入规格	DC24V，5/7mA（无电压触点或开路集电极晶体管②）
	输出规格	晶体管输出型：0.1A/1 点（Y000 ~ Y001 为 0.3A/1 点）DC5 ~ 30V
	输入输出扩展	可以连接 FX2NC、FX2N③系列用的扩展模块
内置通信端口		RS－422，USB Mini－B 各 1 个通道

① 该消耗电量不包括输入输出扩展模块、特殊扩展单元/特殊功能模块的消耗电量。
关于输入输出扩展模块的消耗电量（电流），请参阅 FX3GC 用户手册的硬件篇。
关于特殊扩展单元/特殊功能模块的消耗电量，请分别参阅相应手册。

② FX3GC－32MT/D 型为 NPN 开路集电极晶体管输入。FX3GC－32MT/DSS 型为 NPN 或 PNP 开路集电极晶体管输入。

③ 需要连接器转换适配器或电源扩展单元。

2.4　三菱 FX3U、FX3UC 系列 PLC（三代高端机型）介绍

三菱 FX3U、FX3UC 是三代机中的高端机型，FX3U 是二代机 FX2N 的升级机型，FX3UC 是 FX3U 小型化的异形机型，只能使用 DC24V 供电。

三菱 FX3U、FX3UC 系列 PLC 共有特性如下：

1）支持的指令数：基本指令 29 条，步进指令 2 条，应用指令 218 条。

2）程序容量 64000 步，可使用带程序传送功能的闪存存储器盒。

3）支持软元件数量：辅助继电器 7680 点，定时器（计时器）512 点，计数器 235 点，数据寄存器 8000 点，扩展寄存器 32768 点，扩展文件寄存器 32768 点（只有安装存储器盒时可以使用）。

2.4.1　三菱 FX3U 系列 PLC 简介

三菱 FX3U 系列 PLC 的控制规模为 16 ~ 256 点（基本单元：16/32/48/64/80/128 点，连接扩展 IO 时最多可使用 256 点）；使用 CC－Link 远程 I/O 时为 384 点。

1. 面板及组成部件

三菱 FX3U 系列 PLC 基本单元面板外形如图 2-5a 所示，面板组成部件如图 2-5b 所示。

2. 常用基本单元的型号及 IO 点数

三菱 FX3U 系列 PLC 常用基本单元的型号及 IO 点数见表 2-9。

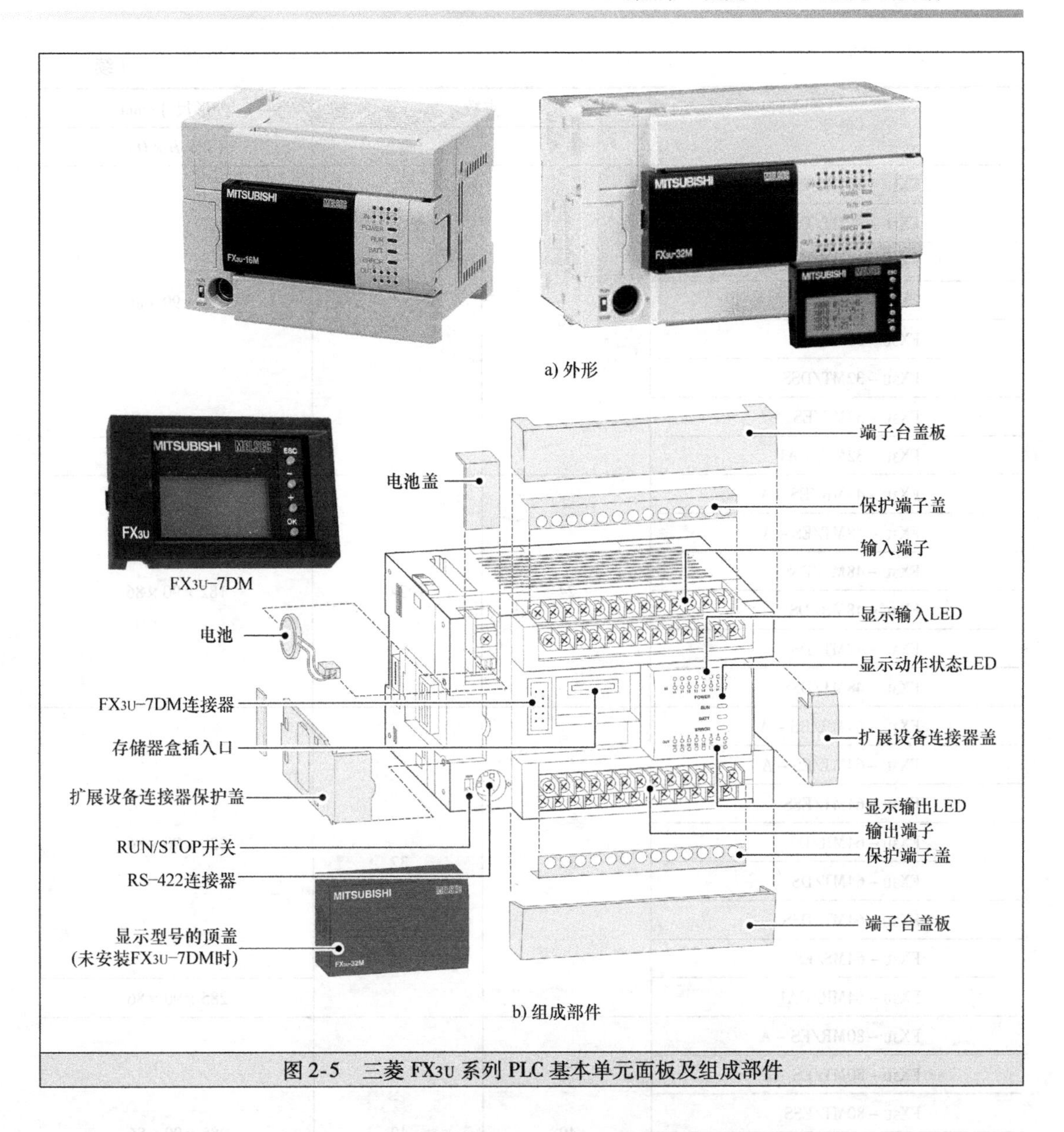

图 2-5　三菱 FX3U 系列 PLC 基本单元面板及组成部件

表 2-9　三菱 FX3U 系列 PLC 常用基本单元型号及 IO 点数

型号	点数		外形尺寸/mm
	输入	输出	(*W*×*H*×*D*)
FX3U－16MR/ES－A	8	8	130×90×86
FX3U－16MT/ES－A			
FX3U－16MT/ESS			
FX3U－16MR/DS			
FX3U－16MT/DS			
FX3U－16MT/DSS			

（续）

型号	点数		外形尺寸/mm
	输入	输出	（$W \times H \times D$）
FX3U－32MR/ES－A	16	16	150×90×86
FX3U－32MT/ES－A			
FX3U－32MT/ESS			
FX3U－32MR/DS			
FX3U－32MT/DS			
FX3U－32MT/DSS			
FX3U－32MS/ES			
FX3U－32MR/UA1			182×90×86
FX3U－48MR/ES－A	24	24	182×90×86
FX3U－48MT/ES－A			
FX3U－48MT/ESS			
FX3U－48MR/DS			
FX3U－48MT/DS			
FX3U－48MT/DSS			
FX3U－64MR/ES－A	32	32	220×90×86
FX3U－64MT/ES－A			
FX3U－64MT/ESS			
FX3U－64MR/DS			
FX3U－64MT/DS			
FX3U－64MT/DSS			
FX3U－64MS/ES			
FX3U－64MR/UA1			285×90×86
FX3U－80MR/ES－A	40	40	285×90×86
FX3U－80MT/ES－A			
FX3U－80MT/ESS			
FX3U－80MR/DS			
FX3U－80MT/DS			
FX3U－80MT/DSS			
FX3U－128MR/ES－A	64	64	350×90×86
FX3U－128MT/ES－A			
FX3U－128MT/ESS			

3. 规格概要

三菱 FX3U 系列 PLC 基本单元规格概要见表 2-10。

表 2-10 三菱 FX3U 系列 PLC 基本单元规格概要

项目		规格概要
电源、输入输出	电源规格	AC 电源型：AC100～240V 50/60Hz DC 电源型：DC24V
	消耗电量	AC 电源型：30W（16M），35W（32M），40W（48M），45W（64M），50W（80M），65W（128M） DC 电源型：25W（16M），30W（32M），35W（48M），40W（64M），45W（80M）
	冲击电流	AC 电源型：最大 30A 5ms 以下/AC100V，最大 45A 5ms 以下/AC200V
	24V 供给电源	AC 电源 DC 输入型：400mA 以下（16M，32M）600mA 以下（48M，64M，80M，128M）
	输入规格	DC 输入型：DC24V，5/7mA（无电压触点或漏型输入时：NPN 开路集电极晶体管，源型输入时：PNP 开路集电极晶体管） AC 输入型 ：AC100～120V AC 电压输入
	输出规格	继电器输出型：2A/1 点，8A/4 点 COM，8A/8 点 COM AC250V（取得 CE、UL/cUL 认证时为 240V），DC30V 以下 双向晶闸管型：0.3A/1 点，0.8A/4 点 COM AC85～242V 晶体管输出型：0.5A/1 点，0.8A/4 点，1.6A/8 点 COM DC5～30V
	输入输出扩展	可连接 FX2N 系列用扩展设备
内置通信端口		RS-422

2.4.2 三菱 FX3UC 系列 PLC 简介

三菱 FX3UC 是 FX3U 小型化的异形机型，只能使用 DC24V 供电，适合安装在狭小的空间。三菱 FX3UC 的控制规模为 16～256 点（基本单元有 16/32/64/96 点，连接扩展 IO 时最多可使用 256 点），使用 CC-Link 远程 I/O 时可达 384 点。

1. 面板及组成部件

三菱 FX3UC 系列 PLC 基本单元面板外形如图 2-6a 所示，面板组成部件如图 2-6b 所示。

2. 常用基本单元的型号及 IO 点数

三菱 FX3UC 系列 PLC 常用基本单元的型号及 IO 点数见表 2-11。

3. 规格概要

三菱 FX3UC 系列 PLC 基本单元规格概要见表 2-12。

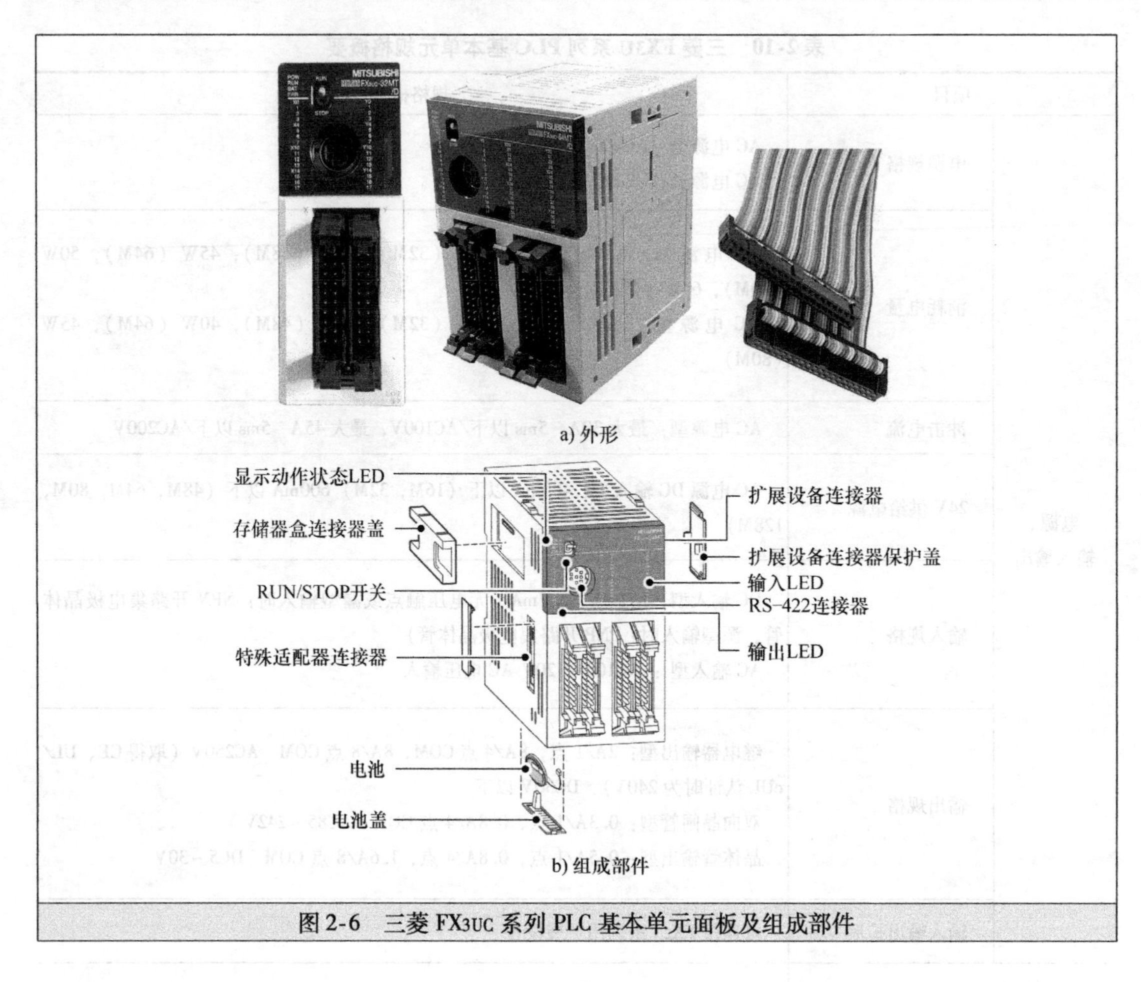

图 2-6　三菱 FX3UC 系列 PLC 基本单元面板及组成部件

表 2-11　三菱 FX3UC 系列 PLC 常用基本单元的型号及 IO 点数

型号	点数		外形尺寸/mm
	输入	输出	($W \times H \times D$)
FX3UC－16MR/D－T	8	8	34×90×89
FX3UC－16MR/DS－T			
FX3UC－16MT/D			34×90×87
FX3UC－16MT/DSS			
FX3UC－16MT/D－P4			
FX3UC－16MT/DSS－P4			
FX3UC－32MT/D	16	16	34×90×87
FX3UC－32MT/DSS			
FX3UC－64MT/D	32	32	59.7×90×87
FX3UC－64MT/DSS			
FX3UC－96MT/D	48	48	85.4×90×87
FX3UC－96MT/DSS			

表 2-12　三菱 FX3UC 系列 PLC 基本单元规格概要

项目		规格概要
电源、输入输出	电源规格	DC24V
	消耗电量[①]	6W（16 点型），8W（32 点型），11W（64 点型），14W（96 点型）
	冲击电流	最大 30A　0.5ms 以下/DC24V
	输入规格	DC24V，5/7mA（无电压触点或开路集电极晶体管[②]）
	输出规格	继电器输出型：2A/1 点，4A/1COM　AC250V（取得 CE、UL/cUL 认证时为 240V），DC30V 以下 晶体管输出型：0.1A/1 点（Y000～Y003 为 0.3A/1 点）DC5～30V
	输入输出扩展	可以连接 FX2NC、FX2N[③]系列用扩展模块
内置通信端口		RS－422

① 该消耗电量不包括输入输出扩展模块、特殊扩展单元/特殊功能模块的消耗电量。

② FX3UC－□□MT/D 型为 NPN 开路集电极晶体管输入。FX3UC－□□MT/DSS 型为 NPN 或是 PNP 开路集电极晶体管输入。

③ 需要连接器转换适配器或电源扩展单元。

2.5　三菱 FX 系列 PLC 电源、输入和输出端子的接线

2.5.1　电源端子的接线

三菱 FX 系列 PLC 工作时需要提供电源，其供电电源类型有 AC（交流）和 DC（直流）两种。AC 供电型 PLC 有 L、N 两个端子（旁边有一个接地端子），DC 供电型 PLC 有＋、－两个端子，PLC 获得供电后会从内部输出 24V 直流电压，从 24V、0V 端（FX3 系列 PLC）输出，或从 24V、COM 端（FX1、FX2 系列 PLC）输出，如图 2-7 所示。

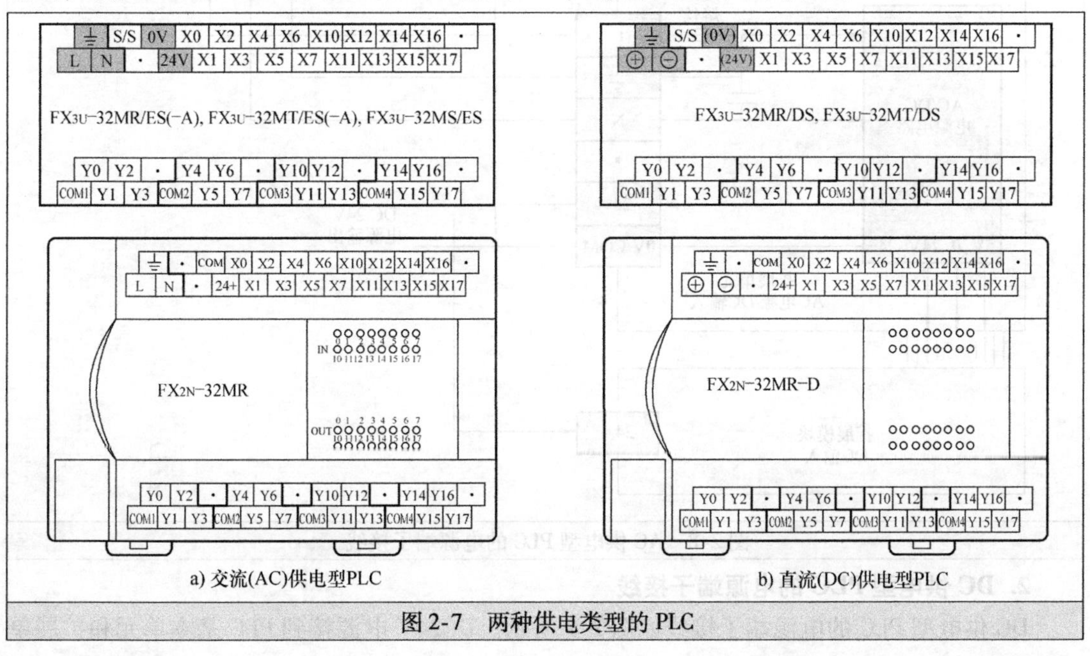

图 2-7　两种供电类型的 PLC

1. AC 供电型 PLC 的电源端子接线

AC 供电型 PLC 的电源端子接线如图 2-8 所示。AC100 ~ 240V 交流电源接到 PLC 基本单元和扩展单元的 L、N 端子，交流电源在内部经 AC/DC 电源电路转换得到 DC24V 和 DC5V 直流电压，这两个电压一方面通过扩展电缆提供给扩展模块，另一方面 DC24V 电压还会从 24 +、0V（或 COM）端子向外输出。

扩展单元和扩展模块的区别在于：扩展单元内部有电源电路，可以向外部输出电压，而扩展模块内部无电源电路，只能从外部输入电源。由于基本单元和扩展单元内部的电源电路功率有限，所以不要用一个单元的输出电源提供给所有的扩展模块。

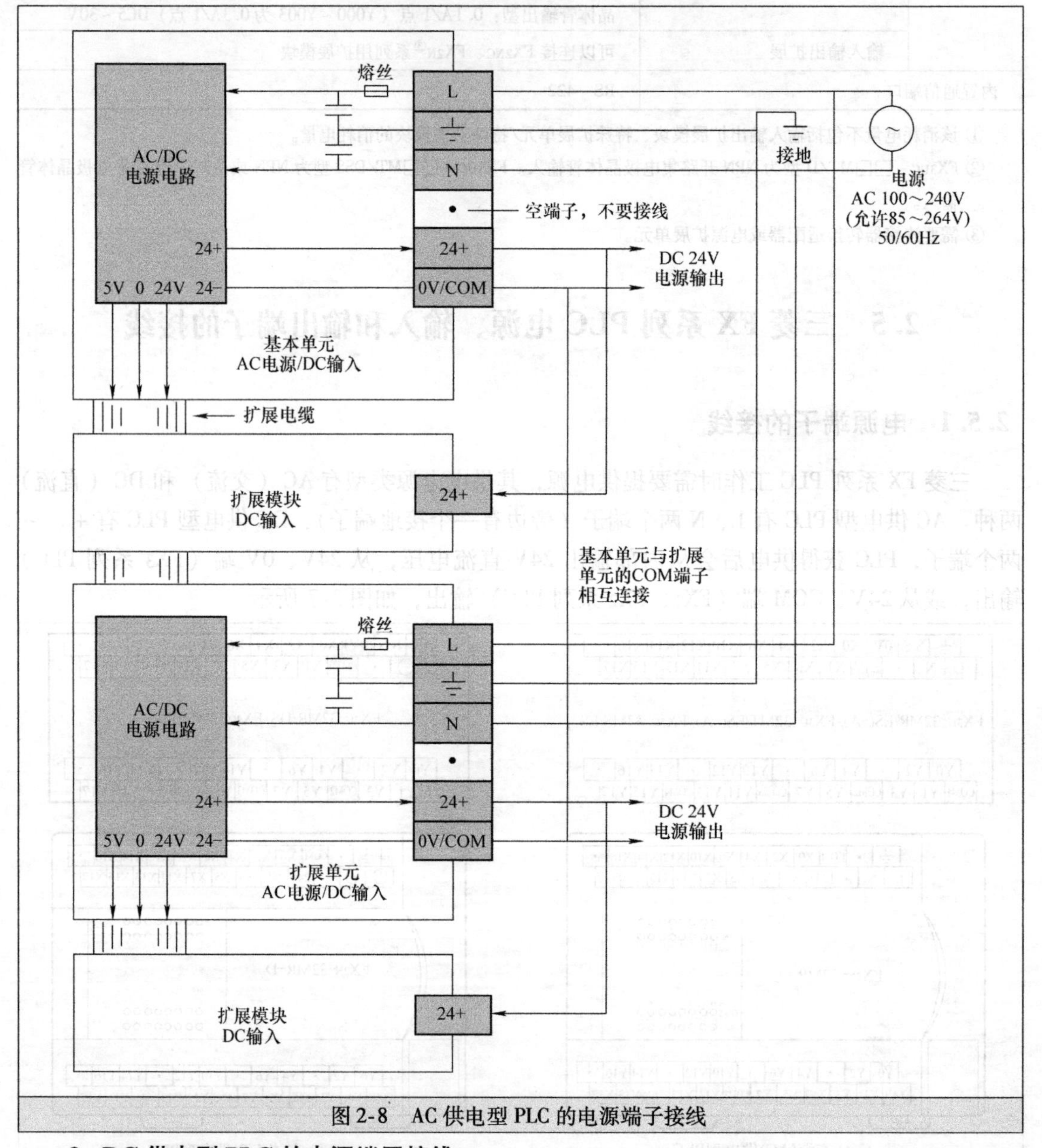

图 2-8　AC 供电型 PLC 的电源端子接线

2. DC 供电型 PLC 的电源端子接线

DC 供电型 PLC 的电源端子接线如图 2-9 所示。DC24V 电源接到 PLC 基本单元和扩展单元的+、-端子，该电压在内部经DC/DC电源电路转换得DC5V和DC24V，这两个电压一方面通过扩展电缆提供给扩展模块，另一方面DC24V电压还会从24+、0V（或COM）端子向外输出。为了减轻基本单元或扩展单元内部电源电路的负担，扩展模块所需的DC24V可以直接由外部DC24V电源提供。

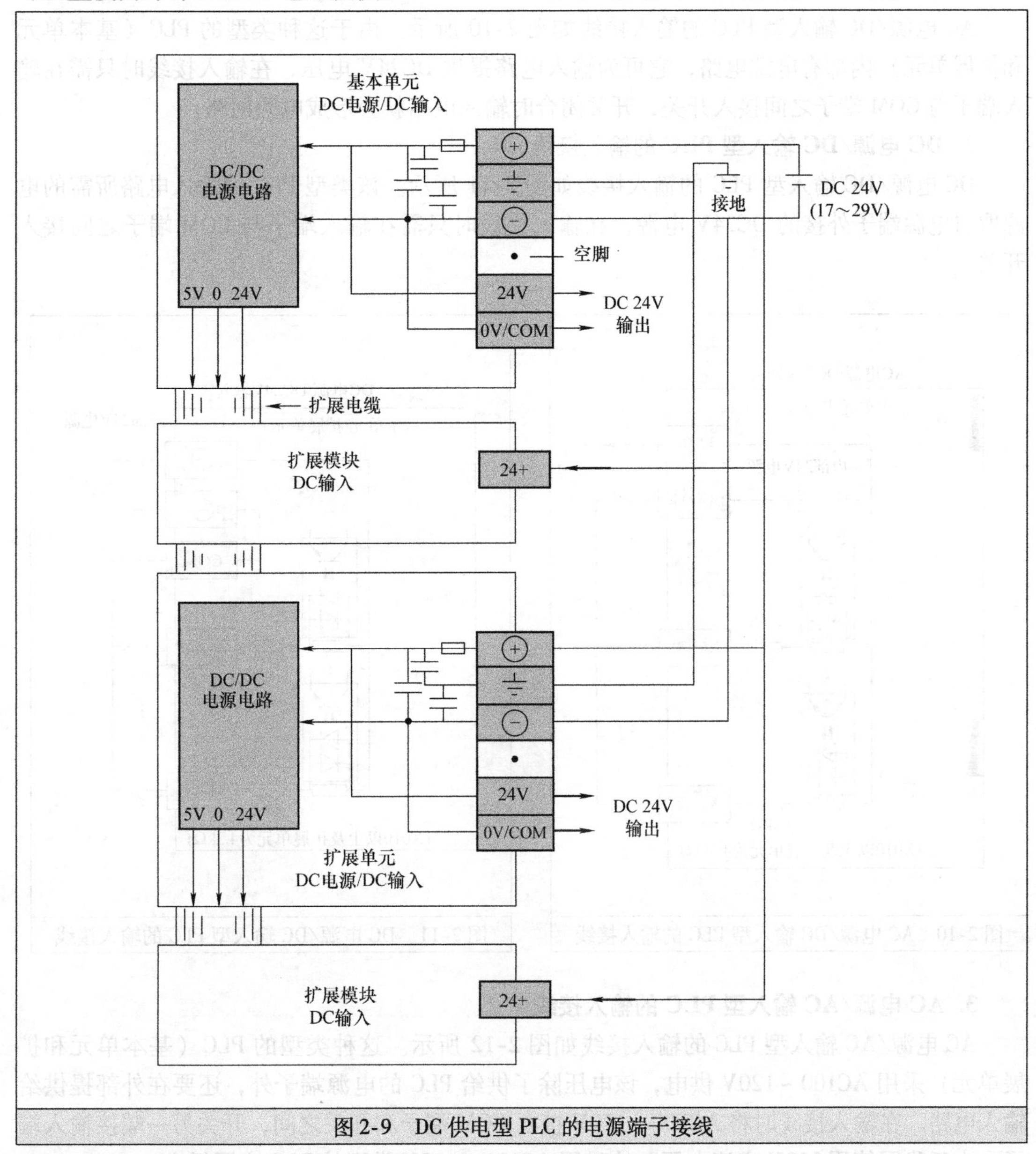

图2-9　DC供电型PLC的电源端子接线

2.5.2　三菱FX1、FX2、FX3GC、FX3UC系列PLC的输入端子接线

PLC输入端子接线方式与PLC的供电类型有关，具体可分为AC电源/DC输入、DC电源/DC输入、AC电源/AC输入三种方式，其中AC电源/DC输入型PLC最为常用，AC电源/AC输入型PLC使用较少。三菱FX1NC、FX2NC、FX3GC、FX3UC系列PLC主要用在空间狭小的场合，为了减小体积，其内部取消了较占空间的AC/DC电源电路，只能从电源端子直

接输入DC电源，即这些PLC只有DC电源/DC输入型。

三菱FX_{1S}、FX_{1N}、FX_{1NC}、FX_{2N}、FX_{2NC}、FX_{3GC}、FX_{3UC}系列PLC的输入公共端为COM端子，故这些PLC的输入端接线基本相同。

1. AC电源/DC输入型PLC的输入接线

AC电源/DC输入型PLC的输入接线如图2-10所示。由于这种类型的PLC（基本单元和扩展单元）内部有电源电路，它可为输入电路提供DC24V电压，在输入接线时只需在输入端子与COM端子之间接入开关，开关闭合时输入电路就会形成电源回路。

2. DC电源/DC输入型PLC的输入接线

DC电源/DC输入型PLC的输入接线如图2-11所示。该类型PLC的输入电路所需的电源取自电源端子外接的DC24V电源，在输入接线时只需在输入端子与COM端子之间接入开关。

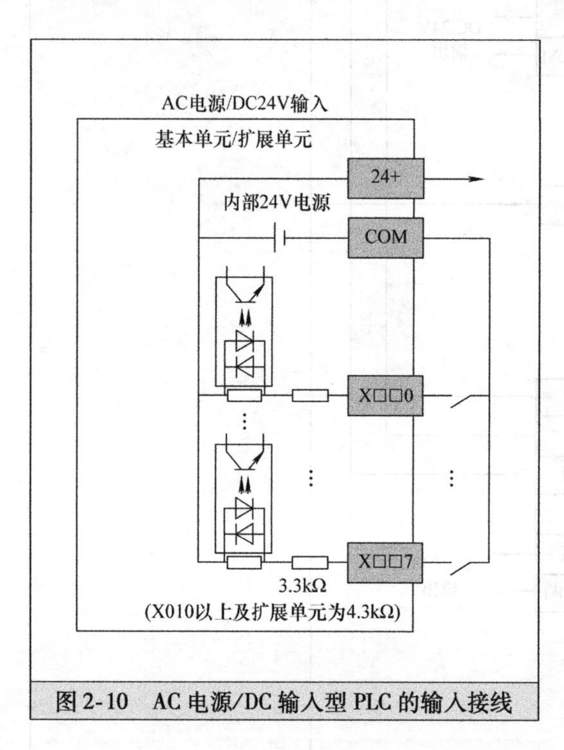

图2-10　AC电源/DC输入型PLC的输入接线

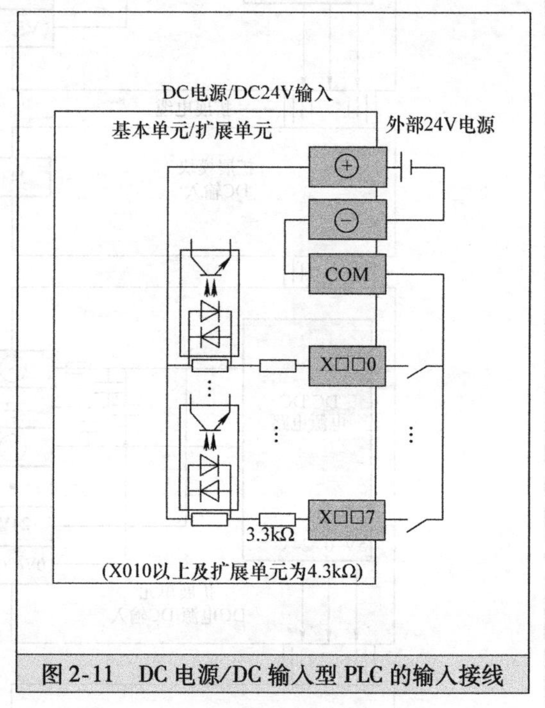

图2-11　DC电源/DC输入型PLC的输入接线

3. AC电源/AC输入型PLC的输入接线

AC电源/AC输入型PLC的输入接线如图2-12所示。这种类型的PLC（基本单元和扩展单元）采用AC100～120V供电，该电压除了供给PLC的电源端子外，还要在外部提供给输入电路。在输入接线时将AC100～120V接在COM端子和开关之间，开关另一端接输入端子。由于我国使用220V交流电压，故采用AC100～120V类型的PLC应用很少。

4. 扩展模块的输入接线

扩展模块的输入接线如图2-13所示。由于扩展模块内部没有电源电路，它只能由外部为输入电路提供DC24V电压，在输入接线时将DC24V正极接扩展模块的24+端子，DC24V负极接开关，开关另一端接输入端子。

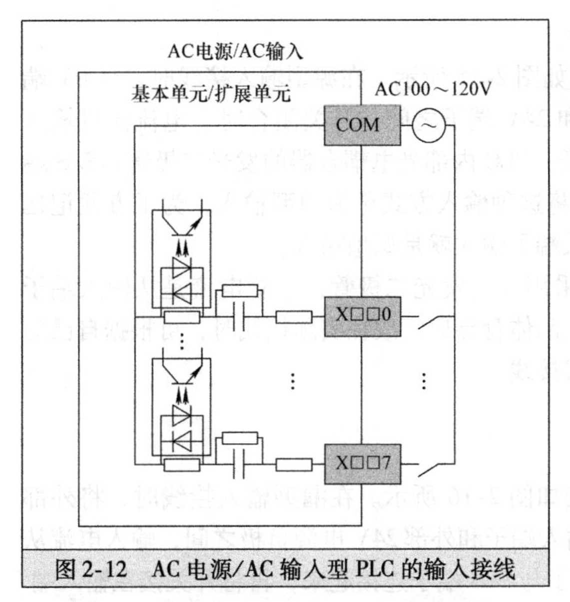

图 2-12　AC 电源/AC 输入型 PLC 的输入接线

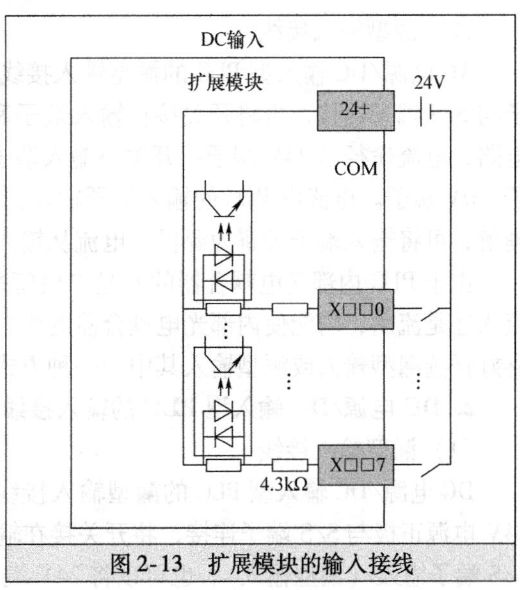

图 2-13　扩展模块的输入接线

2.5.3　三菱 FX3SA、FX3S、FX3GA、FX3G、FX3GE、FX3U 系列 PLC 的输入端子接线

在三菱 FX1S、FX1N、FX1NC、FX2N、FX2NC、FX3GC、FX3UC 系列 PLC 的输入端子中，COM 端子既作公共端，又作 0V 端，而三菱 FX3SA、FX3S、FX3GA、FX3G、FX3GE、FX3U 系列 PLC 的输入端子取消了 COM 端子（AC 输入型仍为 COM 端子），增加了 S/S 端子和 0V 端子，其中 S/S 端子用作公共端。

三菱 FX3SA、FX3S、FX3GA、FX3G、FX3GE、FX3U 系列 PLC 的输入方式有 AC 电源/DC 输入型、DC 电源/DC 输入型和 AC 电源/AC 输入型，由于三菱 FX3 系列 PLC 的 AC 电源/AC 输入型的输入端仍保留 COM 端子，故其接线与三菱 FX1、FX2 系列 PLC 的 AC 电源/AC 输入型相同。

1. AC 电源/DC 输入型 PLC 的输入接线

（1）漏型输入接线

AC 电源/DC 输入型 PLC 的漏型输入接线如图 2-14 所示。在漏型输入接线时，将 24V 端子与 S/S 端子连接，再将开关接在输入端子和 0V 端子之间，开关闭合时有电流流过输入电路，电流途径是 24V 端子→S/S 端子→PLC 内部光电耦合器的发光二极管→输入端子→0V 端子。电流由 PLC 输入端的公共端子（S/S 端）输入，将这种输入方式称为漏型输入，为了方便记忆理解，可将公共端子理解为漏极，电流从公共端输入就是漏型输入。

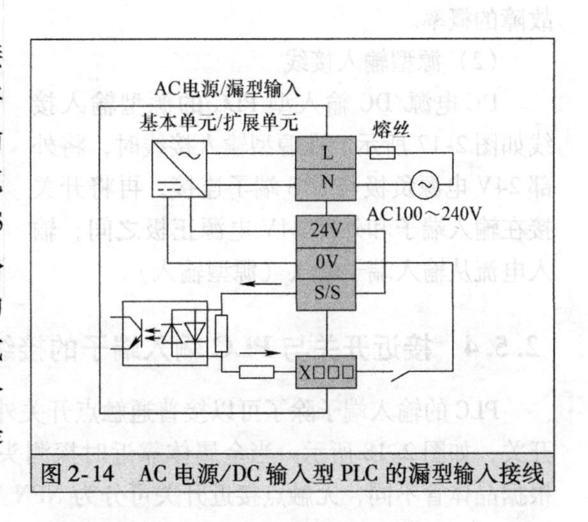

图 2-14　AC 电源/DC 输入型 PLC 的漏型输入接线

（2）源型输入接线

AC 电源/DC 输入型 PLC 的源型输入接线如图 2-15 所示。在源型输入接线时，将 0V 端子与 S/S 端子连接，再将开关接在输入端子和 24V 端子之间，开关闭合时有电流流过输入电路，电流途径是 24V 端子→开关→输入端子→PLC 内部光电耦合器的发光二极管→S/S 端子→0V 端子。电流由 PLC 的输入端子输入，将这种输入方式称为源型输入，为了方便记忆理解，可将输入端子理解为源极，电流从输入端子输入就是源型输入。

由于 PLC 内部光电耦合器的发光二极管采用双向发光二极管，不管电流是从输入端子流入还是流出，均能使内部光电耦合器的光电晶体管导通，故在实际接线时，可根据自己的喜好任选漏型输入或源型输入其中的一种方式接线。

2. DC 电源/DC 输入型 PLC 的输入接线

（1）漏型输入接线

DC 电源/DC 输入型 PLC 的漏型输入接线如图 2-16 所示。在漏型输入接线时，将外部 24V 电源正极与 S/S 端子连接，将开关接在输入端子和外部 24V 电源负极之间，输入电流从 S/S 端子输入（漏型输入）。也可以将 24V 端子与 S/S 端子连接起来，再将开关接在输入端子和 0V 端子之间，但这样做会使从电源端子进入 PLC 的电流增大，从而增加 PLC 出现故障的概率。

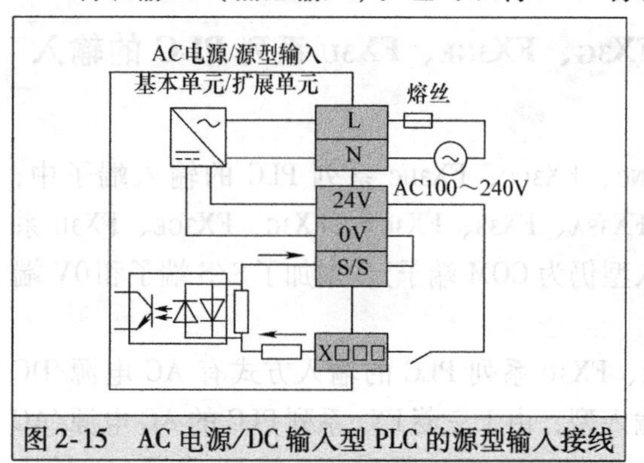

图 2-15　AC 电源/DC 输入型 PLC 的源型输入接线

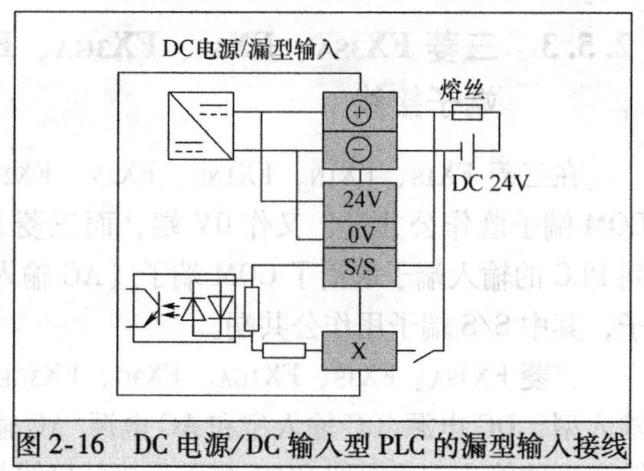

图 2-16　DC 电源/DC 输入型 PLC 的漏型输入接线

（2）源型输入接线

DC 电源/DC 输入型 PLC 的源型输入接线如图 2-17 所示。在源型输入接线时，将外部 24V 电源负极与 S/S 端子连接，再将开关接在输入端子和外部 24V 电源正极之间，输入电流从输入端子输入（源型输入）。

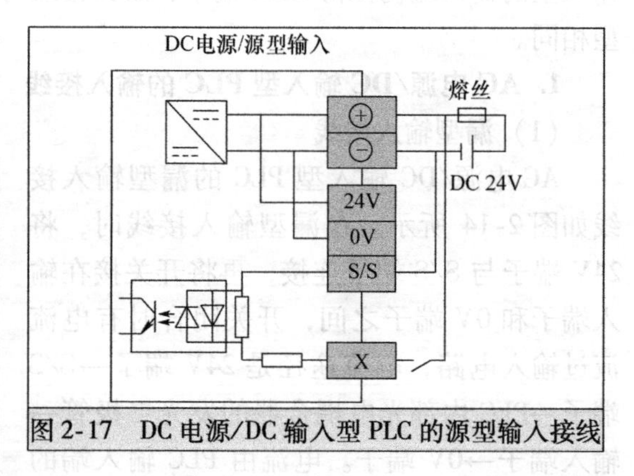

图 2-17　DC 电源/DC 输入型 PLC 的源型输入接线

2.5.4　接近开关与 PLC 输入端子的接线

PLC 的输入端子除了可以接普通触点开关外，还可以接一些无触点开关，如无触点接近开关，如图 2-18 所示。当金属体靠近时探测头时，内部的晶体管导通，相当于开关闭合。根据晶体管不同，无触点接近开关可分为 NPN 型和 PNP 型，根据引出线数量不同，可分为

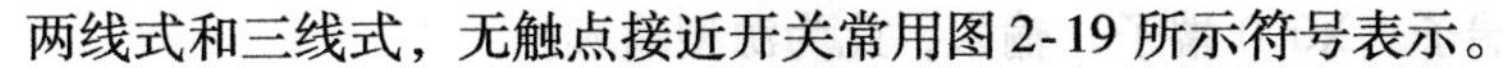

两线式和三线式，无触点接近开关常用图 2-19 所示符号表示。

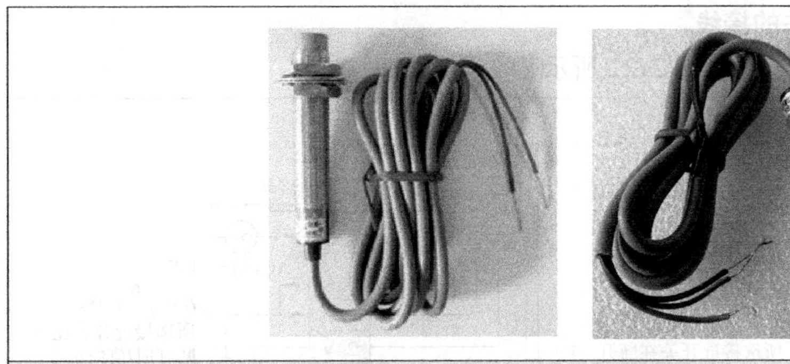

图 2-18　无触点接近开关

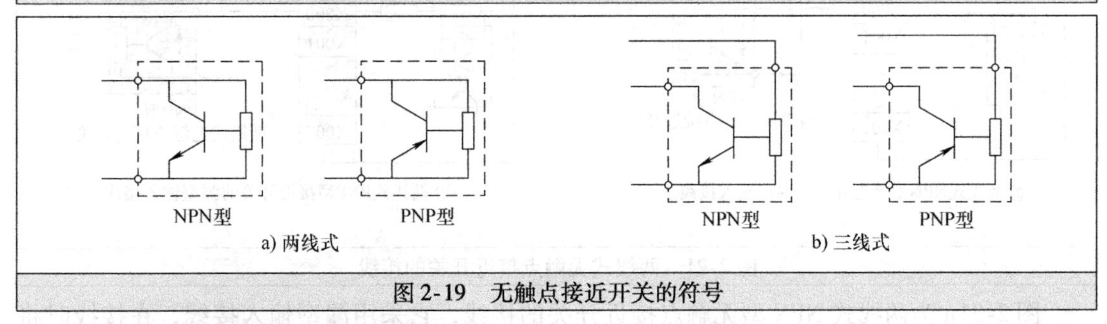

图 2-19　无触点接近开关的符号

1. 三线式无触点接近开关的接线

三线式无触点接近开关的接线如图 2-20 所示。

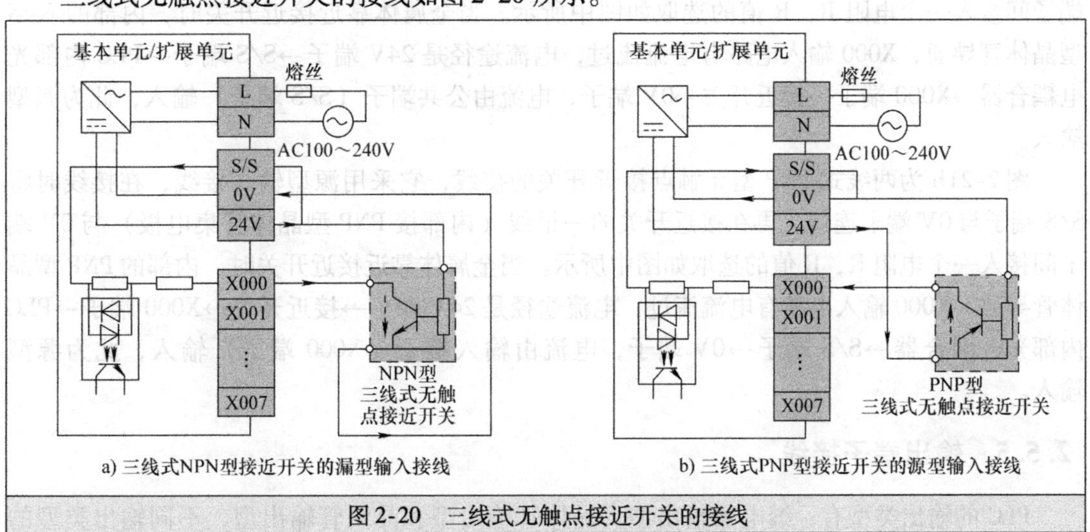

图 2-20　三线式无触点接近开关的接线

图 2-20a 为三线式 NPN 型无触点接近开关的接线，它采用漏型输入接线，在接线时将 S/S 端子与 24V 端子连接，当金属体靠近接近开关时，内部的 NPN 型晶体管导通，X000 输入电路有电流流过，电流途径是 24V 端子→S/S 端子→PLC 内部光电耦合器→X000 端子→接近开关→0V 端子，电流由公共端子（S/S 端子）输入，此为漏型输入。

图 2-20b 为三线式 PNP 型无触点接近开关的接线，它采用源型输入接线，在接线时将 S/S 端子与 0V 端子连接，当金属体靠近接近开关时，内部的 PNP 型晶体管导通，X000 输入电路有电流流过，电流途径是 24V 端子→接近开关→X000 端子→PLC 内部光电耦合器→S/S

端子→0V 端子，电流由输入端子（X000 端子）输入，此为源型输入。

2. 两线式无触点接近开关的接线

两线式无触点接近开关的接线如图 2-21 所示。

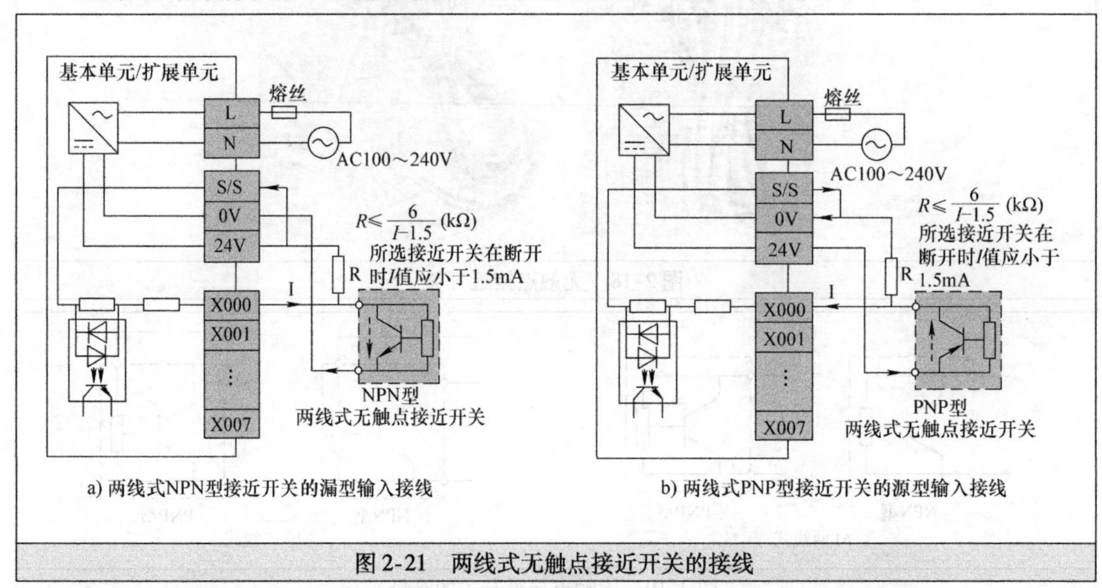

图 2-21　两线式无触点接近开关的接线

图 2-21a 为两线式 NPN 型无触点接近开关的接线，它采用漏型输入接线，在接线时将 S/S 端子与 24V 端子连接，再在接近开关的一根线（内部接 NPN 型晶体管集电极）与 24V 端子间接入一个电阻 R，R 值的选取如图中所示。当金属体靠近接近开关时，内部的 NPN 型晶体管导通，X000 输入电路有电流流过，电流途径是 24V 端子→S/S 端子→PLC 内部光电耦合器→X000 端子→接近开关→0V 端子，电流由公共端子（S/S 端子）输入，此为漏型输入。

图 2-21b 为两线式 PNP 型无触点接近开关的接线，它采用源型输入接线，在接线时将 S/S 端子与 0V 端子连接，再在接近开关的一根线（内部接 PNP 型晶体管集电极）与 0V 端子间接入一个电阻 R，R 值的选取如图中所示。当金属体靠近接近开关时，内部的 PNP 型晶体管导通，X000 输入电路有电流流过，电流途径是 24V 端子→接近开关→X000 端子→PLC 内部光电耦合器→S/S 端子→0V 端子，电流由输入端子（X000 端子）输入，此为源型输入。

2.5.5　输出端子接线

PLC 的输出类型有：继电器输出型、晶体管输出型和晶闸管输出型，不同输出类型的 PLC，其输出端子接线有相应的接线要求。三菱 FX 系列 PLC 输出端的接线基本相同。

1. 继电器输出型 PLC 的输出端接线

继电器输出型是指 PLC 输出端子内部采用继电器触点开关，当触点闭合时表示输出为 ON（或称输出为 1），触点断开时表示输出为 OFF（或称输出为 0）。继电器输出型 PLC 的输出端子接线如图 2-22 所示。

由于继电器的触点无极性，故输出端使用的负载电源既可使用交流电源（AC100～240V），也可使用直流电源（DC30V 以下）。在接线时，将电源与负载串联起来，再接在输出端子和公共端子之间，当PLC输出端内部的继电器触点闭合时，输出电路形成回路，有电流流过负载（如线圈、灯泡等）。

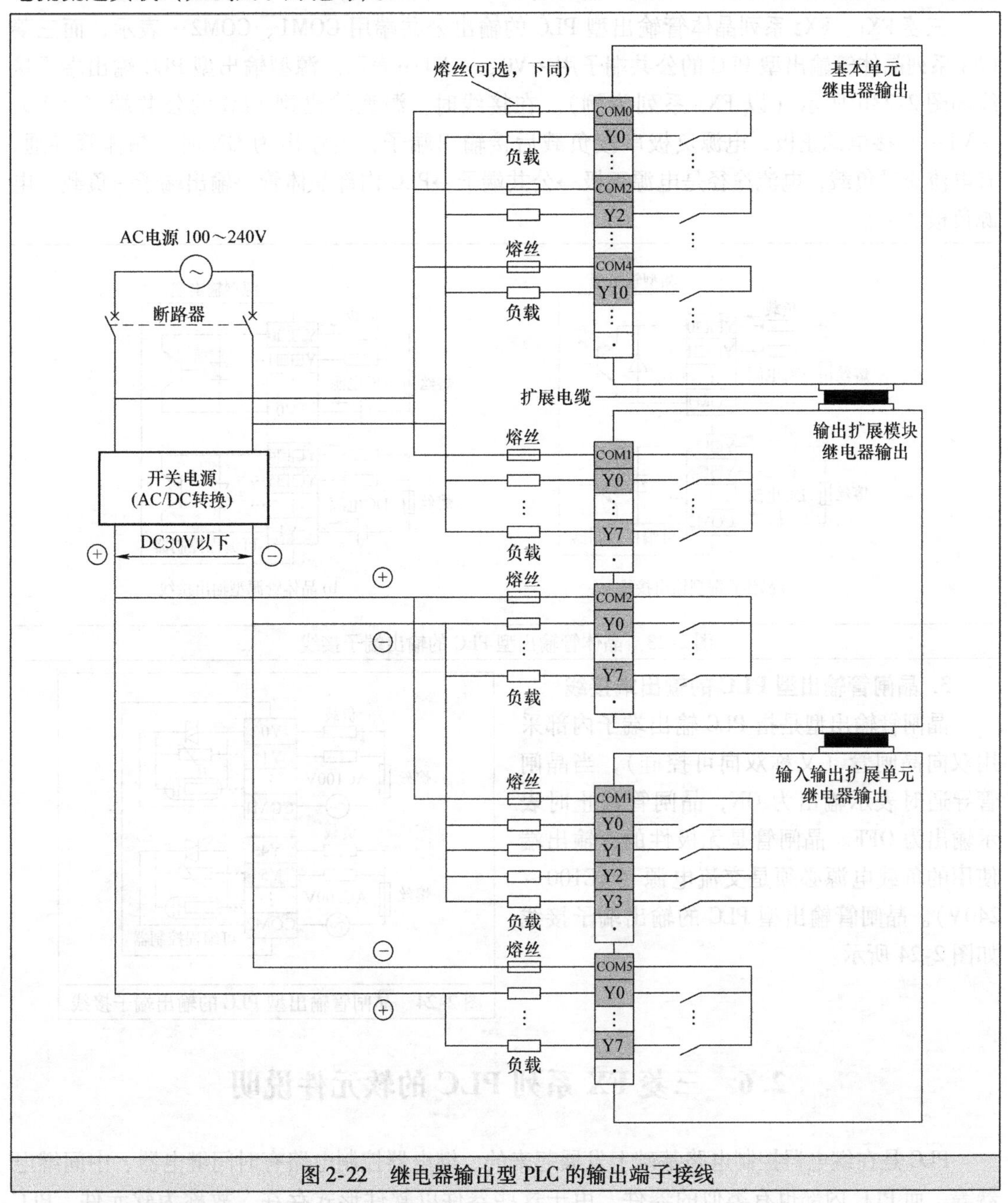

图2-22　继电器输出型PLC的输出端子接线

2. 晶体管输出型PLC的输出端接线

晶体管输出型是指PLC输出端子内部采用晶体管，当晶体管导通时表示输出为ON，晶体管截止时表示输出为OFF。由于晶体管是有极性的，输出端使用的负载电源必须是直流电源（DC5～30V），晶体管输出型具体又可分为漏型输出（输出端子内接晶体管的漏极或集电极）和源型输出（输出端子内接晶体管的源极或发射极）。

漏型输出型PLC输出端子接线如图2-23a所示。在接线时，漏型输出型PLC的公共端接电源负极，电源正极串接负载后接输出端子，当输出为 ON 时，晶体管导通，有电流流过负载，电流途径是电源正极→负载→输出端子→PLC 内部晶体管→COM 端→电源负极。

三菱 FX_1、FX_2 系列晶体管输出型 PLC 的输出公共端用 COM1、COM2…表示，而三菱 FX_3 系列晶体管输出型 PLC 的公共端子用 + V0、+ V1…表示。源型输出型 PLC 输出端子接线如图 2-23b 所示（以 FX_3 系列为例）。在接线时，源型输出型 PLC 的公共端（+ V0、+ V1…）接电源正极，电源负极串接负载后接输出端子，当输出为 ON 时，晶体管导通，有电流流过负载，电流途径是电源正极→公共端子→PLC 内部晶体管→输出端子→负载→电源负极。

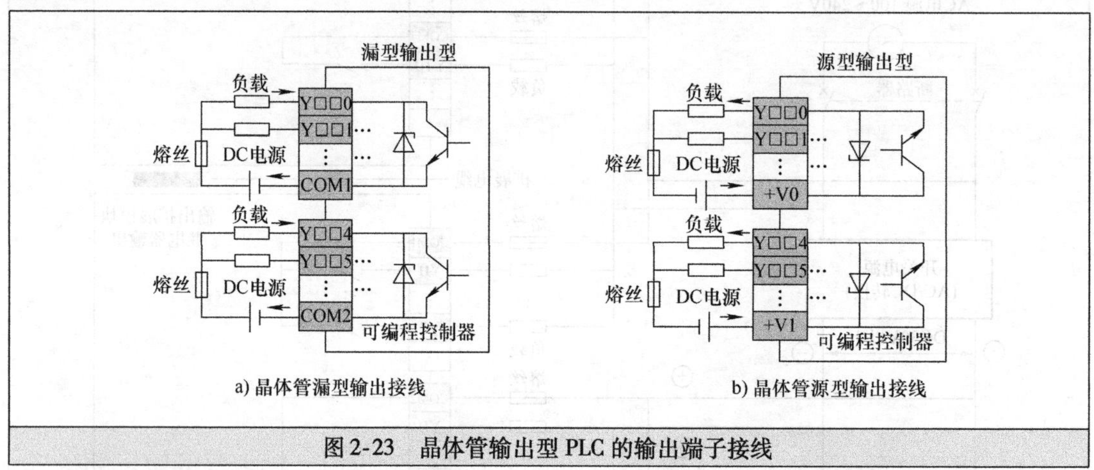

图 2-23　晶体管输出型 PLC 的输出端子接线

3. 晶闸管输出型 PLC 的输出端接线

晶闸管输出型是指 PLC 输出端子内部采用双向晶闸管（又称双向可控硅），当晶闸管导通时表示输出为 ON，晶闸管截止时表示输出为 OFF。晶闸管是无极性的，输出端使用的负载电源必须是交流电源（AC100 ~ 240V）。晶闸管输出型 PLC 的输出端子接线如图 2-24 所示。

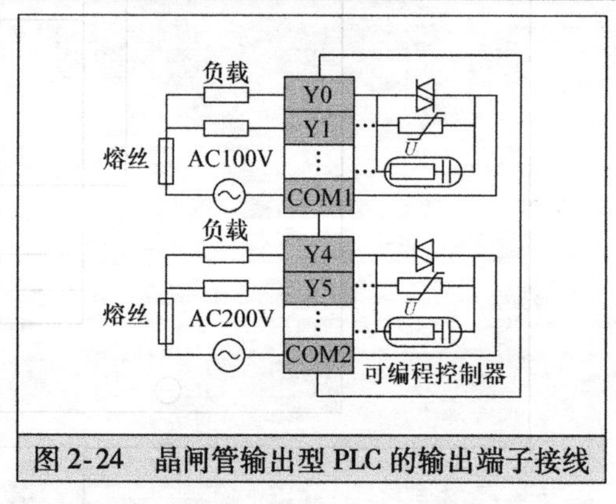

图 2-24　晶闸管输出型 PLC 的输出端子接线

2.6　三菱 FX 系列 PLC 的软元件说明

PLC 是在继电器控制电路基础上发展起来的，继电器控制电路有时间继电器、中间继电器等，而 PLC 内部也有类似的器件，由于这些器件以软件形式存在，故称为软元件。PLC 程序由指令和软元件组成，指令的功能是发出命令，软元件是指令的执行对象，比如，SET 为置 1 指令，Y000 是 PLC 的一种软元件（输出继电器），“SET Y000”就是命令 PLC 的输出继电器 Y000 的状态变为 1。由此可见，编写 PLC 程序必须要了解 PLC 的指令和软元件。

PLC 的软元件很多，主要有输入继电器、输出继电器、辅助继电器、定时器、计数器、数据寄存器和常数等。三菱 FX 系列 PLC 有很多子系列，越高档的子系列，其支持指令和软元件数量越多。

2.6.1 输入继电器（X）和输出继电器（Y）

1. 输入继电器（X）

输入继电器用于接收PLC输入端子送入的外部开关信号，它与PLC的输入端子有关联，其表示符号为X，按八进制方式编号，输入继电器与外部对应的输入端子编号是相同的。三菱FX3U-48M型PLC外部有24个输入端子，其编号为X000~X007、X010~X017、X020~X027，相应内部有24个相同编号的输入继电器来接收这些端子输入的开关信号。

一个输入继电器可以有无数个编号相同的常闭触点和常开触点，当某个输入端子（如X000）外接开关闭合时，PLC内部相同编号的输入继电器（X000）状态变为ON，那么程序中相同编号的常开触点处于闭合，常闭触点处于断开。

2. 输出继电器（Y）

输出继电器（常称为输出线圈）用于将PLC内部开关信号送出，它与PLC输出端子有关联，其表示符号为Y，也按八进制方式编号，输出继电器与外部对应的输出端子编号是相同的。三菱FX3U-48M型PLC外部有24个输出端子，其编号为Y000~Y007、Y010~Y017、Y020~Y027，相应内部有24个相同编号的输出继电器，这些输出继电器的状态由相同编号的外部输出端子送出。

一个输出继电器只有一个与输出端子关联的硬件常开触点（又称物理触点），但在编程时可使用无数个编号相同的软件常开触点和常闭触点。当某个输出继电器（如Y000）状态为ON时，它除了会使相同编号的输出端子内部的硬件常开触点闭合外，还会使程序中的相同编号的软件常开触点闭合、常闭触点断开。

三菱FX系列PLC支持的输入继电器、输出继电器见表2-13。

表2-13 三菱FX系列PLC支持的输入继电器、输出继电器

型号	FX1S	FX1N、FX1NC	FX2N、FX2NC	FX3G	FX3U、FX3UC
输入继电器	X000~X017 （16点）	X000~X177 （128点）	X000~X267 （184点）	X000~X177 （128点）	X000~X367 （256点）
输出继电器	Y000~Y015 （14点）	Y000~Y177 （128点）	Y000~Y267 （184点）	Y000~Y177 （128点）	Y000~Y367 （256点）

2.6.2 辅助继电器（M）

辅助继电器是PLC内部继电器，它与输入、输出继电器不同，不能接收输入端子送来的信号，也不能驱动输出端子。辅助继电器表示符号为M，按十进制方式编号，如M0~M499、M500~M1023等。一个辅助继电器可以有无数个编号相同的常闭触点和常开触点。

辅助继电器分为四类：一般型、停电保持型、停电保持专用型和特殊用途型。三菱FX系列PLC支持的辅助继电器见表2-14。

1. 一般型辅助继电器

一般型（又称通用型）辅助继电器在PLC运行时，如果电源突然停电，则全部线圈状态均变为OFF。当电源再次接通时，除了因其他信号而变为ON的以外，其余的仍将保持OFF状态，它们没有停电保持功能。

表 2-14　三菱 FX 系列 PLC 支持的辅助继电器

型号	FX1S	FX1N、FX1NC	FX2N、FX2NC	FX3G	FX3U、FX3UC
一般型	M0 ~ M383（384 点）	M0 ~ M383（384 点）	M0 ~ M499（500 点）	M0 ~ M383（384 点）	M0 ~ M499（500 点）
停电保持型（可设成一般型）	无	无	M500 ~ M1023（524 点）	无	M500 ~ M1023（524 点）
停电保持专用型	M384 ~ M511（128 点）	M384 ~ M511（128 点，EEPROM 长久保持）M512 ~ M1535（1024 点，电容 10 天保持）	M1024 ~ M3071（2048 点）	M384 ~ M1535（1152 点）	M1024 ~ M7679（6656 点）
特殊用途型	M8000 ~ M8255（256 点）	M8000 ~ M8255（256 点）	M8000 ~ M8255（256 点）	M8000 ~ M8511（512 点）	M8000 ~ M8511（512 点）

三菱 FX3U 系列 PLC 的一般型辅助继电器点数默认为 M0 ~ M499，也可以用编程软件将一般型设为停电保持型，设置方法如图 2-25 所示。在三菱 PLC 编程软件 GX Developer 的工程列表区双击参数项中的“PLC 参数”，弹出参数设置对话框，切换到“软元件”选项卡，从辅助继电器一栏可以看出，系统默认 M500（起始）~ M1023（结束）范围内的辅助继电器具有锁存（停电保持）功能，如果将起始值改为 550，结束值仍为 1023，那么 M0 ~ M550 范围内的都是一般型辅助继电器。

从图 2-25 所示对话框不难看出，不但可以设置辅助继电器停电保持点数，还可以设置状态继电器、定时器、计数器和数据寄存器的停电保持点数，编程时根据选择的 PLC 类型不同，该对话框的内容有所不同。

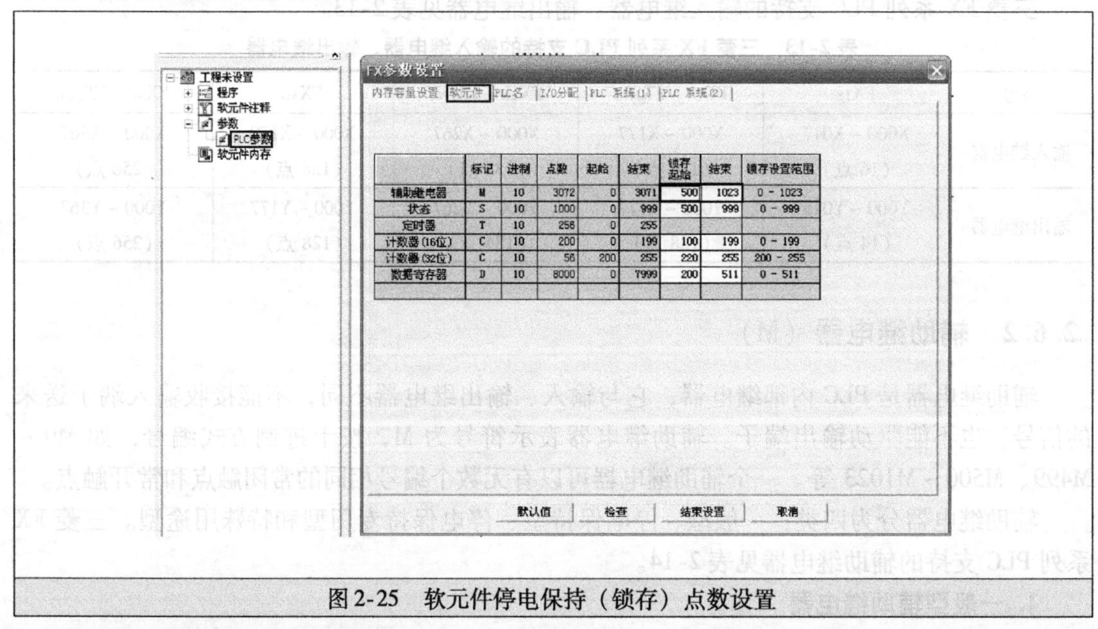

图 2-25　软元件停电保持（锁存）点数设置

2. 停电保持型辅助继电器

停电保持型辅助继电器与一般型辅助继电器的区别主要在于，前者具有停电保持功能，即能记忆停电前的状态，并在重新通电后保持停电前的状态。FX3U 系列 PLC 的停电保持型辅助继电器可分为停电保持型（M500～M1023）和停电保持专用型（M1024～M7679），停电保持专用型辅助继电器无法设成一般型。

下面以图2-26来说明一般型和停电保持型辅助继电器的区别。

图2-26a所示程序采用了一般型辅助继电器，在通电时，如果X000常开触点闭合，辅助继电器M0状态变为ON（或称M0线圈得电），M0常开触点闭合，在X000触点断开后锁住M0继电器的状态值，如果PLC出现停电，M0继电器状态值变为OFF，在PLC重新恢复供电时，M0继电器状态仍为OFF，M0常开触点处于断开。

a）采用一般型辅助继电器　　b）采用停电保持型辅助继电器

图2-26　一般型和停电保持型辅助继电器的区别说明

图2-26b所示程序采用了停电保持型辅助继电器，在通电时，如果X000常开触点闭合，辅助继电器M600状态变为ON，M600常开触点闭合，如果PLC出现停电，M600继电器状态值保持为ON，在PLC重新恢复供电时，M600继电器状态仍为ON，M600常开触点仍处于闭合。若重新供电时X001触点处于开路，则M600继电器状态为OFF。

3. 特殊用途型辅助继电器

FX3U系列中有512个特殊辅助继电器，可分成触点型和线圈型两大类。

（1）触点型特殊用途辅助继电器

触点型特殊用途辅助继电器的线圈由PLC自动驱动，用户只可使用其触点，即在编写程序时，只能使用这种继电器的触点，不能使用其线圈。常用的触点型特殊用途辅助继电器如下：

1）M8000：运行监视a触点（常开触点）。在PLC运行中，M8000触点始终处于接通状态，M8001为运行监视b触点（常闭触点），它与M8000触点逻辑相反，在PLC运行时，M8001触点始终断开。

2）M8002：初始脉冲a触点。该触点仅在PLC运行开始的一个扫描周期内接通，以后周期断开，M8003为初始脉冲b触点，它与M8002逻辑相反。

3）M8011、M8012、M8013和M8014分别是产生10ms、100ms、1s和1min时钟脉冲的特殊辅助继电器触点。

M8000、M8002、M8012的时序关系如图2-27所示。从图中可以看出，在PLC运行（RUN）时，M8000触点始终是闭合的（图中用高电平表示），而M8002触点仅闭合一个扫描周期，M8012闭合50ms、接通50ms，并且不断重复。

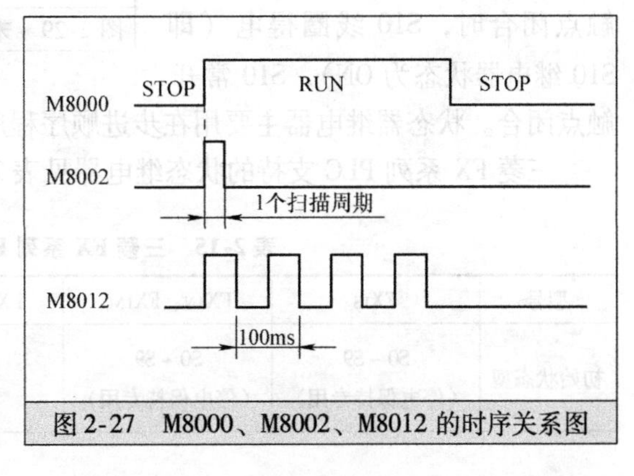

图2-27　M8000、M8002、M8012的时序关系图

（2）线圈型特殊用途辅助继电器

线圈型特殊用途辅助继电器由用户程序驱动其线圈，使PLC执行特定的动作。常用的线圈型特殊用途辅助继电器如下：

1）M8030：电池 LED 熄灯。当 M8030 线圈得电（M8030 继电器状态为 ON）时，电池电压降低，发光二极管熄灭。

2）M8033：存储器保持停止。若 M8033 线圈得电（M8033 继电器状态值为 ON），在 PLC 由 RUN→STOP 时，输出映像存储器（即输出继电器）和数据寄存器的内容仍保持 RUN 状态时的值。

3）M8034：所有输出禁止。若 M8034 线圈得电（即 M8034 继电器状态为 ON），PLC 的输出全部禁止。以图 2-28 所示的程序为例，当 X000 常开触点处于断开时，M8034 辅助继电器状态为 OFF，X001 ~ X003 常闭触点处于闭合使 Y000 ~ Y002 线圈均得电，如果 X000 常开触点闭合，M8034 辅助继电器状态变为 ON，PLC 马上让所有的输出线圈失电，故 Y000 ~ Y002 线圈都失电，即使 X001 ~ X003 常闭触点仍处于闭合。

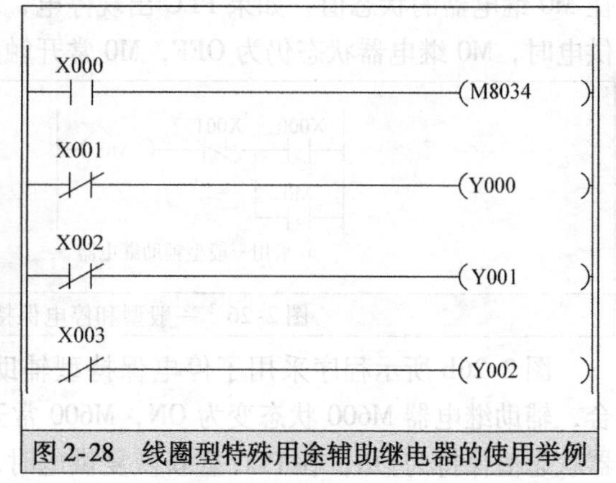

图 2-28　线圈型特殊用途辅助继电器的使用举例

4）M8039：恒定扫描模式。若 M8039 线圈得电（即 M8039 继电器状态为 ON），PLC 按数据寄存器 D8039 中指定的扫描时间工作。

更多特殊用途型辅助继电器的功能可查阅三菱 FX 系列 PLC 的编程手册。

2.6.3　状态继电器（S）

状态继电器是编制步进程序的重要软元件，与辅助继电器一样，可以有无数个常开触点和常闭触点，其表示符号为 S，按十进制方式编号，如 S0 ~ S9、S10 ~ S19、S20 ~ S499 等。

状态器继电器可分为初始状态型、一般型和报警用途型。对于未在步进程序中使用的状态继电器，可以当成辅助继电器一样使用，如图 2-29 所示。当 X001 触点闭合时，S10 线圈得电（即 S10 继电器状态为 ON），S10 常开触点闭合。状态器继电器主要用在步进顺序程序中。

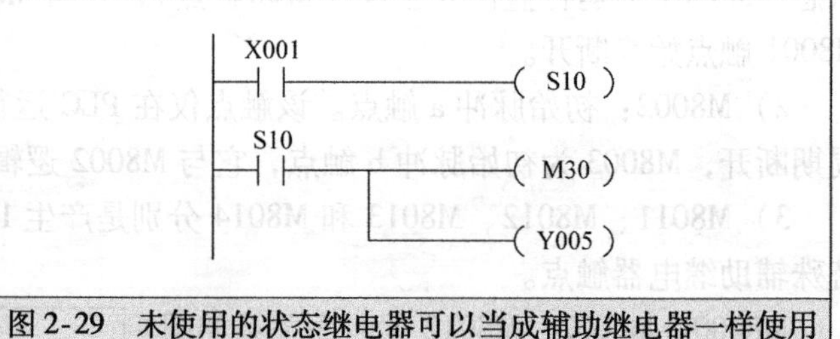

图 2-29　未使用的状态继电器可以当成辅助继电器一样使用

三菱 FX 系列 PLC 支持的状态继电器见表 2-15。

表 2-15　三菱 FX 系列 PLC 支持的状态继电器

型号	FX_{1S}	FX_{1N}、FX_{1NC}	FX_{2N}、FX_{2NC}	FX_{3G}	FX_{3U}、FX_{3UC}
初始状态型	S0 ~ S9（停电保持专用）	S0 ~ S9（停电保持专用）	S0 ~ S9	S0 ~ S9（停电保持专用）	S0 ~ S9

（续）

型号	FX1S	FX1N、FX1NC	FX2N、FX2NC	FX3G	FX3U、FX3UC
一般型	S10 ~ S127 （停电保持专用）	S10 ~ S127 （停电保持专用） S128 ~ S999 （停电保持专用， 电容 10 天保持）	S10 ~ S499 S500 ~ S899 （停电保持）	S10 ~ S999 （停电保持专用） S1000 ~ S4095	S10 ~ S499 S500 ~ S899 （停电保持） S1000 ~ S4095 （停电保持专用）
信号报警型	无		S900 ~ S999 （停电保持）	无	S900 ~ S999 （停电保持）

注：停电保持型可以设成非停电保持型，非停电保持型也可设成停电保持型（FX3G 型需安装选配电池，才能将非停电保持型设成停电保持型）；停电保持专用型采用 EEPROM 或电容供电保存，不可设成非停电保持型。

2.6.4　定时器（T）

定时器又称计时器，是用于计算时间的继电器，它可以有无数个常开触点和常闭触点，其定时单位有 1ms、10ms、100ms 三种。定时器表示符号为 T，编号也按十进制，定时器分为普通型定时器（又称一般型）和停电保持型定时器（又称累积型或积算型定时器）。

三菱 FX 系列 PLC 支持的定时器见表 2-16。

表 2-16　三菱 FX 系列 PLC 支持的定时器

PLC 系列	FX1S	FX1N，FX1NC，FX2N，FX2NC	FX3G	FX3U，FX3UC
1ms 普通型定时器 （0.001 ~ 32.767s）	T31，1 点	—	T256 ~ T319，64 点	T256 ~ T511，256 点
100ms 普通型定时器 （0.1 ~ 3276.7s）	T0 ~ 62，63 点	T0 ~ 199，200 点		
10ms 普通型定时器 （0.01 ~ 327.67s）	T32 ~ C62，31 点	T200 ~ T245，46 点		
1ms 停电保持型定时器 （0.001 ~ 32.767s）	—	T246 ~ T249，4 点		
100ms 停电保持型定时器 （0.1 ~ 3276.7s）	—	T250 ~ T255，6 点		

普通型定时器和停电保持型定时器的区别说明如图 2-30 所示。

图 2-30a 所示梯形图中的定时器 T0 为 100ms 普通型定时器，其设定计时值为 123（123 × 0.1s = 12.3s）。当 X000 触点闭合时，T0 定时器输入为 ON，开始计时，如果当前计时值未到 123 时 T0 定时器输入变为 OFF（X000 触点断开），定时器 T0 马上停止计时，并且当前计时值复位为 0；当 X000 触点再闭合时，T0 定时器重新开始计时，当计时值到达 123 时，定时器 T0 的状态值变为 ON，T0 常开触点闭合，Y000 线圈得电。普通型定时器的计时值到达设定值时，如果其输入仍为 ON，定时器的计时值保持设定值不变，当输入变为 OFF 时，其状态值变为 OFF，同时当前计时变为 0。

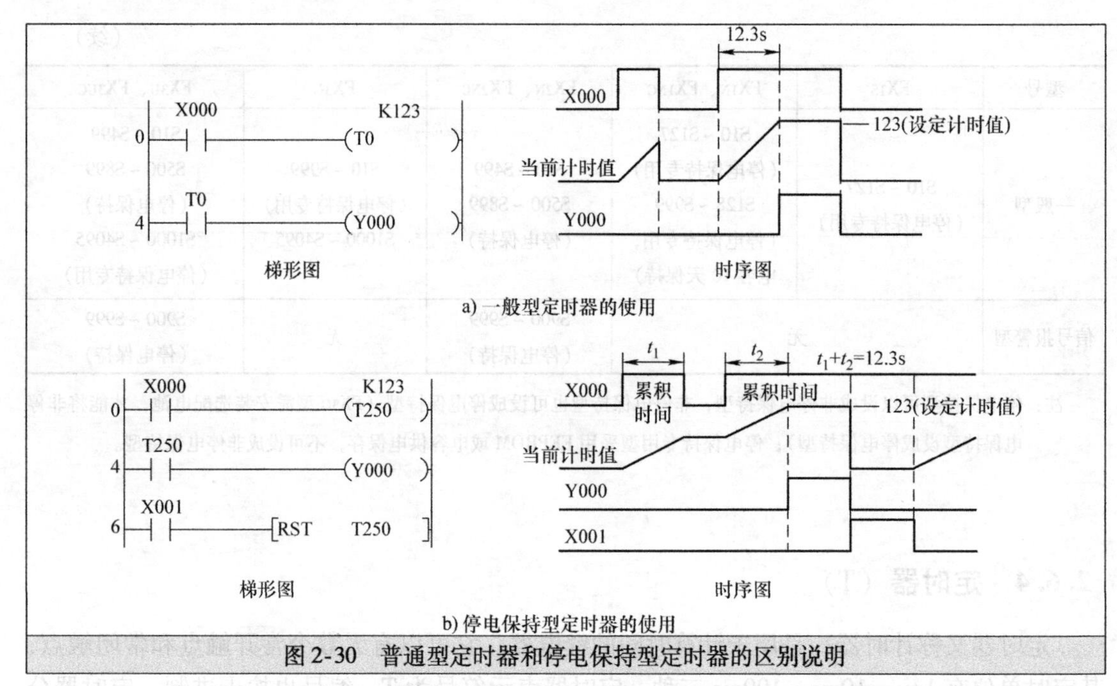

图 2-30　普通型定时器和停电保持型定时器的区别说明

图 2-30b 所示梯形图中的定时器 T250 为 100ms 停电保持型定时器，其设定计时值为 123（123×0.1s=12.3s）。当 X000 触点闭合时，T250 定时器开始计时，如果当前计时值未到 123 时出现 X000 触点断开或 PLC 断电，定时器 T250 停止计时，但当前计时值保持；当 X000 触点再闭合或 PLC 恢复供电时，定时器 T250 在先前保持的计时值基础上继续计时，直到累积计时值到达 123 时，定时器 T250 的状态值变为 ON，T250 常开触点闭合，Y000 线圈得电。停电保持型定时器的计时值到达设定值时，不管其输入是否为 ON，其状态值仍保持为 ON，当前计时值也保持设定值不变，直到用 RST 指令对其进行复位，状态值才变为 OFF，当前计时值才复位为 0。

2.6.5　计数器（C）

计数器是一种具有计数功能的继电器，它可以有无数个常开触点和常闭触点。计数器可分为加计数器和加/减双向计数器。计数器表示符号为 C，编号按十进制方式，计数器可分为普通型计数器和停电保持型计数器。

三菱 FX 系列 PLC 支持的计数器见表 2-17。

表 2-17　三菱 FX 系列 PLC 支持的计数器

PLC 系列	FX_{1S}	FX_{1N}，FX_{1NC}，FX_{3G}	FX_{2N}，FX_{2NC}，FX_{3U}，FX_{3UC}
普通型 16 位加计数器（0～32767）	C0～C15，16 点	C0～C15，16 点	C0～C99，100 点
停电保持型 16 位加计数器（0～32767）	C16～C31，16 点	C16～C199，184 点	C100～C199，100 点
普通型 32 位加减计数器（−2147483648～+2147483647）	—	C200～C219，20 点	
停电保持型 32 位加减计数器（−2147483648～+2147483647）	—	C220～C234，15 点	

1. 加计数器的使用

加计数器的使用说明如图2-31所示，C0是一个普通型的16位加计数器。当X010触点闭合时，RST指令将C0计数器复位（状态值变为OFF，当前计数值变为0），X011触点每闭合断开一次（产生一个脉冲），计数器C0的当前计数值就递增1，X011触点第10次闭合时，C0计数器的当前计数值达到设定计数值10，其状态值马上变为ON，C0常开触点闭合，Y000线圈得电。当计数器的计数值达到设定值后，即使再输入脉冲，其状态值和当前计数值都保持不变，直到用RST指令将计数器复位。

停电保持型计数器的使用方法与普通型计数器基本相似，两者的区别主要在于：普通型计数器在PLC停电时状态值和当前计数值会被复位，上电后重新开始计数，而停电保持型计数器在PLC停电时会保持停电前的状态值和计数值，上电后会在先前保持的计数值基础上继续计数。

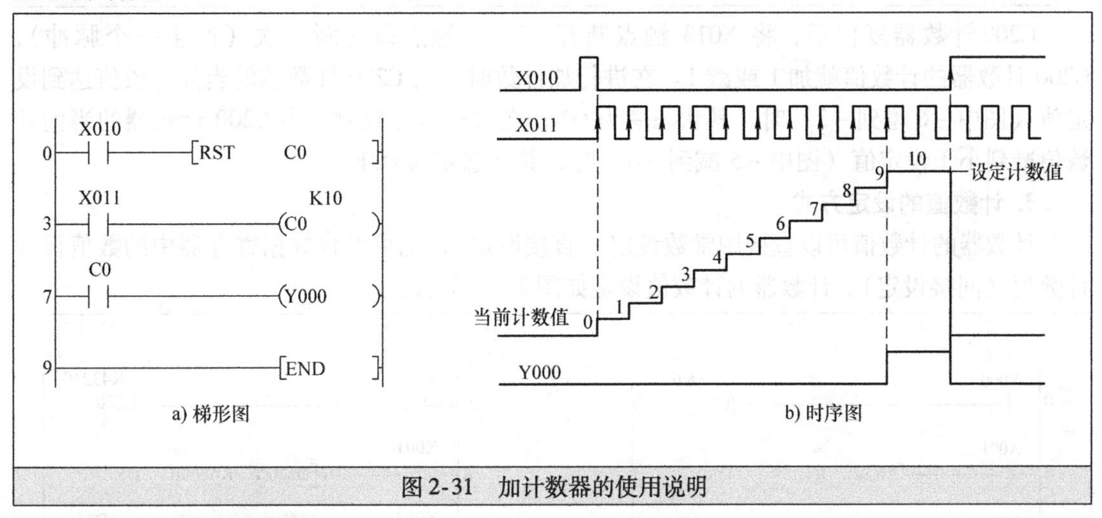

图2-31 加计数器的使用说明

2. 加/减计数器的使用

三菱FX系列PLC的C200～C234为加/减计数器，这些计数器既可以加计数，也可以减计数，进行何种计数方式受特殊辅助继电器M8200～M8234控制，比如C200计数器的计数方式受M8200辅助继电器控制，M8200=1（M8200状态为ON）时，C200计数器进行减计数，M8200=0时，C200计数器进行加计数。

加/减计数器在计数值达到设定值后，如果仍有脉冲输入，其计数值会继续增加或减少，在加计数达到最大值2147483647时，再来一个脉冲，计数值会变为最小值-2147483648，在减计数达到最小值-2147483648时，再来一个脉冲，计数值会变为最大值2147483647，所以加/减计数器是环形计数器。在计数时，不管加/减计数器进行的是加计数或是减计数，只要其当前计数值小于设定计数值，计数器的状态就为OFF，若当前计数值大于或等于设定计数值，计数器的状态为ON。

加/减计数器的使用说明如图2-32所示。当X012触点闭合时，M8200继电器状态为ON，C200计数器工作方式为减计数，X012触点断开时，M8200继电器状态为OFF，C200计数器工作方式为加计数。当X013触点闭合时，RST指令对C200计数器进行复位，其状态变为OFF，当前计数值也变为0。

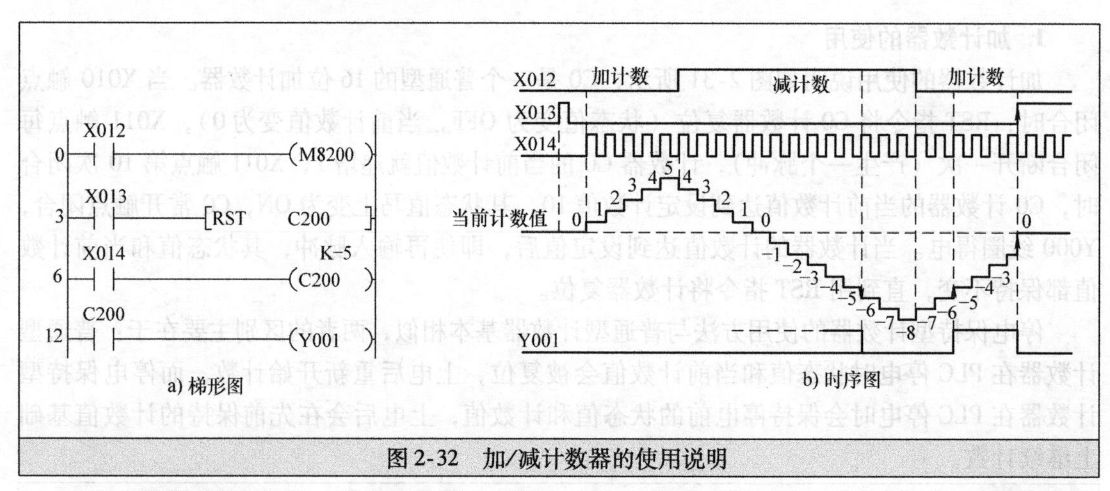

图 2-32 加/减计数器的使用说明

C200 计数器复位后，将 X013 触点断开，X014 触点每通断一次（产生一个脉冲），C200 计数器的计数值就加 1 或减 1。在进行加计数时，当 C200 计数器的当前计数值达到设定值（图中 -6 增到 -5）时，其状态变为 ON；在进行减计数时，当 C200 计数器的当前计数值减到小于设定值（图中 -5 减到 -6）时，其状态变为 OFF。

3. 计数值的设定方式

计数器的计数值可以直接用常数设定（直接设定），也可以将数据寄存器中的数值设为计数值（间接设定）。计数器的计数值设定如图 2-33 所示。

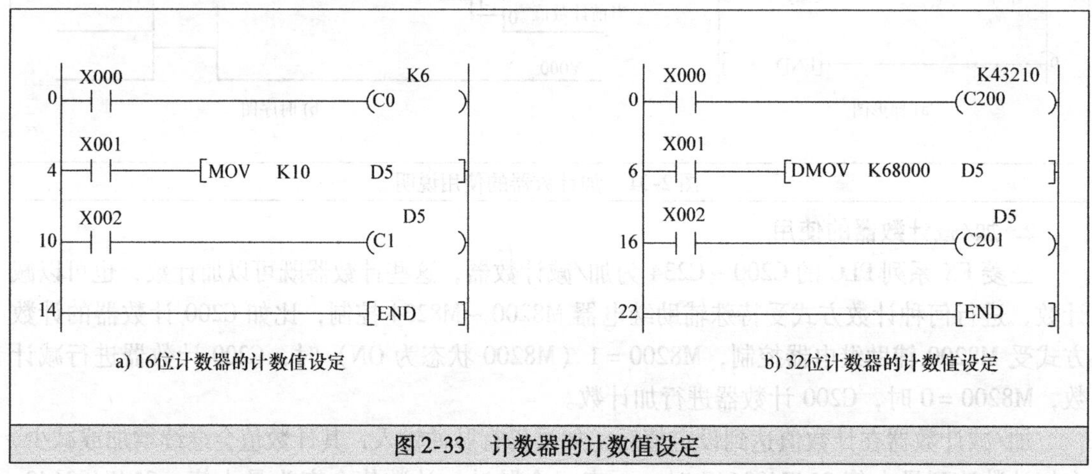

图 2-33 计数器的计数值设定

16 位计数器的计数值设定如图 2-33a 所示。C0 计数器的计数值采用直接设定方式，直接将常数 6 设为计数值，C1 计数器的计数值采用间接设定方式，先用 MOV 指令将常数 10 传送到数据寄存器 D5 中，然后将 D5 中的值指定为计数值。

32 位计数器的计数值设定如图 2-33b 所示。C200 计数器的计数值采用直接设定方式，直接将常数 43210 设为计数值，C201 计数器的计数值采用间接设定方式，由于计数值为 32 位，故需要先用 DMOV 指令（32 位数据传送指令）将常数 68000 传送到 2 个 16 位数据寄存器 D6、D5（两个）中，然后将 D6、D5 中的值指定为计数值，在编程时只需输入低编号数据寄存器，相邻高编号数据寄存器会自动占用。

2.6.6 高速计数器

前面介绍的普通计数器的计数速度较慢，这与 PLC 的扫描周期有关，一个扫描周期内最多只能增 1 或减 1，如果一个扫描周期内有多个脉冲输入，也只能计 1，这样会出现计数不准确，为此 PLC 内部专门设置了与扫描周期无关的高速计数器（HSC），用于对高速脉冲进行计数。三菱 FX3U/3UC 型 PLC 最高可对 100kHz 高速脉冲进行计数，其他型号 PLC 最高计数频率也可达 60kHz。

三菱 FX 系列 PLC 有 C235 ~ C255 共 21 个高速计数器（均为 32 位加/减环形计数器），这些计数器使用 X000 ~ X007 共 8 个端子作为计数输入或控制端子，这些端子对不同的高速计数器有不同的功能定义，一个端子不能被多个计数器同时使用。三菱 FX 系列 PLC 的高速计数器及使用端子的功能定义见表 2-18。当使用某个高速计数器时，会自动占用相应的输入端子用作指定的功能。

表 2-18　三菱 FX 系列 PLC 的高速计数器及使用端子的功能定义

高速计数器及使用端子	单相单输入计数器											单相双输入计数器					双相双输入计数器				
	无起动/复位控制功能						有起动/复位控制功能														
	C235	C236	C237	C238	C239	C240	C241	C242	C243	C244	C245	C246	C247	C248	C249	C250	C251	C252	C253	C254	C255
X000	U/D						U/D			U/D		U	U		U		A	A		A	
X001		U/D					R			R		D	D		D		B	B		B	
X002			U/D					U/D			U/D		R		R			R		R	
X003				U/D				R			R			U		U			A		A
X004					U/D				U/D					D		D			B		B
X005						U/D			R					R		R			R		R
X006										S					S					S	
X007											S					S					S

注：U/D 表示加计数输入/减计数输入；R 表示复位输入；S 表示起动输入；A 表示 A 相输入；B 表示 B 相输入。

1. 单相单输入高速计数器（C235 ~ C245）

单相单输入高速计数器可分为无起动/复位控制功能的计数器（C235 ~ C240）和有起动/复位控制功能的计数器（C241 ~ C245）。C235 ~ C245 计数器的加、减计数方式分别由 M8235 ~ M8245 特殊辅助继电器的状态决定，状态为 ON 时计数器进行减计数，状态为 OFF 时计数器进行加计数。

单相单输入高速计数器的使用举例如图 2-34 所示。在计数器 C235 输入为 ON（X012 触点处于闭合）期间，C235 对 X000 端子（程序中不出现）输入的脉冲进行计数；如果辅助继电器 M8235 状态为 OFF（X010 触点处于断开），C235 进行加计数，若 M8235 状态为 ON（X010 触点处于闭合），C235 进行减计数。在计数时，不管 C235 进行加计数还是减计数，如果当前计数值小于设定计数值 -5，C235 的状态值就为 OFF，如果当前计数值大于或等于 -5，C235 的状态值就为 ON；如果 X011 触点闭合，RST 指令会将 C235 复位，C235 当前值变为 0，状态值变为 OFF。

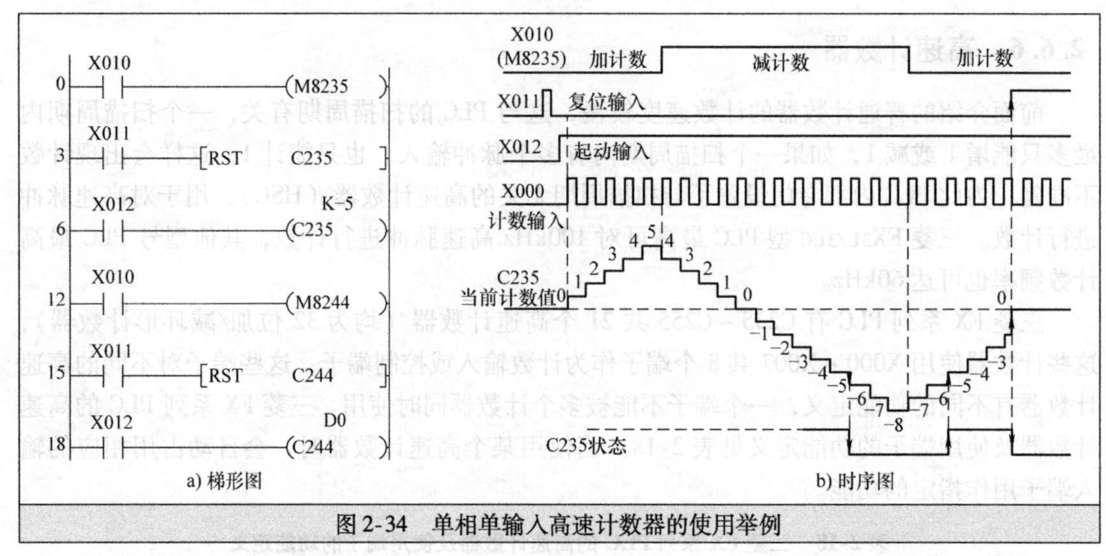

图 2-34　单相单输入高速计数器的使用举例

从图 2-34a 所示程序可以看出，计数器 C244 采用与 C235 相同的触点控制，但 C244 属于有专门起动/复位控制的计数器，当 X012 触点闭合时，C235 计数器输入为 ON 马上开始计数，而同时 C244 计数器输入也为 ON 但不会开始计数，只有 X006 端子（C244 的起动控制端）输入为 ON 时，C244 才开始计数，数据寄存器 D1、D0 中的值被指定为 C244 的设定计数值，高速计数器是 32 位计数器，其设定值占用两个数据寄存器，编程时只要输入低位寄存器。对 C244 计数器复位有两种方法：一是执行 RST 指令（让 X011 触点闭合）；二是让 X001 端子（C244 的复位控制端）输入为 ON。

2. 单相双输入高速计数器（C246 ~ C250）

单相双输入高速计数器有两个计数输入端，一个为加计数输入端，一个为减计数输入端。当加计数端输入上升沿时进行加计数，当减计数端输入上升沿时进行减计数。C246 ~ C250 高速计数器当前的计数方式可通过分别查看 M8246 ~ M8250 的状态来了解，状态为 ON 表示正在进行减计数，状态为 OFF 表示正在进行加计数。

单相双输入高速计数器的使用举例如图 2-35 所示。当 X012 触点闭合时，C246 计数器起动计数，若 X000 端子输入脉冲，C246 进行加计数，若 X001 端子输入脉冲，C246 进行减计数。只有在 X012 触点闭合并且 X006 端子（C249 的起动控制端）输入为 ON 时，C249 才开始计数，X000 端子输入脉冲时 C249 进行加计数，X001 端子输入脉冲时 C249 进行减计数。C246 计数器可使用 RST 指令复位，C249 既可使用 RST 指令复位，也可以让 X002 端子（C249 的复位控制端）输入为 ON 进行复位。

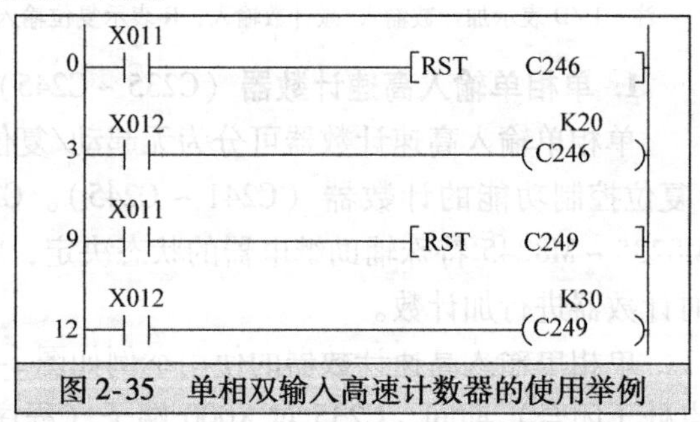

图 2-35　单相双输入高速计数器的使用举例

3. 双相双输入高速计数器（C251 ~ C255）

双相双输入高速计数器有两个计数输入端，一个为 A 相输入端，一个为 B 相输入端，在 A 相输入为 ON 时，B 相输入上升沿进行加计数，B 相输入下降沿进行减计数。C251 ~ C255 的计数方式分别由 M8251 ~ M8255 来监控，比如 M8251 = 1 时，C251 当前进行减计数，

M8251 =0 时，C251 当前进行加计数。

双相双输入高速计数器的使用举例如图2-36 所示。当C251 计数器输入为ON（X012 触点闭合）时，起动计数，在A相脉冲（由X000 端子输入）为ON时对B相脉冲（由X001 端子输入）进行计数，B相脉冲上升沿来时进行加计数，B相脉冲下降沿来时进行减计数。如果A、B相脉冲由两相旋转编码器提供，编码器正转时产生的A相脉冲相位超前B相脉冲，则在A相脉冲为ON时B相脉冲只会出现上升沿，如图2-36b 所示，即编码器正转时进行加计数，在编码器反转时产生的A相脉冲相位落后B相脉冲，在A相脉冲为ON时B相脉冲只会出现下降沿，即编码器反转时进行减计数。

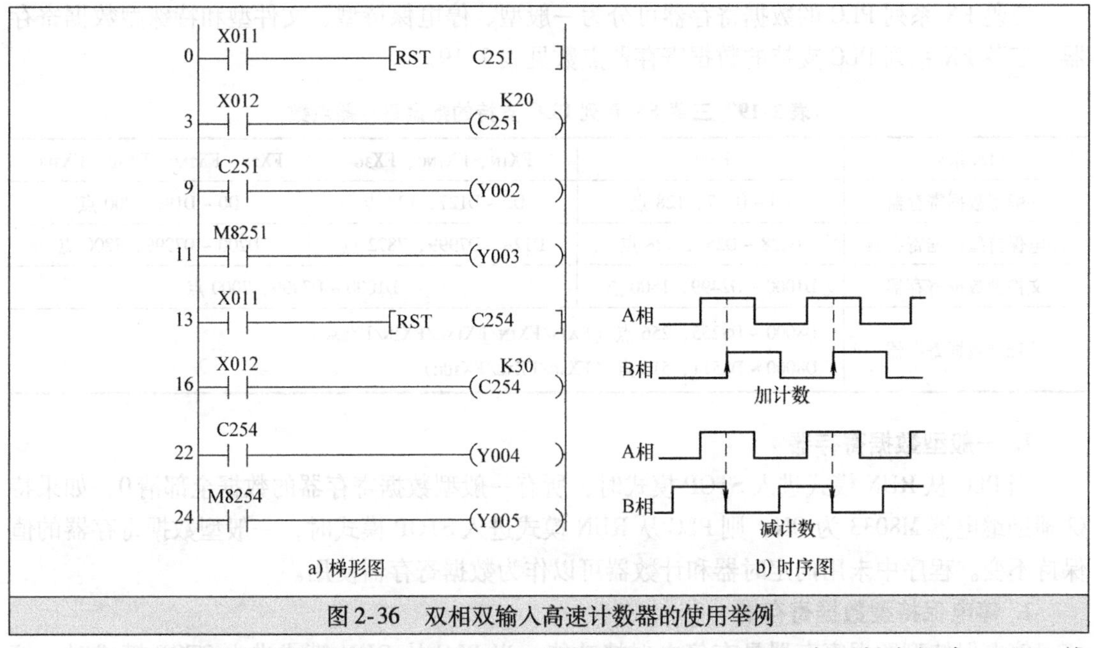

图2-36　双相双输入高速计数器的使用举例

C251 计数器进行减计数时，M8251 继电器状态为ON，M8251 常开触点闭合，Y003 线圈得电。在计数时，若C251 计数器的当前计数值大于或等于设定计数值，C251 状态为ON，C251 常开触点闭合，Y002 线圈得电。C251 计数器可用RST 指令复位，其状态变为OFF，将当前计数值清0。

C254 计数器的计数方式与C251 基本类似，但起动C254 计数除了要求X012 触点闭合（让C254 输入为ON）外，还须X006 端子（C254 的起动控制端）输入为ON。C254 计数器既可使用RST 指令复位，也可以让X002 端子（C254 的复位控制端）输入为ON进行复位。

2.6.7　数据寄存器（D）

数据寄存器是用来存放数据的软元件，其表示符号为D，按十进制编号。一个数据寄存器可以存放16 位二进制数，其最高位为符号位（符号位：0 表示正数，1 表示负数），一个数据寄存器可存放 -32768 ~ +32767 范围的数据。16 位数据寄存器的结构如下：

高位　D0(16位)　低位

b15															b0
0	1	0	1	0	1	0	1	0	1	0	1	0	1	0	1
符号	16384	8192	4096	2048	1024	512	256	128	64	32	16	8	4	2	1

符号
0：正数
1：负数

两个相邻的数据寄存器组合起来可以构成一个 32 位数据寄存器，能存放 32 位二进制数，其最高位为符号位（0 表示正数；1 表示负数），两个数据寄存器组合构成的 32 位数据寄存器可存放 -2147483648 ~ +2147483647 范围的数据。32 位数据寄存器的结构如下：

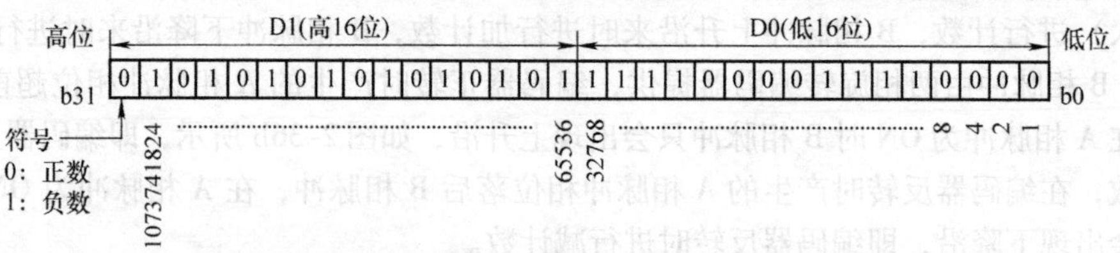

三菱 FX 系列 PLC 的数据寄存器可分为一般型、停电保持型、文件型和特殊型数据寄存器。三菱 FX 系列 PLC 支持的数据寄存器点数见表 2-19。

表 2-19　三菱 FX 系列 PLC 支持的数据寄存器点数

PLC 系列	FX1S	FX1N、FX1NC、FX3G	FX2N、FX2NC、FX3U、FX3UC
一般型数据寄存器	D0 ~ D127，128 点	D0 ~ D127，128 点	D0 ~ D199，200 点
停电保持型数据寄存器	D128 ~ D255，128 点	D128 ~ D7999，7872 点	D200 ~ D7999，7800 点
文件型数据寄存器	D1000 ~ D2499，1500 点	D1000 ~ D7999，7000 点	
特殊型数据寄存器	D8000 ~ D8255，256 点（FX1S/FX1N/FX1NC/FX2N/FX2NC） D8000 ~ D8511，512 点（FX3G/FX3U/FX3UC）		

1. 一般型数据寄存器

当 PLC 从 RUN 模式进入 STOP 模式时，所有一般型数据寄存器的数据全部清 0，如果特殊辅助继电器 M8033 为 ON，则 PLC 从 RUN 模式进入 STOP 模式时，一般型数据寄存器的值保持不变。程序中未用的定时器和计数器可以作为数据寄存器使用。

2. 停电保持型数据寄存器

停电保持型数据寄存器具有停电保持功能，当 PLC 从 RUN 模式进入 STOP 模式时，停电保持型寄存器的值保持不变。在编程软件中可以设置停电保持型数据寄存器的范围。

3. 文件型数据寄存器

文件型数据寄存器用来设置具有相同软元件编号的数据寄存器的初始值。PLC 上电时和由 STOP 转换至 RUN 模式时，文件型数据寄存器中的数据被传送到系统的 RAM 的数据寄存器区。在 GX Developer 软件的"FX 参数设置"对话框中，切换到"内存容量设置"选项卡，从而可以设置文件寄存器容量（以块为单位，每块 500 点）。

4. 特殊型数据寄存器

特殊型数据寄存器的作用是用来控制和监视 PLC 内部的各种工作方式和软元件，如扫描时间、电池电压等。在 PLC 上电和由 STOP 模式转换至 RUN 模式时，这些数据寄存器会被写入默认值。更多特殊型数据寄存器的功能可查阅三菱 FX 系列 PLC 的编程手册。

2.6.8　扩展寄存器（R）和扩展文件寄存器（ER）

扩展寄存器和扩展文件寄存器是扩展数据寄存器的软元件，只有 FX3GA、FX3G、FX3GE、FX3GC、FX3U 和 FX3UC 系列 PLC 才有这两种寄存器。

对于 FX3GA、FX3G、FX3GE、FX3GC 系列 PLC，扩展寄存器有 R0 ~ R23999 共 24000 个

（位于内置 RAM 中），扩展文件寄存器有 ER0 ~ ER23999 共 24000 个（位于内置 EEPROM 或安装存储盒的 EEPROM 中）。对于 FX3U、FX3UC 系列 PLC，扩展寄存器有 R0 ~ R32767 共 32768 个（位于内置电池保持的 RAM 区域），扩展文件寄存器有 ER0 ~ ER32767 共 32768 个（位于安装存储盒的 EEPROM 中）。

扩展寄存器、扩展文件寄存器与数据寄存器一样，都是 16 位，相邻的两个寄存器可组成 32 位。扩展寄存器可用普通指令访问，扩展文件寄存器需要用专用指令访问。

2.6.9　变址寄存器（V、Z）

三菱 FX 系列 PLC 有 V0 ~ V7 和 Z0 ~ Z7 共 16 个变址寄存器，它们都是 16 位寄存器。变址寄存器 V、Z 实际上是一种特殊用途的数据寄存器，其作用是改变元件的编号（变址），例如 V0 = 5，若执行 D20V0，则实际被执行的元件为 D25（D20 + 5）。变址寄存器可以像其他数据寄存器一样进行读写，需要进行 32 位操作时，可将 V、Z 串联使用（Z 为低位，V 为高位）。

2.6.10　常数

三菱 FX 系列 PLC 的常数主要有三种类型：十进制常数（K）、十六进制常数（H）和实数常数（E）。

十进制常数表示符号为 K，如 K234 表示十进制数 234，数值范围为 -32768 ~ +32767（16 位），-2147483648 ~ +2147483647（32 位）。

十六进制常数表示符号为 H，如 H2C4 表示十六进制数 2C4，数值范围为 H0 ~ HFFFF（16 位），H0 ~ HFFFFFFFF（32 位）。

实数常数表示符号为 E，如 E1.234、E1.234 +2 分别表示实数 1.234 和 1.234×10^{2}，数值范围为 -1.0×2^{128} ~ -1.0×2^{-126}、0、1.0×2^{-126} ~ 1.0×2^{128}。

第3章　三菱PLC编程与仿真软件的使用

要让PLC完成预定的控制功能，就必须为它编写相应的程序。PLC编程语言主要有梯形图语言、语句表语言和SFC顺序功能图语言。

3.1　编程基础

3.1.1　编程语言

PLC是一种由软件驱动的控制设备，PLC软件由系统程序和用户程序组成。系统程序是由PLC制造厂商设计编制的，并写入PLC内部的ROM中，用户无法修改。用户程序是由用户根据控制需要编制的程序，再写入PLC存储器中。

写一篇相同内容的文章，既可以采用中文，也可以采用英文，还可以使用法文。同样地，编制PLC用户程序也可以使用多种语言。PLC常用的编程语言有梯形图语言和语句表语言等，其中梯形图语言最为常用。

1. 梯形图语言

梯形图语言采用类似传统继电器控制电路的符号，用梯形图语言编制的梯形图程序具有形象、直观、实用的特点，因此这种编程语言应用最为广泛。

下面对相同功能的继电器控制电路与梯形图程序进行比较，如图3-1所示。

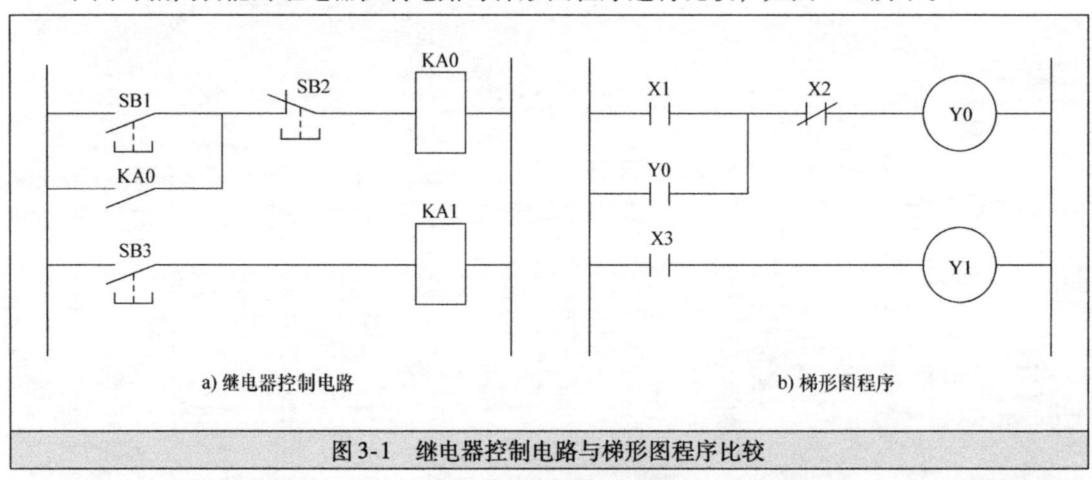

图3-1　继电器控制电路与梯形图程序比较

图3-1a为继电器控制电路，当SB1闭合时，继电器KA0线圈得电，KA0自锁触点闭合，锁定KA0线圈得电，当SB2断开时，KA0线圈失电，KA0自锁触点断开，解除锁定，

当 SB3 闭合时，继电器 KA1 线圈得电。

图 3-1b 为梯形图程序，当常开触点 X1 闭合（其闭合受输入继电器线圈控制，图中未画出）时，输出继电器 Y0 线圈得电，Y0 自锁触点闭合，锁定 Y0 线圈得电，当常闭触点 X2 断开时，Y0 线圈失电，Y0 自锁触点断开，解除锁定，当常开触点 X3 闭合时，继电器 Y1 线圈得电。

不难看出，两图的表达方式很相似，不过梯形图使用的继电器是由软件实现的，使用和修改灵活方便，而继电器控制电路硬接线修改比较麻烦。

2. 语句表语言

语句表语言与微型计算机采用的汇编语言类似，也采用助记符形式编程。在使用简易编程器对 PLC 进行编程时，一般采用语句表语言，这主要是因为简易编程器显示屏很小，难于采用梯形图语言编程。下面是采用语句表语言编写的程序（针对三菱 FX 系列 PLC），其功能与图 3-1b 所示梯形图程序完全相同。

步号	指令	操作数	说　明
0	LD	X1	逻辑段开始，将常开触点 X1 与左母线连接
1	OR	Y0	将 Y0 自锁触点与 X1 触点并联
2	ANI	X2	将 X2 常闭触点与 X1 触点串联
3	OUT	Y0	连接 Y0 线圈
4	LD	X3	逻辑段开始，将常开触点 X3 与左母线连接
5	OUT	Y1	连接 Y1 线圈

从上面的程序可以看出，语句表程序就像是描述绘制梯形图的文字。语句表程序由步号、指令、操作数和说明四部分组成，其中说明部分不是必需的，而是为了便于程序的阅读而增加的注释文字，程序运行时不执行说明部分。

3.1.2　梯形图的编程规则与技巧

1. 梯形图编程的规则

梯形图编程时主要有以下规则：

1）梯形图每一行都应从左母线开始，到右母线结束。

2）输出线圈右端要接右母线，左端不能直接与左母线连接。

3）在同一程序中，一般应避免同一编号的线圈使用两次（即重复使用），若出现这种情况，则后面的输出线圈状态有输出，而前面的输出线圈状态无效。

4）梯形图中的输入/输出继电器、内部继电器、定时器、计数器等元件触点可多次重复使用。

5）梯形图中串联或并联的触点个数没有限制，可以是无数个。

6）多个输出线圈可以并联输出，但不可以串联输出。

7）在运行梯形图程序时，其执行顺序是从左到右，从上到下，编写程序时也应按照这个顺序。

2. 梯形图编程技巧

在编写梯形图程序时，除了要遵循基本规则外，还要掌握一些技巧，以减少指令条数，节省内存和提高运行速度。梯形图编程技巧主要如下：

1）串联触点多的电路应放在上方。图3-2a所示是不合适的编制方式，应将它改为图3-2b形式。

a) 不合适方式　　b) 合适方式

图3-2　串联触点多的电路应放在上方

2）并联触点多的电路放在左边，如图3-3所示。

a) 不合适方式　　b) 合适方式

图3-3　并联触点多的电路放在左边

3）对于多重输出电路，应将串有触点或串联触点多的电路放在下边，如图3-4b所示。

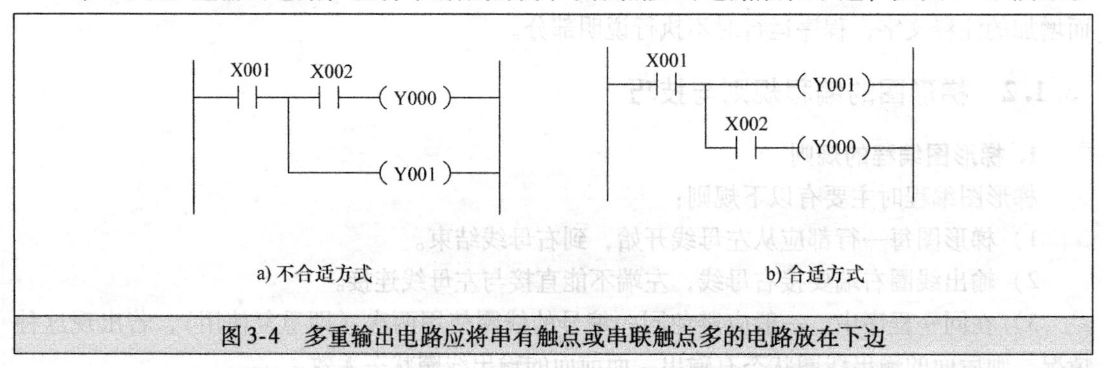

a) 不合适方式　　b) 合适方式

图3-4　多重输出电路应将串有触点或串联触点多的电路放在下边

4）如果电路复杂，可以重复使用一些触点改成等效电路，再进行编程。如将图3-5a改成图3-5b所示形式。

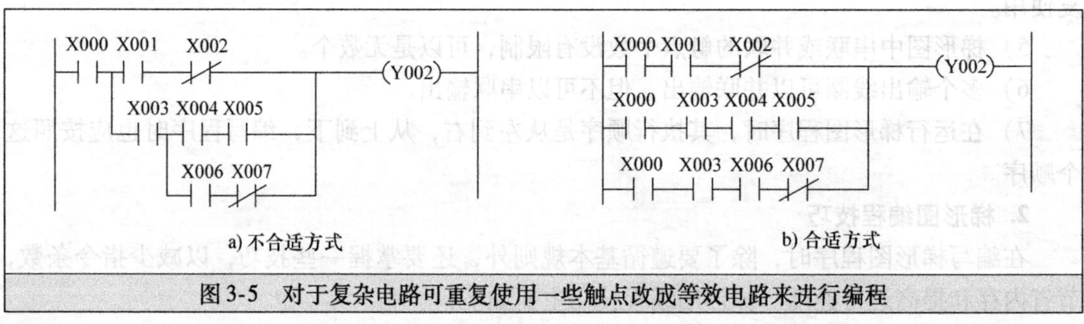

a) 不合适方式　　b) 合适方式

图3-5　对于复杂电路可重复使用一些触点改成等效电路来进行编程

3.2　三菱 GX Developer 编程软件的使用

三菱 FX 系列 PLC 的编程软件有 FXGP_WIN－C、GX Developer 和 GX Work 三种。FXGP_WIN－C软件体积小巧（约 2MB 多）、操作简单，但只能对 FX_{2N} 及以下档次的 PLC 编程，无法对 FX_3 系列的 PLC 编程，建议初级用户使用。GX Developer 软件体积在几十 MB 到几百 MB（因版本而异），不但可对 FX 全系列 PLC 进行编程，还可对中大型 PLC（早期的 A 系列和现在的 Q 系列）编程，建议初、中级用户使用。GX Work 软件体积在几百 MB 到几 GB，可对 FX 系列、L 系列和 Q 系列 PLC 进行编程，与 GX Developer 软件相比，除了外观和一些小细节上的区别外，最大的区别是 GX Work 支持结构化编程（类似于西门子中大型S7－300/400 PLC 的 STEP 7 编程软件），建议中、高级用户使用。

3.2.1　软件的安装

为了使软件安装能顺利进行，在安装 GX Developer 前，建议先关掉计算机的安全防护软件。软件安装时先安装软件环境，再安装 GX Developer 软件。

1. 安装软件环境

在安装时，先将 GX Developer 安装文件夹（如果是一个 GX Developer 压缩文件，则先要解压）复制到某盘符的根目录下（如 D 盘的根目录下），再打开 GX Developer 文件夹，文件夹中包含有三个文件夹，如图 3-6 所示，打开其中的 SW8D5C－GPPW－C 文件夹，再打开该文件夹中的 EnvMEL 文件夹，找到“SETUP. EXE”文件，如图 3-7 所示，并双击它，就开始安装 MELSOFT 环境软件。

扫一扫看视频

2. 安装 GX Developer 编程软件

软件环境安装完成后，就可以开始安装 GX Developer 软件了。GX Developer 软件的安装过程见表 3-1。

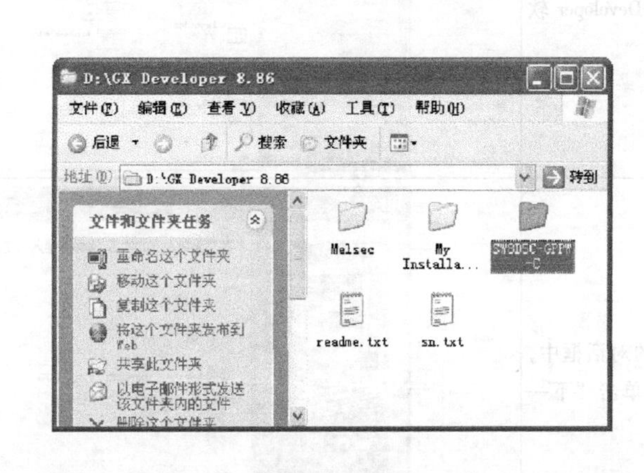

图 3-6　GX Developer 安装文件夹中包含有三个文件夹

图 3-7　在 SW8D5C－GPPW－C 文件夹的 EnvMEL 文件夹中找到并执行 SETUP. EXE

表 3-1　GX Developer 软件的安装过程说明

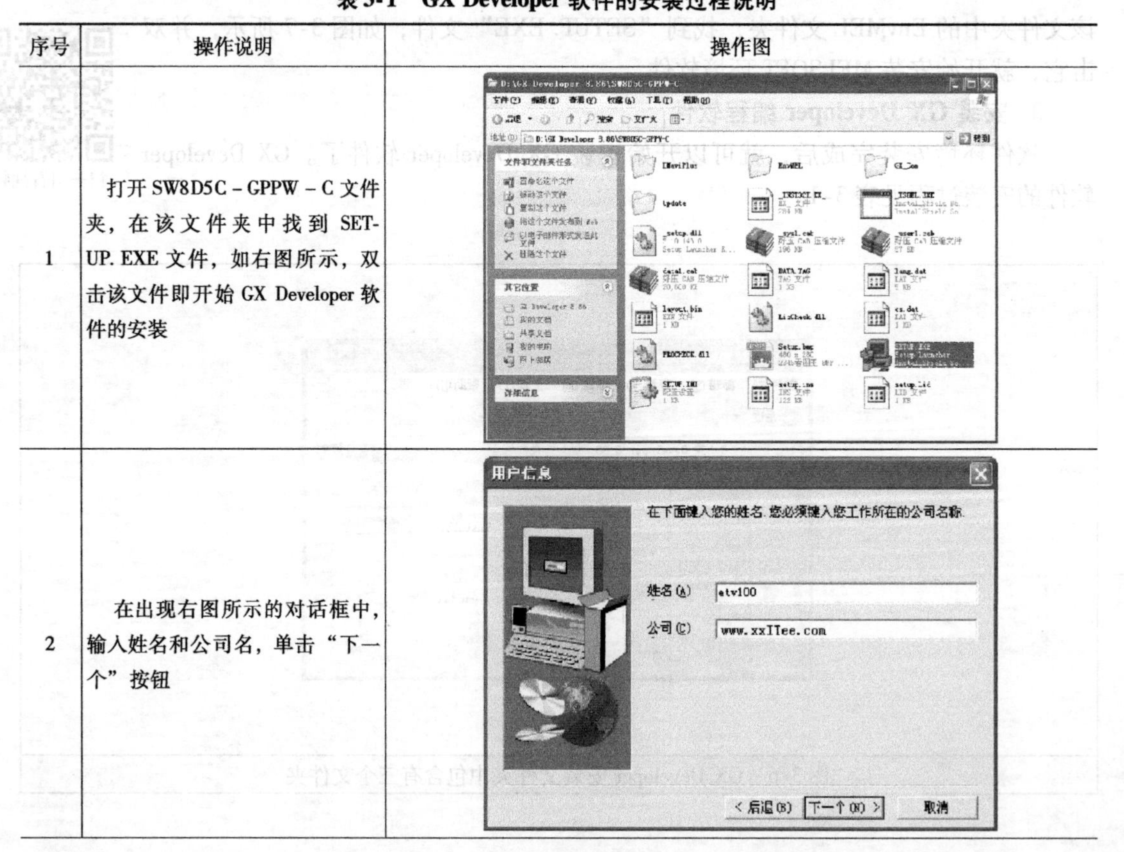

序号	操作说明	操作图
1	打开 SW8D5C－GPPW－C 文件夹，在该文件夹中找到 SETUP. EXE 文件，如右图所示，双击该文件即开始 GX Developer 软件的安装	
2	在出现右图所示的对话框中，输入姓名和公司名，单击“下一个”按钮	

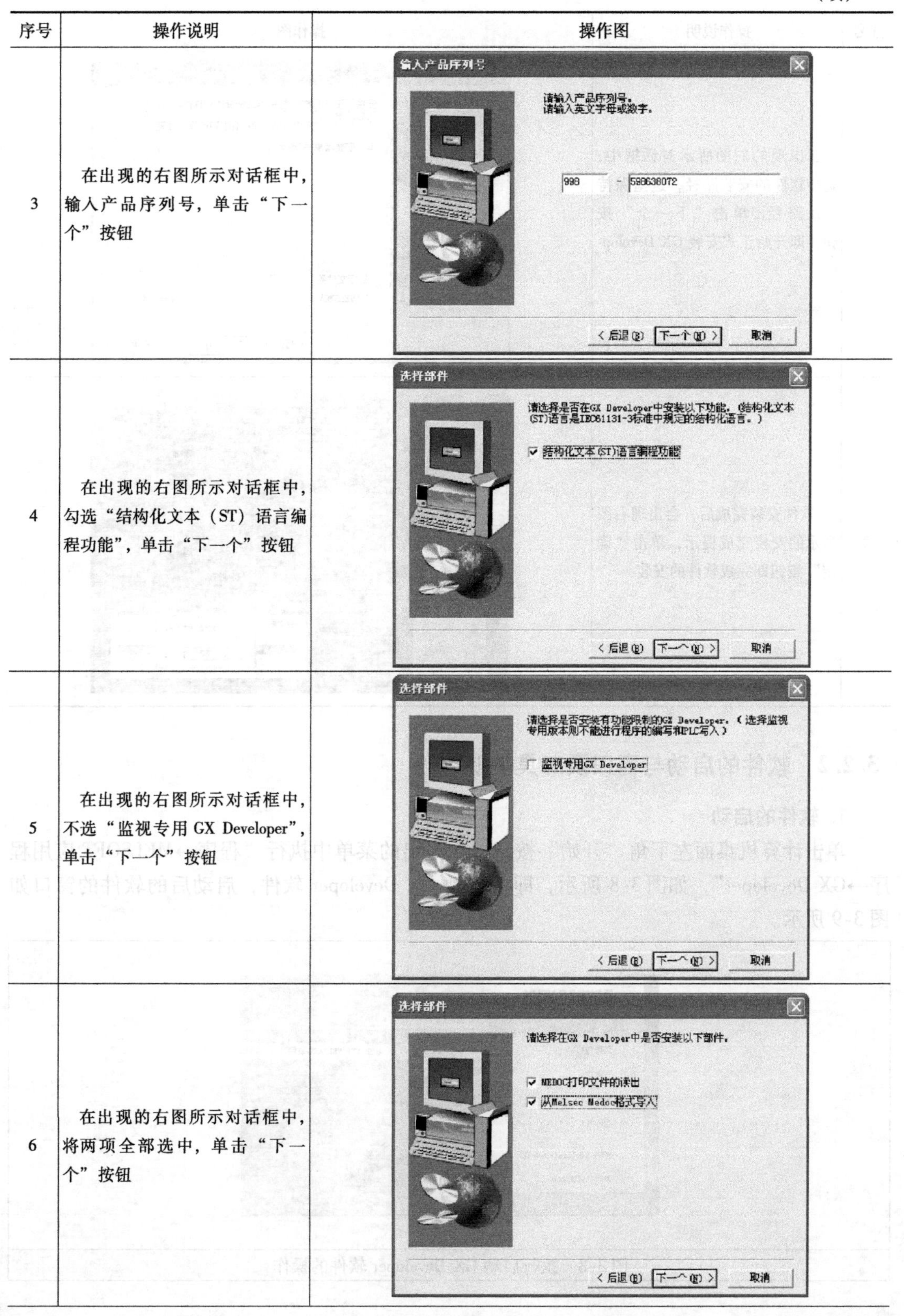

（续）

序号	操作说明	操作图
3	在出现的右图所示对话框中，输入产品序列号，单击“下一个”按钮	输入产品序列号 请输入产品序列号。 请输入英文字母或数字。 998 - 598638072 < 后退(B)　下一个(N) >　取消
4	在出现的右图所示对话框中，勾选“结构化文本（ST）语言编程功能”，单击“下一个”按钮	选择部件 请选择是否在GX Developer中安装以下功能。(结构化文本(ST)语言是IEC61131-3标准中规定的结构化语言。) ☑ 结构化文本(ST)语言编程功能 < 后退(B)　下一个(N) >　取消
5	在出现的右图所示对话框中，不选“监视专用 GX Developer”，单击“下一个”按钮	选择部件 请选择是否安装有功能限制的GX Developer。(选择监视专用版本则不能进行程序的编写和PLC写入) ☐ 监视专用GX Developer < 后退(B)　下一个(N) >　取消
6	在出现的右图所示对话框中，将两项全部选中，单击“下一个”按钮	选择部件 请选择在GX Developer中是否安装以下部件。 ☑ MEDOC打印文件的读出 ☑ 从Melsec Medoc格式导入 < 后退(B)　下一个(N) >　取消

（续）

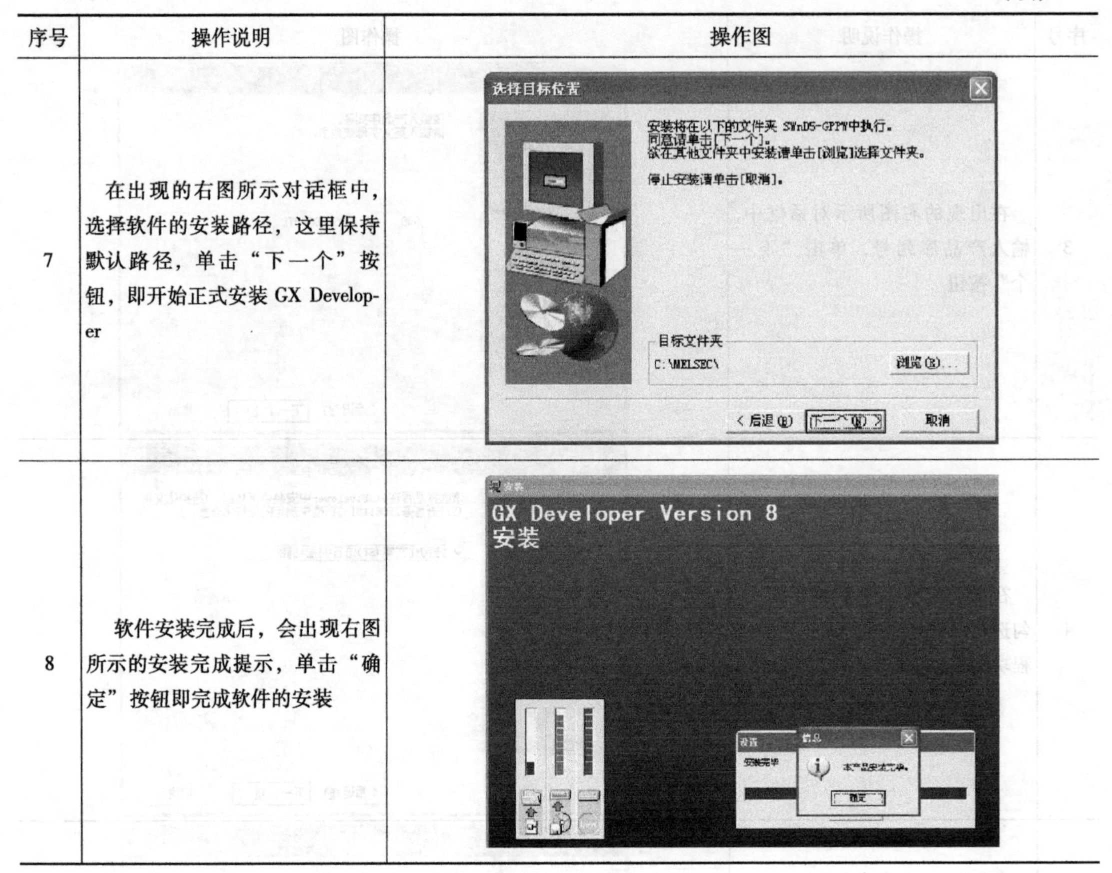

序号	操作说明	操作图
7	在出现的右图所示对话框中，选择软件的安装路径，这里保持默认路径，单击“下一个”按钮，即开始正式安装 GX Developer	
8	软件安装完成后，会出现右图所示的安装完成提示，单击“确定”按钮即完成软件的安装	

3.2.2 软件的启动与窗口及工具说明

1. 软件的启动

单击计算机桌面左下角“开始”按钮，在弹出的菜单中执行“程序→MELSOFT 应用程序→GX Developer”，如图 3-8 所示，即可启动 GX Developer 软件，启动后的软件的窗口如图 3-9 所示。

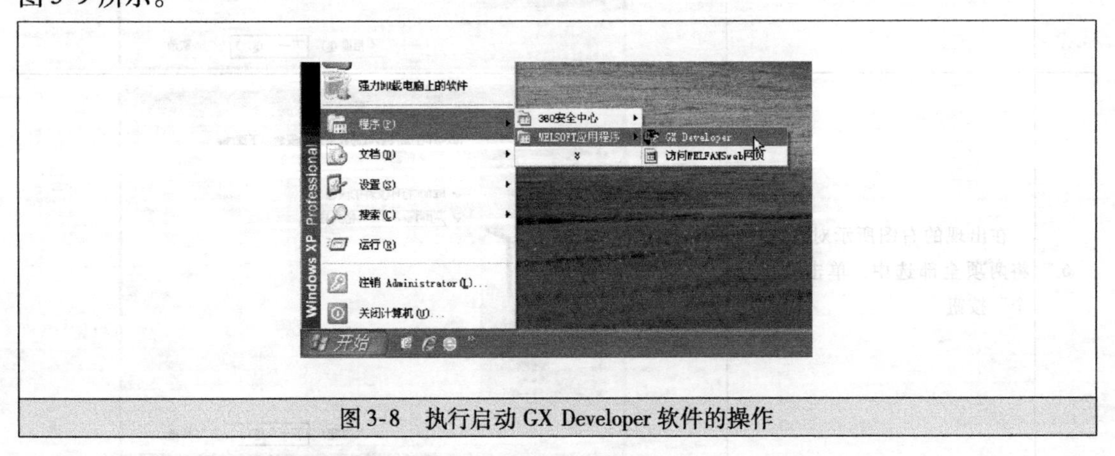

图 3-8　执行启动 GX Developer 软件的操作

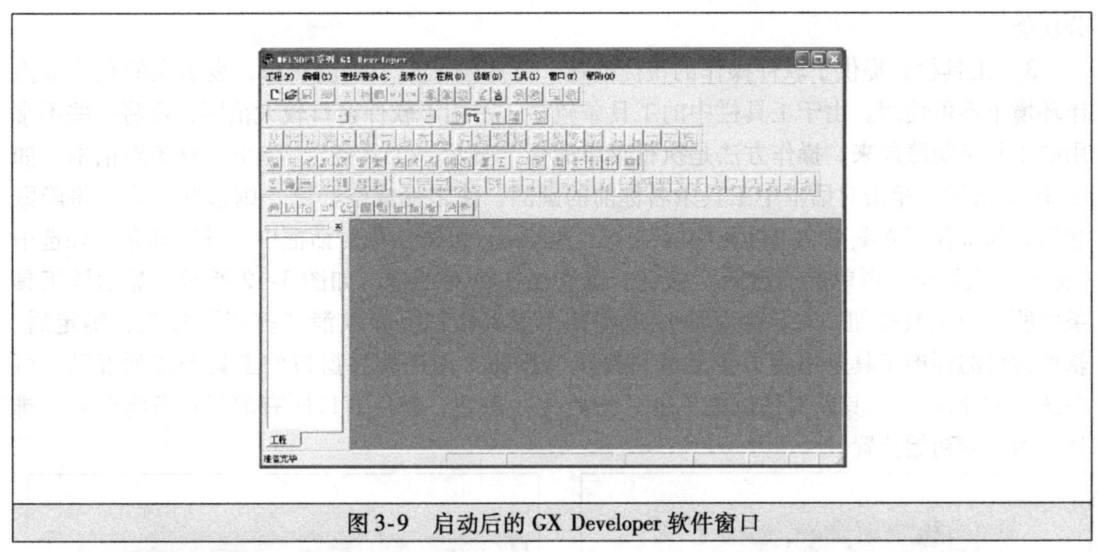

图3-9　启动后的GX Developer软件窗口

2. 软件窗口说明

GX Developer启动后不能马上编写程序，还需要新建一个工程，然后在工程中编写程序。新建工程后（新建工程的操作方法在后面介绍），GX Developer窗口会发生一些变化，如图3-10所示。

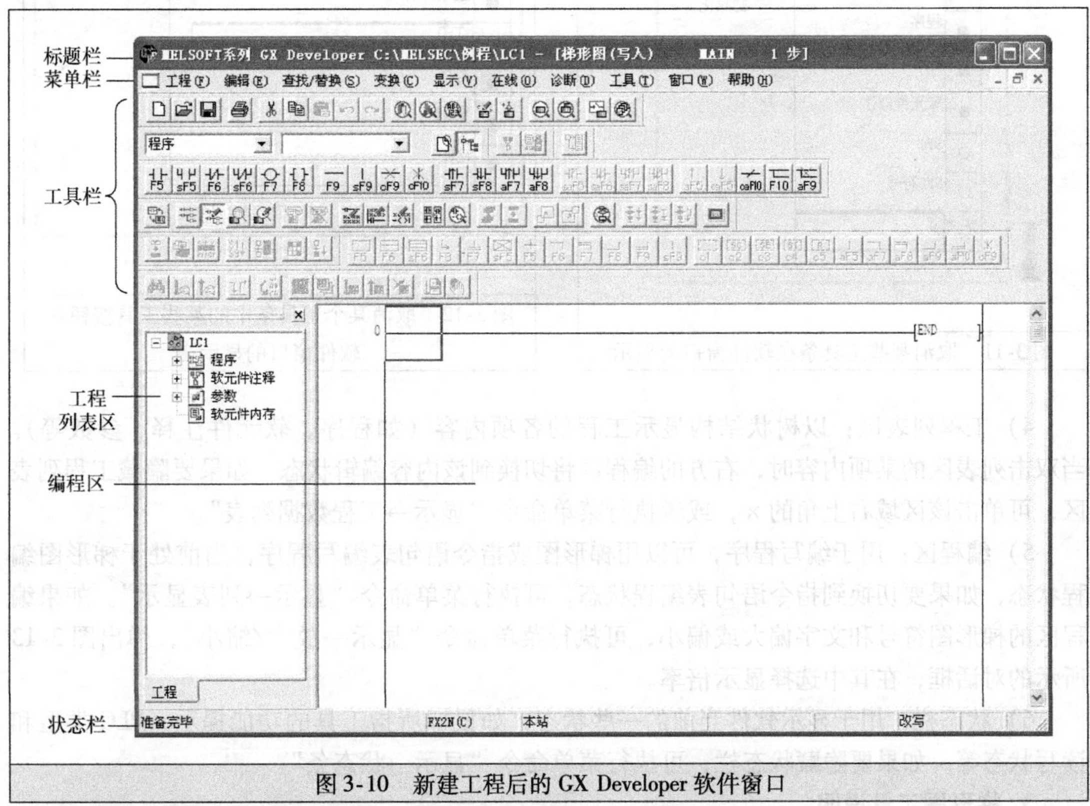

图3-10　新建工程后的GX Developer软件窗口

GX Developer软件窗口有以下内容：

1）标题栏：主要显示工程名称及保存位置。

2）菜单栏：有10个菜单项，通过执行这些菜单项下的菜单命令，可完成软件绝大部分功能。

3）工具栏：提供了软件操作的快捷按钮，有些按钮处于灰色状态，表示它们在当前操作环境下不可使用。由于工具栏中的工具条较多，占用了软件窗口较大范围，可将一些不常用的工具条隐藏起来，操作方法是执行菜单命令“显示→工具条”，弹出工具条对话框，如图3-11所示，单击对话框中工具条名称前的圆圈，使之变成空心圆，则这些工具条将隐藏起来，如果仅想隐藏某个工具条中的某个工具按钮，可先选中对话框中的某工具条，如选中“标准”工具条，再单击“定制”按钮，又弹出一个对话框，如图3-12所示，显示该工具条中所有的工具按钮，在该对话框中取消某个工具按钮，如取消“打印”按钮，确定后，软件窗口的标准工具条中将不会显示“打印”按钮，如果软件窗口的工具条排列混乱，可在图3-11所示的工具条对话框中单击“初始化”按钮，软件窗口所有的工具条将会重新排列，恢复到初始位置。

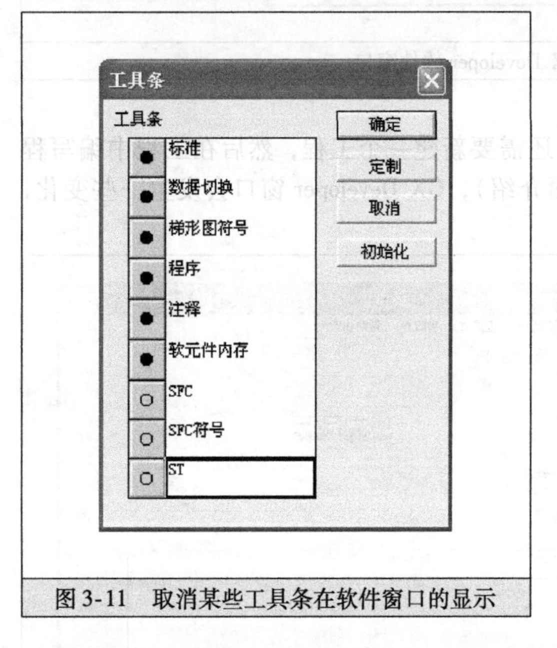

图3-11　取消某些工具条在软件窗口的显示

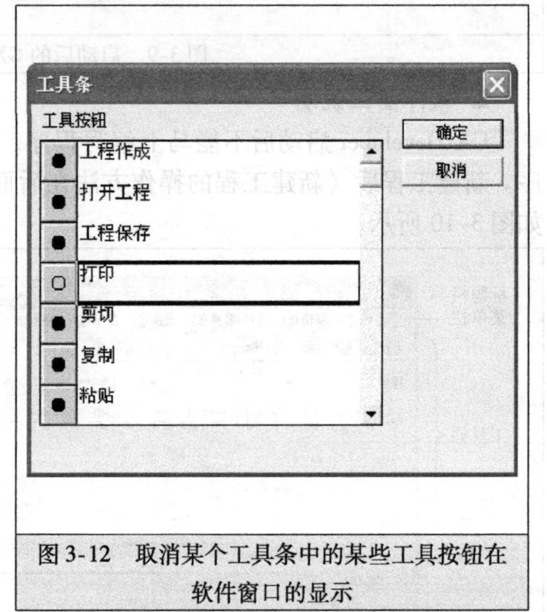

图3-12　取消某个工具条中的某些工具按钮在软件窗口的显示

4）工程列表区：以树状结构显示工程的各项内容（如程序、软元件注释、参数等）。当双击列表区的某项内容时，右方的编程区将切换到该内容编辑状态。如果要隐藏工程列表区，可单击该区域右上角的×，或者执行菜单命令“显示→工程数据列表”。

5）编程区：用于编写程序，可以用梯形图或指令语句表编写程序，当前处于梯形图编程状态，如果要切换到指令语句表编程状态，可执行菜单命令“显示→列表显示”。如果编程区的梯形图符号和文字偏大或偏小，可执行菜单命令“显示→放大/缩小”，弹出图3-13所示的对话框，在其中选择显示倍率。

6）状态栏：用于显示软件当前的一些状态，如鼠标所指工具的功能提示、PLC类型和读写状态等。如果要隐藏状态栏，可执行菜单命令“显示→状态条”。

3. 梯形图工具说明

工具栏中的工具很多，将鼠标移到某工具按钮上，鼠标下方会出现该按钮功能说明，如图3-14所示。

图3-13　编程区显示倍率设置

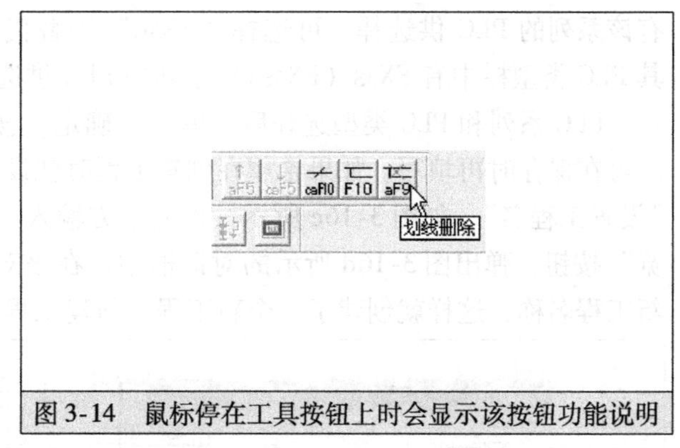

图3-14　鼠标停在工具按钮上时会显示该按钮功能说明

下面介绍最常用的梯形图工具，其他工具在后面用到时再进行说明。梯形图工具条的各工具按钮说明如图3-15所示。

工具按钮下部的字符表示该工具的快捷操作方式，常开触点工具按钮下部标有F5，表示按下键盘上的F5键可以在编程区插入一个常开触点，sF5表示Shift键+F5键（即同时按下Shift键和F5键，也可先按下Shift键后再按F5键），cF10表示Ctrl键+F10键，aF7表示Alt键+F7键，saF7表示Shift键+Alt键+F7键。

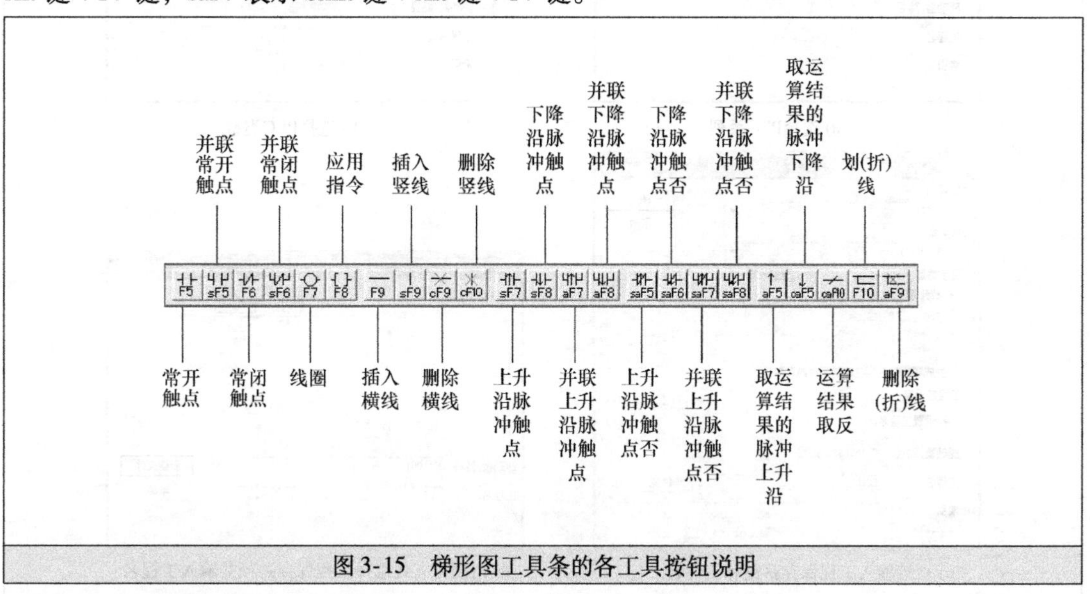

图3-15　梯形图工具条的各工具按钮说明

3.2.3　创建新工程

GX Developer软件启动后不能马上编写程序，还需要创建新工程，再在创建的工程中编写程序。

创建新工程有三种方法：一是单击工具栏中的□按钮；二是执行菜单命令"工程→创建新工程"；三是按Ctrl键+N键，会弹出"创建新工程"对话框，在对话框中先选择PLC系列（见图3-16a），再选择PLC类型，如图3-16b所示。从对话框中可以看出，GX Developer软件可以对所有的FX系列PLC进行编程，创建新工程时选择的PLC类型要与实际的PLC一致，否则程序编写后无法写入PLC或出现写入出错。

由于FX3S（FX3SA）系列PLC推出时间较晚，在GX Developer软件的PLC类型栏中没有该系列的 PLC 供选择，可选择“FX3G”来替代。在较新版本的 GX Work2 编程软件中，其 PLC 类型栏中有 FX3S（FX3SA）系列的 PLC 供选择。

PLC 系列和 PLC 类型选好后，单击“确定”按钮即可创建一个未命名的新工程，工程名可在保存时再填写。如果希望在创建工程时就设定工程名，可在创建新工程对话框中选中“设置工程名”，如图 3-16c 所示，再在下方输入工程保存路径和工程名，也可以单击“浏览”按钮，弹出图 3-16d 所示的对话框中，在该对话框中直接选择工程的保存路径并输入新工程名称，这样就创建了一个新工程。新建工程后的软件窗口如图 3-10 所示。

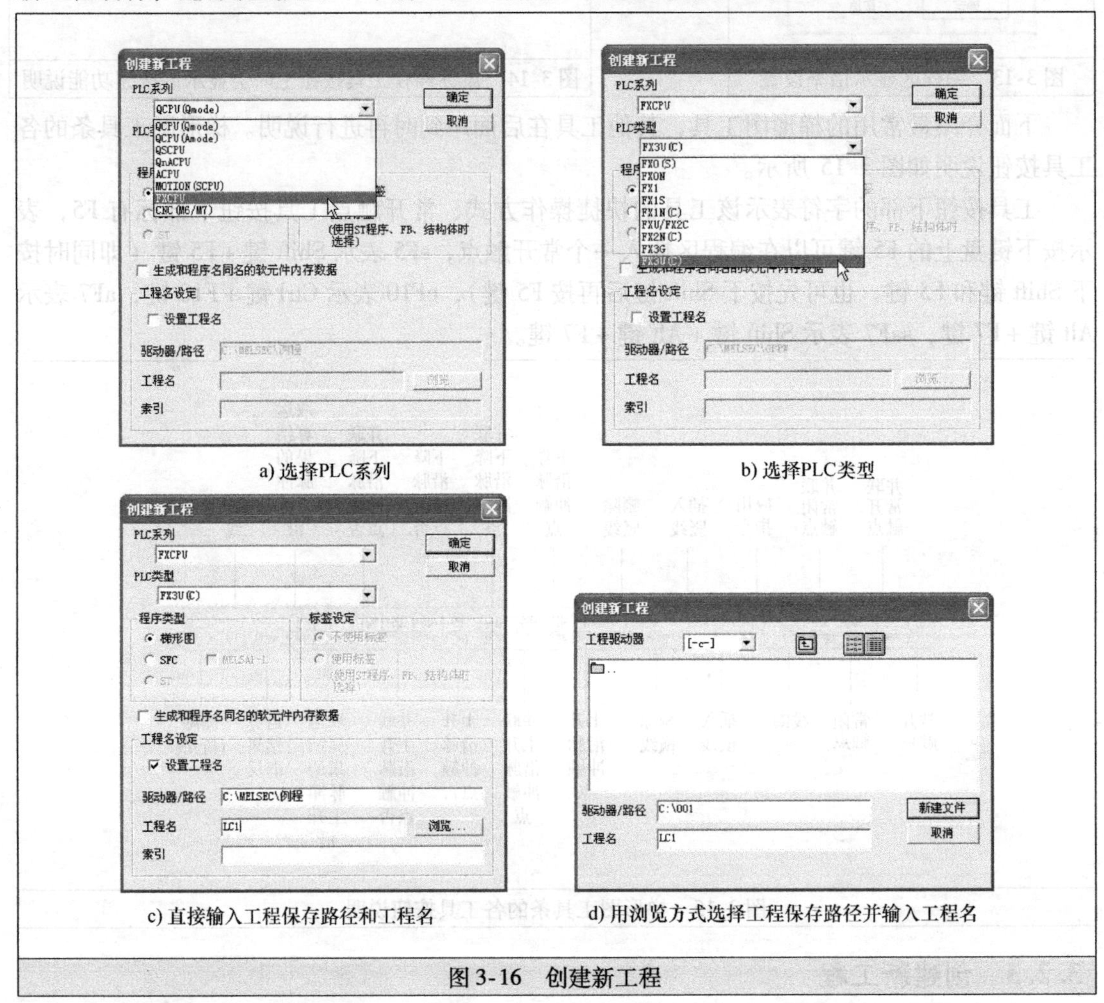

a) 选择PLC系列　b) 选择PLC类型

c) 直接输入工程保存路径和工程名　d) 用浏览方式选择工程保存路径并输入工程名

图 3-16　创建新工程

3.2.4　编写梯形图程序

在编写程序时，在工程数据列表区展开“程序”项，并双击其中的“MAIN（主程序）”，将右方编程区切换到主程序编程（编程区默认处于主程序编程状态），再单击工具栏中的（写入模式）按钮、执行菜单命令“编辑→写入模式”，或按下键盘上的 F2 键，让编程区处于写入状态，如图 3-17 所示。如果（监视模式）按钮或（读出模式）按钮被按下，在编程区将无法编写和修改程序，只能查看程序。

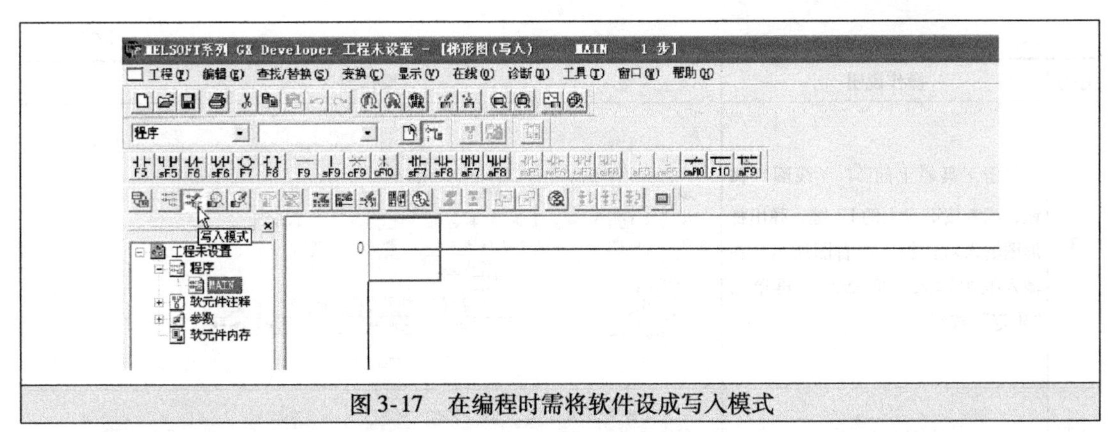

图 3-17 在编程时需将软件设成写入模式

下面以编写图 3-18 所示的程序为例来说明如何在 GX Developer 软件中编写梯形图程序。梯形图程序的编写过程见表 3-2。

X000 K90
0 (T0)
Y000 X001
(Y000)
T0
7 (Y001)
X001
9 [RST T0]
12 [END]

图 3-18 待编写的梯形图程序

表 3-2 图 3-18 所示梯形图程序的编写过程

序号	操作说明	操作图
1	单击工具栏上的 F5（常开触点）按钮，或者按键盘上的 F5 键，弹出梯形图输入对话框，如右图所示，在输入框中输入“x0”，再单击“确定”按钮	
2	在原光标处插入一个 X000 常开触点，光标自动后移，同时该行背景变为灰色。 如果觉得用单击 F5 按钮输入常开触点比较慢，可以先将光标放在输入位置，然后直接在键盘上依次敲击 l、d、空格、x、0、回车键，同样可在光标处输入一个 X000 常开触点。用这种输入方式需要对指令语句十分熟练，初学者不建议采用	

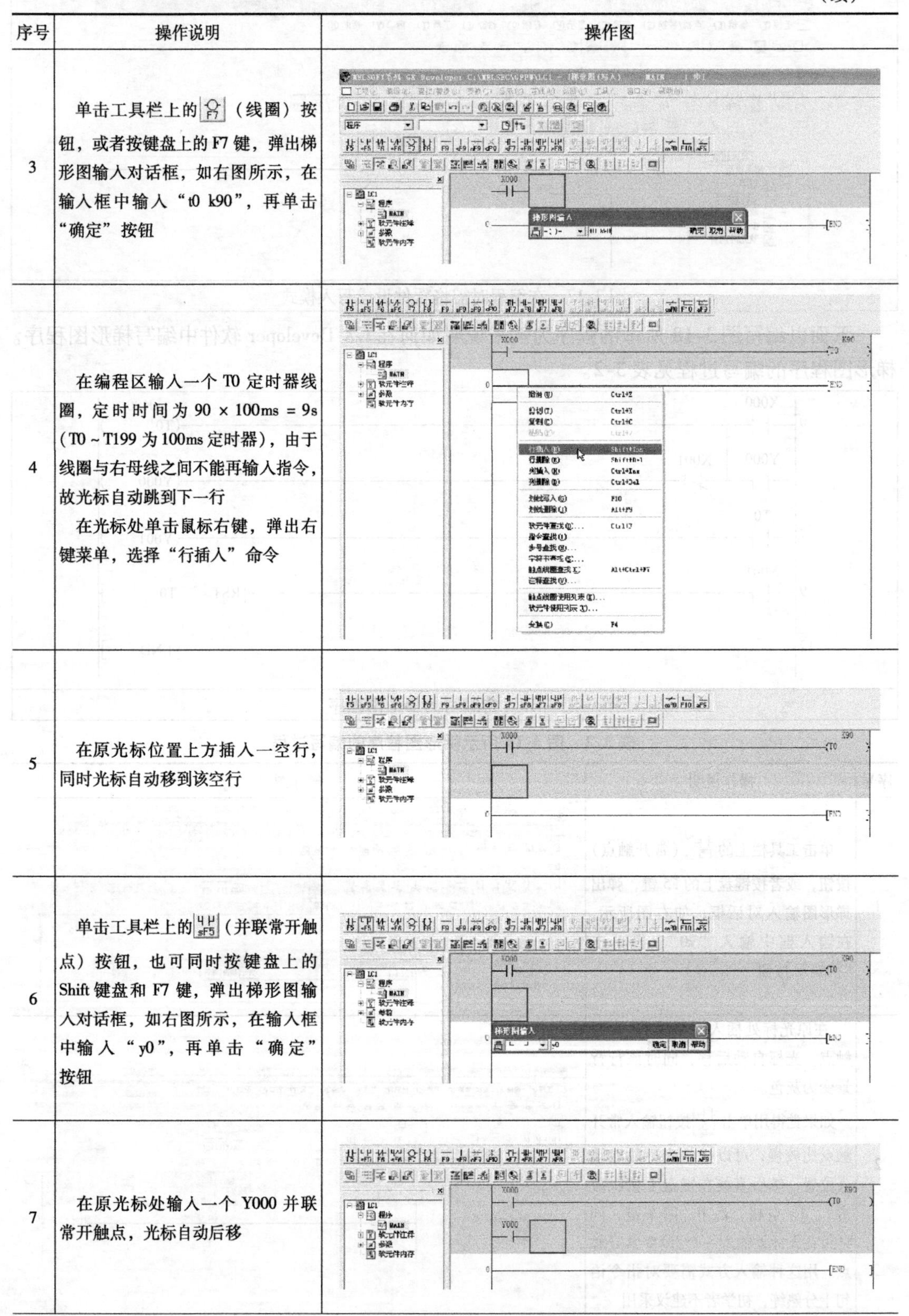

（续）

序号	操作说明	操作图
3	单击工具栏上的 F7（线圈）按钮，或者按键盘上的F7键，弹出梯形图输入对话框，如右图所示，在输入框中输入“t0 k90”，再单击“确定”按钮	
4	在编程区输入一个T0定时器线圈，定时时间为90 × 100ms = 9s（T0 ~ T199为100ms定时器），由于线圈与右母线之间不能再输入指令，故光标自动跳到下一行 在光标处单击鼠标右键，弹出右键菜单，选择“行插入”命令	
5	在原光标位置上方插入一空行，同时光标自动移到该空行	
6	单击工具栏上的 sF5（并联常开触点）按钮，也可同时按键盘上的Shift键盘和F7键，弹出梯形图输入对话框，如右图所示，在输入框中输入“y0”，再单击“确定”按钮	
7	在原光标处输入一个Y000并联常开触点，光标自动后移	

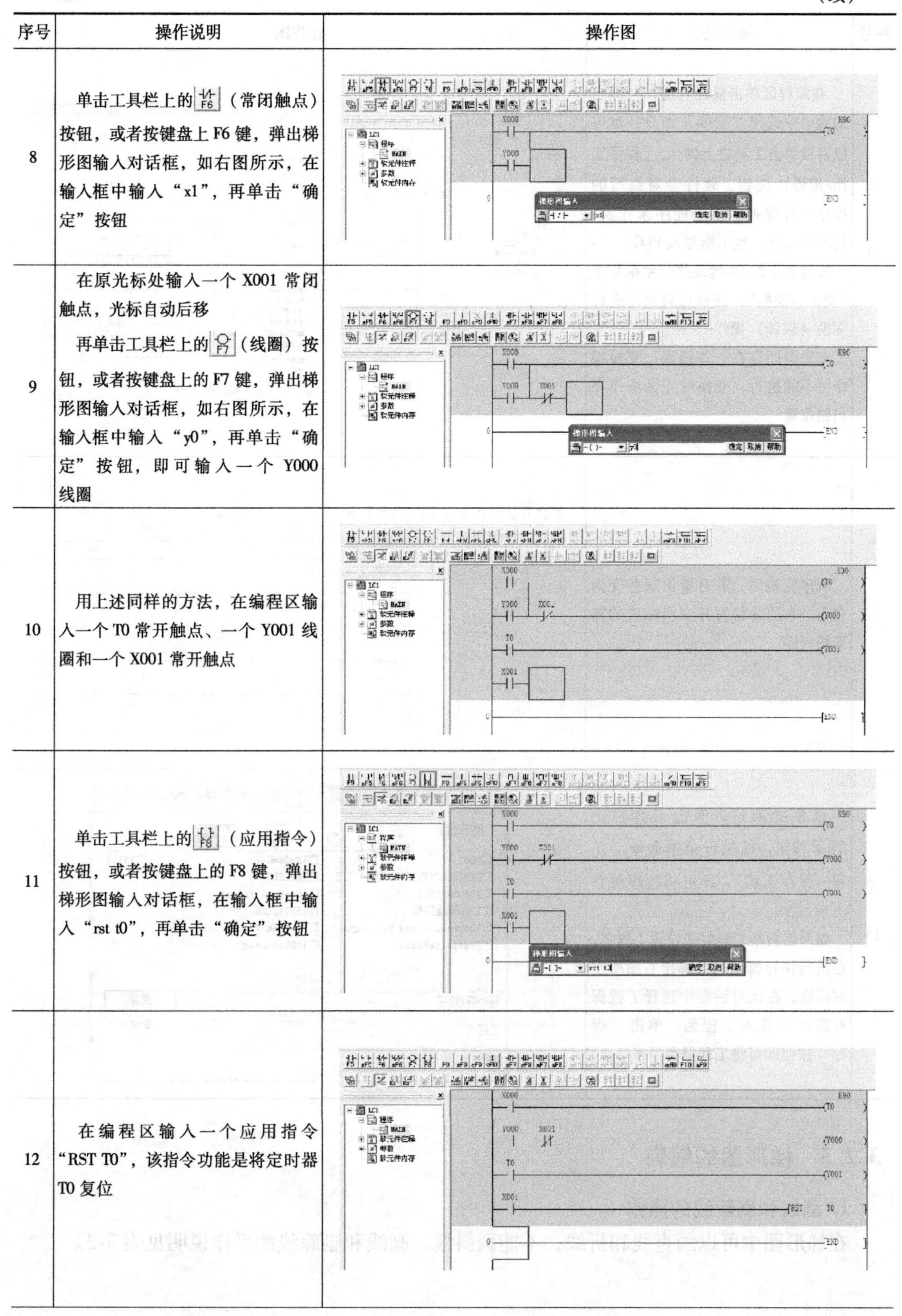

（续）

序号	操作说明	操作图
8	单击工具栏上的（常闭触点）按钮，或者按键盘上F6键，弹出梯形图输入对话框，如右图所示，在输入框中输入“x1”，再单击“确定”按钮	
9	在原光标处输入一个X001常闭触点，光标自动后移 再单击工具栏上的（线圈）按钮，或者按键盘上的F7键，弹出梯形图输入对话框，如右图所示，在输入框中输入“y0”，再单击“确定”按钮，即可输入一个Y000线圈	
10	用上述同样的方法，在编程区输入一个T0常开触点、一个Y001线圈和一个X001常开触点	
11	单击工具栏上的（应用指令）按钮，或者按键盘上的F8键，弹出梯形图输入对话框，在输入框中输入“rst t0”，再单击“确定”按钮	
12	在编程区输入一个应用指令“RST T0”，该指令功能是将定时器T0复位	

（续）

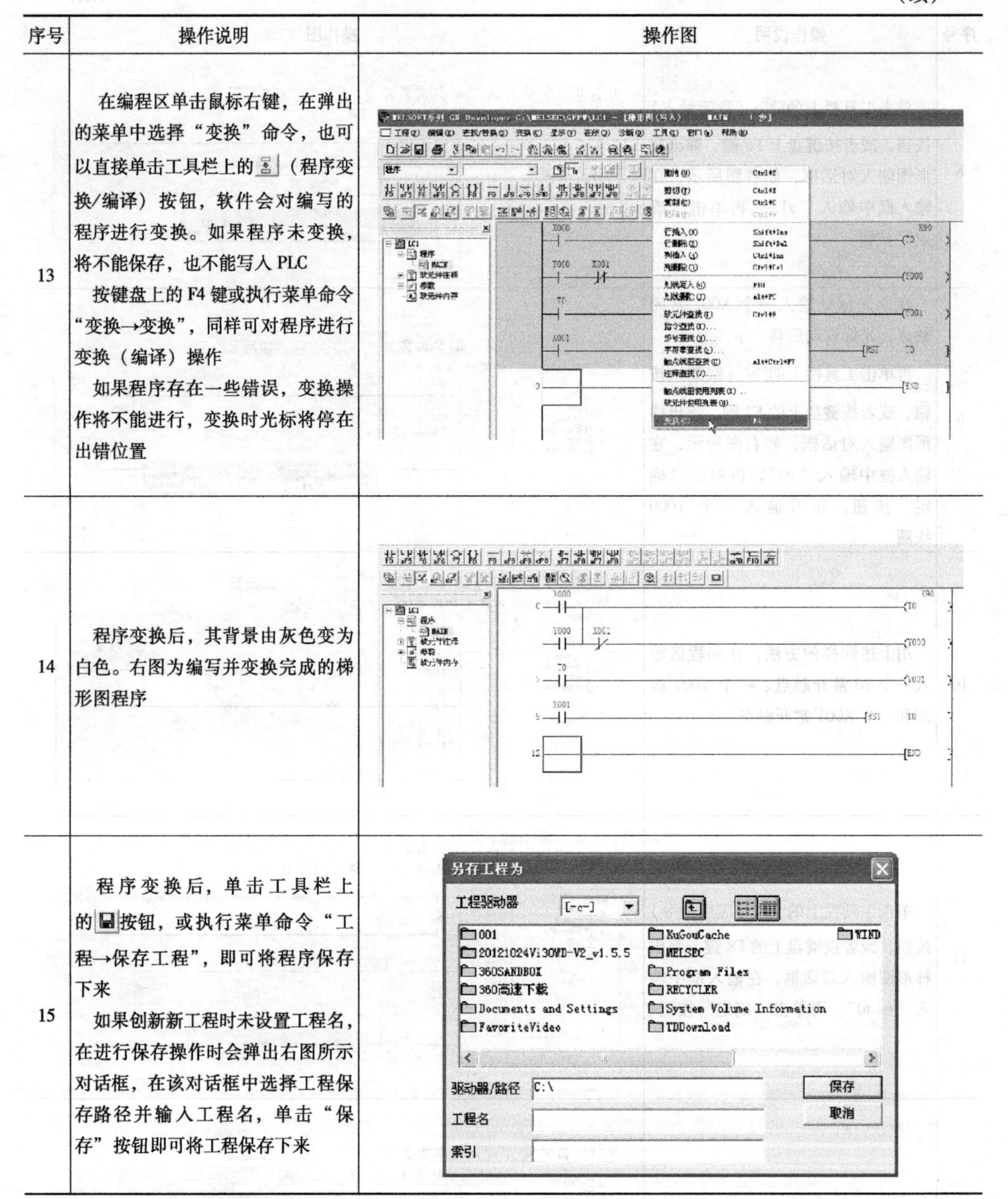

序号	操作说明	操作图
13	在编程区单击鼠标右键，在弹出的菜单中选择“变换”命令，也可以直接单击工具栏上的（程序变换/编译）按钮，软件会对编写的程序进行变换。如果程序未变换，将不能保存，也不能写入PLC 按键盘上的F4键或执行菜单命令“变换→变换”，同样可对程序进行变换（编译）操作 如果程序存在一些错误，变换操作将不能进行，变换时光标将停在出错位置	
14	程序变换后，其背景由灰色变为白色。右图为编写并变换完成的梯形图程序	
15	程序变换后，单击工具栏上的按钮，或执行菜单命令“工程→保存工程”，即可将程序保存下来 如果创新新工程时未设置工程名，在进行保存操作时会弹出右图所示对话框，在该对话框中选择工程保存路径并输入工程名，单击“保存”按钮即可将工程保存下来	

3.2.5 梯形图的编辑

1. 画线和删除线的操作

在梯形图中可以画直线和折线，不能画斜线。画线和删除线的操作说明见表3-3。

表 3-3　画线和删除线的操作说明

操作说明	操作图
画横线：单击工具栏上的oF9按钮，弹出“横线输入”对话框，单击“确定”按钮即在光标处画了一条横线，不断单击“确定”按钮，则不断往右方画横线，单击“取消”按钮，退出画横线	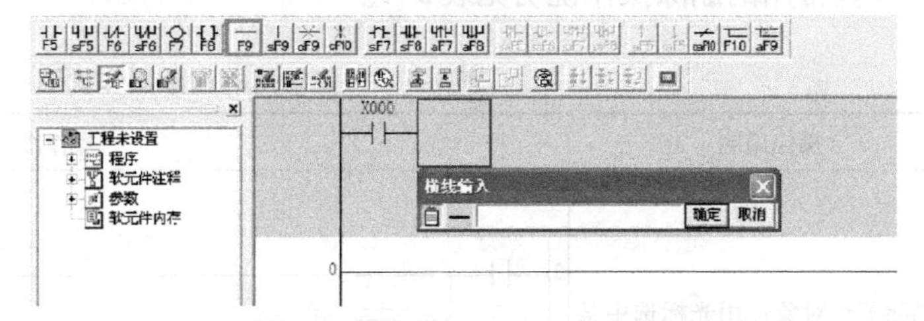
删除横线：单击工具栏上的cF9按钮，弹出“横线删除”对话框，单击“确定”按钮即将光标处的横线删除，也可直接按键盘上的 Delete 键即可将光标处的横线删除	
画竖线：单击工具栏上的sF9按钮，弹出“竖线输入”对话框，单击“确定”按钮即在光标处左方往下画了一条竖线，不断单击“确定”按钮，则不断往下方画竖线，单击“取消”按钮，退出画竖线	
删除竖线：单击工具栏上的cF10按钮，弹出“竖线删除”对话框，单击“确定”按钮即可将光标左方的竖线删除	
画折线：单击工具栏上的F10按钮，将光标移到待画折线的起点处，按下鼠标左键拖出一条折线，松开左键即画出一条折线	
删除折线：单击工具栏上的aF9按钮，将光标移到折线的起点处，按下鼠标左键拖出一条空白折线，松开左键即将一段折线删除	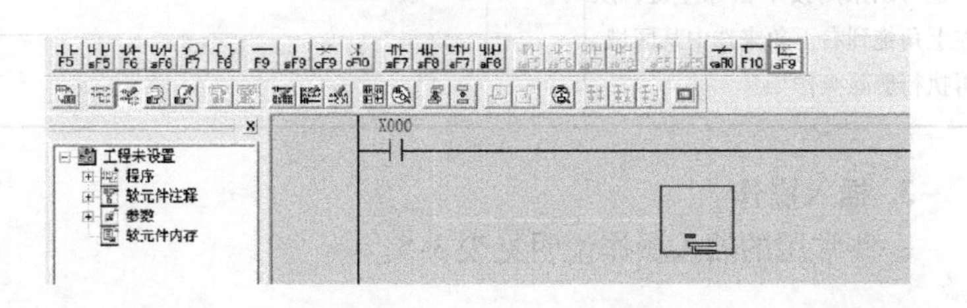

2. 删除操作

一些常用的删除操作说明见表3-4。

表3-4 一些常用的删除操作说明

操作说明	操作图
删除某个对象：用光标选中某个对象，按键盘上的Delete键即可删除该对象	
行删除：将光标定位在要删除的某行上，再单击鼠标右键，在弹出的右键菜单中选择“行删除”，光标所在的整个行内容会被删除，下一行内容会上移填补被删除的行	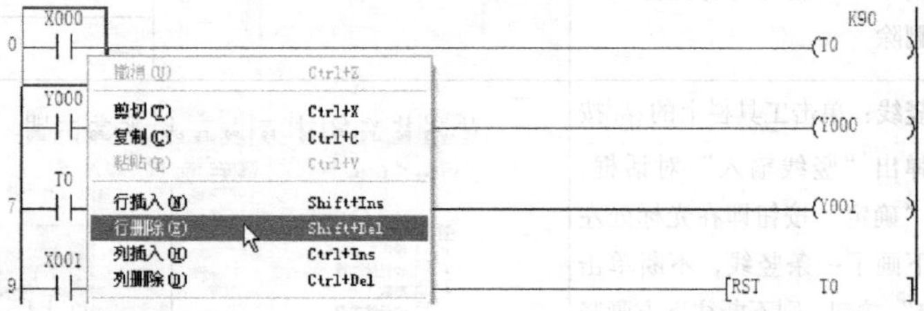
列删除：将光标定位在要删除的某列上，再单击鼠标右键，在弹出的右键菜单中选择“列删除”，光标所在0~7梯级的列内容会被删除，即右图中的X000和Y000触点会被删除，而T0触点不会删除	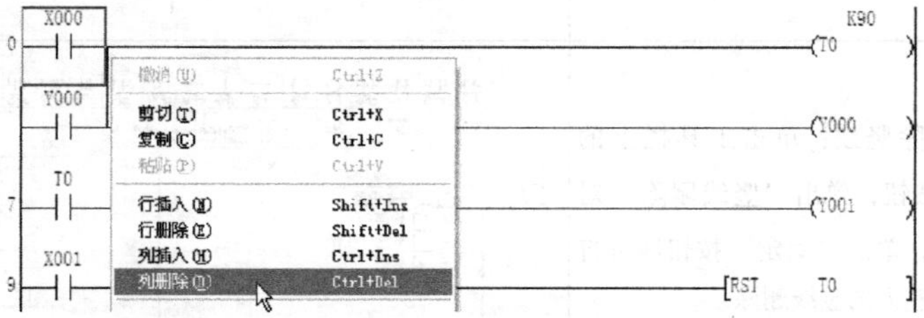
删除一个区域内的对象：将光标先移到要删除区域的左上角，然后按下键盘上的Shift键不放，再将光标移到该区域的右下角并单击，该区域内的所有对象会被选中，按键盘上的Delete键即可删除该区域内的所有对象 也可以采用按下鼠标左键，从左上角拖到右下角来选中某区域，再执行删除操作	

3. 插入操作

一些常用的插入操作说明见表3-5。

表 3-5　一些常用的插入操作说明

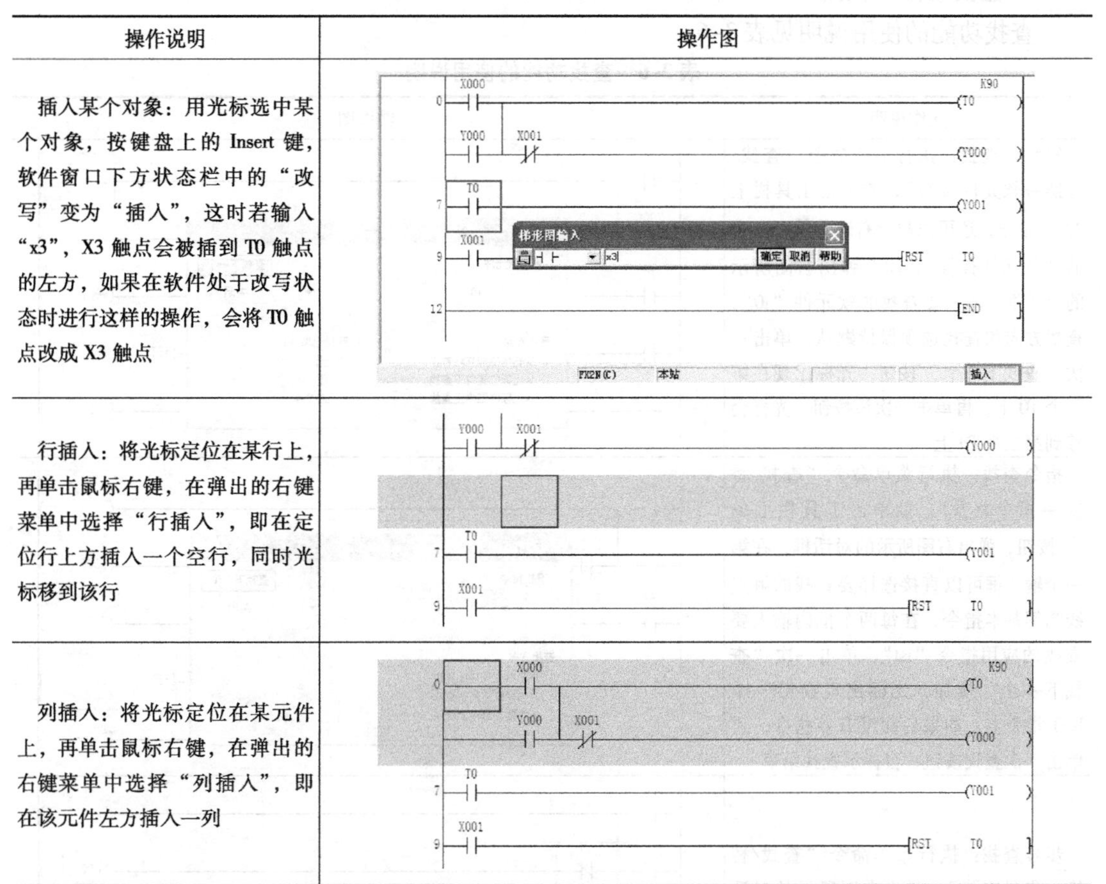

操作说明	操作图
插入某个对象：用光标选中某个对象，按键盘上的 Insert 键，软件窗口下方状态栏中的“改写”变为“插入”，这时若输入“x3”，X3 触点会被插到 T0 触点的左方，如果在软件处于改写状态时进行这样的操作，会将 T0 触点改成 X3 触点	
行插入：将光标定位在某行上，再单击鼠标右键，在弹出的右键菜单中选择“行插入”，即在定位行上方插入一个空行，同时光标移到该行	
列插入：将光标定位在某元件上，再单击鼠标右键，在弹出的右键菜单中选择“列插入”，即在该元件左方插入一列	

3.2.6　查找与替换功能的使用

GX Developer 软件具有查找和替换功能，使用该功能的方法是单击软件窗口上方的“查找/替换”菜单项，弹出图 3-19 所示的菜单，选择其中的菜单命令即可执行相应的查找/替换操作。

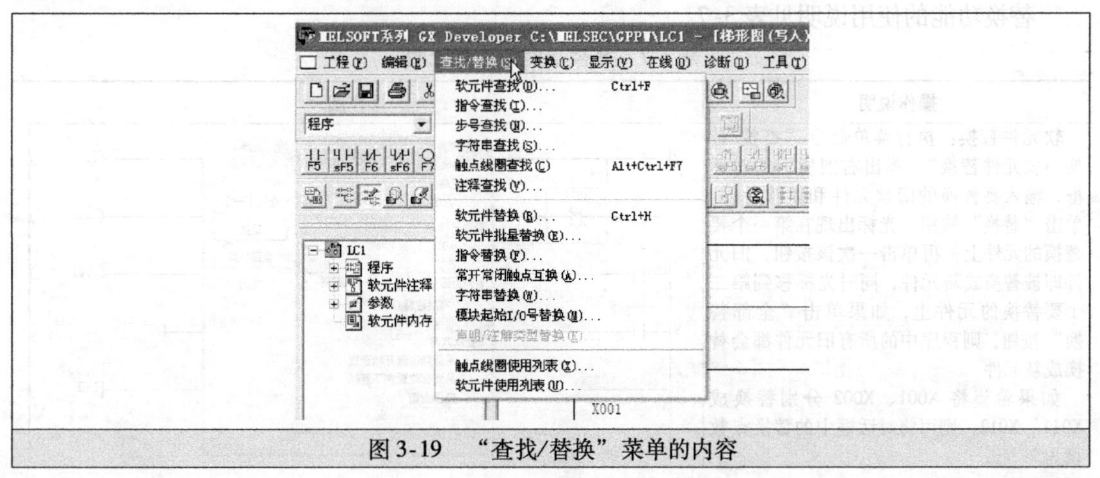

图 3-19　“查找/替换”菜单的内容

1. 查找功能的使用

查找功能的使用说明见表3-6。

表3-6 查找功能的使用说明

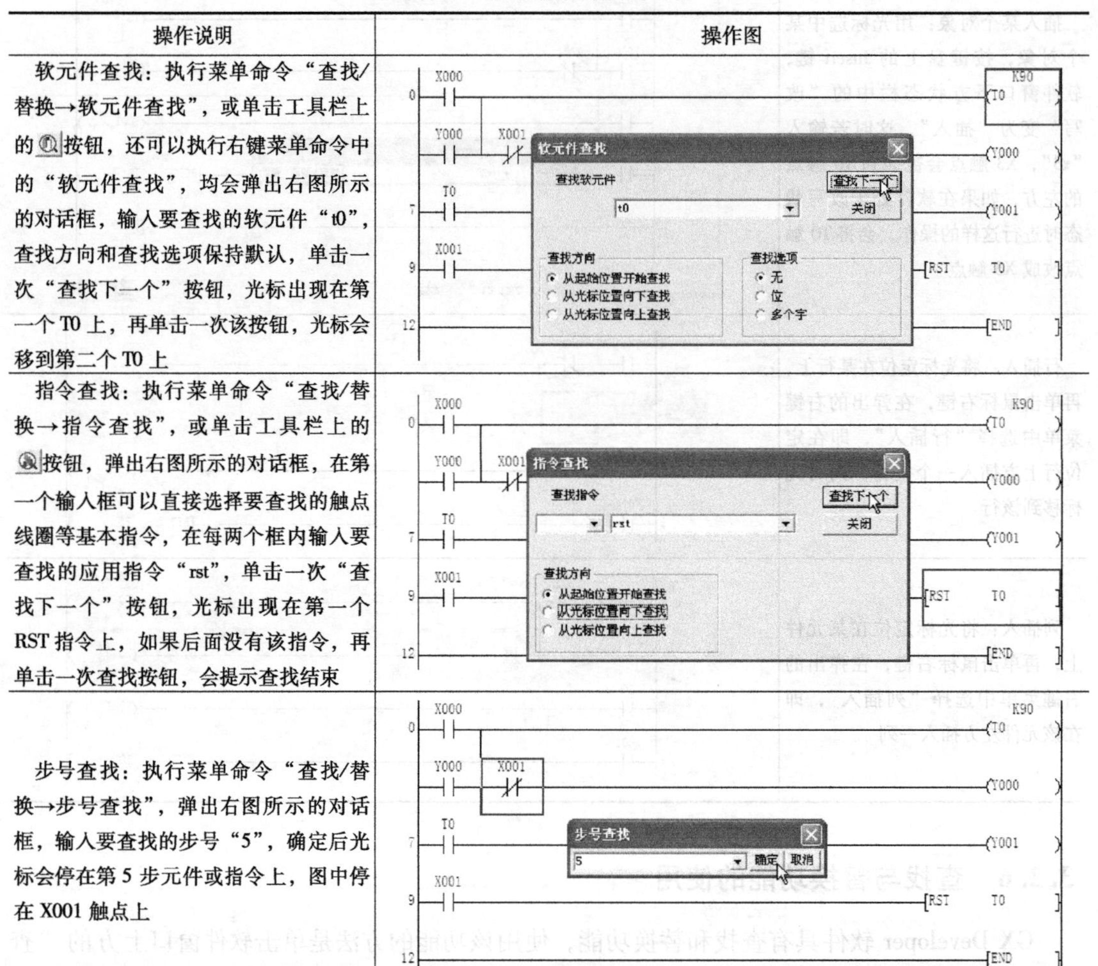

操作说明	操作图
软元件查找：执行菜单命令“查找/替换→软元件查找”，或单击工具栏上的按钮，还可以执行右键菜单命令中的“软元件查找”，均会弹出右图所示的对话框，输入要查找的软元件“t0”，查找方向和查找选项保持默认，单击一次“查找下一个”按钮，光标出现在第一个T0上，再单击一次该按钮，光标会移到第二个T0上	
指令查找：执行菜单命令“查找/替换→指令查找”，或单击工具栏上的按钮，弹出右图所示的对话框，在第一个输入框可以直接选择要查找的触点线圈等基本指令，在每两个框内输入要查找的应用指令“rst”，单击一次“查找下一个”按钮，光标出现在第一个RST指令上，如果后面没有该指令，再单击一次查找按钮，会提示查找结束	
步号查找：执行菜单命令“查找/替换→步号查找”，弹出右图所示的对话框，输入要查找的步号“5”，确定后光标会停在第5步元件或指令上，图中停在X001触点上	

2. 替换功能的使用

替换功能的使用说明见表3-7。

表3-7 替换功能的使用说明

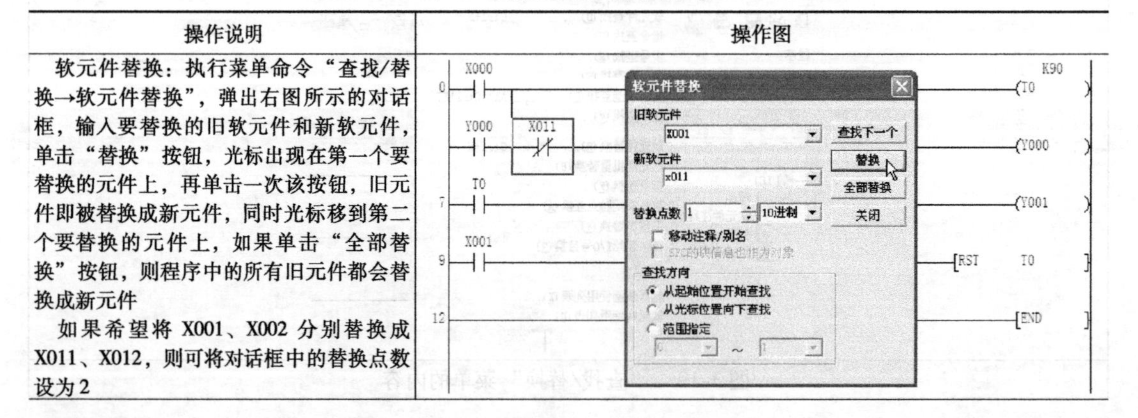

操作说明	操作图
软元件替换：执行菜单命令“查找/替换→软元件替换”，弹出右图所示的对话框，输入要替换的旧软元件和新软元件，单击“替换”按钮，光标出现在第一个要替换的元件上，再单击一次该按钮，旧元件即被替换成新元件，同时光标移到第二个要替换的元件上，如果单击“全部替换”按钮，则程序中的所有旧元件都会替换成新元件 如果希望将X001、X002分别替换成X011、X012，则可将对话框中的替换点数设为2	

（续）

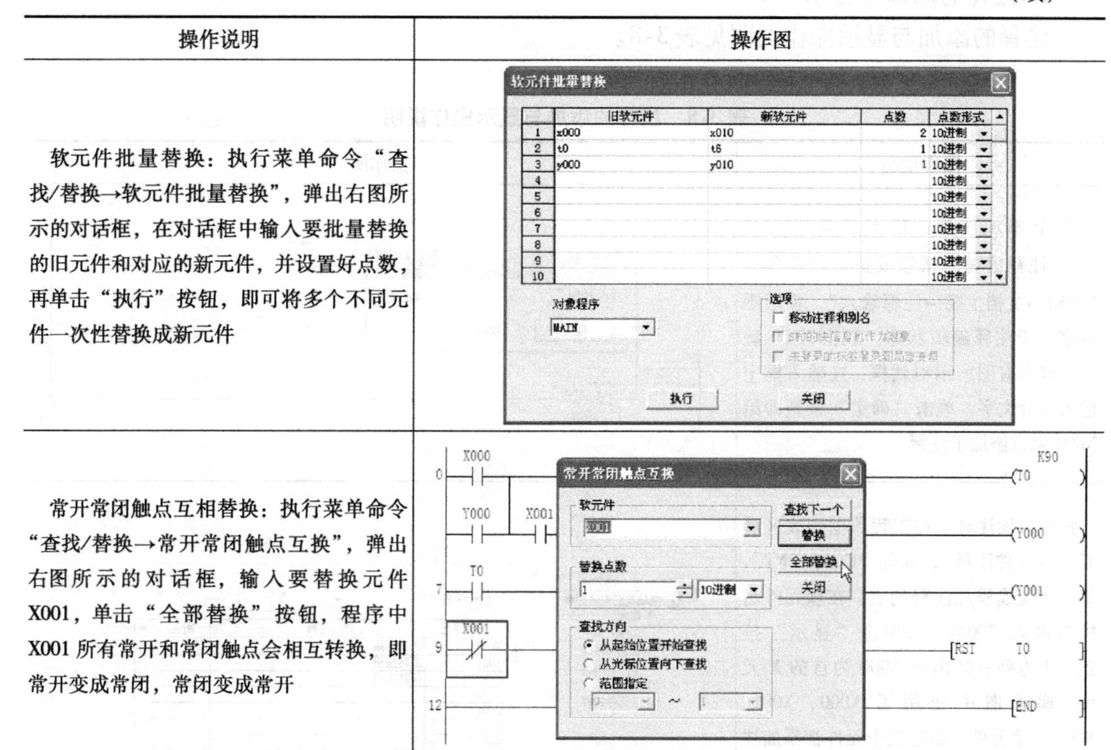

操作说明	操作图
软元件批量替换：执行菜单命令“查找/替换→软元件批量替换”，弹出右图所示的对话框，在对话框中输入要批量替换的旧元件和对应的新元件，并设置好点数，再单击“执行”按钮，即可将多个不同元件一次性替换成新元件	
常开常闭触点互相替换：执行菜单命令“查找/替换→常开常闭触点互换”，弹出右图所示的对话框，输入要替换元件X001，单击“全部替换”按钮，程序中X001所有常开和常闭触点会相互转换，即常开变成常闭，常闭变成常开	

3.2.7　注释、声明和注解的添加与显示

在GX Developer软件中，可以对梯形图添加注释、声明和注解，图3-20是添加了注释、声明和注解的梯形图程序。声明用于一个程序段的说明，最多允许64字符×n行；注解用于对与右母线连接的线圈或指令的说明，最多允许64字符×1行；注释相当于一个元件的说明，最多允许8字符×4行，一个汉字占2个字符。

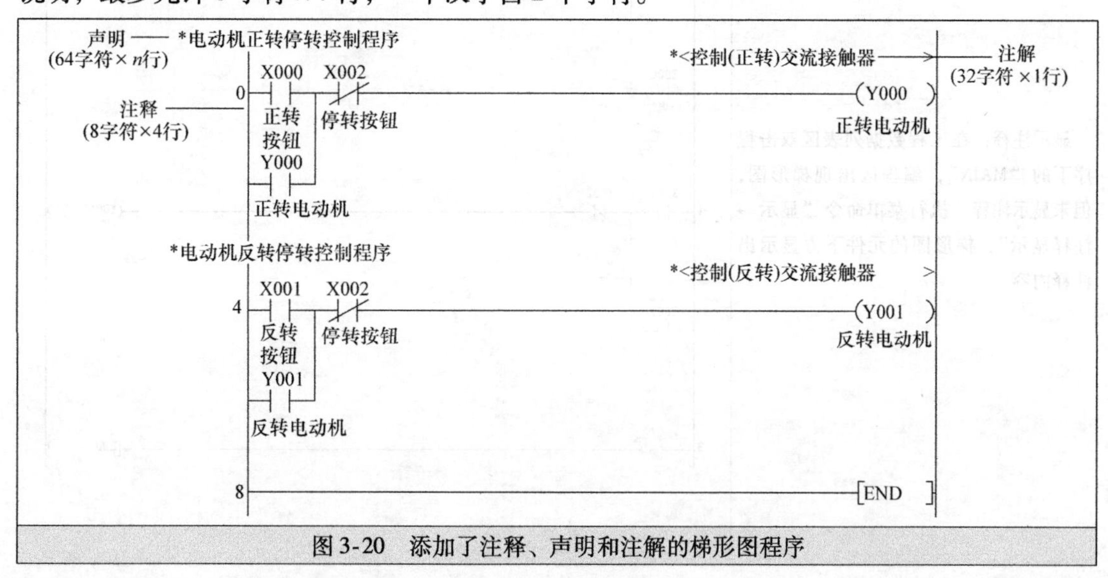

图3-20　添加了注释、声明和注解的梯形图程序

1. 注释的添加与显示

注释的添加与显示操作说明见表3-8。

表3-8　注释的添加与显示操作说明

操作说明	操作图
单个添加注释：按下工具栏上的 （注释编辑）按钮或执行菜单命令“编辑→文档生成→注释输入”，梯形图程序处于注释编辑状态，双击X000触点，弹出右图所示对话框，在输入框中输入注释文字，单击“确定”按钮即给X000触点添加了注释	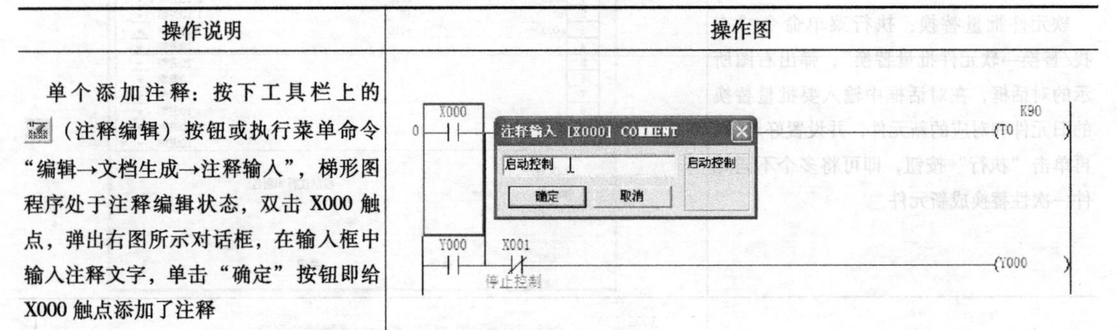
批量添加注释：在工程数据列表区展开“软元件注释”，双击“COMMENT”，编程区变成添加注释列表，在软元件名框内输入“X000”，单击“显示”按钮，下方列表区出现X000为首的X元件，梯形图中使用了X000、X001、X002三个元件，给这三个元件都添加注释，如右图所示。之后，再在“软元件名”框内输入Y000，在下方列表区给Y000、Y001进行注释	
显示注释：在工程数据列表区双击程序下的“MAIN”，编程区出现梯形图，但未显示注释。执行菜单命令“显示→注释显示”，梯形图的元件下方显示出注释内容	X000 正转按钮　X002 停转按钮　Y000 正转电动机　Y000 正转电动机　X001 反转按钮　X002 停转按钮　Y001 反转电动机　Y001 反转电动机　END

（续）

操作说明	操作图
注释显示方式设置：梯形图注释默认以4行×8字符显示，如果希望同时改变显示的字符数和行数，可执行菜单命令“显示→注释显示形式→3×5字符”，如果仅希望改变显示的行数，可执行菜单命令“显示→软元件注释行数”，可选择1～4行显示，右图为2行显示	0 X000 正转按钮 X002 停转按钮 Y000 正转电动机 Y000 正转电动机 4 X001 反转按钮 X002 停转按钮 Y001 反转电动机 Y001 反转电动机 8 END

2. 声明的添加与显示

声明的添加与显示操作说明见表3-9。

表3-9　声明的添加与显示操作说明

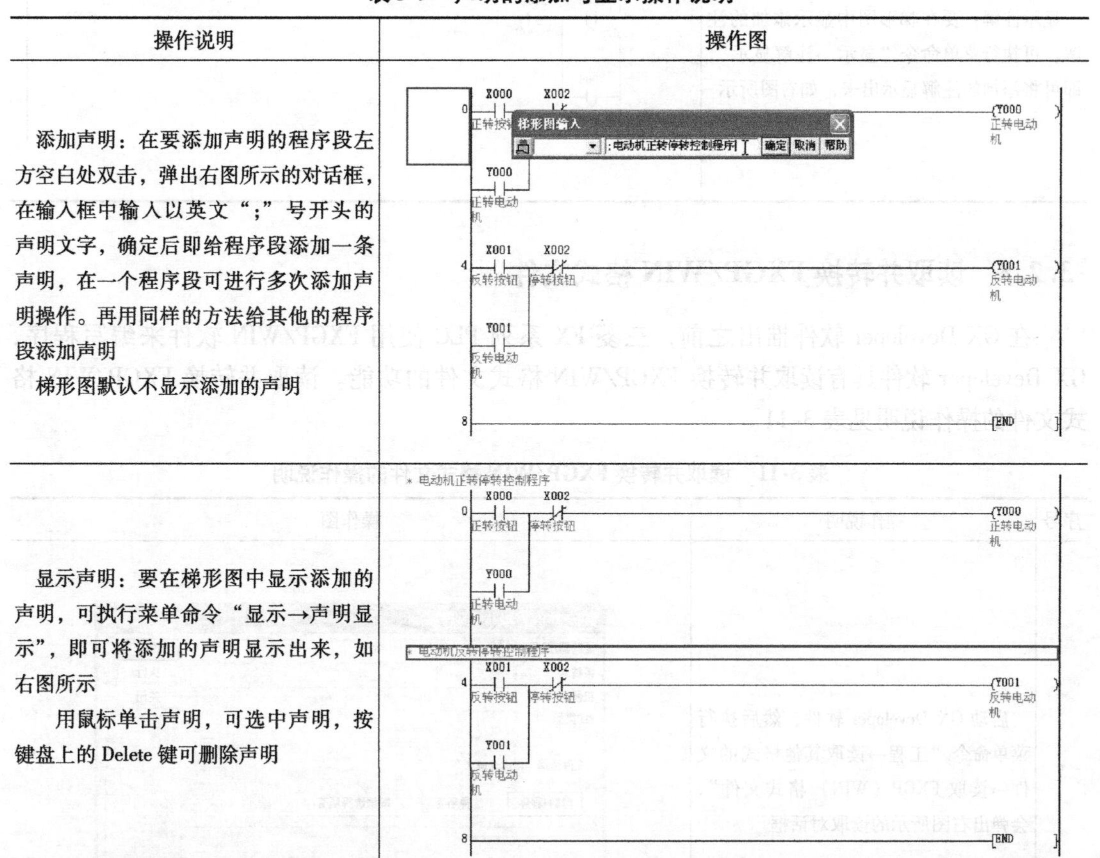

操作说明	操作图
添加声明：在要添加声明的程序段左方空白处双击，弹出右图所示的对话框，在输入框中输入以英文“;”号开头的声明文字，确定后即给程序段添加一条声明，在一个程序段可进行多次添加声明操作。再用同样的方法给其他的程序段添加声明 梯形图默认不显示添加的声明	梯形图输入 ;电动机正转停转控制程序 确定 取消 帮助
显示声明：要在梯形图中显示添加的声明，可执行菜单命令“显示→声明显示”，即可将添加的声明显示出来，如右图所示 用鼠标单击声明，可选中声明，按键盘上的Delete键可删除声明	* 电动机正转停转控制程序 * 电动机反转停转控制程序

3. 注解的添加与显示

注解的添加与显示操作说明见表3-10。

表 3-10　注解的添加与显示操作说明

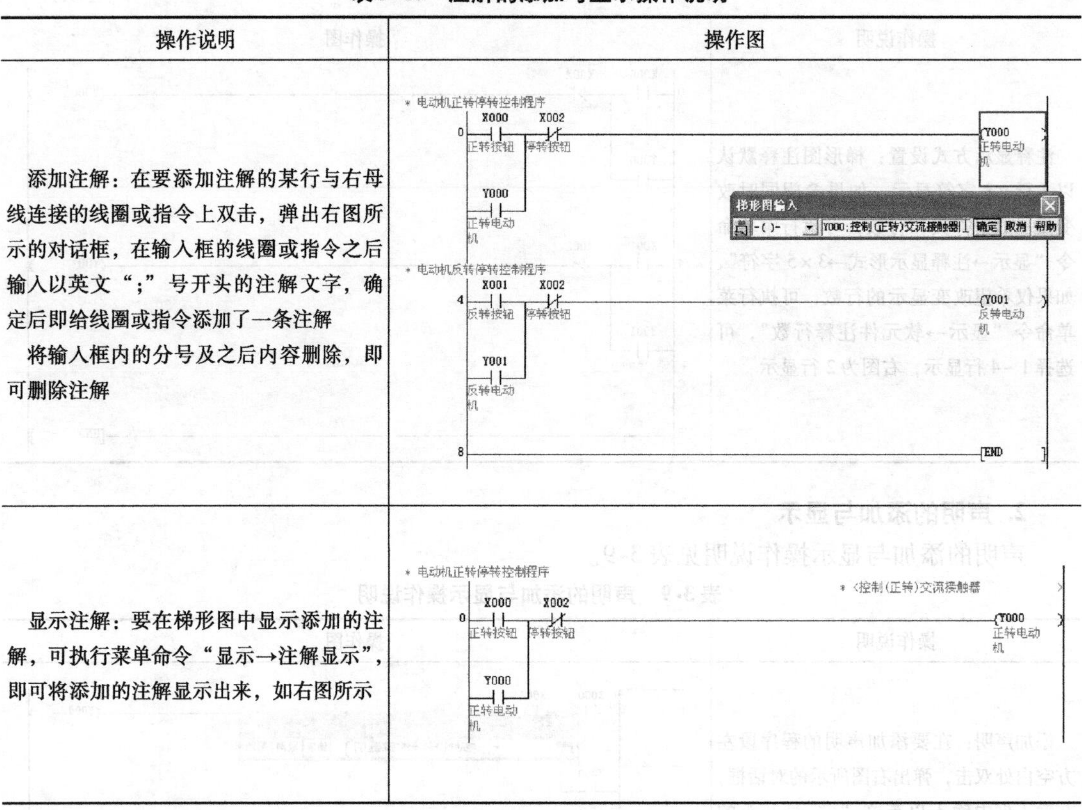

操作说明	操作图
添加注解：在要添加注解的某行与右母线连接的线圈或指令上双击，弹出右图所示的对话框，在输入框的线圈或指令之后输入以英文“;”号开头的注解文字，确定后即给线圈或指令添加了一条注解 将输入框内的分号及之后内容删除，即可删除注解	
显示注解：要在梯形图中显示添加的注解，可执行菜单命令“显示→注解显示”，即可将添加的注解显示出来，如右图所示	

3.2.8　读取并转换 FXGP/WIN 格式文件

在 GX Developer 软件推出之前，三菱 FX 系列 PLC 使用 FXGP/WIN 软件来编写程序，GX Developer 软件具有读取并转换 FXGP/WIN 格式文件的功能。读取并转换 FXGP/WIN 格式文件的操作说明见表 3-11。

表 3-11　读取并转换 FXGP/WIN 格式文件的操作说明

序号	操作说明	操作图
1	启动 GX Developer 软件，然后执行菜单命令“工程→读取其他格式的文件→读取 FXGP（WIN）格式文件”，会弹出右图所示的读取对话框	

（续）

序号	操作说明	操作图
2	在读取对话框中单击“浏览”按钮，会弹出右图所示的对话框，在该对话框中选择要读取的 FXGP/WIN 格式文件，如果某文件夹中含有这种格式的文件，该文件夹是深色图标 在该对话框中选择要读取的 FXGP/WIN 格式文件，单击“确认”按钮返回到读取对话框	
3	在右图所示的读取对话框中出现要读取的文件，将下方区域内的三项都选中，单击“执行”按钮，即开始读取已选择的 FXGP/WIN 格式文件，单击“关闭”按钮，将读取对话框关闭，同时读取的文件被转换，并出现在 GX Developer 软件的编程区，再执行保存操作，将转换来的文件保存下来即可	

3.2.9 PLC 与计算机的连接及程序的写入与读出

1. PLC 与计算机的硬件连接

PLC 与计算机连接需要用到通信电缆，常用电缆有两种：一种是 FX－232AWC－H（简称 SC09）电缆，如图 3-21a 所示，该电缆含有 RS－232C/RS－422 转换器；另一种是 FX－USB－AW（又称 USB－SC09－FX）电缆，如图 3-21b 所示，该电缆含有 USB/RS－422 转换器。

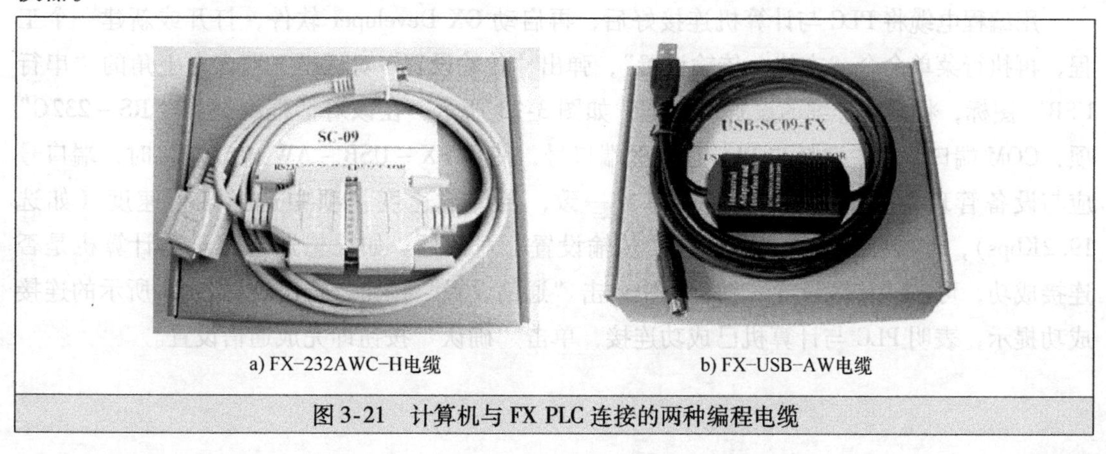

a) FX-232AWC-H电缆　　b) FX-USB-AW电缆

图 3-21　计算机与 FX PLC 连接的两种编程电缆

在选用 PLC 编程电缆时，先查看计算机是否具有 COM 端口（又称 RS－232C 端口），因为现在很多计算机已经取消了这种接口，如果计算机有 COM 接口，可选用 FX－232AWC－H 电缆连接 PLC 和计算机。在连接时，将电缆的 COM 插头插入计算机的 COM 端口，电缆另一端圆形插头插入 PLC 的编程口内。

如果计算机没有 COM 端口，可选用 FX－USB－AW 电缆将计算机与 PLC 连接起来。在连接时，将电缆的 USB 插头插入计算机的 USB 端口，电缆另一端圆形插头插入 PLC 的编程口内。当将 FX－USB－AW 电缆插到计算机 USB 端口时，还需要在计算机中安装该电缆配备的驱动程序。驱动程序安装完成后，在计算机桌面上右击“我的计算机”，在弹出的菜单中选择“设备管理器”，弹出设备管理器窗口，如图 3-22 所示。展开其中的“端口（COM 和 LPT）”，从中可看到一个虚拟的 COM 端口，图中为 COM3，记住该编号，在 GX Developer 软件进行通信参数设置时要用到。

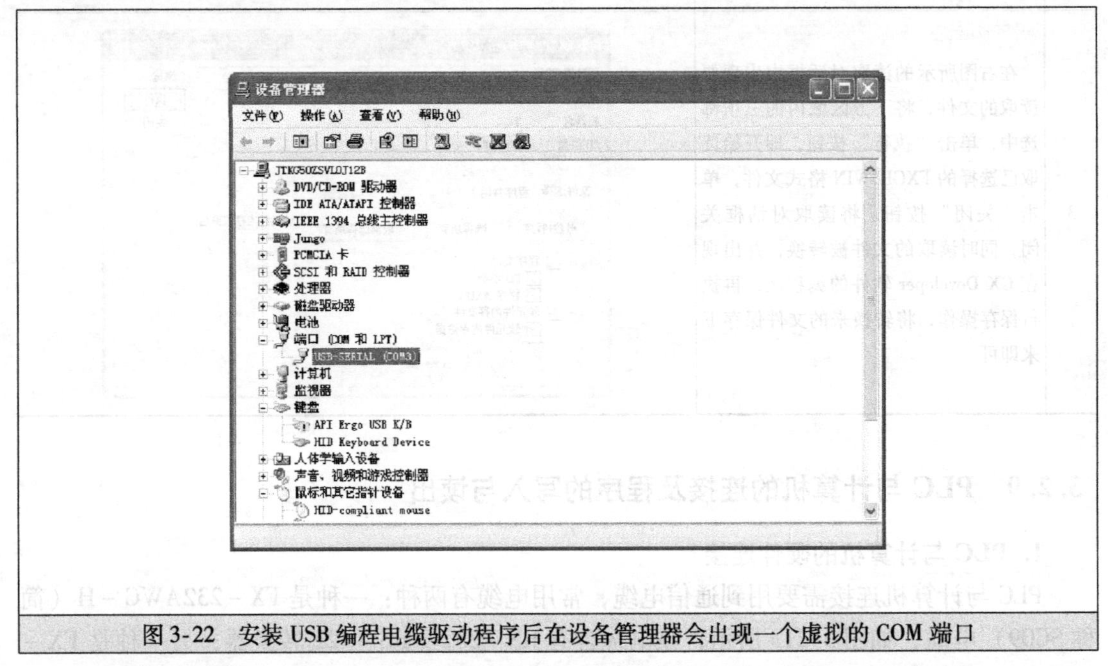

图 3-22　安装 USB 编程电缆驱动程序后在设备管理器会出现一个虚拟的 COM 端口

2. 通信设置

用编程电缆将 PLC 与计算机连接好后，再启动 GX Developer 软件，打开或新建一个工程，再执行菜单命令“在线→传输设置”，弹出“传输设置”对话框，双击左上角的“串行 USB”图标，将出现详细的设置对话框，如图 3-23 所示。在该对话框中选中“RS－232C”项，COM 端口一项中选择与 PLC 连接的端口号，使用 FX－USB－AW 电缆连接时，端口号应与设备管理器中的虚拟 COM 端口号一致，在传输速度一项中选择某个速度（如选 19.2Kbps），单击“确认”按钮返回“传输设置”对话框。如果想知道 PLC 与计算机是否连接成功，可在“传输设置”对话框中单击“通信设置”按钮，若出现图 3-24 所示的连接成功提示，表明 PLC 与计算机已成功连接，单击“确认”按钮即完成通信设置。

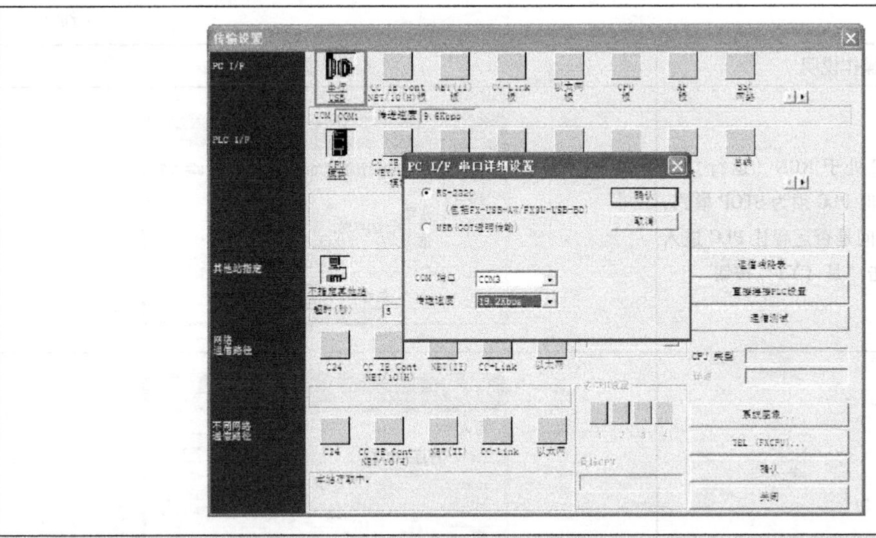

图3-23　通信设置

3. 程序的写入与读出

程序的写入是指将程序由编程计算机送入PLC，读出则是将PLC内的程序传送到计算机中。程序写入的操作说明见表3-12，程序的读出操作过程与写入基本类似，可参照学习，这里不做介绍。在对PLC进行程序写入或读出时，除了要保证PLC与计算机通信连接正常外，PLC还需要接上工作电源。

图3-24　PLC与计算机连接成功提示

表3-12　程序写入的操作说明

序号	操作说明	操作图
1	在GX Developer软件中编写好程序并变换后，执行菜单命令“在线→PLC写入”，也可以单击工具栏上的（PLC写入）按钮，均会弹出右图所示的“PLC写入”对话框，在下方选中要写入PLC的内容，一般选“MAIN”项和“PLC参数”项，其他项根据实际情况选择，再单击“执行”按钮	
2	弹出询问是否写入对话框，单击“是(Y)”按钮	

（续）

序号	操作说明	操作图
3	由于当前 PLC 处于 RUN（运行）模式，而写入程序时 PLC 须为 STOP 模式，故弹出对话框询问是否远程让 PLC 进入 STOP 模式，单击“是（Y）”按钮	MELSOFT系列 GX Developer 是否在执行远程STOP操作后，执行CPU写入？ 注意 停止PLC的控制。 请确认安全后执行。 是(Y) 否(N)
4	程序开始写入 PLC	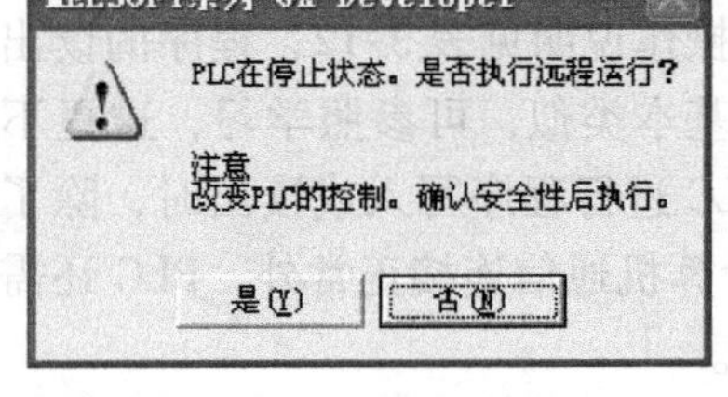
5	程序写入完成后，弹出对话框询问是否远程让 PLC 进入运行状态，单击“是（Y）”按钮，返回到“PLC 写入”对话框，单击“关闭”按钮即完成程序写入过程	MELSOFT系列 GX Developer PLC在停止状态。是否执行远程运行？ 注意 改变PLC的控制。确认安全性后执行。 是(Y) 否(N)

3.2.10 在线监视 PLC 程序的运行

在 GX Developer 软件中将程序写入 PLC 后，如果希望看见程序在实际 PLC 中的运行情况，可使用软件的在线监视功能，在使用该功能时，应确保 PLC 与计算机间通信电缆连接正常，PLC 供电正常。在线监视 PLC 程序运行的操作说明见表 3-13。

表 3-13　在线监视 PLC 程序运行的操作说明

序号	操作说明	操作图
1	在 GX Developer 软件中先将编写好的程序写入 PLC，然后执行菜单命令“在线→监视→监视模式”，或者单击工具栏上的 （监视模式）按钮，也可以直接按 F3 键，即进入在线监视模式，如右图所示，软件编程区内梯形图的 X001 常闭触点上有深色方块，表示 PLC 程序中的该触点处于闭合状态	X000 (T0 K90) Y000 X001 (Y000) T0 (Y001) X001 [RST T0] [END]

（续）

序号	操作说明	操作图
2	用导线将PLC的X000端子与COM端子短接，梯形图中的X000常开触点出现深色方块，表示已闭合；定时器线圈T0出现方块，表示已开始计时；Y000线圈出现方块，表示得电；Y000常开自锁触点出现方块，表示已闭合	
3	将PLC的X000、COM端子间的导线断开，程序中的X000常开触点上的方块消失，表示该触点断开，但由于Y000常开自锁触点仍闭合（该触点上有方块），故定时器线圈T0仍得电计时。当计时到达设定值90（9s）时，T0常开触点上出现方块（触点闭合），Y001线圈出现方块（线圈得电）	
4	用导线将PLC的X001端子与COM端子短接，梯形图中的X001常闭触点上方块的方块消失，表示已断开，Y000线圈上的方块马上消失，表示失电，Y000常开自锁触点上的方块消失，表示断开，定时器线圈T0上的方块消失，表示停止计时并将当前计时值清0，T0常开触点上的方块消失，表示触点断开，X001常开触点上有方块，表示该触点处于闭合	
5	在监视模式时不能修改程序，如果监视过程中发现程序存在错误需要修改，可单击工具栏上的（写入模式）按钮，切换到写入模式，程序修改并变换后，再将修改的程序重新写入PLC，然后再切换到监视模式来监视修改后的程序运行情况 使用“监视（写入）模式”功能，可以避免上述麻烦的操作。单击工具栏上的（监视（写入）模式）按钮，或执行菜单命令“在线→监视→监视（写入模式）”，如右图所示，在进入监视（写入）模式时，软件先将当前程序自动写入PLC，再监视PLC程序的运行，如果对程序进行了修改并交换后，修改后的新程序又自动写入PLC，开始新程序的监视运行	

3.3　三菱GX Simulator仿真软件的使用

给编程计算机连接实际的PLC可以在线监视PLC程序运行情况，但由于受条件限制，很多学习者并没有 PLC，这时可以使用三菱 GX Simulator 仿真软件，安装该软件后，就相当于给编程计算机连接了一台模拟的 PLC，再将程序写入这台模拟 PLC 来进行在线监视 PLC 程序运行。

GX Simulator 软件具有以下特点：①具有硬件 PLC 没有的单步执行、跳步执行和部分程序执行调试功能；②调试速度快；③不支持输入/输出模块和网络，仅支持特殊功能模块的缓冲区；④扫描周期被固定为 100ms，可以设置为 100ms 的整数倍。

GX Simulator 软件支持 FX_{1S}、FX_{1N}、FX_{1NC}、FX_{2N} 和 FX_{2NC} 绝大部分的指令，但不支持中断指令、PID 指令、位置控制指令，以及与硬件和通信有关的指令。GX Simulator 软件从 RUN 模式切换到 STOP 模式时，停电保持的软元件的值被保留，非停电保持软元件的值被清除，软件退出时，所有软元件的值被清除。

3.3.1 GX Simulator 的安装

GX Simulator 仿真软件是 GX Developer 软件的一个可选安装包，如果未安装该软件包，GX Developer 可正常编程，但无法使用 PLC 仿真功能。

GX Simulator 仿真软件的安装说明见表 3-14。

表 3-14 GX Simulator 仿真软件的安装说明

序号	操作说明	操作图
1	在安装时，先将 GX Simulator 安装文件夹复制到计算机某盘符的根目录下，再打开 GX Simulator 文件夹，打开其中的 EnvMEL 文件夹，找到“SETUP. EXE”文件并双击，如右图所示，就开始安装 MELSOFT 环境软件	
2	环境软件安装完成后，在 GX Simulator 文件夹中找到“SETUP. EXE”文件，如右图所示，双击该文件即开始安装 GX Simulator 仿真软件	

（续）

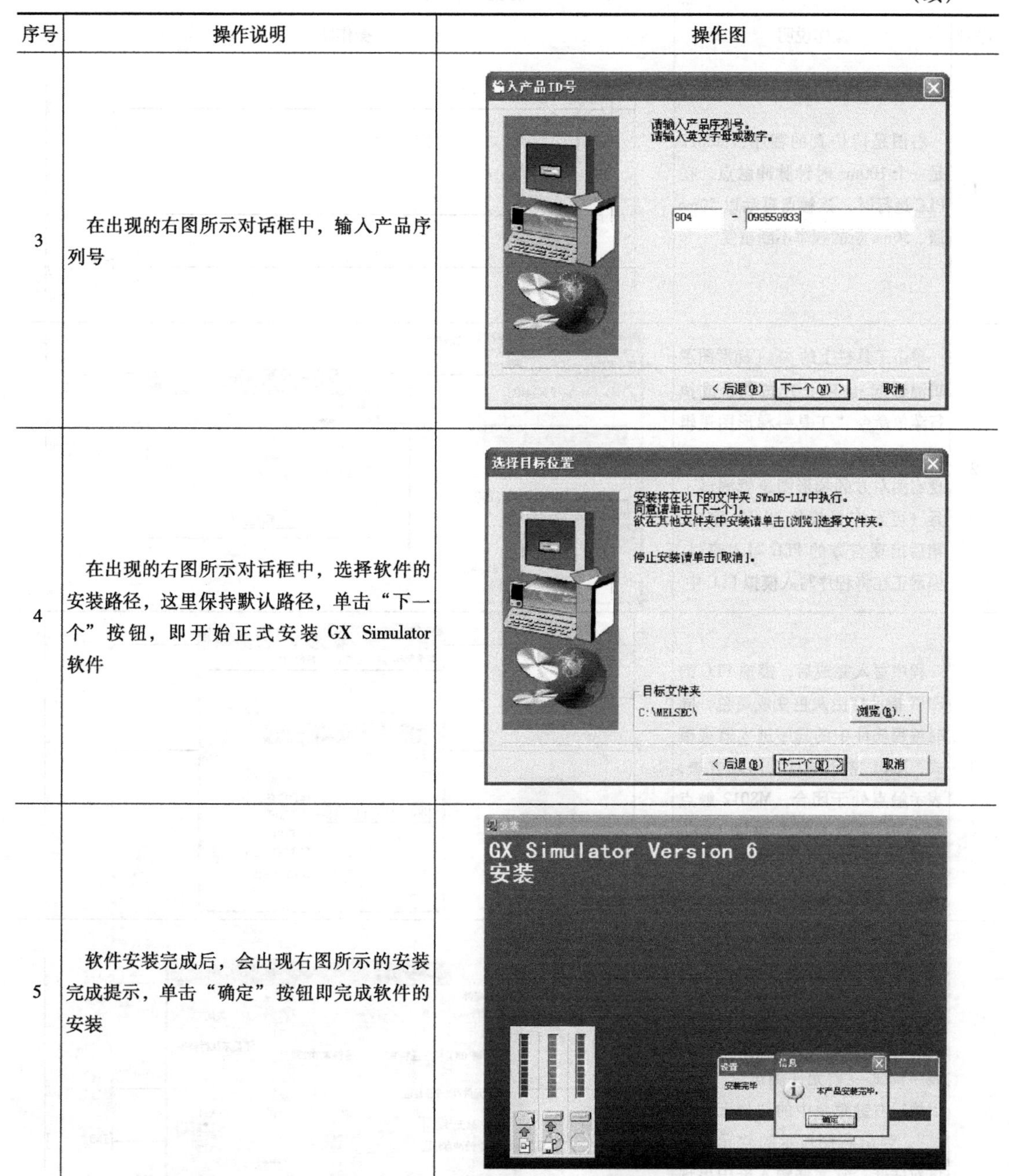

序号	操作说明	操作图
3	在出现的右图所示对话框中，输入产品序列号	
4	在出现的右图所示对话框中，选择软件的安装路径，这里保持默认路径，单击“下一个”按钮，即开始正式安装 GX Simulator 软件	
5	软件安装完成后，会出现右图所示的安装完成提示，单击“确定”按钮即完成软件的安装	

3.3.2 仿真操作

仿真操作内容包括将程序写入模拟 PLC 中，再对程序中的元件进行强制 ON 或 OFF 操作，然后在 GX Developer 软件中查看程序在模拟 PLC 中的运行情况。仿真操作说明见表 3-15。

表 3-15　仿真操作说明

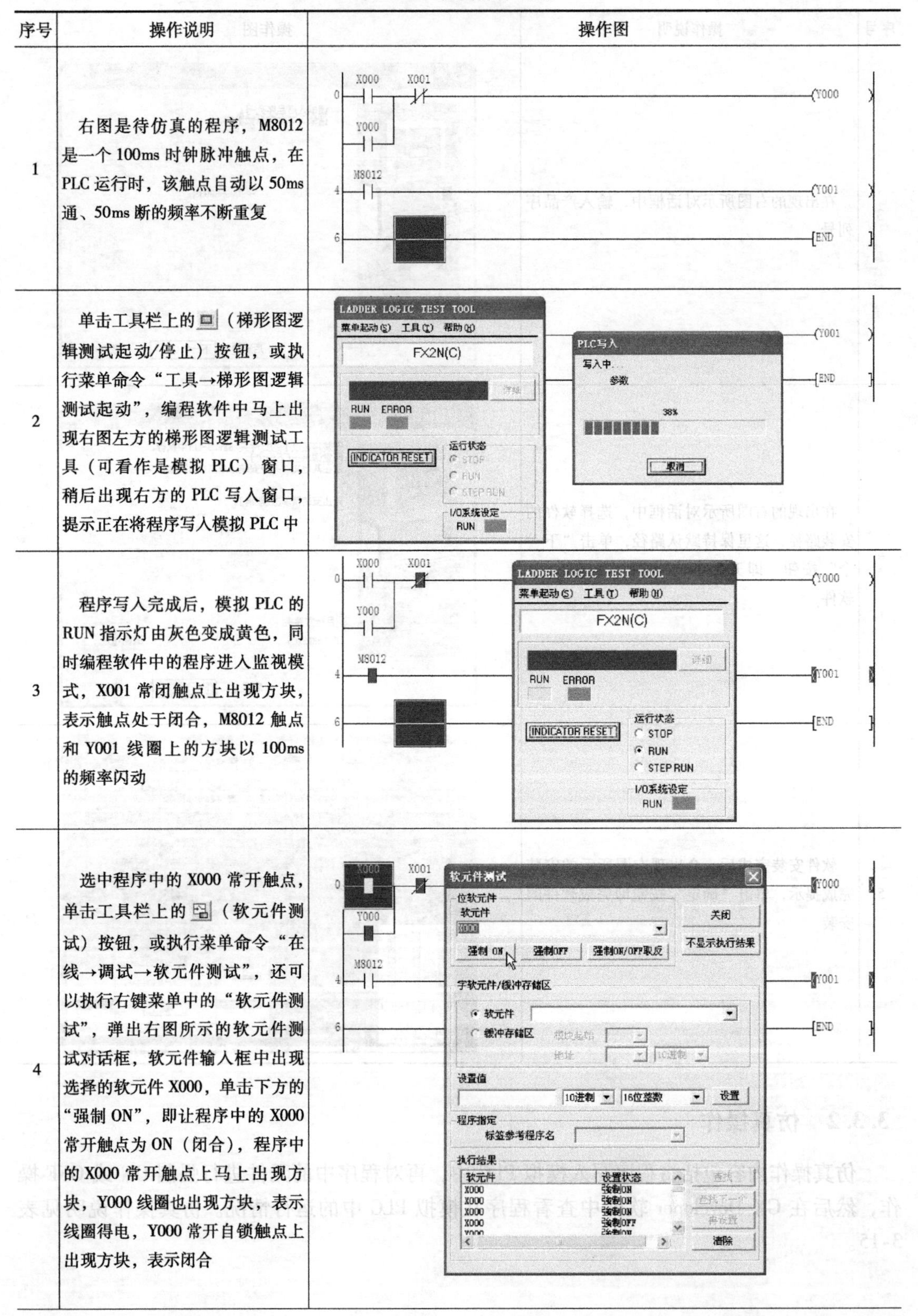

序号	操作说明	操作图
1	右图是待仿真的程序，M8012是一个 100ms 时钟脉冲触点，在PLC 运行时，该触点自动以 50ms通、50ms 断的频率不断重复	
2	单击工具栏上的 （梯形图逻辑测试起动/停止）按钮，或执行菜单命令“工具→梯形图逻辑测试起动”，编程软件中马上出现右图左方的梯形图逻辑测试工具（可看作是模拟 PLC）窗口，稍后出现右方的 PLC 写入窗口，提示正在将程序写入模拟 PLC 中	
3	程序写入完成后，模拟 PLC 的RUN 指示灯由灰色变成黄色，同时编程软件中的程序进入监视模式，X001 常闭触点上出现方块，表示触点处于闭合，M8012 触点和 Y001 线圈上的方块以 100ms的频率闪动	
4	选中程序中的 X000 常开触点，单击工具栏上的 （软元件测试）按钮，或执行菜单命令“在线→调试→软元件测试”，还可以执行右键菜单中的“软元件测试”，弹出右图所示的软元件测试对话框，软元件输入框中出现选择的软元件 X000，单击下方的“强制 ON”，即让程序中的 X000常开触点为 ON（闭合），程序中的 X000 常开触点上马上出现方块，Y000 线圈也出现方块，表示线圈得电，Y000 常开自锁触点上出现方块，表示闭合	

（续）

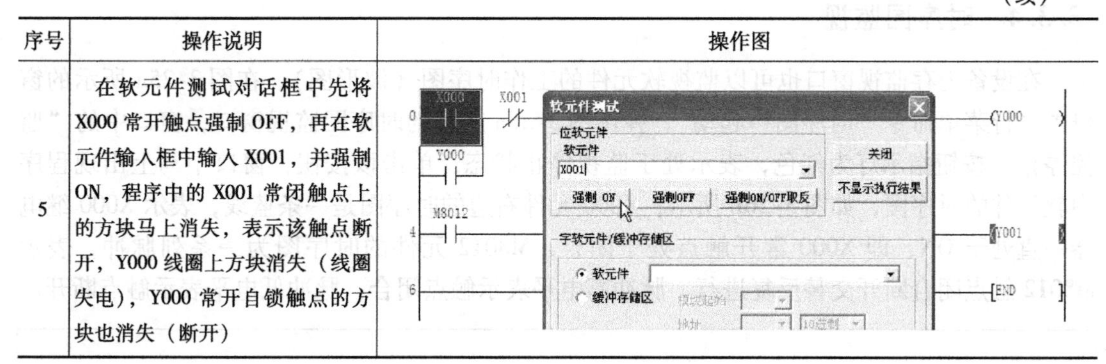

序号	操作说明	操作图
5	在软元件测试对话框中先将X000常开触点强制OFF，再在软元件输入框中输入X001，并强制ON，程序中的X001常闭触点上的方块马上消失，表示该触点断开，Y000线圈上方块消失（线圈失电），Y000常开自锁触点的方块也消失（断开）	

在仿真时，如果要退出仿真监视状态，可单击编程软件工具栏上的按钮，使该按钮处于弹起状态即可，梯形图逻辑测试工具窗口会自动消失。在仿真时，如果需要修改程序，可先退出仿真状态，在让编程软件进入写入模式（按下工具栏中的按钮），即可对程序进行修改，修改并变换后再按下工具栏上的按钮，重新进行仿真。

3.3.3 软元件监视

在仿真时，除了可以在编程软件中查看程序在模拟PLC中的运行情况，也可以通过仿真工具了解一些软元件状态。

在梯形图逻辑测试工具窗口中执行菜单命令“菜单起动→继电器内存监视”，弹出图3-25a所示的设备内存监视（DEVICE MEMORY MONITOR）窗口。在该窗口执行菜单命令“软元件→位软元件窗口→X”，下方马上出现X继电器状态监视窗口，再用同样的方法调出Y线圈的状态监视窗口，如图3-25b所示。从图中可以看出，X000继电器有黄色背景，表示X000继电器状态为ON，即X000常开触点处于闭合状态、常闭触点处于断开状态，Y000、Y001线圈也有黄色背景，表示这两个线圈状态都为ON。单击窗口上部的黑色三角，可以在窗口显示前、后编号的软元件。

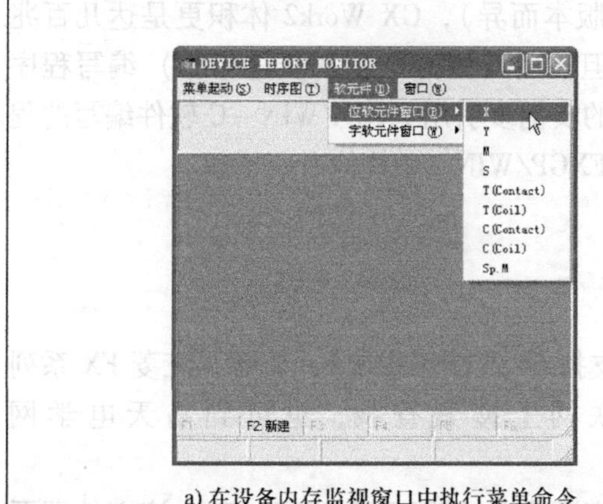

a) 在设备内存监视窗口中执行菜单命令

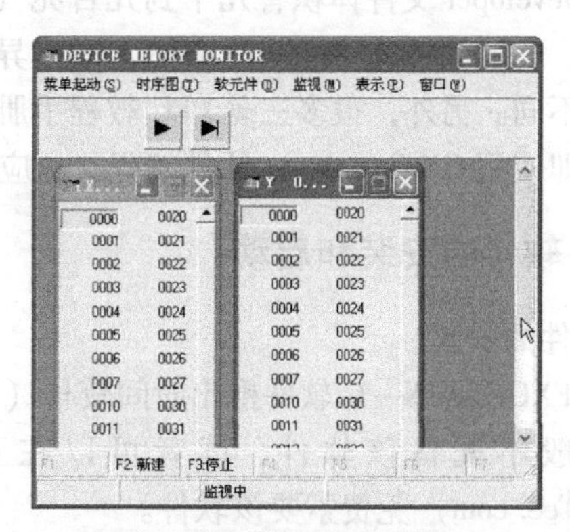

b) 调出X继电器和Y线圈监视窗口

图3-25 在设备内存监视窗口中监视软元件状态

3.3.4　时序图监视

在设备内存监视窗口也可以监视软元件的工作时序图（波形图）。在图3-25a所示的窗口中执行菜单命令“时序图→起动”，弹出图3-26a所示的时序图监视窗口，窗口中的“监控停止”按钮指示灯为红色，表示处于监视停止状态，单击该按钮，窗口中马上出现程序中软元件的时序图，如图3-26b所示，X000元件右边的时序图是一条蓝线，表示X000继电器一直处于ON，即X000常开触点处于闭合，M8012元件的时序图为一系列脉冲，表示M8012触点闭合断开交替反复进行，脉冲高电平表示触点闭合，脉冲低电平表示触点断开。

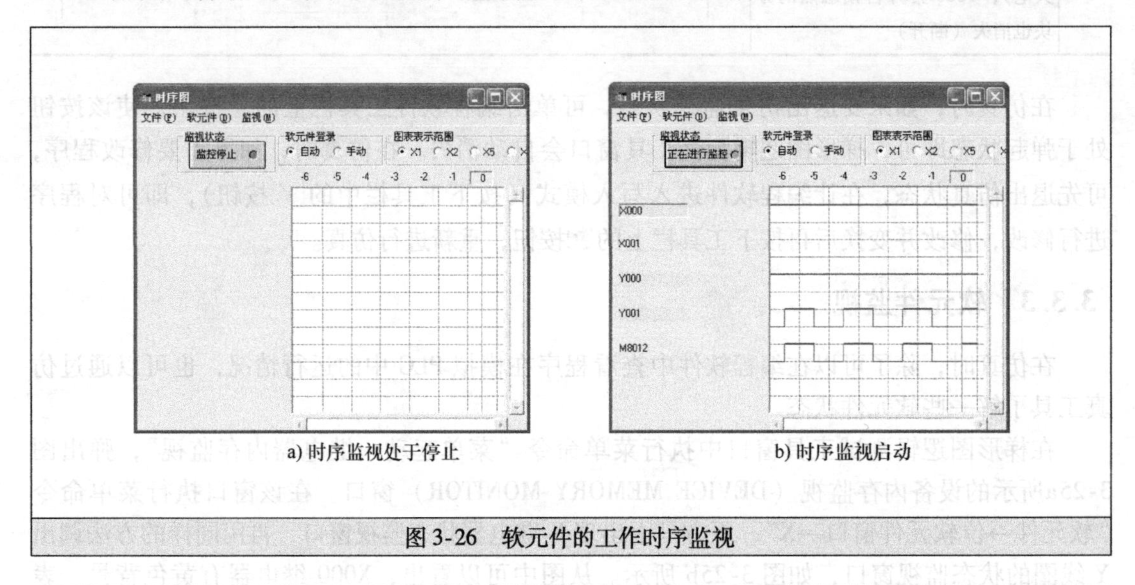

a) 时序监视处于停止　　b) 时序监视启动

图3-26　软元件的工作时序监视

3.4　三菱FXGP/WIN-C编程软件的使用

三菱FXGP/WIN-C软件也是一款三菱PLC编程软件，其安装文件体积不到3MB，而三菱GX Developer文件体积有几十到几百兆（因版本而异），GX Work2体积更是达几百兆到上千兆。三款软件编写程序的方法大同小异，但在用一些指令（如步进指令）编写程序时也存在不同。另外，很多三菱PLC教程手册中的实例多引用FXGP/WIN-C软件编写的程序，因此即使用GX Developer软件编程，也应对FXGP/WIN-C软件有所了解。

3.4.1　软件的安装和启动

1. 软件的安装

三菱FXGP/WIN-C软件推出时间较早（不支持64位操作系统），新购买三菱FX系列PLC时一般不配备该软件，读者可以在互联网上搜索查找，也可到易天电学网（www.xxITee.com）免费索要该软件。

在安装时，打开fxgpwinc安装文件夹，找到安装文件SETUP32.EXE，双击该文件即开始安装FXGP/WIN-C软件，如图3-27所示。

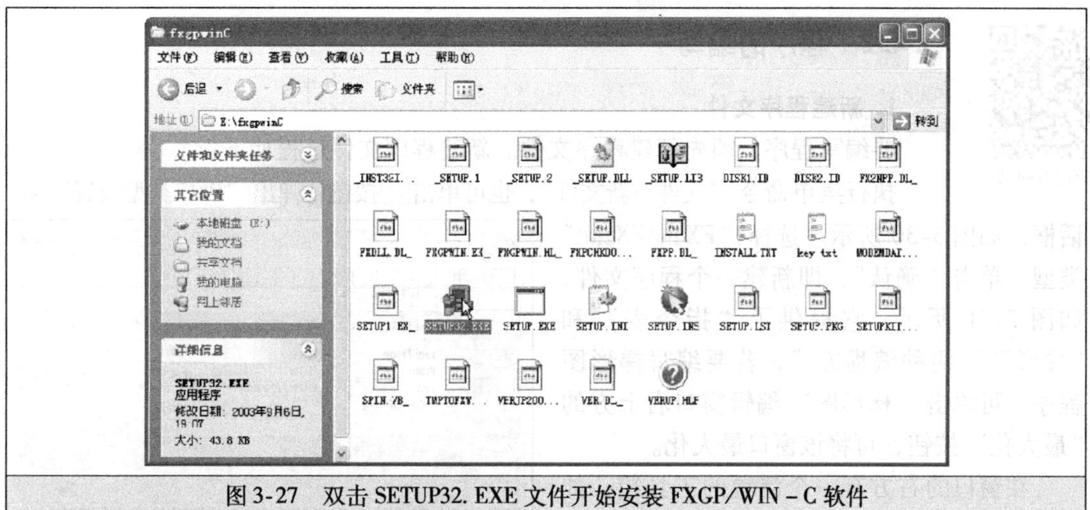

图 3-27 双击 SETUP32. EXE 文件开始安装 FXGP/WIN－C 软件

2. 软件的启动

FXGP/WIN－C 软件安装完成后，从开始菜单的“程序”项中找到“FXGP_WIN－C”图标，如图 3-28 所示，单击该图标即开始启动 FXGP/WIN－C 软件。启动完成的软件界面如图 3-29 所示。

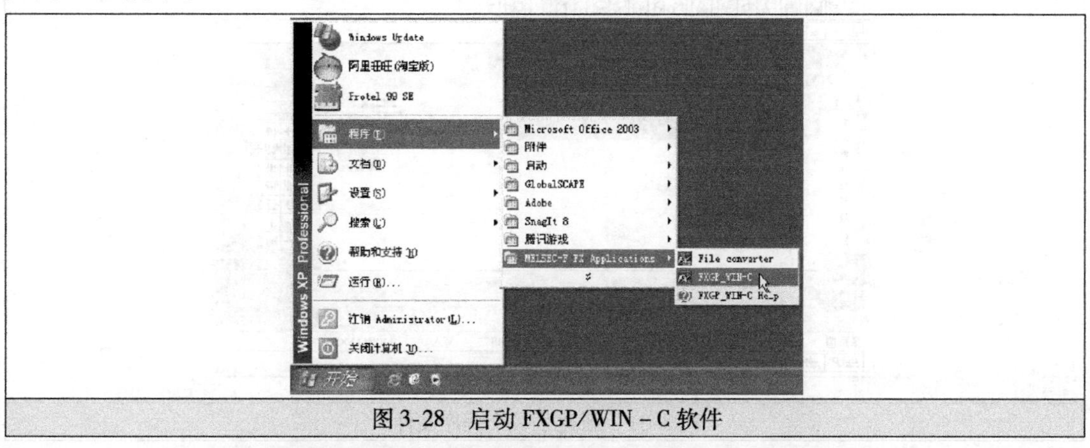

图 3-28 启动 FXGP/WIN－C 软件

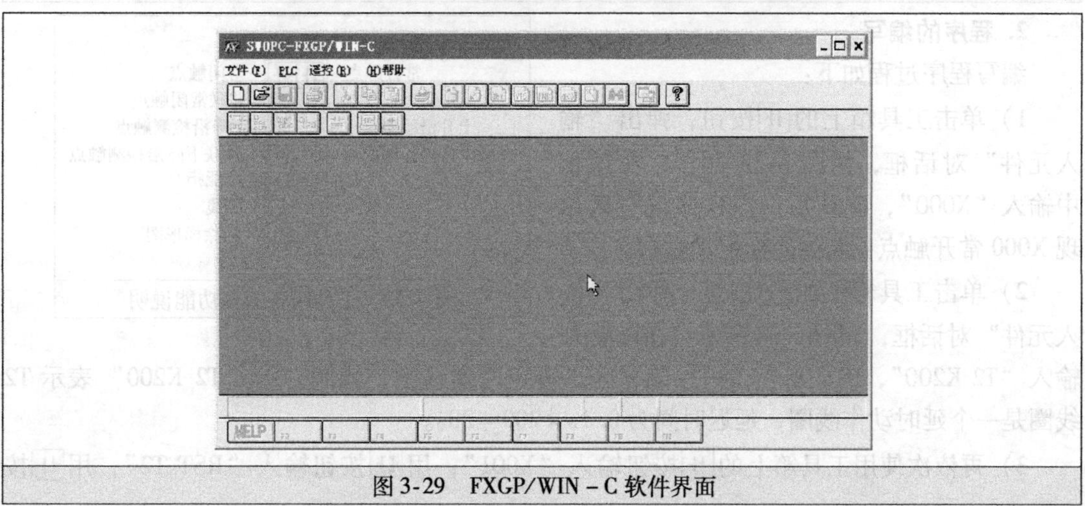

图 3-29 FXGP/WIN－C 软件界面

扫一扫看视频

3.4.2 程序的编写

1. 新建程序文件

要编写程序，须先新建程序文件。新建程序文件过程如下：

执行菜单命令“文件→新文件”，也可单击按钮，弹出“PLC类型设置”对话框，如图3-30所示。选择“FX2N/FX2NC”类型，单击“确认”，即新建一个程序文件，如图3-31所示。它提供了“指令表”和“梯形图”两种编程方式，若要编写梯形图程序，可单击“梯形图”编辑窗口右上方的“最大化”按钮，可将该窗口最大化。

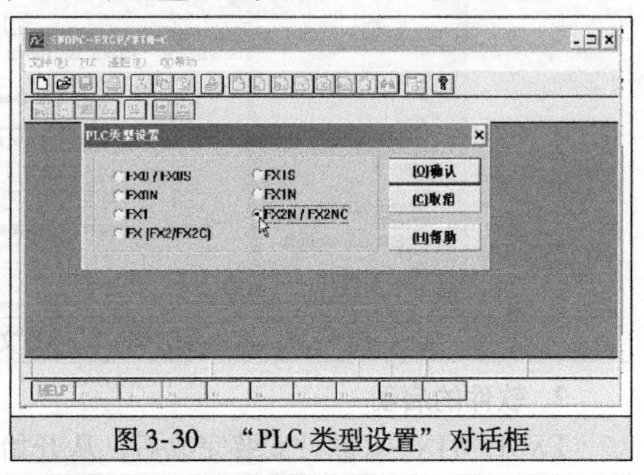

图3-30 “PLC类型设置”对话框

在窗口的右方有一个浮置的工具箱，如图3-32所示，它包含有各种编写梯形图程序的工具，各工具功能见标注说明。

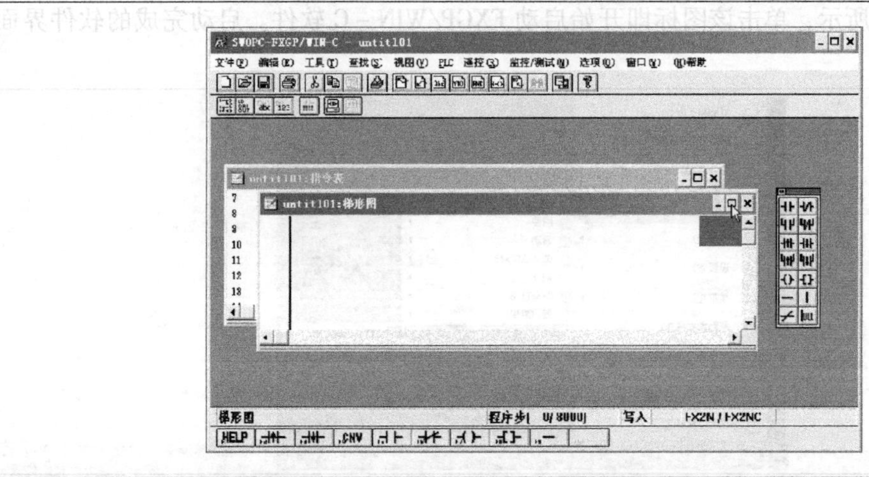

图3-31 新建了一个程序文件

2. 程序的编写

编写程序过程如下：

1）单击工具箱上的按钮，弹出“输入元件”对话框，如图3-33所示，在该框中输入“X000”，确认后，在程序编写区出现X000常开触点，高亮光标自动后移。

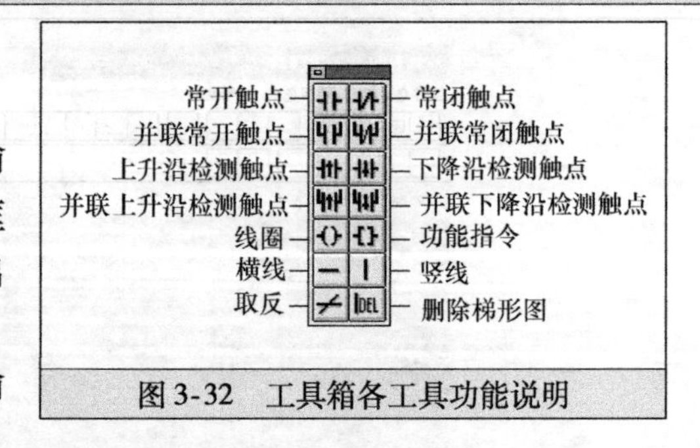

图3-32 工具箱各工具功能说明

2）单击工具箱上的按钮，弹出“输入元件”对话框，如图3-34所示，在该框中输入“T2 K200”，确认后，在程序编写区出现定时器线圈，线圈内的“T2 K200”表示T2线圈是一个延时动作线圈，延迟时间为0.1s×200=20s。

3）再依次使用工具箱上的按钮输入“X001”，用按钮输入“RST T2”，用按钮输入“T2”，用[-()-]按钮输入“Y000”。

编写完成的梯形图程序如图3-35所示。

若需要对程序内容时进行编辑，可用鼠标选中要操作的对象，再执行“编辑”菜单下的各种命令，就可以对程序进行复制、粘贴、删除、插入等操作。

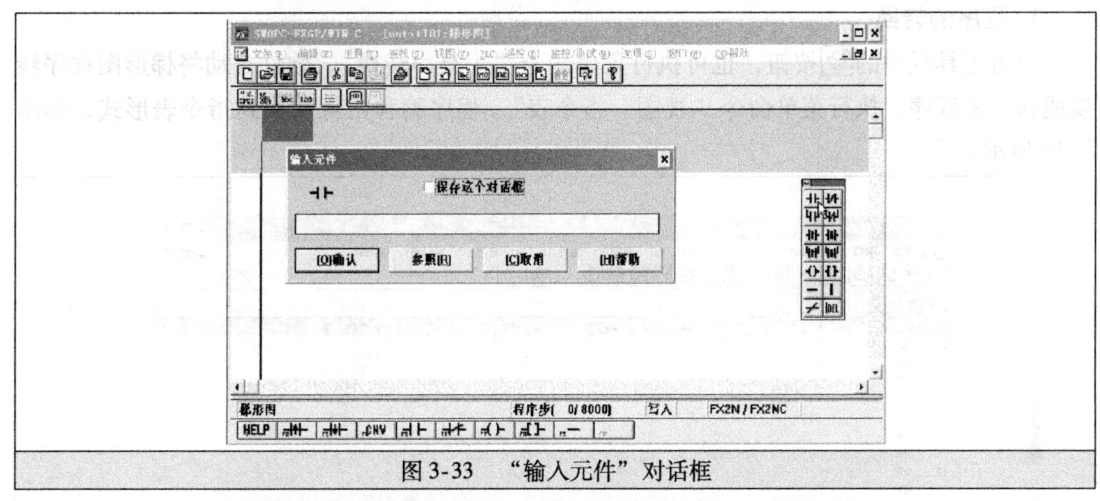

图3-33　“输入元件”对话框

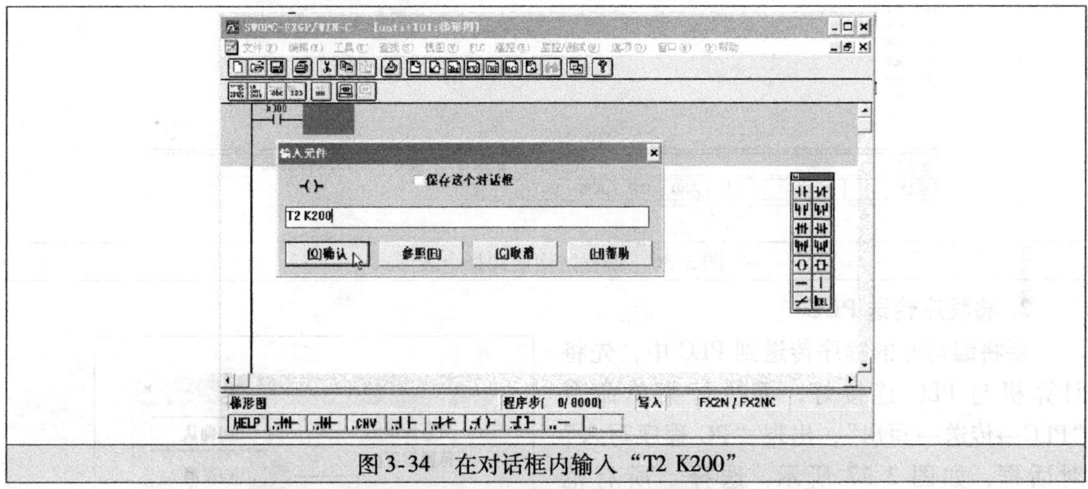

图3-34　在对话框内输入“T2 K200”

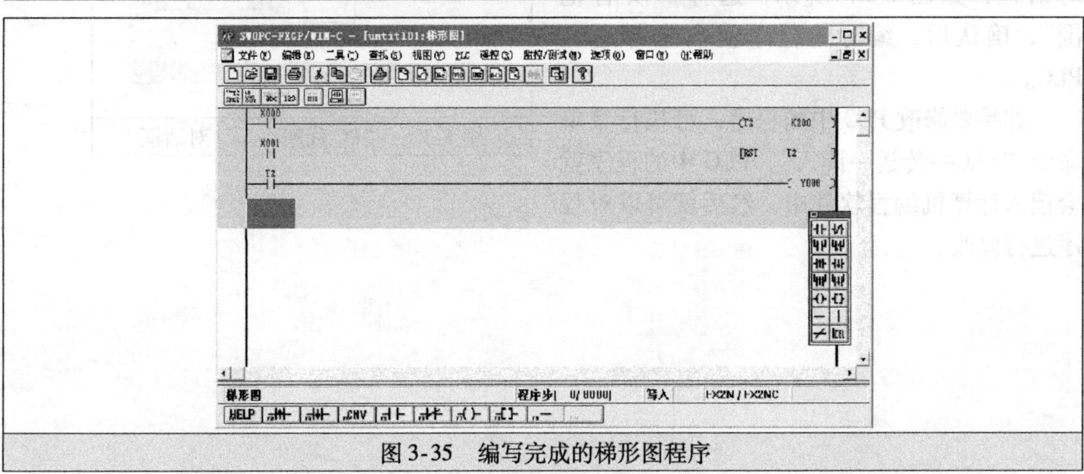

图3-35　编写完成的梯形图程序

3.4.3 程序的转换与写入 PLC

梯形图程序编写完成后，需要先转换成指令表程序，然后将计算机与 PLC 连接好，再将程序传送到 PLC 中。

1. 程序的转换

单击工具栏中的按钮，也可执行菜单命令“工具→转换”，软件自动将梯形图程序转换成指令表程序。执行菜单命令“视图→指令表”，程序编程区就切换到指令表形式，如图 3-36 所示。

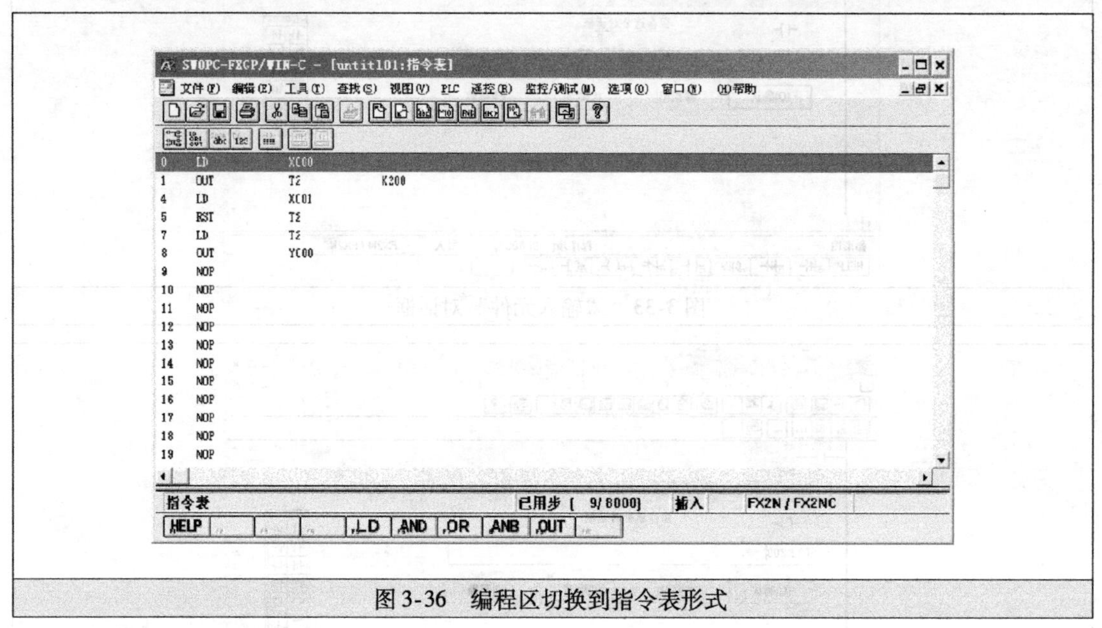

图 3-36 编程区切换到指令表形式

2. 将程序传送 PLC

要将编写好的程序传送到 PLC 中，先将计算机与 PLC 连接好，再执行菜单命令“PLC→传送→写出”，出现“PC 程序写入”对话框，如图 3-37 所示，选择“所有范围”，确认后，编写的程序就会全部送入 PLC。

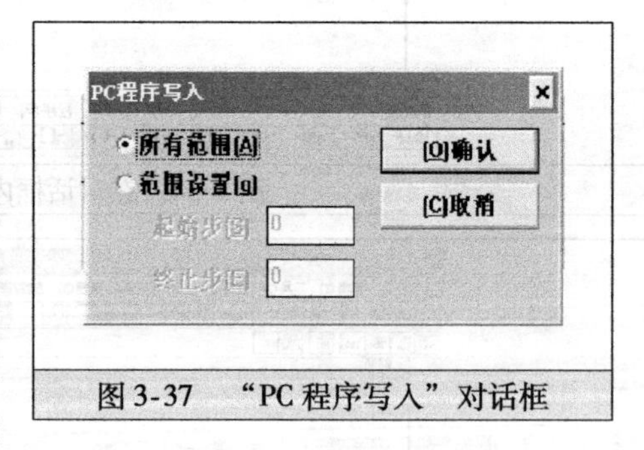

图 3-37 “PC 程序写入”对话框

如果要修改 PLC 中的程序，可执行菜单命令“PLC→传送→读入”，PLC 中的程序就会读入计算机编程软件中，然后就可以对程序进行修改。

第4章 基本指令的使用与实例

基本指令是 PLC 最常用的指令，也是 PLC 编程时必须掌握的指令。三菱 FX 系列 PLC 的一、二代机（FX1S、FX1N、FX1NC、FX2N、FX2NC）有 27 条基本指令，三代机（FX3SA、FX3S、FX3GA、FX3GE、FX3G、FX3GC、FX3U、FX3UC）有 29 条基本指令（增加了 MEP、MEF 指令）。

4.1 基本指令说明

4.1.1 逻辑取及驱动指令

1. 指令名称及说明

逻辑取及驱动指令名称及功能如下：

指令名称（助记符）	功能	对象软元件
LD	取指令，其功能是将常开触点与左母线连接	X、Y、M、S、T、C、D□. b
LDI	取反指令，其功能是将常闭触点与左母线连接	X、Y、M、S、T、C、D□. b
OUT	线圈驱动指令，其功能是将输出继电器、辅助继电器、定时器或计数器线圈与右母线连接	Y、M、S、T、C、D□. b

2. 使用举例

LD、LDI、OUT 使用如图 4-1 所示，其中图 a 为梯形图，图 b 为对应的指令语句表。

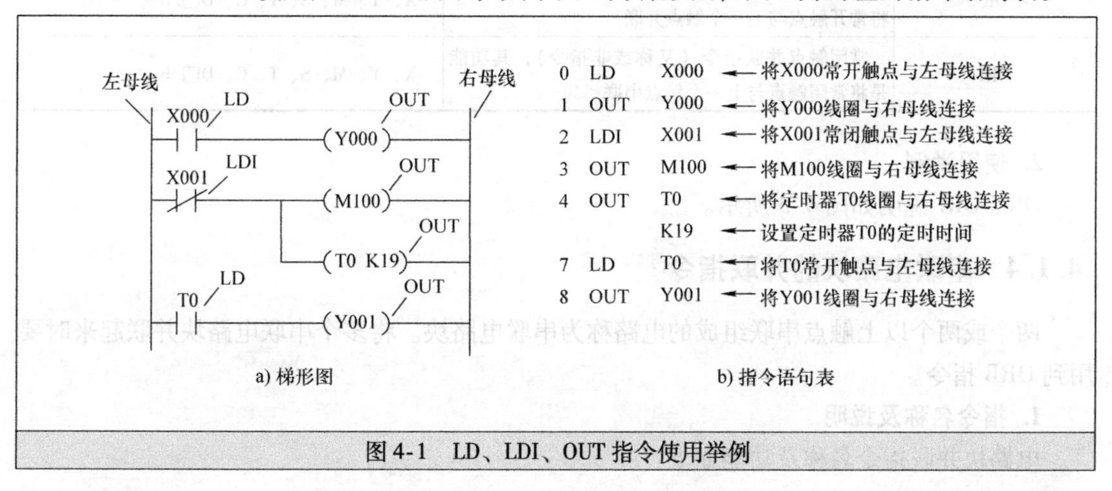

图 4-1 LD、LDI、OUT 指令使用举例

4.1.2 触点串联指令

1. 指令名称及说明

触点串联指令名称及功能如下：

指令名称（助记符）	功能	对象软元件
AND	常开触点串联指令（又称与指令），其功能是将常开触点与上一个触点串联（注：该指令不能让常开触点与左母线串接）	X、Y、M、S、T、C、D□. b
ANI	常闭触点串联指令（又称与非指令），其功能是将常闭触点与上一个触点串联（注：该指令不能让常闭触点与左母线串接）	X、Y、M、S、T、C、D□. b

2. 使用举例

AND、ANI 说明如图 4-2 所示。

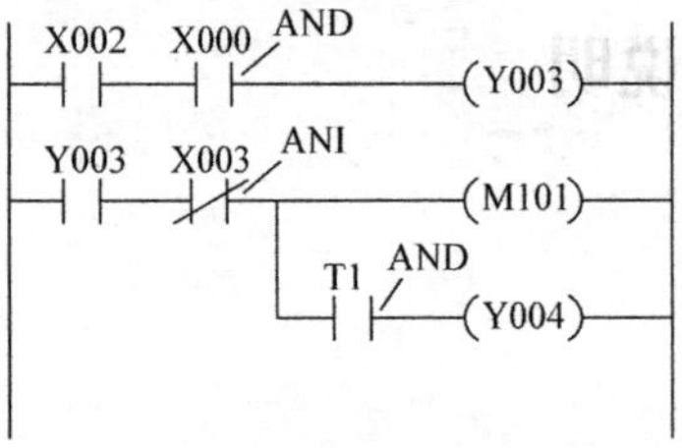

```
0 LD   X002
1 AND  X000  ←将X000常开触点与X002触点串联
2 OUT  Y003
3 LD   Y003
4 ANI  X003  ←将X003常闭触点与Y003触点串联
5 OUT  M101
6 AND  T1    ←将T1常开触点与X003触点串联
7 OUT  Y004
```

a) 梯形图　　b) 指令语句表

图 4-2　AND、ANI 指令使用举例

4.1.3 触点并联指令

1. 指令名称及说明

触点并联指令名称及功能如下：

指令名称（助记符）	功能	对象软元件
OR	常开触点并联指令（又称或指令），其功能是将常开触点与上一个触点并联	X、Y、M、S、T、C、D□. b
ORI	常闭触点并联指令（又称或非指令），其功能是将常闭触点与上一个触点串联	X、Y、M、S、T、C、D□. b

2. 使用举例

OR、ORI 说明如图 4-3 所示。

4.1.4 串联电路块的并联指令

两个或两个以上触点串联组成的电路称为串联电路块。将多个串联电路块并联起来时要用到 ORB 指令。

1. 指令名称及说明

电路块并联指令名称及功能如下：

指令名称（助记符）	功能	对象软元件
ORB	串联电路块的并联指令，其功能是将多个串联电路块并联起来	无

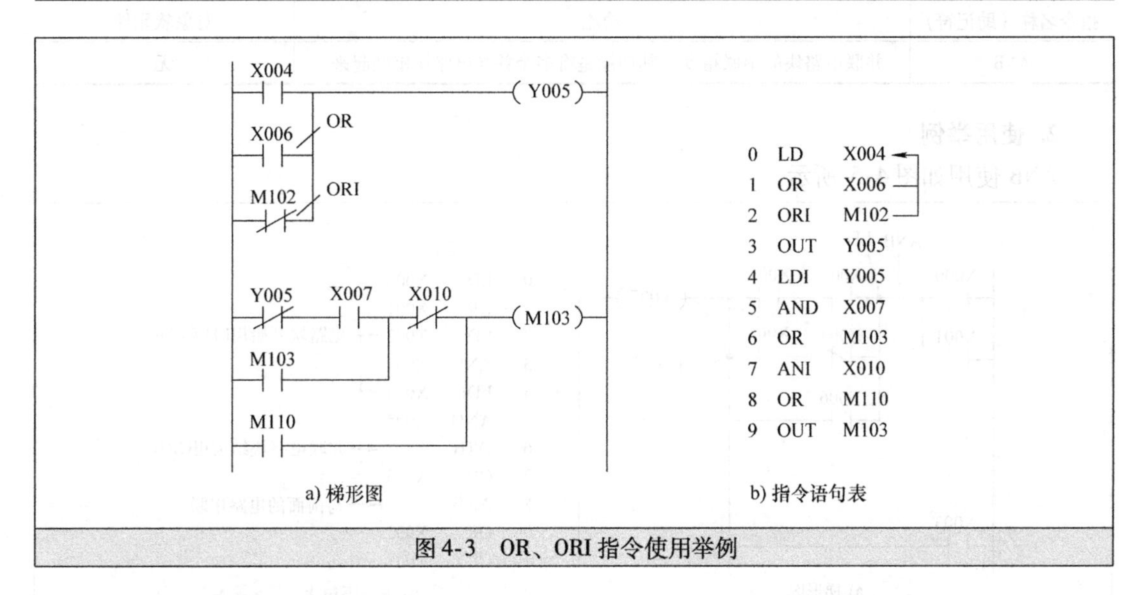

图 4-3 OR、ORI 指令使用举例

2. 使用举例

ORB 使用如图 4-4 所示。

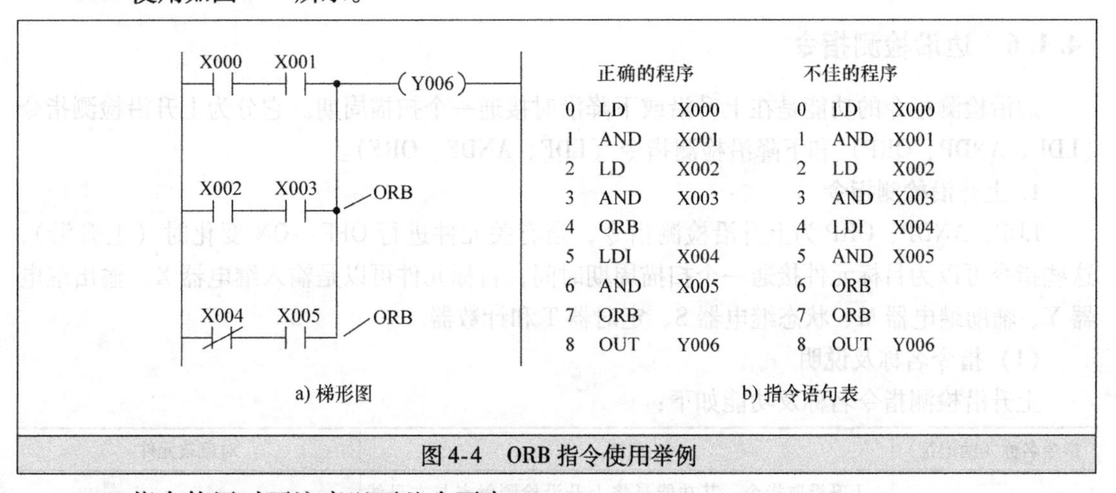

图 4-4 ORB 指令使用举例

ORB 指令使用时要注意以下几个要点：

1）每个电路块开始要用 LD 或 LDI 指令，结束用 ORB 指令。

2）ORB 是不带操作数的指令。

3）电路中有多少个电路块就可以使用多少次 ORB 指令，ORB 指令使用次数不受限制。

4）ORB 指令可以成批使用，但 LD、LDI 重复使用次数不能超过 8 次，编程时要注意。

4.1.5 并联电路块的串联指令

两个或两个以上触点并联组成的电路称为并联电路块。将多个并联电路块串联起来时要用到 ANB 指令。

1. 指令名称及说明

电路块串联指令名称及功能如下：

指令名称（助记符）	功能	对象软元件
ANB	并联电路块的串联指令，其功能是将多个并联电路块串联起来	无

2. 使用举例

ANB 使用如图 4-5 所示。

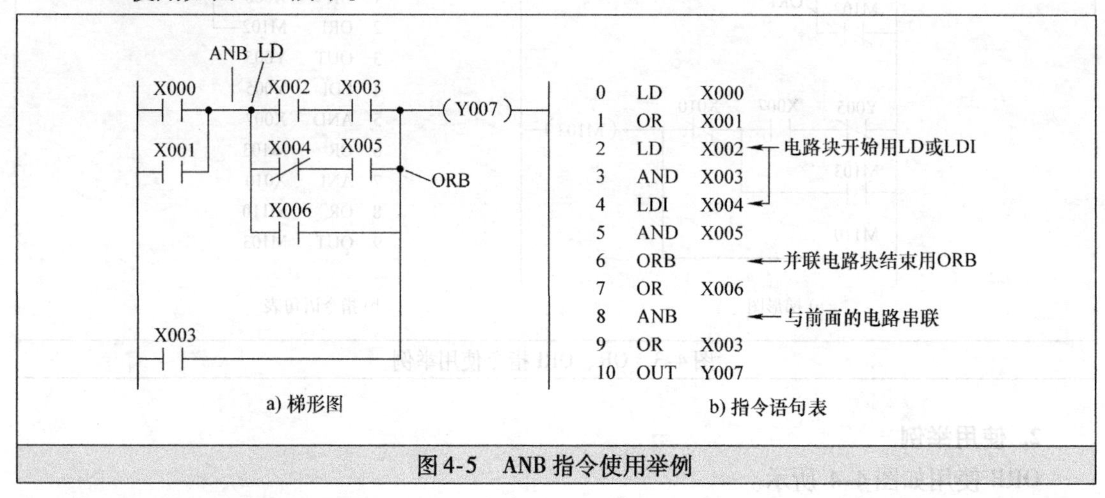

图 4-5 ANB 指令使用举例

4.1.6 边沿检测指令

边沿检测指令的功能是在上升沿或下降沿时接通一个扫描周期。它分为上升沿检测指令（LDP、ANDP、ORP）和下降沿检测指令（LDF、ANDF、ORF）。

1. 上升沿检测指令

LDP、ANDP、ORP 为上升沿检测指令，当有关元件进行 OFF→ON 变化时（上升沿），这些指令可以为目标元件接通一个扫描周期时间，目标元件可以是输入继电器 X、输出继电器 Y、辅助继电器 M、状态继电器 S、定时器 T 和计数器。

（1）指令名称及说明

上升沿检测指令名称及功能如下：

指令名称（助记符）	功能	对象软元件
LDP	上升沿取指令，其功能是将上升沿检测触点与左母线连接	X、Y、M、S、T、C、D□. b
ANDP	上升沿触点串联指令，其功能是将上升沿触点与上一个元件串联	X、Y、M、S、T、C、D□. b
ORP	上升沿触点并联指令，其功能是将上升沿触点与上一个元件并联	X、Y、M、S、T、C、D□. b

（2）使用举例

LDP、ANDP、ORP 指令使用如图 4-6 所示。

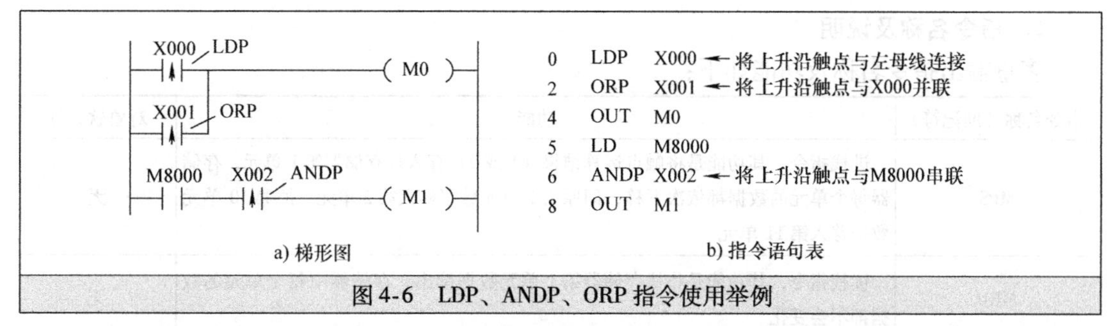

图4-6　LDP、ANDP、ORP指令使用举例

上升沿检测指令在上升沿来时可以为目标元件接通一个扫描周期时间，如图4-7所示。当触点X010的状态由OFF转为ON，触点接通一个扫描周期，即继电器线圈M6会通电一个扫描周期时间，然后M6失电，直到下一次X010由OFF变为ON。

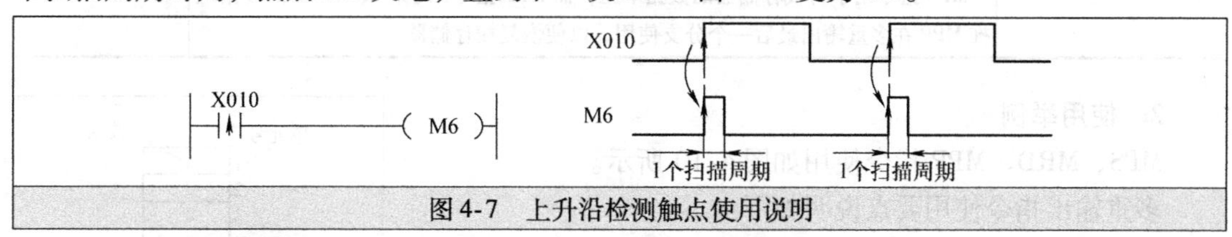

图4-7　上升沿检测触点使用说明

2. 下降沿检测指令

LDF、ANDF、ORF为下降沿检测指令，当有关元件进行ON→OFF变化时（下降沿），这些指令可以为目标元件接通一个扫描周期时间。

（1）指令名称及说明

下降沿检测指令名称及功能如下：

指令名称（助记符）	功能	对象软元件
LDF	下降沿取指令，其功能是将下降沿检测触点与左母线连接	X、Y、M、S、T、C、D□. b
ANDF	下降沿触点串联指令，其功能是将下降沿触点与上一个元件串联	X、Y、M、S、T、C、D□. b
ORF	下降沿触点并联指令，其功能是将下降沿触点与上一个元件并联	X、Y、M、S、T、C、D□. b

（2）使用举例

LDF、ANDF、ORF指令使用如图4-8所示。

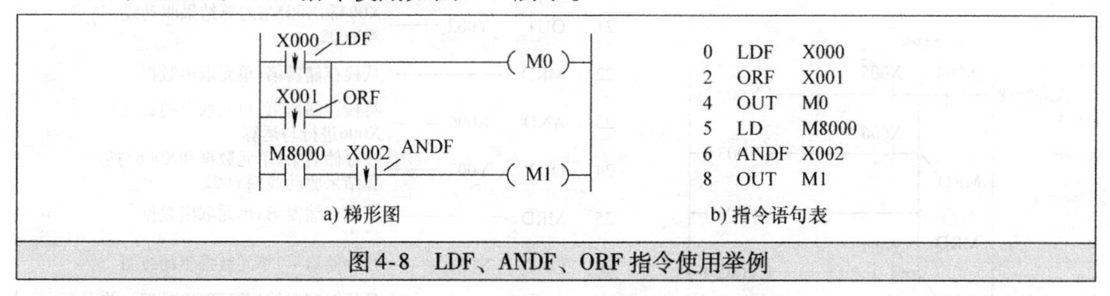

图4-8　LDF、ANDF、ORF指令使用举例

4.1.7　多重输出指令

三菱FX2N系列PLC有11个存储单元用来存储运算中间结果，它们组成栈存储器，用来存储触点运算的结果。栈存储器就像11个由下往上堆起来的箱子，自上往下依次为第1、2、…、11单元，栈存储器的结构如图4-9所示。多重输出指令的功能是对栈存储器中的数据进行操作。

1. 指令名称及说明

多重输出指令名称及功能如下：

指令名称（助记符）	功能	对象软元件
MPS	进栈指令，其功能是将触点运算结果（1或0）存入栈存储器第1单元，存储器每个单元的数据都依次下移，即原第1单元数据移入第2单元，原第10单元数据移入第11单元	无
MRD	读栈指令，其功能是将栈存储器第1单元数据读出，存储器中每个单元的数据都不会变化	无
MPP	出栈指令，其功能是将栈存储器第1单元数据取出，存储器中每个单元的数据都依次上推，即原第2单元数据移入第1单元 MPS指令用于将栈存储器的数据下压，而MPP指令用于将栈存储器的数据上推 MPP在多重输出最后一个分支使用，以便恢复栈存储器	无

2. 使用举例

MPS、MRD、MPP指令使用如图4-10所示。

多重输出指令使用要点说明如下：

1）MPS和MPP指令必须成对使用，缺一不可，MRD指令在有些情况下可不用。

2）若MPS、MRD、MPP指令后有单个常开或常闭触点串联，要使用AND或ANI指令，如图4-10指令语句表中的第23、28步。

3）若电路中有电路块串联或并联，则要使用ANB或ORB指令，如图4-11所示指令语句表中的第4、11、12、19步。

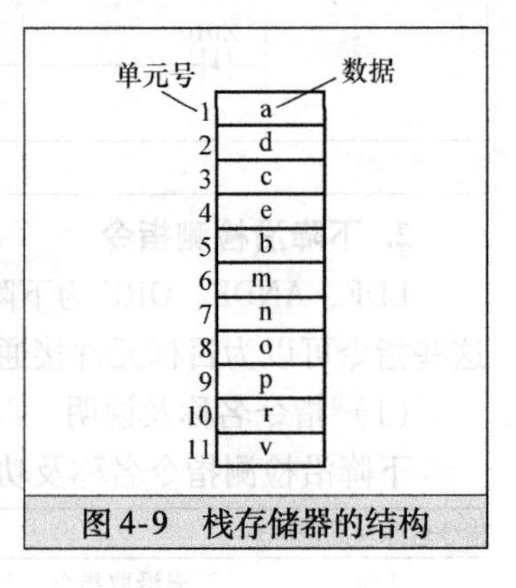

图4-9 栈存储器的结构

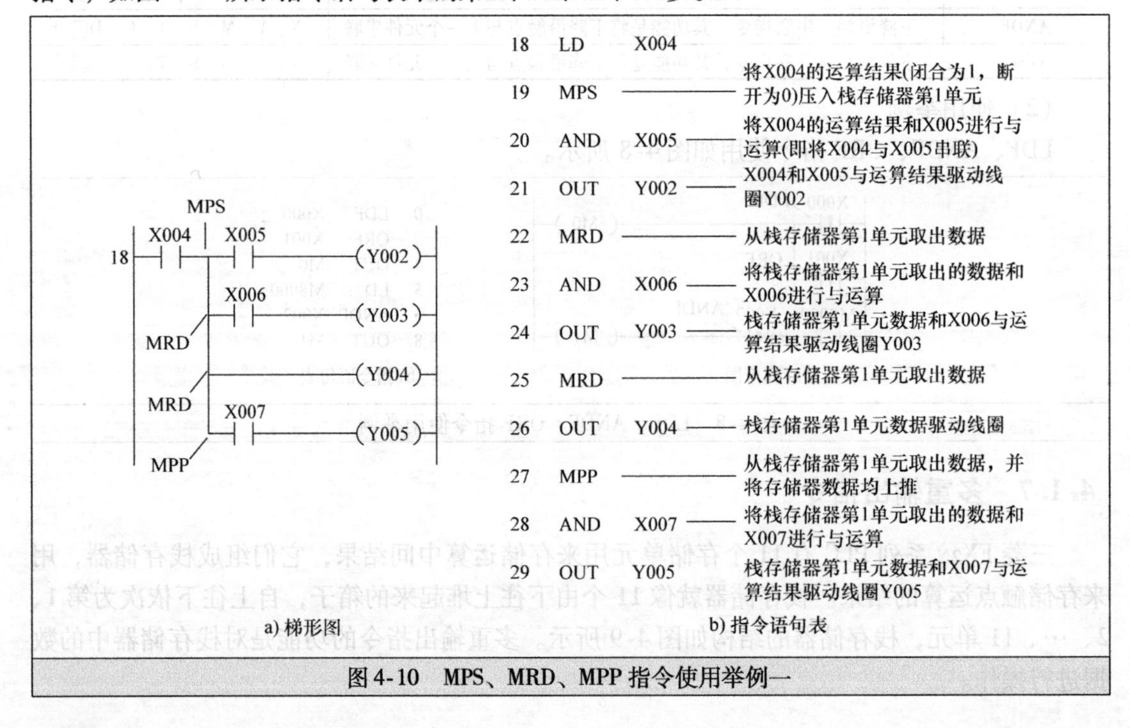

图4-10 MPS、MRD、MPP指令使用举例一

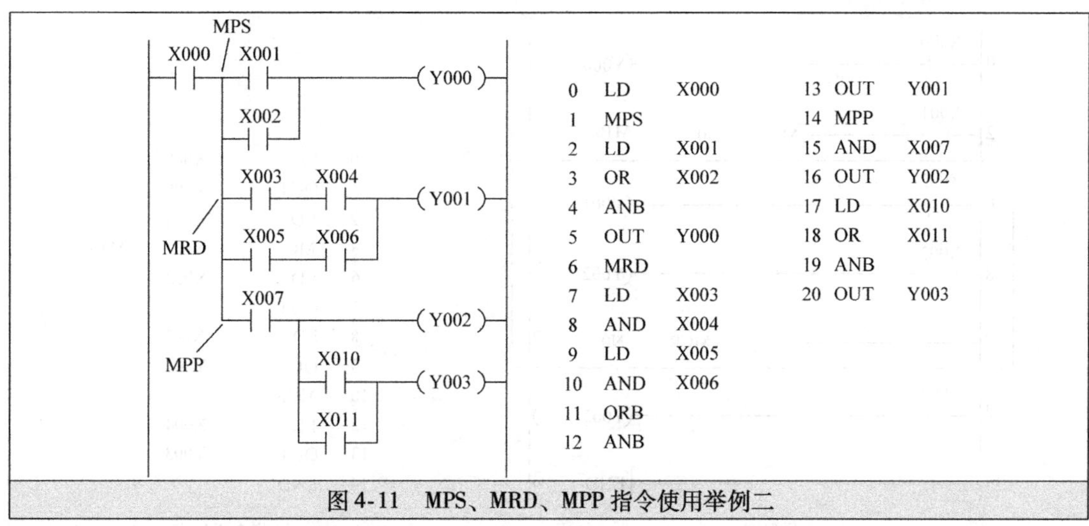

图 4-11　MPS、MRD、MPP 指令使用举例二

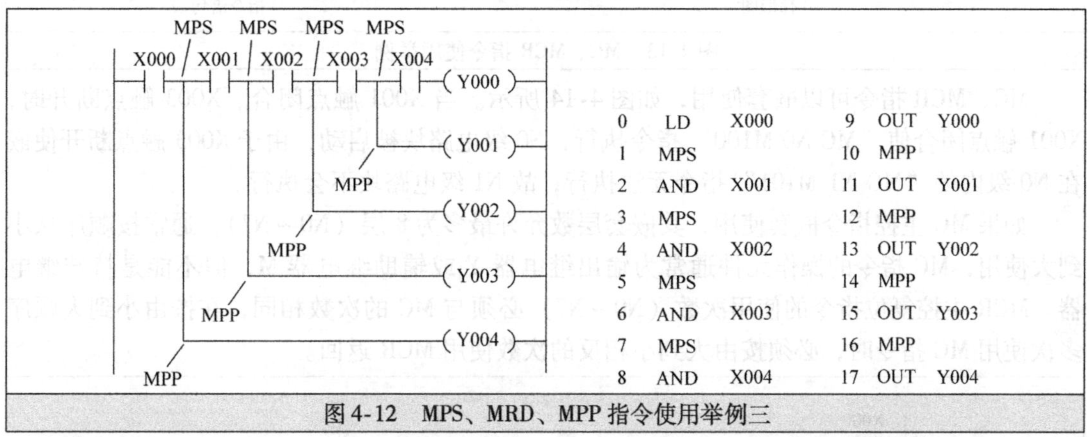

图 4-12　MPS、MRD、MPP 指令使用举例三

4）MPS、MPP 连续使用次数最多不能超过 11 次，这是因为栈存储器只有 11 个存储单元，在图 4-12 中，MPS、MPP 连续使用 4 次。

5）若 MPS、MRD、MPP 指令后无触点串联，直接驱动线圈，要使用 OUT 指令，如图 4-10 指令语句表中的第 26 步。

4.1.8　主控和主控复位指令

1. 指令名称及说明

主控指令名称及功能如下：

指令名称（助记符）	功能	对象软元件
MC	主控指令，其功能是启动一个主控电路块工作	Y、M
MCR	主控复位指令，其功能是结束一个主控电路块的运行	无

2. 使用举例

MC、MCR 指令使用如图 4-13 所示。如果 X001 常开触点断开，MC 指令不执行，MC 到 MCR 之间的程序不会执行，即 0 梯级程序执行后会执行 12 梯级程序；如果 X001 触点闭合，MC 指令执行，MC 到 MCR 之间的程序会从上往下执行。

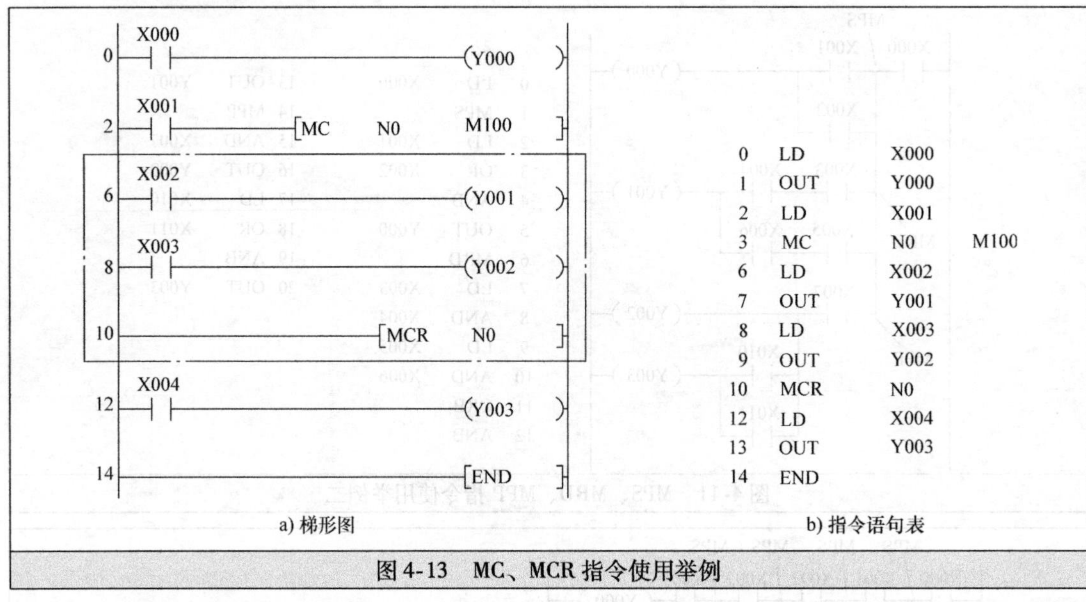

图 4-13　MC、MCR 指令使用举例

MC、MCR 指令可以嵌套使用，如图 4-14 所示。当 X001 触点闭合、X003 触点断开时，X001 触点闭合使“MC N0 M100”指令执行，N0 级电路块被启动，由于 X003 触点断开使嵌在 N0 级内的“MC N1 M101”指令无法执行，故 N1 级电路块不会执行。

如果 MC 主控指令嵌套使用，其嵌套层数允许最多为 8 层（N0～N7），通常按顺序从小到大使用，MC 指令的操作元件通常为输出继电器 Y 或辅助继电器 M，但不能是特殊继电器。MCR 主控复位指令的使用次数（N0～N7）必须与 MC 的次数相同，在按由小到大顺序多次使用 MC 指令时，必须按由大到小相反的次数使用 MCR 返回。

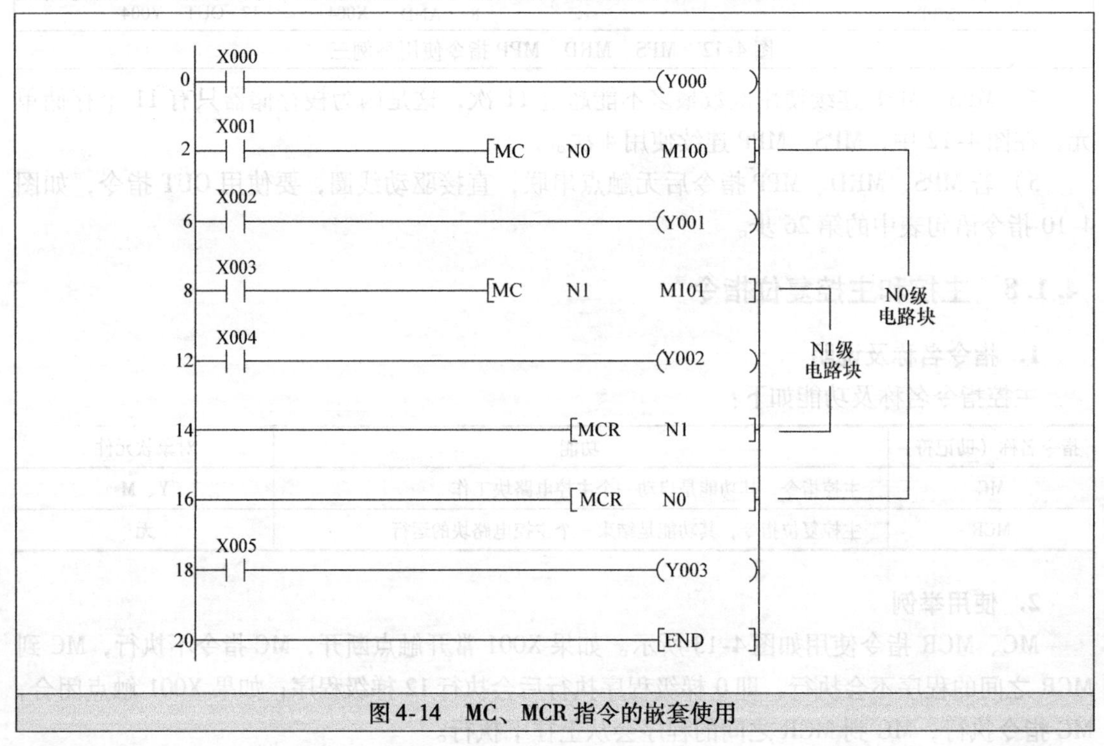

图 4-14　MC、MCR 指令的嵌套使用

4.1.9 取反指令

1. 指令名称及说明

取反指令名称及功能如下：

指令名称（助记符）	功能	对象软元件
INV	取反指令，其功能是将该指令前的运算结果取反	无

2. 使用举例

INV 指令使用如图 4-15 所示。在绘制梯形图时，取反指令用斜线表示，如图 4-15 所示。当 X000 断开时，相当于 X000 = OFF，取反变为 ON（相当于 X000 闭合），继电器线圈 Y000 得电。

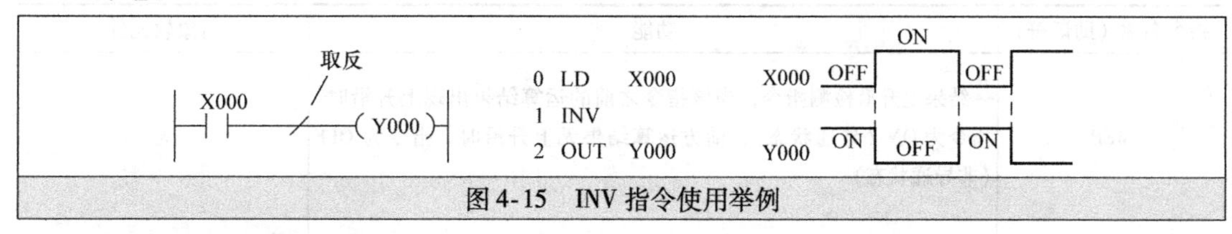

图 4-15 INV 指令使用举例

4.1.10 置位与复位指令

1. 指令名称及说明

置位与复位指令名称及功能如下：

指令名称（助记符）	功能	对象软元件
SET	置位指令，其功能是对操作元件进行置位，使其动作保持	Y、M、S、D□. b
RST	复位指令，其功能是对操作元件进行复位，取消动作保持	Y、M、S、T、C、D、R、V、Z、D□. b

2. 使用举例

SET、RST 指令的使用如图 4-16 所示。

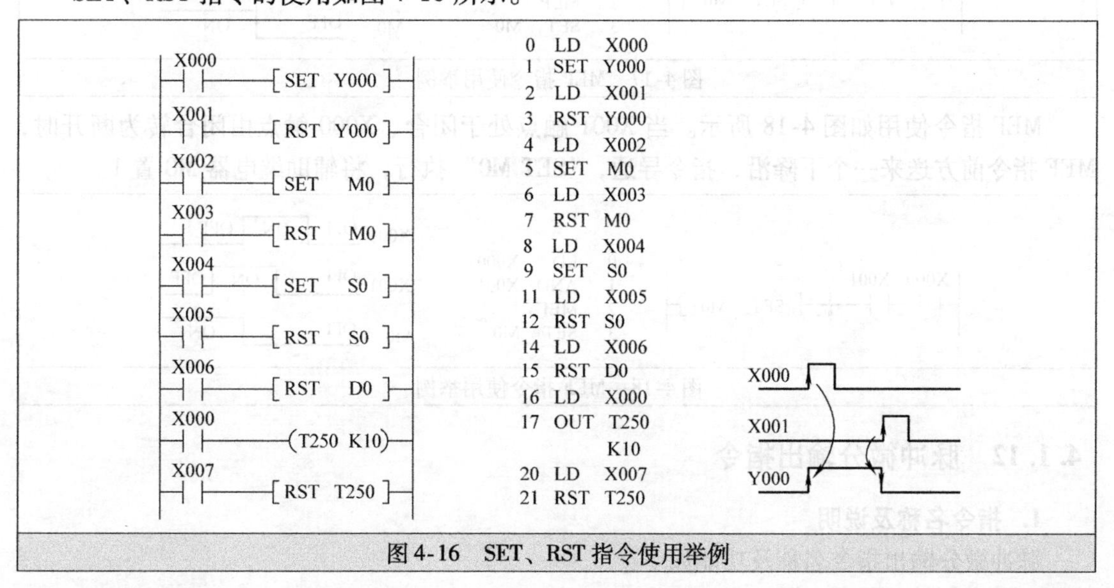

图 4-16 SET、RST 指令使用举例

在图4-16中，当常开触点X000闭合后，Y000线圈被置位，开始动作，X000断开后，Y000线圈仍维持动作（通电）状态；当常开触点X001闭合后，Y000线圈被复位，动作取消，X001断开后，Y000线圈维持动作取消（失电）状态。

对于同一元件，SET、RST指令可反复使用，顺序也可随意，但最后执行者有效。

4.1.11 结果边沿检测指令

MEP、MEF指令是三菱FX3系列PLC三代机（FX3SA、FX3S、FX3GA、FX3GE、FX3G、FX3GC、FX3U、FX3UC）新增的指令。

1. 指令名称及说明

结果边沿检测指令名称及功能如下：

指令名称（助记符）	功能	对象软元件
MEP	结果上升沿检测指令，当该指令之前的运算结果出现上升沿时，指令为ON（导通状态），前方运算结果无上升沿时，指令为OFF（非导通状态）	无
MEF	结果下降沿检测指令，当该指令之前的运算结果出现下降沿时，指令为ON（导通状态），前方运算结果无下降沿时，指令为OFF（非导通状态）	无

2. 使用举例

MEP指令使用如图4-17所示。当X000触点闭合、X001触点由断开转为闭合时，MEP指令前方送来一个上升沿，指令导通，“SET M0”执行，将辅助继电器M0置1。

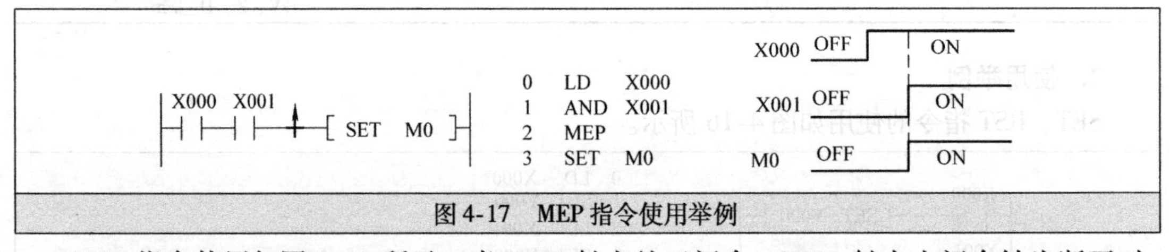

图4-17 MEP指令使用举例

MEF指令使用如图4-18所示。当X001触点处于闭合、X000触点由闭合转为断开时，MEF指令前方送来一个下降沿，指令导通，“SET M0”执行，将辅助继电器M0置1。

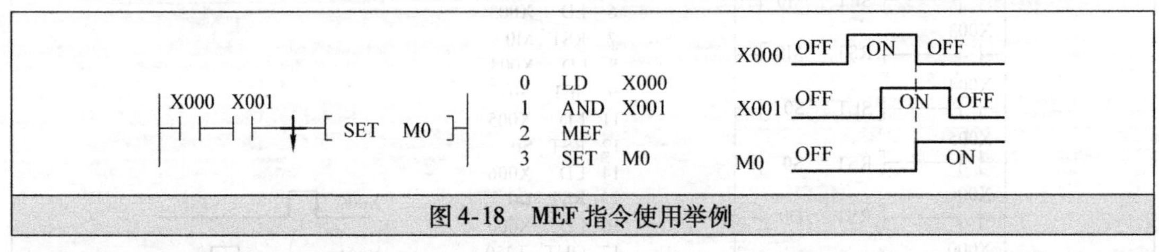

图4-18 MEF指令使用举例

4.1.12 脉冲微分输出指令

1. 指令名称及说明

脉冲微分输出指令名称及功能如下：

指令名称（助记符）	功能	对象软元件
PLS	上升沿脉冲微分输出指令，其功能是当检测到输入脉冲上升沿来时，使操作元件得电一个扫描周期	Y、M
PLF	下降沿脉冲微分输出指令，其功能是当检测到输入脉冲下降沿来时，使操作元件得电一个扫描周期	Y、M

2. 使用举例

PLS、PLF 指令使用如图 4-19 所示。

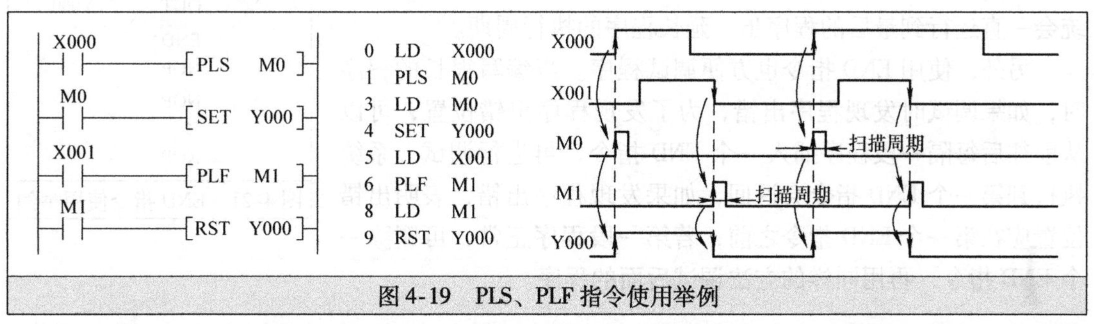

图 4-19　PLS、PLF 指令使用举例

在图 4-19 中，当常开触点 X000 闭合时，一个上升沿脉冲加到［PLS　M0］，指令执行，M0 线圈得电一个扫描周期，M0 常开触点闭合，［SET　Y000］指令执行，将 Y000 线圈置位（即让 Y000 线圈得电）；当常开触点 X001 由闭合转为断开时，一个脉冲下降沿加给［PLF　M1］，指令执行，M1 线圈得电一个扫描周期，M1 常开触点闭合，［RST　Y000］指令执行，将 Y000 线圈复位（即让 Y000 线圈失电）。

4.1.13　空操作指令

1. 指令名称及说明

空操作指令名称及功能如下：

指令名称（助记符）	功能	对象软元件
NOP	空操作指令，其功能是不执行任何操作	无

2. 使用举例

NOP 指令使用如图 4-20 所示。当使用 NOP 指令取代其他指令时，其他指令会被删除，在图 4-20 中使用 NOP 指令取代 AND 和 ANI 指令，梯形图相应的触点会被删除。如果在普通指令之间插入 NOP 指令，对程序运行结果没有影响。

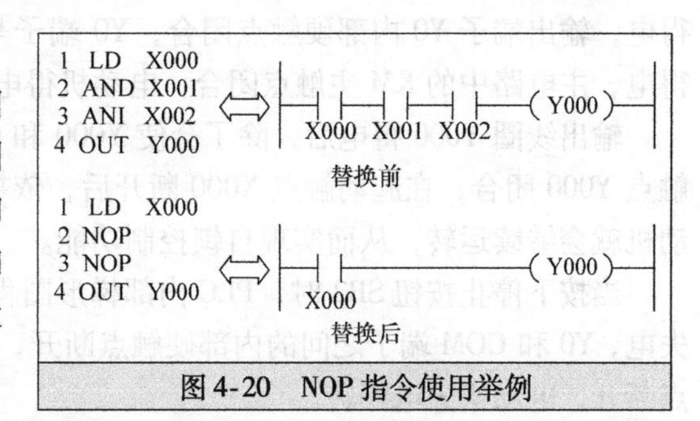

图 4-20　NOP 指令使用举例

4.1.14　程序结束指令

1. 指令名称及说明

程序结束指令名称及功能如下：

指令名称（助记符）	功能	对象软元件
END	程序结束指令，当一个程序结束后，需要在结束位置用END指令	无

2. 使用举例

END指令使用如图4-21所示。当系统运行到END指令处时，END后面的程序将不会执行，系统会由END处自动返回，开始下一个扫描周期，如果不在程序结束处使用END指令，系统会一直运行到最后的程序步，延长程序的执行周期。

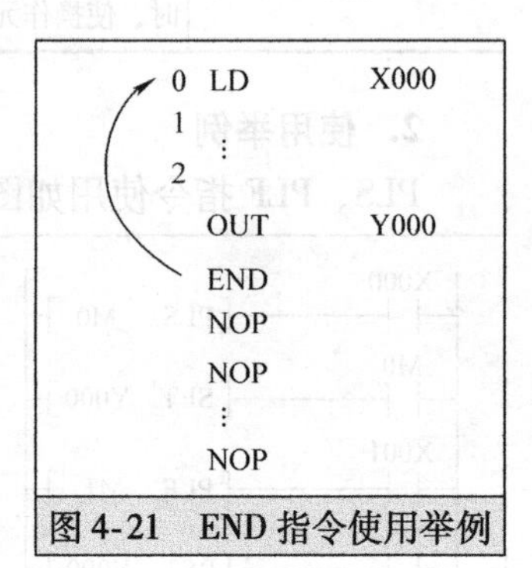

图4-21　END指令使用举例

另外，使用END指令也方便调试程序。当编写很长的程序时，如果调试时发现程序出错，为了发现程序出错位置，可以从前往后每隔一段程序插入一个END指令，再进行调试，系统执行到第一个END指令会返回，如果发现程序出错，表明出错位置应在第一个END指令之前，若第一段程序正常，可删除一个END指令，再用同样的方法调试后面的程序。

4.2　PLC基本控制电路与梯形图

4.2.1　起动、自锁和停止控制的PLC电路与梯形图

起动、自锁和停止控制是PLC最基本的控制功能。起动、自锁和停止控制可采用驱动指令（OUT），也可以采用置位指令（SET、RST）来实现。

1. 采用线圈驱动指令实现起动、自锁和停止控制

线圈驱动（OUT）指令的功能是将输出线圈与右母线连接，它是一种很常用的指令。用线圈驱动指令实现起动、自锁和停止控制的PLC电路和梯形图如图4-22所示。

电路与梯形图说明如下：

当按下起动按钮SB1时，PLC内部梯形图程序中的起动触点X000闭合，输出线圈Y000得电，输出端子Y0内部硬触点闭合，Y0端子与COM端子之间内部接通，接触器线圈KM得电，主电路中的KM主触点闭合，电动机得电起动。

输出线圈Y000得电后，除了会使Y000和COM端子之间的硬触点闭合外，还会使自锁触点Y000闭合，在起动触点X000断开后，依靠自锁触点闭合可使线圈Y000继续得电，电动机就会继续运转，从而实现自锁控制功能。

当按下停止按钮SB2时，PLC内部梯形图程序中的停止触点X001断开，输出线圈Y000失电，Y0和COM端子之间的内部硬触点断开，接触器线圈KM失电，主电路中的KM主触点断开，电动机失电停转。

2. 采用置位复位指令实现起动、自锁和停止控制

采用置位复位指令SET、RST实现起动、自锁和停止控制的梯形图如图4-23所示，其PLC接线图与图4-22a是一样的。

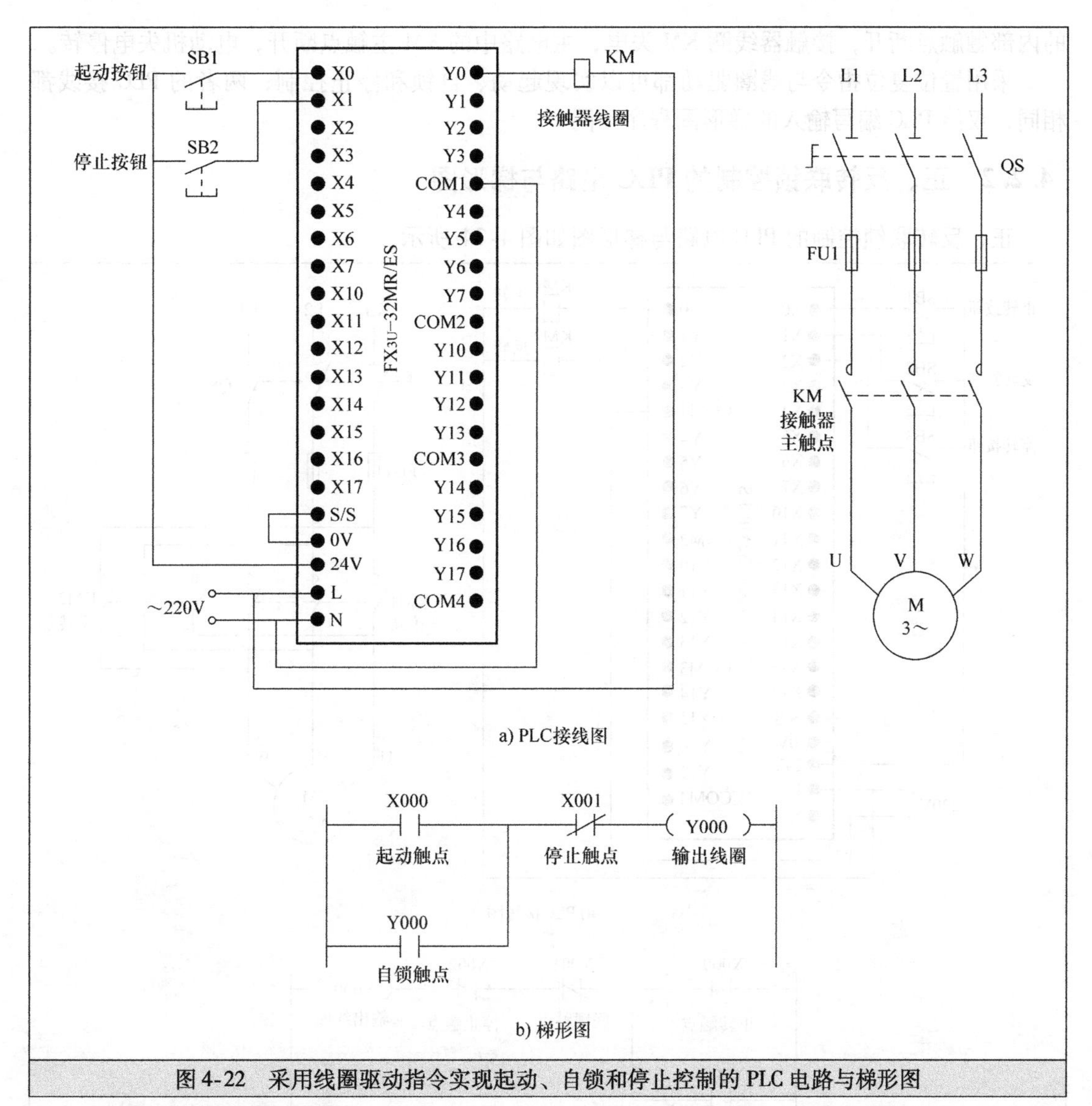

图 4-22 采用线圈驱动指令实现起动、自锁和停止控制的 PLC 电路与梯形图

X000 ——[SET Y000]
起动触点
X001 ——[RST Y000]
停止触点

图 4-23 采用置位复位指令实现起动、自锁和停止控制的梯形图

电路与梯形图说明如下：

当按下起动按钮 SB1 时，梯形图中的起动触点 X000 闭合，[SET Y000] 指令执行，指令执行结果将输出继电器线圈 Y000 置 1，相当于线圈 Y000 得电，使 Y0 和 COM 端子之间的内部硬触点接通，接触器线圈 KM 得电，主电路中的 KM 主触点闭合，电动机得电起动。

线圈 Y000 置位后，松开起动按钮 SB1、起动触点 X000 断开，但线圈 Y000 仍保持“1”态，即仍维持得电状态，电动机就会继续运转，从而实现自锁控制功能。

当按下停止按钮 SB2 时，梯形图程序中的停止触点 X001 闭合，[RST Y000] 指令被执行，指令执行结果将输出线圈 Y000 复位，相当于线圈 Y000 失电，Y0 和 COM 端子之间的内部触触点断开，接触器线圈 KM 失电，主电路中的 KM 主触点断开，电动机失电停转。

采用置位复位指令与线圈驱动都可以实现起动、自锁和停止控制，两者的 PLC 接线都相同，仅给 PLC 编写输入的梯形图程序不同。

4.2.2 正、反转联锁控制的 PLC 电路与梯形图

正、反转联锁控制的 PLC 电路与梯形图如图 4-24 所示。

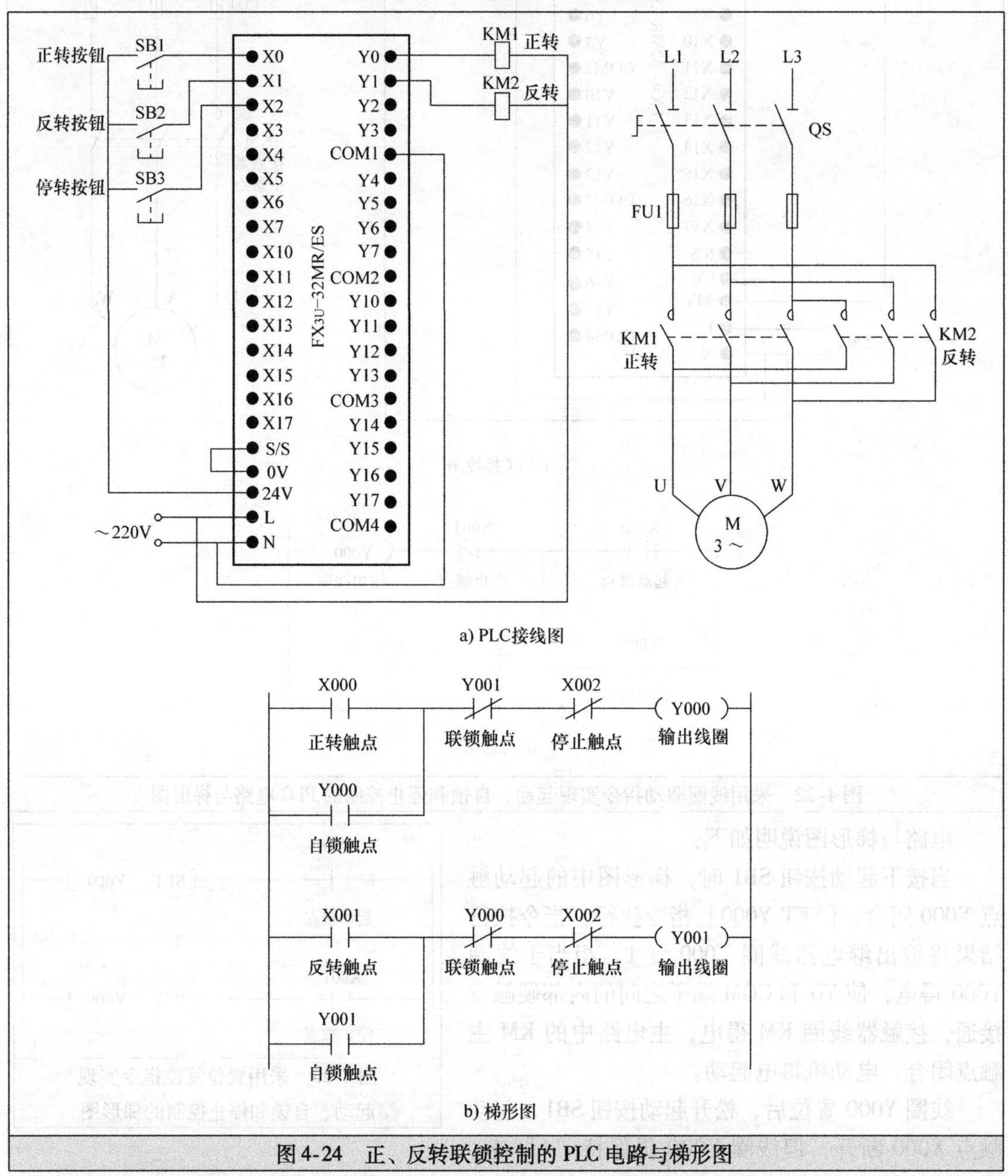

图 4-24 正、反转联锁控制的 PLC 电路与梯形图

电路与梯形图说明如下：

1）正转联锁控制。按下正转按钮 SB1→梯形图程序中的正转触点 X000 闭合→线圈 Y000 得电→Y000 自锁触点闭合，Y000 联锁触点断开，Y0 端子与 COM 端子间的内部硬触

点闭合→Y000 自锁触点闭合，使线圈 Y000 在 X000 触点断开后仍可得电；Y000 联锁触点断开，使线圈 Y001 即使在 X001 触点闭合（误操作 SB2 引起）时也无法得电，实现联锁控制；Y0 端子与 COM 端子间的内部硬触点闭合，接触器 KM1 线圈得电，主电路中的 KM1 主触点闭合，电动机得电正转。

2）反转联锁控制。按下反转按钮 SB2→梯形图程序中的反转触点 X001 闭合→线圈 Y001 得电→Y001 自锁触点闭合，Y001 联锁触点断开，Y1 端子与 COM 端子间的内部硬触点闭合→Y001 自锁触点闭合，使线圈 Y001 在 X001 触点断开后继续得电；Y001 联锁触点断开，使线圈 Y000 即使在 X000 触点闭合（误操作 SB1 引起）时也无法得电，实现联锁控制；Y1 端子与 COM 端子间的内部硬触点闭合，接触器 KM2 线圈得电，主电路中的 KM2 主触点闭合，电动机得电反转。

3）停转控制。按下停止按钮 SB3→梯形图程序中的两个停止触点 X002 均断开→线圈 Y000 和 Y001 均失电→接触器 KM1 和 KM2 线圈均失电→主电路中的 KM1 和 KM2 主触点均断开，电动机失电停转。

4.2.3 多地控制的 PLC 电路与梯形图

多地控制的 PLC 电路与梯形图如图 4-25 所示，其中图 b 为单人多地控制梯形图，

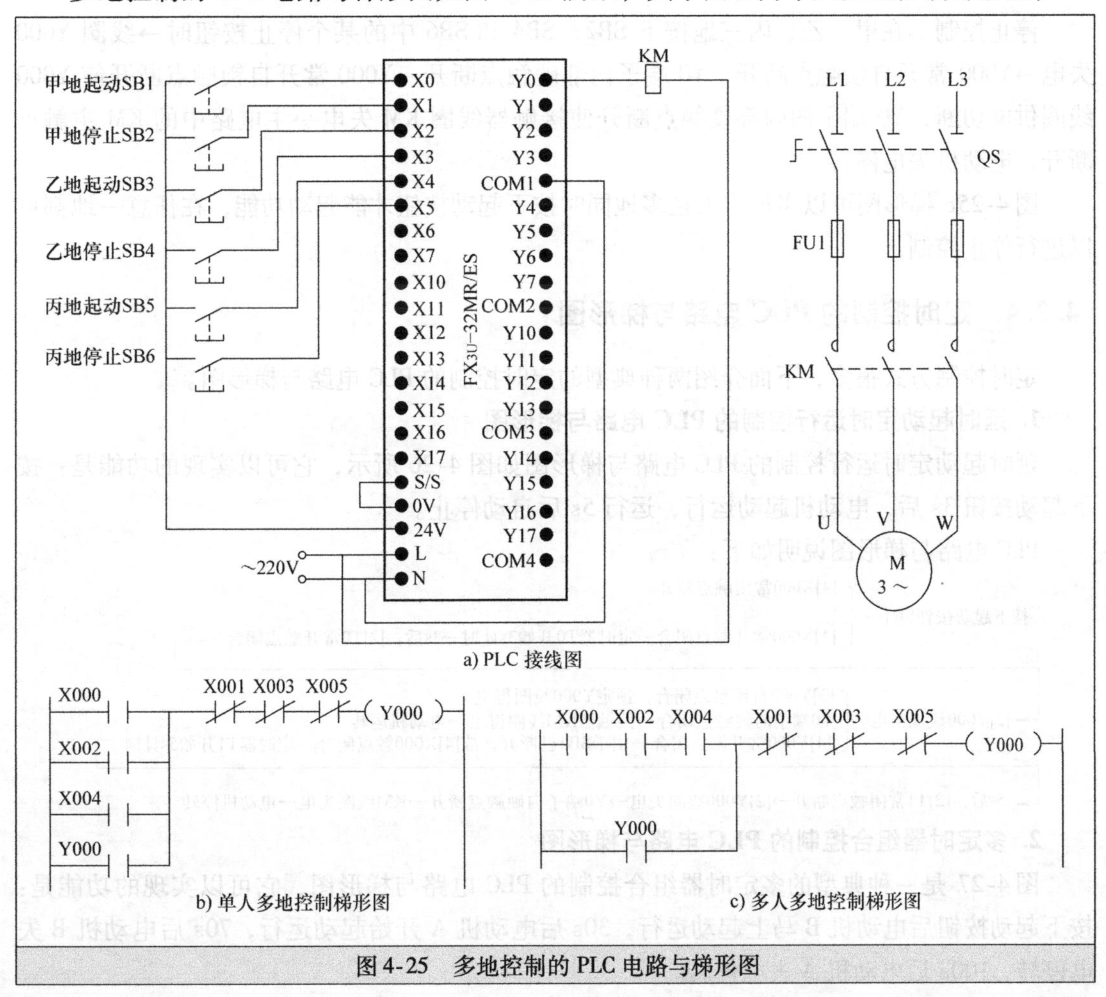

图 4-25 多地控制的 PLC 电路与梯形图

图 c 为多人多地控制梯形图。

1. 单人多地控制

甲地启动控制。在甲地按下起动按钮 SB1 时→X000 常开触点闭合→线圈 Y000 得电→Y000 常开自锁触点闭合，Y0 端子内部硬触点闭合→Y000 常开自锁触点闭合锁定 Y000 线圈供电，Y0 端子内部硬触点闭合使接触器线圈 KM 得电→主电路中的 KM 主触点闭合，电动机得电运转。

甲地停止控制。在甲地按下停止按钮 SB2 时→X001 常闭触点断开→线圈 Y000 失电→Y000 常开自锁触点断开，Y0 端子内部硬触点断开→接触器线圈 KM 失电→主电路中的 KM 主触点断开，电动机失电停转。

乙地和丙地的起/停控制与甲地控制相同，利用图 4-25b 梯形图可以实现在任何一地进行起/停控制，也可以在一地进行起动，在另一地控制停止。

2. 多人多地控制

起动控制。在甲、乙、丙三地同时按下按钮 SB1、SB3 和 SB5→线圈 Y000 得电→Y000 常开自锁触点闭合，Y0 端子的内部硬触点闭合→Y000 线圈供电锁定，接触器线圈 KM 得电→主电路中的 KM 主触点闭合，电动机得电运转。

停止控制。在甲、乙、丙三地按下 SB2、SB4 和 SB6 中的某个停止按钮时→线圈 Y000 失电→Y000 常开自锁触点断开，Y0 端子内部硬触点断开→Y000 常开自锁触点断开使 Y000 线圈供电切断，Y0 端子的内部硬触点断开使接触器线圈 KM 失电→主电路中的 KM 主触点断开，电动机失电停转。

图 4-25c 梯形图可以实现多人在多地同时按下起动按钮才能起动功能，在任意一地都可以进行停止控制。

4.2.4 定时控制的 PLC 电路与梯形图

定时控制方式很多，下面介绍两种典型的定时控制的 PLC 电路与梯形图。

1. 延时起动定时运行控制的 PLC 电路与梯形图

延时起动定时运行控制的 PLC 电路与梯形图如图 4-26 所示，它可以实现的功能是：按下起动按钮 3s 后，电动机起动运行，运行 5s 后自动停止。

PLC 电路与梯形图说明如下：

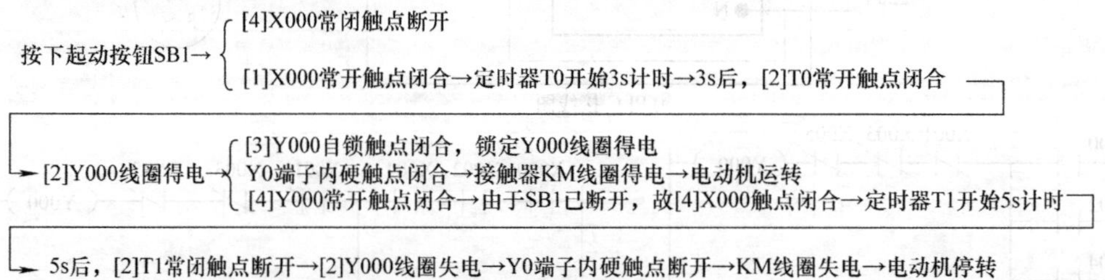

2. 多定时器组合控制的 PLC 电路与梯形图

图 4-27 是一种典型的多定时器组合控制的 PLC 电路与梯形图，它可以实现的功能是：按下起动按钮后电动机 B 马上起动运行，30s 后电动机 A 开始起动运行，70s 后电动机 B 失电停转，100s 后电动机 A 失电停转。

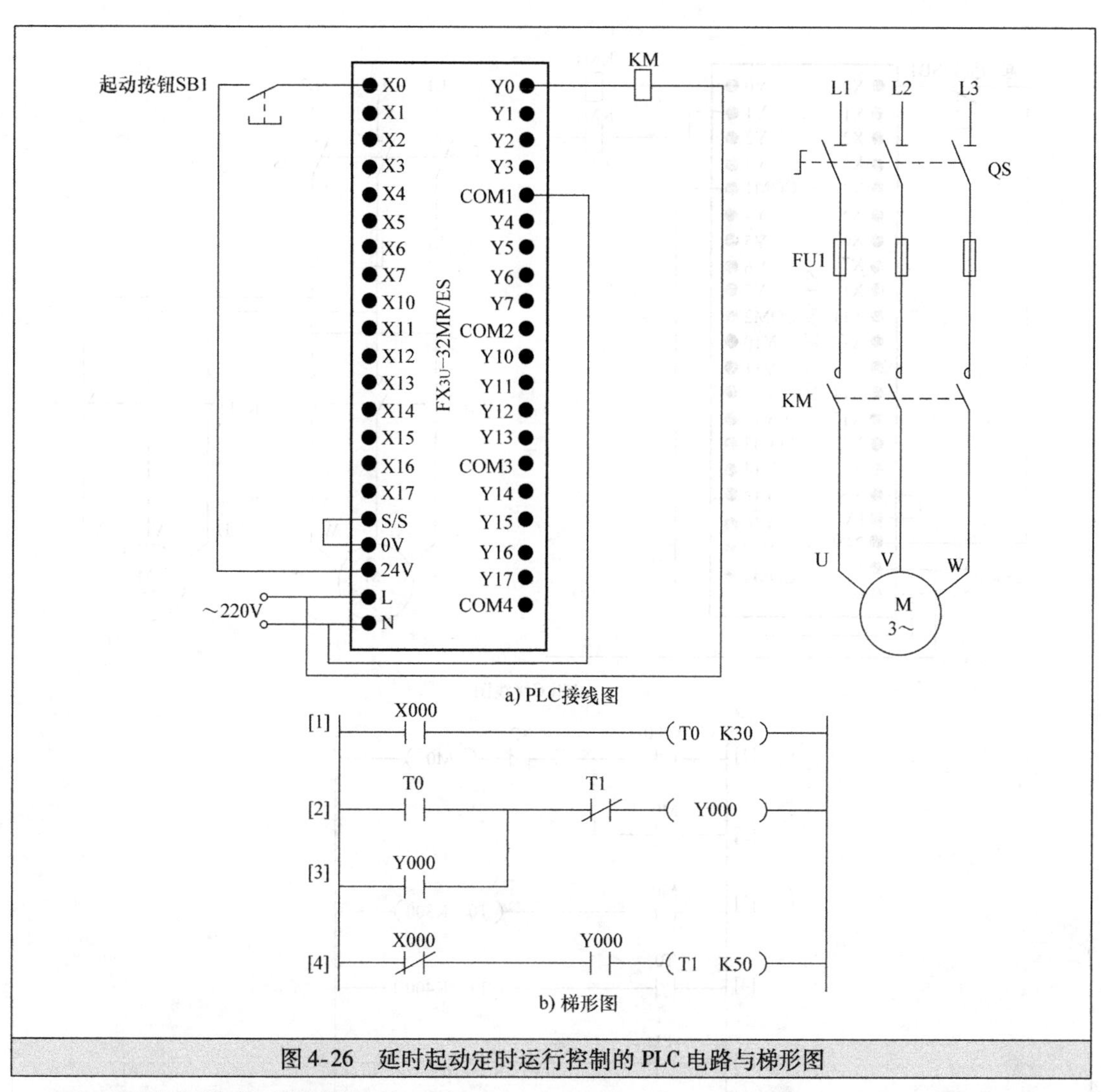

图 4-26　延时起动定时运行控制的 PLC 电路与梯形图

PLC 电路与梯形图说明如下：

按下起动按钮SB1→X000常开触点闭合→辅助继电器M0线圈得电→
- [2]M0自锁触点闭合→锁定M0线圈供电
- [7]M0常开触点闭合→Y001线圈得电→Y1端子内硬触点闭合→接触器KM2线圈得电→电动机B运转
- [3]M0常开触点闭合→定时器T0开始30s计时→

30s后→定时器T0动作→
- [6]T0常开触点闭合→Y000线圈得电→KM1线圈得电→电动机A起动运行
- [4]T0常开触点闭合→定时器T1开始40s计时→

40s后，定时器T1动作→
- [7]T1常闭触点断开→Y001线圈失电→KM2线圈失电→电动机B停转
- [5]T1常开触点闭合→定时器T2开始30s计时→

30s后，定时器T2动作→[1]T2常闭触点断开→M0线圈失电→
- [2]M0自锁触点断开→解除M0线圈供电
- [7]M0常开触点断开
- [3]M0常开触点断开→定时器T0复位→

→
- [6]T0常开触点断开→Y000线圈失电→KM1线圈失电→电动机A停转
- [4]T0常开触点断开→定时器T1复位→[5]T1常开触点断开→定时器T2复位→[1]T2常闭触点恢复闭合

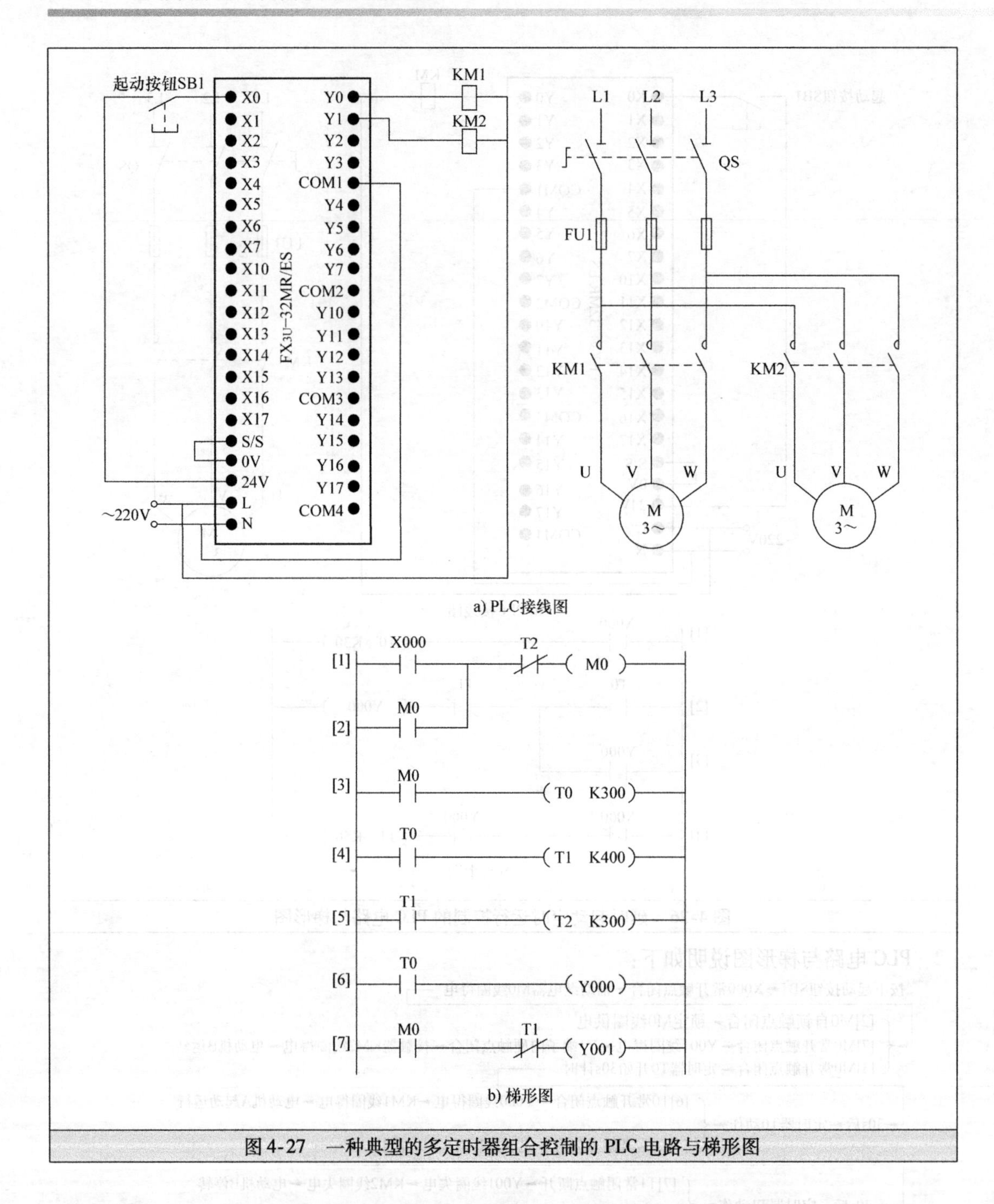

图 4-27　一种典型的多定时器组合控制的 PLC 电路与梯形图

4.2.5　定时器与计数器组合延长定时控制的 PLC 电路与梯形图

三菱 FX 系列 PLC 的最大定时时间为 3276.7s（约 54min），采用定时器和计数器可以延长定时时间。定时器与计数器组合延长定时控制的 PLC 电路与梯形图如图 4-28 所示。

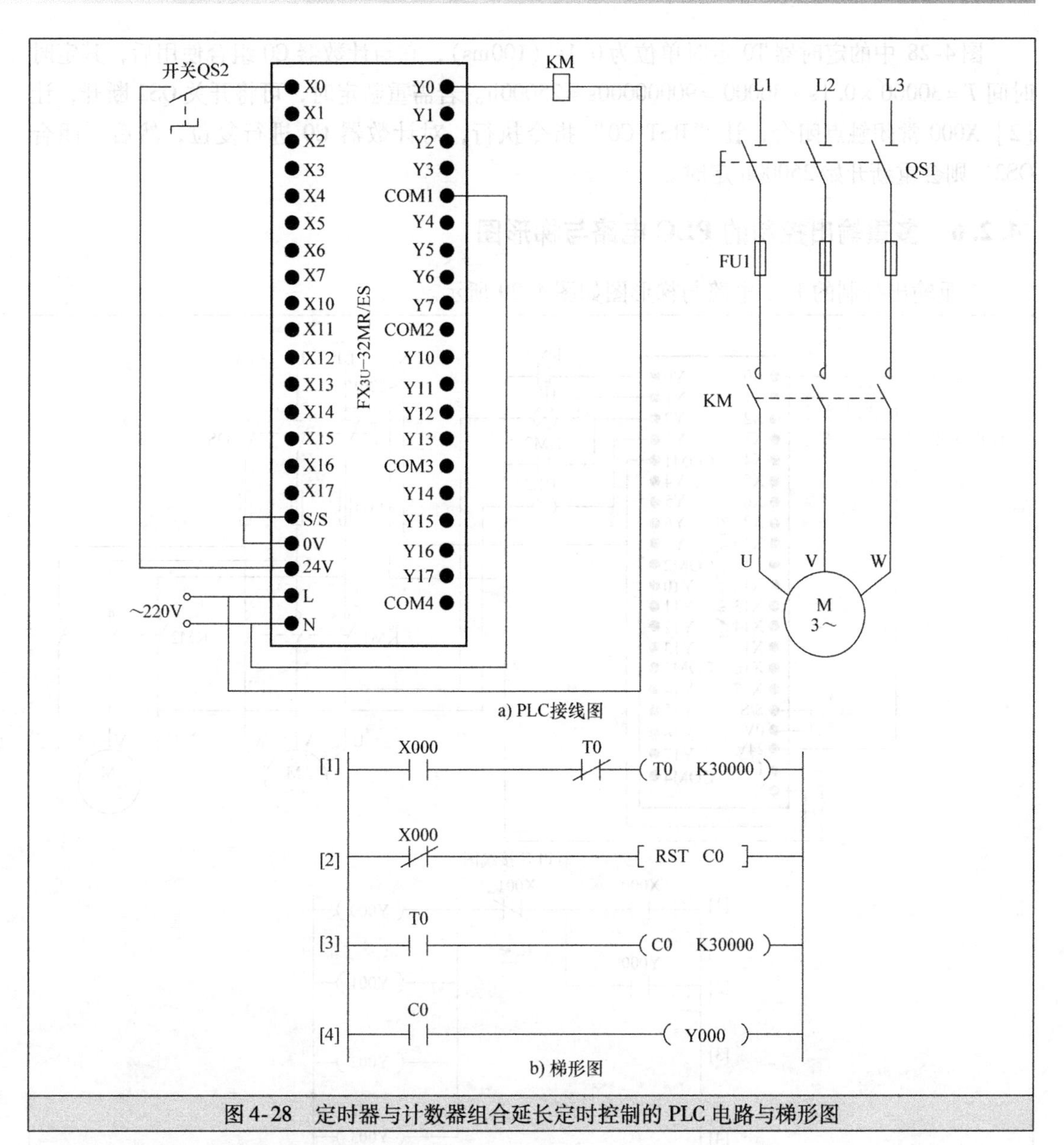

图4-28 定时器与计数器组合延长定时控制的PLC电路与梯形图

PLC电路与梯形图说明如下：

将开关QS2闭合→
- [2]X000常闭触点断开，计数器C0复位清0结束
- [1]X000常开触点闭合→定时器T0开始3000s计时→3000s后，定时器T0动作→
  - [3]T0常开触点闭合，计数器C0值增1，由0变为1
  - [1]T0常闭触点断开→定时器T0复位→
    - [3]T0常开触点断开，计数器C0值保持为1
    - [1]T0常闭触点闭合→

→因开关QS2仍处于闭合，[1]X000常开触点也保持闭合→定时器T0又开始3000s计时→3000s后，定时器T0动作→
- [3]T0常开触点闭合，计数器C0值增1，由1变为2
- [1]T0常闭触点断开→定时器T0复位→
  - [3]T0常开触点断开，计数器C0值保持为2
  - [1]T0常闭触点闭合→定时器T0又开始计时，以后重复上述过程→

→当计数器C0计数值达到30000→计数器C0动作→[4]常开触点C0闭合→Y000线圈得电→KM线圈得电→电动机运转

图4-28 中的定时器T0 定时单位为0.1s（100ms），它与计数器C0 组合使用后，其定时时间 $T=30000\times0.1\text{s}\times30000=90000000\text{s}=25000\text{h}$。若需重新定时，可将开关QS2 断开，让[2] X000 常闭触点闭合，让“RST C0”指令执行，对计数器C0 进行复位，然后再闭合QS2，则会重新开始25000h 定时。

4.2.6 多重输出控制的PLC 电路与梯形图

多重输出控制的PLC 电路与梯形图如图4-29 所示。

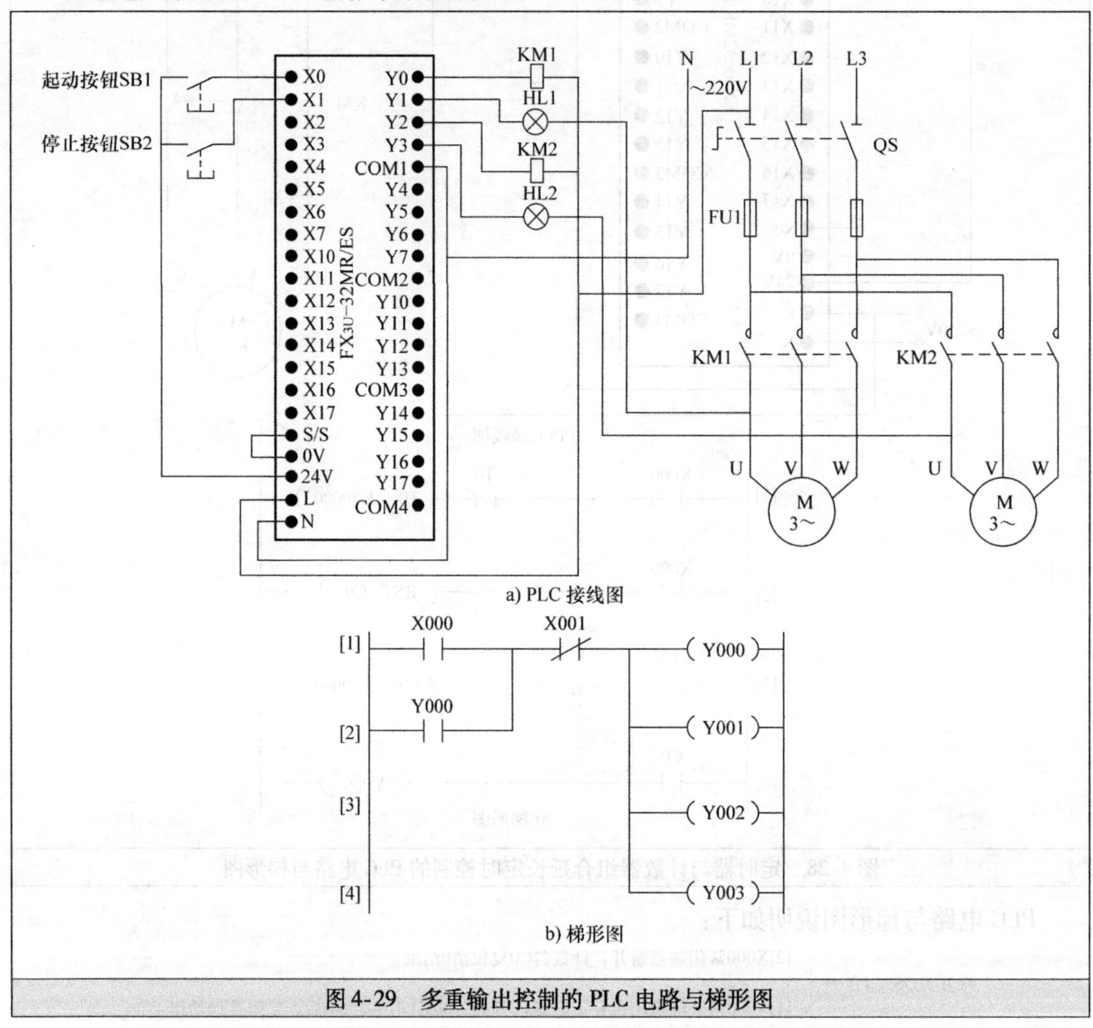

图4-29 多重输出控制的PLC 电路与梯形图

PLC 电路与梯形图说明如下：

1）起动控制。

按下起动按钮SB1→X000常开触点闭合→
- Y000自锁触点闭合，锁定输出线圈Y000~Y003供电
- Y000线圈得电→Y0端子内硬触点闭合→KM1线圈得电→KM1主触点闭合
- Y001线圈得电→Y1端子内硬触点闭合
  - →HL1灯得电点亮，指示电动机A得电
- Y002线圈得电→Y2端子内硬触点闭合→KM2线圈得电→KM2主触点闭合
- Y003线圈得电→Y3端子内硬触点闭合
  - →HL2灯得电点亮，指示电动机B得电

2）停止控制。

按下停止按钮SB2→X001常闭触点断开 →
- Y000自锁触点断开，解除输出线圈Y000~Y003供电
- Y000线圈失电→Y0端子内硬触点断开→KM1线圈失电→KM1主触点断开
- Y001线圈失电→Y1端子内硬触点断开
  → HL1灯失电熄亮，指示电动机A失电
- Y002线圈失电→Y2端子内硬触点断开→KM2线圈失电→KM2主触点断开
- Y003线圈失电→Y3端子内硬触点断开
  → HL2灯失电熄灭，指示电动机B失电

4.2.7　过载报警控制的 PLC 电路与梯形图

过载报警控制的 PLC 电路与梯形图如图 4-30 所示。

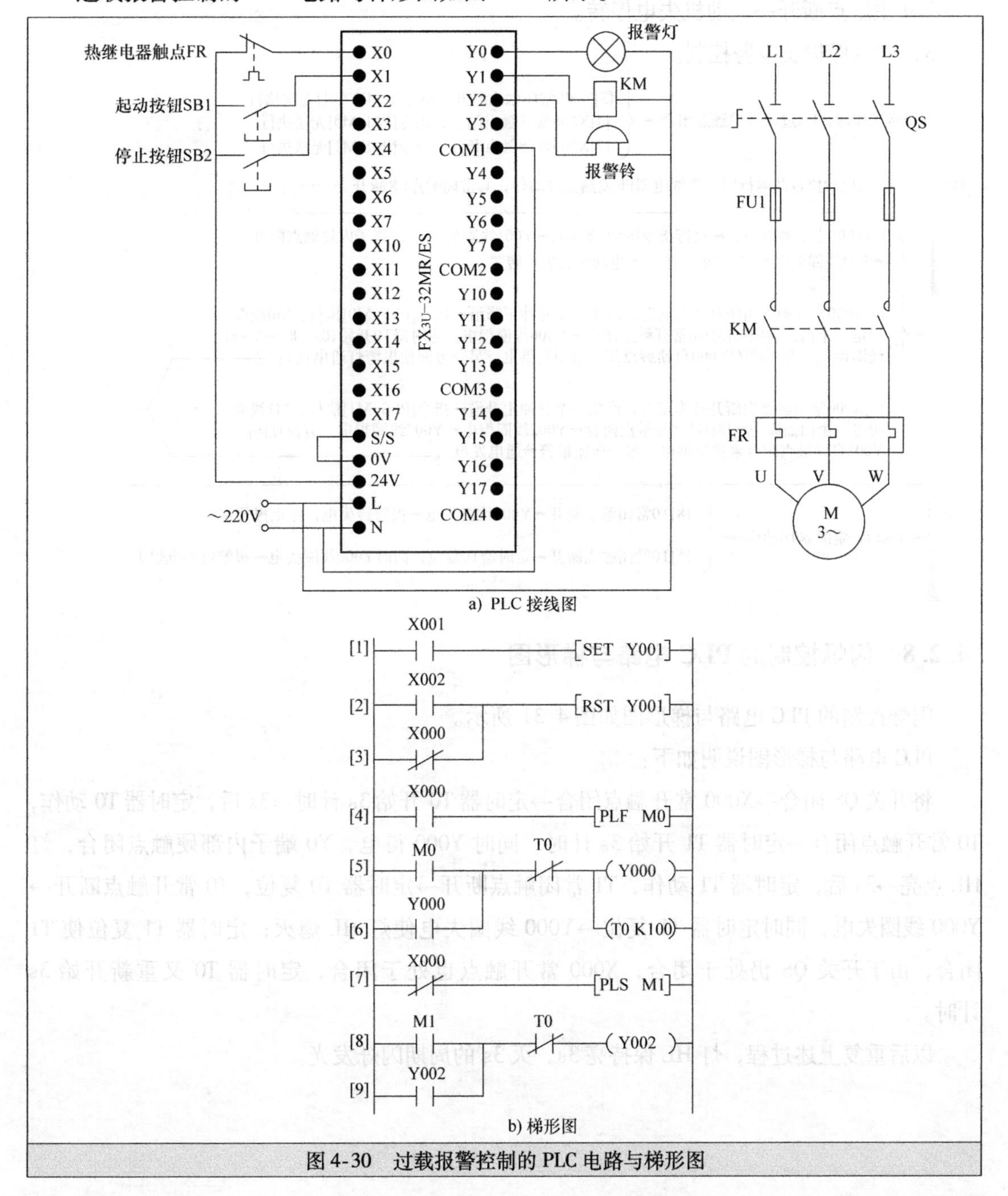

图 4-30　过载报警控制的 PLC 电路与梯形图

PLC 电路与梯形图说明如下：

1）起动控制。按下起动按钮 SB1→［1］X001 常开触点闭合→［SET Y001］指令执行→Y001 线圈被置位，即 Y001 线圈得电→Y1 端子内部硬触点闭合→接触器 KM 线圈得电→KM 主触点闭合→电动机得电运转。

2）停止控制。按下停止按钮 SB2→［2］X002 常开触点闭合→［RST Y001］指令执行→Y001 线圈被复位，即 Y001 线圈失电→Y1 端子内部硬触点断开→接触器 KM 线圈失电→KM 主触点断开→电动机失电停转。

3）过载保护及报警控制。

在正常工作时，FR过载保护触点闭合→
- [3]X000常闭触点断开，指令[RST Y001]无法执行
- [4]X000常开触点闭合，指令[PLF M0]无法执行
- [7]X000常闭触点断开，指令[PLS M1]无法执行

当电动机过载运行时，热继电器FR发热元件动作，其常闭触点FR断开→
- [3]X000常闭触点闭合→执行指令[RST Y001]→Y001线圈失电→Y1端子内硬触点断开→KM线圈失电→KM主触点断开→电动机失电停转
- [4]X000常开触点由闭合转为断开，产生一个脉冲下降沿→指令[PLF M0]执行，M0线圈得电一个扫描周期→[5]M0常开触点闭合→Y000线圈得电，定时器T0开始10s计时→Y000线圈得电一方面使[6]Y000自锁触点闭合来锁定供电，另一方面使报警灯通电点亮
- [7]X000常闭触点由断开转为闭合，产生一个脉冲上升沿→指令[PLS M1]执行，M1线圈得电一个扫描周期→[8]M1常开触点闭合→Y002线圈得电→Y002线圈得电一方面使[9]Y002自锁触点闭合来锁定供电，另一面使报警铃通电发声

→10s后，定时器T0动作→
- [8]T0常闭触点断开→Y002线圈失电→报警铃失电，停止报警声
- [5]T0常闭触点断开→定时器T0复位，同时Y000线圈失电→报警灯失电熄灭

4.2.8 闪烁控制的 PLC 电路与梯形图

闪烁控制的 PLC 电路与梯形图如图 4-31 所示。

PLC 电路与梯形图说明如下：

将开关 QS 闭合→X000 常开触点闭合→定时器 T0 开始 3s 计时→3s 后，定时器 T0 动作，T0 常开触点闭合→定时器 T1 开始 3s 计时，同时 Y000 得电，Y0 端子内部硬触点闭合，灯 HL 点亮→3s 后，定时器 T1 动作，T1 常闭触点断开→定时器 T0 复位，T0 常开触点断开→Y000 线圈失电，同时定时器 T1 复位→Y000 线圈失电使灯 HL 熄灭；定时器 T1 复位使 T1 闭合，由于开关 QS 仍处于闭合，X000 常开触点也处于闭合，定时器 T0 又重新开始 3s 计时。

以后重复上述过程，灯 HL 保持亮 3s、灭 3s 的周期闪烁发光。

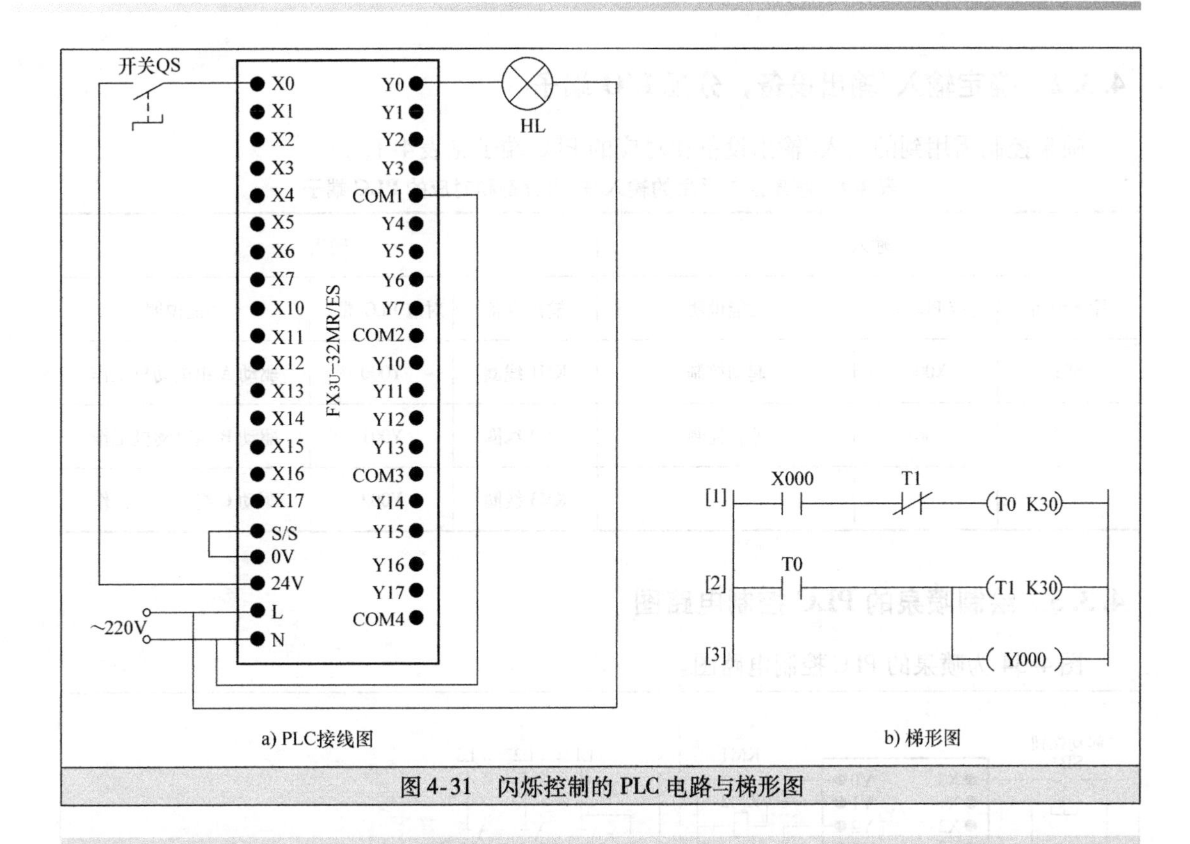

图4-31　闪烁控制的PLC电路与梯形图

4.3　喷泉的PLC控制系统开发实例

4.3.1　明确系统控制要求

系统要求用两个按钮来控制A、B、C三组喷头工作（通过控制三组喷头的电动机来实现），三组喷头排列如图4-32所示。系统控制要求具体如下：

当按下起动按钮后，A组喷头先喷5s后停止，然后B、C组喷头同时喷，5s后，B组喷头停止、C组喷头继续喷5s再停止，而后A、B组喷头喷7s，C组喷头在这7s的前2s内停止，后5s内喷水，接着A、B、C三组喷头同时停止3s，以后重复前述过程。按下停止按钮后，三组喷头同时停止喷水。图4-33为A、B、C三组喷头工作时序图。

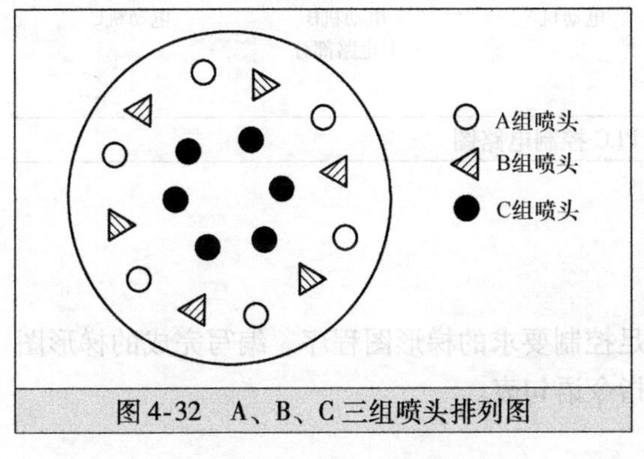

图4-32　A、B、C三组喷头排列图

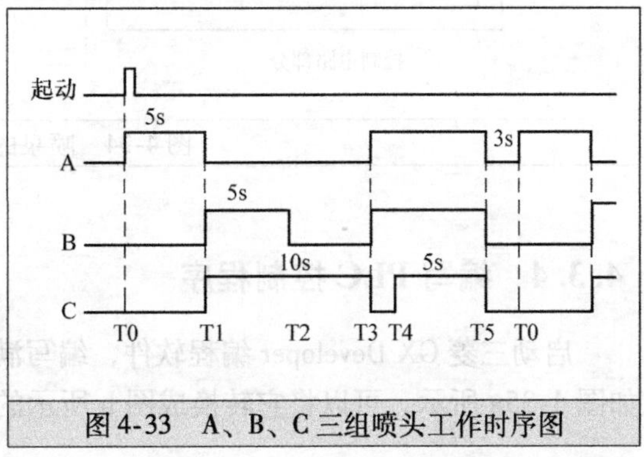

图4-33　A、B、C三组喷头工作时序图

4.3.2 确定输入/输出设备，分配I/O端子

喷泉控制需用到的输入/输出设备和对应的PLC端子见表4-1。

表4-1 喷泉控制采用的输入/输出设备和对应的PLC端子

输入			输出		
输入设备	对应PLC端子	功能说明	输出设备	对应PLC端子	功能说明
SB1	X000	起动控制	KM1线圈	Y000	驱动A组电动机工作
SB2	X001	停止控制	KM2线圈	Y001	驱动B组电动机工作
			KM3线圈	Y002	驱动C组电动机工作

4.3.3 绘制喷泉的PLC控制电路图

图4-34为喷泉的PLC控制电路图。

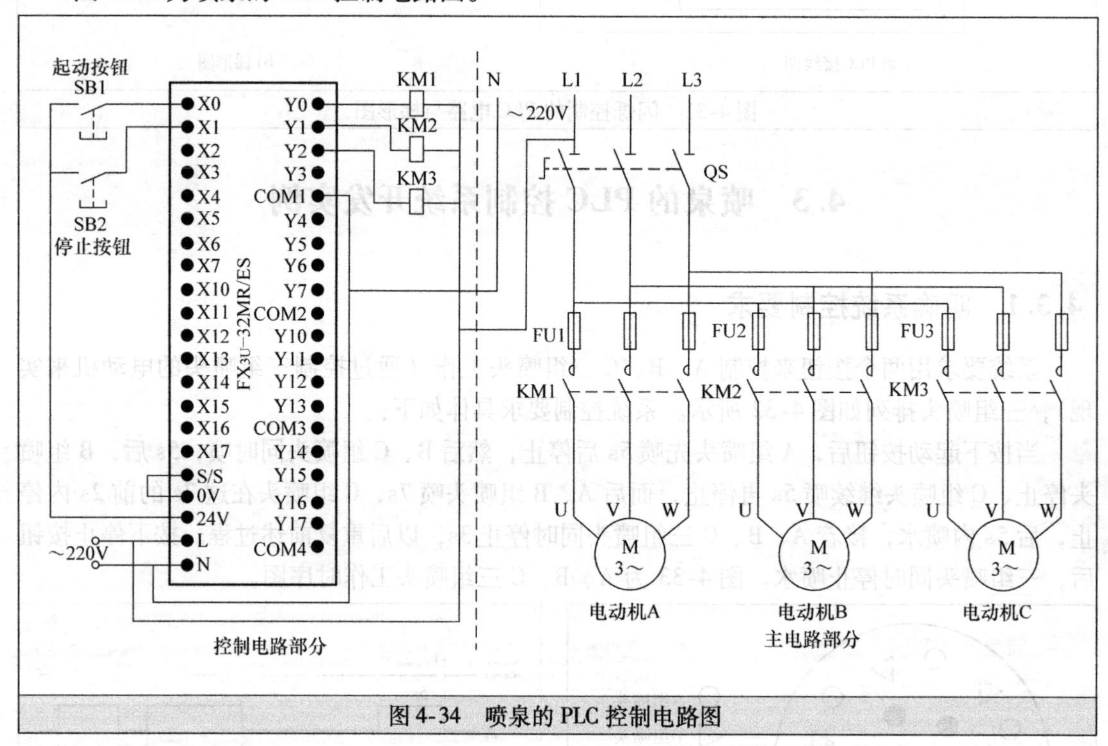

图4-34 喷泉的PLC控制电路图

4.3.4 编写PLC控制程序

启动三菱GX Developer编程软件，编写满足控制要求的梯形图程序，编写完成的梯形图如图4-35a所示，可以将它转换成图b所示的指令语句表。

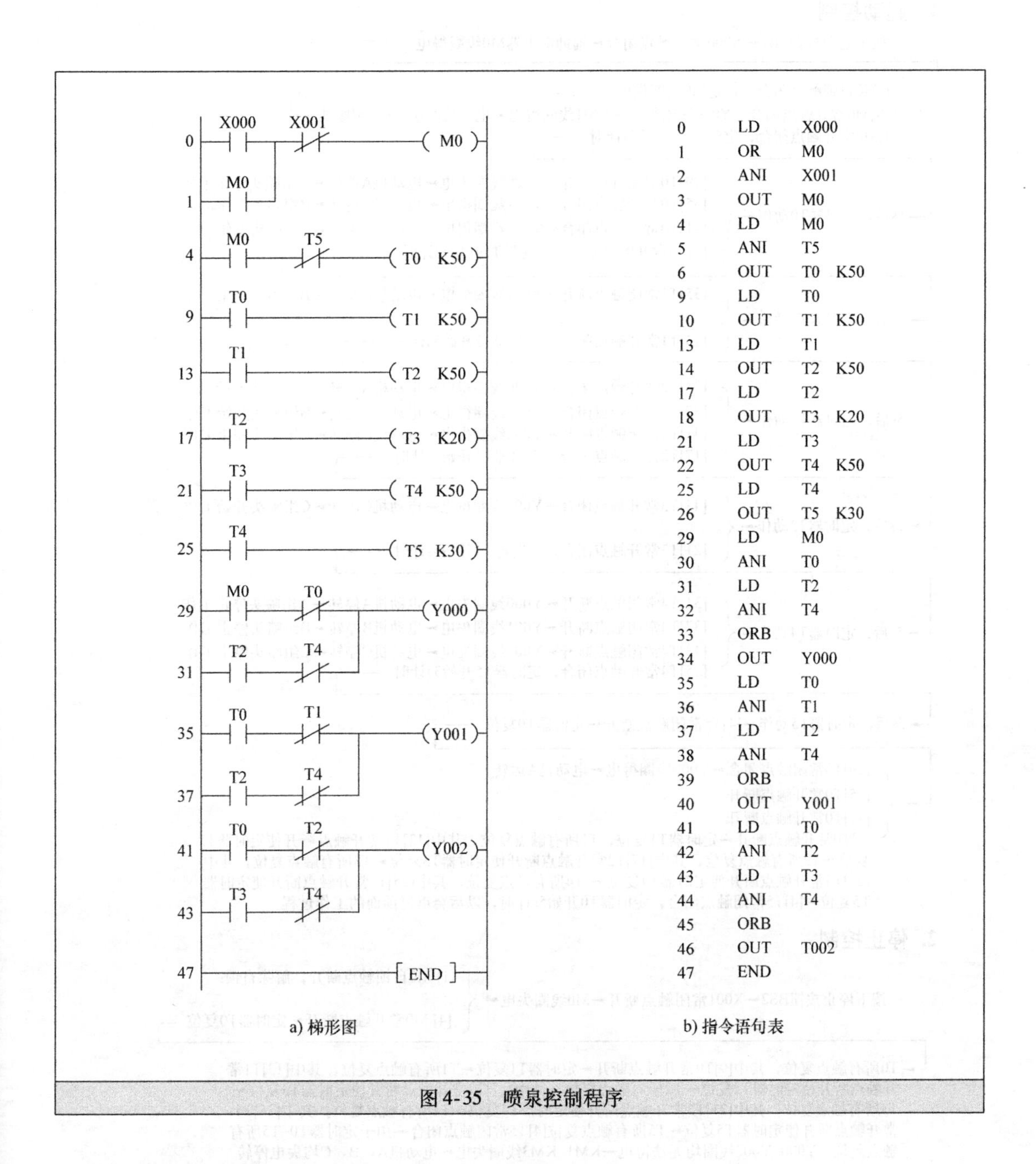

图4-35 喷泉控制程序

4.3.5 详解硬件电路和梯形图的工作原理

下面结合图4-34所示控制电路和图4-35所示梯形图来说明喷泉控制系统的工作原理。

1. 起动控制

按下起动按钮SB1→X000常开触点闭合→辅助继电器M0线圈得电
- [1]M0自锁触点闭合，锁定M0线圈供电
- [29]M0常开触点闭合，Y000线圈得电→KM1线圈得电→电动机A运转→A组喷头工作
- [4]M0常开触点闭合，定时器T0开始5s计时

→5s后，定时器T0动作→
- [29]T0常闭触点断开→Y000线圈失电→电动机A停转→A组喷头停止工作
- [35]T0常开触点闭合→Y001线圈得电→电动机B运转→B组喷头工作
- [41]T0常开触点闭合→Y002线圈得电→电动机C运转→C组喷头工作
- [9]T0常开触点闭合，定时器T1开始5s计时

→5s后，定时器T1动作→
- [35]T1常闭触点断开→Y001线圈失电→电动机B停转→B组喷头停止工作
- [13]T1常开触点闭合，定时器T2开始5s计时

→5s后，定时器T2动作→
- [31]T2常开触点闭合→Y000线圈得电→电动机A运转→A组喷头开始工作
- [37]T2常开触点闭合→Y001线圈得电→电动机B运转→B组喷头开始工作
- [41]T2常闭触点断开→Y002线圈失电→电动机C停转→C组喷头停止工作
- [17]T2常开触点闭合，定时器T3开始2s计时

→2s后，定时器T3动作→
- [43]T3常开触点闭合→Y002线圈得电→电动机C运转→C组喷头开始工作
- [21]T3常开触点闭合，定时器T4开始5s计时

→5s后，定时器T4动作→
- [31]T4常闭触点断开→Y000线圈失电→电动机A停转→A组喷头停止工作
- [37]T4常闭触点断开→Y001线圈失电→电动机B停转→B组喷头停止工作
- [43]T4常闭触点断开→Y002线圈失电→电动机C停转→C组喷头停止工作
- [25]T4常开触点闭合，定时器T5开始3s计时

→3s后，定时器T5动作→[4]T5常闭触点断开→定时器T0复位

→
- [29]T0常闭触点闭合→Y000线圈得电→电动机A运转
- [35]T0常开触点断开
- [41]T0常开触点断开
- [9]T0常开触点断开→定时器T1复位，T1所有触点复位，其中[13]T1常开触点断开使定时器T2复位→T2所有触点复位，其中[17]T2常开触点断开使定时器T3复位→T3所有触点复位，其中[21]T3常开触点断开使定时器T4复位→ T4所有触点复位，其中[25]T4常开触点断开使定时器T5复位→[4]T5常闭触点闭合，定时器T0开始5s计时，以后会重复前面的工作过程

2. 停止控制

按下停止按钮BS2→X001常闭触点断开→M0线圈失电→
- [1] M0自锁触点断开，解除自锁
- [4] M0常开触点断开→定时器T0复位

→T0所有触点复位，其中[9]T0常开触点断开→定时器T1复位→T1所有触点复位，其中[13]T1常开触点断开使定时器T2复位→T2所有触点复位，其中[17]T2常开触点断开使定时器T3复位→T3所有触点复位，其中[21]T3常开触点断开使定时器T4复位→T4所有触点复位，其中[25]T4常开触点断开使定时器T5复位→T5所有触点复位[4]T5常闭触点闭合→由于定时器T0~T5所有触点复位，Y000~Y002线圈均无法得电→KM1~KM3线圈失电→电动机A、B、C均失电停转

4.4 交通信号灯的PLC控制系统开发实例

4.4.1 明确系统控制要求

系统要求用两个按钮来控制交通信号灯工作，交通信号灯排列如图4-36所示。系统控

制要求具体如下：

当按下起动按钮后，南北红灯亮25s，在南北红灯亮25s的时间里，东西绿灯先亮20s再以1次/s的频率闪烁3次，接着东西黄灯亮2s，25s后南北红灯熄灭，熄灭时间维持30s，在这30s时间里，东西红灯一直亮，南北绿灯先亮25s，然后以1次/s的频率闪烁3次，接着南北黄灯亮2s，以后重复该过程。按下停止按钮后，所有的灯都熄灭。交通信号灯的工作时序如图4-37所示。

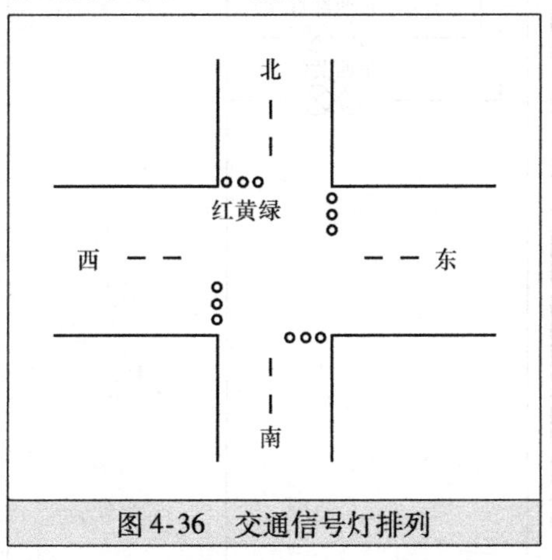

图4-36　交通信号灯排列

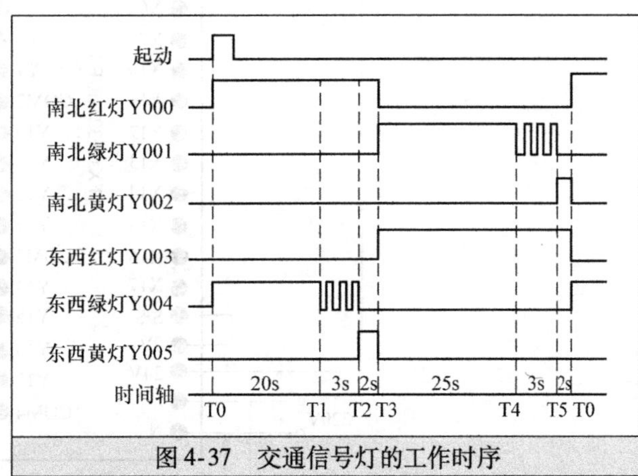

图4-37　交通信号灯的工作时序

4.4.2　确定输入/输出设备，分配I/O端子

交通信号灯控制采用的输入/输出设备和对应的PLC端子见表4-2。

表4-2　交通信号灯控制采用的输入/输出设备和对应的PLC端子

输入			输出		
输入设备	对应PLC端子	功能说明	输出设备	对应PLC端子	功能说明
SB1	X000	起动控制	南北红灯	Y000	驱动南北红灯亮
SB2	X001	停止控制	南北绿灯	Y001	驱动南北绿灯亮
			南北黄灯	Y002	驱动南北黄灯亮
			东西红灯	Y003	驱动东西红灯亮
			东西绿灯	Y004	驱动东西绿灯亮
			东西黄灯	Y005	驱动东西黄灯亮

4.4.3　绘制交通信号灯的PLC控制电路图

图4-38为交通信号灯的PLC控制电路图。

4.4.4　编写PLC控制程序

启动三菱GX Developer编程软件，编写满足控制要求的梯形图程序，编写完成的梯形图如图4-39所示。

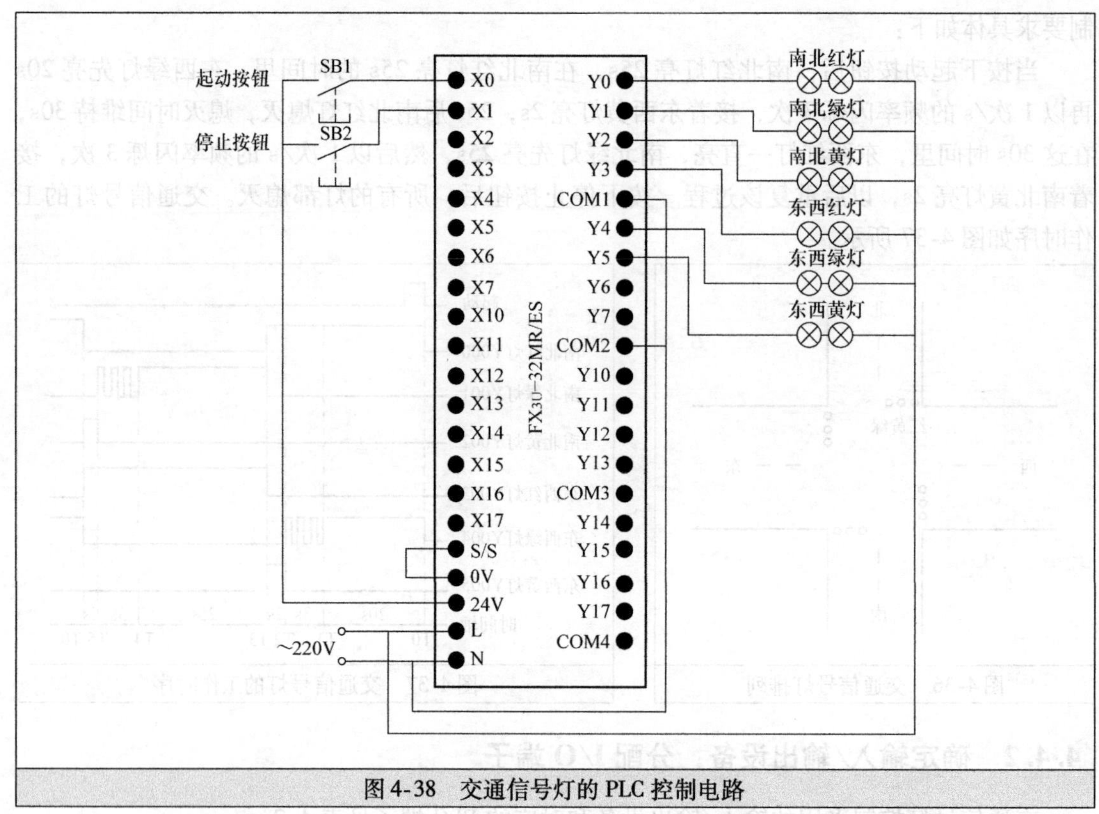

图 4-38　交通信号灯的 PLC 控制电路

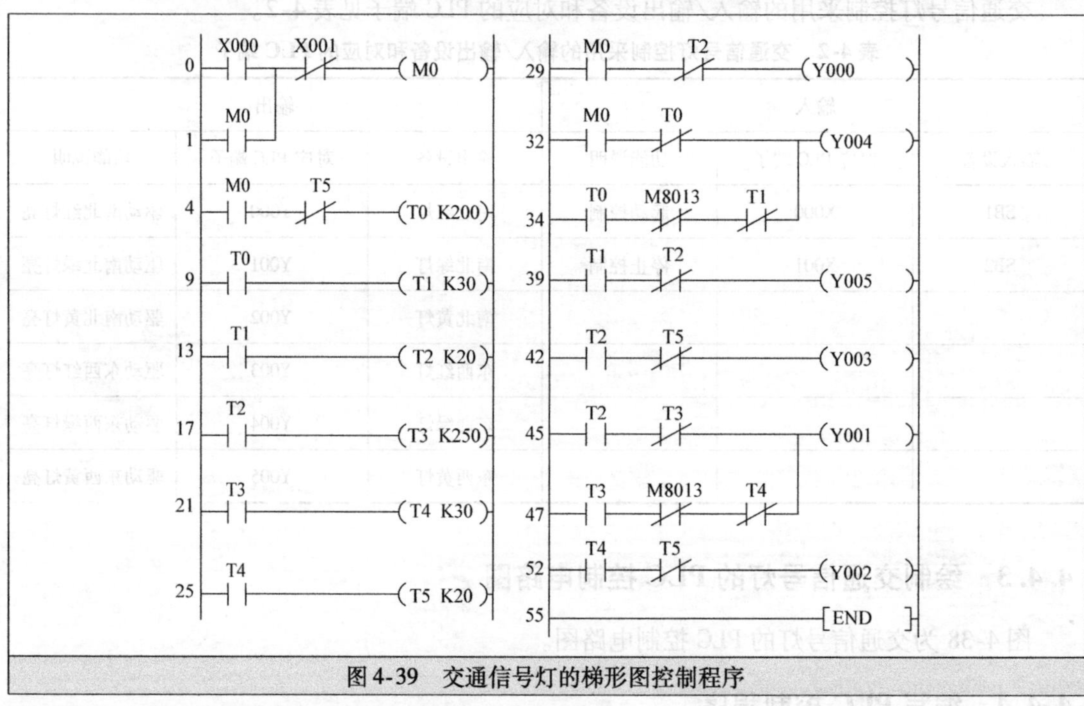

图 4-39　交通信号灯的梯形图控制程序

4.4.5　详解硬件电路和梯形图的工作原理

下面对照图 4-38 控制电路、图 4-37 时序图和图 4-39 梯形图控制程序来说明交通信号灯的控制原理。

在图 4-39 的梯形图中，采用了一个特殊的辅助继电器 M8013，称作触点利用型特殊继电器，它利用 PLC 自动驱动线圈，用户只能利用它的触点，即画梯形图里只能画它的触点。M8013 是一个产生 1s 时钟脉冲的辅助继电器，其高低电平持续时间各为 0.5s，以图 4-39 梯形图［34］步为例，当 T0 常开触点闭合，M8013 常闭触点接通和断开时间分别为 0.5s，Y004 线圈得电和失电时间也都为 0.5s。

1. 起动控制

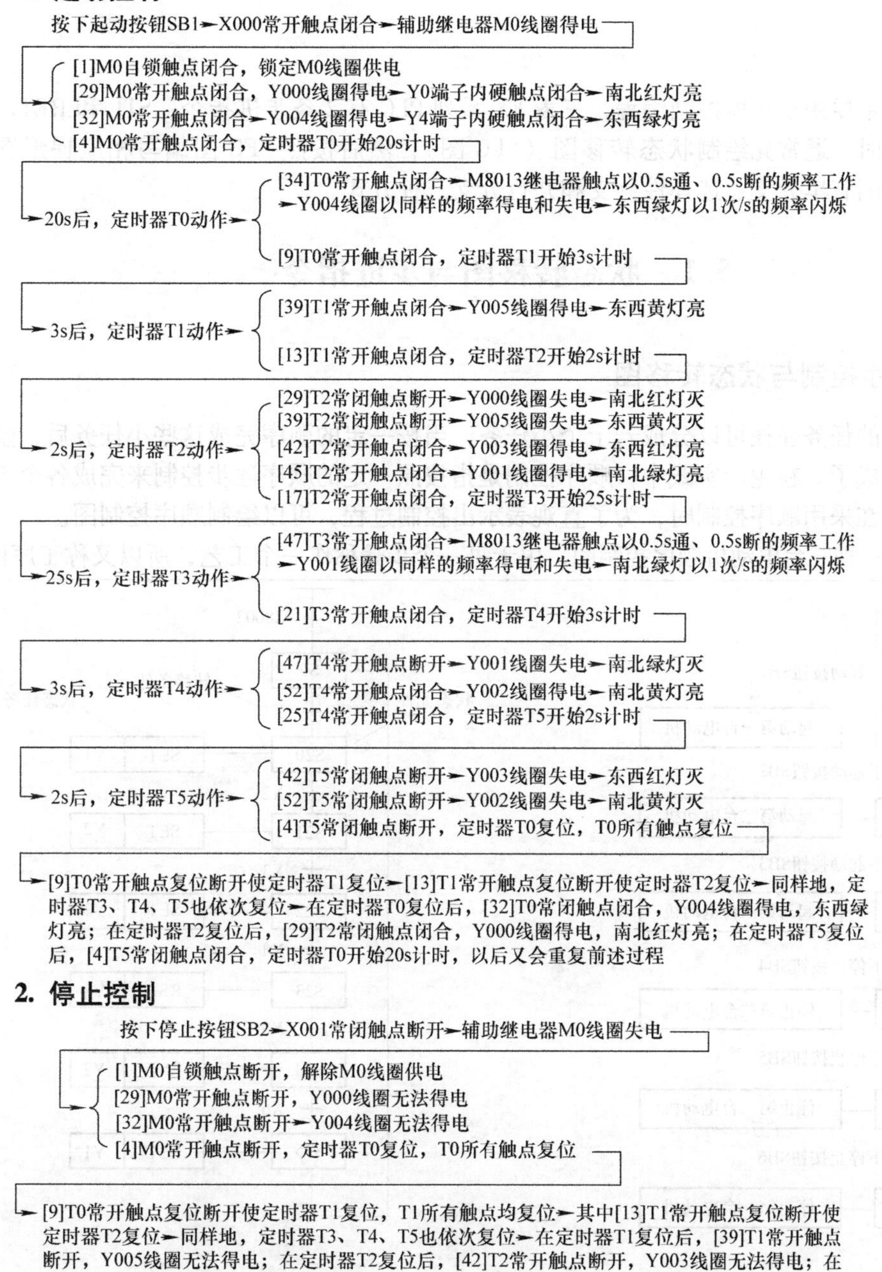

第5章　步进指令的使用与实例

步进指令主要用于顺序控制编程，三菱 FX 系列 PLC 有 2 条步进指令：STL 和 RET。在顺序控制编程时，通常先绘制状态转移图（SFC 图），然后按照 SFC 图编写相应梯形图程序。状态转移图有单分支、选择性分支和并行分支三种方式。

5.1　状态转移图与步进指令

5.1.1　顺序控制与状态转移图

一个复杂的任务往往可以分成若干个小任务，当按一定的顺序完成这些小任务后，整个大任务也就完成了。在生产实践中，顺序控制是指按照一定的顺序逐步控制来完成各个工序的控制方式。在采用顺序控制时，为了直观表示出控制过程，可以绘制顺序控制图。

图 5-1 是一种三台电动机顺序控制图，由于每一个步骤称作一个工艺，所以又称工序图。

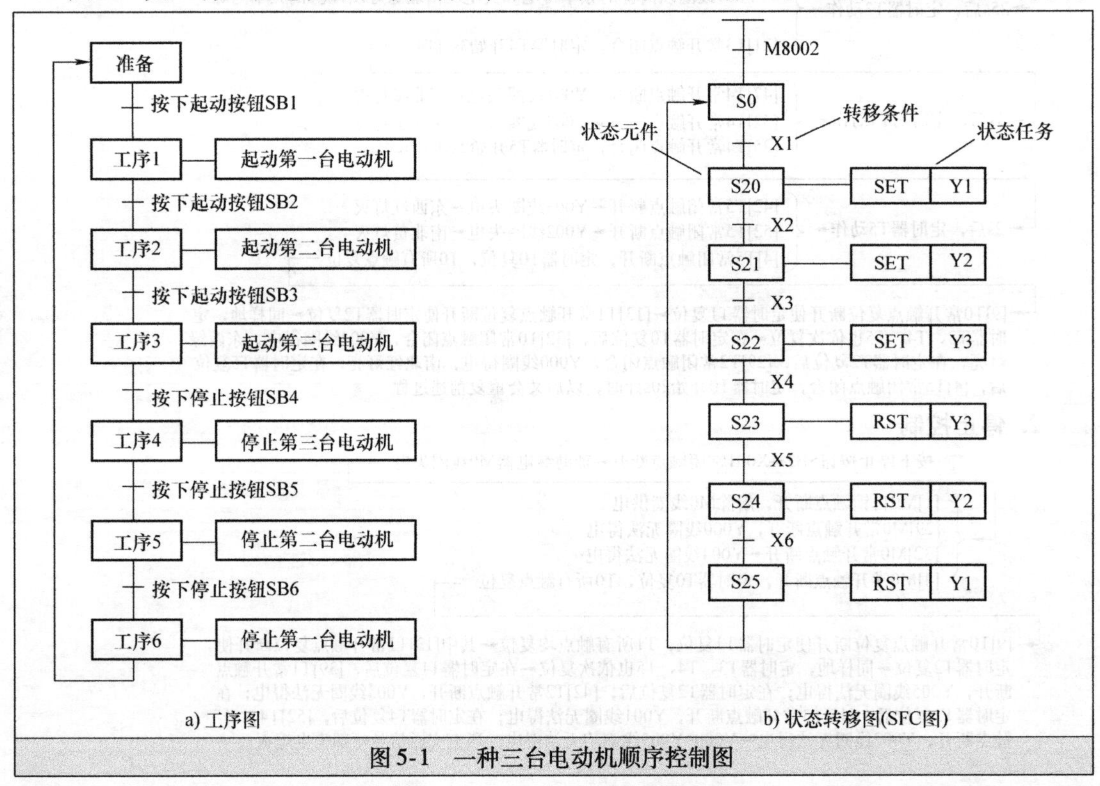

图 5-1　一种三台电动机顺序控制图

在进 PLC 编程时，绘制的顺序控制图称为状态转移图，简称 SFC 图，图 5-1b 为图 5-1a 对应的状态转移图。

顺序控制有三个要素：转移条件、转移目标和工作任务。在图 5-1a 中，当上一个工序需要转到下一个工序时必须满足一定的转移条件，如工序 1 要转到下一个工序 2 时，须按下起动按钮 SB2，若不按下 SB2，即不满足转移条件，就无法进行下一个工序。当转移条件满足后，需要确定转移目标，如工序 1 转移目标是工序 2。每个工序都有具体的工作任务，如工序 1 的工作任务是“起动第一台电动机”。

PLC 编程时绘制的状态转移图与顺序控制图相似，图 5-1b 中的状态元件（状态继电器）S20 相当于工序 1，“SET Y1”相当于工作任务，S20 的转移目标是 S21，S25 的转移目标是 S0，M8002 和 S0 用来完成准备工作，其中 M8002 为触点利用型辅助继电器，它只有触点，没有线圈，PLC 运行时触点会自动接通一个扫描周期，S0 为初始状态继电器，要在 S0 ~ S9中选择，其他的状态继电器通常在 S20 ~ S499 中选择（三菱 FX_{2N} 系列）。

5.1.2　步进指令说明

PLC 顺序控制需要用到步进指令，三菱 FX 系列 PLC 有 2 条步进指令：STL 和 RET。

1. 指令名称与功能

指令名称及功能如下：

指令名称（助记符）	功能
STL	步进开始指令，其功能是将步进接点接到左母线，该指令的操作元件为状态继电器 S
RET	步进结束指令，其功能是将子母线返回到左母线位置，该指令无操作元件

2. 使用举例

（1）STL 指令使用

STL 指令使用如图 5-2 所示。状态继电器 S 只有常开触点，没有常闭触点，在绘制梯形图时，输入指令“［STL S20］”即能生成 S20 常开触点，S 常开触点闭合后，其右端相当于子母线，与子母线直接连接的线圈可以直接用 OUT 指令，相连的其他元件可用基本指令写出指令语句表，如触点用 LD 或 LDI 指令。

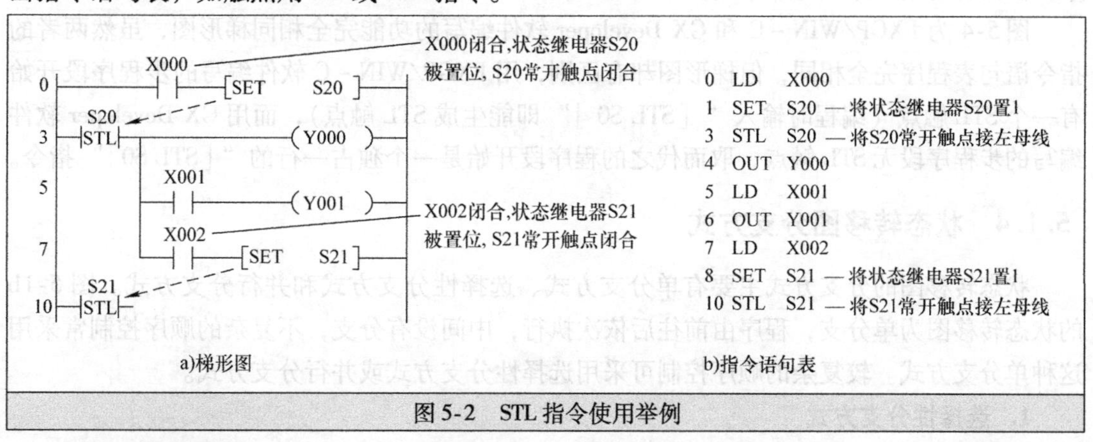

图 5-2　STL 指令使用举例

梯形图说明如下：

当 X000 常开触点闭合时→［SET S20］指令执行→状态继电器 S20 被置 1（置位）→

S20 常开触点闭合→Y000 线圈得电；若 X001 常开触点闭合，Y001 线圈也得电；若 X002 常开触点闭合，［ SET S21 ］指令执行，状态继电器 S21 被置 1→S21 常开触点闭合。

（2）RET 指令使用

RET 指令使用如图 5-3 所示。RET 指令通常用在一系列步进指令的最后，表示状态流程的结束并返回主母线。

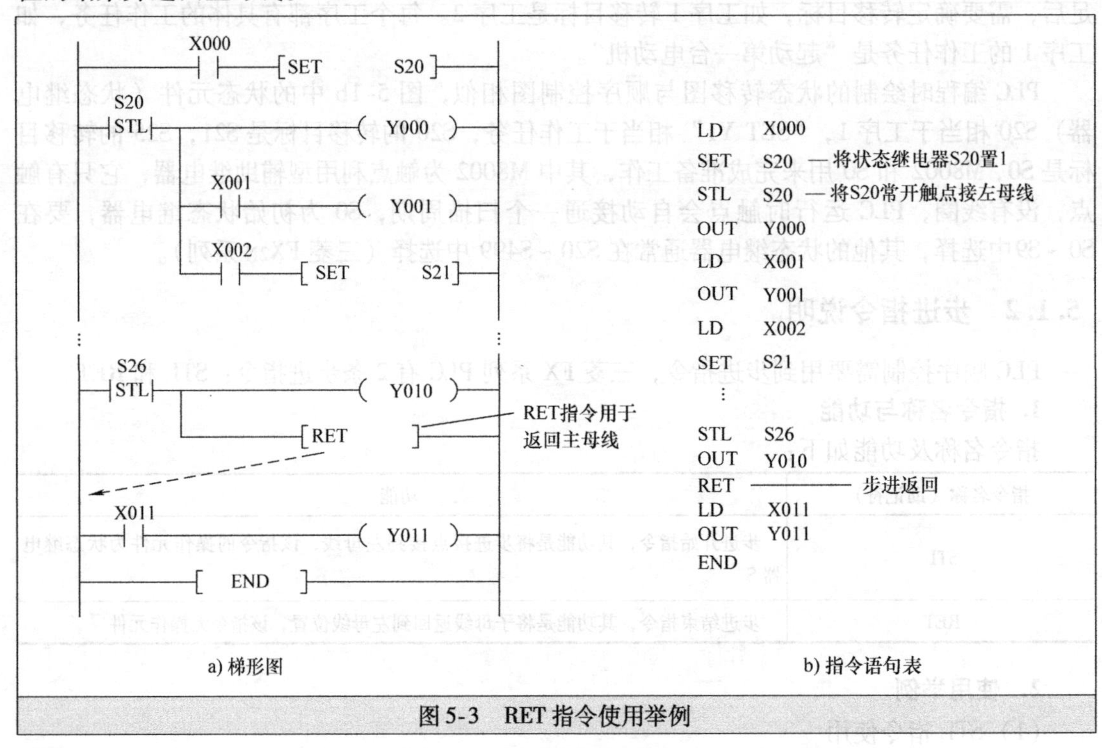

图 5-3　RET 指令使用举例

5.1.3　步进指令在两种编程软件中的编写形式

在三菱 FXGP/WIN – C 和 GX Developer 编程软件中都可以使用步进指令编写顺序控制程序，但两者的编写方式有所不同。

图 5-4 为 FXGP/WIN – C 和 GX Developer 软件编写的功能完全相同梯形图，虽然两者的指令语句表程序完全相同，但梯形图却有区别，用 FXGP/WIN – C 软件编写的步程序段开始有一个 STL 触点（编程时输入“［STL S0 ］”即能生成 STL 触点），而用 GX Developer 软件编写的步程序段无 STL 触点，取而代之的程序段开始是一个独占一行的“［STL S0］”指令。

5.1.4　状态转移图分支方式

状态转移图的分支方式主要有单分支方式、选择性分支方式和并行分支方式。图 5-1b 的状态转移图为单分支，程序由前往后依次执行，中间没有分支，不复杂的顺序控制常采用这种单分支方式。较复杂的顺序控制可采用选择性分支方式或并行分支方式。

1. 选择性分支方式

选择性分支方式状态转移图如图 5-5a 所示。在状态器 S21 后有两个可选择的分支，当 X1 闭合时执行 S22 分支，当 X4 闭合时执行 S24 分支，如果 X1 较 X4 先闭合，则只执行 X1

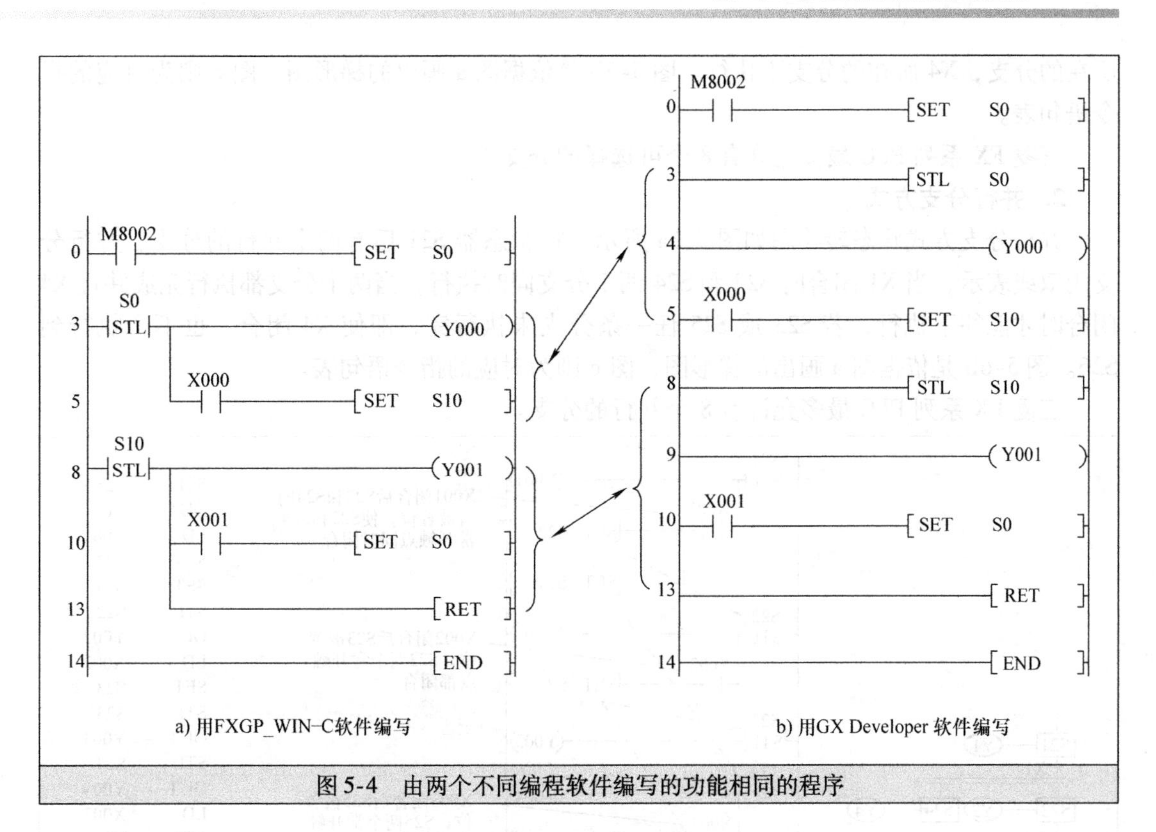

图 5-4　由两个不同编程软件编写的功能相同的程序

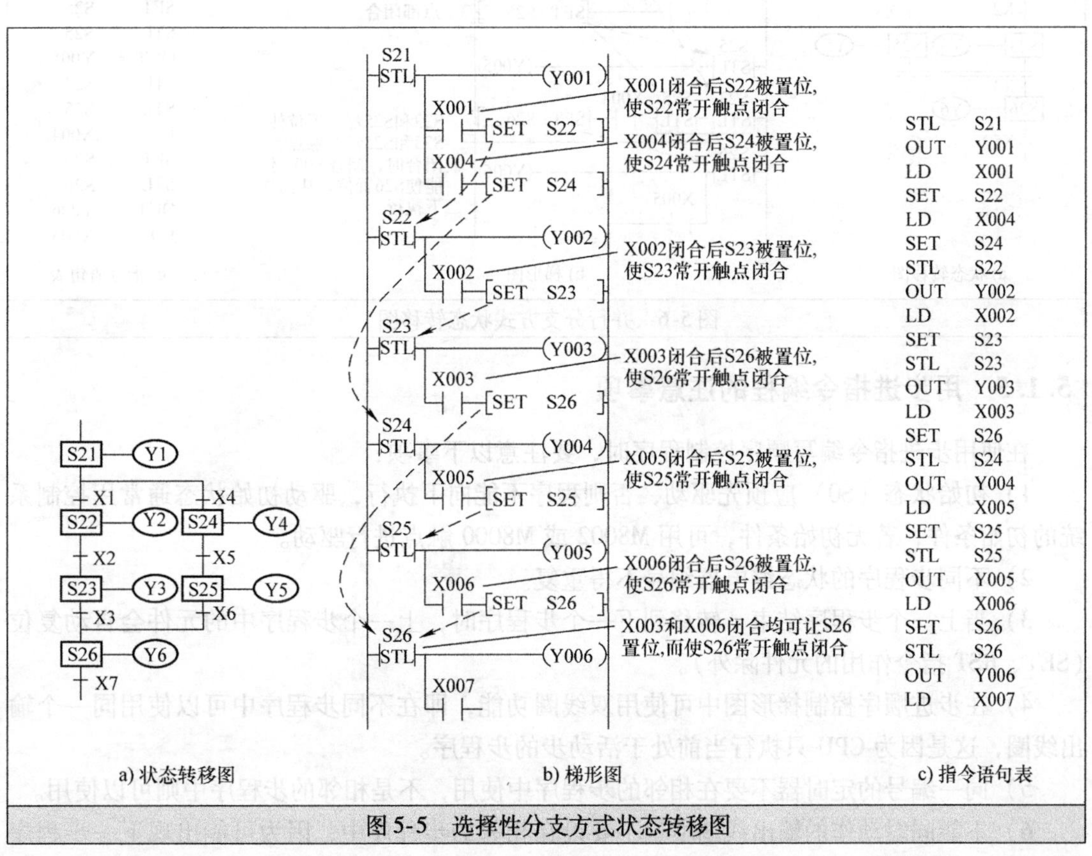

图 5-5　选择性分支方式状态转移图

所在的分支，X4 所在的分支不执行。图 5-5b 是依据图 a 画出的梯形图，图 c 则为对应的指令语句表。

三菱 FX 系列 PLC 最多允许有 8 个可选择的分支。

2. 并行分支方式

并行分支方式状态转移图如图 5-6a 所示。在状态器 S21 后有两个并行的分支，并行分支用双线表示，当 X1 闭合时 S22 和 S24 两个分支同时执行，当两个分支都执行完成并且 X4 闭合时才能往下执行，若 S23 或 S25 任一条分支未执行完，即使 X4 闭合，也不会执行到 S26。图 5-6b 是依据图 a 画出的梯形图，图 c 则为对应的指令语句表。

三菱 FX 系列 PLC 最多允许有 8 个并行的分支。

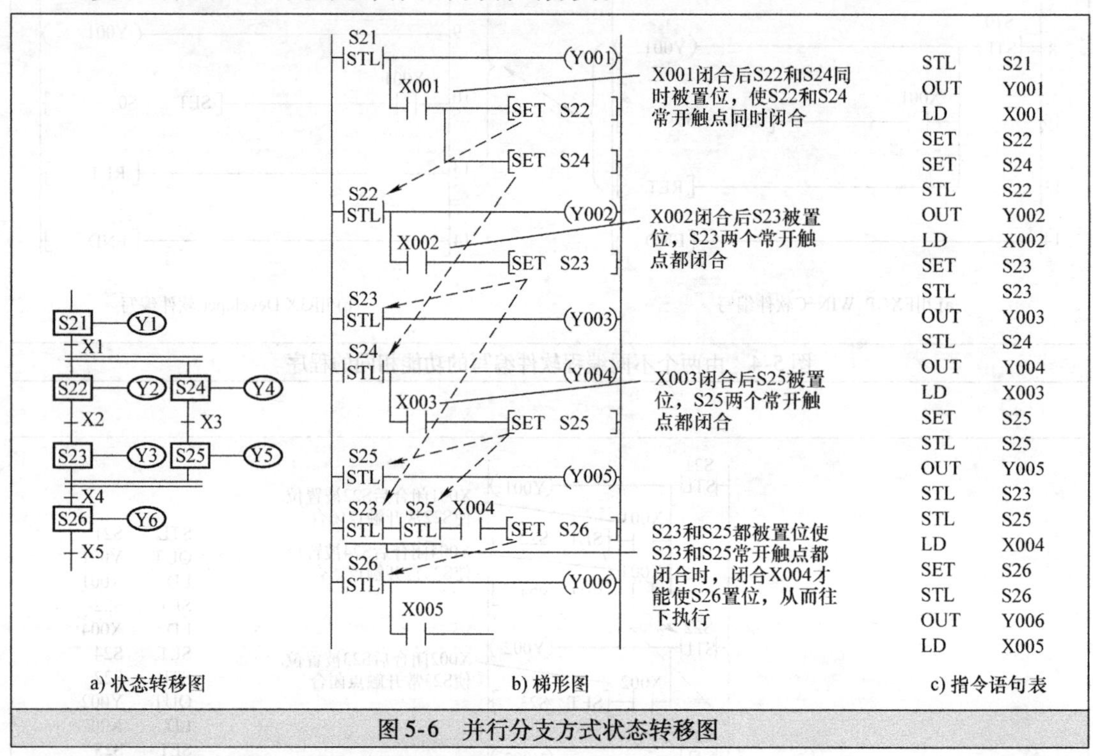

图 5-6　并行分支方式状态转移图

5.1.5　用步进指令编程的注意事项

在使用步进指令编写顺序控制程序时，要注意以下事项：

1）初始状态（S0）应预先驱动，否则程序不能向下执行，驱动初始状态通常用控制系统的初始条件，若无初始条件，可用 M8002 或 M8000 触点进行驱动。

2）不同步程序的状态继电器编号不得重复。

3）当上一个步程序结束，转移到下一个步程序时，上一个步程序中的元件会自动复位（SET、RST 指令作用的元件除外）。

4）在步进顺序控制梯形图中可使用双线圈功能，即在不同步程序中可以使用同一个输出线圈，这是因为 CPU 只执行当前处于活动步的步程序。

5）同一编号的定时器不要在相邻的步程序中使用，不是相邻的步程序中则可以使用。

6）不能同时动作的输出线圈尽量不要设在相邻的步程序中，因为可能出现下一步程序开始执行时上一步程序未完全复位，这样会导致不能同时动作的两个输出线圈同时动作，如果必须要这样做，可以在相邻的步程序中采用软联锁保护，即给一个线圈串联另一个线圈的辅助常闭触点。

7）在步程序中可以使用跳转指令。在中断程序和子程序中不能存在步程序。在步程序中最多可以有 4 级 FOR \ NEXT 指令嵌套。

8）在选择分支和并行分支程序中，分支数最多不能超过 8 条，总支路数不能超过 16 条。

9）如果希望在停电恢复后继续维持停电前的运行状态时，可使用 S500 ~ S899 停电保持型状态继电器。

5.2 液体混合装置的 PLC 控制系统开发实例

5.2.1 明确系统控制要求

两种液体混合装置如图 5-7 所示，YV1、YV2 分别为 A、B 液体注入控制电磁阀，电磁阀线圈通电时打开，液体可以流入，YV3 为 C 液体流出控制电磁阀，H、M、L 分别为高、中、低液位传感器，M 为搅拌电动机，通过驱动搅拌部件旋转使 A、B 液体充分混合均匀。

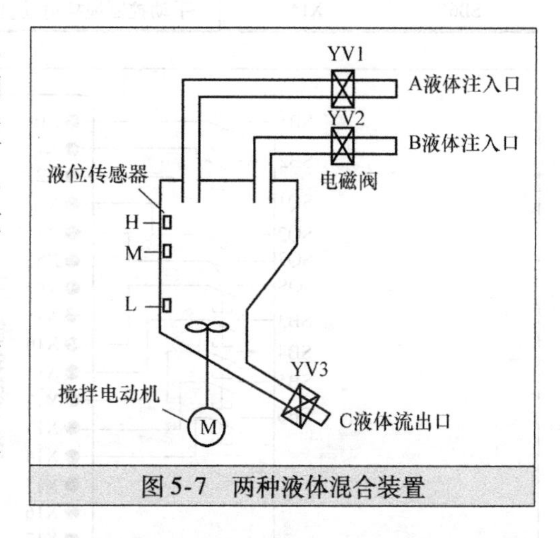

图 5-7 两种液体混合装置

液体混合装置控制要求如下：

1）装置的容器初始状态应为空，三个电磁阀都关闭，电动机 M 停转。按下起动按钮，YV1 电磁阀打开，注入 A 液体，当 A 液体的液位达到 M 位置时，YV1 关闭；YV2 电磁阀打开，注入 B 液体，当 B 液体的液位达到 H 位置时，YV2 关闭；接着电动机 M 开始运转搅拌 20s，而后 YV3 电磁阀打开，C 液体（A、B 混合液）流出，当 C 液体的液位下降到 L 位置时，开始 20s 计时，在此期间 C 液体全部流出，20s 后 YV3 关闭，一个完整的周期完成。以后自动重复上述过程。

2）当按下停止按钮后，装置要完成一个周期才停止。

3）可以用手动方式控制 A、B 液体的注入和 C 液体的流出，也可以手动控制搅拌电动机的运转。

5.2.2 确定输入/输出设备，分配 I/O 端子

液体混合装置控制采用的输入/输出设备和对应的 PLC 端子见表 5-1。

5.2.3 绘制 PLC 控制电路图

图 5-8 为液体混合装置的 PLC 控制电路图。

表 5-1　液体混合装置控制采用的输入/输出设备和对应的 PLC 端子

输入			输出		
输入设备	对应端子	功能说明	输出设备	对应端子	功能说明
SB1	X0	起动控制	KM1 线圈	Y1	控制 A 液体电磁阀
SB2	X1	停止控制	KM2 线圈	Y2	控制 B 液体电磁阀
SQ1	X2	检测低液位 L	KM3 线圈	Y3	控制 C 液体电磁阀
SQ2	X3	检测中液位 M	KM4 线圈	Y4	驱动搅拌电动机工作
SQ3	X4	检测高液位 H			
QS	X10	手动/自动控制切换 （ON：自动；OFF：手动）			
SB3	X11	手动控制 A 液体流入			
SB4	X12	手动控制 B 液体流入			
SB5	X13	手动控制 C 液体流出			
SB6	X14	手动控制搅拌电动机			

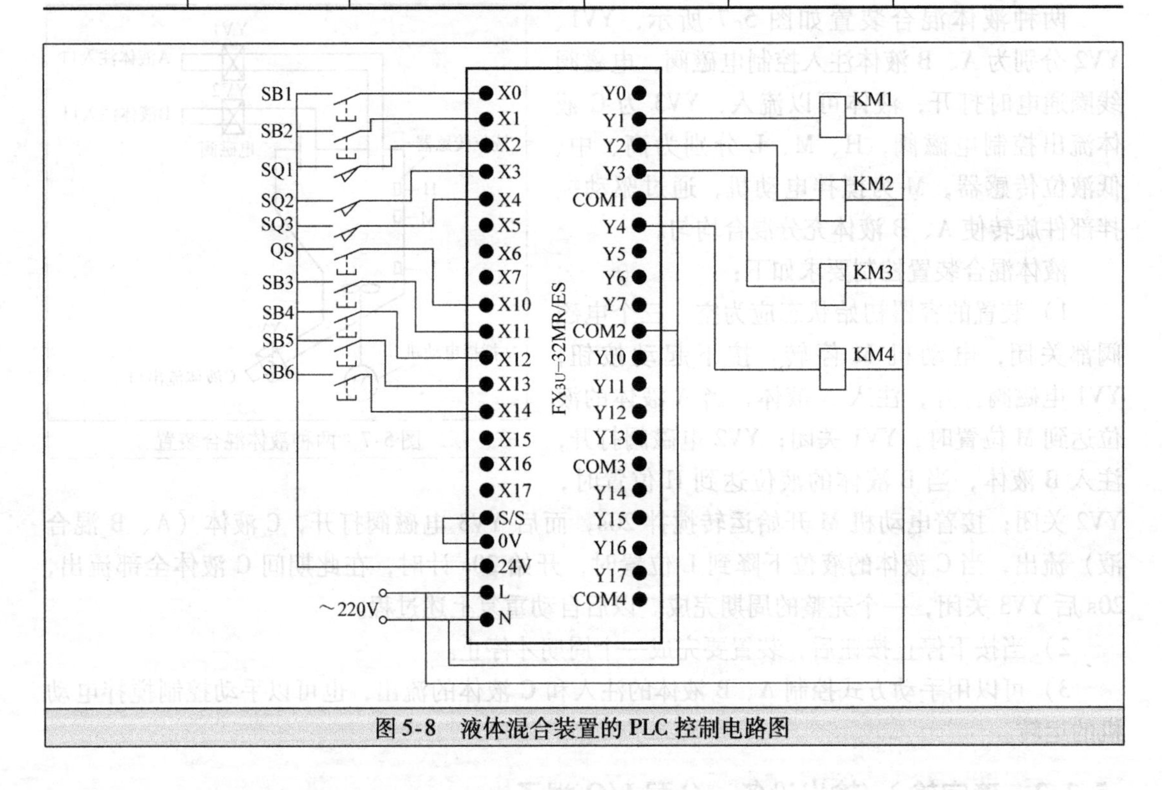

图 5-8　液体混合装置的 PLC 控制电路图

5.2.4　编写 PLC 控制程序

1. 绘制状态转移图

在编写较复杂的步进程序时，建议先绘制出状态转移图，再对照状态转移图的框架绘制梯形图。图 5-9 为液体混合装置控制的状态转移图。

2. 编写梯形图程序

启动三菱PLC编程软件，按状态转移图编写梯形图程序，编写完成的液体混合装置控制梯形图如图5-10所示。该程序可以使用三菱FXGP/WIN－C软件编写，也可以用三菱GX Developer软件编写，但要注意步进指令使用方式与FXGP/WIN－C软件有所不同，具体区别可见图5-4。

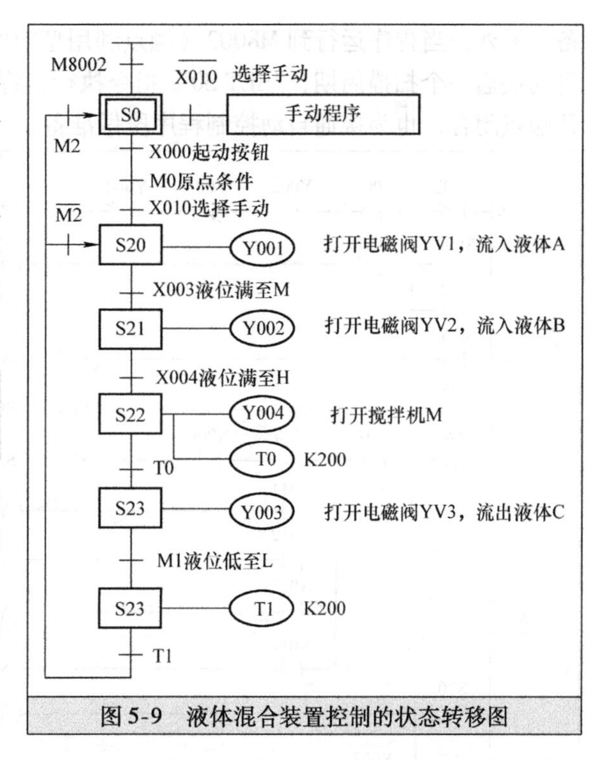

图5-9　液体混合装置控制的状态转移图

5.2.5　详解硬件电路和梯形图的工作原理

下面结合图5-8所示控制电路和图5-10梯形图来说明液体混合装置的工作原理。

液体混合装置有自动和手动两种控制方式，它由开关QS来决定（QS闭合：自动控制；QS断开：手动控制）。要让装置工作在自动控制方式，除了开关QS应闭合外，装置还须满足自动控制的初始条件（又称原点条件），否则系统将无法进入自动控制方式。装置的原点条件是L、M、H液位传感器的开关SQ1、SQ2、SQ3均断开，电磁阀YV1、YV2、YV3均关闭，电动机M失电停转。

1. 检测原点条件

图5-10梯形图中的第0梯级程序用来检测原点条件（或称初始条件）。在自动控制工作前，若装置中的C液体位置高于传感器L→SQ1闭合→X002常闭触点断开，或Y001～Y004常闭触点断开（由Y000～Y003线圈得电引起，电磁阀YV1、YV2、YV3和电动机M会因此得电工作），均会使辅助继电器M0线圈无法得电，第16梯级中的M0常开触点断开，无法对状态继电器S20置位，第35梯级S20常开触点断开，S21无法置位，这样会依次使S21、S22、S23、S24常开触点无法闭合，装置无法进入自动控制状态。

如果是因为C液体未排完而使装置不满足自动控制的原点条件，则可手工操作SB5，使X013常开触点闭合，Y003线圈得电，接触器KM3线圈得电，KM3触点闭合接通电磁阀YV3线圈电源，YV3打开，将C液体从装置容器中放完，液位传感器L的SQ1断开，X002常闭触点闭合，M0线圈得电，从而满足自动控制所需的原点条件。

2. 自动控制过程

在起动自动控制前，需要做一些准备工作，包括操作准备和程序准备。

1）操作准备：将手动/自动切换开关QS闭合，选择自动控制方式，图5-10中第16梯级中的X010常开触点闭合，为接通自动控制程序段做准备，第22梯级中的X010常闭触点断开，切断手动控制程序段。

2）程序准备：在起动自动控制前，第0梯级程序会检测原点条件，若满足原点条件，则辅助继电器线圈M0得电，第16梯级中的M0常开触点闭合，为接通自动控制程序段做准备。另外，当程序运行到 M8002（触点利用型辅助继电器，只有触点没有线圈）时，M8002 自动接通一个扫描周期，“SET S0”指令执行，将状态继电器 S0 置位，第 16 梯级中的 S0 常开触点闭合，也为接通自动控制程序段做准备。

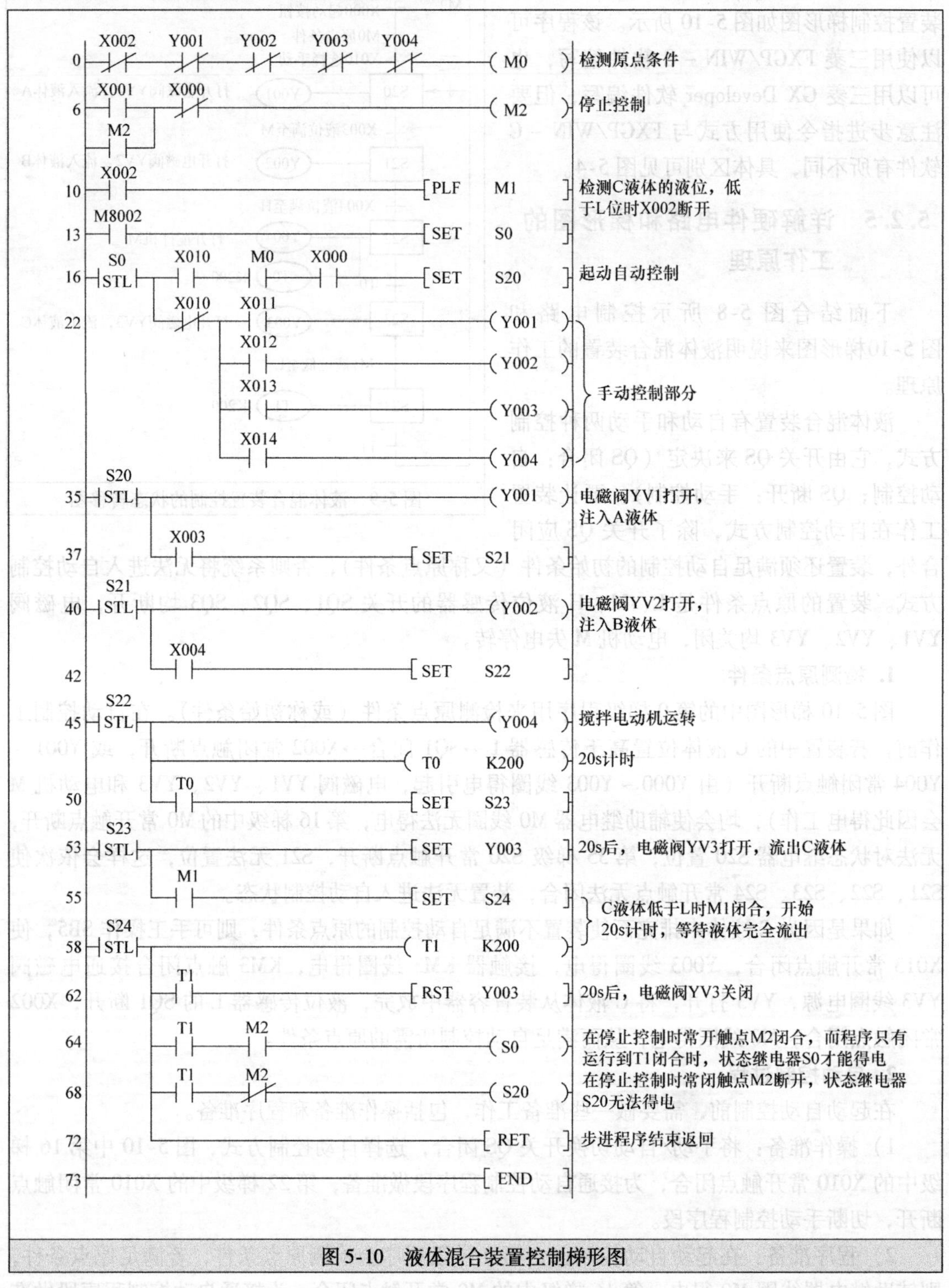

图 5-10　液体混合装置控制梯形图

3）起动自动控制：按下起动按钮SB1→［16］X000常开触点闭合→状态继电器S20置位→［35］S20常开触点闭合→Y001线圈得电→Y1端子内部硬触点闭合→KM1线圈得电→主电路中KM1主触点闭合（图5-8中未画出主电路部分）→电磁阀YV1线圈通电，阀门打开，注入A液体→当A液体高度到达液位传感器M位置时，传感器开关SQ2闭合→［37］X003常开触点闭合→状态继电器S21置位→［40］S21常开触点闭合，同时S20自动复位，［35］S20触点断开→Y002线圈得电，Y001线圈失电→电磁阀YV2阀门打开，注入B液体→当B液体高度到达液位传感器H位置时，传感器开关SQ3闭合→［42］X004常开触点闭合→状态继电器S22置位→［45］S22常开触点闭合，同时S21自动复位，［40］S21触点断开→Y004线圈得电，Y002线圈失电→搅拌电动机M运转，同时定时器T0开始20s计时→20s后，定时器T0动作→［50］T0常开触点闭合→状态继电器S23置位→［53］S23常开触点闭合→Y003线圈被置位→电磁阀YV3打开，C液体流出→当液体下降到液位传感器L位置时，传感器开关SQ1断开→［10］X002常开触点断开（在液体高于L位置时SQ1处于闭合状态）→下降沿脉冲会为继电器M1线圈接通一个扫描周期→［55］M1常开触点闭合→状态继电器S24置位→［58］S24常开触点闭合，同时［53］S23触点断开，由于Y003线圈是置位得电，故不会失电→［58］S24常开触点闭合后，定时器T1开始20s计时→20s后，［62］T1常开触点闭合，Y003线圈被复位→电磁阀YV3关闭，与此同时，S20线圈得电，［35］S20常开触点闭合，开始下一次自动控制。

4）停止控制：在自动控制过程中，若按下停止按钮SB2→［6］X001常开触点闭合→［6］辅助继电器M2得电→［7］M2自锁触点闭合，锁定供电；［68］M2常闭触点断开，状态继电器S20无法得电，［16］S20常开触点断开；［64］M2常开触点闭合，当程序运行到［64］时，T1闭合，状态继电器S0得电，［16］S0常开触点闭合，但由于常开触点X000断开（SB1断开），状态继电器S20无法置位，［35］S20常开触点断开，自动控制程序段无法运行。

3. 手动控制过程

将手动/自动切换开关QS断开，选择手动控制方式→［16］X010常开触点断开，状态继电器S20无法置位，［35］S20常开触点断开，无法进入自动控制；［22］X010常闭触点闭合，接通手动控制程序→按下SB3，X011常开触点闭合，Y001线圈得电，电磁阀YV1打开，注入A液体→松开SB3，X011常闭触点断开，Y001线圈失电，电磁阀YV1关闭，停止注入A液体→按下SB4注入B液体，松开SB4停止注入B液体→按下SB5排出C液体，松开SB5停止排出C液体→按下SB6搅拌液体，松开SB5停止搅拌液体。

5.3　简易机械手的PLC控制系统开发实例

5.3.1　明确系统控制要求

简易机械手结构如图5-11所示。M1为控制机械手左右移动的电动机，M2为控制机械手上下升降的电动机，YV线圈用来控制机械手夹紧放松，SQ1为左到位检测开关，SQ2为右到位检测开关，SQ3为上到位检测开关，SQ4为下到位检测开关，SQ5为工件检测开关。

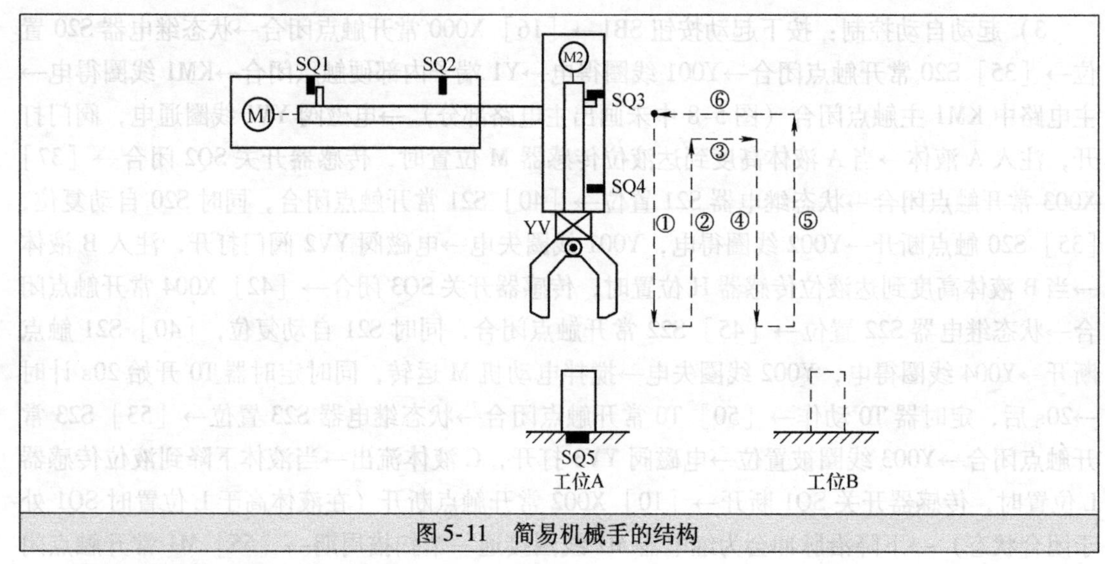

图 5-11 简易机械手的结构

简易机械手控制要求如下：

1）机械手要将工件从工位 A 移到工位 B 处。

2）机械手的初始状态（原点条件）是机械手应停在工位 A 的上方，SQ1、SQ3 均闭合。

3）若原点条件满足且 SQ5 闭合（工件 A 处有工件），按下起动按钮，机械按“原点→下降→夹紧→上升→右移→下降→放松→上升→左移→原点停止”步骤工作。

5.3.2 确定输入/输出设备，分配 I/O 端子

简易机械手控制采用的输入/输出设备和对应的 PLC 端子见表 5-2。

表 5-2 简易机械手控制采用的输入/输出设备和对应的 PLC 端子

输入			输出		
输入设备	对应端子	功能说明	输出设备	对应端子	功能说明
SB1	X0	起动控制	KM1 线圈	Y0	控制机械手右移
SB2	X1	停止控制	KM2 线圈	Y1	控制机械手左移
SQ1	X2	左到位检测	KM3 线圈	Y2	控制机械手下降
SQ2	X3	右到位检测	KM4 线圈	Y3	控制机械手上升
SQ3	X4	上到位检测	KM5 线圈	Y4	控制机械手夹紧
SQ4	X5	下到位检测			
SQ5	X6	工件检测			

5.3.3 绘制 PLC 控制电路图

图 5-12 为简易机械手的 PLC 控制电路图。

5.3.4 编写 PLC 控制程序

1. 绘制状态转移图

图 5-13 为简易机械手控制的状态转移图。

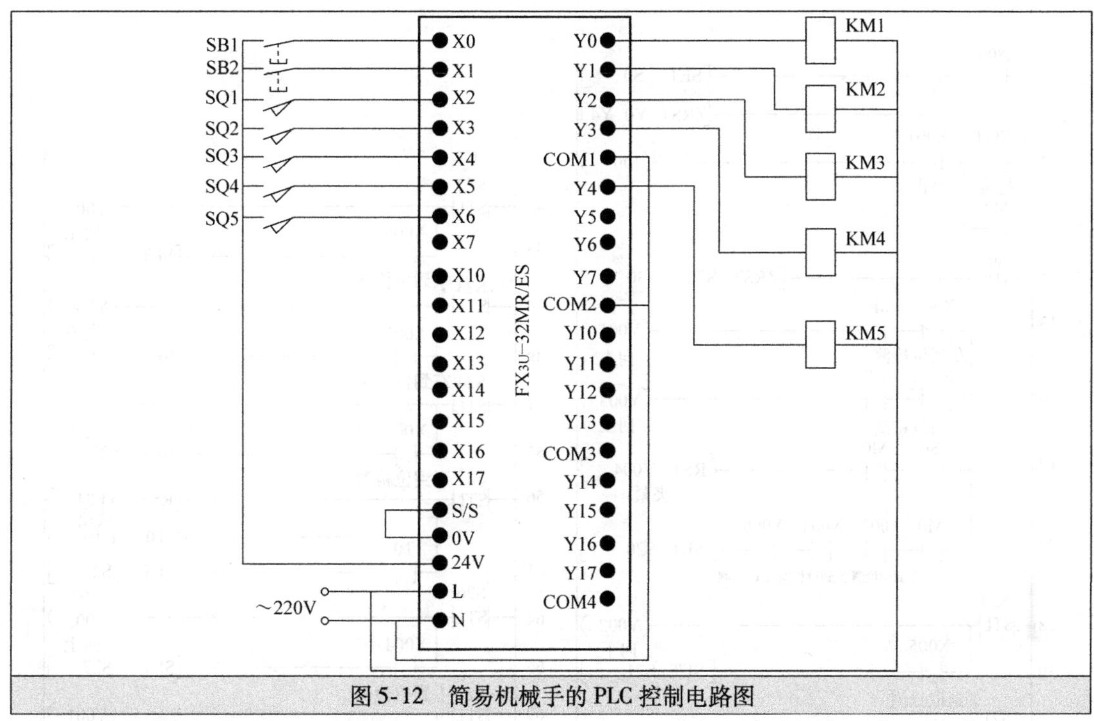

图5-12　简易机械手的PLC控制电路图

2. 编写梯形图程序

启动三菱编程软件，按照图5-13所示的状态转移图编写梯形图，编写完成的梯形图如图5-14所示。

5.3.5　详解硬件电路和梯形图的工作原理

下面结合图5-12控制电路图和图5-14梯形图来说明简易机械手的工作原理。

武术运动员在表演武术时，通常会在表演场地某位置站好，然后开始进行各种表演，表演结束后会收势成表演前的站立状态。同样地，大多数机电设备在工作前先要回到初始位置（相当于运动员的表演前的站立位置），然后在程序的控制下，机电设备开始各种操作，操作结束又会回到初始位置，机电设备的初始位置也称原点。

1. 初始化操作

当PLC通电并处于“RUN”状态时，程序会先进行初始化操作。程序运行时，M8002会接通一个扫描周期，线圈Y0～Y4先被ZRST指令（该指令的用法见第6章）批量复位，同时状态继电器S0被置位，［7］S0常开触点闭合，状态继电器S20～S30被ZRST指令批量复位。

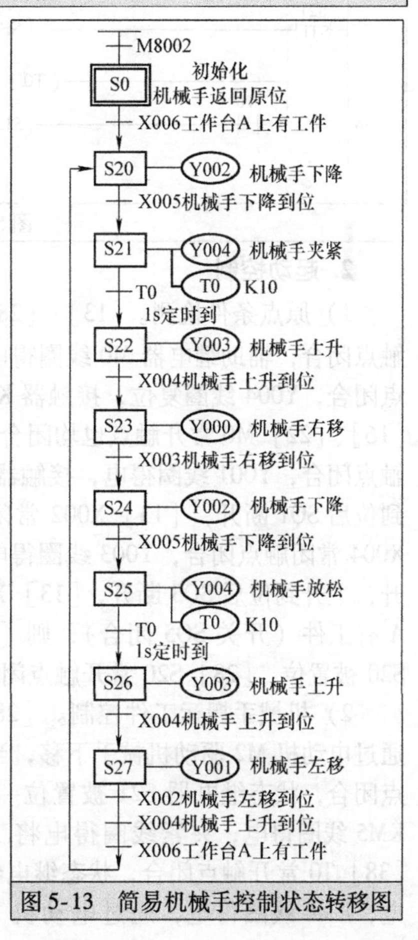

图5-13　简易机械手控制状态转移图

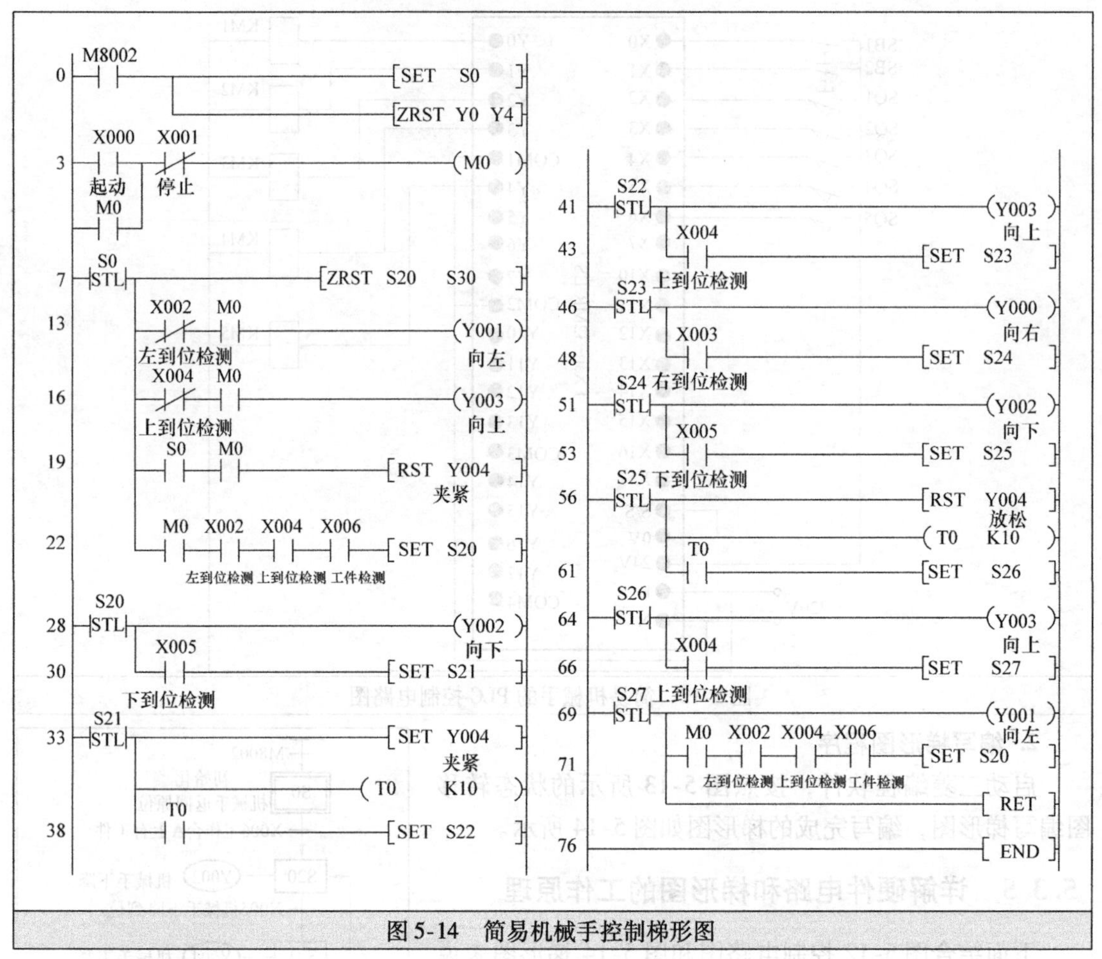

图 5-14　简易机械手控制梯形图

2. 起动控制

1）原点条件检测。［13］~［28］为原点检测程序。按下起动按钮 SB1→［3］X000 常开触点闭合，辅助继电器 M0 线圈得电，M0 自锁触点闭合，锁定供电，同时［19］M0 常开触点闭合，Y004 线圈复位，接触器 KM5 线圈失电，机械手夹紧线圈失电而放松，另外［13］、［16］、［22］M0 常开触点也均闭合。若机械手未左到位，开关 SQ1 闭合，［13］X002 常闭触点闭合，Y001 线圈得电，接触器 KM1 线圈得电，通过电动机 M1 驱动机械手右移，右移到位后 SQ1 断开，［13］X002 常闭触点断开；若机械手未上到位，开关 SQ3 闭合，［16］X004 常闭触点闭合，Y003 线圈得电，接触器 KM4 线圈得电，通过电动机 M2 驱动机械手上升，上升到位后 SQ3 断开，［13］X004 常闭触点断开。如果机械手左到位、上到位且工位 A 有工件（开关 SQ5 闭合），则［22］X002、X004、X006 常开触点均闭合，状态继电器 S20 被置位，［28］S20 常开触点闭合，开始控制机械手搬运工件。

2）机械手搬运工件控制。［28］S20 常开触点闭合→Y002 线圈得电，KM3 线圈得电，通过电动机 M2 驱动机械手下移，当下移到位后，下到位开关 SQ4 闭合，［30］X005 常开触点闭合，状态继电器 S21 被置位→［33］S21 常开触点闭合→Y004 线圈被置位，接触器 KM5 线圈得电，夹紧线圈得电将工件夹紧，与此同时，定时器 T0 开始 1s 计时→1s 后，［38］T0 常开触点闭合，状态继电器 S22 被置位→［41］S22 常开触点闭合→Y003 线圈得电，KM4 线圈得电，通过电动机 M2 驱动机械手上移，当上移到位后，开关 SQ3 闭合，

[43] X004 常开触点闭合，状态继电器 S23 被置位→ [46] S23 常开触点闭合→Y000 线圈得电，KM1 线圈得电，通过电动机 M1 驱动机械手右移，当右移到位后，开关 SQ2 闭合，[48] X003 常开触点闭合，状态继电器 S24 被置位→ [51] S24 常开触点闭合→Y002 线圈得电，KM3 线圈得电，通过电动机 M2 驱动机械手下降，当下降到位后，开关 SQ4 闭合，[53] X005 常开触点闭合，状态继电器 S25 被置位→ [56] S25 常开触点闭合→Y004 线圈被复位，接触器 KM5 线圈失电，夹紧线圈失电将工件放下，与此同时，定时器 T0 开始 1s 计时→1s 后，[61] T0 常开触点闭合，状态继电器 S26 被置位→ [64] S26 常开触点闭合→Y003 线圈得电，KM4 线圈得电，通过电动机 M2 驱动机械手上升，当上升到位后，开关 SQ3 闭合，[66] X004 常开触点闭合，状态继电器 S27 被置位→ [69] S27 常开触点闭合→Y001 线圈得电，KM2 线圈得电，通过电动机 M1 驱动机械手左移，当左移到位后，开关 SQ1 闭合，[71] X002 常开触点闭合，如果上到位开关 SQ3 和工件检测开关 SQ5 均闭合，则状态继电器 S20 被置位→ [28] S20 常开触点闭合，开始下一次工件的搬运。若工位 A 无工件，则 SQ5 断开，机械手会停在原点位置。

3. 停止控制

当按下停止按钮 SB2→ [3] X001 常闭触点断开→辅助继电器 M0 线圈失电→ [6]、[13]、[16]、[19]、[22]、[71] M0 常开触点均断开，其中 [6] M0 常开触点断开解除 M0 线圈供电，其他 M0 常开触点断开使状态继电器 S20 无法置位，[28] S20 步进触点无法闭合，[28] ~ [76] 的程序无法运行，机械手不工作。

5.4　大小铁球分拣机的 PLC 控制系统开发实例

5.4.1　明确系统控制要求

大小铁球分拣机结构如图 5-15 所示。M1 为传送带电动机，通过传送带驱动机械手臂左

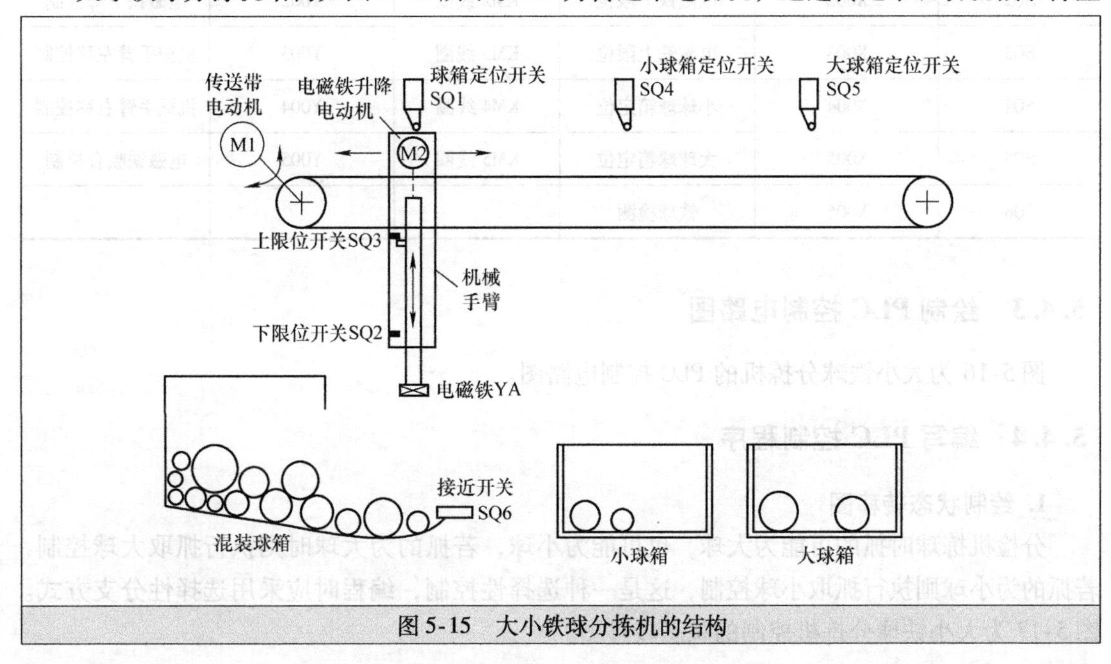

图 5-15　大小铁球分拣机的结构

向或右向移动；M2 为电磁铁升降电动机，用于驱动电磁铁 YA 上移或下移；SQ1、SQ4、SQ5 分别为混装球箱、小球球箱、大球球箱的定位开关，当机械手臂移到某球箱上方时，相应的定位开关闭合；SQ6 为接近开关，当铁球靠近时开关闭合，表示电磁铁下方有球存在。

大小铁球分拣机控制要求及工作过程如下：

1）分拣机要从混装球箱中将大小球分拣出来，并将小球放入小球箱内，大球放入大球箱内。

2）分拣机的初始状态（原点条件）是机械手臂应停在混装球箱上方，SQ1、SQ3 均闭合。

3）在工作时，若 SQ6 闭合，则电动机 M2 驱动电磁铁下移，2s 后，给电磁铁通电从混装球箱中吸引铁球，若此时 SQ2 处于断开，表示吸引的是大球，若 SQ2 处于闭合，则吸引的是小球，然后电磁铁上移，SQ3 闭合后，电动机 M1 带动机械手臂右移，如果电磁铁吸引的为小球，机械手臂移至 SQ4 处停止，电磁铁下移，将小球放入小球箱（让电磁铁失电），而后电磁铁上移，机械手臂回归原位，如果电磁铁吸引的是大球，机械手臂移至 SQ5 处停止，电磁铁下移，将小球放入大球箱，而后电磁铁上移，机械手臂回归原位。

5.4.2　确定输入/输出设备，分配 I/O 端子

大小铁球分拣机控制系统采用的输入/输出设备和对应的 PLC 端子见表 5-3。

表 5-3　大小铁球分拣机控制系统采用的输入/输出设备和对应的 PLC 端子

输入			输出		
输入设备	对应端子	功能说明	输出设备	对应端子	功能说明
SB1	X000	起动控制	HL	Y000	工作指示
SQ1	X001	混装球箱定位	KM1 线圈	Y001	电磁铁上升控制
SQ2	X002	电磁铁下限位	KM2 线圈	Y002	电磁铁下降控制
SQ3	X003	电磁铁上限位	KM3 线圈	Y003	机械手臂左移控制
SQ4	X004	小球球箱定位	KM4 线圈	Y004	机械手臂右移控制
SQ5	X005	大球球箱定位	KM5 线圈	Y005	电磁铁吸合控制
SQ6	X006	铁球检测			

5.4.3　绘制 PLC 控制电路图

图 5-16 为大小铁球分拣机的 PLC 控制电路图。

5.4.4　编写 PLC 控制程序

1. 绘制状态转移图

分检机拣球时抓的可能为大球，也可能为小球，若抓的为大球时则执行抓取大球控制，若抓的为小球则执行抓取小球控制，这是一种选择性控制，编程时应采用选择性分支方式。图 5-17 为大小铁球分拣机控制的状态转移图。

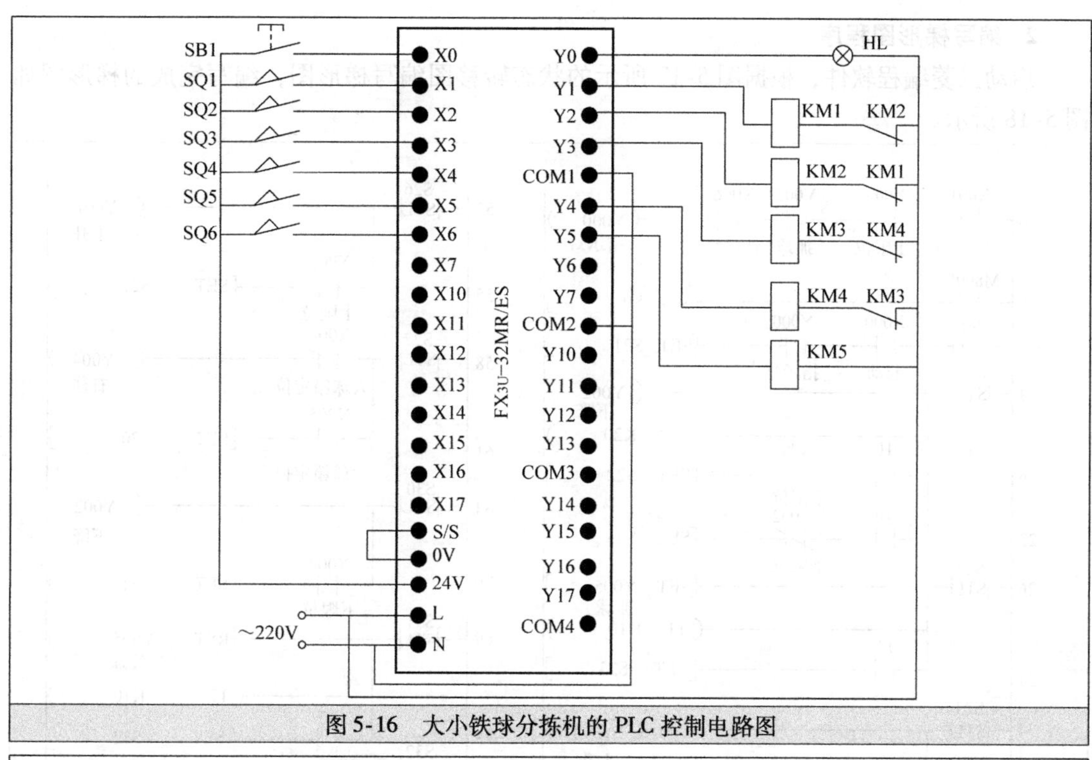

图 5-16　大小铁球分拣机的 PLC 控制电路图

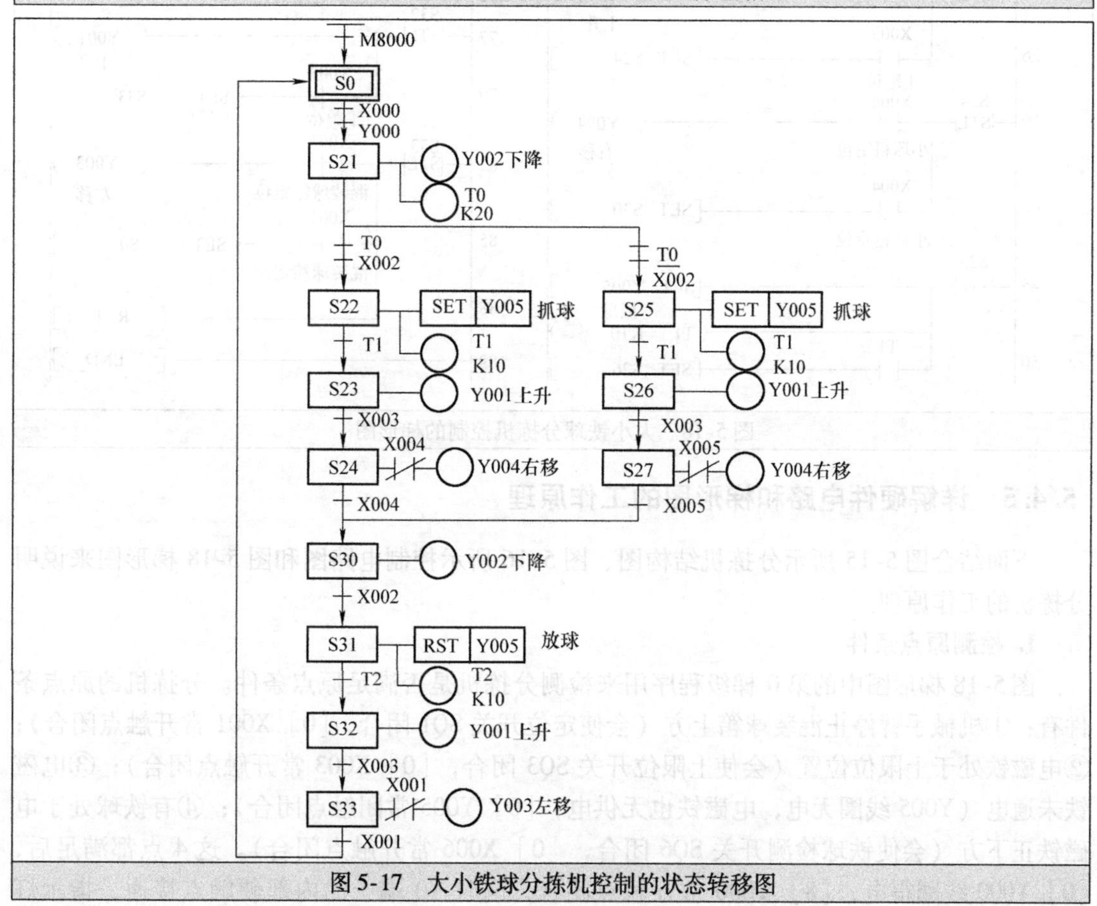

图 5-17　大小铁球分拣机控制的状态转移图

2. 编写梯形图程序

启动三菱编程软件，根据图5-17所示的状态转移图编写梯形图，编写完成的梯形图如图5-18所示。

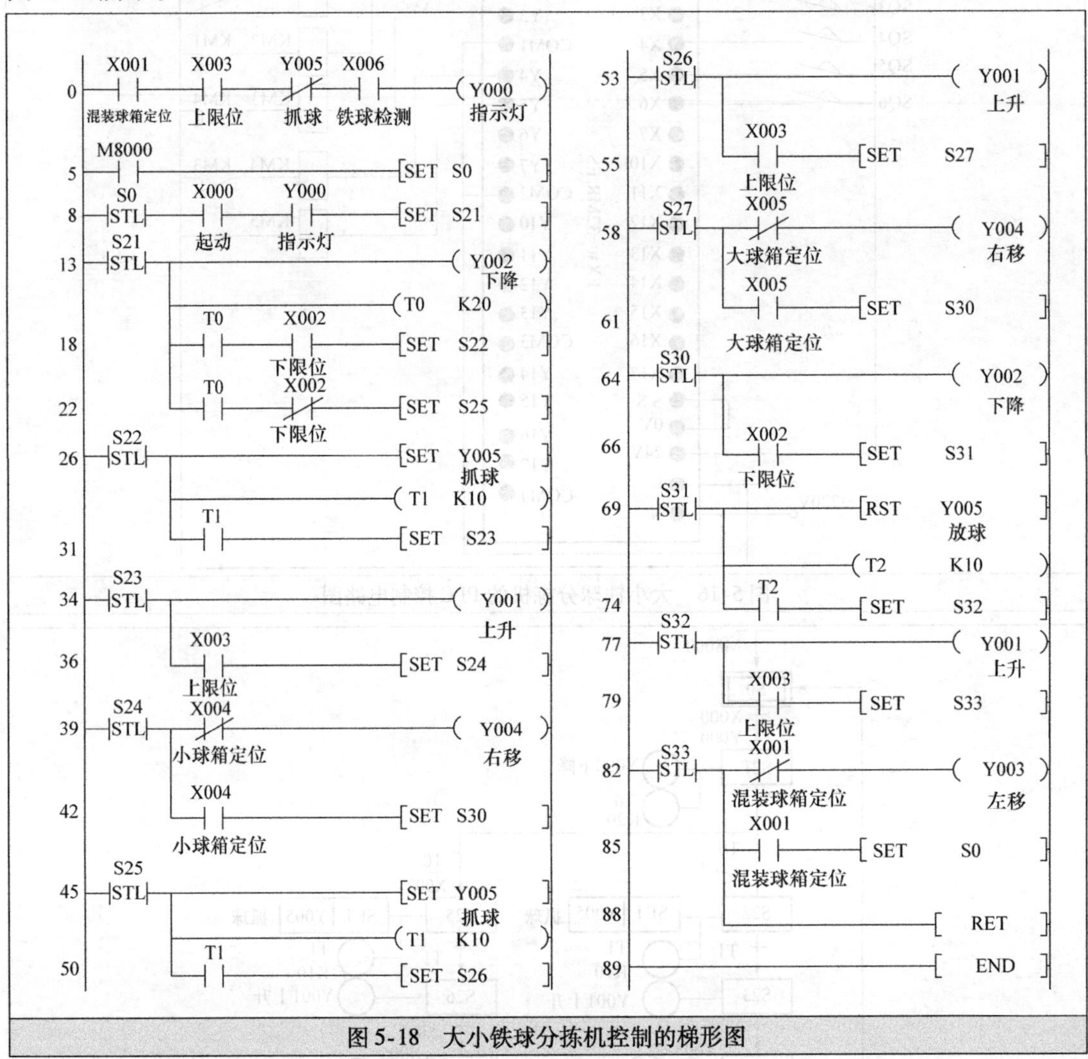

图5-18 大小铁球分拣机控制的梯形图

5.4.5 详解硬件电路和梯形图的工作原理

下面结合图5-15所示分拣机结构图、图5-16所示控制电路图和图5-18梯形图来说明分拣机的工作原理。

1. 检测原点条件

图5-18梯形图中的第0梯级程序用来检测分拣机是否满足原点条件。分拣机的原点条件有：①机械手臂停止混装球箱上方（会使定位开关SQ1闭合，[0] X001常开触点闭合）；②电磁铁处于上限位位置（会使上限位开关SQ3闭合，[0] X003常开触点闭合）；③电磁铁未通电（Y005线圈无电，电磁铁也无供电，[0] Y005常闭触点闭合）；④有铁球处于电磁铁正下方（会使铁球检测开关SQ6闭合，[0] X006常开触点闭合）。这4点都满足后，[0] Y000线圈得电，[8] Y000常开触点闭合，同时Y0端子的内部硬触点接通，指示灯

HL亮，若HL不亮，说明原点条件不满足。

2. 工作过程

M8000为运行监控辅助继电器，只有触点无线圈，在程序运行时触点一直处于闭合状态，M8000闭合后，初始状态继电器S0被置位，［8］S0常开触点闭合。

按下起动按钮SB1→［8］X000常开触点闭合→状态继电器S21被置位→［13］S21常开触点闭合→［13］Y002线圈得电，通过接触器KM2使电动机M2驱动电磁铁下移。与此同时，定时器T0开始2s计时→2s后，［18］和［22］T0常开触点均闭合，若下限位开关SQ2处于闭合，表明电磁铁接触为小球，［18］X002常开触点闭合，［22］X002常闭触点断开，状态继电器S22被置位，［26］S22常开触点闭合，开始抓小球控制程序，若下限位开关SQ2处于断开，表明电磁铁接触为大球，［18］X002常开触点断开，［22］X002常闭触点闭合，状态继电器S25被置位，［45］S25常开触点闭合，开始抓大球控制程序。

1）小球抓取过程。［26］S22常开触点闭合后，Y005线圈被置位，通过KM5使电磁铁通电抓取小球，同时定时器T1开始1s计时→1s后，［31］T1常开触点闭合，状态继电器S23被置位→［34］S23常开触点闭合，Y001线圈得电，通过KM1使电动机M2驱动电磁铁上升→当电磁铁上升到位后，上限位开关SQ3闭合，［36］X003常开触点闭合，状态继电器S24被置位→［39］S24常开触点闭合，Y004线圈得电，通过KM4使电动机M1驱动机械手臂右移→当机械手臂移到小球箱上方时，小球箱定位开关SQ4闭合→［39］X004常闭触点断开，Y004线圈失电，机械手臂停止移动，同时［42］X004常开触点闭合，状态继电器S30被置位，［64］S30常开触点闭合，开始放球过程。

2）放球并返回过程。［64］S30常开触点闭合后，Y002线圈得电，通过KM2使电动机M2驱动电磁铁下降，当下降到位后，下限位开关SQ2闭合→［66］X002常开触点闭合，状态继电器S31被置位→［69］S31常开触点闭合→Y005线圈被复位，电磁铁失电，将球放入球箱，与此同时，定时器T2开始1s计时→1s后，［74］T2常开触点闭合，状态继电器S32被置位→［77］S32常开触点闭合→Y001线圈得电，通过KM1使电动机M2驱动电磁铁上升→当电磁铁上升到位后，上限位开关SQ3闭合，［79］X003常开触点闭合，状态继电器S33被置位→［82］S33常开触点闭合→Y003线圈得电，通过KM3使电动机M1驱动机械手臂左移→当机械手臂移到混装球箱上方时，混装球箱定位开关SQ1闭合→［82］X001常闭触点断开，Y003线圈失电，电动机M1停转，机械手臂停止移动。与此同时，［85］X001常开触点闭合，状态继电器S0被置位，［8］S0常开触点闭合，若按下起动按钮SB1，则开始下一次抓球过程。

3）大球抓取过程。［45］S25常开触点闭合后，Y005线圈被置位，通过KM5使电磁铁通电抓取大球，同时定时器T1开始1s计时→1s后，［50］T1常开触点闭合，状态继电器S26被置位→［53］S26常开触点闭合，Y001线圈得电，通过KM1使电动机M2驱动电磁铁上升→当电磁铁上升到位后，上限位开关SQ3闭合，［55］X003常开触点闭合，状态继电器S27被置位→［58］S27常开触点闭合，Y004线圈得电，通过KM4使电动机M1驱动机械手臂右移→当机械手臂移到大球箱上方时，大球箱定位开关SQ5闭合→［58］X005常闭触点断开，Y004线圈失电，机械手臂停止移动，同时［61］X005常开触点闭合，状态继电器S30被置位，［64］S30常开触点闭合，开始放球过程。大球的放球与返回过程与小球完全一样，不再叙述。

第6章　应用指令的使用与实例

PLC 的指令分为基本指令、步进指令和应用指令（又称功能指令）。基本指令和步进指令的操作对象主要是继电器、定时器和计数器类的软元件，用于替代继电器控制线路进行顺序逻辑控制。为了适应现代工业自动控制需要，现在的 PLC 都增加了大量的应用指令，应用指令使 PLC 具有强大的数据运算和特殊处理功能，从而大大扩展了使用范围。

6.1　应用指令基础知识

6.1.1　应用指令的格式

应用指令由功能指令符号、功能号和操作数等组成。应用指令的格式如下（以平均值指令为例）：

<table>
<tr><th rowspan="2">指令名称</th><th rowspan="2">指令符号</th><th rowspan="2">功能号</th><th colspan="3">操作数</th></tr>
<tr><th>源操作数（S）</th><th>目标操作数（D）</th><th>其他操作数（n）</th></tr>
<tr><td>平均值指令</td><td>MEAN</td><td>FNC45</td><td>KnX　KnY
KnS　KnM
T、C、D</td><td>KnX　KnY
KnS　KnM
T、C、D、R、
V、Z、变址修饰</td><td>Kn、Hn
n ＝1 ~64</td></tr>
</table>

应用指令格式说明：

1）指令符号：用来规定指令的操作功能，一般由字母（英文单词或单词缩写）组成。上面的“MEAN”为指令符号，其含义是对操作数取平均值。

2）功能号：是应用指令的代码号，每个应用指令都有自己的功能号，如 MEAN 指令的功能号为 FNC45，在编写梯形图程序，如果要使用某个应用指令，需输入该指令的指令符号，而采用手持编程器编写应用指令时，要输入该指令的功能号。

3）操作数：又称操作元件，通常由源操作数［S］、目标操作数［D］和其他操作数［n］组成。

操作数中的 K 表示十进制数，H 表示十六制数，n 为常数，X 为输入继电器，Y 为输出继电器、S 为状态继电器，M 为辅助继电器，T 为定时器，C 为计数器，D 为数据寄存器，R 为扩展寄存器（外接存储盒时才能使用），V、Z 为变址寄存器，变址修饰是指软元件地址（编号）加上 V、Z 值得到新地址所指的元件。

如果源操作数和目标操作数不止一个，可分别用［S1］、［S2］、［S3］和［D1］、［D2］、［D3］表示。

举例：在图 6-1 中，程序的功能是在常开触点 X000 闭合时，MOV 指令执行，将十进制数 100 送入数据寄存器 D10。

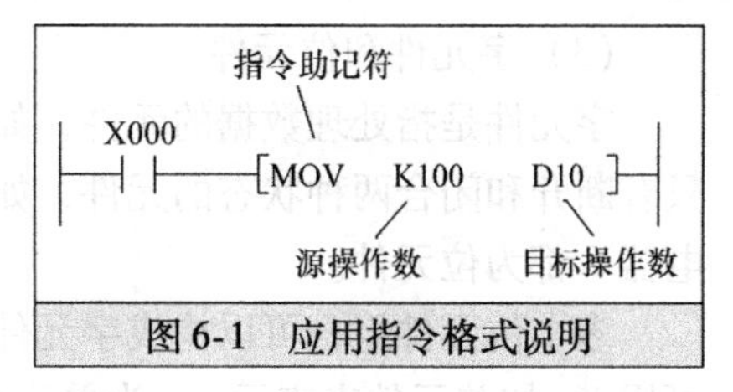

图 6-1 应用指令格式说明

6.1.2 应用指令的规则

1. 指令执行形式

三菱 FX 系列 PLC 的应用指令有连续执行型和脉冲执行型两种。图 6-2a 中的 MOV 为连续执行型应用指令，当常开触点 X000 闭合后，［MOV D10 D12］指令在每个扫描周期都被重复执行。图 6-2b 中的 MOVP 为脉冲执行型应用指令（在 MOV 指令后加 P 表示脉冲执行），［MOVP D10 D12］指令仅在 X000 由断开转为闭合瞬间执行一次（闭合后不再执行）。

X000 ［MOV D10 D12］　a) 连续执行型

X000 ［MOVP D10 D12］　b) 脉冲执行型

图 6-2 两种执行形式的应用指令

2. 数据长度

应用指令可处理 16 位和 32 位数据。

（1）16 位数据

16 位数据结构如图 6-3 所示，其中最高位为符号位，其余为数据位，符号位的功能是指示数据位的正负，符号位为 0 表示数据位的数据为正数，符号位为 1 表示数据为负数。

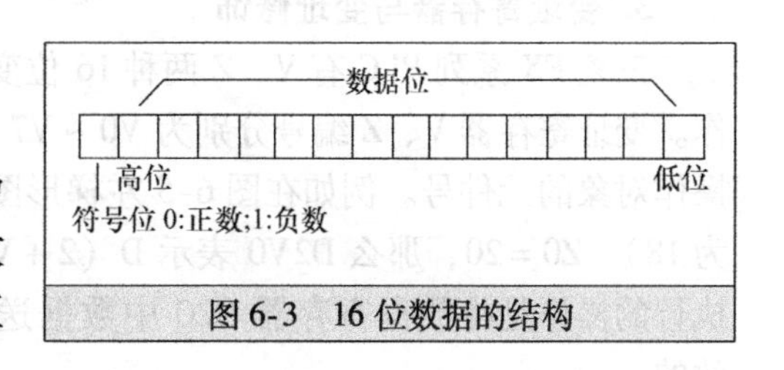

图 6-3 16 位数据的结构

（2）32 位数据

一个数据寄存器可存储 16 位数据，相邻的两个数据寄存器组合起来可以存储 32 位数据。32 位数据结构如图 6-4 所示。

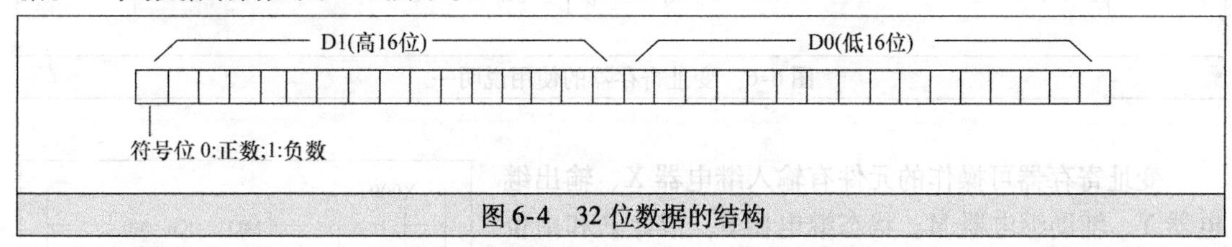

图 6-4 32 位数据的结构

在应用指令前加 D 表示其处理数据为 32 位，在图 6-5 中，当常开触点 X000 闭合时，MOV 指令执行，将数据寄存器 D10 中的 16 位数据送入数据寄存器 D12，当常开触点 X001 闭合时，DMOV 指令执行，将数据寄存器 D21 和 D20 中的 16 位数据拼成 32 位送入数据寄存器 D23 和 D21，其中 D21→D23，D20→D22。脉冲执行符号 P 和 32 位数据处理符号 D 可同时使用。

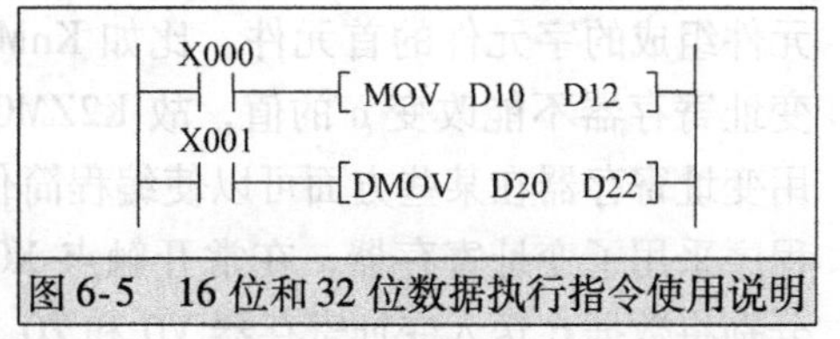

图 6-5 16 位和 32 位数据执行指令使用说明

（3）字元件和位元件

字元件是指处理数据的元件，如数据寄存器和定时器、计数器都为字元件。位元件是指只有断开和闭合两种状态的元件，如输入继电器X、输出继电器Y、辅助继电器M和状态继电器S都为位元件。

多个位元件组合可以构成字元件，位元件在组合时4个元件组成一个单元，位元件组合可用Kn加首元件来表示，n为单元数，例如K1M0表示M0～M3 4个位元件组合，K4M0表示位元件M0～M15组合成16位字元件（M15为最高位，M0为最低位），K8M0表示位元件M0～M31组合成32位字元件。其他的位元件组成字元件如K4X0、K2Y10、K1S10等。

在进行16位数据操作时，n在1～3之间，参与操作的位元件只有4～12位，不足的部分用0补足，由于最高位只能为0，所以意味着只能处理正数。在进行32位数据操作时，n在1～7之间，参与操作的位元件有4～28位，不足的部分用0补足。在采用“Kn＋首元件编号”方式组合成字元件时，首元件可以任选，但为了避免混乱，通常选尾数为0的元件作为首元件，如M0、M10、M20等。

不同长度的字元件在进行数据传递时，一般遵循以下规则：

1）长字元件→短字元件传递数据，长字元件低位数据传送给短字元件。

2）短字元件→长字元件传递数据，短字元件数据传送给长字元件低位，长字元件高位全部变为0。

3. 变址寄存器与变址修饰

三菱FX系列PLC有V、Z两种16位变址寄存器，它可以像数据寄存器一样进行读写操作。变址寄存器V、Z编号分别为V0～V7、Z0～Z7，常用在传送、比较指令中，用来修改操作对象的元件号。例如在图6-5左梯形图中，如果V0＝18（即变址寄存器V存储的数据为18）、Z0＝20，那么D2V0表示D（2＋V0）＝D20、D10Z0表示D（10＋Z0）＝D30，指令执行的操作是将数据寄存器D20中数据送入D30中，因此图6-6两个梯形图的功能是等效的。

X000 [MOV D2V0 D10Z0]　⇔（V0=18, Z0=20）⇔　X000 [MOV D20 D30]

图6-6 变址寄存器的使用说明一

变址寄存器可操作的元件有输入继电器X、输出继电器Y、辅助继电器M、状态继电器S、指针P和由位元件组成的字元件的首元件。比如KnM0Z允许，由于变址寄存器不能改变n的值，故K2ZM0是错误的。利用变址寄存器在某些方面可以使编程简化。图6-7中的程序采用了变址寄存器，在常开触点X000闭合时，先分别将数据6送入变址寄存器V0和Z0，然后将数据寄存器D6中的数据送入D16。

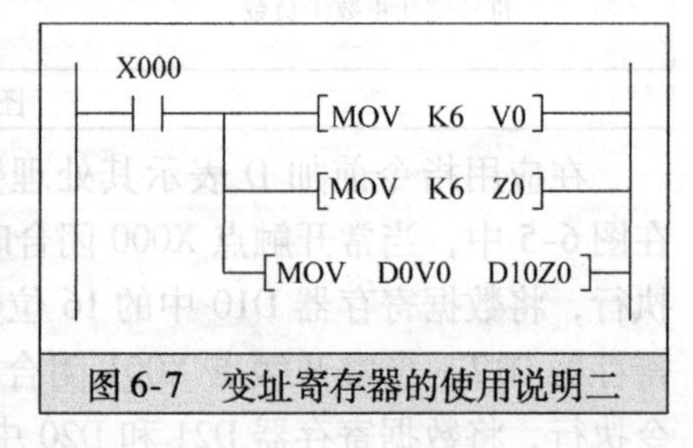

图6-7 变址寄存器的使用说明二

将软元件地址（编号）与变址寄存器中的值相加得到的结果作为新软元件的地址，称之为变址修饰。

6.1.3　PLC 数值的种类及转换

1. 数值的种类

PLC 的数值种类主要有十进制数（DEC）、八进制数（OCT）、十六进制数（HEX）、二进制数（BIN）和 BCD 数（二进制表示的十进制数）。

在 PLC 中，十进制数主要用作常数（如 K9、K18）和输入输出继电器以外的内部软元件的编号（如 M0、M9、M10），八进制数主要用作输入继电器和输出继电器的软元件编号（如 X001 ~ X007、Y010 ~ Y017），十六进制数主要用作常数（如 H8、H1A），二进制数主要用作 PLC 内部运算处理，BCD 数主要用作 BCD 数字开关和 7 段码显示器。

2. 数值的转换

（1）二进制数与十进制数的相互转换

二进制数转换成十进制数的方法是：将二进制数各位数码与位权相乘后求和，就能得到十进制数。

例如，$(101.1)_2 = 1\times2^2 + 0\times2^1 + 1\times2^0 + 1\times2^{-1} = 4 + 0 + 1 + 0.5 = (5.5)_{10}$

十进制数转换成二进制数的方法是：采用除 2 取余法，即将十进制数依次除 2，并依次记下余数，一直除到商数为 0，最后把全部余数按相反顺序排列，就能得到二进制数。

例如，将十进制数 $(29)_{10}$ 转换成二进制数，方法为

2 | 29　余 1　a_0　低位
2 | 14　余 0　a_1
2 | 7　余 1　a_2
2 | 3　余 1　a_3
2 | 1　余 1　a_4　高位
　 0

即 $(29)_{10} = (11101)_2$。

（2）二进制与十六进制的相互转换

二进制数转换成十六进制数的方法是：从小数点起向左、右按 4 位分组，不足 4 位的，整数部分可在最高位的左边加“0”补齐，小数点部分不足 4 位的，可在最低位右边加“0”补齐，每组以其对应的十六进制数代替，将各个十六进制数依次写出即可。

例如，将二进制数 $(1011000110.111101)_2$ 转换为十六进制数，转换如下：

$(1011000110.111101)_2$
$=(\underline{0010}\ \underline{1100}\ \underline{0110}\ .\ \underline{1111}\ \underline{0100})_2$
↓　↓　↓　↓　↓　↓
$=(\ 2\ \ C\ \ 6\ \ .\ \ F\ \ 4\ )_{16}$
$=(2C6.F4)_{16}$

注意：十六进制的 16 位数码为 0、1、2、3、4、5、6、7、8、9、A、B、C、D、E、F，分别与二进制数 0000、0001、0010、0011、0100、0101、0110、0111、1000、1001、1010、1011、1100、1101、1110、1111 相对应。

十六进制数转换成二进制数的方法是：从左到右将待转换的十六进制数中的每个数依次

用4位二进制数表示。

例如，将十六进制数（13AB.6D)$_{16}$转换成二进制数

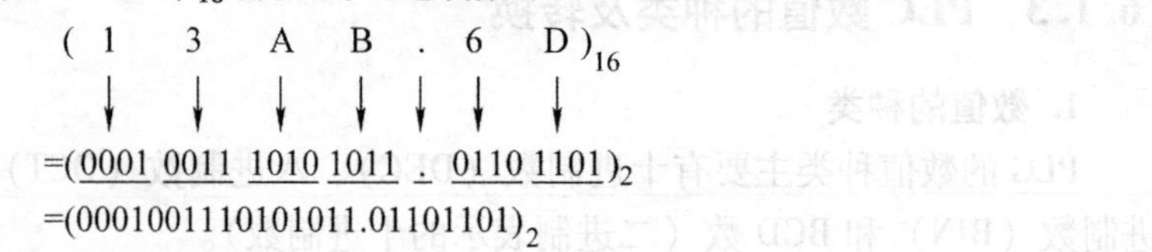

(3) BCD数与十进制数的相互转换

十进制数转换成BCD数的方法是：将十进制数的0、1、2、3、4、5、6、7、8、9分别用4位二进制数0000、0001、0010、0011、0100、0101、0110、0111、1000、1001表示，得到的数即为BCD数。

例如，十制数15的“5”转换成BCD数为“0101”，“1”转换成BCD数为“0001”，那么15转换成BCD数为00010101。10制数15转换成二进制数（又称BIN数）为1111。

BCD数转换成十进制数的方法是：先把BCD数按4位分成一组（从低往高，高位不足4位补0)，然后将其中的0000、0001、0010、0011、0100、0101、0110、0111、1000、1001分别用0、1、2、3、4、5、6、7、8、9表示，得到的数即为十进制数。

例如，BCD数010011有6位，高位补两个0后分成两组（4位一组）为0001和0011，0001用十进制数1表示，0011用十进制数3表示，则BCD数010011转换成十进制数为13。

PLC常用类型的数值对照见表6-1，比如十进制数12，用八进制数表示为14，用十六进制数表示为0C，用二进制数表示为00001100，用BCD数表示为00010010。

表6-1 PLC常用类型的数值对照表

十进制数（DEC）	八进制数（OCT）	十六进制数（HEX）	二进制数（BIN）		BCD	
0	0	00	0000	0000	0000	0000
1	1	01	0000	0001	0000	0001
2	2	02	0000	0010	0000	0010
3	3	03	0000	0011	0000	0011
4	4	04	0000	0100	0000	0100
5	5	05	0000	0101	0000	0101
6	6	06	0000	0110	0000	0110
7	7	07	0000	0111	0000	0111
8	10	08	0000	1000	0000	1000
9	11	09	0000	1001	0000	1001
10	12	0A	0000	1010	0001	0000
11	13	0B	0000	1011	0001	0001
12	14	0C	0000	1100	0001	0010
13	15	0D	0000	1101	0001	0011
14	16	0E	0000	1110	0001	0100
15	17	0F	0000	1111	0001	0101
16	20	10	0001	0000	0001	0110
⋮	⋮	⋮	⋮	⋮	⋮	⋮
99	143	63	0110	0011	1001	1001

6.2　程序流程类指令

6.2.1　指令一览表

程序流程类指令的功能号、符号、形式、名称和支持的 PLC 系列如下：

功能号	指令符号	指令形式	指令名称	支持的 PLC 系列									
				FX3S	FX3G	FX3GC	FX3U	FX3UG	FX1S	FX1N	FX1NC	FX2N	FX2NC
00	CJ	CJ Pn	条件跳转	○	○	○	○	○	○	○	○	○	○
01	CALL	CALL Pn	子程序调用	○	○	○	○	○	○	○	○	○	○
02	SRET	SRET	子程序返回	○	○	○	○	○	○	○	○	○	○
03	IRET	IRET	中断返回	○	○	○	○	○	○	○	○	○	○
04	EI	EI	允许中断	○	○	○	○	○	○	○	○	○	○
05	DI	DI	禁止中断	○	○	○	○	○	○	○	○	○	○
06	FEND	FEND	主程序结束	○	○	○	○	○	○	○	○	○	○
07	WDT	WDT	刷新监视定时器	○	○	○	○	○	○	○	○	○	○
08	FOR	FOR S	循环开始	○	○	○	○	○	○	○	○	○	○
09	NEXT	NEXT	循环结束	○	○	○	○	○	○	○	○	○	○

6.2.2　指令精解

1. 条件跳转（CJ）指令

（1）指令格式

条件跳转指令格式如下：

指令名称与功能号	指令符号	指令形式与功能说明	操作数
			Pn（指针编号）
条件跳转（FNC00）	CJ（P）	CJ Pn 程序跳转到指针 Pn 处执行	P0～P63（FX1S），P0～P127（FX1N\FX2N P0～P255（FX3S），P0～P2047（FX3G） P0～P4095（FX3U） Pn 可变址修饰

（2）使用说明

条件跳转（CJ）指令的使用如图 6-8 所示。在图 6-8a 中，当常开触点 X020 闭合时，"CJ P9" 指令执行，程序会跳转到 CJ 指令指定的标号（指针）P9 处，并从该处开始往后执行程序，跳转指令与标记之间的程序将不会执行，如果 X020 处于断开状态，程序则不会跳转，而是往下执行，当执行到常开触点 X021 所在行时，若 X021 处于闭合，CJ 指令执行会使程序跳转到 P9 处。在图 6-8b 中，当常开触点 X022 闭合时，CJ 指令执行会使程序跳转到 P10 处，并从 P10 处往下执行程序。

在 FXGP/WIN－C 编程软件输入标记 P* 的操作如图 6-9a 所示，将光标移到某程序左母线步标号处，然后敲击键盘上的"P"键，在弹出的对话框中输入数字，单击"确定"按钮即输入标记。在 GX Developer 编程软件输入标记 P* 的操作如图 6-9b 所示，在程序左母线步标号处双击，弹出"梯形图输入"对话框，输入标记号，单击"确定"按钮即可。

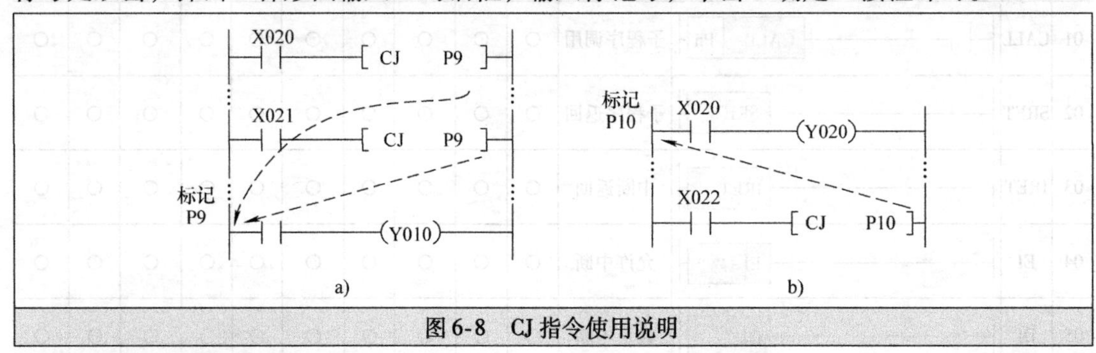

图 6-8　CJ 指令使用说明

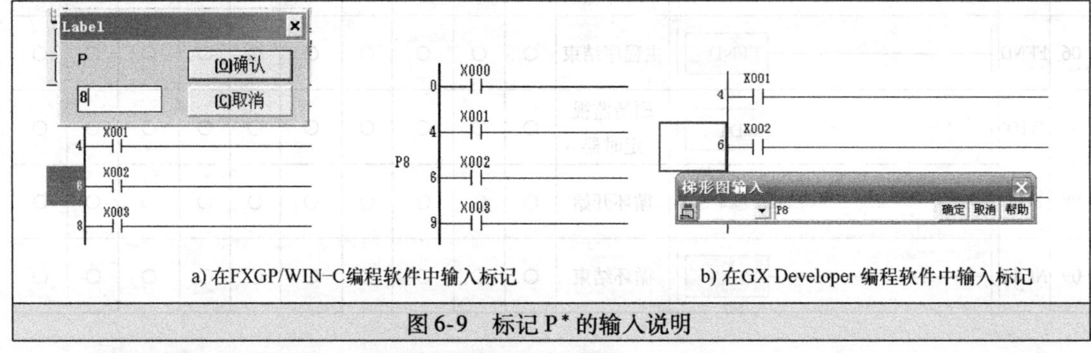

a) 在FXGP/WIN−C编程软件中输入标记　b) 在GX Developer 编程软件中输入标记

图 6-9　标记 P* 的输入说明

2. 子程序调用（CALL）和返回（SRET）指令

（1）指令格式

子程序调用和返回指令格式如下：

指令名称与功能号	指令符号	指令形式与功能说明	操作数
			Pn（指针编号）
子程序调用（FNC01）	CALL（P）	CALL Pn 跳转执行指针 Pn 处的子程序，最多嵌套 5 级	P0～P63（FX1S），P0～P127（FX1N \\ FX2N） P0～P255（FX3S），P0～P2047（FX3G） P0～P4095（FX3U） Pn 可变址修饰
子程序返回（FNC02）	SRET	SRET 从当前子程序返回到上一级程序	无

（2）使用说明

子程序调用和返回指令的使用如图 6-10 所示。当常开触点 X001 闭合时，“CALL P11”指令执行，程序会跳转并执行标记 P11 处的子程序 1；如果常开触点 X002 闭合，则“CALL　P12”指令执行，程序会跳转并执行标记 P12 处的子程序 2，子程序 2 执行到返回指令“SRET”时，会跳转到子程序 1，而子程序 1 通过其“SRET”指令返回主程序。从图 6-9 中可以看出，子程序 1 中包含有跳转到子程序 2 的指令，这种方式称为嵌套。

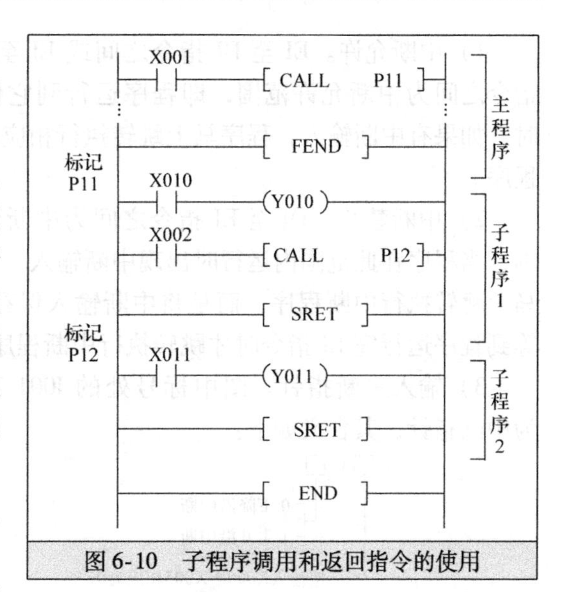

图 6-10　子程序调用和返回指令的使用

在使用子程序调用和返回指令时要注意以下几点：

1）一些常用或多次使用的程序可以写成子程序，然后进行调用。

2）子程序要求写在主程序结束指令“FEND”之后。

3）子程序中可做嵌套，嵌套最多可做 5 级。

4）CALL 指令和 CJ 的操作数不能为同一标记，但不同嵌套的 CALL 指令可调用同一标记处的子程序。

5）在子程序中，要求使用定时器 T192 ~ T199 和 T246 ~ T249。

3. 中断指令

在生活中，人们经常会遇到这样的情况：当你正在书房看书时，突然客厅的电话响了，你就会停止看书，转而去接电话，接完电话后又接着去看书。这种停止当前工作，转而去做其他工作，做完后又返回来做先前工作的现象称为中断。

PLC 也有类似的中断现象，当 PLC 正在执行某个程序时，如果突然出现意外事情（中断输入），就需要停止当前正在执行的程序，转而去处理意外事情（即去执行中断程序），处理完后又接着执行原来的程序。

（1）指令格式

中断指令有三条，其格式如下：

指令名称与功能号	指令符号	指令形式	指令说明
中断返回 （FNC03）	IRET	IRET	从当前中断子程序返回到上一级程序
允许中断 （FNC04）	EI	EI	开启中断
禁止中断 （FNC05）	DI	DI	关闭中断

（2）指令说明及使用说明

中断指令的使用如图 6-11 所示，下面对照该图来说明中断指令的使用要点。

1）中断允许。EI 至 DI 指令之间或 EI 至 FEND 指令之间为中断允许范围，即程序运行到它们之间时，如果有中断输入，程序马上跳转执行相应的中断程序。

2）中断禁止。DI 至 EI 指令之间为中断禁止范围，当程序在此范围内运行时出现中断输入，则不会马上跳转执行中断程序，而是将中断输入保存下来，等到程序运行完 EI 指令时才跳转执行中断程序。

3）输入中断指针。图中标号处的 I001 和 I101 为中断指针，其含义如下：

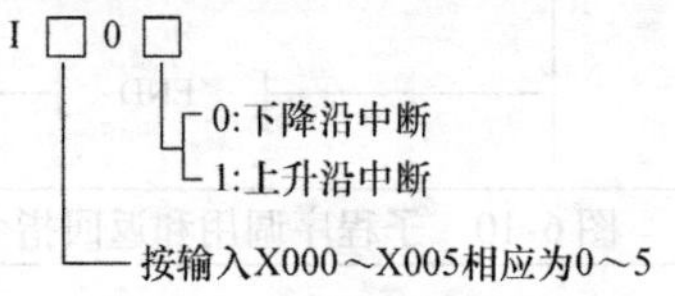

三菱 FX 系列 PLC 可使用 6 个输入中断指针，表 6-2列出了这些输入中断指针编号和相关内容。

图 6-11　中断指令的使用

对照表 6-2 不难理解图 6-10 梯形图工作原理：当程序运行在中断允许范围内时，若 X000 触点由断开转为闭合 OFF→ON（如 X000 端子外接按钮闭合），程序马上跳转执行中断指针 I001 处的中断程序，执行到“IRET”指令时，程序又返回主程序；当程序从 EI 指令往 DI 指令运行时，若 X010 触点闭合，特殊辅助继电器 M8050 得电，则将中断输入 X000 设为无效，这时如果 X000 触点由断开转为闭合，程序不会执行中断指针 I100 处的中断程序。

表 6-2　三菱 FX 系列 PLC 的中断指针编号和相关内容

中断输入	指针编号		禁止中断（RUN→STOP 清除）
	上升中断	下降中断	
X000	I001	I000	M8050
X001	I101	I100	M8051
X002	I201	I200	M8052
X003	I301	I300	M8053
X004	I401	I400	M8054
X005	I501	I500	M8055

4）定时器中断。当需要每隔一定的时间就反复执行某段程序时，可采用定时器中断。三菱 FX1S、FX1N 系列 PLC 无定时器中断功能，三菱 FX2N、FX3S、FX3G、FX3U 系列 PLC 可使用 3 个定时器中断指针。定时中断指针含义如下：

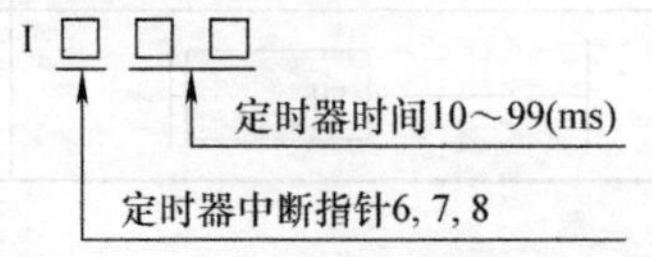

定时器中断指针 I6□□、I7□□、I8□□可分别用 M8056、M8057、M8058 禁止（PLC 由 RUN→STOP 时清除禁止）。

5）计数器中断。当高速计数器增计数时可使用计数器中断，仅三菱 FX3U 系列 PLC 支持计数器中断。计数器中断指针含义如下：

I 0 □ 0

计数器中断指针(1～6)

指针编号	中断禁止标志位
I010, I020, I030, I040, I050, I060	M8059(RUN→STOP时清除禁止)

4. 主程序结束指令（FEND）

主程序结束指令格式如下：

指令名称与功能号	指令符号	指令形式	指令说明
主程序结束（FNC06）	FEND	FEND	主程序结束

主程序结束指令使用要点如下：

1）FEND 表示一个主程序结束，执行该指令后，程序返回到第 0 步。

2）多次使用 FEND 指令时，子程序或中断程序要写在最后的 FEND 指令与 END 指令之间，且必须以 RET 指令（针对子程序）或 IRET 指令（针对中断程序）结束。

5. 刷新监视定时器指令（WDT）

（1）指令格式

刷新监视定时器（看门狗定时器）指令格式如下：

指令名称与功能号	指令符号	指令形式	指令说明
刷新监视定时器（FNC07）	WDT（P）	WDT	对监视定时器（看门狗定时器）进行刷新

（2）使用说明

PLC 在运行时，若一个运行周期（从 0 步运行到 END 或 FENT）超过 200ms 时，内部运行监视定时器（又称看门狗定时器）使 PLC 的 CPU 出错指示灯变亮，同时 PLC 停止工作。为了解决这个问题，可使用 WDT 指令对监视定时器（D8000）进行刷新（清 0）。WDT 指令的使用如图 6-12a 所示，若一个程序运行需 240ms，可在 120ms 程序处插入一个 WDT 指令，将监视定时器 D8000 进行刷新清 0，使之重新计时。

为了使 PLC 扫描周期超过 200ms，还可以使用 MOV 指令将希望运行的时间写入特殊数据寄存器 D8000 中，如图 6-12b 所示，该程序将 PLC 扫描周期设为 300ms。

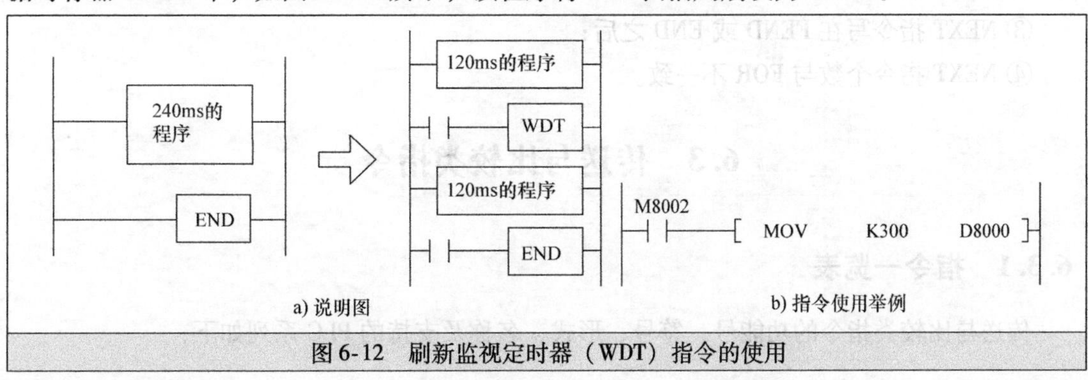

图 6-12 刷新监视定时器（WDT）指令的使用

6. 循环开始与结束指令

（1）指令格式

循环开始与结束指令格式如下：

指令名称与功能号	指令符号	指令形式	指令说明	操作数 S（16 位，1~32767）
循环开始（FNC08）	FOR	FOR S	将 FOR~NEXT 之间的程序执行 S 次	K、H、KnX、KnY、KnS、KnM、T、C、D、V、Z、变址修饰 R（仅 FX3G/3U）
循环结束（FNC09）	NEXT	NEXT	循环程序结束	无

（2）使用说明

循环开始与结束指令的使用如图 6-13 所示，“FOR K4”指令设定 A 段程序（FOR~NEXT 之间的程序）循环执行 4 次，“FOR D0”指令设定 B 段程序循环执行 D0（数据寄存器 D0 中的数值）次。若 D0=2，则 A 段程序反复执行 4 次，而 B 段程序会执行 4×2=8 次，这是因为运行到 B 段程序时，B 段程序需要反复运行 2 次，然后往下执行，当执行到 A 段程序 NEXT 指令时，又返回到 A 段程序头部重新开始运行，直至 A 段程序从头到尾执行 4 次。

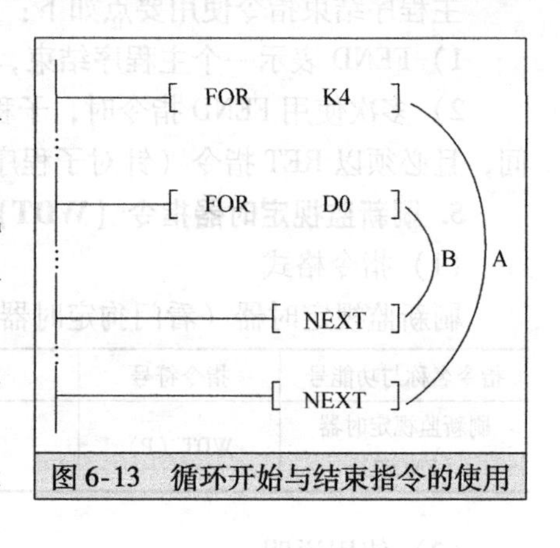

图 6-13　循环开始与结束指令的使用

FOR 与 NEXT 指令使用要点如下：

1）FOR 与 NEXT 之间的程序可重复执行 n 次，n 由编程设定，n=1~32767。

2）循环程序执行完设定的次数后，紧接着执行 NEXT 指令后面的程序步。

3）在 FOR~NEXT 程序之间最多可嵌套 5 层其他的 FOR~NEXT 程序，嵌套时应避免出现以下情况：

① 缺少 NEXT 指令；

② NEXT 指令写在 FOR 指令前；

③ NEXT 指令写在 FEND 或 END 之后；

④ NEXT 指令个数与 FOR 不一致。

6.3　传送与比较类指令

6.3.1　指令一览表

传送与比较类指令的功能号、符号、形式、名称及支持的 PLC 系列如下：

功能号	指令符号	指令形式	指令名称	支持的 PLC 系列									
				FX$_{3S}$	FX$_{3G}$	FX$_{3GC}$	FX$_{3U}$	FX$_{3UC}$	FX$_{1S}$	FX$_{1N}$	FX$_{1NC}$	FX$_{2N}$	FX$_{2NC}$
10	CMP	CMP S1 S2 D	比较	○	○	○	○	○	○	○	○	○	○
11	ZCP	ZCP S1 S2 S D	区间比较	○	○	○	○	○	○	○	○	○	○
12	MOV	MOV S D	传送	○	○	○	○	○	○	○	○	○	○
13	SMOV	SMOV S m1 m2 D n	移位传送	○	○	○	○	○	—	—	—	○	○
14	CML	CML S D	取反传送	○	○	○	○	○	—	—	—	○	○
15	BMOV	BMOV S D n	成批传送	○	○	○	○	○	○	○	○	○	○
16	FMOV	FMOV S D n	多点传送	○	○	○	○	○	—	—	—	○	○
17	XCH	XCH D1 D2	数据交换	—	—	—	○	○	—	—	—	○	○
18	BCD	BCD S D	BCD 转换	○	○	○	○	○	○	○	○	○	○
19	BIN	BIN S D	BIN 转换	○	○	○	○	○	○	○	○	○	○

6.3.2　指令精解

1. 比较指令

(1) 指令格式

比较指令格式如下：

指令名称与功能号	指令符号	指令形式与功能说明	操作数	
			S1、S2（16/32 位）	D（位型）
比较指令（FNC10）	(D)CMP(P)	CMP S1 S2 D 将 S1 与 S2 进行比较，若 S1＞S2，将 D 置 ON，若 S1＝S2，将 D＋1 置 ON，若 S1＜S2，将 D＋2 置 ON	K、H KnX、KnY、KnS　KnM T、C、D、V、Z、变址修饰、R（仅 FX$_{3G/3U}$）	Y、M、S、D□.b（仅 FX$_{3U}$）、变址修饰

(2) 使用说明

比较指令的使用如图 6-14 所示。CMP 指令有两个源操作数 K100、C10 和一个目标操作数 M0（位元件），当常开触点 X000 闭合时，CMP 指令执行，将源操作数 K100 和计数器 C10 当前值进行比较，根据比较结果来驱动目标操作数指定的三个连号位元件。若 K100＞C10，M0 常开触点闭合；若 K100＝C10，M1 常开触点闭合；若 K100＜C10，M2 常开触点闭合。

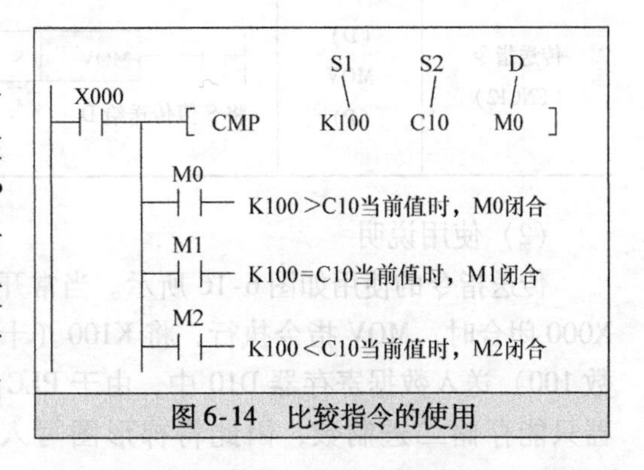

图 6-14　比较指令的使用

在指定M0为CMP的目标操作数时，M0、M1、M2三个连续编号元件会被自动占用，在CMP指令执行后，这三个元件必定有一个处于ON，当常开触点X000断开后，这三个元件的状态仍会保持，要恢复它们的原状态，可采用复位指令。

2. 区间比较指令

（1）指令格式

区间比较指令格式如下：

指令名称与功能号	指令符号	指令形式与功能说明	操作数	
			S1、S2、S（16/32位）	D（位型）
区间比较（FNC11）	（D）ZCP（P）	ZCP S1 S2 S D 将S与S1（小值）、S2（大值）进行比较，若S＜S1，将D置1，若S1≤S≤S2，将D+1置1，若S＞S2，将D+2置1	K、H KnX、KnY、KnS、KnM T、C、D、V、Z、变址修饰 R（仅FX3G/3U）	Y、M、S、 D□.b（仅FX3U） 变址修饰

（2）使用说明

区间比较指令的使用如图6-15所示。ZCP指令有三个源操作数和一个目标操作数，前两个源操作数用于将数据分为三个区间，再将第三个源操作数在这三个区间进行比较，根据比较结果来驱动目标操作数指定的三个连号位元件。若C30＜K100，M3置1，M3常开触点闭合；若K100≤C30≤K120，M4置1，M4常开触点闭合；若C30＞K120，M5置1，M5常开触点闭合。

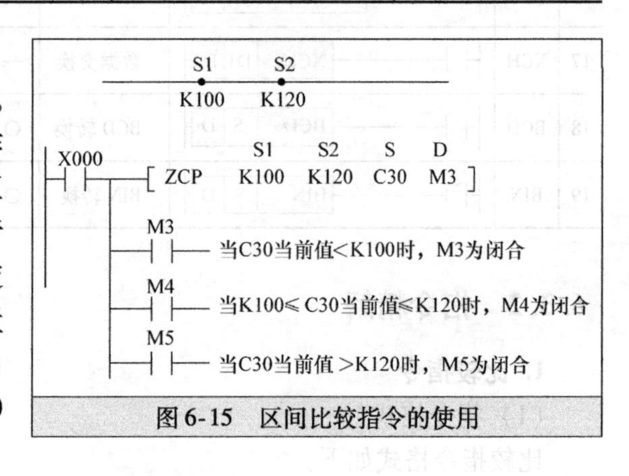

图6-15 区间比较指令的使用

使用区间比较指令时，要求第一源操作数S1小于第二源操作数S2。

3. 传送指令

（1）指令格式

传送指令格式如下：

指令名称与功能号	指令符号	指令形式与功能说明	操作数	
			S（16/32位）	D（16/32位）
传送指令（FNC12）	（D）MOV（P）	MOV S D 将S值传送给D	K、H KnX、KnY、KnS、KnM T、C、D、V、Z、变址修饰 R（仅FX3G/3U）	KnY、KnS、KnM T、C、D、V、Z 变址修饰

（2）使用说明

传送指令的使用如图6-16所示。当常开触点X000闭合时，MOV指令执行，将K100（十进制数100）送入数据寄存器D10中，由于PLC寄存器只能存储二进制数，因此将梯形图写入PLC

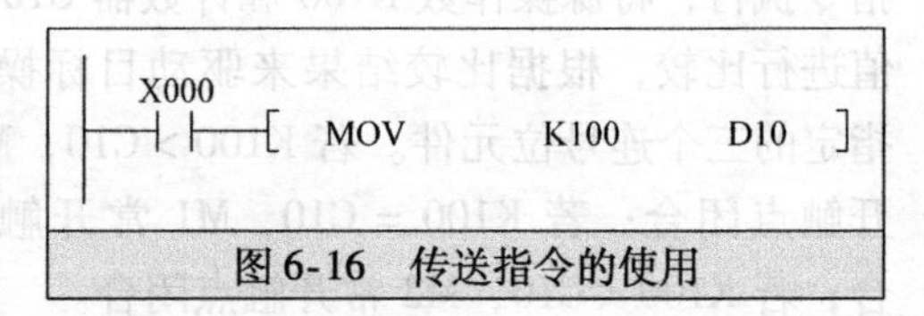

图6-16 传送指令的使用

前，编程软件会自动将十进制数转换成二进制数。

4. 移位传送指令

（1）指令格式

移位传送指令格式如下：

指令名称与功能号	指令符号	指令形式	操作数	
			m1、m2、n	S（16位）、D（16位）
移位传送（FNC13）	SMOV（P）	SMOV S m1 m2 D n 指令功能见后面的指令使用说明	常数K、H	KnX（S可用，D不可用）KnY、KnS、KnM、T、C、D、V、Z、R（仅FX3G/3U）、变址修饰

（2）使用说明

移位传送指令的使用如图6-17所示。当常开触点X000闭合，SMOV指令执行，首先将源数据寄存器D1中的16位二进制数据转换成4组BCD数，然后将这4组BCD数中的第4组（m1 = K4）起的低2组（m2 = K2）移入目标寄存器D2第3组（n = K3）起的低2组（m2 = K2）中，D2中的第4、1组数据保持不变，再将形成的新4组BCD数转换成16位二进制数。例如，初始D1中的数据为4567，D2中的数据为1234，执行SMOV指令后，D1中的数据不变，仍为4567，而D2中的数据将变成1454。

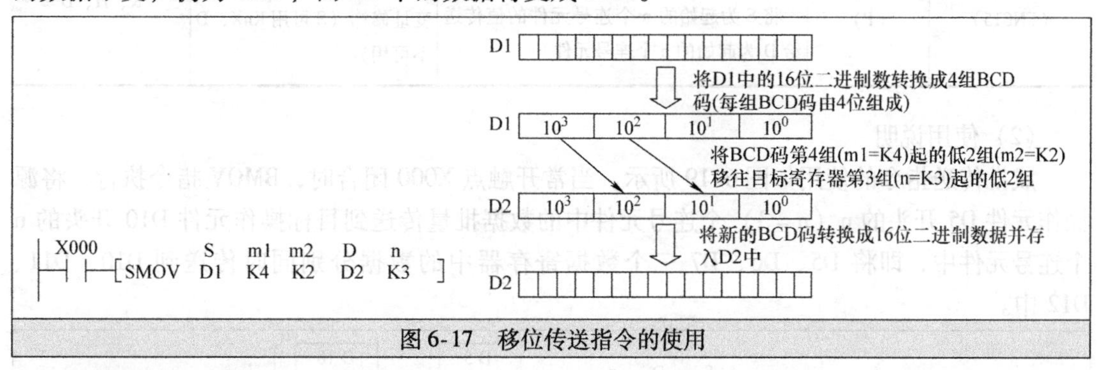

图6-17　移位传送指令的使用

5. 取反传送指令

（1）指令格式

取反传送指令格式如下：

指令名称与功能号	指令符号	指令形式与功能说明	操作数
			S（16/32位）、D（16/32位）
取反传送（FNC14）	（D）CML（P）	CML S D 将S的各位数取反再传送给D	（S可用K、H和KnX，D不可用）KnY、KnS、KnM、T、C、D、V、Z、R（仅FX3G/3U）、变址修饰

（2）使用说明

取反传送指令的使用如图6-18a所示，当常开触点X000闭合时，CML指令执行，将数据寄存器D0中的低4位数据取反，再将取反的低4位数据按低位到高位分别送入4个输出继电器Y000～Y003中，数据传送如图6-18b所示。

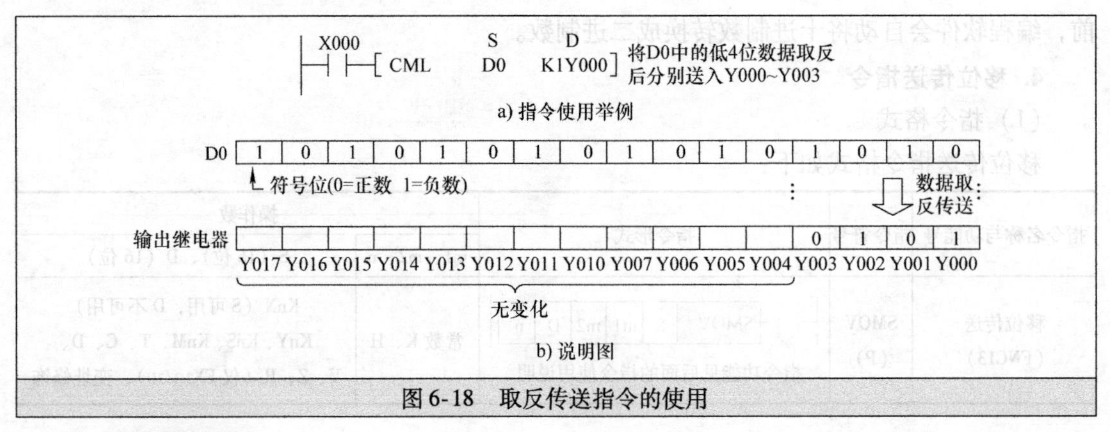

图 6-18　取反传送指令的使用

6. 成批传送指令

（1）指令格式

成批传送指令格式如下：

指令名称与功能号	指令符号	指令形式与功能说明	操作数	
			S（16 位）、D（16 位）	n（≤512）
成批传送 （FNC15）	BMOV （P）	[BMOV S D n] 将 S 为起始的 n 个连号元件的值传送给 D 为起始的 n 个连号元件	KnY、KnS、KnM、T、C、D、R（仅 FX3G/3U）、变址修饰（S 可用 KnX，D 不可用）	K、H、D

（2）使用说明

成批传送指令的使用如图 6-19 所示。当常开触点 X000 闭合时，BMOV 指令执行，将源操作元件 D5 开头的 n（n=3）个连号元件中的数据批量传送到目标操作元件 D10 开头的 n 个连号元件中，即将 D5、D6、D7 三个数据寄存器中的数据分别同时传送到 D10、D11、D12 中。

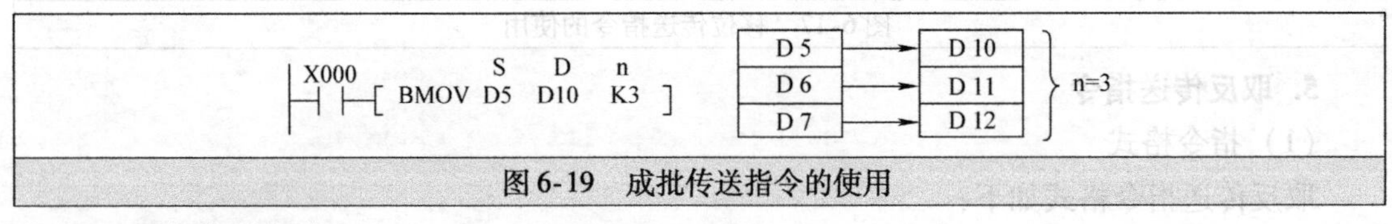

图 6-19　成批传送指令的使用

7. 多点传送指令

（1）指令格式

多点传送指令格式如下：

指令名称与功能号	指令符号	指令形式与功能说明	操作数	
			S、D（16/32 位）	n（16 位）
多点传送 （FNC16）	（D） FMOV （P）	[FMOV S D n] 将 S 值同时传送给 D 为起始的 n 个元件	KnY、KnS、KnM、T、C、D、R（仅 FX3G/3U）、变址修饰（S 可用 K、H、KnX、V、Z，D 不可用）	K、H

（2）使用说明

多点传送指令的使用如图 6-20 所示。当常开触点 X000 闭合时，FMOV 指令执行，将源操作数 0（K0）同时送入以 D0 开头的 10（n = K10）个连号数据寄存器（D0 ~ D9）中。

X000 ─┤├─[FMOV K0 D0 K10]（S D n） 将源数0(K0)同时送入以D0开头的10(n=K10)个连号数据寄存器中

图 6-20 多点传送指令的使用

8. 数据交换指令

（1）指令格式

数据交换指令格式如下：

指令名称与功能号	指令符号	指令形式	操作数
			D1（16/32 位）、D2（16/32 位）
数据交换 （FNC17）	（D） XCH （P）	─┤├─[XCH D1 D2] 将 D1 和 D2 的数据相互交换	KnY、KnS、KnM T、C、D、V、Z、R（仅 FX3G/3U）、变址修饰

（2）使用说明

数据交换指令的使用如图 6-21 所示。当常开触点 X000 闭合时，XCHP 指令执行，将目标操作数 D10、D11 中的数据相互交换，若指令执行前 D10 = 100、D11 = 101，指令执行后，D10 = 101、D11 = 100，如果使用连续执行指令 XCH，则每个扫描周期数据都要交换，很难预知执行结果，所以一般采用脉冲执行指令 XCHP 进行数据交换。

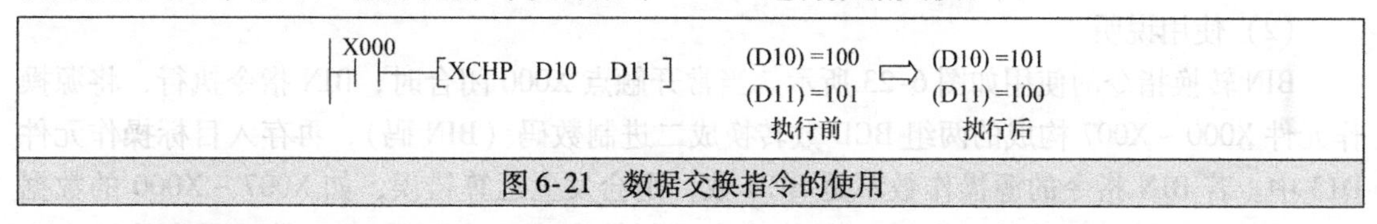

图 6-21 数据交换指令的使用

9. BCD 转换（BIN→BCD）指令

（1）指令格式

BCD 转换指令格式如下：

指令名称与功能号	指令符号	指令形式与功能说明	操作数
			S（16/32 位）、D（16/32 位）
BCD 转换 （FNC18）	（D） BCD （P）	─┤├─[BCD S D] 将 S 中的二进制数（BIN 数）转换成 BCD 数，再传送给 D	KnX（S 可用，D 不可用） KnY、KnS、KnM、T、C、D、V、Z、R（仅 FX3G/3U）、变址修饰

（2）使用说明

BCD 转换指令的使用如图 6-22 所示。当常开触点 X000 闭合时，BCD 指令执行，将源操作元件 D10 中的二进制数转换成 BCD 数，再存入目标操作元件 D12 中。

三菱 FX 系列 PLC 内部在四则运算和增量、减量运算时，都是以二进制方式进行的。

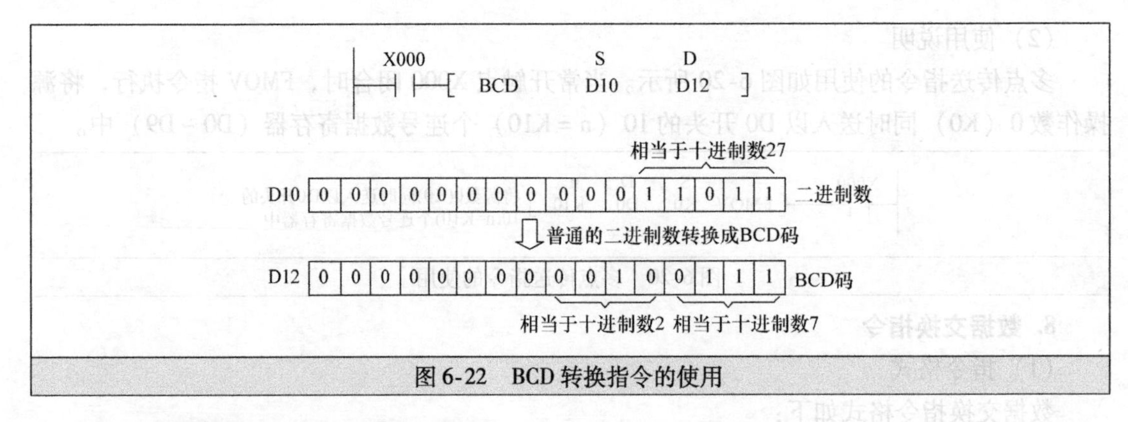

图 6-22　BCD 转换指令的使用

10. BIN 转换（BCD→BIN）指令

（1）指令格式

BIN（二进制数）转换指令格式如下：

指令名称与功能号	指令符号	指令形式与功能说明	操作数
			S（16/32 位）、D（16/32 位）
BIN 转换（FNC19）	（D）BIN（P）	[BIN S D] 将 S 中的 BCD 数转换成 BIN 数，再传送给 D	KnX（S 可用，D 不可用） KnY、KnS、KnM、T、C、D、V、Z、R（仅 $FX_{3G/3U}$）、变址修饰

（2）使用说明

BIN 转换指令的使用如图 6-23 所示。当常开触点 X000 闭合时，BIN 指令执行，将源操作元件 X000 ~ X007 构成的两组 BCD 数转换成二进制数码（BIN 码），再存入目标操作元件 D13 中。若 BIN 指令的源操作数不是 BCD 数，则会发生运算错误，如 X007 ~ X000 的数据为 10110100，该数据的前 4 位 1011 转换成十进制数为 11，它不是 BCD 数，因为单组 BCD 数不能大于 9，单组 BCD 数只能在 0000 ~ 1001 范围内。

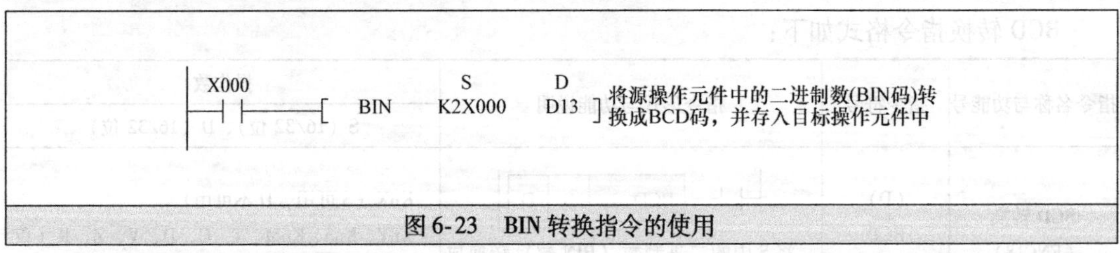

图 6-23　BIN 转换指令的使用

6.4　四则运算与逻辑运算类指令

6.4.1　指令一览表

四则运算与逻辑运算类指令的功能号、符号、形式、名称及支持的 PLC 系列如下：

功能号	指令符号	指令形式	指令名称	支持的 PLC 系列									
				FX3S	FX3G	FX3GC	FX3U	FX3UC	FX1S	FX1N	FX1NC	FX2N	FX2NC
20	ADD	ADD S1 S2 D	BIN 加法运算	○	○	○	○	○	○	○	○	○	○
21	SUB	SUB S1 S2 D	BIN 减法运算	○	○	○	○	○	○	○	○	○	○
22	MUL	MUL S1 S2 D	BIN 乘法运算	○	○	○	○	○	○	○	○	○	○
23	DIV	DIV S1 S2 D	BIN 除法运算	○	○	○	○	○	○	○	○	○	○
24	INC	INC D	BIN 加 1 运算	○	○	○	○	○	○	○	○	○	○
25	DEC	DEC D	BIN 减 1 运算	○	○	○	○	○	○	○	○	○	○
26	WAND	WAND S1 S2 D	逻辑与	○	○	○	○	○	○	○	○	○	○
27	WOR	WOR S1 S2 D	逻辑或	○	○	○	○	○	○	○	○	○	○
28	WXOR	WXOR S1 S2 D	逻辑异或	○	○	○	○	○	○	○	○	○	○
29	NEG	NEG D	补码	—	—	—	○	○	—	—	—	○	○

6.4.2　指令精解

1. BIN（二进制）加法运算指令

（1）指令格式

BIN 加法运算指令格式如下：

指令名称与功能号	指令符号	指令形式与功能说明	操作数
			S1、S2、D（三者均为16/32 位）
BIN 加法运算（FNC20）	（D）ADD（P）	ADD S1 S2 D S1 + S2→D	KnY、KnS、KnM、T、C、D、V、Z、R（仅 FX3G/3U）、变址修饰（S1、S2 可用 K、H、KnX，D 不可用）

（2）使用说明

BIN 加指令的使用如图 6-24 所示。

在图 6-24a 中，当常开触点 X000 闭合时，ADD 指令执行，将两个源操元件 D10 和 D12 中的数据进行相加，结果存入目标操作元件 D14 中。源操作数可正可负，它们是以代数形式进行相加，如 5 + (−7) = −2。

在图 6-24b 中，当常开触点 X000 闭合时，DADD 指令执行，将源操元件 D11、D10 和 D13、D12 分别组成 32 位数据再进行相加，结果存入目标操作元件 D15、D14 中。当进行 32 位数据运算时，要求每个操作数是两个连号的数据寄存器。为了确保不重复，指定的元件最好为偶数编号。

在图 6-24c 中，当常开触点 X001 闭合时，ADDP 指令执行，将 D0 中的数据加 1，结果仍存入 D0 中。当一个源操作数和一个目标操作数为同一元件时，最好采用脉冲执行型加指令 ADDP，因为若是连续型加指令，每个扫描周期指令都要执行一次，所得结果很难确定。

在进行加法运算时，若运算结果为 0，0 标志继电器 M8020 会动作；若运算结果超出 -32768 ~ +32767（16 位数相加）或 -2147483648 ~ +2147483647（32 位数相加）范围，借位标志继电器 M8022 会动作。

X000 [ADD D10 D12 D14]（S1 S2 D） (D10) + (D12) → (D14)

a) 指令使用举例一

X000 [DADD D10 D12 D14] (D11、D10) + (D13、D12)→(D15、D14)

b) 指令使用举例二

X001 [ADDP D0 K1 D0] (D0) + 1 →(D0)

c) 指令使用举例三

图 6-24　BIN 加指令的使用

2. BIN（二进制数）减法运算指令

（1）指令格式

BIN 减法运算指令格式如下：

指令名称与功能号	指令符号	指令形式与功能说明	操作数
			S1、S2、D（三者均为 16/32 位）
BIN 减法运算（FNC21）	(D) SUB (P)	SUB S1 S2 D S1 - S2→D	KnY、KnS、KnM、T、C、D、V、Z、R（仅 FX3G/3U）、变址修饰（S1、S2 可用 K、H、KnX，D 不可用）

（2）使用说明

BIN 减法指令的使用如图 6-25 所示。

在图 6-25a 中，当常开触点 X000 闭合时，SUB 指令执行，将 D10 和 D12 中的数据进行相减，结果存入目标操作元件 D14 中。源操作数可正可负，它们是以代数形式进行相减，如 5 - （-7） =12。

在图 6-25b 中，当常开触点 X000 闭合时，DSUB 指令执行，将源操元件 D11、D10 和 D13、D12 分别组成 32 位数据再进行相减，结果存入目标操作元件 D15、D14 中。当进行 32 位数据运算时，要求每个操作数是两个连号的数据寄存器，为了确保不重复，指定的元件最好为偶数编号。

在图 6-25c 中，当常开触点 X001 闭合时，SUBP 指令执行，将 D0 中的数据减 1，结果仍存入 D0 中。当一个源操作数和一个目标操作数为同一元件时，最好采用脉冲执行型减指令 SUBP，若是连续型减指令，每个扫描周期指令都要执行一次，所得结果很难确定。

在进行减法运算时，若运算结果为 0，0 标志继电器 M8020 会动作；若运算结果超出 -32768 ~ +32767（16 位数相减）或 -2147483648 ~ +2147483647（32 位数相减）范围，借位标志继电器 M8022 会动作。

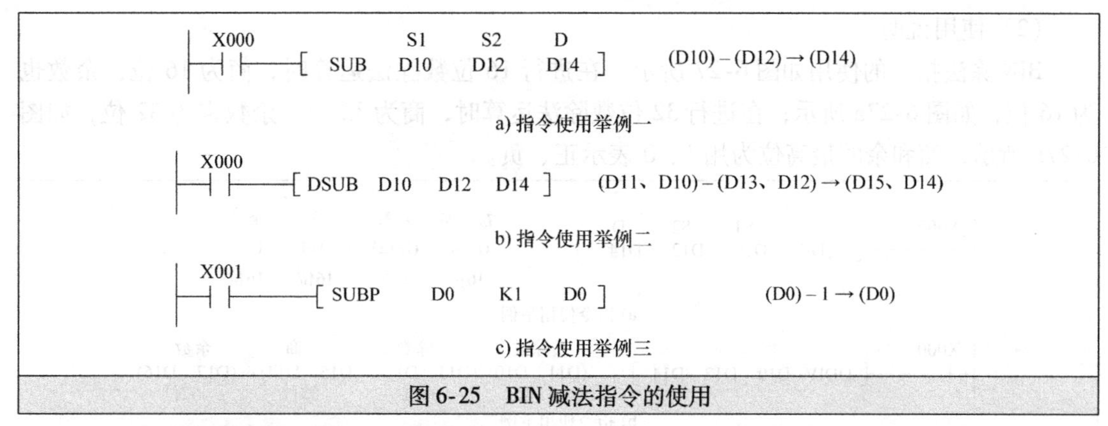

图 6-25　BIN 减法指令的使用

3. BIN（二进制数）乘法运算指令

（1）指令格式

BIN 乘法运算指令格式如下：

指令名称与功能号	指令符号	指令形式与功能说明	操作数 S1（16/32 位）、S2（16/32 位）、D（32/64 位）
BIN 乘法运算（FNC22）	(D) MUL (P)	MUL S1 S2 D S1 × S2→D	KnY、KnS、KnM、T、C、D、Z、R（仅 FX3G/3U）、变址修饰（S1、S2 可用 K、H、KnX，D 不可用）

（2）使用说明

BIN 乘法指令的使用如图 6-26 所示。在进行 16 位数乘积运算时，结果为 32 位，如图 6-26a 所示；在进行 32 位数乘积运算时，乘积结果为 64 位，如图 6-26b 所示；运算结果的最高位为符号位（0：正；1：负）。

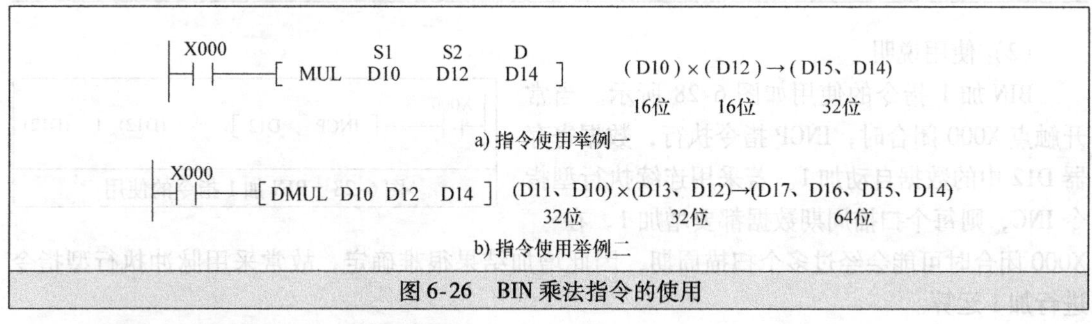

图 6-26　BIN 乘法指令的使用

4. BIN（二进制数）除法运算指令

（1）指令格式

BIN 除法运算指令格式如下：

指令名称与功能号	指令符号	指令形式与功能说明	操作数 S1（16/32 位）、S2（16/32 位）、D（32/64 位）
BIN 除法运算（FNC23）	(D) DIV (P)	DIV S1 S2 D S1 ÷ S2→D	KnY、KnS、KnM、T、C、D、Z、R（仅 FX3G/3U）、变址修饰（S1、S2 可用 K、H、KnX，D 不可用）

（2）使用说明

BIN 除法指令的使用如图 6-27 所示。在进行 16 位数除法运算时，商为 16 位，余数也为 16 位，如图 6-27a 所示；在进行 32 位数除法运算时，商为 32 位，余数也为 32 位，如图 6-27b 所示；商和余的最高位为用 1、0 表示正、负。

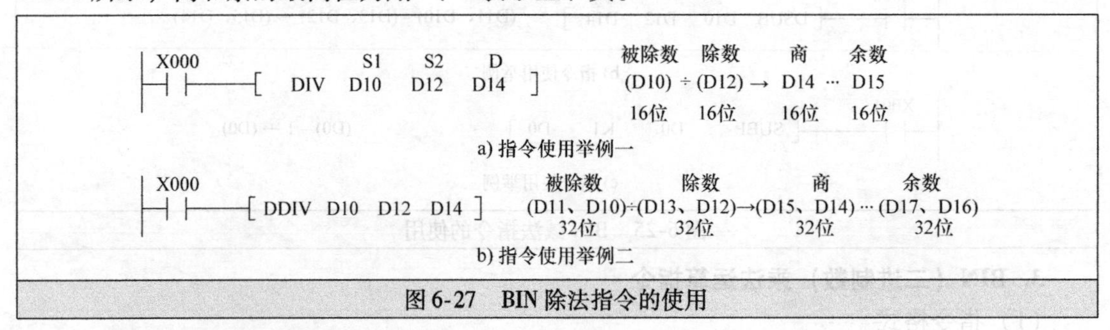

图 6-27　BIN 除法指令的使用

在使用二进制除法指令时要注意：

1）当除数为 0 时，运算会发生错误，不能执行指令。

2）若将位元件作为目标操作数，无法得到余数。

3）当被除数或除数中有一方为负数时，商则为负，当被除数为负时，余数则为负。

5. BIN（二进制数）加 1 运算指令

（1）指令格式

BIN 加 1 运算指令格式如下：

指令名称与功能号	指令符号	指令形式与功能说明	操作数 D（16/32 位）
BIN 加 1（FNC24）	（D）INC（P）	─┤├─[INC D] INC 指令每执行一次，D 值增 1 一次	KnY、KnS、KnM、T、C、D、V、Z、R（仅 FX3G/3U）、变址修饰

（2）使用说明

BIN 加 1 指令的使用如图 6-28 所示。当常开触点 X000 闭合时，INCP 指令执行，数据寄存器 D12 中的数据自动加 1。若采用连续执行型指令 INC，则每个扫描周期数据都要增加 1，在 X000 闭合时可能会经过多个扫描周期，因此增加结果很难确定，故常采用脉冲执行型指令进行加 1 运算。

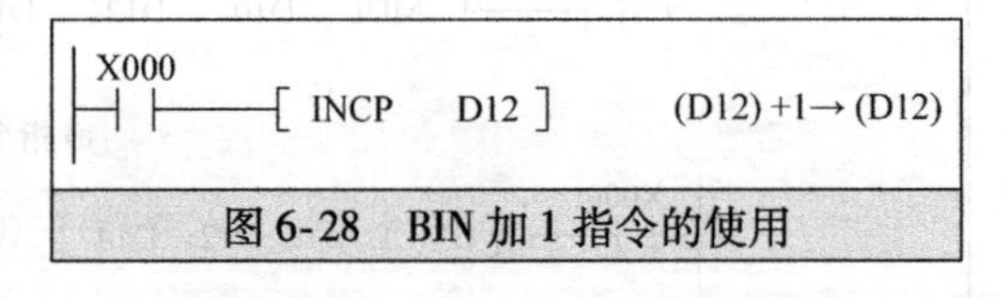

图 6-28　BIN 加 1 指令的使用

6. BIN（二进制数）减 1 运算指令

（1）指令格式

BIN 减 1 运算指令格式如下：

指令名称与功能号	指令符号	指令形式与功能说明	操作数 D（16/32 位）
BIN 减 1（FNC25）	（D）DEC（P）	─┤├─[DEC D] DEC 指令每执行一次，D 值减 1 一次	KnY、KnS、KnM、T、C、D、V、Z、R（仅 FX3G/3U）、变址修饰

（2）使用说明

BIN减1指令的使用如图6-29所示。当常开触点X000闭合时，DECP指令执行，数据寄存器D12中的数据自动减1。为保证X000每闭合一次数据减1一次，常采用脉冲执行型指令进行减1运算。

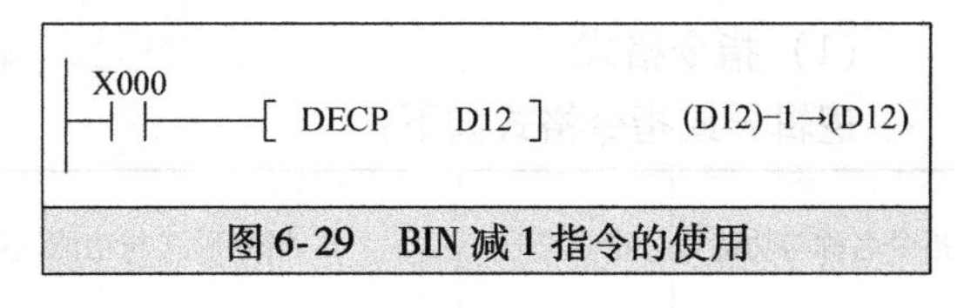

图6-29　BIN减1指令的使用

7. 逻辑与指令

（1）指令格式

逻辑与指令格式如下：

指令名称与功能号	指令符号	指令形式与功能说明	操作数
			S1、S2、D（均为16/32位）
逻辑与 （FNC26）	（D） WAND （P）	WAND S1 S2 D 将S1和S2的数据逐位进行与运算，结果存入D	KnY、KnS、KnM、T、C、D、V、Z、R（仅FX3G/3U）、变址修饰（S1、S2可用K、H、KnX，D不可用）

（2）使用说明

逻辑与指令的使用如图6-30所示。当常开触点X000闭合时，WAND指令执行，将D10与D12中的数据逐位进行与运算，结果保存在D14中。

与运算规律是“有0得0，全1得1”，具体为0·0=0，0·1=0，1·0=0，1·1=1。

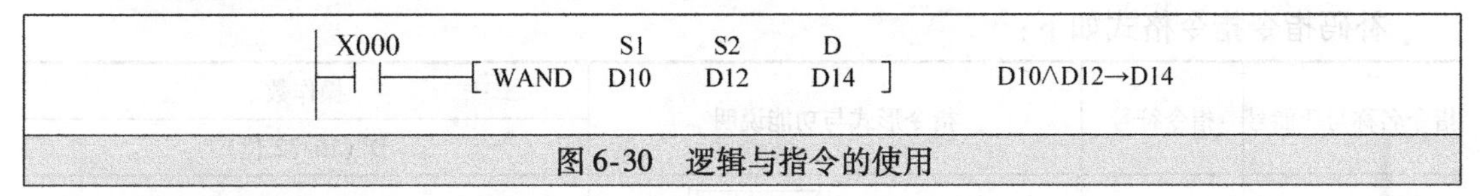

图6-30　逻辑与指令的使用

8. 逻辑或指令

（1）指令格式

逻辑或指令格式如下：

指令名称与功能号	指令符号	指令形式与功能说明	操作数
			S1、S2、D（均为16/32位）
逻辑或 （FNC27）	（D） WOR （P）	WOR S1 S2 D 将S1和S2的数据逐位进行或运算，结果存入D	KnY、KnS、KnM、T、C、D、V、Z、R（仅FX3G/3U）、变址修饰（S1、S2可用K、H、KnX，D不可用）

（2）使用说明

逻辑或指令的使用如图6-31所示。当常开触点X000闭合时，WOR指令执行，将D10与D12中的数据逐位进行或运算，结果保存在D14中。

或运算规律是“有1得1，全0得0”，具体为0+0=0，0+1=1，1+0=1，1+1=1。

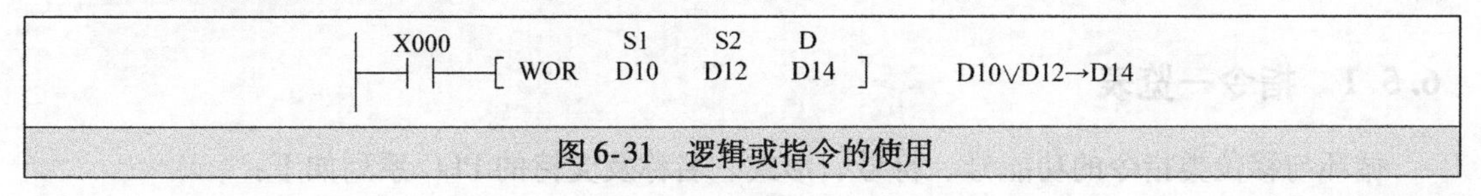

图6-31　逻辑或指令的使用

9. 异或指令

（1）指令格式

逻辑异或指令格式如下：

指令名称与功能号	指令符号	指令形式与功能说明	操作数
			S1、S2、D（均为16/32位）
异或 （FNC28）	（D） WXOR （P）	WXOR S1 S2 D 将S1和S2的数据逐位进行异或运算，结果存入D	KnY、KnS、KnM、T、C、D、V、Z、R（仅FX3G/3U）、变址修饰（S1、S2可用K、H、KnX，D不可用）

（2）使用说明

异或指令的使用如图6-32所示。当常开触点X000闭合时，WXOR指令执行，将D10与D12中的数据逐位进行异或运算，结果保存在D14中。

异或运算规律是“相同得0，相异得1”，具体为0⊕0＝0，0⊕1＝1，1⊕0＝1，1⊕1＝0。

X000　[WXOR　S1 D10　S2 D12　D D14]　D10⊕D12→D14

图6-32　异或指令的使用

10. 补码指令

（1）指令格式

补码指令指令格式如下：

指令名称与功能号	指令符号	指令形式与功能说明	操作数
			D（16/32位）
补码 （FNC29）	（D） NEG （P）	NEG D 将D的数据逐位取反再加1（即将原码转换成补码）	KnY、KnS、KnM、T、C、D、V、Z、R（仅FX3G/3U）、变址修饰

（2）使用说明

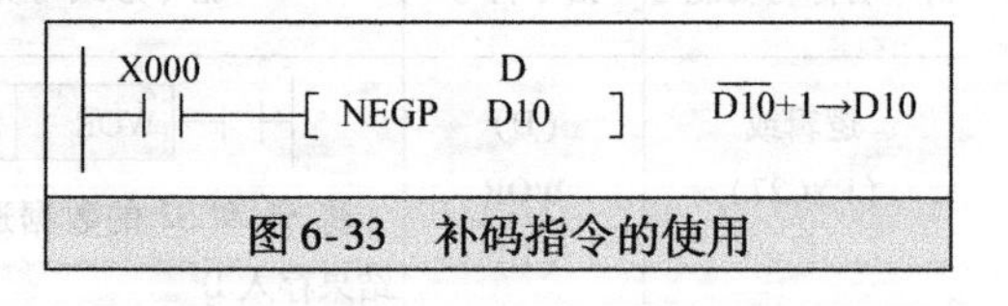

图6-33　补码指令的使用

补码指令的使用如图6-33所示。当常开触点X000闭合时，NEGP指令执行，将D10中的数据逐位取反再加1。补码指令的功能是对数据进行变号（绝对值不变），如求补前D10＝＋8，求补后D10＝－8。为了避免每个扫描周期都进行求补运算，通常采用脉冲执行型求补指令NEGP。

6.5　循环与移位类指令

6.5.1　指令一览表

循环与移位类指令的功能号、符号、形式、名称及支持的PLC系列如下：

功能号	指令符号	指令形式	指令名称	支持的PLC系列									
				FX3S	FX3G	FX3GC	FX3U	FX3UC	FX1S	FX1N	FX1NC	FX2N	FX2NC
30	ROR	ROR D n	循环右移	○	○	○	○	○	—	—	—	○	○
31	ROL	ROL D n	循环左移	○	○	○	○	○	—	—	—	○	○
32	RCR	RCR D n	带进位循环右移	—	—	—	○	○	—	—	—	○	○
33	RCL	RCL D n	带进位循环左移	—	—	—	○	○	—	—	—	○	○
34	SFTR	SFTR S D n1 n2	位右移	○	○	○	○	○	○	○	○	○	○
35	SFTL	SFTL S D n1 n2	位左移	○	○	○	○	○	○	○	○	○	○
36	WSFR	WSFR S D n1 n2	字右移	○	○	○	○	○	—	—	—	○	○
37	WSFL	WSFL S D n1 n2	字左移	○	○	○	○	○	—	—	—	○	○
38	SFWR	SFWR S D n	移位写入（先入先出/先入后出控制用）	○	○	○	○	○	○	○	○	○	○
39	SFRD	SFRD S D n	移位读出（先入先出控制用）	○	○	○	○	○	○	○	○	○	○

6.5.2 指令精解

1. 循环右移（环形右移）指令

（1）指令格式

循环右移指令格式如下：

指令名称与功能号	指令符号	指令形式与功能说明	操作数	
			D（16/32位）	n（16/32位）
循环右移（FNC30）	（D）ROR（P）	ROR D n 将D的数据环形右移n位	KnY、KnS、KnM、T、C、D、V、Z、R、变址修饰	K、H、D、R n≤16（16位） n≤32（32位）

（2）使用说明

循环右移指令的使用如图6-34所示。当常开触点X000闭合时，RORP指令执行，将D0中的数据右移（从高位往低位移）4位，其中低4位移至高4位，最后移出的一位（即图中标有*号的位）除了移到D0的最高位外，还会移入进位标记继电器M8022中。为了避免每个扫描周期都进行右移，通常采用脉冲执行型指令RORP。

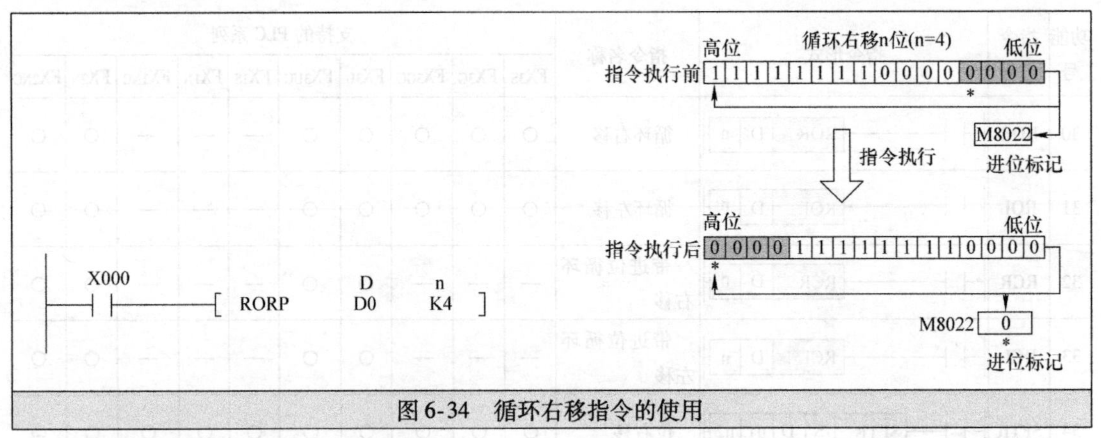

图 6-34　循环右移指令的使用

2. 循环左移（环形左移）指令

（1）指令格式

循环左移指令格式如下：

指令名称与功能号	指令符号	指令形式与功能说明	操作数	
			D（16/32 位）	n（16/32 位）
循环左移（FNC31）	(D) ROL (P)	ROL D n 将 D 的数据环形左移 n 位	KnY、KnS、KnM、T、C、D、V、Z、R、变址修饰	K、H、D、R n≤16（16 位） n≤32（32 位）

（2）使用说明

循环左移指令的使用如图 6-35 所示。当常开触点 X000 闭合时，ROLP 指令执行，将 D0 中的数据左移（从低位往高位移）4 位，其中高 4 位移至低 4 位，最后移出的一位（即图中标有＊号的位）除了移到 D0 的最低位外，还会移入进位标记继电器 M8022 中。为了避免每个扫描周期都进行左移，通常采用脉冲执行型指令 ROLP。

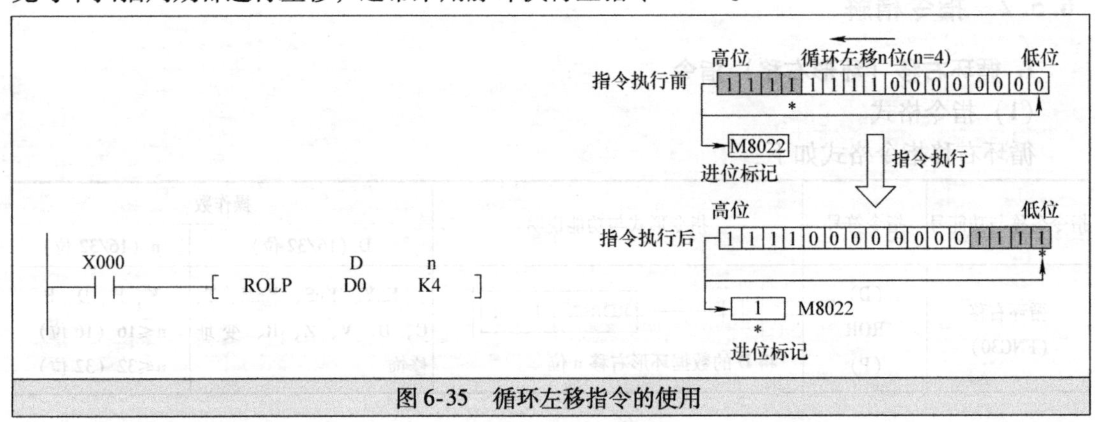

图 6-35　循环左移指令的使用

3. 带进位循环右移指令

（1）指令格式

带进位循环右移指令格式如下：

指令名称与功能号	指令符号	指令形式与功能说明	操作数	
			D（16/32位）	n（16/32位）
带进位循环右移（FNC32）	（D）RCR（P）	RCR D n 将D的数据与进位值一起环形右移n位	KnY、KnS、KnM、T、C、D、V、Z、R、变址修饰	K、H、D、R n≤16（16位） n≤32（32位）

（2）使用说明

带进位循环右移指令的使用如图6-36所示。当常开触点X000闭合时，RCRP指令执行，将D0中的数据右移4位，D0中的低4位与继电器M8022的进位标记位（图中为1）一起往高4位移，D0最后移出的一位（即图中标有＊号的位）移入M8022。为了避免每个扫描周期都进行右移，通常采用脉冲执行型指令RCRP。

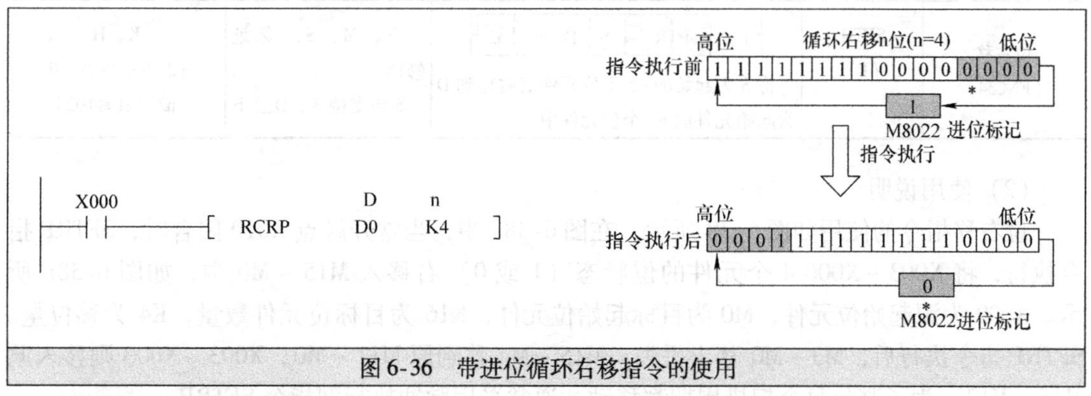

图6-36　带进位循环右移指令的使用

4. 带进位循环左移指令

（1）指令格式

带进位循环左移指令格式如下：

指令名称与功能号	指令符号	指令形式与功能说明	操作数	
			D（16/32位）	n（16/32位）
带进位循环左移（FNC33）	（D）RCL（P）	RCL D n 将D的数据与进位值一起环形左移n位	KnY、KnS、KnM、T、C、D、V、Z、R、变址修饰	K、H、D、R n≤16（16位） n≤32（32位）

（2）使用说明

带进位循环左移指令的使用如图6-37所示。当常开触点X000闭合时，RCLP指令执行，将D0中的数据左移4位，D0中的高4位与继电器M8022的进位标记位（图中为0）一起往低4位移，D0最后移出的一位（即图中标有＊号的位）移入M8022。为了避免每个扫描周期都进行左移，通常采用脉冲执行型指令RCLP。

5. 位右移指令

（1）指令格式

位右移指令格式如下：

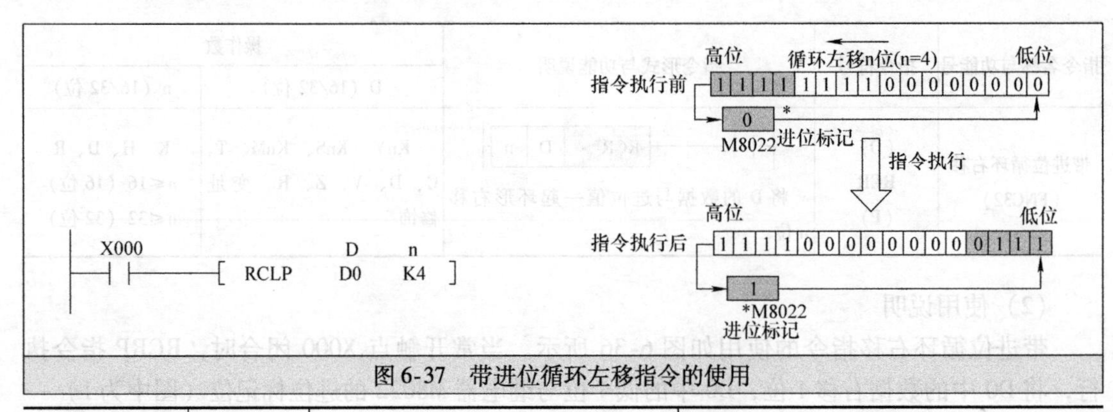

图 6-37　带进位循环左移指令的使用

指令名称与功能号	指令符号	指令形式与功能说明	操作数	
			S（位型）、D（位）	n1（16位）、n2（16位）
位右移 （FNC34）	SFTR （P）	SFTR S D n1 n2 将S为起始的n2个位元件值右移到D为起始元件的n1个位元件中	Y、M、S、变址修饰 S还支持X、D□. b	K、H n2还支持D、R n2≤n1≤1024

（2）使用说明

位右移指令的使用如图6-38所示。在图6-38a中，当常开触点X010闭合时，SFTRP指令执行，将X003～X000 4个元件的位状态（1或0）右移入M15～M0中，如图6-38b所示。X000为源起始位元件，M0为目标起始位元件，K16为目标位元件数量，K4为移位量。SFTRP指令执行后，M3～M0移出丢失，M15～M4移到原M11～M0，X003～X000则移入原M15～M12。为了避免每个扫描周期都移动，通常采用脉冲执行型指令SFTRP。

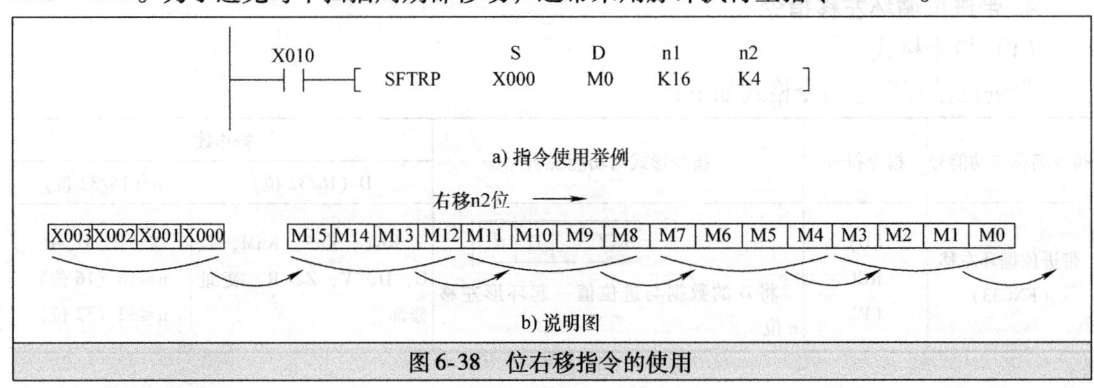

图 6-38　位右移指令的使用

6. 位左移指令

（1）指令格式

位左移指令格式如下：

指令名称与功能号	指令符号	指令形式与功能说明	操作数	
			S(位型)、D(位)	n1(16位)、n2(16位)
位左移 （FNC35）	SFTL （P）	SFTL S D n1 n2 将S为起始的n2个位元件的值左移到D为起始元件的n1个位元件中	Y、M、S、变址修饰 S还支持X、D□. b	K、H n2还支持D、R n2≤n1≤1024

（2）使用说明

位左移指令的使用如图6-39所示。在图6-39a中，当常开触点X010闭合时，SFTLP指令执行，将X003～X000 4个元件的位状态（1或0）左移入M15～M0中，如图6-39b所示。X000为源起始位元件，M0为目标起始位元件，K16为目标位元件数量，K4为移位量。SFTLP指令执行后，M15～M12移出丢失，M11～M0移到原M15～M4，X003～X000则移入原M3～M0。为了避免每个扫描周期都移动，通常采用脉冲执行型指令SFTLP。

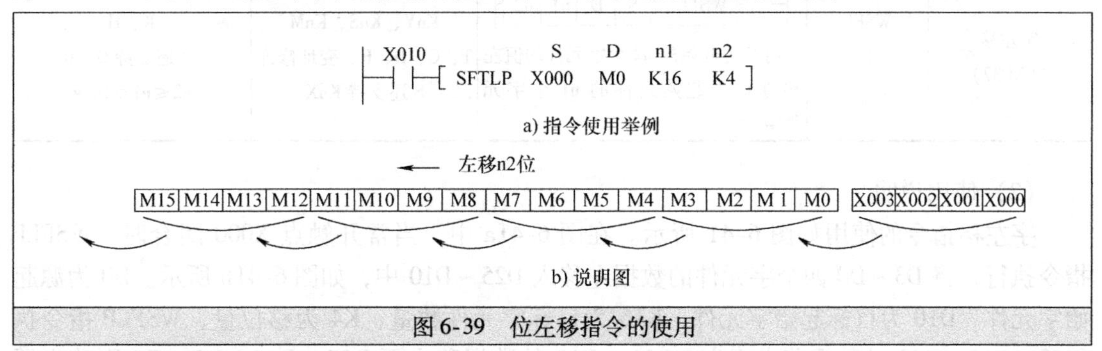

图6-39　位左移指令的使用

7. 字右移指令

（1）指令格式

字右移指令格式如下：

指令名称与功能号	指令符号	指令形式与功能说明	操作数	
			S（16位）、D（16位）	n1（16位）、n2（16位）
字右移 （FNC36）	WSFR （P）	WSFR S D n1 n2 将S为起始的n2个字元件的值右移到D为起始元件的n1个字元件中	KnY、KnS、KnM T、C、D、R、变址修饰 S还支持KnX	K、H n2还支持D、R n2≤n1≤1024

（2）使用说明

字右移指令的使用如图6-40所示。在图6-40a中，当常开触点X000闭合时，WSFRP指令执行，将D3～D0四个字元件的数据右移入D25～D10中，如图6-40b所示。D0为源起始字元件，D10为目标起始字元件，K16为目标字元件数量，K4为移位量。WSFRP指令执行后，D13～D10的数据移出丢失，D25～D14的数据移入原D21～D10，D3～D0则移入原D25～D22。为了避免每个扫描周期都移动，通常采用脉冲执行型指令WSFRP。

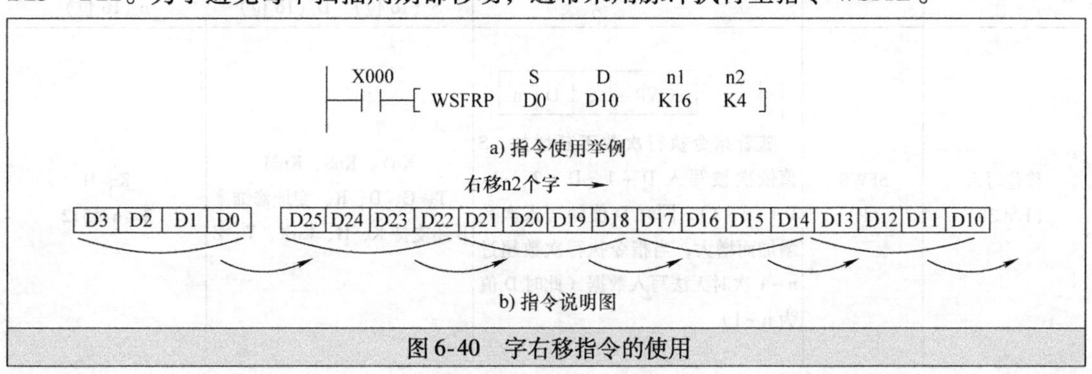

图6-40　字右移指令的使用

8. 字左移指令

（1）指令格式

字左移指令格式如下：

指令名称与功能号	指令符号	指令形式与功能说明	操作数	
			S（16位）、D（16位）	n1（16位）、n2（16位）
字左移 （FNC37）	WSFL （P）	[WSFL S D n1 n2] 将S为起始的n2个字元件的值左移到D为起始元件的n1个字元件中	KnY、KnS、KnM T、C、D、R、变址修饰 S还支持KnX	K、H n2还支持D、R n2≤n1≤1024

（2）使用说明

字左移指令的使用如图6-41所示。在图6-41a中，当常开触点X000闭合时，WSFLP指令执行，将D3～D0四个字元件的数据左移入D25～D10中，如图6-41b所示。D0为源起始字元件，D10为目标起始字元件，K16为目标字元件数量，K4为移位量。WSFLP指令执行后，D25～D22的数据移出丢失，D21～D10的数据移入原D25～D14，D3～D0则移入原D13～D10。为了避免每个扫描周期都移动，通常采用脉冲执行型指令WSFLP。

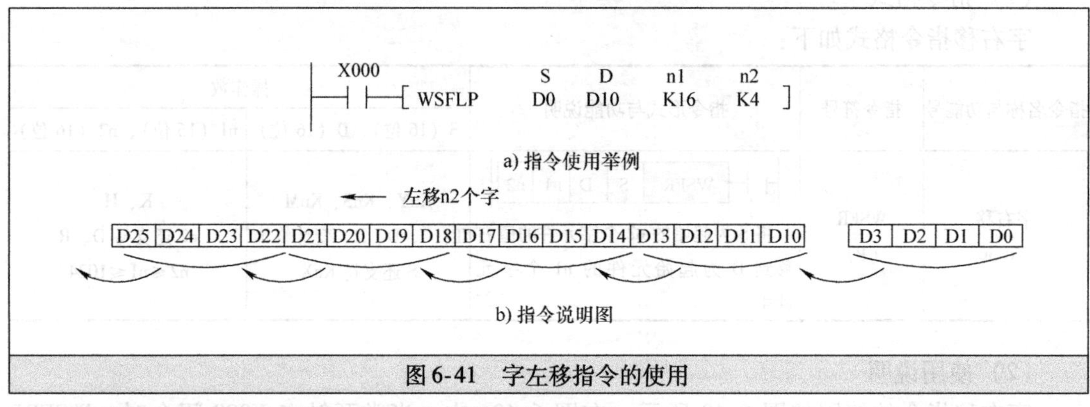

图6-41　字左移指令的使用

9. 移位写入（先入先出/先入后出控制用）指令

（1）指令格式

移位写入指令格式如下：

指令名称与功能号	指令符号	指令形式与功能说明	操作数	
			S（16位）、D（16位）	n（16位）
移位写入 （FNC38）	SFWR （P）	[SFWR S D n] 随着指令执行次数不断增加，S值依次被写入D+1、D+2、…、D+(n-1)，同时D值随写入次数增加而增大，当指令执行次数超过n-1次时无法写入数据（此时D值为n-1）	KnY、KnS、KnM T、C、D、R、变址修饰 S还支持K、H、KnX、V、Z	K、H 2≤n≤512

（2）使用说明

移位写入指令的使用如图6-42所示。当常开触点X000闭合时，SFWRP指令执行，将D0中的数据写入D2中，同时作为指示器（或称指针）D1的数据自动增1，当X000触点第二次闭合时，D0中的数据被写入D3中，D1中的数据再增1，连续闭合X000触点时，D0中的数据将依次写入D4、D5…中，D1中的数据也会自动递增1，当D1超过n－1时，所有寄存器被存满，进位标志继电器M8022会被置1。

D0为源操作元件，D1为目标起始元件，K10为目标存储元件数量。为了避免每个扫描周期都移动，通常采用脉冲执行型指令SFWRP。

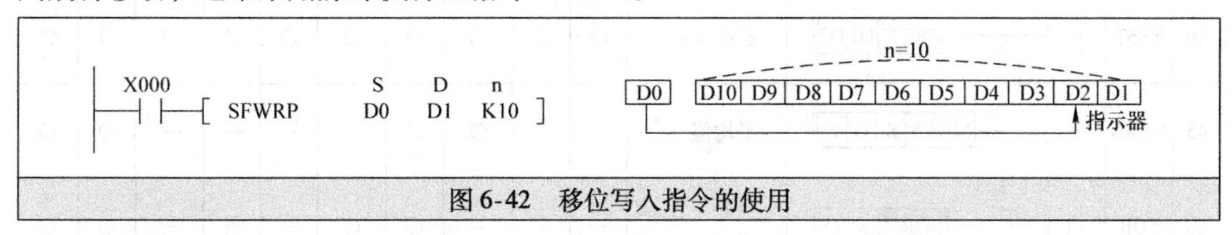

图6-42 移位写入指令的使用

10. 移位读出（先入先出控制用）指令

（1）指令格式

移位读出指令格式如下：

指令名称与功能号	指令符号	指令形式与功能说明	操作数	
			S（16位）、D（16位）	n（16位）
移位读出（FNC39）	SFRD（P）	SFRD S D n 随着指令执行次数不断增加，D+1、D+2、…、D+（n－1）的值被依次读出到S，D值随读出次数增加而不断减小，指令执行次数超过n－1次时无法读出数据（此时D值为0）	KnY、KnS、KnM T、C、D、R、变址修饰 S还支持K、H、KnX、V、Z	K、H 2≤n≤512

（2）使用说明

移位读出指令的使用如图6-43所示。当常开触点X000闭合时，SFRDP指令执行，将D2中的数据读入D20中，指示器D1的数据减1，同时D3数据移入D2（即D10～D3→D9～D2）。当连续闭合X000触点时，D2中的数据会不断读入D20，同时D10～D3中的数据也会由左往右不断逐字移入D2中，D1中的数据会随之递减1，当D1减到0时，所有寄存器的数据都被读出，0标志继电器M8020会被置1。

D1为源起始操作元件，D20为目标元件，K10为源操作元件数量。为了避免每个扫描周期都移动，通常采用脉冲执行型指令SFRDP。

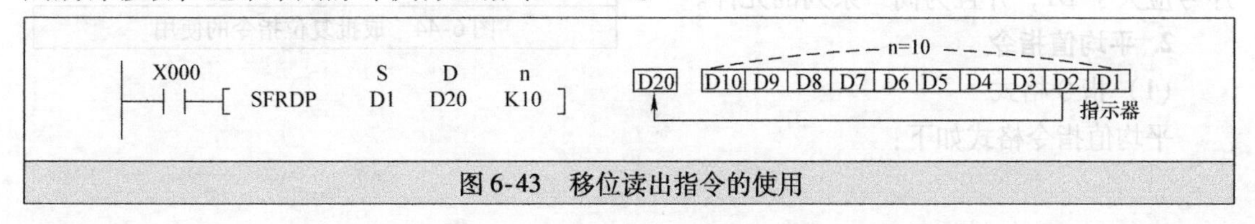

图6-43 移位读出指令的使用

6.6 数据处理类指令

6.6.1 指令一览表

数据处理类指令的功能号、符号、形式、名称及支持的 PLC 系列如下：

功能号	指令符号	指令形式	指令名称	支持的 PLC 系列									
				FX3S	FX3G	FX3GC	FX3U	FX3UC	FX1S	FX1N	FX1NC	FX2N	FX2NC
40	ZRST	ZRST D1 D2	成批复位	○	○	○	○	○	○	○	○	○	○
45	MEAN	MEAN S D n	平均值	○	○	○	○	○	—	—	—	○	○
48	SQR	SQR S D	BIN 开方运算	—	—	—	○	○	—	—	—	○	○
147	SWAP	SWAP S	高低字节互换	—	—	—	○	○	—	—	—	○	○

6.6.2 指令精解

1. 成批复位指令

（1）指令格式

成批复位指令格式如下：

指令名称与功能号	指令符号	指令形式与功能说明	操作数
			D1（16 位）、D2（16 位）
成批复位（FNC40）	ZRST（P）	ZRST D1 D2 将 D1～D2 所有的元件复位	Y、M、S、T、C、D、R、变址修饰（D1≤D2，且为同一类型元件）

（2）使用说明

成批复位指令的使用如图 6-44 所示。在 PLC 开始运行时，M8002 触点接通一个扫描周期，ZRST 指令执行，将辅助继电器 M500～M599、计数器 C235～C255 和状态继电器 S0～S127 全部复位清 0。

在使用 ZRST 指令时，目标操作数 D2 的序号应大于 D1，并且为同一系列的元件。

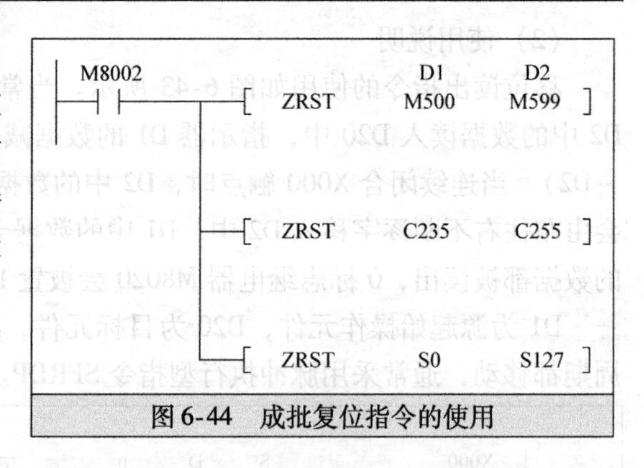

图 6-44　成批复位指令的使用

2. 平均值指令

（1）指令格式

平均值指令格式如下：

指令名称与功能号	指令符号	指令形式与功能说明	操作数		
			S（16/32 位）	D（16/32 位）	n（16/32 位）
平均值（FNC45）	（D）MEAN（P）	MEAN S D n 计算 S 为起始的 n 个元件的数据平均值，再将平均值存入 D	KnX、KnY、KnM、KnS、T、C、D、R、变址修饰	KnY、KnM、KnS、T、C、D、R、V、Z、变址修饰	K、H、D、R n＝1～64

（2）使用说明

平均值指令的使用如图 6-45 所示。当常开触点 X000 闭合时，MEAN 指令执行，计算 D0～D2 中数据的平均值，平均值存入目标元件 D10 中。D0 为源起始元件，D10 为目标元件，n＝3 为源元件的个数。

X000　[MEAN　D0（S）　D10（D）　K3（n）]　$\frac{D0+D1+D2}{3} \rightarrow D10$

图 6-45　平均值指令的使用

3. BIN 开方运算（二进制求平方根）指令

（1）指令格式

BIN 开方运算指令格式如下：

指令名称与功能号	指令符号	指令形式与功能说明	操作数	
			S（16/32 位）	D（16/32 位）
BIN 开方运算（FNC48）	（D）SQR（P）	SQR S D 对 S 值进行开方运算，结果存入 D	K、H、D、R、变址修饰	D、R、变址修饰

（2）使用说明

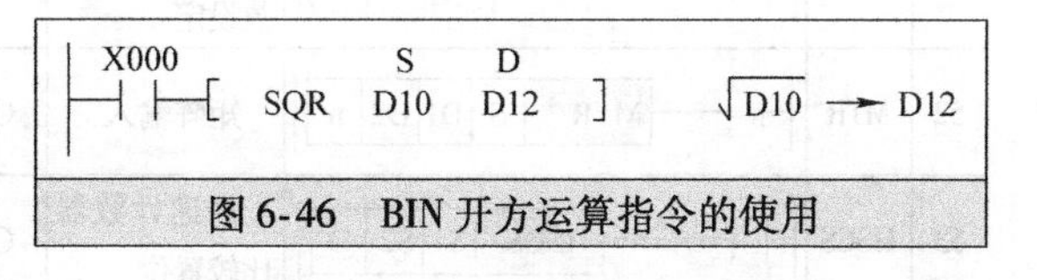

图 6-46　BIN 开方运算指令的使用

BIN 开方运算指令的使用如图 6-46 所示。当常开触点 X000 闭合时，SQR 指令执行，对源操作元件 D10 中的数进行 BIN 开方运算，运算结果的整数部分存入目标操作元件 D12 中，若存在小数部分，小数部分舍去，同时进位标志继电器 M8021 置位，若运算结果为 0，则 0 标志继电器 M8020 置位。

4. 高低字节互换指令

（1）指令格式

高低字节互换指令格式如下：

指令名称与功能号	指令符号	功能号	操作数
			S
高低字节互换（FNC147）	（D）SWAP（P）	SWAP S 将 S 的高 8 位与低 8 位互换	KnY、KnM、KnS、T、C、D、R、V、Z、变址修饰

（2）使用说明

高低字节互换指令的使用如图 6-47 所示。图 6-47a 中的 SWAPP 为 16 位指令，当常开触点 X000 闭合时，SWAPP 指令执行，D10 中的高 8 位和低 8 位数据互换；图 6-47b 的 DSWAP 为 32 位指令，当常开触点 X001 闭合时，DSWAPP 指令执行，D10 中的高 8 位和低 8 位数据互换，D11 中的高 8 位和低 8 位数据也互换。

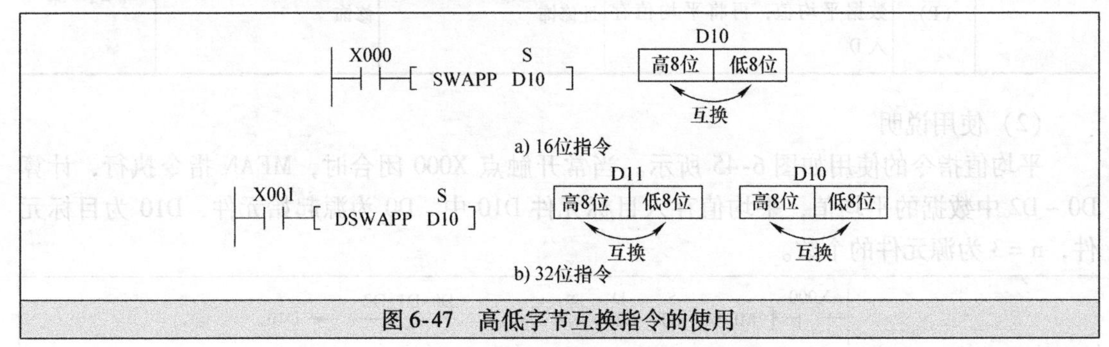

图 6-47　高低字节互换指令的使用

6.7　高速处理类指令

6.7.1　指令一览表

高速处理类指令的功能号、符号、形式、名称及支持的 PLC 系列如下：

功能号	指令符号	指令形式	指令名称	支持的 PLC 系列									
				FX3S	FX3G	FX3GC	FX3U	FX3UC	FX1S	FX1N	FX1NC	FX2N	FX2NC
50	REF	REF D n	输入输出刷新	○	○	○	○	○	○	○	○	○	○
51	REFF	REFF n	输入滤波常数设定	—	—	—	○	○	—	—	—	○	○
52	MTR	MTR S D1 D2 n	矩阵输入	○	○	○	○	○	○	○	○	○	○
53	HSCS	HSCS S1 S2 D	高速计数器比较置位	○	○	○	○	○	○	○	○	○	○
54	HSCR	HSCR S1 S2 D	高速计数器比较复位	○	○	○	○	○	○	○	○	○	○
55	HSZ	HSZ S1 S2 S D	高速计数器区间比较	○	○	○	○	○	—	—	—	○	○
56	SPD	SPD S1 S2 D	脉冲密度	○	○	○	○	○	○	○	○	○	○
57	PLSY	PLSY S1 S2 D	脉冲输出	○	○	○	○	○	○	○	○	○	○
58	PWM	PWM S1 S2 D	脉宽调制	○	○	○	○	○	○	○	○	○	○
59	PLSR	PLSR S1 S2 S3 D	带加减速的脉冲输出	○	○	○	○	○	○	○	○	○	○

6.7.2　指令精解

1. 输入输出刷新指令

(1) 指令格式

输入输出刷新指令格式如下：

指令名称与功能号	指令符号	指令形式与功能说明	操作数	
			D（位型）	N（16位）
输入输出刷新（FNC50）	REF（P）	[REF D n] 将D为起始的n个元件的状态立即输入或输出	X、Y	K、H

(2) 使用说明

在PLC运行程序时，若通过输入端子输入信号，PLC通常不会马上处理输入信号，要等到下一个扫描周期才处理输入信号，这样从输入到处理有一个时间差。另外，PLC在运行程序产生输出信号时，也不是马上从输出端子输出，而是等程序运行到END时，才将输出信号从输出端子输出，这样从产生输出信号到信号从输出端子输出也有一个时间差。如果希望PLC在运行时能即刻接收输入信号或能即刻输出信号，可采用输入输出刷新指令。

输入输出刷新指令的使用如图6-48所示。图6-48a为输入刷新，当常开触点X000闭合时，REF指令执行，将以X010为起始元件的8个（n=8）输入继电器X010~X017刷新，即让X010~X017端子输入的信号能马上被这些端子对应的输入继电器接收。图6-48b为输出刷新，当常开触点X001闭合时，REF指令执行，将以Y000为起始元件的24个（n=24）输出继电器Y000~Y007、Y010~Y017、Y020~Y027刷新，让这些输出继电器能即刻向相应的输出端子输出信号。

REF指令指定的首元件编号应为X000、X010、X020…，Y000、Y010、Y020…，刷新的点数n就应是8的整数（如8、16、24等）。

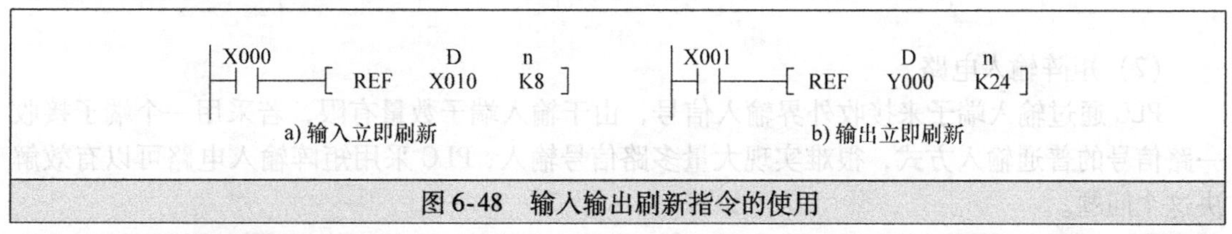

图6-48　输入输出刷新指令的使用

2. 输入滤波常数设定指令

(1) 指令格式

输入滤波常数设定指令格式如下：

指令名称与功能号	指令符号	指令形式与功能说明	操作数
			N（16位）
输入滤波常数设定（FNC51）	REFF（P）	[REFF n] 将X000~X017的输入滤波常数设为n×1ms	K、H、D、R n=0~60

（2）使用说明

为了提高 PLC 输入端子的抗干扰性，在输入端子内部都设有滤波器，滤波时间常数在 10ms 左右，可以有效吸收短暂的输入干扰信号，但对于正常的高速短暂输入信号也有抑制作用，为此 PLC 将一些输入端子的电子滤波器时间常数设为可调。三菱 FX 系列 PLC 将 X000 ~ X017 端子内的电子滤波器时间常数设为可调，调节采用 REFF 指令，时间常数调节范围为 0 ~ 60ms。

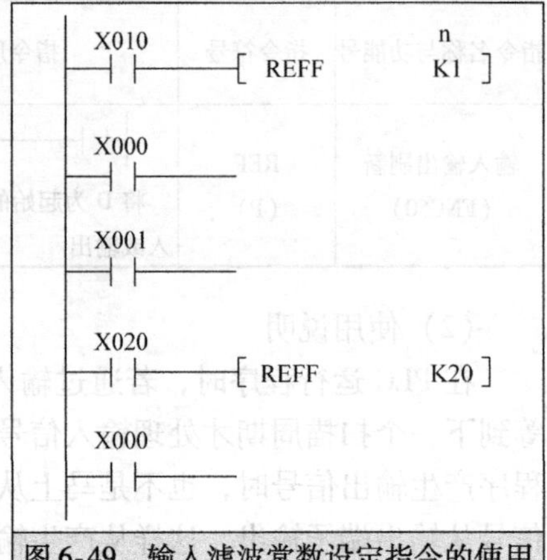

图 6-49　输入滤波常数设定指令的使用

输入滤波常数设定指令的使用如图 6-49 所示。当常开触点 X010 闭合时，REFF 指令执行，将 X000 ~ X017 端子的滤波常数设为 1ms（n = 1），该指令执行前这些端子的滤波常数为 10ms，该指令执行后这些端子时间常数为 1ms；当常开触点 X020 闭合时，REFF 指令执行，将 X000 ~ X017 端子的滤波常数设为 20ms（n = 20），此后至 END 或 FEND 处，这些端子的滤波常数为 20ms。

当 X000 ~ X007 端子用作高速计数输入、速度检测或中断输入时，它们的输入滤波常数自动设为 50μs。

3. 矩阵输入指令

（1）指令格式

矩阵输入指令格式如下：

指令名称与功能号	指令符号	指令形式与功能说明	操作数			
			S（位型）	D1（位型）	D2（位型）	n（16 位）
矩阵输入（FNC52）	MTR	┤├─[MTR S D1 D2 n] 指令功能说明见后面的使用说明	X	Y	Y、M、S	K、H n = 2 ~ 8

（2）矩阵输入电路

PLC 通过输入端子来接收外界输入信号，由于输入端子数量有限，若采用一个端子接收一路信号的普通输入方式，很难实现大量多路信号输入，PLC 采用矩阵输入电路可以有效解决这个问题。

图 6-50a 是一种 PLC 矩阵输入电路，它采用 X020 ~ X027 端子接收外界输入信号，这些端子外接 3 组由二极管和按键组成的矩阵输入电路，这三组矩阵电路一端都接到 X020 ~ X027 端子，另一端则分别接 PLC 的 Y020、Y021、Y022 端子。在工作时，Y020、Y021、Y022 端子内的硬触点轮流接通，如图 6-73b 所示，当 Y020 接通（ON）时，Y021、Y022 断开，当 Y021 接通时，Y020、Y022 断开，当 Y022 接通时，Y020、Y021 断开，然后重复这个过程，一个周期内每个端子接通时间为 20ms。

在 Y020 端子接通期间，若第一组输入电路中的某个按键按下，如 M37 按键按下，X027 端子输出的电流（24V 端子→S/S 端子→X027 内部输入电路→X027 端子流出）经二极管、按键流入 Y020 端子，并经 Y020 端子内部闭合的硬触点从 COM5 端子流出到 0V 端子，X027 端子有电流输出，相当于该端子有输入信号，该输入信号在 PLC 内部被转存到辅助继电器

M37 中。在 Y020 端子接通期间，若按第二组或第三组中某个按键，由于此时 Y021、Y022 端子均断开，故操作这两组按键均无效。在 Y021 端子接通期间，X020 ~ X027 端子接收第二组按键输入，在 Y022 端子接通期间，X020 ~ X027 端子接收第三组按键输入。

在采用图 6-50a 形式的矩阵输入电路时，如果将输出端子 Y020 ~ Y027 和输入端子 X020 ~ X027 全部利用起来，则可以实现 8 × 8 = 64 个开关信号输入。由于 Y020 ~ Y027 每个端子接通时间为 20ms，故矩阵电路的扫描周期为 8 × 20ms = 160ms。对于扫描周期长的矩阵输入电路，若输入信号时间小于扫描周期，可能会出现输入无效的情况。例如在图 6-50a 中，若在 Y020 端子刚开始接通时按下按键 M52，按下时间为 30ms 再松开，由于此时 Y022 端子还未开始导通（从 Y020 到 Y022 导通时间间隔为 40ms），故操作按键 M52 无效，因此矩阵输入电路不适用于要求快速输入的场合。

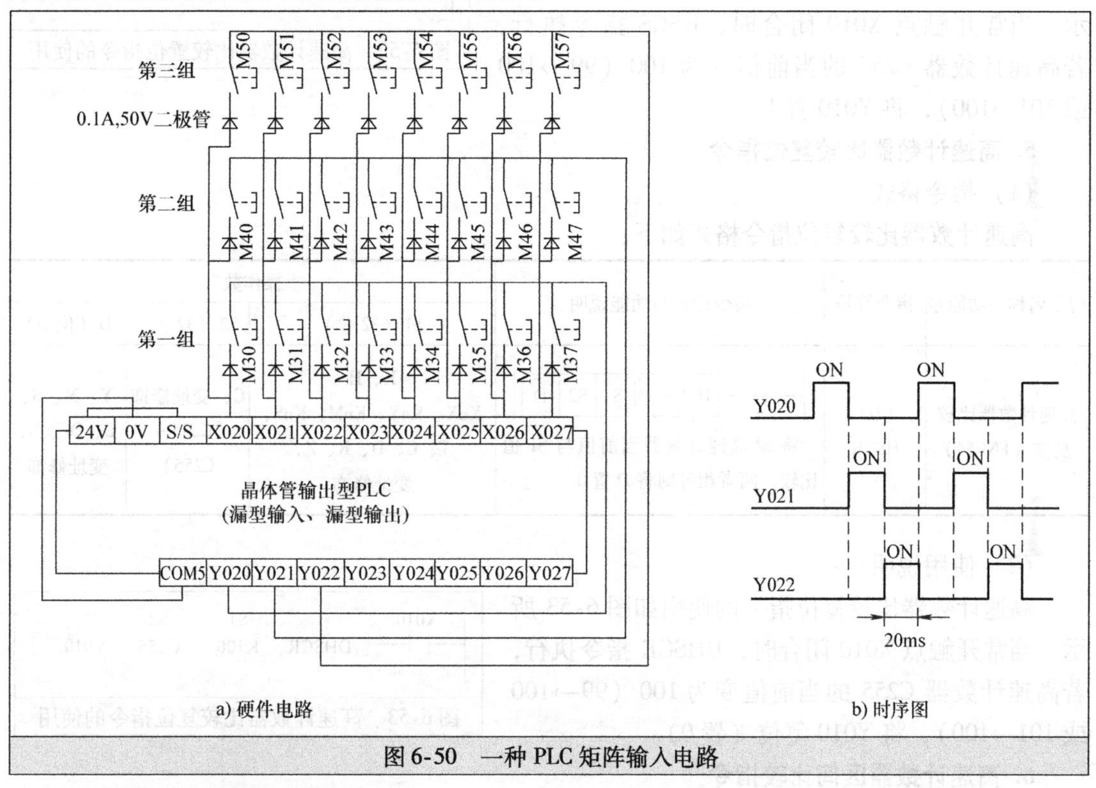

图 6-50　一种 PLC 矩阵输入电路

（3）矩阵输入指令的使用

若 PLC 采用矩阵输入方式，除了要加设矩阵输入电路外，还要用 MTR 指令进行矩阵输入设置。矩阵输入指令的使用如图 6-51 所示。当触点 M0 闭合时，MTR 指令执行，将 X020 为起始编号的 8 个连号元件作为矩阵输入，将 Y020 为起始编号的 3 个（n = 3）连号元件作为矩阵输出，将矩阵输入信号保存在以 M30 为起始编号的三组 8 个连号元件（M30 ~ M37、M40 ~ M47、M50 ~ M57）中。

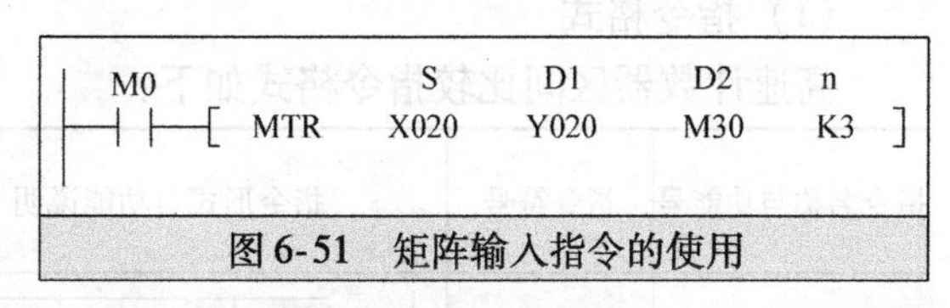

图 6-51　矩阵输入指令的使用

4. 高速计数器比较置位指令

（1）指令格式

高速计数器比较置位指令格式如下：

指令名称与功能号	指令符号	指令形式与功能说明	操作数		
			S1（32 位）	S2（32 位）	D（位型）
高速计数器比较置位（FNC53）	（D）HSCS	HSCS S1 S2 D 将 S2 高速计数器当前值与 S1 值比较，两者相等则将 D 置 1	K、H KnX、KnY、KnM、KnS、T、C、D、R、Z、变址修饰	C、变址修饰（C235～C255）	Y、M、S、D□. b、变址修饰

（2）使用说明

高速计数器比较置位指令的使用如图 6-52 所示。当常开触点 X010 闭合时，HSCS 指令执行，若高速计数器 C255 的当前值变为 100（99→100 或 101→100），将 Y010 置 1。

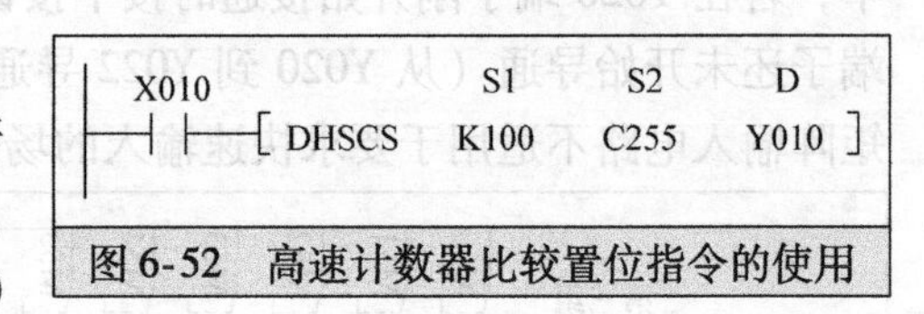

图 6-52　高速计数器比较置位指令的使用

5. 高速计数器比较复位指令

（1）指令格式

高速计数器比较复位指令格式如下：

指令名称与功能号	指令符号	指令形式与功能说明	操作数		
			S1（32 位）	S2（32 位）	D（位型）
高速计数器比较复位（FNC54）	（D）HSCR	HSCR S1 S2 D 将 S2 高速计数器当前值与 S1 值比较，两者相等则将 D 置 0	K、H KnX、KnY、KnM、KnS、T、C、D、R、Z、变址修饰	C、变址修饰（C235～C255）	Y、M、S、C、D□. b、变址修饰

（2）使用说明

高速计数器比较复位指令的使用如图 6-53 所示。当常开触点 X010 闭合时，DHSCR 指令执行，若高速计数器 C255 的当前值变为 100（99→100 或 101→100），将 Y010 复位（置 0）。

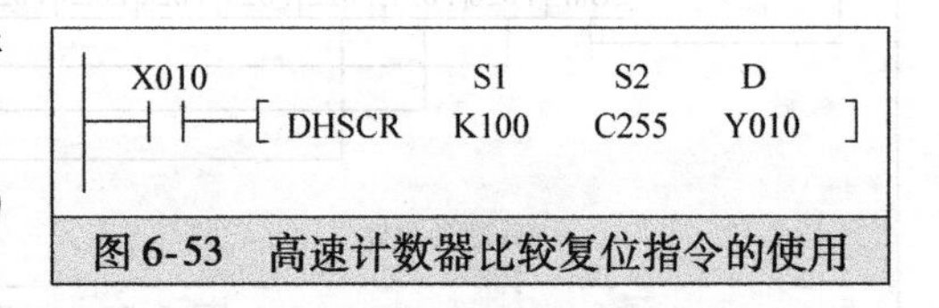

图 6-53　高速计数器比较复位指令的使用

6. 高速计数器区间比较指令

（1）指令格式

高速计数器区间比较指令格式如下：

指令名称与功能号	指令符号	指令形式与功能说明	操作数		
			S1（32 位）、S2（32 位）	S（32 位）	D（位型）
高速计数器区间比较（FNC55）	（D）HSZ	HSZ S1 S2 S D 将 S 高速计数器当前值与 S1、S2 值比较，S<S1 时将 D 置位，S1≤S≤S2 时将 D+1 置位，S>S2 时将 D+2 置位	K、H KnX、KnY、KnM、KnS、T、C、D、R、Z、变址修饰（S1≤S2）	C、变址修饰（C235～C255）	Y、M、S、D□. b、变址修饰

（2）使用说明

高速计数器区间比较指令的使用如图 6-54 所示。在 PLC 运行期间，M8000 触点始终闭合，高速计数器 C251 开始计数，同时 DHSZ 指令执行，当 C251 当前计数值 < K1000 时，让输出继电器 Y000 为 ON，当 K1000 ≤ C251 当前计数值 ≤ K2000 时，让输出继电器 Y001 为 ON，当 C251 当前计数值 > K2000 时，让输出继电器 Y003 为 ON。

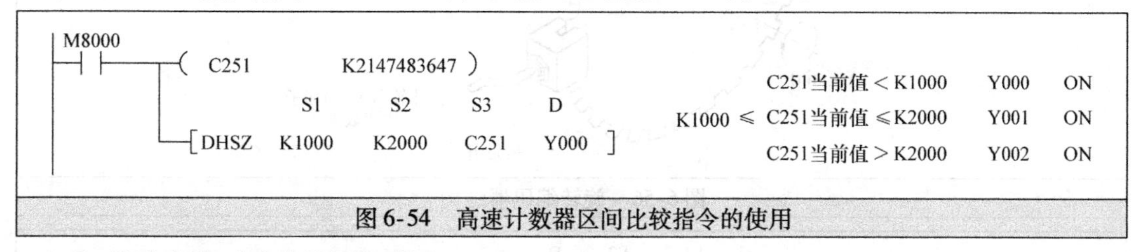

图 6-54 高速计数器区间比较指令的使用

7. 脉冲密度（速度检测）指令

（1）指令格式

脉冲密度指令格式如下：

指令名称与功能号	指令符号	指令形式与功能说明	操作数		
			S1（位型）	S2（16/32 位）	D（16/32 位）
脉冲密度（FNC56）	（D）SPD	SPD S1 S2 D 计算 S1 端在 S2 时间（单位 ms）输入脉冲的个数，个数值存入 D	X0～X5（FX2N/3S）、X0～X7（FX3G/3U）、变址修饰	K、H、KnX、KnY、KnM、KnS、T、C、D、R、V、Z、变址修饰	T、C、D、R、V、Z、变址修饰

（2）使用说明

脉冲密度指令的使用如图 6-55 所示。当常开触点 X010 闭合时，SPD 指令执行，计算 X000 输入端子在 100ms 输入脉冲的个数，并将个数值存入 D0 中，指令还使用 D1、D2，其中 D1 用来存放当前时刻的脉冲数值（会随时变化），到 100ms 时复位，D2 用来存放计数的剩余时间，到 100ms 时复位。

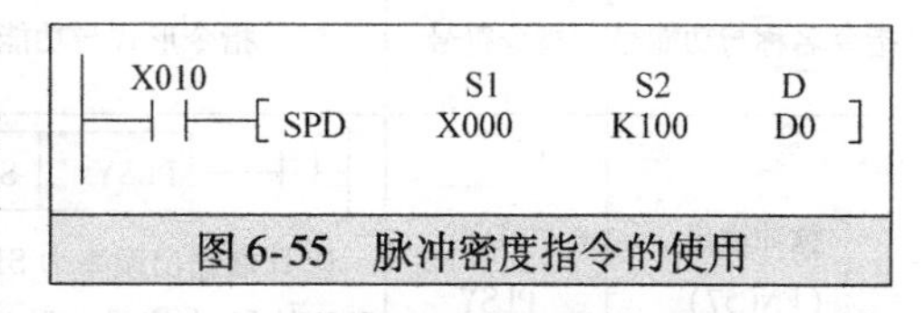

图 6-55 脉冲密度指令的使用

采用旋转编码器配合 SPD 指令可以检测电动机的转速。旋转编码器结构如图 6-56 所示。旋转编码器盘片与电动机转轴连动，在盘片旁安装有接近开关，盘片凸起部分靠近接近开关时，开关会产生脉冲输出，n 为编码器旋转一周输出的脉冲数。在测速时，先将测速用的旋转编码器与电动机转轴连接，编码器的输出线接 PLC 的 X0 输入端子，再根据电动机的转速计算公式 $N=\left(\frac{60\times[\mathrm{D}]}{n\times[\mathrm{S2}]}\times10^3\right)\mathrm{r/min}$ 编写梯形图程序。

设旋转编码器的 $n=360$，计时时间 $\mathrm{S2}=100\mathrm{ms}$，则 $N=\left(\frac{60\times[\mathrm{D}]}{n\times[\mathrm{S2}]}\times10^3\right)\mathrm{r/min}=\left(\frac{60\times[\mathrm{D}]}{360\times100}\times10^3\right)\mathrm{r/min}=\left(\frac{5\times[\mathrm{D}]}{3}\right)\mathrm{r/min}$。电动机转速检测程序如图 6-57 所示。

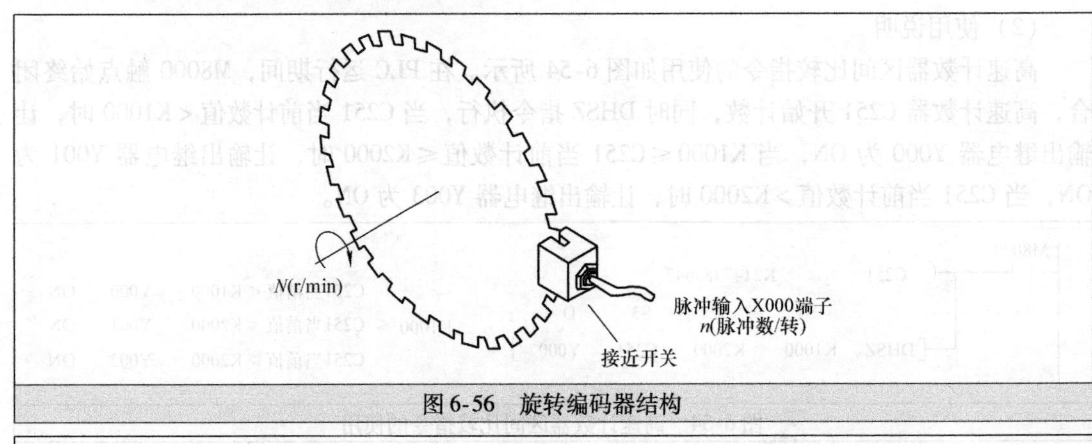

图 6-56　旋转编码器结构

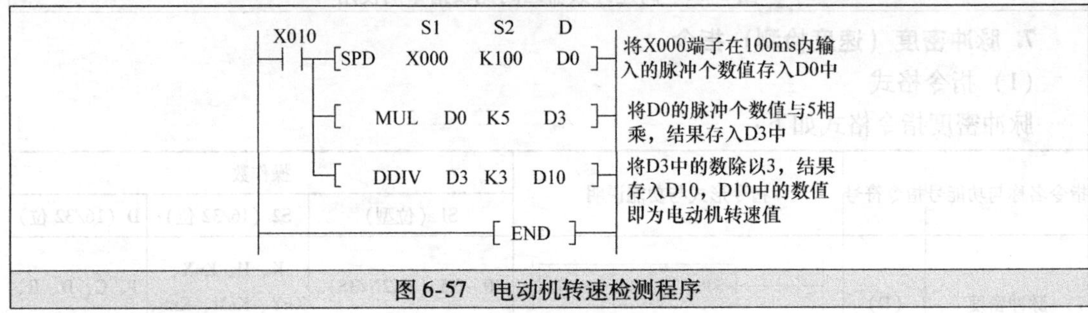

图 6-57　电动机转速检测程序

8. 脉冲输出指令

（1）指令格式

脉冲输出指令格式如下：

指令名称与功能号	指令符号	指令形式与功能说明	操作数	
			S1、S2（均为16/32位）	D（位型）
脉冲输出（FNC57）	(D) PLSY	PLSY S1 S2 D 让D端输出频率为S1、占空比为50%的脉冲信号，脉冲个数由S2指定	K、H、KnX、KnY、KnM、KnS、T、C、D、R、V、Z、变址修饰	Y0或Y1（晶体管输出型基本单元）

（2）使用说明

脉冲输出指令的使用如图 6-58 所示。当常开触点 X010 闭合时，PLSY 指令执行，让 Y000 端子输出占空比为 50% 的 1000Hz 脉冲信号，产生脉冲个数由 D0 指定。

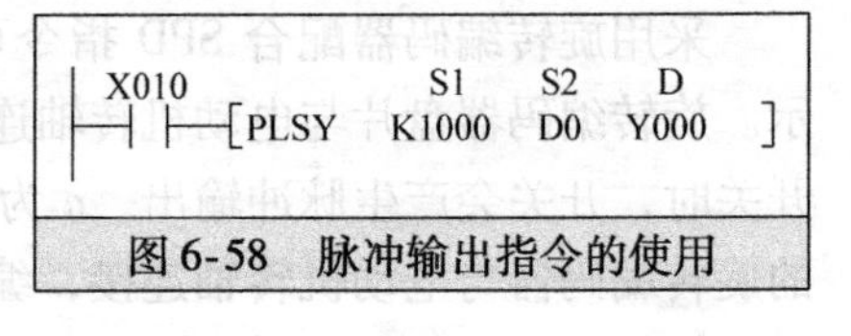

图 6-58　脉冲输出指令的使用

脉冲输出指令使用要点如下：

1）[S1] 为输出脉冲的频率，对于 FX_{2N} 系列 PLC，频率范围为 10～20kHz；[S2] 为要求输出脉冲的个数，对于 16 位操作元件，可指定的个数为 1～32767，对于 32 位操作元件，可指定的个数为 1～2147483647，如指定个数为 0，则持续输出脉冲；[D] 为脉冲输出端子，要求为输出端子为晶体管输出型，只能选择 Y000 或 Y001。

2）脉冲输出结束后，完成标记继电器 M8029 置 1，输出脉冲总数保存在 D8037（高位）

和 D8036（低位）。

3）若选择产生连续脉冲，在 X010 断开后 Y000 停止脉冲输出，X010 再闭合时重新开始。

4）[S1] 中的内容在该指令执行过程中可以改变，[S2] 在指令执行时不能改变。

9. 脉冲调制指令

（1）指令格式

脉冲调制指令格式如下：

指令名称与功能号	指令符号	指令形式与功能说明	操作数	
			S1、S2（均为16位）	D（位型）
脉冲调制（FNC58）	PWM	PWM S1 S2 D 让 D 端输出脉冲宽度为 S1、周期为 S2 的脉冲信号。S1、S2 单位均为 ms	K、H、KnX、KnY、KnM、KnS、T、C、D、R、V、Z、变址修饰	Y0 或 Y1（晶体管输出型基本单元）

（2）使用说明

脉冲调制指令的使用如图 6-59 所示。当常开触点 X010 闭合时，PWM 指令执行，让 Y000 端子输出脉冲宽度为 D10、周期为 50ms 的脉冲信号。

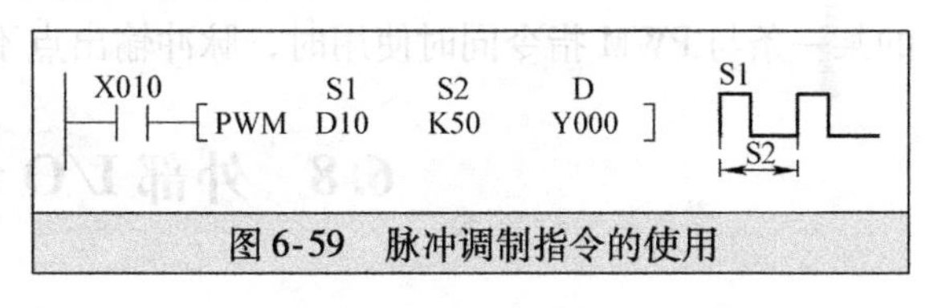

图 6-59　脉冲调制指令的使用

脉冲调制指令使用要点如下：

1）[S1] 为输出脉冲的宽度 t，$t=0\sim32767$ms；[S2] 为输出脉冲的周期 T，$T=1\sim32767$ms，要求 [S2] > [S1]，否则会出错；[D] 为脉冲输出端子，只能选择 Y000 或 Y001。

2）当 X010 断开后，Y000 端子停止脉冲输出。

10. 带加减速（可调速）的脉冲输出指令

（1）指令格式

带加减速（可调速）的脉冲输出指令格式如下：

指令名称与功能号	令符号	指令形式与功能说明	操作数	
			S1、S2、S3（均为16/32位）	D（位型）
带加减速的脉冲输出（FNC59）	(D) PLSR	PLSR S1 S2 S3 D 让 D 端输出最高频率为 S1、脉冲个数为 S2、加减速时间为 S3 的脉冲信号	K、H、KnX、KnY、KnM、KnS、T、C、D、R、V、Z、变址修饰	Y0 或 Y1（晶体管输出型基本单元）

（2）使用说明

带加减速（可调速）的脉冲输出指令的使用如图 6-60 所示。当常开触点 X010 闭合时，PLSR 指令执行，让 Y000 端子输出脉冲信号，输出脉冲频率由 0 开始，在

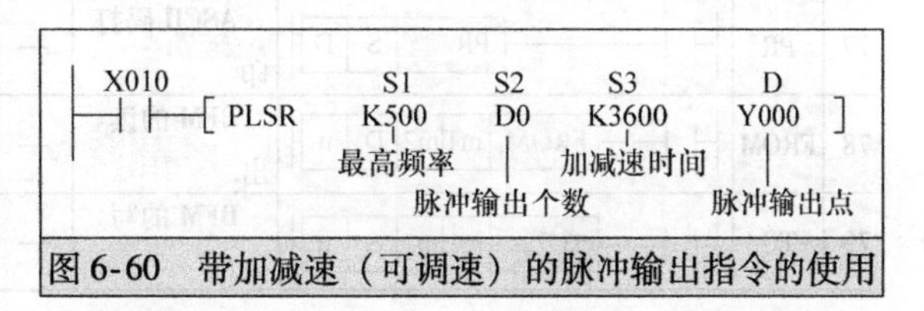

图 6-60　带加减速（可调速）的脉冲输出指令的使用

3600ms 内升到最高频率 500Hz，在最高频率时产生 D0 个脉冲，再在 3600ms 内从最高频率降到 0。

带加减速（可调速）的输出指令使用要点如下：

1）[S1] 为输出脉冲的最高频率，最高频率要设成 10 的倍数，设置范围为 10～20kHz。

2）[S2] 为最高频率时输出脉冲数，该数值不能小于 110，否则不能正常输出，[S2] 的范围是 110～32767（16 位操作数）或 110～2147483647（32 位操作数）。

3）[S3] 为加减速时间，它是指脉冲由 0 达到最高频率（或最高频率降到 0）所需的时间。输出脉冲的一次变化为最高频率的 1/10。加减速时间设置有一定的范围，具体可采用以下式计算：

$$\frac{9000}{[S1]}\times 5 \leqslant [S3] \leqslant \frac{[S2]}{[S1]}\times 818$$

4）[D] 为脉冲输出点，只能为 Y000 或 Y001，且要求是晶体管输出型。

5）若 X010 由 ON 变为 OFF，停止输出脉冲，X010 再 ON 时，从初始重新动作。

6）PLSR 和 PLSY 两条指令在程序中只能使用一条，并且只能使用一次。这两条指令中的某一条与 PWM 指令同时使用时，脉冲输出点不能重复。

6.8 外部 I/O 设备类指令

6.8.1 指令一览表

外部 I/O 设备类指令的功能号、符号、形式、名称及支持的 PLC 系列如下：

功能号	指令符号	指令形式	指令名称	支持的 PLC 系列									
				FX_{3S}	FX_{3G}	FX_{3GC}	FX_{3U}	FX_{3UC}	FX_{1S}	FX_{1N}	FX_{1NC}	FX_{2N}	FX_{2NC}
70	TKY	TKY S D1 D2	数字键输入	—	—	—	○	○	—	—	—	○	○
71	HKY	HKY S D1 D2 D3	十六进制数字键输入	—	—	—	○	○	—	—	—	○	○
72	DSW	DSW S D1 D2 n	数字开关	○	○	○	○	○	○	○	○	○	○
73	SEGD	SEGD S D	7 段解码器	—	—	—	○	○	—	—	—	○	○
74	SEGL	SEGL S D n	7SEG 时分显示	○	○	○	○	○	○	○	○	○	○
75	ARWS	ARWS S D1 D2 n	方向开关	—	—	—	○	○	—	—	—	○	○
76	ASC	ASC S D	ASCII 数据输入	—	—	—	○	○	—	—	—	○	○
77	PR	PR S D	ASCII 码打印	—	—	—	○	○	—	—	—	○	○
78	FROM	FROM m1 m2 D n	BFM 的读出	—	○	○	○	○	—	○	○	○	○
79	TO	TO m1 m2 S n	BFM 的写入	—	○	○	○	○	—	○	○	○	○

6.8.2 指令精解

1. 数字键输入指令

(1) 指令格式

数字键输入指令格式如下：

指令名称与功能号	指令符号	指令形式与功能说明	操作数		
			S（位型）	D1（16/32位）	D2（位型）
数字键输入（FNC70）	(D) TKY	TKY S D1 D2 将S为起始的10个连号元件的值送入D1，同时将D2为起始的10个连号元件中相应元件置位（也称置ON或置1）	X、Y、M、S、D□.b、变址修饰（10个连号元件）	KnY、KnM、KnS、T、C、D、R、V、Z、变址修饰	Y、M、S、D□.b、变址修饰（11个连号元件）

(2) 使用说明

数字键输入（TKY）指令的使用如图6-61所示。当X030触点闭合时，TKY指令执行，将X000为起始的X000～X011 10个端子输入的数据送入D0中，同时将M10为起始的M10～M19中相应的位元件置位。

使用TKY指令时，可在PLC的X000～X011 10个端子外接代表0～9的10个按键，如图6-61b所示。当常开触点X030闭合时，TKY指令执行，如果依次操作X002、X001、X003、X000，就往D0中输入数据2130，同时与按键对应的位元件M12、M11、M13、M10也依次被置ON，如图6-61c所示。当某一按键松开后，相应的位元件还会维持ON，直到下一个按键被按下才变为OFF。该指令还会自动用到M20，当依次操作按键时，M20会依次被置ON，ON的保持时间与按键的按下时间相同。

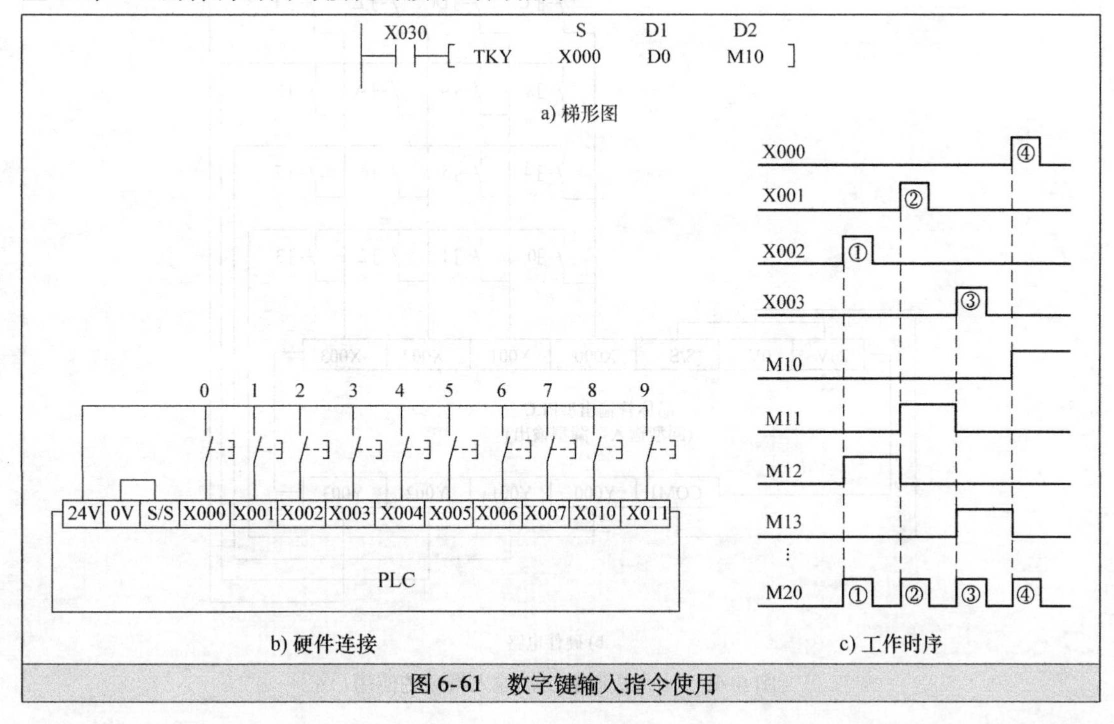

图6-61　数字键输入指令使用

数字键输入指令的使用要点如下：

1）若多个按键都按下，则先按下的键有效。

2）当常开触点 X030 断开时，M10～M20 都变为 OFF，但 D0 中的数据不变。

3）在 16 位操作时，输入数据范围是 0～9999，当输入数据超过 4 位，最高位数（千位数）会溢出，低位补入；在做 32 位操作时，输入数据范围是 0～99999999。

2. 十六进制数字键输入指令

（1）指令格式

十六进制数字键输入指令格式如下：

指令名称与功能号	指令符号	指令形式与功能说明	操作数			
			S（位型）	D1（位型）	D2（16/32 位）	D3（位型）
十六进制数字键输入（FNC71）	（D）HKY	HKY S D1 D2 D3 指令功能见后面的使用说明	X、变址修饰（占用4点）	Y、变址修饰（占用4点）	T、C、D、R、V、Z、变址修饰	Y、M、S、D□.b、变址修饰（占用8点）

（2）使用说明

十六进制数字键输入（HKY）指令的使用如图 6-62 所示。在使用 HKY 指令时，一般要给 PLC 外围增加键盘输入电路，如图 6-62b 所示。当 X004 触点闭合时，HKY 指令执行，将 X000 为起始的 X000～X003 4 个端子作为键盘输入端，将 Y000 为起始的 Y000～Y003

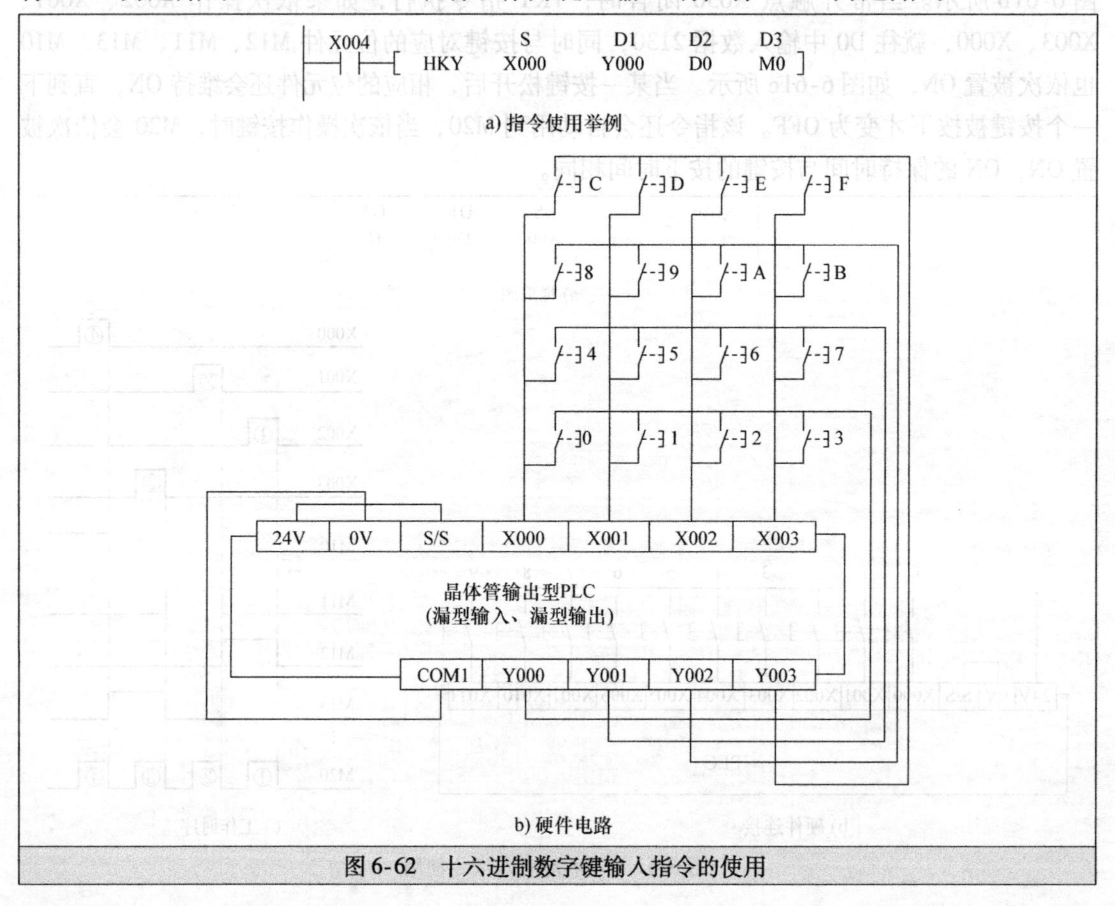

图 6-62　十六进制数字键输入指令的使用

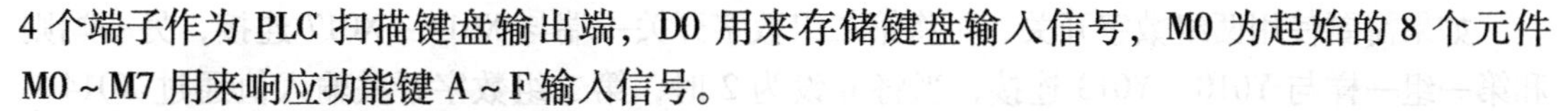

4个端子作为PLC扫描键盘输出端，D0用来存储键盘输入信号，M0为起始的8个元件M0~M7用来响应功能键A~F输入信号。

16键输入指令的使用要点如下：

1）利用0~9数字键可以输入0~9999数据，输入的数据以BIN码（二进制数）的形式保存在［D2］D0中，若输入数据大于9999，则数据的高位溢出，若使用32位操作指令DHKY时，可输入0~99999999，数据保存在D1、D0中。按下多个按键时，先按下的键有效。

2）Y000~Y003完成一次扫描工作后，完成标记继电器M8029会置位。

3）当操作功能键A~F时，M0~M7会有相应的动作，A~F与M0~M5的对应关系如下：

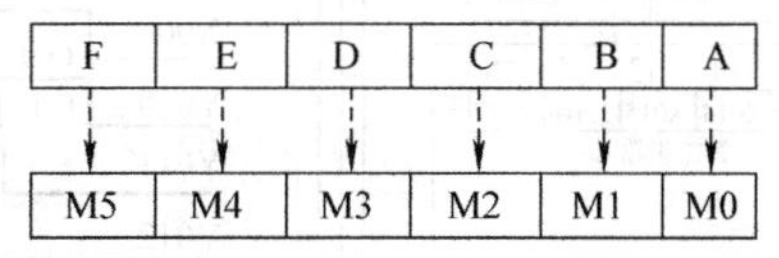

如按下A键时，M0置ON并保持，当按下另一键时，如按下D键，M0变为OFF，同时D键对应的元件M3）置ON并保持。

4）在按下A~F某个键时，M6置ON（不保持），松开按键M6由ON转为OFF；在按下0~9中的某个键时，M7置ON（不保持）。当常开触点X004断开时，［D2］D0中的数据仍保存，但M0~M7全变为OFF。

5）如果将M8167置ON，那么可以通过键盘输入十六进制数并保存在［D2］D0中。如操作键盘输入123BF，那么该数据会以二进制形式保持在［D2］中。

6）键盘一个完整扫描过程需要8个PLC扫描周期，为防止键输入滤波延时造成存储错误，要求使用恒定扫描模式或定时中断处理。

3. 数字开关指令

（1）指令格式

数字开关指令格式如下：

指令名称与功能号	指令符号	指令形式和功能说明	操作数			
			S（位型）	D1（位型）	D2（16位）	N（16位）
数字开关（FNC72）	DSW	DSW S D1 D2 n 指令功能见后面的使用说明	X、变址修饰（占用4点）	Y、变址修饰（占用4点）	T、C、D、R、V、Z、变址修饰	K、H n=1、2

（2）使用说明

数字开关（DSW）指令的使用如图6-63所示。在使用DSW指令时，应给PLC外接相应的数字开关输入电路。PLC与一组数字开关连接电路如图6-63b所示。当常开触点X000闭合时，DSW指令执行，PLC从Y010~Y013端子依次输出扫描脉冲，如果数字开关设置的输入值为1101 0110 1011 1001（数字开关某位闭合时，表示该位输入1），当Y010端子为ON时，数字开关的低4位往X013~X010输入1001，1001被存入D0低4位，当Y011端子为ON时，数字开关的次低4位往X013~X010输入1011，该数被存入D0的次低4位，一个扫描周期完成后，1101 0110 1011 1001全被存入D0中，同时完成标继电器M8029置ON。

如果需要使用两组数字开关，可将第二组数字开关一端与 X014～X017 连接，另一端则和第一组一样与 Y010～Y013 连接，当将 n 设为 2 时，第二组数字开关输入值通过 X014～X017 存入 D1 中。

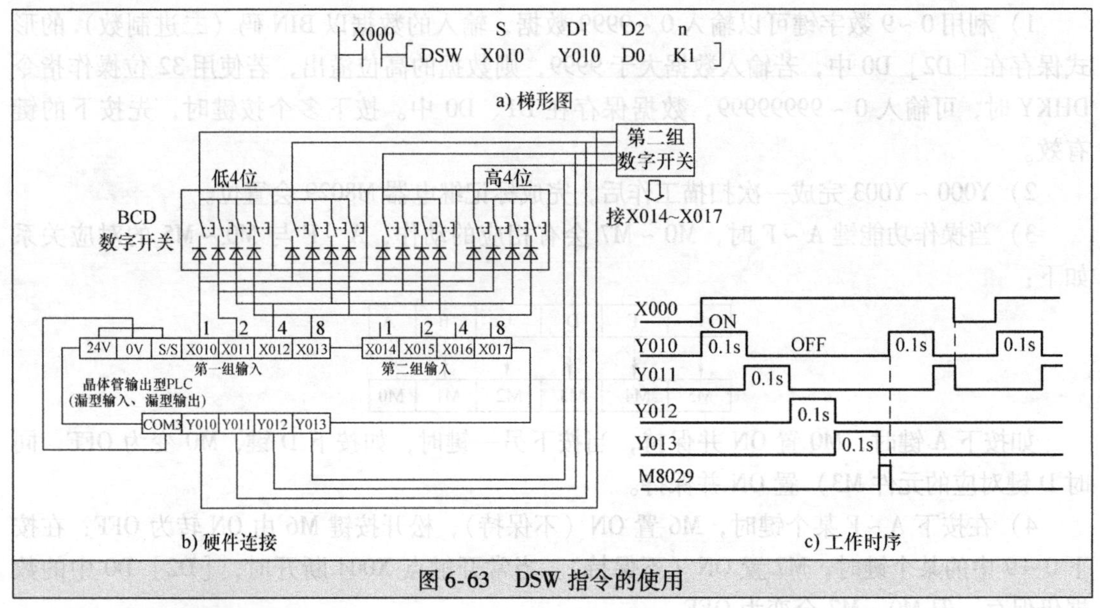

图 6-63　DSW 指令的使用

4. 7 段解码器指令

（1）指令格式

7 段解码器指令格式如下：

指令名称与功能号	指令符号	指令形式与功能说明	操作数	
			S（16 位）	D（16 位）
7 段解码器 （FNC73）	SEGD （P）	SEGD S D 将 S 的低 4 位数转换成 7 段码格式的数据，存入 D	K、H、KnX、KnY、KnM、KnS、T、C、D、R、V、Z、变址修饰	KnY、KnM、KnS、T、C、D、R、V、Z、变址修饰

（2）使用说明

7 段解码器（SEGD）指令的使用如图 6-64 所示。当常开触点 X000 闭合时，SEGD 指令执行，将 D0 中的低 4 位二进制数（代表十六进制数 0～F）转换成 7 段显示格式的数据，再保存在 Y000～Y007 中。4 位二进制数与 7 段显示格式数对应关系见表 6-3。

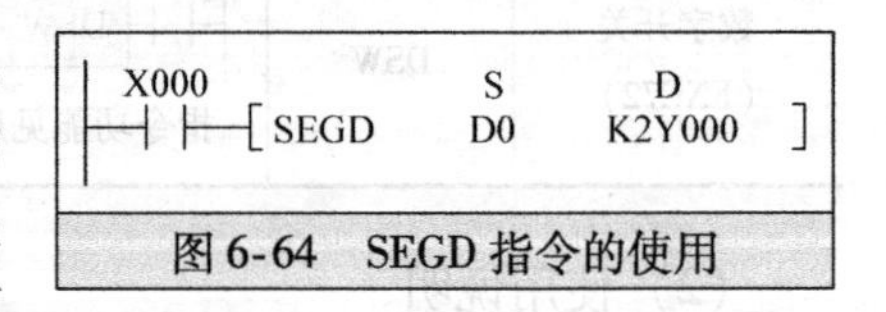

图 6-64　SEGD 指令的使用

（3）用 7 段解码器（SEGD）指令驱动 7 段码显示器

利用 SEGD 指令可以驱动 7 段码显示器显示字符，7 段码显示器外形与结构如图 6-65 所示，它是由 7 个发光二极管排列成“8”字形，根据发光二极管共用电极不同，可分为共阳极和共阴极两种。PLC 与 7 段码显示器连接如图 6-66 所示。在图 6-64 所示的梯形图中，设 D0 的低 4 位二进制数为 1001，当常开触点 X000 闭合时，SEGD 指令执行，1001 被转换成 7 段显示格式数据 01101111，该数据存入输出继电器 Y007～Y000，Y007～Y000 端子输出 01101111，

7 段码显示管 B6、B5、B3、B2、B1、B0 段亮（B4 段不亮），显示十进制数“9”。

表 6-3 4 位二进制数与 7 段显示格式数对应关系

[S]		7 段码构成	[D]								显示数据
十六进制	二进制		B7	B6	B5	B4	B3	B2	B1	B0	
0	0000		0	0	1	1	1	1	1	1	0
1	0001		0	0	0	0	0	1	1	0	1
2	0010		0	1	0	1	1	0	1	1	2
3	0011		0	1	0	0	1	1	1	1	3
4	0100		0	1	1	0	0	1	1	0	4
5	0101		0	1	1	0	1	1	0	1	5
6	0110	B0 B5 B6 B1 B4 B2 B3	0	1	1	1	1	1	0	1	6
7	0111		0	0	1	0	0	1	1	1	7
8	1000		0	1	1	1	1	1	1	1	8
9	1001		0	1	1	0	1	1	1	1	9
A	1010		0	1	1	1	0	1	1	1	A
B	1011		0	1	1	1	1	1	0	0	b
C	1100		0	0	1	1	1	0	0	1	C
D	1101		0	1	0	1	1	1	1	0	d
E	1110		0	1	1	1	1	0	0	1	E
F	1111		0	1	1	1	0	0	0	1	F

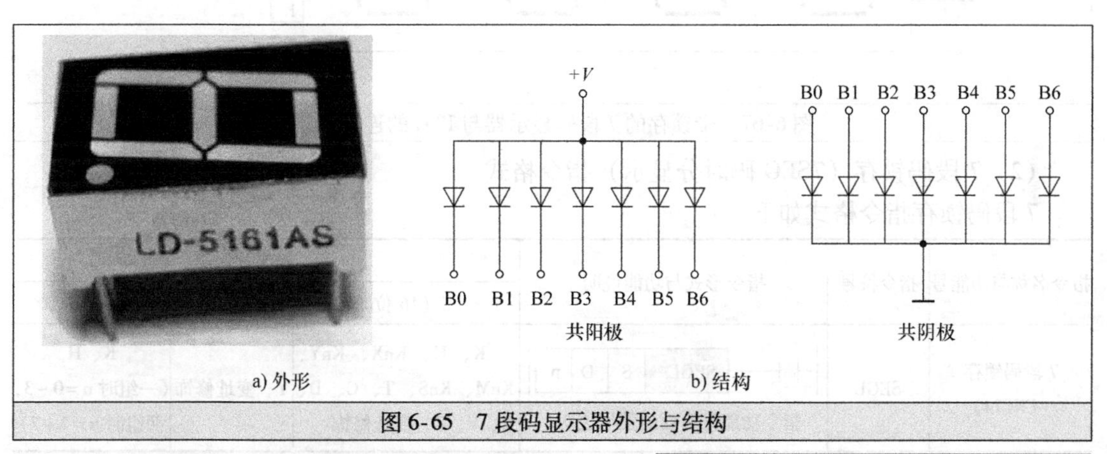

图 6-65 7 段码显示器外形与结构

5. 7 段码锁存（SEG 码时分显示）指令

（1）关于带锁存的 7 段码显示器

普通的 7 段码显示器显示一位数字需用到 8 个端子来驱动，若显示多位数字则要用到大量引线，很不方便。采用带锁存的 7 段码显示器可实现用少量几个端子来驱动显示多位数字。带锁存的 7 段码显示器与 PLC 的连接如图 6-67 所示。下面以显示 4 位十进制数“1836”为例来说明电路工作原理。

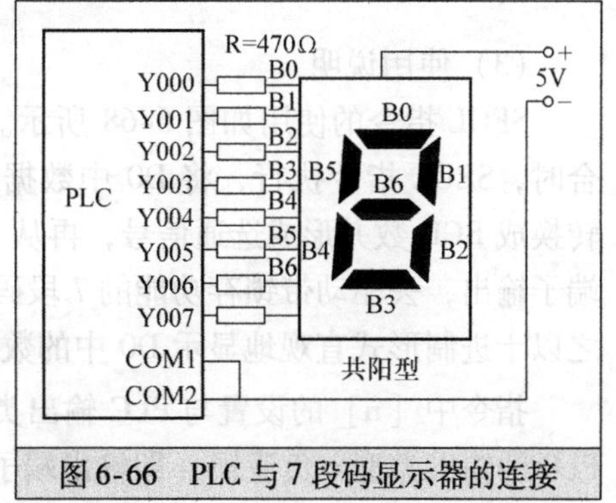

图 6-66 PLC 与 7 段码显示器的连接

首先 Y13、Y12、Y11、Y10 端子输出“6”的

BCD 数“0110”到显示器，经显示器内部电路转换成“6”的7段码格式数据“01111101”，与此同时 Y14 端子输出选通脉冲，该选通脉冲使显示器的个位数显示有效（其他位不能显示），显示器个数显示“6”；然后 Y13、Y12、Y11、Y10 端子输出“3”的 BCD 数“0011”到显示器，给显示器内部电路转换成“3”的7段码格式数据“01001111”，同时 Y15 端子输出选通脉冲，该选通脉冲使显示器的十位数显示有效，显示器十位数显示“3”；在显示十位的数字时，个位数的7段码数据被锁存下来，故个位的数字仍显示，采用同样的方法依次让显示器百、千位分别显示 8、1，结果就在显示器上显示出“1836”。

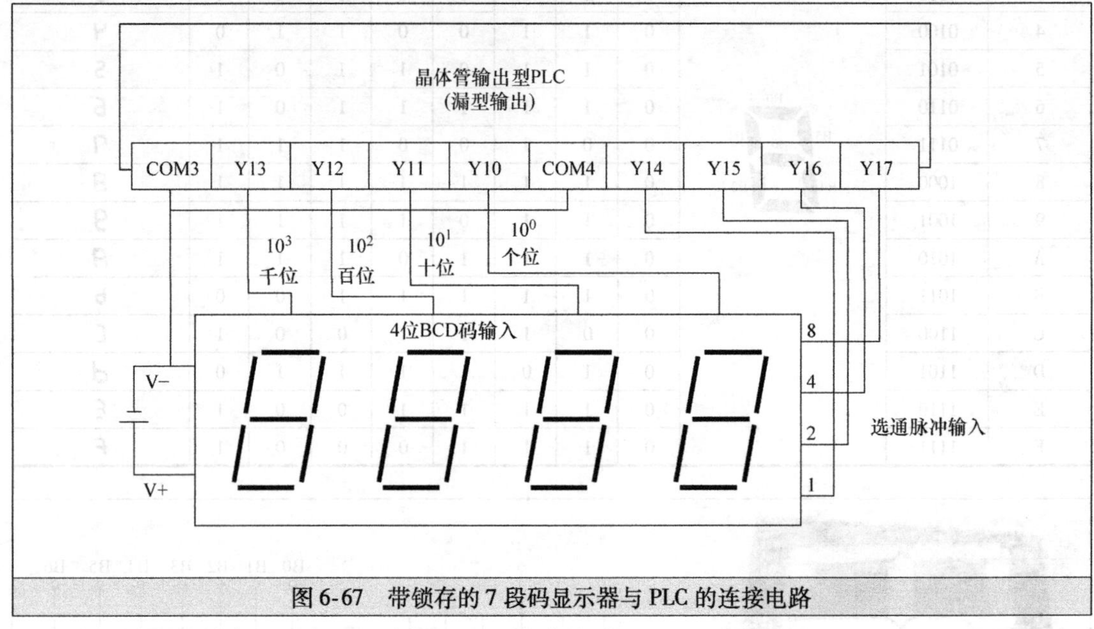

图 6-67 带锁存的 7 段码显示器与 PLC 的连接电路

（2）7 段码锁存（7SEG 码时分显示）指令格式

7 段码锁存指令格式如下：

指令名称与功能号	指令符号	指令形式与功能说明	操作数		
			S（16 位）	D（位型）	N（16 位）
7 段码锁存（FNC74）	SEGL	─┤├─[SEGL S D n] 指令功能见后面的使用说明	K、H、KnX、KnY、KnM、KnS、T、C、D、R、V、Z、变址修饰	Y、变址修饰	K、H（一组时 n＝0～3，两组时 n＝4～7）

（3）使用说明

SEGL 指令的使用如图 6-68 所示。当 X000 闭合时，SEGL 指令执行，将 D0 中数据（0～9999）转换成 BCD 数并形成选通信号，再从 Y010～Y017 端子输出，去驱动带锁存功能的 7 段码显示器，使之以十进制形式直观地显示 D0 中的数据。

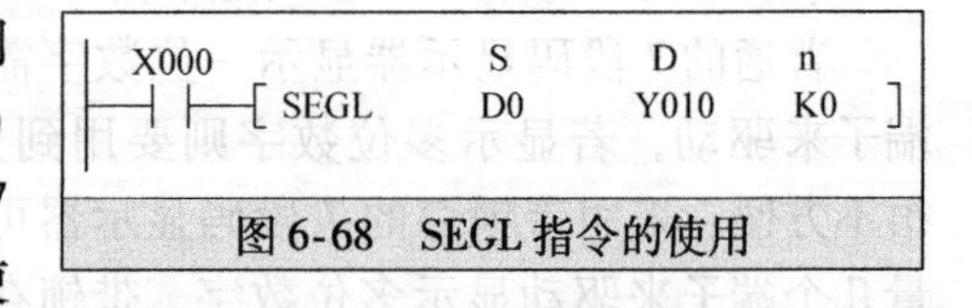

图 6-68 SEGL 指令的使用

指令中［n］的设置与 PLC 输出类型、BCD 数和选通信号有关，具体见表 6-4。例如，PLC 的输出类型＝负逻辑（即输出端子内接 NPN 型晶体管）、显示器输入数据类型＝负逻辑（如 6 的负逻辑 BCD 数为 1001，正逻辑为 0110）、显示器选通脉冲类型＝正逻辑（即脉冲为高电平），若是接4位一组显示器，则n=1，若是接4位两组显示器，n=5。

表6-4 PLC输出类型、BCD数、选通信号与［n］的设置关系

PLC输出类型		显示器数据输入类型		显示器选通脉冲类型		n取值	
PNP	NPN	高电平有效	低电平有效	高电平有效	低电平有效	4位一组	4位两组
正逻辑	负逻辑	正逻辑	负逻辑	正逻辑	负逻辑		
	√	√		√		3	7
	√	√			√	2	6
	√		√	√		1	5
	√		√		√	0	4
√		√		√		0	4
√		√			√	1	5
√			√	√		2	6
√			√		√	3	7

（4）4位两组7段码锁存器与PLC的连接

4位两组7段码锁存器与PLC的连接如图6-69所示。在执行SEGL指令时，显示器可同时显示D10、D11中的数据，其中Y13～Y10端子所接显示器显示D10中的数据，Y23～Y20端子所接显示器显示D11中的数据，Y14～Y17端子输出扫描脉冲（即依次输出选通脉冲），Y14～Y17完成一次扫描后，完成标志继电器M8029会置ON。Y14～Y17端子输出的选通脉冲是同时送到两组显示器的，如Y14端输出选通脉冲时，两显示器分别接收Y13～Y10和Y23～Y20端子送来的BCD数，并在内部转换成7段码格式数据，再驱动各自的个位显示数字。

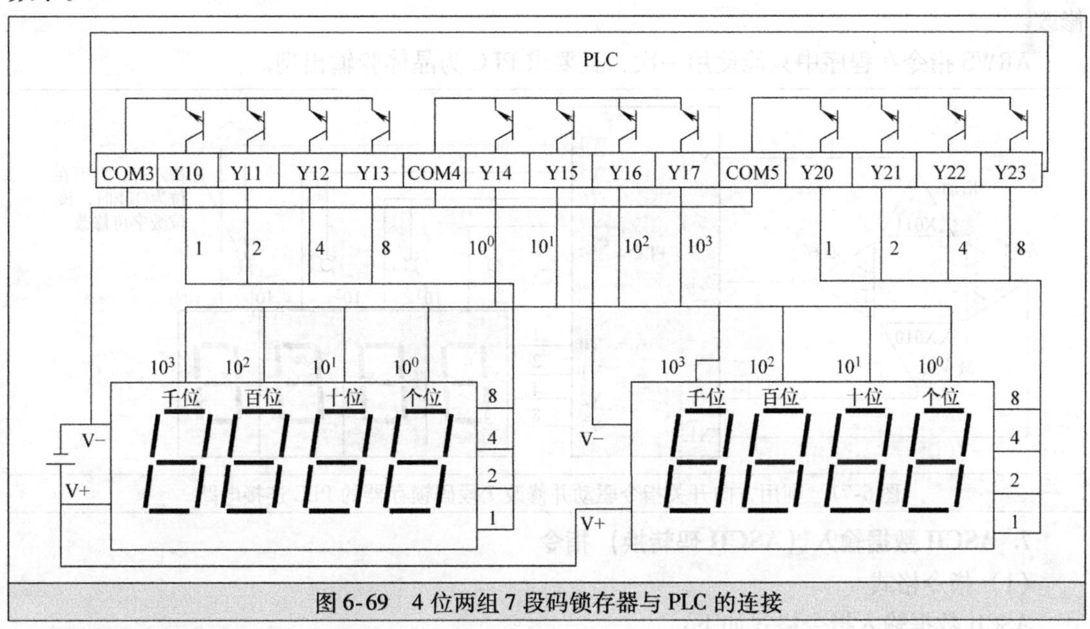

图6-69 4位两组7段码锁存器与PLC的连接

6. 方向开关（箭头开关）指令

（1）指令格式

方向开关指令格式如下：

指令名称与功能号	指令符号	指令形式与功能说明	操作数			
			S（16位）	D1（16位）	D2（位型）	n（16位）
方向开关（FNC75）	ARWS	ARWS S D1 D2 n 指令功能见后面的使用说明	X、Y、M、S、D□.b、变址修饰	T、C、D、R、V、Z、变址修饰	Y、变址修饰	K、H（n=0~3）

（2）使用说明

方向开关（ARWS）指令的使用如图6-70所示。ARWS指令不但可以像SEGL指令一样，能将［D1］D0中的数据通过［D2］Y000~Y007端子驱动7段码锁存器显示出来，还可以利用［S］指定的X010~X013端子输入来修改［D］D0中的数据。［n］的设置与SEGL指令相同，见表6-4。

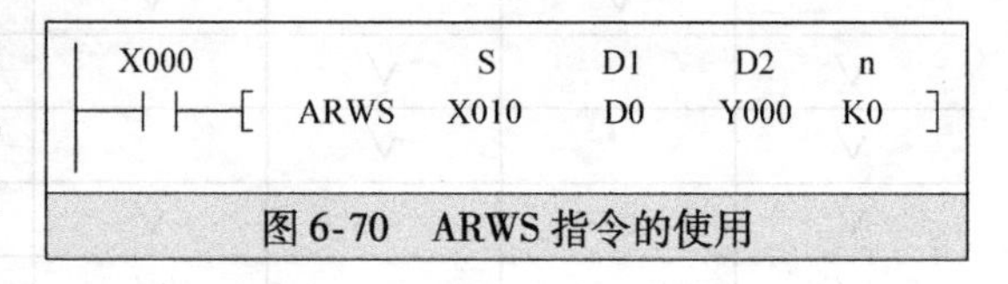

图6-70　ARWS指令的使用

利用ARWS指令驱动并修改7段码锁存器的PLC连接电路如图6-71所示。当常开触点X000闭合时，ARWS指令执行，将D0中的数据转换成BCD数并形成选通脉冲，从Y0~Y7端子输出，驱动7段码锁存器显示D0中的数据。

如果要修改显示器显示的数字（也即修改D0中的数据），可操作X10~X13端子外接的按键。显示器千位默认是可以修改的（即Y7端子默认处于OFF），按压增加键X11或减小键X10可以将数字调大或调小，按压右移键X12或左移键X13可以改变修改位，连续按压右移键时，修改位变化为$10^3 \rightarrow 10^2 \rightarrow 10^1 \rightarrow 10^0$，当某位所在的指示灯OFF时，该位可以修改。

ARWS指令在程序中只能使用一次，且要求PLC为晶体管输出型。

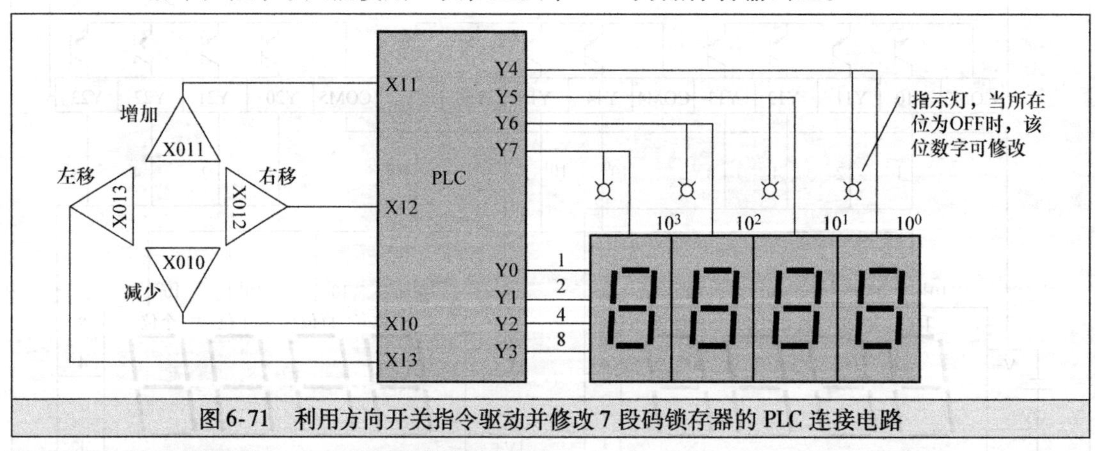

图6-71　利用方向开关指令驱动并修改7段码锁存器的PLC连接电路

7. ASCII数据输入（ASCII码转换）指令

（1）指令格式

ASCII数据输入指令格式如下：

指令名称与功能号	指令符号	指令形式与功能说明	操作数	
			S（字符串型）	D（16位）
ASCII数据输入（FNC76）	ASC	ASC S D 将S字符转换成ASCII码，存入D	不超过8个字母或数字	T、C、D、R、变址修饰

（2）使用说明

ASCII数据输入（ASC）指令的使用如图6-72所示。当常开触点X000闭合时，ASC指令执行，将ABCDEFGH这8个字母转换成ASCII码并存入D300～D303中。如果将M8161置ON后再执行ASC指令，ASCII码只存入［D］的低8位（要占用D300～D307）。

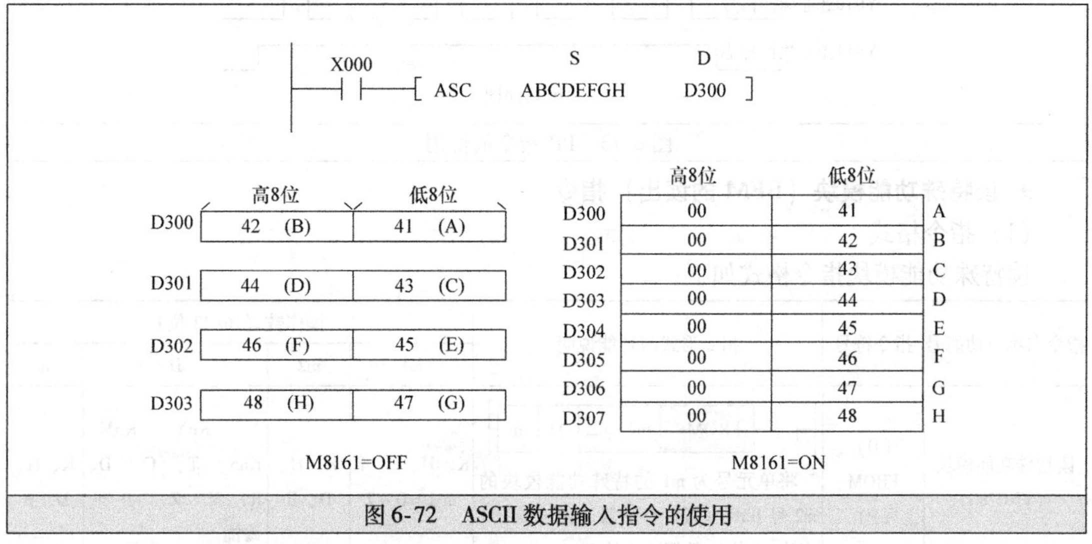

图6-72 ASCII数据输入指令的使用

8. ASCII码打印（ASCII码输出）指令

（1）指令格式

ASCII码打印指令格式如下：

指令名称与功能号	指令符号	指令形式与功能说明	操作数	
			S（字符串型）	D（位型）
ASCII码打印（FNC77）	PR	PR S D 将S～S+3中的8个ASCII码逐个并行送到D～D+7端输出，D+8输出选通脉冲，D+9输出正在执行标志	T、C、D、R、变址修饰	Y、变址修饰

（2）使用说明

ASCII码打印（PR）指令的使用如图6-73所示。当常开触点X000闭合时，PR指令执行，将D300为起始的4个连号元件中的8个ASCII码从Y000为起始的几个端子输出。在输出ASCII码时，先从Y000～Y007端输出A的ASCII码（D300的低8位），然后输出B、C、…、H，在输出ASCII码的同时，Y010端会输出选通脉冲，Y011端输出正在执行标志，如图 6-73b 所示，Y010、Y011 端输出信号去 ASCII 码接收电路，使之能正常接收 PLC 发出的 ASCII 码。

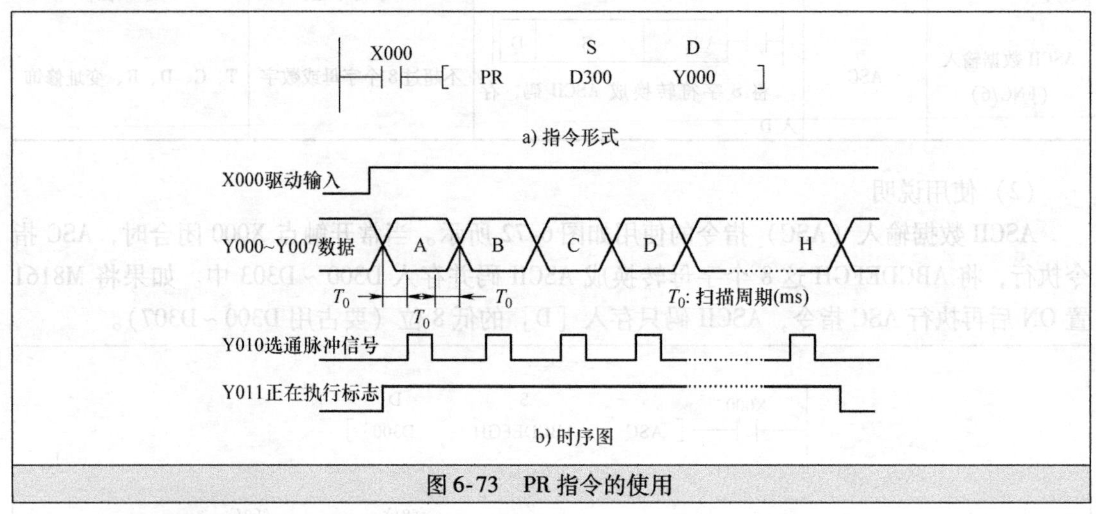

图 6-73　PR 指令的使用

9. 读特殊功能模块（BFM 的读出）指令

（1）指令格式

读特殊功能模块指令格式如下：

指令名称与功能号	指令符号	指令形式与功能说明	操作数（16/32 位）			
			m1	m2	D	n
读特殊功能模块（FNC78）	(D) FROM (P)	┤├─[FROM m1 m2 D n] 将单元号为 m1 的特殊功能模块的 m2 号 BMF（缓冲存储器）的 n 点（1 点为 16 位）数据读出给 D	K、H、D、R m 1 = 0 ~ 7	K、H、D、R	KnY、KnM、KnS、T、C、D、R、V、Z、变址修饰	K、H、D、R

（2）使用说明

读特殊功能模块（FROM）指令的使用如图 6-74 所示。当常开触点 X000 闭合时，FROM 指令执行，将单元号为 1 的特殊功能模块中的 29 号缓冲存储器（BFM）中的 1 点数据读入 K4M0（M0 ~ M16）。

X000　m1　m2　D　n
┤├─[FROM　K1　K29　K4M0　K1]
单元号　BFM# 传送源　传送地点　传送点数

图 6-74　FROM 指令的使用

10. 写特殊功能模块（BFM 的写入）指令

（1）指令格式

写特殊功能模块指令格式如下：

指令名称与功能号	指令符号	指令形式与功能说明	操作数（16/32 位）			
			m1	m2	S	n
写特殊功能模块（FNC79）	(D) TO (P)	┤├─[TO m1 m2 S n] 将 S 的 n 点（1 点为 16 位）数据写入单元号为 m1 的特殊功能模块的 m2 号 BMF	K、H、D、R m 1 = 0 ~ 7	K、H、D、R	KnY、KnM、KnS、T、C、D、R、V、Z、变址修饰	K、H、D、R

(2) 使用说明

写特殊功能模块（TO）指令的使用如图6-75所示。当常开触点X000闭合时，TO指令执行，将D0中的1点数据写入单元号为1的特殊功能模块中的12号缓冲存储器（BFM）中。

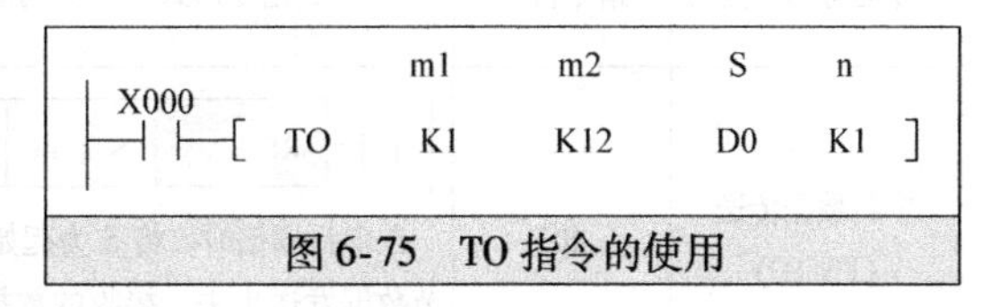

图6-75 TO指令的使用

6.9 外部设备SER类指令

6.9.1 指令一览表

外部设备SER类指令的功能号、符号、形式、名称和支持的PLC系列如下：

功能号	指令符号	指令形式	指令名称	支持的PLC系列									
				FX3S	FX3G	FX3GC	FX3U	FX3UC	FX1S	FX1N	FX1NC	FX2N	FX2NC
80	RS	RS S m D n	串行数据传送	○	○	○	○	○	○	○	○	○	○
81	PRUN	PRUN S D	八进制位传送	○	○	○	○	○	○	○	○	○	○
82	ASCI	ASCI S D n	十六进制数转ASCII码	○	○	○	○	○	○	○	○	○	○
83	HEX	HEX S D n	ASCII码转十六进制数	○	○	○	○	○	○	○	○	○	○
84	CCD	CCD S D n	校验码	○	○	○	○	○	○	○	○	○	○
85	VRRD	VRRD S D	电位器读出	○	○	—	○	○	○	○	—	○	—
86	VRSC	VRSC S D	电位器刻度	○	○	—	○	○	○	○	—	○	—
88	PID	PID S1 S2 S3 D	PID运算	○	○	○	○	○	○	○	○	○	○

6.9.2 指令精解

1. 串行数据传送指令

(1) 指令格式

串行数据传送指令格式如下：

指令名称与功能号	指令符号	指令形式与指令功能	操作数	
			S、D（均为16位/字符串）	m、n（均为16位）
串行数据传送 （FNC80）	RS	RS S m D n 在串行通信时，将S为起始的m个字节数据发送出去，接收的数据存放在D为起始的n个字节中	D、R、变址修饰	K、H、D、R 设定范围均为0~4096

（2）通信的硬件连接

利用RS指令可以让两台PLC之间进行数据交换，首先使用FX3U－485－BD通信板将两台PLC连接好，如图6-76所示。

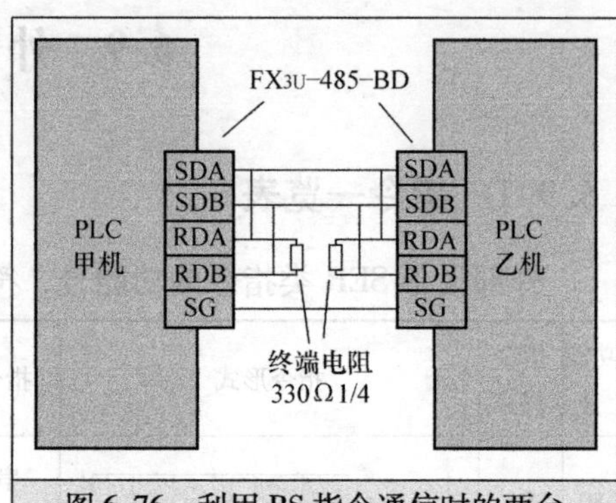

图6-76　利用RS指令通信时的两台PLC硬件连接

（3）定义发送数据的格式

在使用RS指令发送数据时，先要定义发送数据的格式，设置特殊数据寄存器D8120各位数可以定义发送数据格式。D8120各位数与数据格式关系见表6-5。例如，要求发送的数据格式为：数据长＝7位、奇偶校验＝奇校验、停止位＝1位、传输速度＝19200、无起始和终止符。D8120各位应作如下设置：

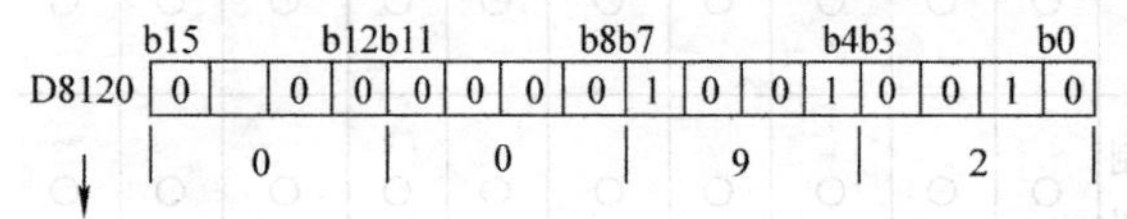

D8120=0092H

要将D8120设为0092H，可采用图6-77所示的程序，当常开触点X001闭合时，MOV指令执行，将十六进制数0092送入D8120（指令会自动将十六进制数0092转换成二进制数，再送入D8120）。

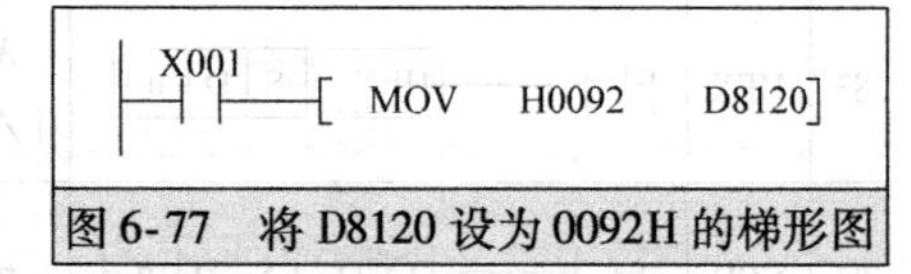

图6-77　将D8120设为0092H的梯形图

表6-5　D8120各位数与数据格式的关系

位号	名称	内容	
		0	1
b0	数据长	7位	8位
b1 b2	奇偶校验	b2，b1 (0，0)：无校验 (0，1)：奇校验 (1，1)：偶校验	
b3	停止位	1位	2位
b4 b5 b6 b7	传送速率/(bit/s)	b7，b6，b5，b4 (0，0，1，1)：300 (0，1，0，0)：600 (0，1，0，1)：1,200 (0，1，1，0)：2,400	(0，0，1，1)：4,800 (1，0，0，0)：9,600 (1，0，0，1)：19,200

（续）

位号	名称	内容	
		0	1
b8	起始符	无	有（D8124）
b9	终止符	无	有（D8125）
b10 b11	控制线	通常固定设为00	
b12	不可使用（固定为0）		
b13	和校验	通常固定设为000	
b14	协议		
b15	控制顺序		

（4）指令使用举例

图6-78是一个典型的RS指令使用程序。

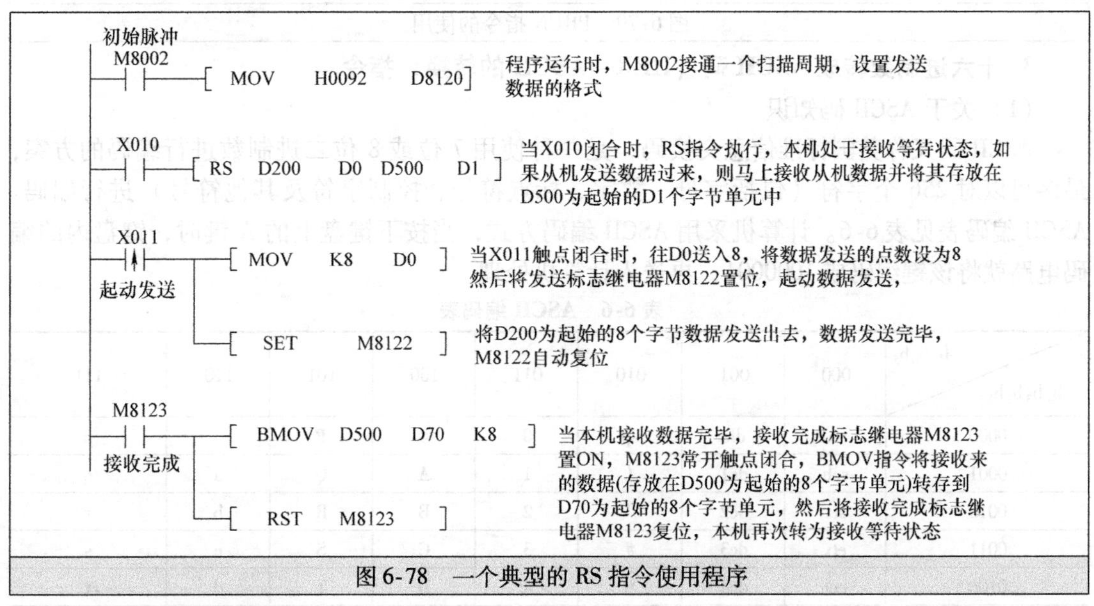

图6-78 一个典型的RS指令使用程序

2. 八进制位传送指令

（1）指令格式

八进制位传送指令格式如下：

指令名称与功能号	指令符号	指令形式与功能说明	操作数（16/32位）	
			S	D
八进制位传送 （FNC81）	（D） PRUN （P）	PRUN S D 将S中的八进制数传送给D	KnX、KnM、变址修饰 （n=1~8，元件最低位要为0）	KnY、KnM、变址修饰 （n=1~8，元件最低位要为0）

（2）使用说明

PRUN指令的使用如图6-79所示。以图6-79a为例，当常开触点X030闭合时，PRUN

指令执行，将 X000～X007、X010～X017 中的数据分别送入 M0～M7、M10～M17，由于 X 采用八进制编号，而 M 采用十进制编号，尾数为 8、9 的继电器 M 自动略过。

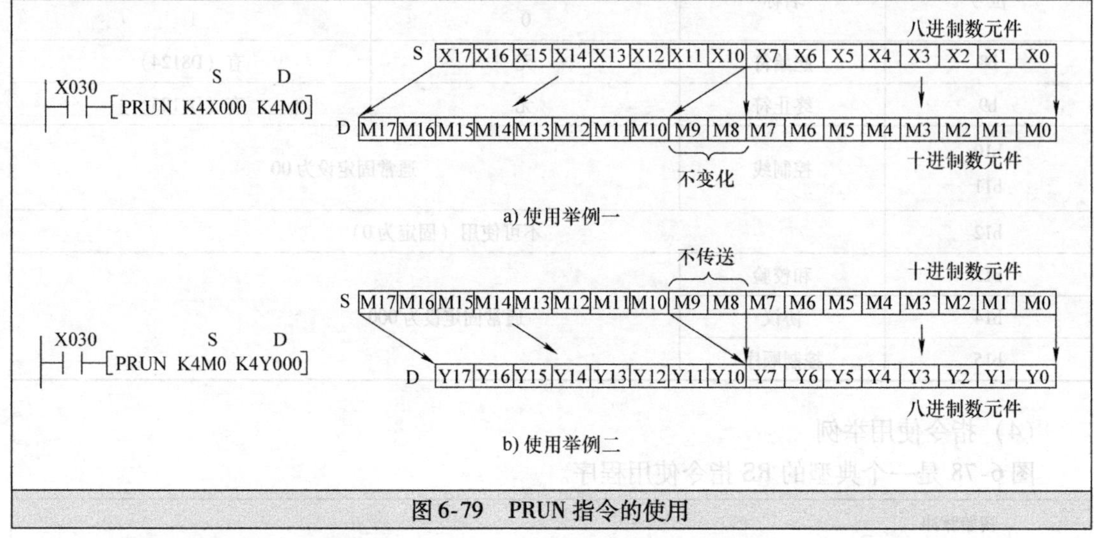

图 6-79　PRUN 指令的使用

3. 十六进制数转成 ASCII 码（HEX→ASCII 的转换）指令

（1）关于 ASCII 码知识

ASCII 码又称美国标准信息交换码，是一种使用 7 位或 8 位二进制数进行编码的方案，最多可以对 256 个字符（包括字母、数字、标点符号、控制字符及其他符号）进行编码。ASCII 编码表见表 6-6。计算机采用 ASCII 编码方式，当按下键盘上的 A 键时，键盘内的编码电路就将该键编码成 1000001，再送入计算机处理。

表 6-6　ASCII 编码表

$b_7b_6b_5$ / $b_4b_3b_2b_1$	000	001	010	011	100	101	110	111
0000	nul	dle	sp	0	@	P	、	p
0001	soh	dc1	!	1	A	Q	a	q
0010	stx	dc2	"	2	B	R	b	r
0011	etx	dc3	#	3	C	S	c	s
0100	eot	dc4	$	4	D	T	d	t
0101	enq	nak	%	5	E	U	e	u
0110	ack	svn	&	6	F	V	f	v
0111	bel	etb	’	7	G	W	g	w
1000	bs	can	(	8	H	X	h	x
1001	ht	em	)	9	I	Y	i	y
1010	lf	sub	*	:	J	Z	j	z
1011	vt	esc	+	;	K	[	k	{
1100	ff	fs	,	<	L	\	l	|
1101	cr	gs	–	=	M	]	m	}
1110	so	rs	.	>	N	^	n	~
1111	si	us	/	?	O	_	o	del

（2）十六进制数转成ASCII码指令格式

十六进制数转成ASCII码指令格式如下：

指令名称与功能号	指令符号	指令形式与功能说明	操作数		
			S（16位）	D（字符串）	N（16位）
十六进制数转成ASCII码（FNC82）	ASCI（P）	ASCI S D n 将S中的n个十六进制数转换成ASCII码，存放在D中	K、H、KnX、KnY、KnM、KnS、T、C、D、R、V、Z、变址修饰	KnY、KnM、KnS、T、C、D、R、变址修饰	K、H、D、R n=1~256

（3）使用说明

ASCI指令的使用如图6-80所示。在PLC运行时，M8000常闭触点断开，M8161失电，将数据存储设为16位模式。当常开触点X010闭合时，ASCI指令执行，将D100存储的4个十六进制数转换成ASCII码，并保存在D200为起始的连号元件中。

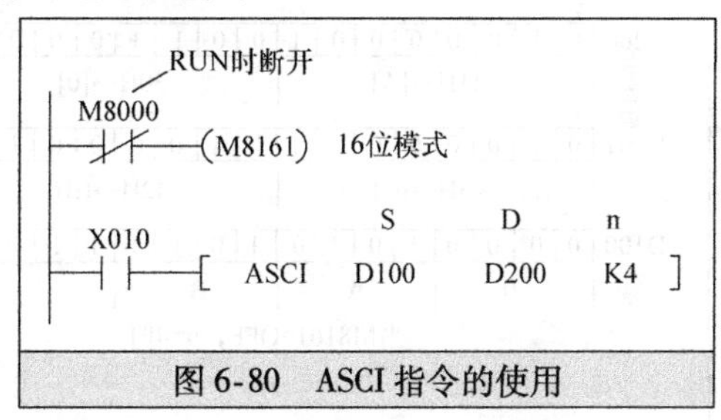

图6-80 ASCI指令的使用

当8位模式处理辅助继电器M8161=OFF时，数据存储形式是16位，此时［D］元件的高8位和低8位分别存放一个ASCII码，如图6-81所示，D100中存储十六进制数0ABC，执行ASCI指令后，0、A被分别转换成ASCII码30H、41H，并存入D200中；当M8161=ON时，数据存储形式是8位，此时［D］元件仅用低8位存放一个ASCII码。

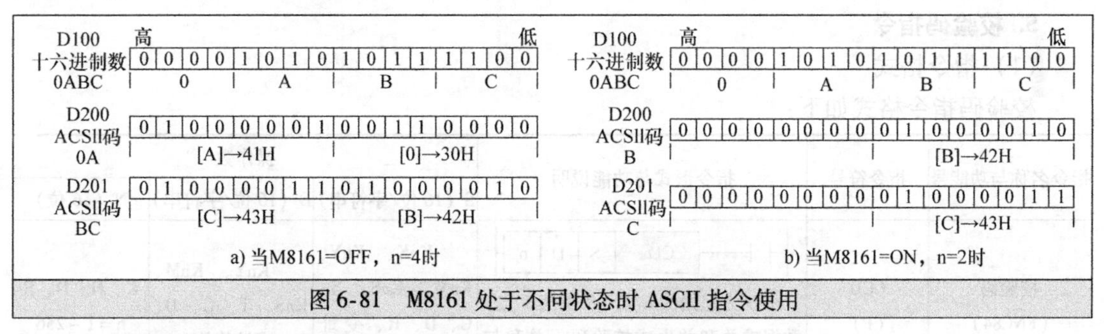

图6-81 M8161处于不同状态时ASCII指令使用

4. ASCII码转成十六进制数（HEX→ASCII的转换）指令

（1）指令格式

ASCII码转成十六进制数指令格式如下：

指令名称与功能号	指令符号	指令形式与功能说明	操作数		
			S（字符串型）	D（16位）	N（16位）
ASCII码转成十六进制数（FNC83）	HEX（P）	HEX S D n 将S中的n个ASCII码转换成十六进制数，存放在D中	K、H、KnX、KnY、KnM、KnS、T、C、D、R、变址修饰	KnY、KnM、KnS、T、C、D、R、V、Z、变址修饰	K、H、D、R n=1~256

（2）使用说明

ASCII码转成十六进制数（HEX）指令的使用如图6-82所示。在PLC运行时，M8000常闭触点断开，M8161失电，将数据存储设为16位模式。当常开触点X010闭合时，HEX指令执行，将D200、D201存储的4个ASCII码转换成十六进制数，并保存在D100中。

当M8161 = OFF时，数据存储形式是16位，［S］元件的高8位和低8位分别存放一个ASCII码；当M8161 = ON时，数据存储形式是8位，此时［S］元件仅低8位有效，即只用低8位存放一个ASCII码。

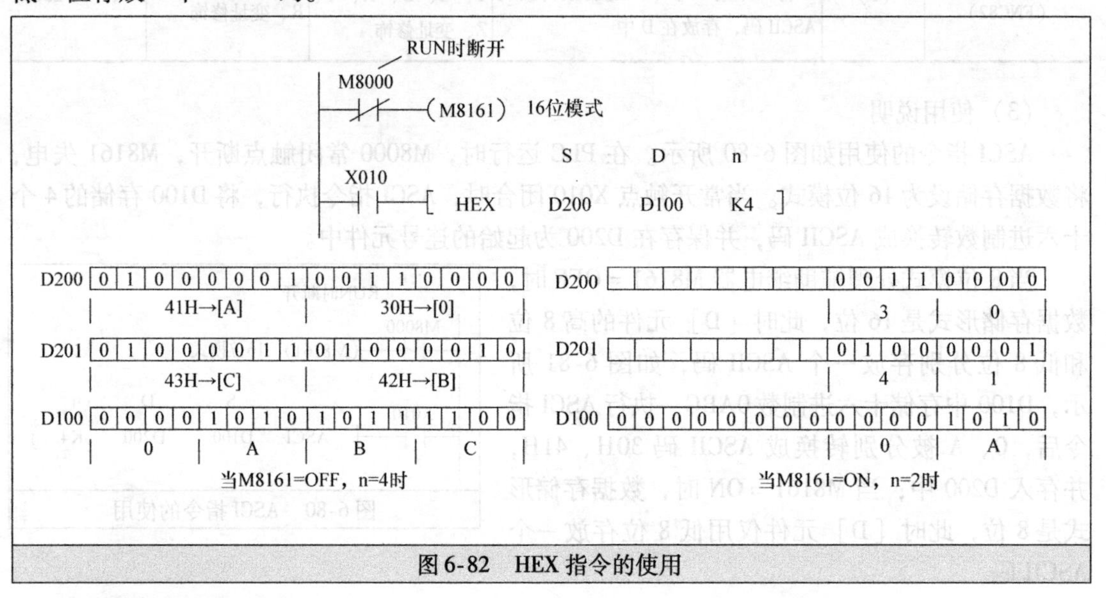

图6-82　HEX指令的使用

5. 校验码指令

（1）指令格式

校验码指令格式如下：

指令名称与功能号	指令符号	指令形式与功能说明	操作数		
			S（16位/字符串）	D（16位/字符串）	N（16位）
校验码（FNC84）	CCD（P）	CCD S D n 将S为起始的n点（8位为1点）数据求总和并生成校验码，总和与校验码分别存入D、D+1	KnX、KnY、KnM、KnS、T、C、D、R、变址修饰	KnY、KnM、KnS、T、C、D、R、变址修饰	K、H、D、R n=1~256

（2）使用说明

校验码（CCD）指令的使用如图6-83所示。在PLC运行时，M8000常闭触点断开，M8161失电，将数据存储设为16位模式。当常开触点X010闭合时，CCD指令执行，将D100为起始元件的10点数据（8位为1点）进行求总和，并生成校验码，再将数据总和及校验码分别保存在D0、D1中。

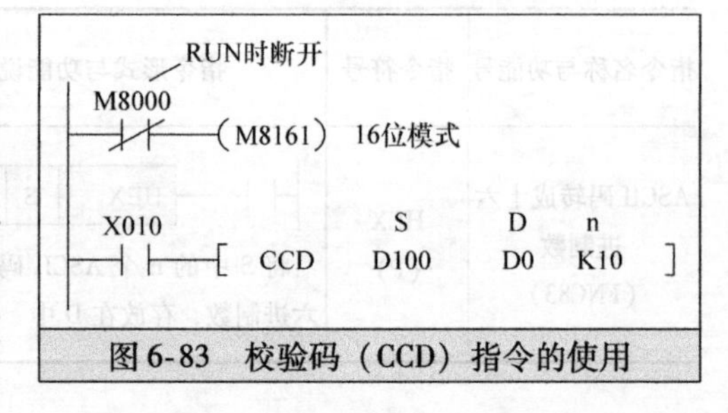

图6-83　校验码（CCD）指令的使用

数据求总和及校验码生成说明如图6-84所示。在求总和时，将D100～D104中的10点数据相加，得到总和为1091（二进制数为10001000011）。生成校验码的方法是：逐位计算10点数据中每位1的总数，每位1的总数为奇数时，生成的校验码对应位为1，总数为偶数时，生成的校验码对应位为0，图6-84表中D100～D104中的10点数据的最低位1的总数为3，是奇数，故生成校验码对应位为1，10点数据生成的校验码为1000101。数据总和存入D0中，校验码存入D1中。

校验码指令常用于检验通信中数据是否发生错误。

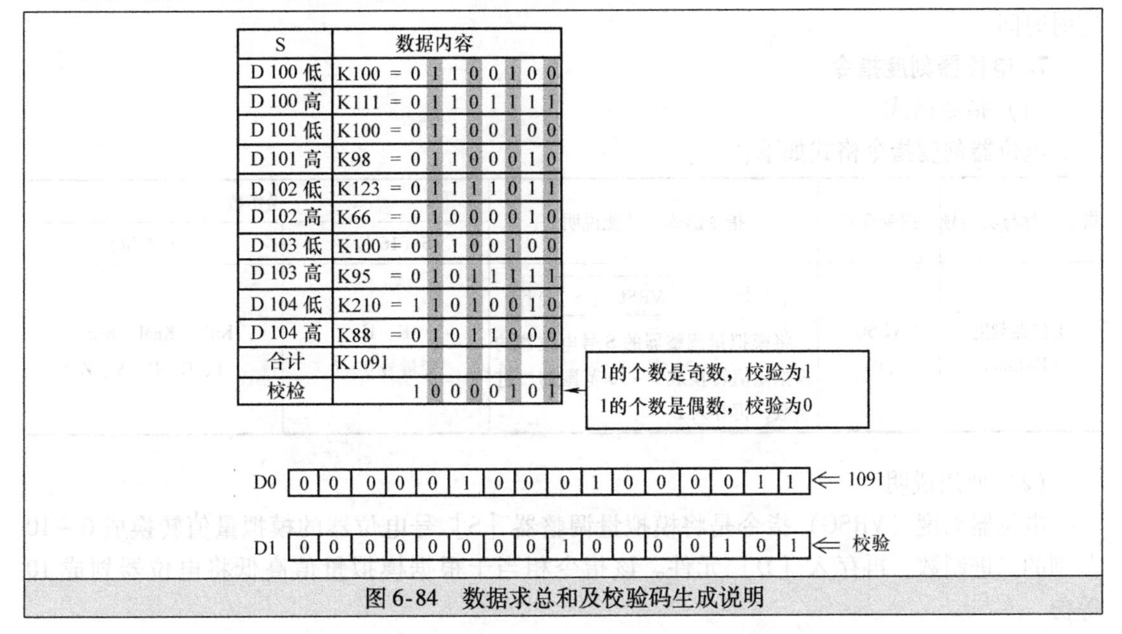

S	数据内容
D 100 低	K100 = 0 1 1 0 0 1 0 0
D 100 高	K111 = 0 1 1 0 1 1 1 1
D 101 低	K100 = 0 1 1 0 0 1 0 0
D 101 高	K98 = 0 1 1 0 0 0 1 0
D 102 低	K123 = 0 1 1 1 1 0 1 1
D 102 高	K66 = 0 1 0 0 0 0 1 0
D 103 低	K100 = 0 1 1 0 0 1 0 0
D 103 高	K95 = 0 1 0 1 1 1 1 1
D 104 低	K210 = 1 1 0 1 0 0 1 0
D 104 高	K88 = 0 1 0 1 1 0 0 0
合计	K1091
校检	1 0 0 0 1 0 1

图6-84　数据求总和及校验码生成说明

6. 模拟量读出（电位器读出）指令

（1）指令格式

模拟量读出（VRRD）指令格式如下：

指令名称与功能号	指令符号	指令形式与功能说明	操作数	
			S（16位）	D（16位）
模拟量读出（FNC85）	VRRD（P）	[VRRD S D] 将模拟量调整器的S号电位器的模拟量值转换成二进制数（0～255），存入D	K、H、D、R、变址修饰 范围为0～7	KnY、KnM、KnS、T、C、D、R、V、Z、变址修饰

（2）使用说明

VRRD指令的功能是将模拟量调整器［S］号电位器的模拟值转换成二进制数0～255，并存入［D］元件中。模拟量调整器是一种功能扩展板，FX1N－8AV－BD和FX2N－8AV－BD是两种常见的调整器，安装在PLC的主单元上，调整器上有8个电位器，编号为0～7，当电位器阻值由0调到最大时，相应转换成的二进制数由0变到255。

VRRD 指令的使用如图 6-85 所示。当常开触点 X000 闭合时，VRRD 指令执行，将模拟量调整器的 0 号电位器的模拟值转换成二进制数，再保存在 D0 中。当常开触点 X001 闭合时，定时器 T0 开始以 D0 中的数作为计时值进行计时，这样就可以通过调节电位器来改变定时时间，如果定时时间大于 255，可用乘法指令 MUL 将［D］与某常数相乘而得到更大的定时时间。

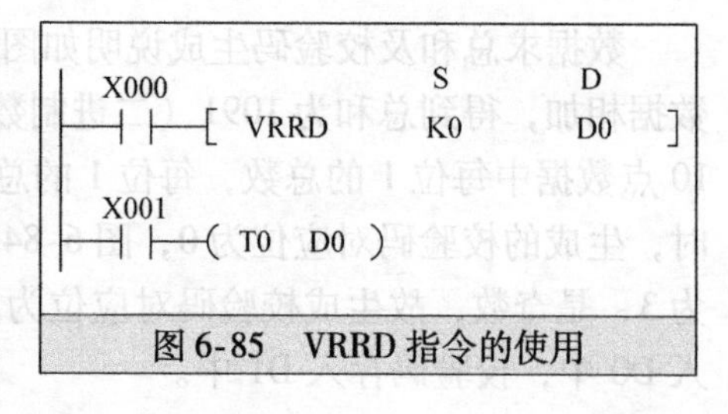

图 6-85　VRRD 指令的使用

7. 电位器刻度指令

（1）指令格式

电位器刻度指令格式如下：

指令名称与功能号	指令符号	指令形式与功能说明	操作数	
			S（16 位）	D（16 位）
电位器刻度 （FNC86）	VRSC （P）	VRSC S D 将模拟量调整器的 S 号电位器的模拟量值转换成 0 ~ 10 范围的二进制数，再存入 D	K、H 变量号 0 ~ 7	KnY、KnM、KnS、T、C、D、V、Z

（2）使用说明

电位器刻度（VRSC）指令是将模拟量调整器［S］号电位器的模拟量值转换成 0 ~ 10 范围的二进制数，再存入［D］元件。该指令相当于根据模拟量值高低将电位器划成 10 等份。

VRSC 指令的使用如图 6-86 所示。当常开触点 X000 闭合时，VRSC 指令执行，将模拟量调整器的 1 号电位器的模拟值转换成 0 ~ 10 范围的二进制数，再保存在 D1 中，模拟量值为 0 时，D1 值为 0，模拟量值最大时，D1 值为 10。

利用 VRSC 指令将电位器分成 0 ~ 10 共 11 档，可实现一个电位器进行 11 种控制切换，具体程序如图 6-87 所示。当常开触点 X000 闭合时，VRSC 指令执行，将 1 号电位器的模拟

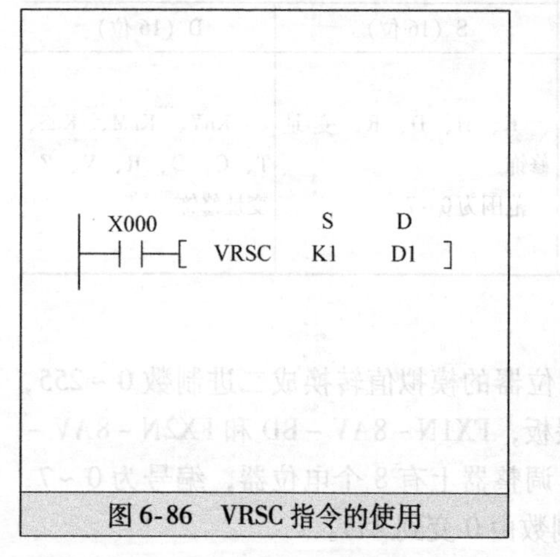

图 6-86　VRSC 指令的使用

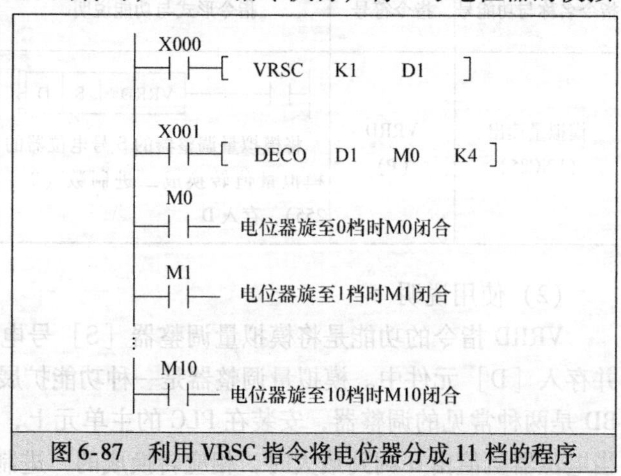

图 6-87　利用 VRSC 指令将电位器分成 11 档的程序

量值转换成二进制数（0～10），并存入 D1 中；当常开触点 X001 闭合时，DECO（解码）指令执行，对 D1 的低 4 位数进行解码，4 位数解码有 16 种结果，解码结果存入 M0～M15 中，若电位器处于 1 档，则 D1 的低 4 位数则为 0001，因 $(0001)_2=1$，解码结果使 M1 为 1（M0～M15 其他的位均为 0），M1 常开触点闭合，执行设定的程序。

8. PID 运算指令

（1）关于 PID 控制

PID 控制又称比例微积分控制，是一种闭环控制。下面以图 6-88 所示的恒压供水系统来说明 PID 控制原理。

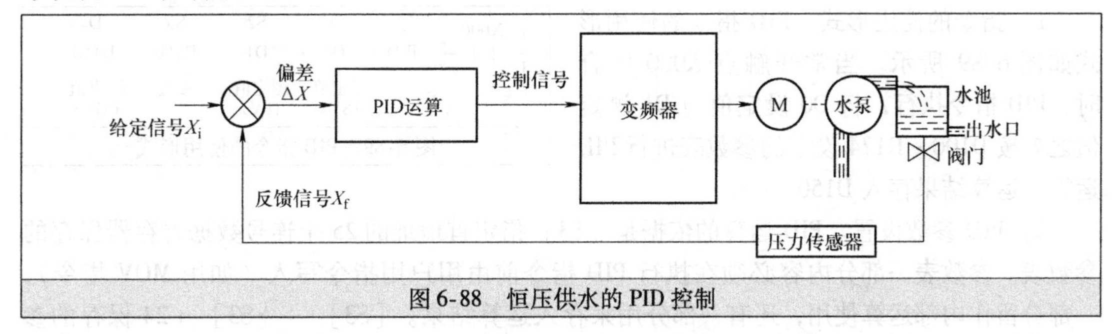

图 6-88 恒压供水的 PID 控制

电动机驱动水泵将水抽入水池，水池中的水除了经出水口提供用水外，还经阀门送到压力传感器，传感器将水压大小转换成相应的电信号 X_f，X_f反馈到比较器与给定信号 X_i进行比较，得到偏差信号 $\Delta X(\Delta X=X_i-X_f)$。

若 $\Delta X>0$，表明水压小于给定值，偏差信号经 PID 运算得到控制信号，控制变频器，使之输出频率上升，电动机转速加快，水泵抽水量增多，水压增大。

若 $\Delta X<0$，表明水压大于给定值，偏差信号经 PID 运算得到控制信号，控制变频器，使之输出频率下降，电动机转速变慢，水泵抽水量减少，水压下降。

若 $\Delta X=0$，表明水压等于给定值，偏差信号经 PID 运算得到控制信号，控制变频器，使之输出频率不变，电动机转速不变，水泵抽水量不变，水压不变。

由于控制回路的滞后性，会使水压值总与给定值有偏差。例如，当用水量增多水压下降时，电路需要对有关信号进行处理，再控制电动机转速变快，提高水泵抽水量，从压力传感器检测到水压下降到控制电动机转速加快，提高抽水量，恢复水压需要一定时间。通过提高电动机转速恢复水压后，系统又要将电动机转速调回正常值，这也要一定时间，在这段回调时间内水泵抽水量会偏多，导致水压又增大，又需进行反调。这样的结果是水池水压会在给定值上下波动（振荡），即水压不稳定。

采用了 PID 运算可以有效减小控制环路滞后和过调问题（无法彻底消除）。PID 运算包括 P 处理、I 处理和 D 处理。P（比例）处理是将偏差信号 ΔX 按比例放大，提高控制的灵敏度；I（积分）处理是对偏差信号进行积分处理，缓解 P 处理比例放大量过大引起的超调和振荡；D（微分）处理是对偏差信号进行微分处理，以提高控制的迅速性。

（2）PID 运算指令格式

PID 运算指令格式如下：

指令名称与功能号	指令符号	指令形式与功能说明	操作数
			S1、S2、S3、D
PID 运算 （FNC88）	PID	PID S1 S2 S3 D 将 S1 设定值与 S2 测定值之差按 S3 设定的参数表进行 PID 运算，运算结果存入 D	D、R

（3）使用说明

1）指令的使用形式。PID 指令的使用形式如图 6-89 所示。当常开触点 X000 闭合时，PID 指令执行，将 D0 设定值与 D1 测定值之差按 D100 ~ D124 设定的参数表进行 PID 运算，运算结果存入 D150 中。

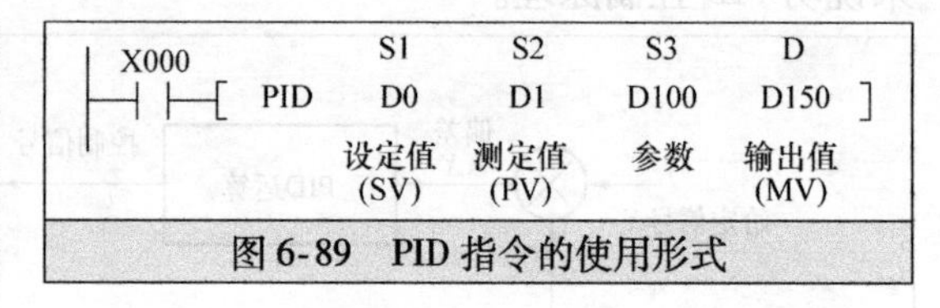

图 6-89　PID 指令的使用形式

2）PID 参数设置。PID 运算的依据是［S3］指定首地址的 25 个连号数据寄存器保存的参数表。参数表一部分内容必须在执行 PID 指令前由用户用指令写入（如用 MOV 指令），一部分留作内部运算使用，还有一部分用来存入运算结果。［S3］~［S3］+24 保存的参数表内容见表 6-7。

表 6-7　［S3］~［S3］+24 保存的参数表内容

元件	功能
［S3］	采样时间（T_s）　1 ~ 32767（ms）（但比运算周期短的时间数值无法执行）
［S3］+1	动作方向（ACT） bit0 0：正动作（如空调控制）　1：逆动作（如加热炉控制） bit1 0 输入变化量报警无　1：输入变化量报警有效 bit2 0 输出变化量报警无　1：输出变化量报警有效 bit3 不可使用 bit4 自动调谐不动作　1：执行自动调谐 bit5 输出值上下限设定无　1：输出值上下限设定有效 bit6 ~ bit15 不可使用 另外，不要使 bit5 和 bit2 同时处于 ON
［S3］+2	输入滤波常数（a）　0 ~ 99［%］　0 时没有输入滤波
［S3］+3	比例增益（K_p）　1 ~ 32767［%］
［S3］+4	积分时间（T_I）　0 ~ 32767（×100ms）　0 时作为∞处理（无积分）
［S3］+5	微分增益（K_D）　0 ~ 100［%］　0 时无积分增益
［S3］+6	微分时间（T_D）　0 ~ 32767（×10ms）　0 时无微分处理
［S3］+7 ~ ［S3］+19	PID 运算的内部处理占用
［S3］+20	输入变化量（增侧）报警设定值　0 ~ 32767（［S3］+1 <ACT> 的 bit1 = 1 时有效）
［S3］+21	输入变化量（减侧）报警设定值　0 ~ 32767（［S3］+1 <ACT> 的 bit1 = 1 时有效）
［S3］+22	输出变化量（增侧）报警设定值　0 ~ 32767（［S3］+1 <ACT> 的 bit2 = 1，bit5 = 0 时有效）
	另外，输出上限设定值　-32768 ~ 32767（［S3］+1 <ACT> 的 bit2 = 0，bit5 = 1 时有效）

（续）

元件	功能
[S3] +23	输出变化量（减侧）报警设定值 0～32767（[S3] +1 <ACT>的 bit2 =1，bit5 =0 时有效） 另外，输出下限设定值 −32768～32767（[S3] +1 <ACT>的 bit2 =0，bit5 =1 时有效）
[S3] +24	报警输出 {bit0 输入变化量（增侧）溢出；bit1 输入变化量（减侧）溢出；bit2 输出变化量（增侧）溢出；bit3 输出变化量（减侧）溢出}（[S3] +1 <ACT>的 bit1 =1 或 bit2 =1 时有效）

3）PID 控制应用举例。

在恒压供水 PID 控制系统中，压力传感器将水压大小转换成电信号，该信号是模拟量，PLC 无法直接接收，需要用电路将模拟量转换成数字量，再将数字量作为测定值送入 PLC，将它与设定值之差进行 PID 运算，运算得到控制值，控制值是数字量，变频器无法直接接收，需要用电路将数字量控制值转换成模拟量信号，去控制变频器，使变频器根据控制信号来调制泵电动机的转速，以实现恒压供水。

三菱 FX2N 型 PLC 有专门配套的模拟量输入/输出功能模块 FX0N－3A，在使用时将它用专用电缆与 PLC 连接好，如图 6-90 所示，再将模拟输入端接压力传感器，模拟量输出端接变频器。在工作时，压力传感器送来的反映压力大小的电信号进入 FX0N－3A 模块转换成数字量，再送入 PLC 进行 PID 运算，运算得到的控制值送入 FX0N－3A 转换成模拟量控制信号，该信号去调节变频器的频率，从而调节泵电动机的转速。

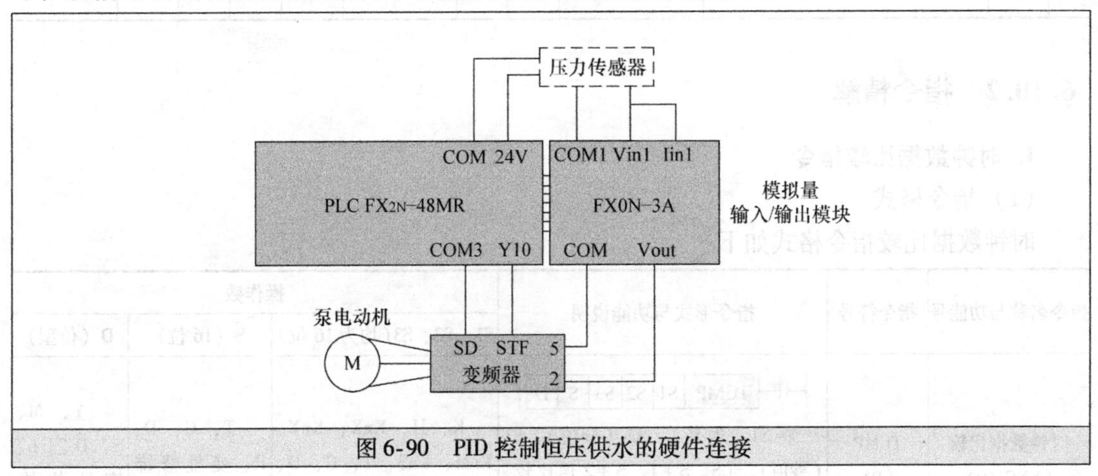

图 6-90 PID 控制恒压供水的硬件连接

6.10 时钟运算类指令

6.10.1 指令一览表

时钟运算指令的功能号、符号、形式、名称和支持的 PLC 系列如下：

功能号	指令符号	指令形式	指令名称	支持的 PLC 系列									
				FX3S	FX3G	FX3GC	FX3U	FX3UC	FX1S	FX1N	FX1NC	FX2N	FX2NC
160	TCMP	TCMP S1 S2 S3 S D	时钟数据比较	○	○	○	○	○	○	○	○	○	○
161	TZCP	TZCP S1 S2 S D	时钟数据区间比较	○	○	○	○	○	○	○	○	○	○
162	TADD	TADD S1 S2 D	时钟数据加法运算	○	○	○	○	○	○	○	○	○	○
163	TSUB	TSUB S1 S2 D	时钟数据减法运算	○	○	○	○	○	○	○	○	○	○
164	HTOS	HTOS S D	时、分、秒数据的秒转换	—	—	—	○	○	—	—	—	—	—
165	STOH	STOH S D	秒数据的［时、分、秒］转换	—	—	—	○	○	—	—	—	—	—
166	TRD	TRD D	时钟数据读出	○	○	○	○	○	○	○	○	○	○
167	TWR	TWR S	时钟数据写入	○	○	○	○	○	○	○	○	○	○
169	HOUR	HOUR S D1 D2	计时表	○	○	○	○	○	○	○	○	*1	*1

6.10.2 指令精解

1. 时钟数据比较指令

（1）指令格式

时钟数据比较指令格式如下：

指令名称与功能号	指令符号	指令形式与功能说明	操作数		
			S1、S2、S3（均为16位）	S（16位）	D（位型）
时钟数据比较（FNC160）	TCMP（P）	TCMP S1 S2 S3 S D 将S1（时值）、S2（分值）、S3（秒值）与S、S+1、S+2值比较，>、=、<时分别将D、D+1、D+2置位（置1）。	K、H、KnX、KnY、KnM、KnS、T、C、D、R、V、Z、变址修饰	T、C、D、R、变址修饰（占用3点）	Y、M、S、D□.b、变址修饰（占用3点）

（2）使用说明

时钟数据比较（TCMP）指令的使用如图6-91所示。S1为指定基准时间的小时值（0~23），S2为指定基准时间的分钟值（0~59），S3为指定基准时间的秒值（0~59），S指定待比较的时间值，其中S、S+1、S+2分别为待比较的小时、分、秒值，［D］为比较输出元件，其中D、D+1、D+2分别为>、=、<时的输出元件、

当常开触点 X000 闭合时，TCMP 指令执行，将时间值“10 时 30 分 50 秒”与 D0、D1、D2 中存储的小时、分、秒值进行比较，根据比较结果驱动 M0 ~ M2，具体如下：

若“10 时 30 分 50 秒”大于“D0、D1、D2 存储的小时、分、秒值”，M0 被驱动，M0 常开触点闭合。

若“10 时 30 分 50 秒”等于“D0、D1、D2 存储的小时、分、秒值”，M1 驱动，M1 开触点闭合。

若“10 时 30 分 50 秒”小于“D0、D1、D2 存储的小时、分、秒值”，M2 驱动，M2 开触点闭合。

当常开触点 X000 = OFF 时，TCMP 指令停止执行，但 M0 ~ M2 仍保持 X000 为 OFF 前时的状态。

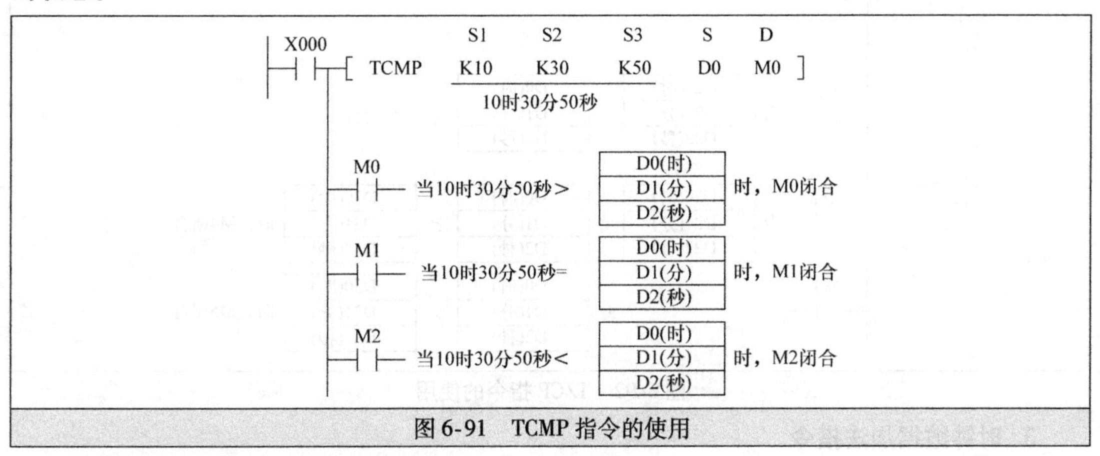

图 6-91 TCMP 指令的使用

2. 时钟数据区间比较指令

（1）指令格式

时钟数据区间比较指令格式如下：

指令名称与功能号	指令符号	指令形式与功能说明	操作数	
			S1、S2、S（均为 16 位）	D（位型）
时钟数据区间比较（FNC161）	TZCP（P）	TZCP S1 S2 S D 将 S1、S2 时间值与 S 时间值比较，S<S1 时将 D 置位，S1≤S≤S2 时将 D+1 置位，S>S2 时将 D+2 置位	T、C、D、R、变址修饰（S1≤S2）（S1、S2、S 均占用 3 点）	Y、M、S、D□.b、变址修饰（占用 3 点）

（2）使用说明

时钟数据区间比较（TZCP）指令的使用如图 6-92 所示。S1 指定第一基准时间值（小时、分、秒值），S2 指定第二基准时间值（小时、分、秒值），S 指定待比较的时间值，D 为比较输出元件，S1、S2、S、D 都需占用 3 个连号元件。

当常开触点 X000 闭合时，TZCP 指令执行，将“D20、D21、D22”、“D30、D31、D32”中的时间值与“D0、D1、D2”中的时间值进行比较，根据比较结果驱动 M3 ~ M5，具体如下：

若“D0、D1、D2”中的时间值小于“D20、D21、D22”中的时间值，M3 被驱动，M3 常开触点闭合。

若“D0、D1、D2”中的时间值处于“D20、D21、D22”和“D30、D31、D32”时间值之间，M4 被驱动，M4 开触点闭合。

若“D0、D1、D2”中的时间值大于“D30、D31、D32”中的时间值，M5 被驱动，M5 常开触点闭合。

当常开触点 X000 = OFF 时，TZCP 指令停止执行，但 M3 ~ M5 仍保持 X000 为 OFF 前时的状态。

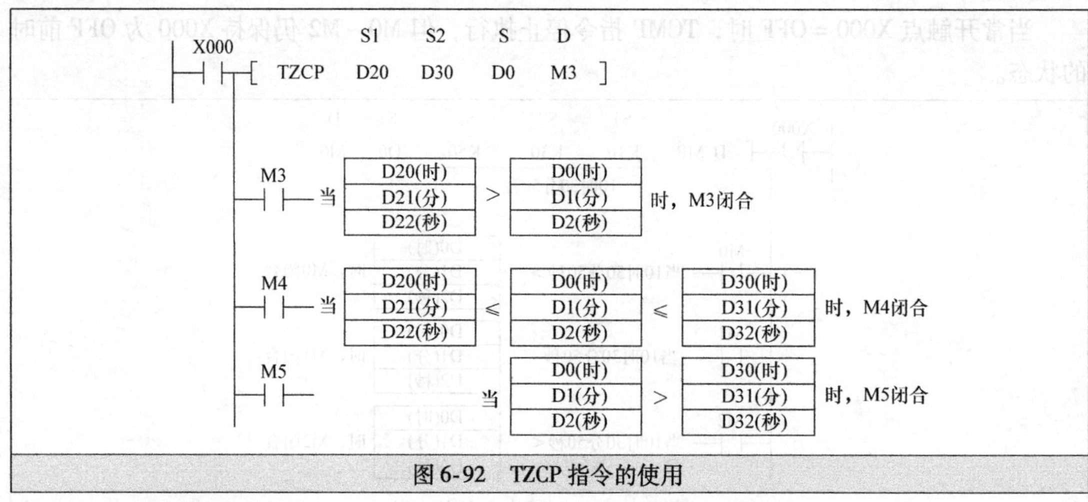

图 6-92　TZCP 指令的使用

3. 时钟数据加法指令

（1）指令格式

时钟数据加法指令格式如下：

指令名称与功能号	指令符号	指令形式与功能说明	操作数
			S1、S2、D（均为 16 位）
时钟数据加法（FNC162）	TADD（P）	TADD S1 S2 D 将 S1 时间值与 S2 时间值相加，结果存入 D	T、C、D、R、变址修饰（S1、S2、D 均占用 3 点）

（2）使用说明

时钟数据加法（TADD）指令的使用如图 6-93 所示。S1 指定第一时间值（小时、分、秒值），S2 指定第二时间值（小时、分、秒值），D 保存［S1］+［S2］的和值，S1、S2、D 都需占用 3 个连号元件。

当常开触点 X000 闭合时，TADD 指令执行，将“D10、D11、D12”中的时间值与“D20、D21、D22”中的时间值相加，结果保存在“D30、D31、D32”中。

如果运算结果超过 24h，进位标志会置 ON，将加法结果减去 24h 再保存在 D 中，如图 6-93b 所示。如果运算结果为 0，0 标志会置 ON。

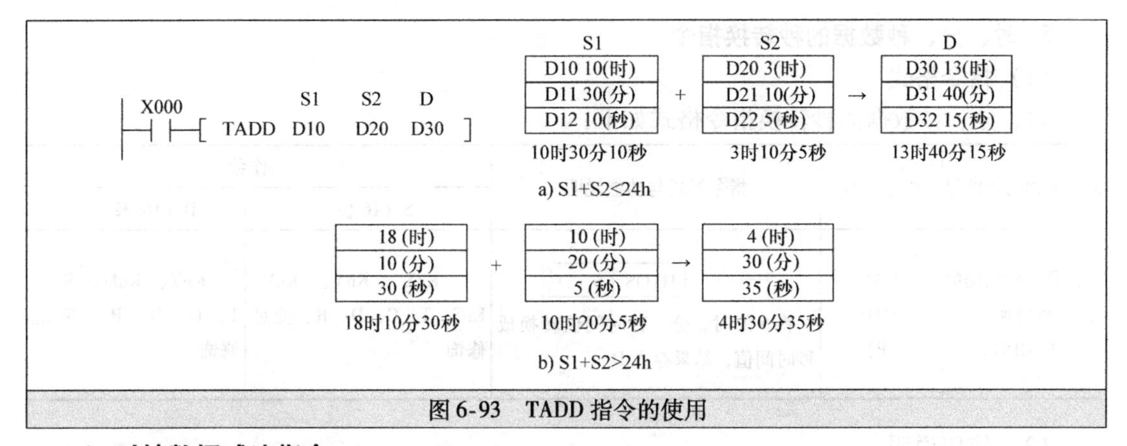

图 6-93　TADD 指令的使用

4. 时钟数据减法指令

（1）指令格式

时钟数据减法指令格式如下：

指令名称与功能号	指令符号	指令形式与功能说明	操作数
			S1、S2、D（均为 16 位）
时钟数据减法（FNC163）	TSUB（P）	┤├─[TSUB S1 S2 D] 将 S1 时间值与 S2 时间值相减，结果存入 D	T、C、D、R、变址修饰（S1、S2、D 均占用 3 点）

（2）使用说明

时钟数据减法（TSUB）指令的使用如图 6-94 所示。S1 指定第一时间值（小时、分、秒值），S2 指定第二时间值（小时、分、秒值），D 保存 S1 – S2 的差值，S1、S2、D 都需占用 3 个连号元件。

当常开触点 X000 闭合时，TSUB 指令执行，将“D10、D11、D12”中的时间值与“D20、D21、D22”中的时间值相减，结果保存在“D30、D31、D32”中。

如果运算结果小于 0h，借位标志会置 ON，将减法结果加 24h 再保存在 D 中，如图 6-94b所示。

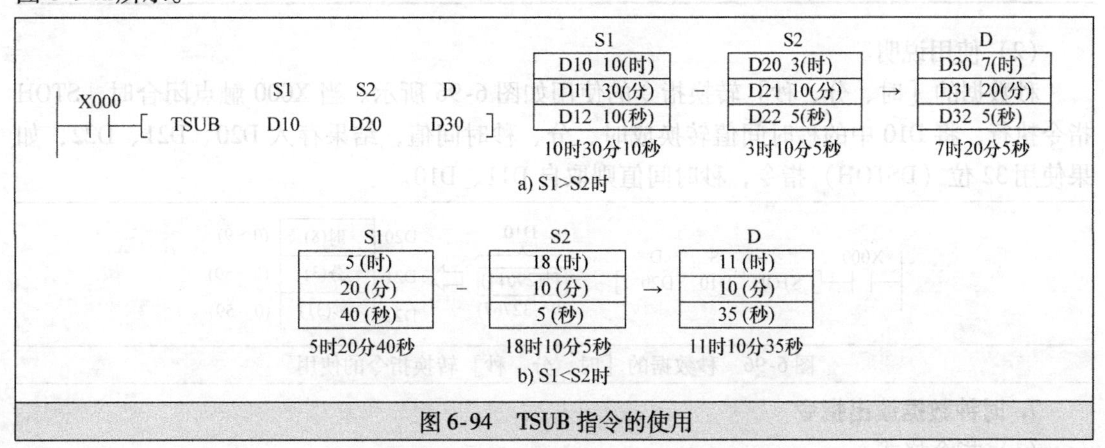

图 6-94　TSUB 指令的使用

5. 时、分、秒数据的秒转换指令

（1）指令格式

时、分、秒数据的秒转换指令格式如下：

指令名称与功能号	指令符号	指令形式与功能说明	操作数	
			S（16位）	D（16/32位）
时、分、秒数据的秒转换（FNC164）	（D）HTOS（P）	─┤├──[HTOS S D] 将S的时、分、秒时间值转换成秒时间值，结果存入D	KnX、KnY、KnM、KnS、T、C、D、R、变址修饰	KnY、KnM、KnS、T、C、D、R、变址修饰

（2）使用说明

时、分、秒数据的秒转换指令的使用如图6-95所示。当X000触点闭合时，HTOS指令执行，将D10、D11、D12中的时、分、秒时间值转换成秒时间值，结果存入D20，如果使用32位（DHTOS）指令，秒时间值则存入D21、D20。

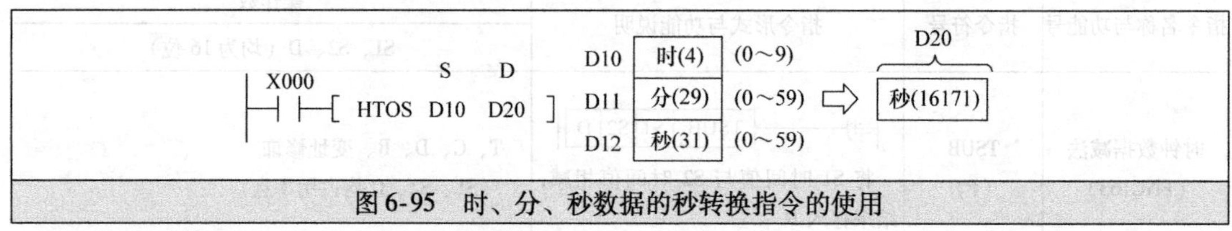

图6-95 时、分、秒数据的秒转换指令的使用

6. 秒数据的［时、分、秒］转换指令

（1）指令格式

秒数据的［时、分、秒］转换指令格式如下：

指令名称与功能号	指令符号	指令形式与功能说明	操作数	
			S（16/32位）	D（16位）
秒数据的［时、分、秒］转换（FNC165）	（D）STOH（P）	─┤├──[STOH S D] 将S的秒时间值转换成时、分、秒时间值，结果存入D	KnX、KnY、KnM、KnS、T、C、D、R、变址修饰	KnY、KnM、KnS、T、C、D、R、变址修饰

（2）使用说明

秒数据的［时、分、秒］转换指令的使用如图6-96所示。当X000触点闭合时，STOH指令执行，将D10中的秒时间值转换成时、分、秒时间值，结果存入D20、D21、D22，如果使用32位（DSTOH）指令，秒时间值则取自D11、D10。

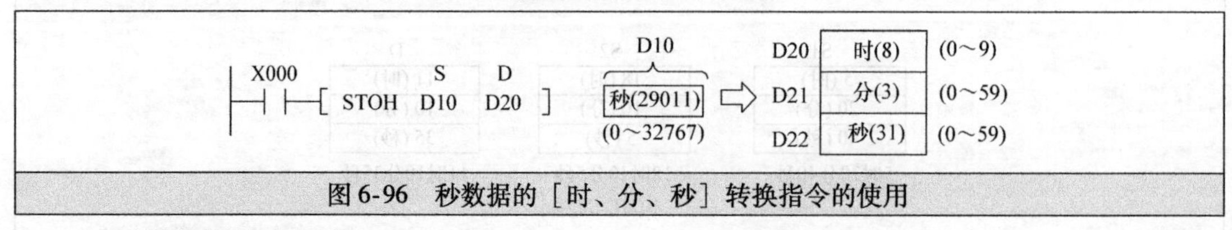

图6-96 秒数据的［时、分、秒］转换指令的使用

7. 时钟数据读出指令

（1）指令格式

时钟数据读出指令格式如下：

指令名称与功能号	指令符号	指令形式与功能说明	操作数
			D（16位）
时钟数据读出 （FNC166）	TRD （P）	TRD D 将 PLC 当前的时间（年、月、日、时、分、秒、星期）读入D为起始的7个连号元件中	T、C、D、R、变址修饰 （占用7点）

（2）使用说明

时钟数据读出（TRD）指令的使用如图6-97所示。TRD指令的功能是将PLC当前时间（年、月、日、时、分、秒、星期）读入D0为起始的7个连号元件D0～D6中。PLC当前时间保存在实时时钟用的特殊数据寄存器D8018～D8013、D8019中，这些寄存器中的数据会随时间变化而变化。D0～D6和D8013～D8019的内容及对应关系如图6-97b所示。

当常开触点X000闭合时，TRD指令执行，将“D8018～D8013、D8019”中的时间值保存到（读入）D0～D7中，如将D8018中的数据作为年值存入D0中，将D8019中的数据作为星期值存入D6中。

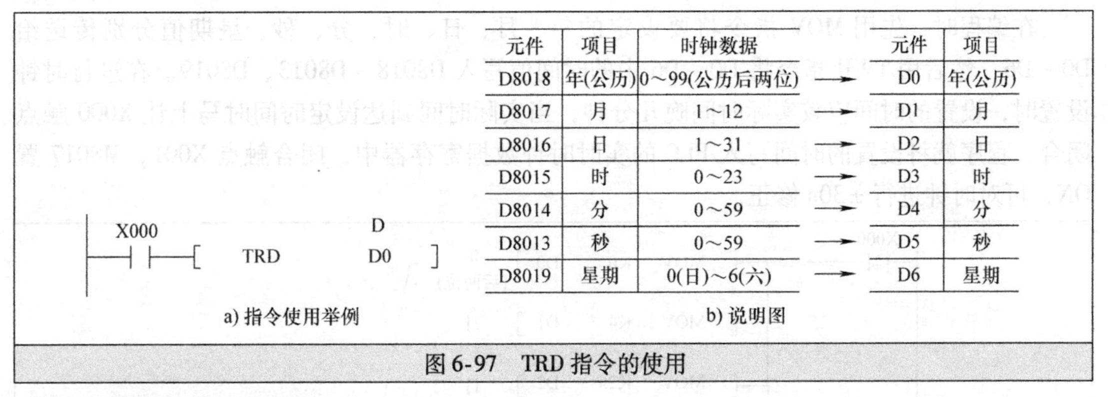

图6-97 TRD指令的使用

8. 时钟数据写入指令

（1）指令格式

时钟数据写入指令格式如下：

指令名称与功能号	指令符号	指令形式与功能说明	操作数
			S（16位）
时钟数据写入 （FNC167）	TWR （P）	TWR S 将S为起始的7个连号元件中的时间值（年、月、日、时、分、秒、星期）分别写入D8018～D8013、D8019	T、C、D、R、变址修饰 （占用7点）

（2）使用说明

TWR指令的使用如图6-98所示。TWR指令的功能是将D10为起始的7个连号元件D10～D16中的时间值（年、月、日、时、分、秒、星期）写入特殊数据寄存器D8018～D8013、D8019中。D10～D16和D8013～D8019的内容及对应关系如图6-98b所示。

当常开触点 X001 闭合时，TWR 指令执行，将“D10～D16”中的时间值写入 D8018～D8013、D8019 中，如将 D10 中的数据作为年值写入 D8018 中，将 D16 中的数据作为星期值写入 D8019 中。

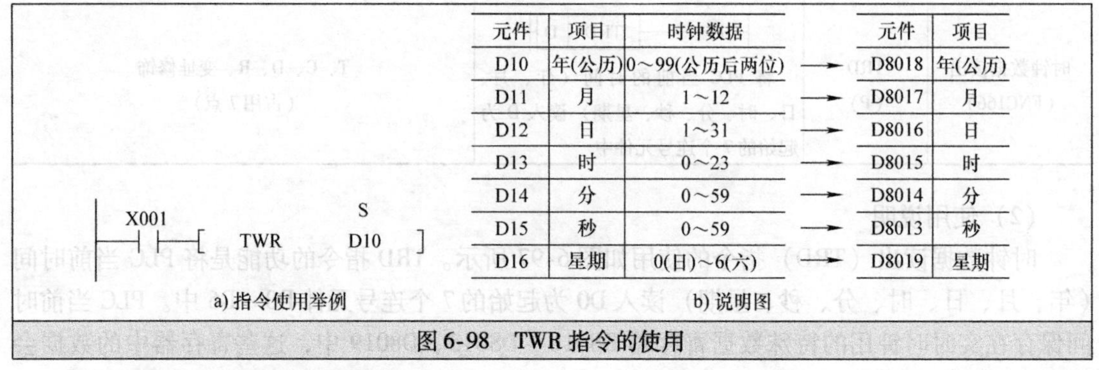

图 6-98　TWR 指令的使用

（3）修改 PLC 的实时时钟

PLC 在出厂时已经设定了实时时钟，之后实时时钟会自动运行，如果实时时钟运行不准确，可以采用程序修改。图 6-99 为修改 PLC 实时时钟的梯形图程序，利用它可以将实时时钟设为 05 年 4 月 25 日 3 时 20 分 30 秒星期二。

在编程时，先用 MOV 指令将要设定的年、月、日、时、分、秒、星期值分别传送给 D0～D6，然后用 TWR 指令将 D0～D6 中的时间值写入 D8018～D8013、D8019。在进行时钟设置时，设置的时间应较实际时间晚几分钟，当实际时间到达设定时间时马上让 X000 触点闭合，程序就将设置的时间写入 PLC 的实时时钟数据寄存器中，闭合触点 X001，M8017 置 ON，可对时钟进行 ±30s 修正。

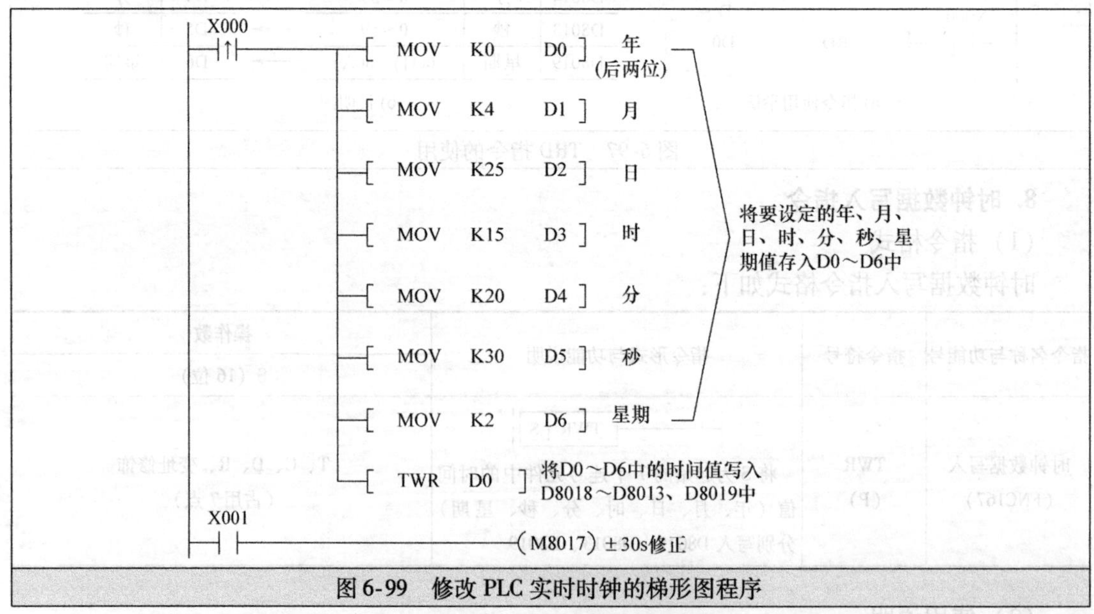

图 6-99　修改 PLC 实时时钟的梯形图程序

PLC 实时时钟的年值默认为两位（如 05 年），如果要改成 4 位（2005 年），可给图 6-99所示程序追加图 6-100 所示的程序，在

M8002
初始脉冲
[MOV K2000 D8018]

图 6-100　将年值改为 4 位需增加的梯形图程序

第二个扫描周期开始年值就为 4 位。

9. 计时表指令

（1）指令格式

计时表指令格式如下：

指令名称与功能号	指令符号	指令形式与功能说明	操作数		
			S（16/32 位）	D1（16/32 位）	D2（位型）
计时表 （FNC169）	（D） HOUR	[HOUR S D1 D2] 当 HOUR 指令输入为 ON 的时间累计超过 S 值时，将 D2 置 ON，D1 保存当前累计时间值 如果希望断电后累计时间不会消失，可将 D1 选用停电保持型数据寄存器	K、H、KnX、KnY、KnM、KnS、T、C、D、R、V、Z、变址修饰	D、R、变址修饰	Y、M、S、D□.b、变址修饰

（2）使用说明

计时表指令的使用如图 6-101 所示。当 X000 触点闭合时，HOUR 指令执行，对 X000 闭合时间进行累计计时，一旦累计时间超过 300h，马上将 Y005 置 ON，D200、D201 分别保存当前累计时间的小时值和秒值（不足 1h 的秒值）。

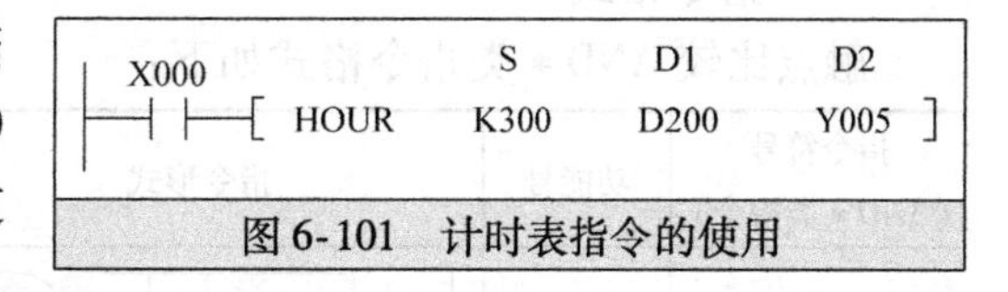

图 6-101　计时表指令的使用

6.11　触点比较类指令

触点比较类指令有 18 条，分为三类：LD * 类指令、AND * 类指令和 OR * 类指令。

6.11.1　触点比较 LD * 类指令

（1）指令格式

触点比较 LD * 类指令格式如下：

指令符号 （LD * 类指令）	功能号	指令形式	指令功能	操作数
				S1、S2（均为 16/32 位）
LD（D） =	FNC224	[LD= S1 S2]—( )	S1 = S2 时，触点闭合，即指令输出 ON	K、H、KnX、KnY、KnM、KnS、T、C、D、R、V、Z、变址修饰
LD（D） >	FNC225	[LD> S1 S2]—( )	S1 > S2 时，触点闭合，即指令输出 ON	
LD（D） <	FNC226	[LD< S1 S2]—( )	S1 < S2 时，触点闭合，即指令输出 ON	
LD（D） < >	FNC228	[LD< > S1 S2]—( )	S1 ≠ S2 时，触点闭合，即指令输出 ON	
LD（D） ≤	FNC229	[LD<= S1 S2]—( )	S1 ≤ S2 时，触点闭合，即指令输出 ON	
LD（D） ≥	FNC230	[LD>= S1 S2]—( )	S1 ≥ S2 时，触点闭合，即指令输出 ON	

（2）使用说明

LD＊类指令是连接左母线的触点比较指令，其功能是将［S1］、［S2］两个源操作数进行比较，若结果满足要求则执行驱动。LD＊类指令的使用如图6-102所示。当计数器C10的计数值等于200时，驱动Y010；当D200中的数据大于－30并且常开触点X001闭合时，将Y011置位；当计数器C200的计数值小于678493时，或者M3触点闭合时，驱动M50。

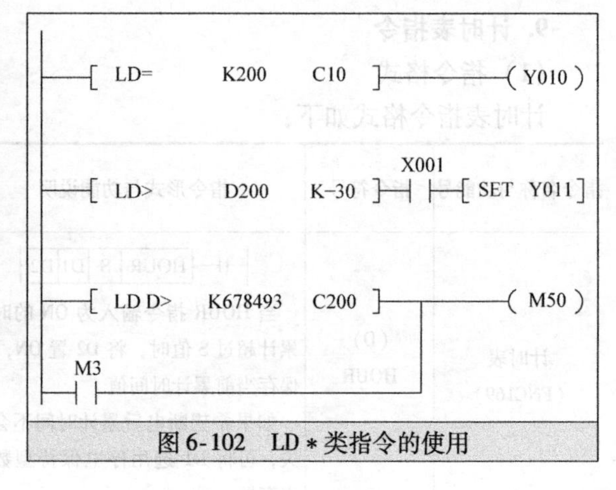

图6-102　LD＊类指令的使用

6.11.2　触点比较AND＊类指令

（1）指令格式

触点比较AND＊类指令格式如下：

指令符号（AND＊类指令）	功能号	指令形式	指令功能	操作数 S1、S2（均为16/32位）
AND（D）＝	FNC232	AND= S1 S2	S1＝S2时，触点闭合，即指令输出ON	K、H、KnX、KnY、KnM、KnS、T、C、D、R、V、Z、变址修饰
AND（D）＞	FNC233	AND> S1 S2	S1＞S2时，触点闭合，即指令输出ON	
AND（D）＜	FNC234	AND< S1 S2	S1＜S2时，触点闭合，即指令输出ON	
AND（D）＜＞	FNC236	AND<> S1 S2	S1≠S2时，触点闭合，即指令输出ON	
AND（D）≤	FNC237	AND<= S1 S2	S1≤S2时，触点闭合，即指令输出ON	
AND（D）≥	FNC238	AND>= S1 S2	S1≥S2时，触点闭合，即指令输出ON	

（2）使用说明

AND＊类指令是串联型触点比较指令，其功能是将［S1］、［S2］两个源操作数进行比较，若结果满足要求则执行驱动。AND＊类指令的使用如图6-103所示。当常开触点X000闭合且计数器C10的计数值等于200时，驱动Y010；当常闭触点X001闭合且D0中的数据不等于－10时，将Y011置位；当常开触点X002闭合且D10、D11中的数据小于678493，或者触点M3闭合时，驱动M50。

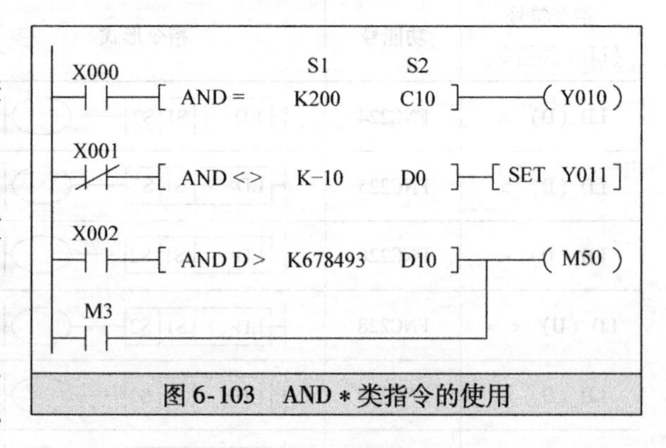

图6-103　AND＊类指令的使用

6.11.3　触点比较OR＊类指令

（1）指令格式

触点比较OR＊类指令格式如下：

指令符号（OR＊类指令）	功能号	指令形式	指令功能	操作数
				S1、S2（均为16/32位）
OR（D）＝	FNC240	AND= S1 S2	S1＝S2时，触点闭合，即指令输出ON	K、H、KnX、KnY、KnM、KnS、T、C、D、R、V、Z、变址修饰
OR（D）＞	FNC241	AND> S1 S2	S1＞S2时，触点闭合，即指令输出ON	
OR（D）＜	FNC242	AND< S1 S2	S1＜S2时，触点闭合，即指令输出ON	
OR（D）＜＞	FNC244	AND<> S1 S2	S1≠S2时，触点闭合，即指令输出ON	
OR（D）≤	FNC245	AND<= S1 S2	S1≤S2时，触点闭合，即指令输出ON	
OR（D）≥	FNC246	AND>= S1 S2	S1≥S2时，触点闭合，即指令输出ON	

（2）使用说明

OR＊类指令是并联型触点比较指令，其功能是将［S1］、［S2］两个源操作数进行比较，若结果满足要求则执行驱动。OR＊类指令的使用如图6-104所示。当常开触点X001闭合，或者计数器C10的计数值等于200时，驱动Y000；当常开触点X002、M30均闭合，或者D100中的数据大于或等于100000时，驱动M60。

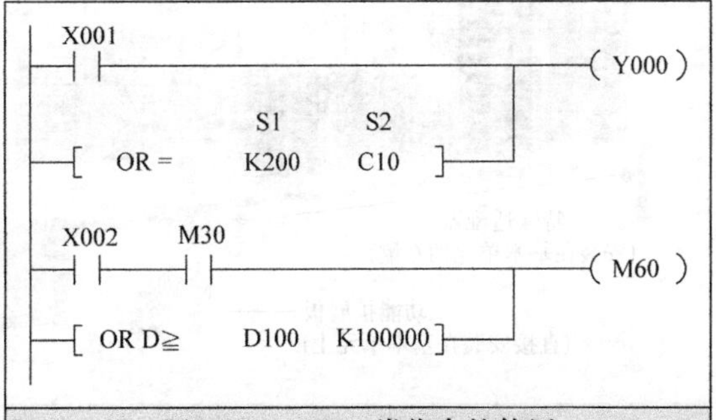

X001　（Y000）
S1　S2
［OR＝　K200　C10］
X002　M30　（M60）
［OR D≥　D100　K100000］

图6-104　OR＊类指令的使用

第7章 PLC扩展与模拟量模块的使用

7.1 PLC 的扩展

在使用 PLC 时，可单独使用的基本单元能满足大多数控制要求，如果需要增强 PLC 的控制功能，可以在基本单元基础上进行扩展，比如在基本单元上安装功能扩展板，在基本单元右边安装扩展单元（自身带电源电路）、扩展模块和特殊模块，在基本单元左边连接安装特殊适配器，如图 7-1 所示。

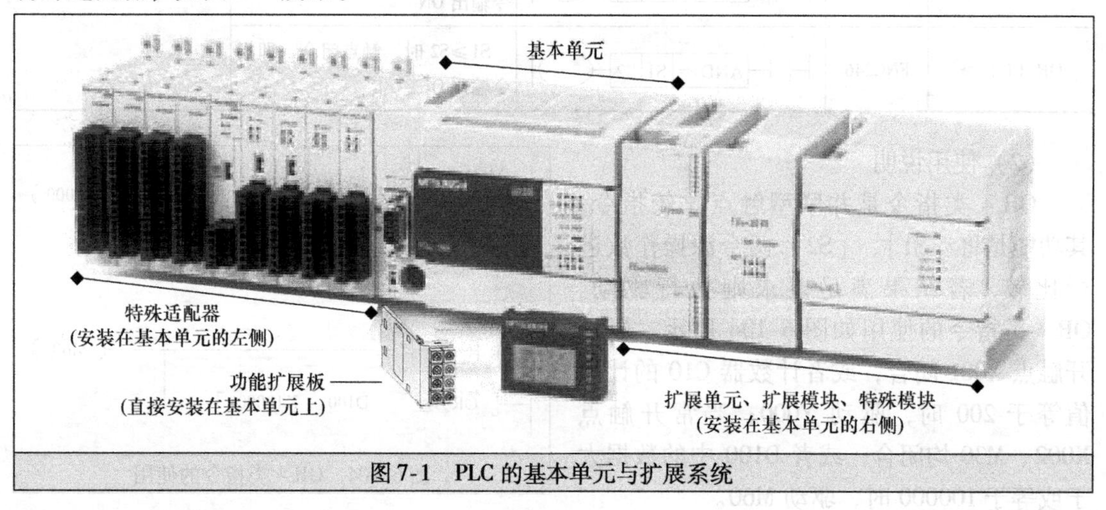

图 7-1 PLC 的基本单元与扩展系统

7.1.1 扩展输入/输出（I/O）的编号分配

如果基本单元的输入/输出（I/O）端子不够用，可以安装输入/输出型扩展单元（模块），以增加输入/输出端子的数量。扩展输入/输出的编号分配举例如图 7-2 所示。

扩展输入/输出的编号分配要点：

1）输入/输出（I/O）端子都是按八进制分配编号的，编号中的数字只有 0 ~ 7，没有 8、9。

2）基本单元右边第一个 I/O 扩展单元的 I/O 编号顺接基本单元的 I/O 编号，之后的 I/O单元则顺接前面的单元编号。

3）一个 I/O 扩展单元至少要占用 8 个端子编号，无实际端子对应的编号也不能被其他

I/O 单元使用。图 7-2 中的 FX2N－8ER 有 4 个输入端子（分配的编号为 X050～X053）和 4 个输出端子（分配的编号 Y040～Y043），编号 X054～X057 和 Y044～Y057 无实际的端子对应，但仍被该模块占用。

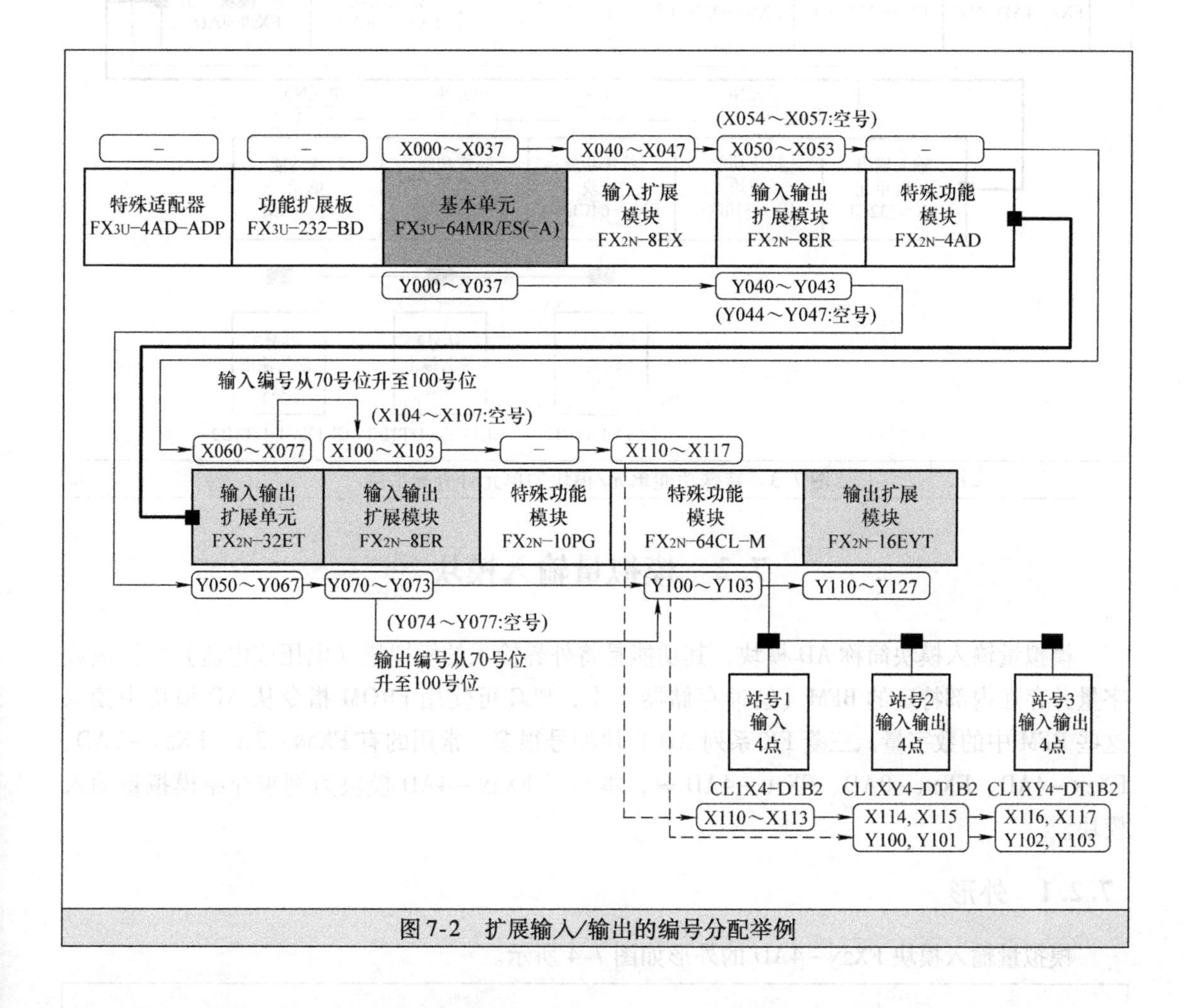

图 7-2　扩展输入/输出的编号分配举例

7.1.2　特殊功能单元/模块的单元号分配

在上电时，基本单元会从最近的特殊功能单元/模块开始，依次将单元号 0～7 分配给各特殊功能单元/模块。输入输出扩展单元/模块、特殊功能模块 FX2N－16LNK－M、连接器转换适配器 FX2N－CNV－BC、功能扩展板 FX3U－232－BD、特殊适配器 FX3U－232ADP（－MB）和扩展电源单元 FX3U－1PSU－5V 等不分配单元号。

特殊功能单元/模块的单元号分配举例如图 7-3 所示。FX2N－1RM（角度控制）单元在一个系统的最末端最多可以连续连接 3 台，其单元号都相同（即第 1 台的单元号）。

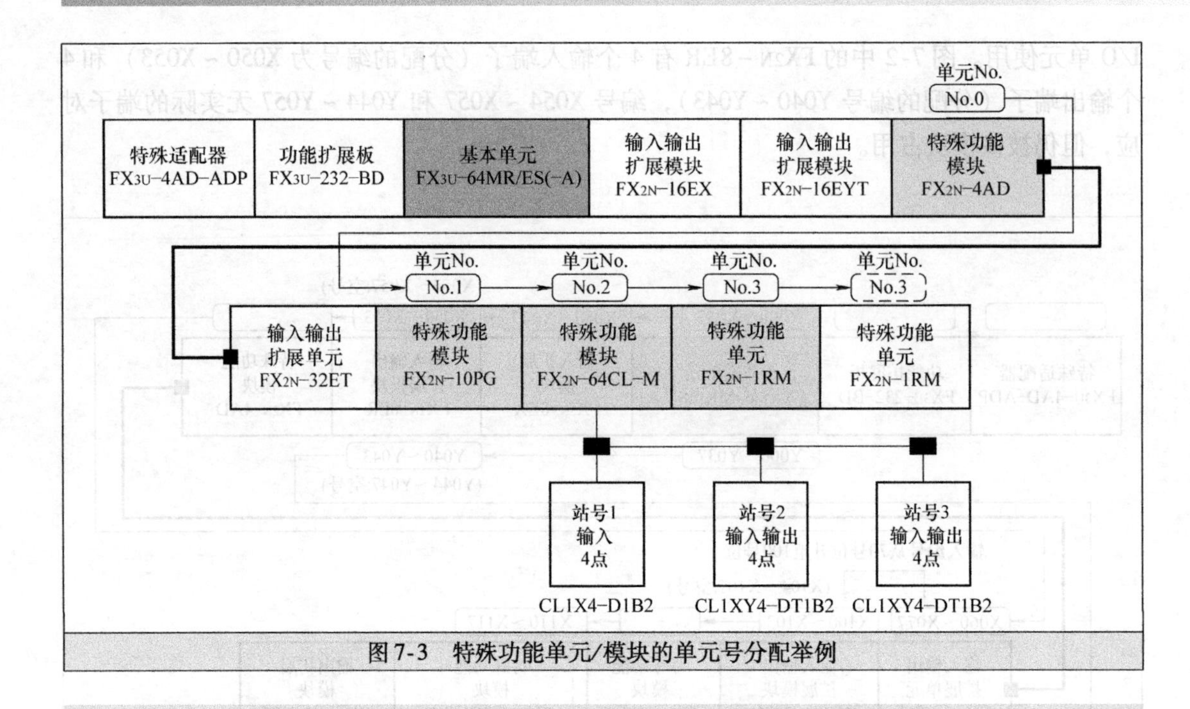

图7-3　特殊功能单元/模块的单元号分配举例

7.2　模拟量输入模块

模拟量输入模块简称AD模块，其功能是将外界输入的模拟量（电压或电流）转换成数字量并存在内部特定的BFM（缓冲存储器）中，PLC可使用FROM指令从AD模块中读取这些BFM中的数字量。三菱FX系列AD模块型号很多，常用的有FX0N－3A、FX2N－2AD、FX2N－4AD、FX2N－8AD、FX3U－4AD等，本节以FX2N－4AD模块为例来介绍模拟量输入模块。

7.2.1　外形

模拟量输入模块FX2N－4AD的外形如图7-4所示。

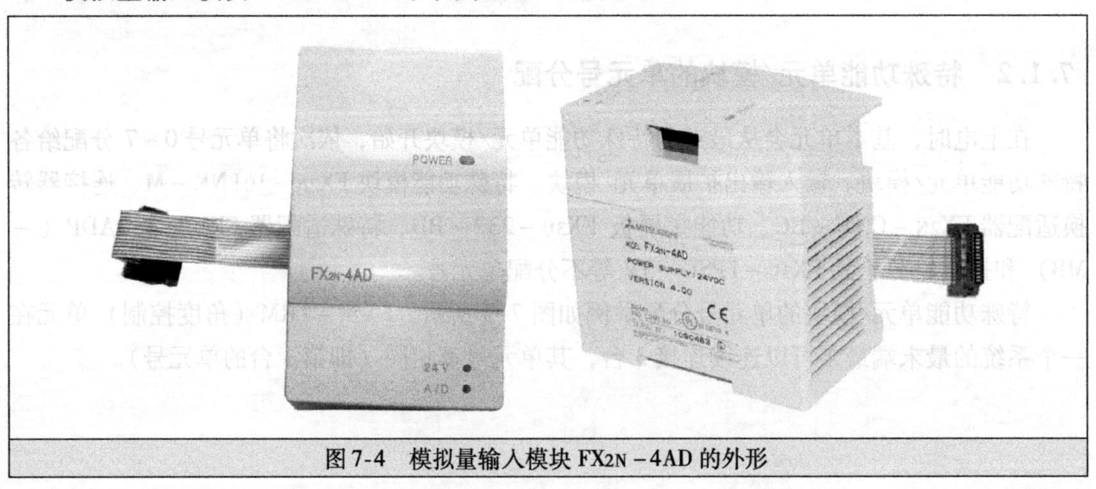

图7-4　模拟量输入模块FX2N－4AD的外形

7.2.2 接线

FX_{2N}-4AD 模块有 CH1 ~ CH4 4 个模拟量输入通道，可以同时将 4 路模拟量信号转换成数字量，存入模块内部相应的缓冲存储器（BFM）中，PLC 可使用 FROM 指令读取这些存储器中的数字量。FX_{2N}-4AD 模块有一条扩展电缆和 18 个接线端子（需要打开面板才能看见），扩展电缆用于连接 PLC 基本单元或上一个模块，FX_{2N}-4AD 模块的接线方式如图 7-5 所示，每个通道内部电路均相同，且都占用 4 个接线端子。

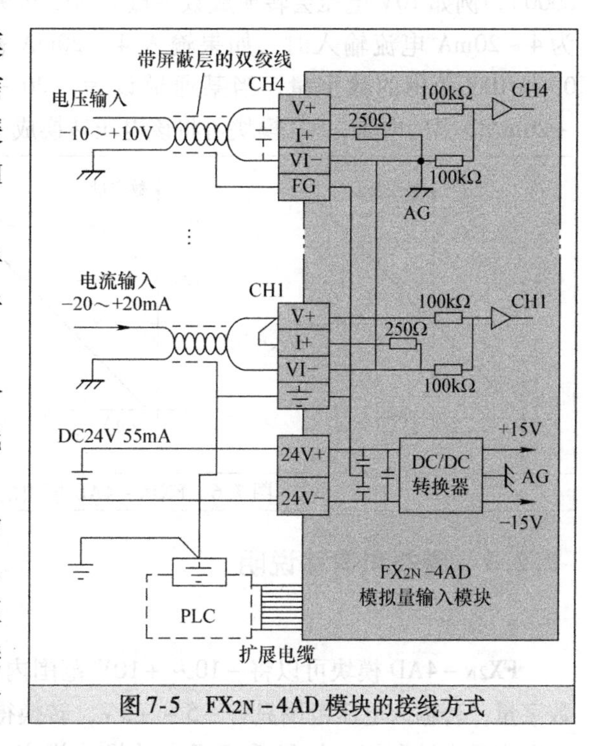

图 7-5 FX_{2N}-4AD 模块的接线方式

FX_{2N}-4AD 模块的每个通道均可设为电压型模拟量输入或电流型模拟量输入。当某通道设为电压型模拟量输入时，电压输入线接该通道的 V+、VI-端子，可接受的电压输入范围为-10 ~ 10V，为增强输入抗干扰性，可在 V+、VI-端子间接一个 0.1 ~ 0.47μF 的电容；当某通道设为电流型模拟量输入时，电流输入线接该通道的 I+、VI-端子，同时将 I+、V+端子连接起来，可接受-20 ~ 20mA 范围的电流输入。

7.2.3 性能指标

FX_{2N}-4AD 模块的性能指标见表 7-1。

表 7-1 FX_{2N}-4AD 模块的性能指标

项目	电压输入	电流输入
模拟输入范围	DC -10 ~ 10V（输入阻抗：200kΩ）。如果输入电压超过 ±15V，单元会被损坏	DC -20 ~ 20mA（输入阻抗：250Ω）。如果输入电流超过 ±32mA，单元会被损坏
数字输出	12 位的转换结果以 16 位二进制补码方式存储。最大值：+2047，最小值：-2048	
分辨率	5mV（10V 默认范围：1/2000）	20μA（20mA 默认范围：1/1000）
总体精度	±1%（对于 -10 ~ 10V 的范围）	±1%（对于 -20 ~ 20mA 的范围）
转换速度	15ms/通道（常速）、6ms/通道（高速）	
适用 PLC	FX_{1N}、FX_{2N}、FX_{2NC}	

7.2.4 输入输出曲线

FX_{2N}-4AD 模块可以将输入电压或输入电流转换成数字量，其转换关系如图 7-6 所示。当某通道设为电压输入时，如果输入 -10 ~ +10V 范围内的电压，AD 模块可将该电压转换

成 -2000 ~ +2000 范围的数字量（用 12 位二进制数表示），转换分辨率为 5mV（1000mV/2000），例如 10V 电压会转换成数字量 2000，9.995V 转换成的数字量为 1999；当某通道设为 4 ~ 20mA 电流输入时，如果输入 4 ~ 20mA 范围的电流，AD 模块可将该电压转换成 0 ~ +1000范围的数字量；当某通道设为 -20 ~ +20mA 电流输入时，如果输入 -20 ~ +20mA范围的电流，AD 模块可将该电压转换成 -1000 ~ +1000 范围的数字量。

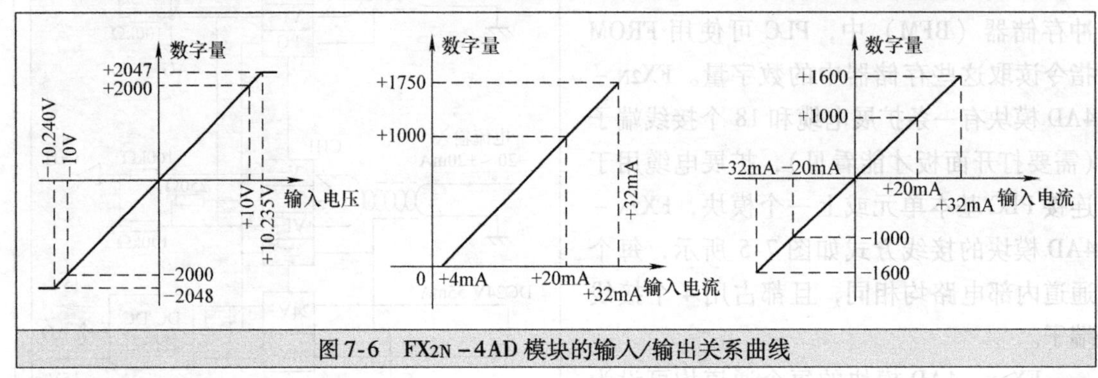

图 7-6　FX2N -4AD 模块的输入/输出关系曲线

7.2.5　增益和偏移说明

1. 增益

FX2N -4AD 模块可以将 -10 ~ +10V 范围内的输入电压转换成 -2000 ~ +2000 范围的数字量，若输入电压范围只有 -5 ~ +5V，转换得到的数字量为 -1000 ~ +1000，这样大量的数字量未被利用。如果希望提高转换分辨率，将 -5 ~ +5V 范围的电压也可以转换成 -2000 ~ +2000 范围的数字量，可通过设置 AD 模块的增益值来实现。

增益是指输出数字量为 1000 时对应的模拟量输入值。增益说明如图 7-7 所示。以图 7-7a为例，当 AD 模块某通道设为 -10 ~ +10V 电压输入时，其默认增益值为 5000（即 +5V），当输入 +5V 时会转换得到数字量 1000，输入 +10V 时会转换得到数字量 2000，增益为 5000 时的输入输出关系如图中 A 线所示；如果将增益值设为 2500，当输入 +2.5V 时会转换得到数字量 1000，输入 +5V 时会转换得到数字量 2000，增益为 2500 时的输入输出关系如图中 B 线所示。

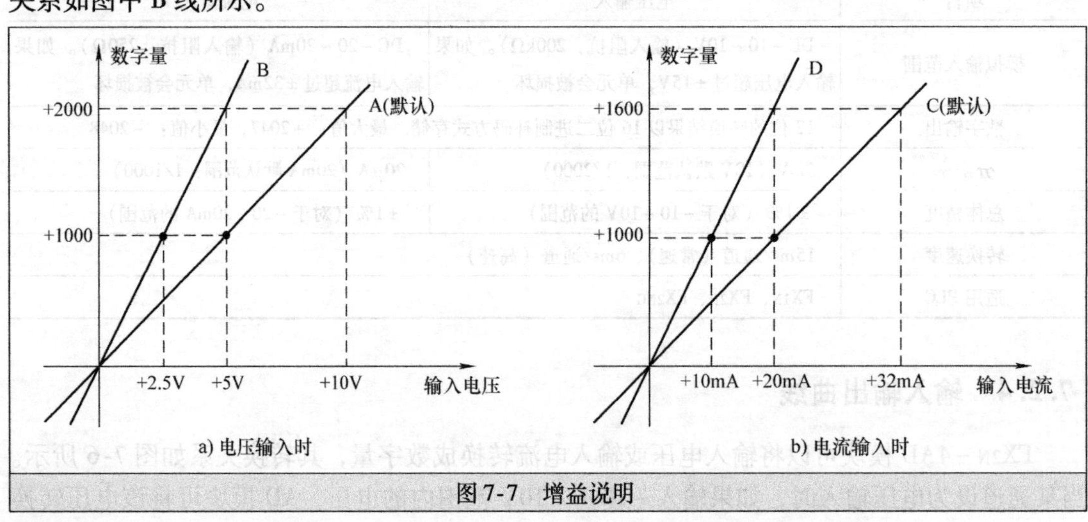

图 7-7　增益说明

2. 偏移

FX2N－4AD 模块某通道设为－10～＋10V 电压输入时，若输入－5～＋5V 电压，转换可得到－1000～＋1000 范围的数字量。如果希望将－5～＋5V范围内的电压转换成0～2000 范围的数字量，可通过设置 AD 模块的偏移量来实现。

偏移量是指输出数字量为 0 时对应的模拟量输入值。偏移说明如图 7-8 所示，当 AD 模块某通道设为－10～＋10V 电压输入时，其默认偏移量为 0（即 0V），当输入－5V 时会转换得到数字量－1000，输入＋5V 时会转换得到数字量＋1000，偏移量为 0 时的输入输出关系如图中 F 线所示，如果将偏移量设为－5000（即－5V），当输入－5V 时会转换得到数字量0000，输入 0V 时会转换得到数字量＋1000，输入＋5V 时会转换得到数字量＋2000，偏移量为－5V 时的输入输出关系如图中 E 线所示。

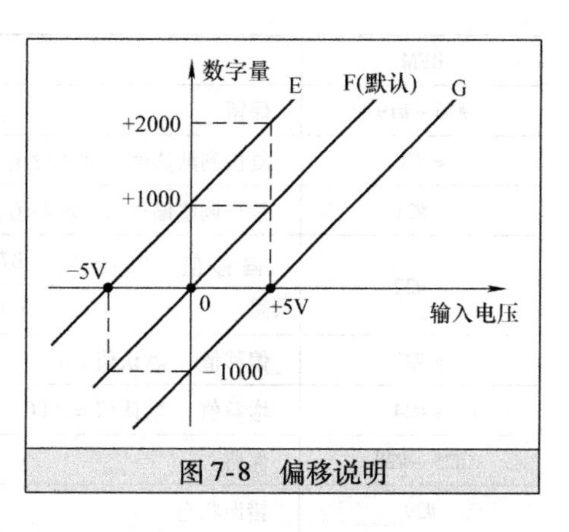

图 7-8　偏移说明

7.2.6　缓冲存储器（BFM）功能说明

FX2N－4AD 模块内部有 32 个 16 位 BFM（缓冲存储器），这些 BFM 的编号为#0～#31，在这些 BFM 中，有的 BFM 用来存储由模拟量转换来的数字量，有的 BFM 用来设置通道的输入形式（电压或电流输入），还有的 BFM 具有其他功能。

FX2N－4AD 模块的各个 BFM 功能见表 7-2。

表 7-2　FX2N－4AD 模块的 BFM 功能表

BFM	内容	
*#0	通道初始化，默认值＝H0000	
*#1	通道 1	平均采样次数 1～4096 默认设置为 8
*#2	通道 2	
*#3	通道 3	
*#4	通道 4	
#5	通道 1	平均值
#6	通道 2	
#7	通道 3	
#8	通道 4	
#9	通道 1	当前值
#10	通道 2	
#11	通道 3	
#12	通道 4	
#13～#14	保留	
#15	选择 A－D 转换速度：设置 0，则选择正常转换速度，15ms/通道（默认）；设置 1，则选择高速，6ms/通道	

（续）

BFM	内容								
#16 ~ #19	保留								
* #20	复位到默认值，默认设定 = 0								
* #21	禁止调整偏移值、增益值。默认 = （0，1），允许								
* #22	偏移值、增益值调整	B7	B6	B5	B4	B3	B2	B1	B0
		G4	O4	G3	O3	G2	O2	G1	O1
* #23	偏移值　默认值 = 0								
* #24	增益值　默认值 = 5000								
#25 ~ #28	保留								
#29	错误状态								
#30	识别码 K2010								
#31	禁用								

注：表中带 * 号的 BFM 中的值可以由 PLC 使用 TO 指令来写入，不带 * 号的 BFM 中的值可以由 PLC 使用 FROM 指令来读取。

下面对表 7-2 中的 BFM 功能作进一步的说明。

（1）#0 BFM

#0 BFM 用来初始化 AD 模块 4 个通道，即用来设置 4 个通道的模拟量输入形式，该 BFM 中的 16 位二进制数据可用 4 位十六进制数 H□□□□表示，每个□用来设置一个通道，最高位□设置 CH4 通道，最低位□设置 CH1 通道。

当□ = 0 时，通道设为 -10 ~ +10V 电压输入；当□ = 1 时，通道设为 4 ~ 20mA 电流输入；当□ = 2 时，通道设为 -20 ~ +20mA 电流输入；当□ = 3 时，通道关闭，输入无效。

例如，#0 BFM 中的值为 H3310 时，CH1 通道设为 -10 ~ +10V 电压输入，CH2 通道设为 4 ~ 20mA 电流输入，CH3、CH4 通道关闭。

（2）#1 ~ #4 BFM

#1 ~ #4 BFM 分别用来设置 CH1 ~ CH4 通道的平均采样次数。例如#1 BFM 中的次数设为 3 时，CH1 通道需要对输入的模拟量转换 3 次，再将得到 3 个数字量取平均值，数字量平均值存入#5 BFM 中。#1 ~ #4 BFM 中的平均采样次数越大，得到平均值的时间越长，如果输入的模拟量变化较快，平均采样次数值应设小一些。

（3）#5 ~ #8 BFM

#5 ~ #8 BFM 分别用存储 CH1 ~ CH4 通道的数字量平均值。

（4）#9 ~ #12 BFM

#9 ~ #12 BFM 分别用存储 CH1 ~ CH4 通道在当前扫描周期转换来的数字量。

（5）#15 BFM

#15 BFM 用来设置所有通道的模 - 数转换速度。若#15 BFM = 0，所有通道的模 - 数转换速度设为 15ms（普速）；若#15 BFM = 1，所有通道的模 - 数转换速度为 6ms（高速）。

（6）#20 BFM

当往#20 BFM 中写入 1 时，所有参数恢复到出厂设置值。

（7）#21 BFM

#21 BFM 用来禁止/允许偏移值和增益的调整。当#21 BFM 的 b1 位 =1、b0 位 =0 时，禁止调整偏移值和增益，当 b1 位 =0、b0 位 =1 时，允许调整。

（8）#22 BFM

#22 BFM 使用低 8 位来指定增益和偏移调整的通道，低 8 位标记为 $G_4O_4\ G_3O_3\ G_2O_2\ G_1O_1$，当 $G_\square$ 位为 1 时，则 $CH_\square$ 通道增益值可调整，当 $O_\square$ 位为 1 时，则 $CH_\square$ 通道偏移量可调整。例如#22 BFM = H0003，则#22 BFM 的低 8 位 $G_4O_4\ G_3O_3\ G_2O_2\ G_1O_1$ = 00000011，CH1 通道的增益值和偏移量可调整，#24 BFM 的值被设为 CH1 通道的增益值，#23 BFM 的值被设为 CH1 通道的偏移量。

（9）#23 BFM

#23 BFM 用来存放偏移量，该值可由 PLC 使用 TO 指令写入。

（10）#24 BFM

#24 BFM 用来存放增益值，该值可由 PLC 使用 TO 指令写入。

（11）#29 BFM

#29 BFM 以位的状态来反映模块的错误信息。#29 BFM 各位错误定义见表 7-3。例如，#29 BFM 的 b1 位为 1（ON），表示存储器中的偏移值和增益数据不正常，为 0 表示数据正常，PLC 使用 FROM 指令读取#29 BFM 中的值可以了解 AD 模块的操作状态。

表 7-3　#29 BFM 各位错误定义

BFM#29 的位	ON	OFF
b0：错误	b1 ~ b4 中任何一位为 ON。如果 b1 ~ b4 中任何一个为 ON，所有通道的 A-D 转换停止	无错误
b1：偏移和增益错误	在 EEPROM 中的偏移和增益数据不正常或者调整错误	增益和偏移数据正常
b2：电源故障	DC 24V 电源故障	电源正常
b3：硬件错误	A-D 转换器或其他硬件故障	硬件正常
b10：数字范围错误	数字输出值小于 -2048 或大于 +2047	数字输出值正常
b11：平均采样错误	平均采样数不小于 4097 或不大于 0（使用默认值 8）	平均采样设置正常（在 1 ~ 4096 之间）
b12：偏移和增益调整禁止	禁止：BFM#21 的（b1，b0）设为（1，0）	允许 BFM#21 的（b1，b0）设置为（1，0）

注：b4 ~ b7、b9 和 b13 ~ b15 没有定义。

（12）#30 BFM

#30 BFM 用来存放 FX2N-4AD 模块的 ID 号（身份标识号码），FX2N-4AD 模块的 ID 号为 2010，PLC 通过读取#30 BFM 中的值来判别该模块是否为 FX2N-4AD 模块。

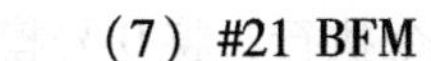

7.2.7　实例程序

在使用 FX2N-4AD 模块时，除了要对模块进行硬件连接外，还需给 PLC 编写有关的程序，用来设置模块的工作参数和读取模块转换得到的数字量及模块的操作状态。

1. 基本使用程序

图 7-9 是设置和读取 FX2N-4AD 模块的 PLC 程序。程序工作原理说明如下：

当PLC运行开始时，M8002触点接通一个扫描周期，首先FROM指令执行，将0号模块#30 BFM中的ID值读入PLC的数据存储器D4，然后CMP指令（比较指令）执行，将D4中的数值与数值2010进行比较，若两者相等，表明当前模块为FX2N-4AD模块，则将辅助继电器M1置1。M1常开触点闭合，从上往下执行TO、FROM指令，第一个TO指令（TOP为脉冲型TO指令）执行，让PLC往0号模块的#0 BFM中写入H3300，将CH1、CH2通道设为-10~+10V电压输入，同时关闭CH3、CH4通道，然后第二个TO指令执行，让PLC往0号模块的#1、#2 BFM中写入4，将CH1、CH2通道的平均采样数设为4，接着FROM指令执行，将0号模块的#29 BFM中的操作状态值读入PLC的M10~M25，若模块工作无错误，并且转换得到的数字量范围正常，则M10继电器为0，M10常闭触点闭合，M20继电器也为0，M20常闭触点闭合，FROM指令执行，将#5、#6 BFM中的CH1、CH2通道转换来的数字量平均值读入PLC的D0、D1中。

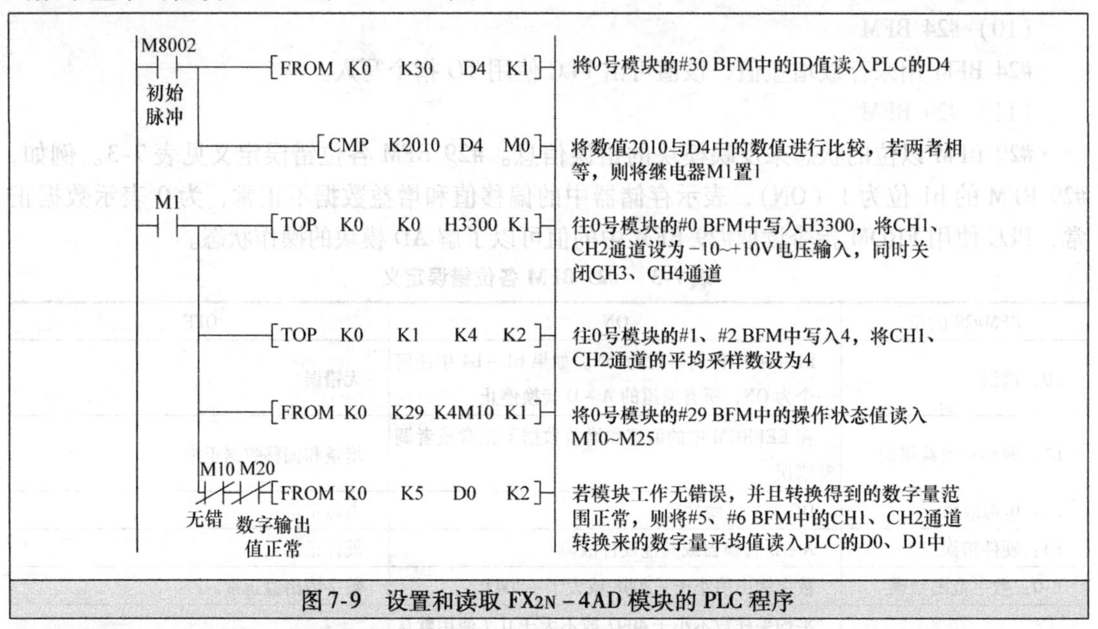

图7-9 设置和读取FX2N-4AD模块的PLC程序

2. 增益和偏移量的调整程序

如果在使用FX2N-4AD模块时需要调整增益和偏移量，可以在图7-9所示程序之后增加图7-10所示的程序，当PLC的X010端子外接开关闭合时，可启动该程序的运行。程序工作原理说明如下：

当按下PLC X010端子外接开关时，程序中的X010常开触点闭合，“SET M30”指令执行，继电器M30被置1，M30常开触点闭合，3个TO指令从上往下执行。第一个TO指令执行时，PLC往0号模块的#0 BFM中写入H0000，CH1~CH4通道均被设为-10~+10V电压输入；第二个TO指令执行时，PLC往0号模块的#21 BFM中写入1，#21 BFM的b1=0、b0=1，允许增益/偏移量调整；第三个TO指令执行时，往0号模块的#22 BFM中写入0，将用作指定调整通道的所有位（b7~b0）复位，然后定时器T0开始0.4s计时。

0.4s后，T0常开触点闭合，又有3个TO指令从上往下执行。第一个TO指令执行时，PLC往0号模块的#23 BFM中写入0，将偏移量设为0；第二个TO指令执行时，PLC往0号模块的#24 BFM中写入2500，将增益值设为2500；第三个TO指令执行时，PLC往0号模块的#22 BFM 中写入 H0003，将偏移/增益调整的通道设为 CH1，然后定时器 T1 开始 0.4s 计时。

0.4s 后，T1 常开触点闭合，首先 RST 指令执行，M30 复位，结束偏移/增益调整，接着 TO 指令执行，往 0 号模块的#21 BFM 中写入 2，#21 BFM 的 b1 = 1、b0 = 0，禁止增益/偏移量调整。

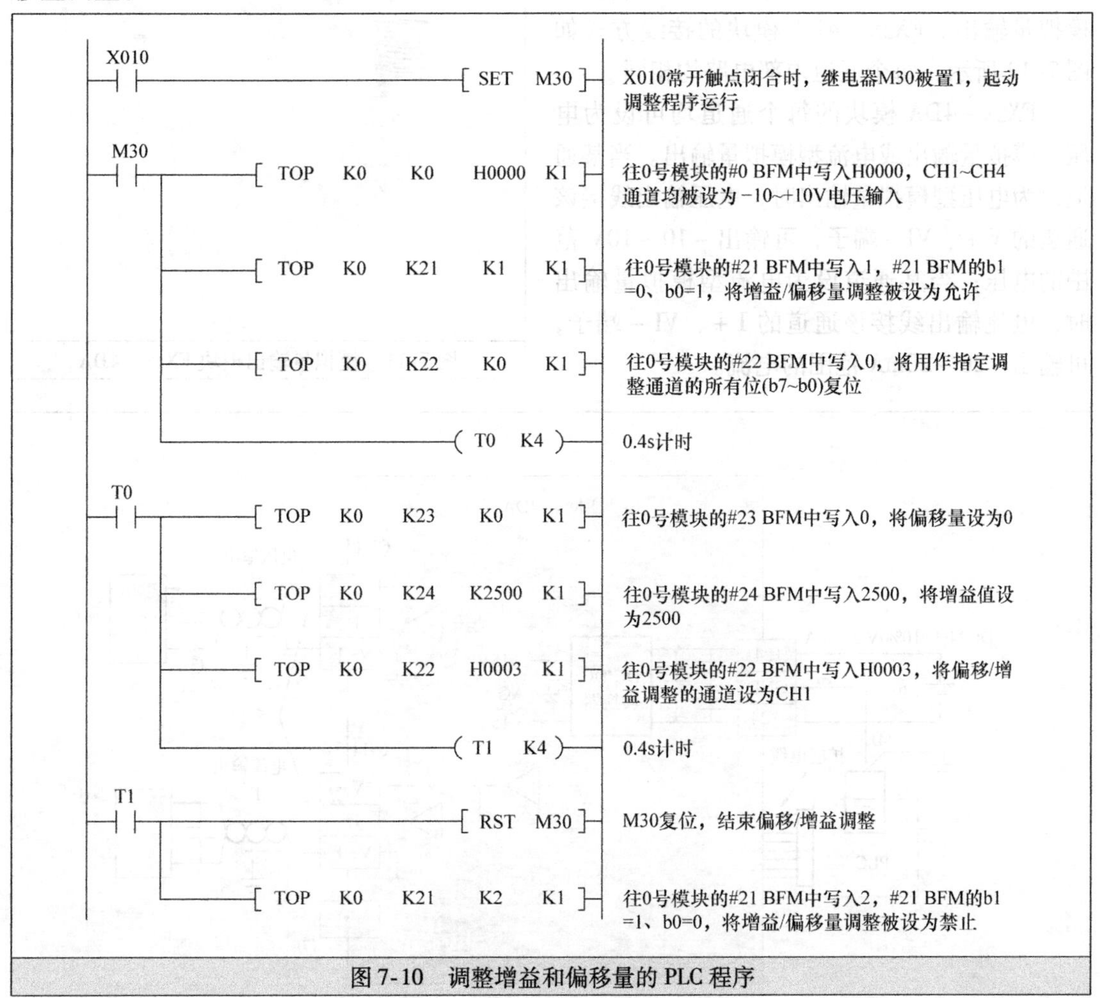

图 7-10 调整增益和偏移量的 PLC 程序

7.3 模拟量输出模块

模拟量输出模块简称 DA 模块，其功能是将模块内部特定 BFM（缓冲存储器）中的数字量转换成模拟量输出。三菱 FX 系列常用 DA 模块有 FX_{2N}-2DA、FX_{2N}-4DA 和 FX_{3U}-4DA 等，本节以 FX_{2N}-4DA 模块为例来介绍模拟量输出模块。

7.3.1 外形

模拟量输出模块 FX_{2N}-4DA 的实物外形如图 7-11 所示。

7.3.2 接线

FX2N－4DA 模块有 CH1～CH4 4 个模拟量输出通道，可以将模块内部特定的 BFM 中的数字量（由 PLC 使用 TO 指令写入）转换成模拟量输出。FX2N－4DA 模块的接线方式如图 7-12 所示，每个通道内部电路均相同。

FX2N－4DA 模块的每个通道均可设为电压型模拟量输出或电流型模拟量输出。当某通道设为电压型模拟量输出时，电压输出线接该通道的 V＋、VI－端子，可输出－10～10V 范围的电压；当某通道设为电流型模拟量输出时，电流输出线接该通道的 I＋、VI－端子，可输出－20～20mA 范围的电流。

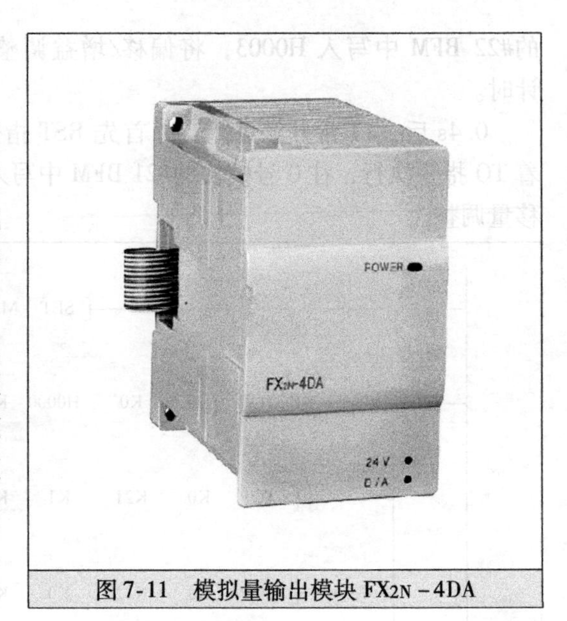

图 7-11 模拟量输出模块 FX2N－4DA

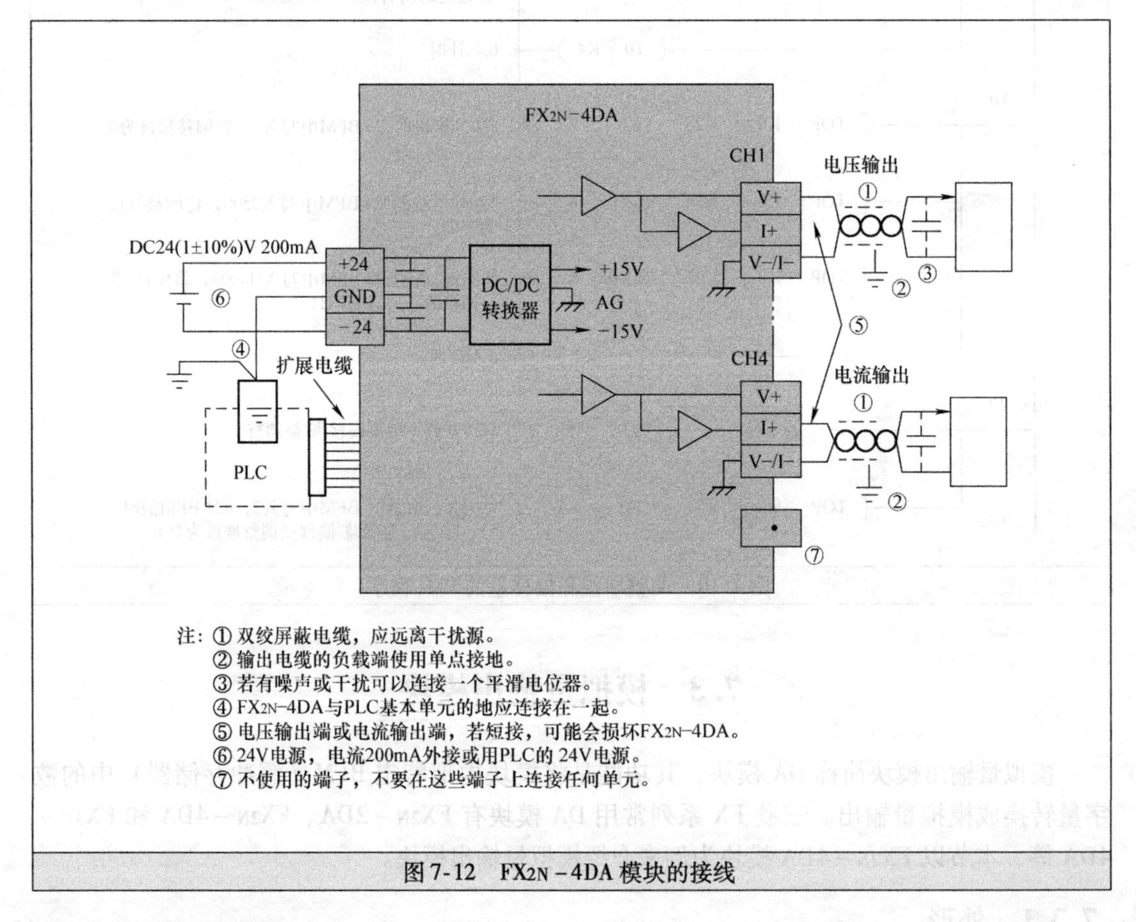

图 7-12 FX2N－4DA 模块的接线

7.3.3 性能指标

FX2N－4DA 模块的性能指标见表 7-4。

表 7-4 FX_{2N}-4DA 模块的性能指标

项目	输出电压	输出电流
模拟量输出范围	-10 ~ +10V（外部负载阻抗 2kΩ ~ 1MΩ）	0 ~ 20mA（外部负载阻抗 500Ω）
数字输出	12 位	
分辨率	5mV	20μA
总体精度	±1%（满量程 10V）	±1%（满量程 20mA）
转换速度	4 个通道：2.1ms	
隔离	模数电路之间采用光电隔离	
电源规格	主单元提供 5V/30mA 直流，外部提供 24V/200mA 直流	
适用 PLC	FX_{2N}　FX_{1N}　FX_{2NC}	

7.3.4 输入输出曲线

FX_{2N}-4DA 模块可以将内部 BFM 中的数字量转换成输出电压或输出电流，其转换关系如图 7-13 所示。当某通道设为电压输出时，DA 模块可以将 -2000 ~ +2000 范围的数字量转换成 -10 ~ +10V 范围的电压输出。

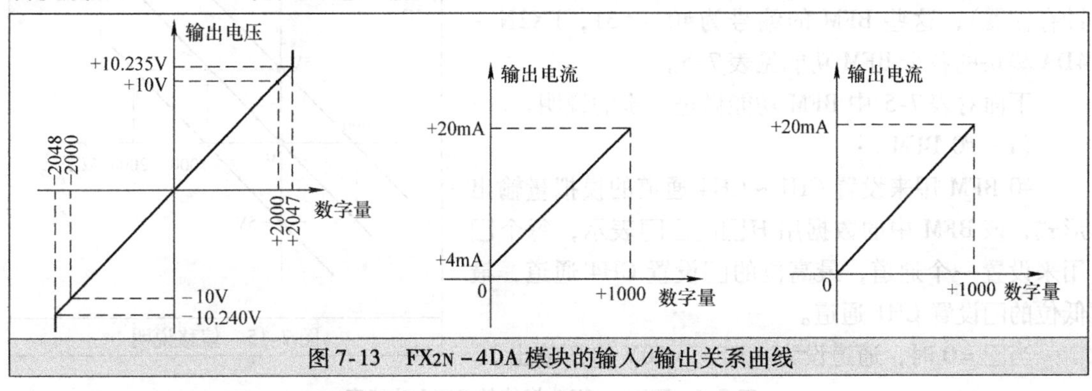

图 7-13 FX_{2N}-4DA 模块的输入/输出关系曲线

7.3.5 增益和偏移说明

与 FX_{2N}-4AD 模块一样，FX_{2N}-4DA 模块也可以调整增益和偏移量。

1. 增益

增益指数字量为 1000 时对应的模拟量输出值。增益说明如图 7-14 所示。以图 7-14a 为例，当 DA 模块某通道设为 -10 ~ +10V 电压输出时，其默认增益值为 5000（即 +5V），数字量 1000 对应的输出电压为 +5V，增益值为 5000 时的输入输出关系如图中 A 线所示；如果将增益值设为 2500，则数字量 1000 对应的输出电压为 +2.5V，其输入输出关系如图中 B 线所示。

2. 偏移

偏移量指数字量为 0 时对应的模拟量输出值。偏移说明如图 7-15 所示，当 DA 模块某通道设为 -10 ~ +10V 电压输出时，其默认偏移量为 0（即 0V），它能将数字量 0000 转换成 0V 输出，偏移量为 0 时的输入输出关系如图中 F 线所示，如果将偏移量设为 -5000（即 -5V），它能将数字量 0000 转换成 -5V 电压输出，偏移量为 -5V 时的输入输出关系如图中 E 线所示。

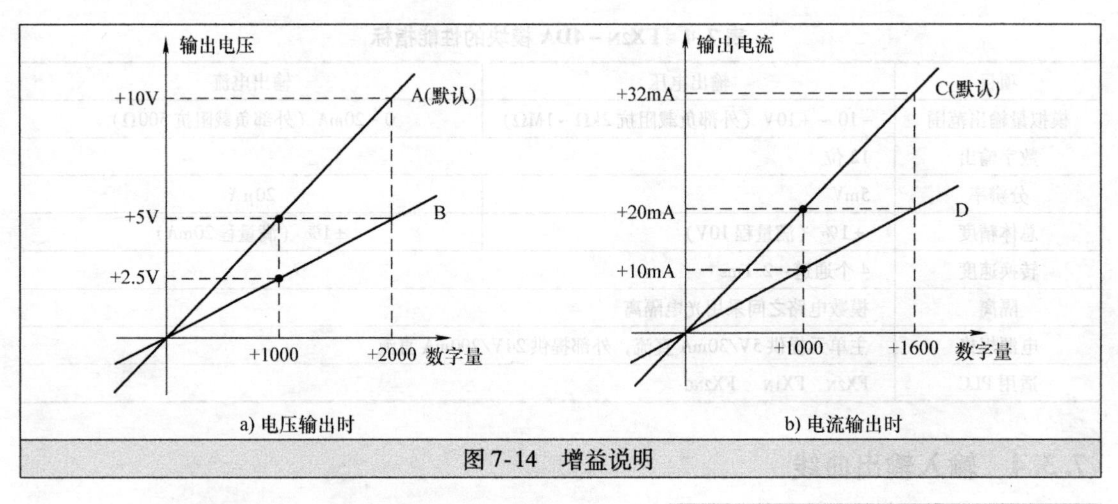

图 7-14 增益说明

7.3.6 缓冲存储器（BFM）功能说明

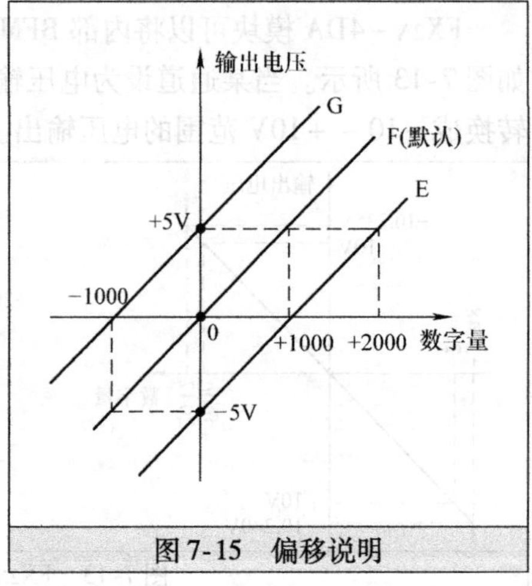

图 7-15 偏移说明

FX2N－4DA 模块内部也有 32 个 16 位 BFM（缓冲存储器），这些 BFM 的编号为#0～#31，FX2N－4DA 模块的各个 BFM 功能见表 7-5。

下面对表 7-5 中 BFM 功能做进一步的说明。

（1）#0 BFM

#0 BFM 用来设置 CH1～CH4 通道的模拟量输出形式，该 BFM 中的数据用 H□□□□表示，每个□用来设置一个通道，最高位的□设置 CH4 通道，最低位的□设置 CH1 通道。

当□=0 时，通道设为－10～＋10V 电压输出。

表 7-5 FX2N－4DA 模块的 BFM 功能表

BFM	内容	BFM	内容
*#0	输出模式选择，出厂设置 H0000	#12	CH2 偏移数据
#1	CH1、CH2、CH3、CH4 待转换的数字量	#13	CH2 增益数据
#2		#14	CH3 偏移数据
#3		#15	CH3 增益数据
#4		#16	CH4 偏移数据
#5	数据保持模式，出厂设置 H0000	#17	CH4 增益数据
#6、#7	保留	#18～#19	保留
*#8	CH1、CH2 偏移/增益设定命令，出厂设置 H0000	#20	初始化，初始值=0
		#21	禁止调整 I/O 特性（初始值=1）
*#9	CH3、CH4 偏移/增益设定命令，出厂设置 H0000	#22～#28	保留
		#29	错误状态
#10	CH1 偏移数据	#30	K3020 识别码
#11	CH1 增益数据	#31	保留

当□=1时，通道设为4~20mA电流输出。

当□=2时，通道设为0~20mA电流输出。

当□=3时，通道关闭，无输出。

例如，#0 BFM中的值为H3310时，CH1通道设为-10~+10V电压输出，CH2通道设为4~20mA电流输出，CH3、CH4通道关闭。

（2）#1~#4 BFM

#1~#4 BFM分别用来存储CH1~CH2通道的待转换的数字量。这些BFM中的数据由PLC用TO指令写入。

（3）#5 BFM

#5 BFM用来设置CH1~CH4通道在PLC由RUN→STOP时的输出数据保持模式。当某位为0时，RUN模式下对应通道最后输出值将被保持输出，当某位为1时，对应通道最后输出值为偏移值，

例如#5 BFM=H0011，CH1、CH2通道输出变为偏移值，CH3、CH4通道输出值保持为RUN模式下的最后输出值不变。

（4）#8、#9 BFM

#8 BFM用来允许/禁止调整CH1、CH2通道增益和偏移量。#8 BFM的数据格式为H G_2O_2 G_1O_1，当某位为0时，表示禁止调整，为1时允许调整，#10~#13 BFM中设定CH1、CH2通道的增益或偏移值才有效。

#9 BFM用来允许/禁止调整CH3、CH4通道增益和偏移量。#9 BFM的数据格式为H G_4O_4 G_3O_3，当某位为0时，表示禁止调整，为1时允许调整，#14~#17 BFM中设定CH3、CH4通道的增益或偏移值才有效。

（5）#10~#17 BFM

#10、#11 BFM用来保存CH1通道的偏移值和增益值，#12、#13 BFM用来保存CH2通道的偏移值和增益值，#14、#15 BFM用来保存CH3通道的偏移值和增益值，#16、#17 BFM用来保存CH4通道的偏移值和增益值。

（6）#20 BFM

#20 BFM用来初始化所有BFM。当#20 BFM=1时，所有BFM中的值都恢复到出厂设定值，当设置出现错误时，常将#20 BFM设为1来恢复到初始状态。

（7）#21 BFM

#21 BFM用来禁止/允许I/O特性（增益和偏移值）调整。当#21 BFM=1时，允许增益和偏移值调整，当#21 BFM=2时，禁止增益和偏移值调整。

（8）#29 BFM

#29 BFM以位的状态来反映模块的错误信息。#29 BFM各位错误定义见表7-6，例如#29 BFM的b2位为ON（即1）时，表示模块的DC24V电源出现故障。

（9）#30 BFM

#30 BFM存放FX2N-4DA模块的ID号（身份标识号码），FX2N-4DA模块的ID号为3020，PLC通过读取#30 BFM中的值来判别该模块是否为FX2N-4DA模块。

表7-6 #29 BFM各位错误定义

#29 BFM的位	名称	ON（1）	OFF（0）
b0	错误	b1～b4任何一位为ON	错误无错
b1	O/G错误	EEPROM中的偏移/增益数据不正常或者发生设置错误	偏移/增益数据正常
b2	电源错误	DC 24V电源故障	电源正常
b3	硬件错误	D－A转换器故障或者其他硬件故障	没有硬件缺陷
b10	范围错误	数字输入或模拟输出值超出指定范围	输入或输出值在规定范围内
b12	G/O调整禁止状态	BFM#21没有设为“1”	可调整状态（BFM#21＝1）

注：位b4～b9，b11，b13～b15未定义。

7.3.7 实例程序

在使用FX2N－4DA模块时，除了要对模块进行硬件连接外，还需给PLC编写有关的程序，用来设置模块的工作参数和写入需转换的数字量及读取模块的操作状态。

1. 基本使用程序

图7-16程序用来设置DA模块的基本工作参数，并将PLC中的数据送入DA模块，让它转换成模拟量输出。

图7-16 设置FX2N－4DA模块并使之输出模拟量的PLC程序

程序工作原理说明如下：

当PLC运行开始时，M8002触点接通一个扫描周期，首先FROM指令执行，将1号模块#30 BFM中的ID值读入PLC的数据存储器D0，然后CMP指令（比较指令）执行，将D0中的数值与数值3020进行比较，若两者相等，表明当前模块为FX2N－4DA模块，则将辅助继电器M1置1。M1常开触点闭合，从上往下执行TO、FROM指令。第一个TO指令（TOP为脉冲型TO指令）执行，让PLC往1号模块的#0 BFM中写入H2100，将CH1、CH2通道设为－10～＋10V电压输出，将CH3通道设为4～20mA输出，将CH4通道设为0～20mA输出，然后第二个TO指令执行，将PLC的D1～D4中的数据分别写入1号模块的#1～#4 BFM中，让模块将这些数据转换成模拟量输出，接着FROM指令执行，将1号模块的#29

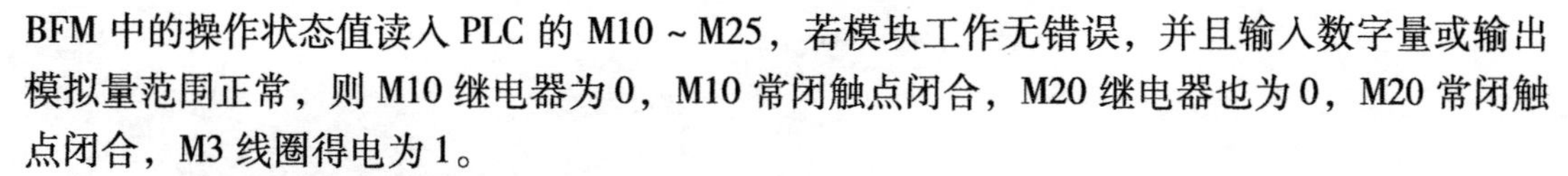

BFM 中的操作状态值读入 PLC 的 M10 ~ M25，若模块工作无错误，并且输入数字量或输出模拟量范围正常，则 M10 继电器为 0，M10 常闭触点闭合，M20 继电器也为 0，M20 常闭触点闭合，M3 线圈得电为 1。

2. 增益和偏移量的调整程序

如果在使用 FX2N－4DA 模块时需要调整增益和偏移量，可以在图 7-16 程序之后增加图 7-17 所示的程序，当 PLC 的 X011 端子外接开关闭合时，可启动该程序的运行。程序工作原理说明如下：

当按下 PLC X010 端子外接开关时，程序中的 X010 常开触点闭合，“SET M30”指令执行，继电器 M30 被置 1，M30 常开触点闭合，两个 TO 指令从上往下执行。第一个 TO 指令执行时，PLC 往 1 号模块的#0 BFM 中写入 H0010，将 CH2 通道设为 4 ~ 20mA 电流输出，其他均设为 －10 ~ ＋10V 电压输出；第二个 TO 指令执行时，PLC 往 1 号模块的#21 BFM 中写入 1，允许增益/偏移量调整，然后定时器 T0 开始 3s 计时。

3s 后，T0 常开触点闭合，3 个 TO 指令从上往下执行。第一个 TO 指令执行时，PLC 往 1 号模块的#12 BFM 中写入 7000，将偏移量设为 7mA；第二个 TO 指令执行时，PLC 往 1 号模块的#13 BFM 中写入 20000，将增益值设为 20mA；第三个 TO 指令执行时，PLC 往 1 号模块的#8 BFM 中写入 H1100，允许 CH2 通道的偏移/增益调整，然后定时器 T1 开始 3s 计时。

3s 后，T1 常开触点闭合，首先 RST 指令执行，M30 复位，结束偏移/增益调整，接着 TO 指令执行，往 1 号模块的#21 BFM 中写入 2，禁止增益/偏移量调整。

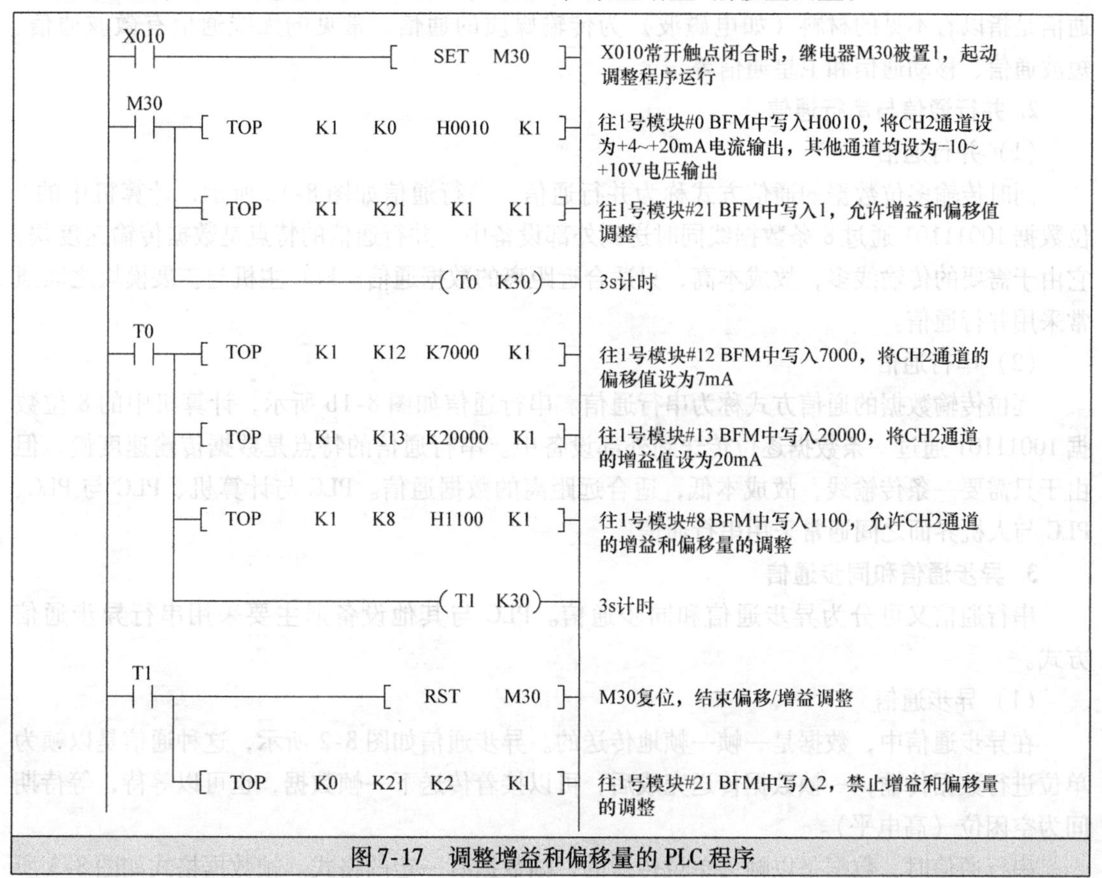

图 7-17　调整增益和偏移量的PLC 程序

第8章 PLC通信

8.1 通信基础知识

通信是指一地与另一地之间的信息传递。PLC 通信是指 PLC 与计算机、PLC 与 PLC、PLC 与人机界面（触摸屏）和 PLC 与其他智能设备之间的数据传递。

8.1.1 通信方式

1. 有线通信和无线通信

有线通信是指以导线、电缆、光缆、纳米材料等看得见的材料为传输媒质的通信。无线通信是指以看不见的材料（如电磁波）为传输媒质的通信，常见的无线通信有微波通信、短波通信、移动通信和卫星通信等。

2. 并行通信与串行通信

（1）并行通信

同时传输多位数据的通信方式称为并行通信。并行通信如图 8-1a 所示，计算机中的 8 位数据 10011101 通过 8 条数据线同时送到外部设备中。并行通信的特点是数据传输速度快，它由于需要的传输线多，故成本高，只适合近距离的数据通信。PLC 主机与扩展模块之间通常采用并行通信。

（2）串行通信

逐位传输数据的通信方式称为串行通信。串行通信如图 8-1b 所示，计算机中的 8 位数据 10011101 通过一条数据逐位传送到外部设备中。串行通信的特点是数据传输速度慢，但由于只需要一条传输线，故成本低，适合远距离的数据通信。PLC 与计算机、PLC 与 PLC、PLC 与人机界面之间通常采用串行通信。

3. 异步通信和同步通信

串行通信又可分为异步通信和同步通信。PLC 与其他设备通主要采用串行异步通信方式。

（1）异步通信

在异步通信中，数据是一帧一帧地传送的。异步通信如图 8-2 所示，这种通信是以帧为单位进行数据传输，一帧数据传送完成后，可以接着传送下一帧数据，也可以等待，等待期间为空闲位（高电平）。

串行通信时，数据是以帧为单位传送的，帧数据有一定的格式。帧数据格式如图 8-3 所示，从图中可以看出，一帧数据由起始位、数据位、奇偶校验位和停止位组成。

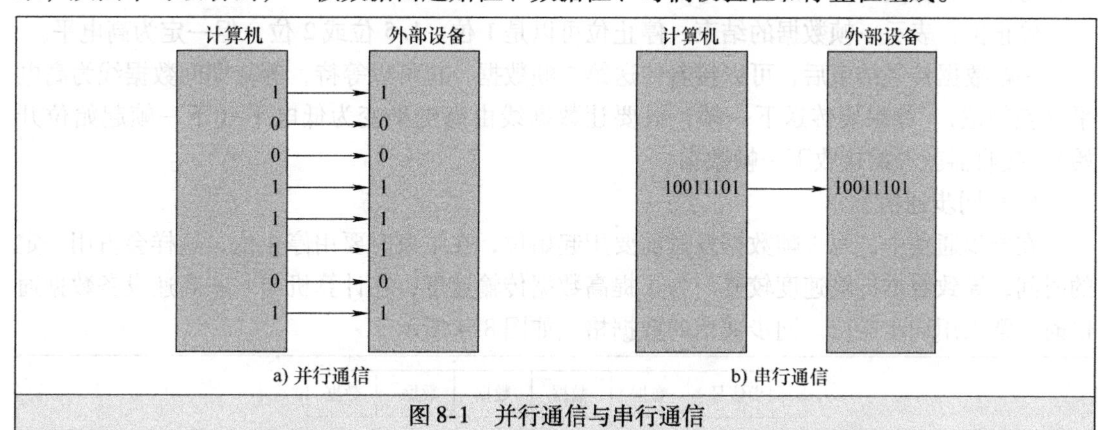

图 8-1　并行通信与串行通信

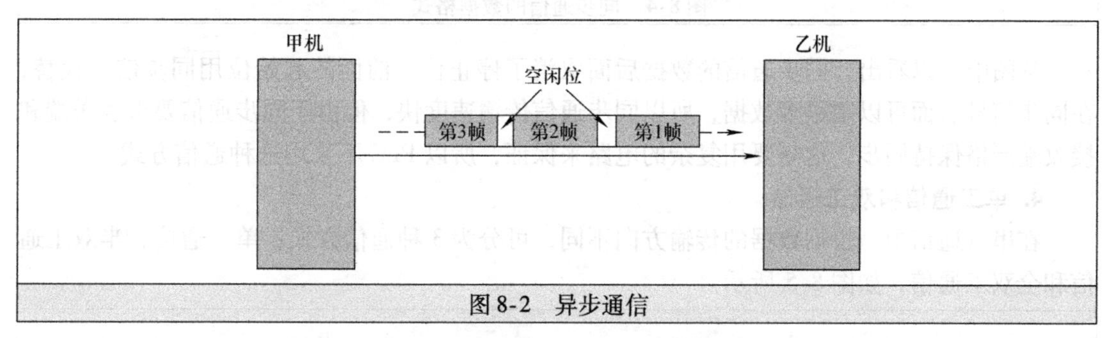

图 8-2　异步通信

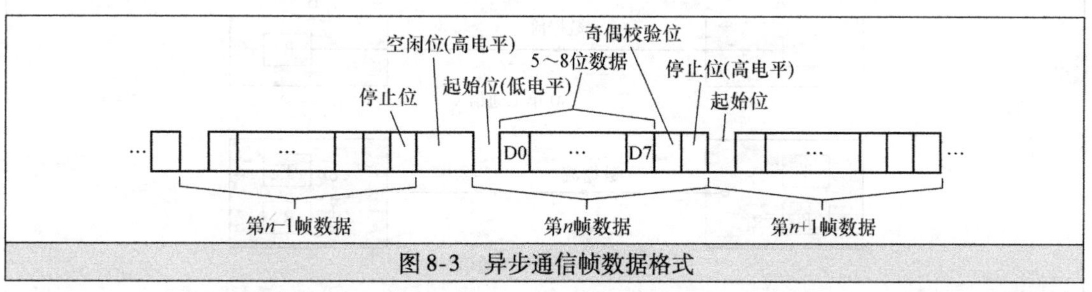

图 8-3　异步通信帧数据格式

起始位：表示一帧数据的开始，起始位一定为低电平。当甲机要发送数据时，先送一个低电平（起始位）到乙机，乙机接收到起始信号后，马上开始接收数据。

数据位：它是要传送的数据，紧跟在起始位后面。数据位的数据为 5 ~ 8 位，传送数据时是从低位到高位逐位进行的。

奇偶校验位：该位用于检验传送的数据有无错误。奇偶校验是检查数据传送过程中有无发生错误的一种校验方式，它分为奇校验和偶校验。奇校验是指数据和校验位中 1 的总个数为奇数，偶校验是指数据和校验位中 1 的总个数为偶数。

以奇校验为例，如果发送设备传送的数据中有偶数个 1，为保证数据和校验位中 1 的总个数为奇数，奇偶校验位应为 1，如果在传送过程中数据产生错误，其中一个 1 变为 0，那么传送到接收设备的数据和校验位中 1 的总个数为偶数，外部设备就知道传送过来的数据发生错误，会要求重新传送数据。

数据传送采用奇校验或偶校验均可，但要求发送端和接收端的校验方式一致。在帧数据中，奇偶校验位也可以不用。

停止位：表示一帧数据的结束。停止位可以是1位、1.5位或2位，但一定为高电平。

一帧数据传送结束后，可以接着传送第二帧数据，也可以等待，等待期间数据线为高电平（空闲位）。如果要传送下一帧，只要让数据线由高电平变为低电平（下一帧起始位开始），接收器就开始接收下一帧数据。

（2）同步通信

在异步通信中，每一帧数据发送前要用起始位，在结束时要用停止位，这样会占用一定的时间，导致数据传输速度较慢。为了提高数据传输速度，在计算机与一些高速设备数据通信时，常采用同步通信。同步通信的数据格式如图8-4所示。

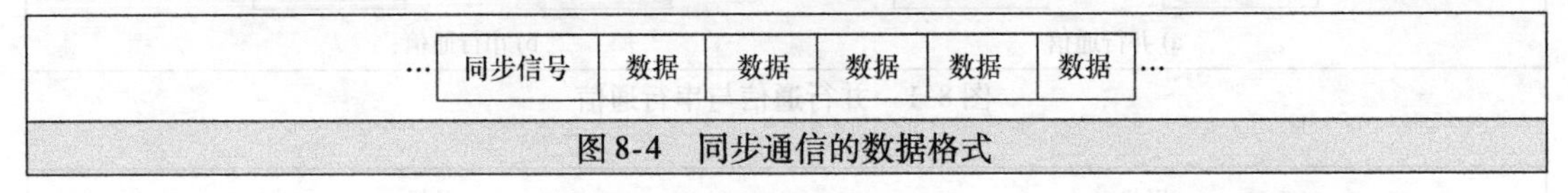

图8-4　同步通信的数据格式

从图中可以看出，同步通信的数据后面取消了停止位，前面的起始位用同步信号代替，在同步信号后面可以跟很多数据，所以同步通信传输速度快，但由于同步通信要求发送端和接收端严格保持同步，这需要用复杂的电路来保证，所以PLC不采用这种通信方式。

4. 单工通信和双工通信

在串行通信中，根据数据的传输方向不同，可分为3种通信方式：单工通信、半双工通信和全双工通信，如图8-5所示。

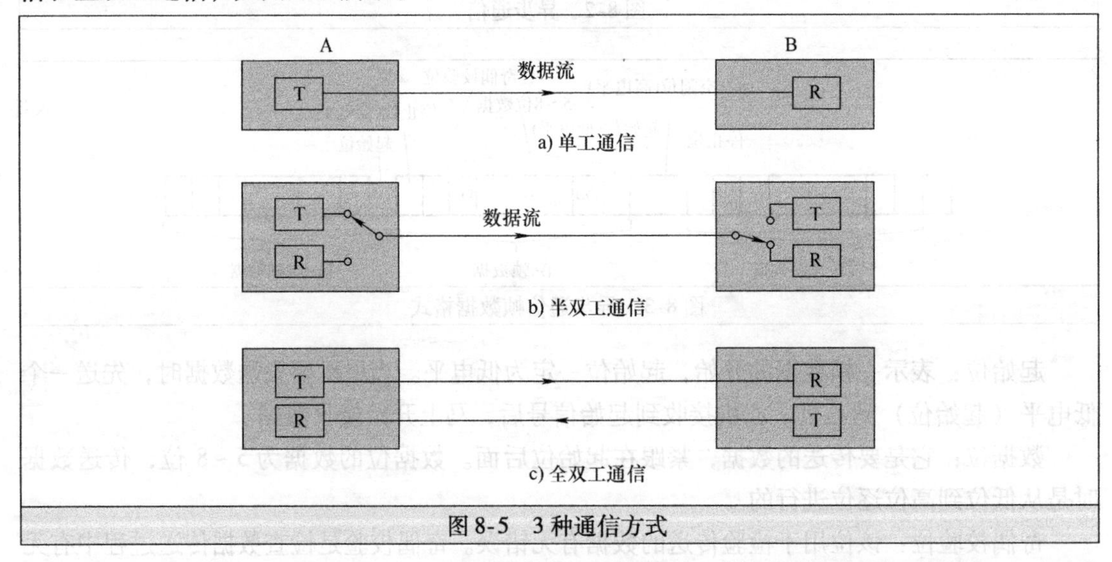

图8-5　3种通信方式

1）单工通信：在这种方式下，数据只能往一个方向传送，数据只能由发送端（T）传输给接收端（R）。

2）半双工通信：在这种方式下，数据可以双向传送，但同一时间内，只能往一个方向传送，只有一个方向的数据传送完成后，才能往另一个方向传送数据。通信的双方都有发送器和接收器，一方发送时，另一方接收，由于只有一条数据线，所以双方不能在发送数据的同时进行接收数据。

3）全双工通信：在这种方式下，数据可以双向传送，通信的双方都有发送器和接收器，由于有两条数据线，所以双方在发送数据的同时可以接收数据。

8.1.2 通信传输介质

有线通信采用传输介质主要有双绞线、同轴电缆和光缆，如图8-6所示。

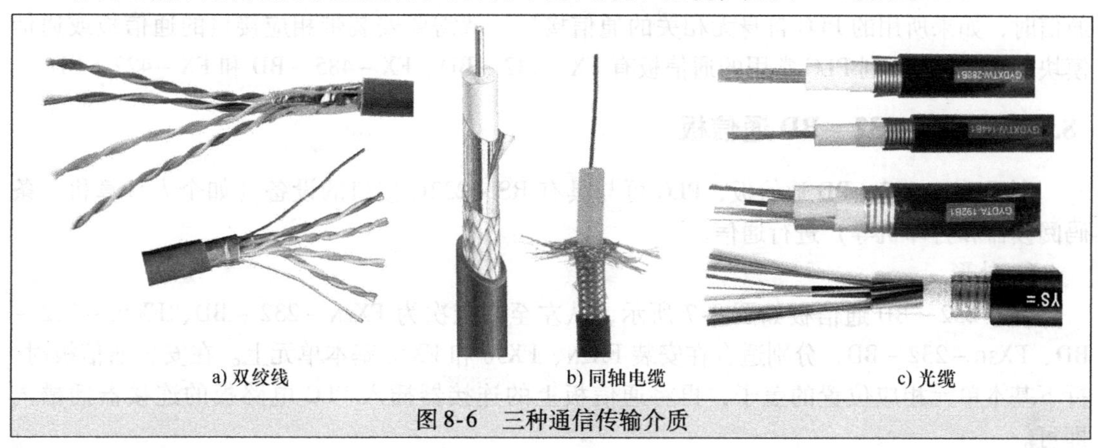

a) 双绞线　b) 同轴电缆　c) 光缆

图8-6 三种通信传输介质

（1）双绞线

双绞线是将两根导线扭绞在一起，以减少电磁波的干扰，如果再加上屏蔽套层，则抗干扰能力更好。双绞线的成本低、安装简单，RS－232C，RS－422和RS－485等接口多用双绞线进行通信连接。

（2）同轴电缆

同轴电缆的结构是从内到外依次为内导体（芯线）、绝缘线、屏蔽层及外保护层。由于从截面看，这4层构成了4个同心圆，故称为同轴电缆。根据通频带不同，同轴电缆可分为基带（5052）和宽带（7552）两种，其中基带同轴电缆常用于Ethernet（以太网）中。同轴电缆的传送速率高、传输距离远，但价格较双绞线高。

（3）光缆

光缆是由石英玻璃经特殊工艺拉成细丝结构，这种细丝的直径比头发丝还要细，直径一般为8～95μm（单模光纤）及50/62.5μm（多模光纤，50μm为欧洲标准，62.5μm为美国标准），但它能传输的数据量却是巨大的。

光纤是以光的形式传输信号的，其优点是传输的为数字的光脉冲信号，不会受电磁干扰，不怕雷击，不易被窃听，数据传输安全性好，传输距离长，且带宽宽、传输速度快。但由于通信双方发送和接收的都是电信号，因此通信双方都需要价格昂贵的光纤设备进行光电转换。另外，光纤连接头的制作与光纤连接也需要专门工具和专门的技术人员。

双绞线、同轴电缆和光缆参数特性见表8-1。

表8-1 双绞线、同轴电缆和光缆参数特性

特性	双绞线	同轴电缆		光缆
		基带（50Ω）	宽带（75Ω）	
传输速率	1～4Mbit/s	1～10Mbit/s	1～450Mbit/s	10～500Mbit/s
网络段最大长度	1.5km	1～3km	10km	50km
抗电磁干扰能力	弱	中	中	强

8.2 通信接口设备

PLC 通信接口主要有三种标准：RS－232C、RS－422 和 RS－485。在 PLC 和其他设备通信时，如果所用的 PLC 自身无相关的通信接口，就需要安装带相应接口的通信板或通信模块。三菱 FX 系列 PLC 常用的通信板有 FX－232－BD、FX－485－BD 和 FX－422－BD。

8.2.1 FX－232－BD 通信板

利用 FX－232－BD 通信板，PLC 可与具有 RS－232C 接口的设备（如个人计算机、条码阅读器和打印机等）进行通信。

1. 外形

FX－232－BD 通信板如图 8-7 所示，从左至右依次为 FX_{2N}－232－BD、FX_{3U}－232－BD、FX_{3G}－232－BD，分别适合在安装 FX_{2N}、FX_{3U} 和 FX_{3G} 基本单元上。在安装通信板时，拆下基本单元相应位置的盖子，再将通信板上的连接器插入 PLC 电路板的连接器插槽内即可。

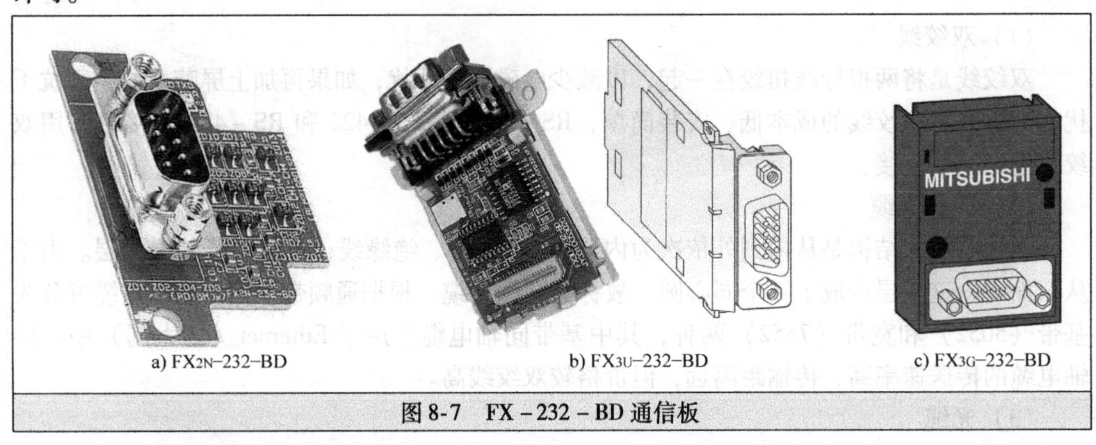

a) FX_{2N}–232–BD　b) FX_{3U}–232–BD　c) FX_{3G}–232–BD

图 8-7 FX－232－BD 通信板

2. RS－232C 接口的电气特性

FX－232－BD 通信板上有一个 RS－232C 接口。RS－232C 接口又称 COM 接口，是美国 1969 年公布的串行通信接口，至今在计算机和 PLC 等工业控制中还在广泛使用。RS－232C 标准有以下特点：

1）采用负逻辑，用＋5～＋15V 表示逻辑“0”，用－15～－5V 表示逻辑“1”。

2）只能进行一对一方式通信，最大通信距离为 15m，最高数据传输速率为 20kbit/s。

3）该标准有 9 针和 25 针两种类型的接口，9 针接口使用更广泛，PLC 采用 9 针接口。

4）该标准的接口采用单端发送、单端接收电路，如图 8-8 所示，这种电路的抗干扰性较差。

3. RS－232C 接口的针脚功能定义

RS－232C 接口有 9 针和 25 针两种类型，FX－232－BD 通信板上有一个 9 针的 RS－232C 接口，各针脚功能定义如图 8-9 所示。

4. 通信接线

PLC 要通过 FX－232－BD 通信板与 RS－232C 设备通信，必须使用电缆将通信板的

RS－232C接口与RS－232C设备的RS－232C接口连接起来，根据RS－232C设备特性不同，电缆接线主要有两种方式。

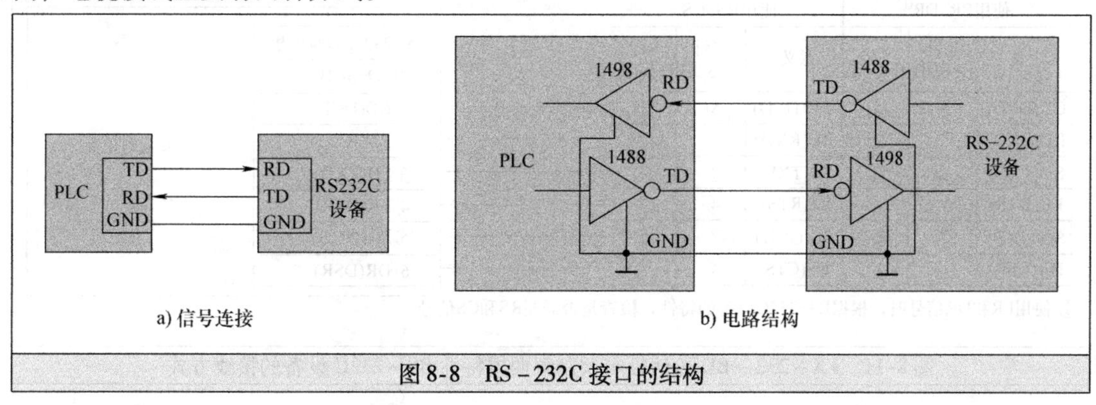

图 8-8　RS－232C 接口的结构

针脚号	信号	意义	功能
1	CD(DCD)	载波检测	当检测到数据接收载波时，为ON
2	RD(RXD)	接收数据	接收数据(RS-232C设备到232BD)
3	SD(TXD)	发送数据	发送数据(232BD 到RS-232C设备)
4	ER(DTR)	发送请求	数据发送到RS-232C设备的信号请求准备
5	SG(GND)	信号地	信号地
6	DR(DSR)	发送使能	表示RS-232C设备准备好接收
7, 8, 9	NC	不接	

图 8-9　RS－232C 接口的针脚功能定义

（1）通信板与普通特性的 RS－232C 设备的接线

FX－232－BD 通信板与普通特性 RS－232C 设备的接线方式如图 8-10 所示，这种连接方式不是将同名端连接，而是将一台设备的发送端与另一台设备的接收端连接。

普通的RS-232C设备					
使用ER, DR①			使用RS, CS		
意义	25针 D-SUB	9针 D-SUB	意义	25针 D-SUB	9针 D-SUB
RD(RXD)	①	②	RD(RXD)	③	②
SD(TXD)	②	③	SD(TXD)	②	③
ER(DTR)	⑳	④	RS(RTS)	④	⑦
SG(GND)	⑦	⑤	SG(GND)	⑦	⑤
DR(DSR)	⑥	⑥	CS(CTS)	⑤	⑧

FX-232-BD通信板 9针D-SUB	PLC基本单元
② RD(RXD)	
③ SD(TXD)	
④ ER(DTR)	
⑤ SG(GND)	
⑥ DR(DSR)	

① 使用ER和DR信号时，根据RS 232C设备的特性，检查是否需要RS和CS信号。

图 8-10　FX－232－BD 通信板与普通特性 RS－232C 设备的接线方式

（2）通信板与调制解调器特性的 RS－232C 设备的接线

RS－232C 接口之间的信号传输距离最大不能超过 15m，如果需要进行远距离通信，可以给通信板 RS－232C 接口接上调制解调器（MODEM），这样 PLC 可通过 MODEM 和电话线将与遥远的其他设备通信。FX－232－BD 通信板与调制解调器特性 RS－232C 设备的接线方式如图 8-11 所示。

调制解调器特性的RS-232C设备					
使用ER, DR①			使用RS, CS		
意义	25针 D-SUB	9针 D-SUB	意义	25针 D-SUB	9针 D-SUB
CD(DCD)	⑧	①	CD(DCD)	⑧	①
RD(RXD)	③	②	RD(RXD)	③	②
SD(TXD)	②	③	SD(TXD)	②	③
ER(DTR)	⑳	④	RS(RTS)	④	⑦
SG(GND)	⑦	⑤	SG(GND)	⑦	⑤
DR(DSR)	⑥	⑥	CS(CTS)	③	⑧

FX-232-BD通信板	PLC基本单元
9针D-SUB	
① CD(DCD)	
② RD(RXD)	
③ SD(TXD)	
④ ER(DTR)	
⑤ SG(GND)	
⑥ DR(DSR)	

① 使用ER和DR信号时，根据RS-232C设备的特性，检查是否需要RS和CS信号。

图 8-11　FX－232－BD 通信板与调制解调器特性 RS－232C 设备的接线方式

8.2.2　FX－422－BD 通信板

利用 FX－422－BD 通信板，PLC 可与编程器（手持编程器或编程计算机）通信，也可以与 DU 单元（文本显示器）通信。三菱 FX 基本单元自身带有一个 RS－422 接口，如果再使用 FX－422－BD 通信板，可同时连接两个 DU 单元或连接一个 DU 单元与一个编程工具。由于基本单元只有一个相关的连接插槽，故基本单元只能连接一个通信板，即 FX－422－BD、FX－485－BD、FX－2322－BD 通信板无法同时安装在基本单元上。

1. 外形

FX－422－BD 通信板如图 8-12 所示，从左至右依次为 FX2N－422－BD、FX3U－422－BD、FX3G－422－BD，分别适合在安装 FX2N、FX3U 和 FX3G 基本单元上，FX－422－BD 通信板安装方法与 FX－232－BD 通信板相同。

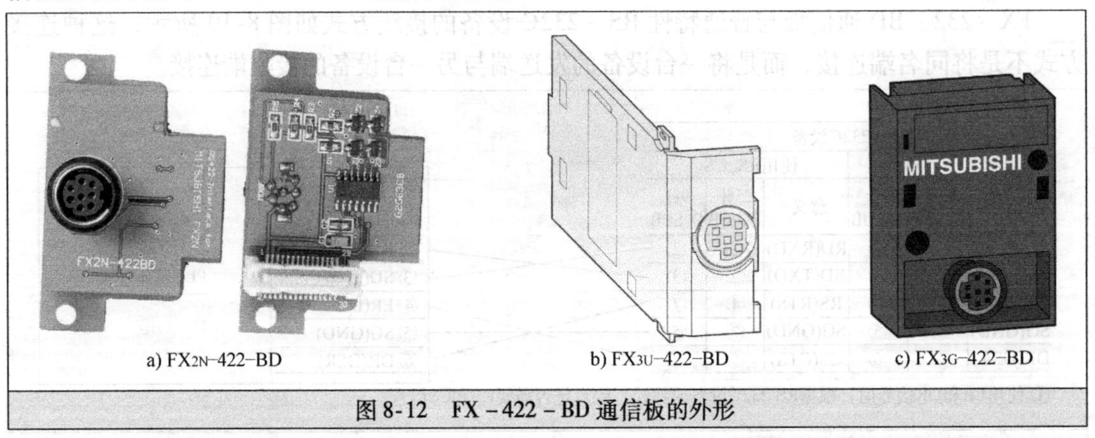

a) FX2N-422-BD　b) FX3U-422-BD　c) FX3G-422-BD

图 8-12　FX－422－BD 通信板的外形

2. RS－422 接口的电气特性

FX－422－BD 通信板上有一个 RS－422 接口。RS－422 接口采用平衡驱动差分接收电路，如图 8-13 所示。该电路采用极性相反的两根导线传送信号，这两根线都不接地，当 B 线电压较 A 线电压高时，规定传送的为“1”电平，当 A 线电压较 B 线电压高时，规定传送的为“0”电平，A、B 线的电压差可从零点几伏到近十伏。采用平衡驱动差分接收电路作为接口电路，可使 RS－422 接口有较强的抗干扰性。

RS－422接口采用发送和接收分开处理，数据传送采用4根导线，如图8-14所示。由于发送和接收独立，两者可同时进行，故RS－422通信是全双工方式。与RS－232C接口相比，RS－422的通信速率和传输距离有了很大的提高，在最高通信速率10Mbit/s时最大通信距离为12m，在通信速率为100kbit/s时最大通信距离可达1200m，一台发送端可接12个接收端。

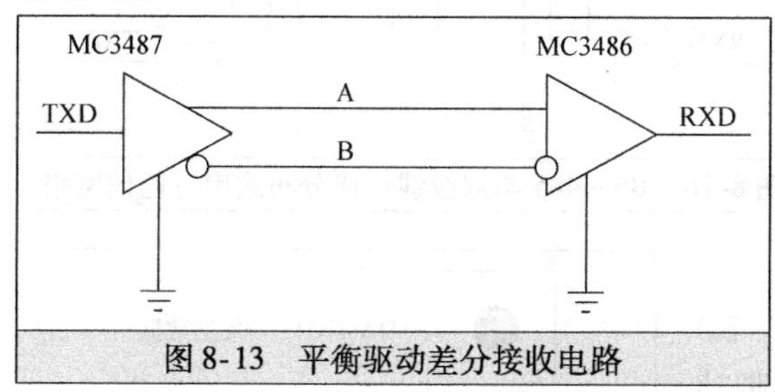

图8-13 平衡驱动差分接收电路

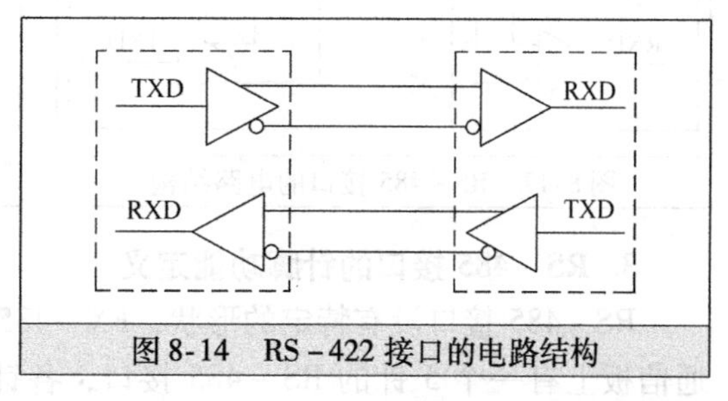

图8-14 RS－422接口的电路结构

3. RS－422接口的针脚功能定义

RS－422接口没有特定的形状，FX－422－BD通信板上有一个8针的RS－422接口，各针脚功能定义如图8-15所示。

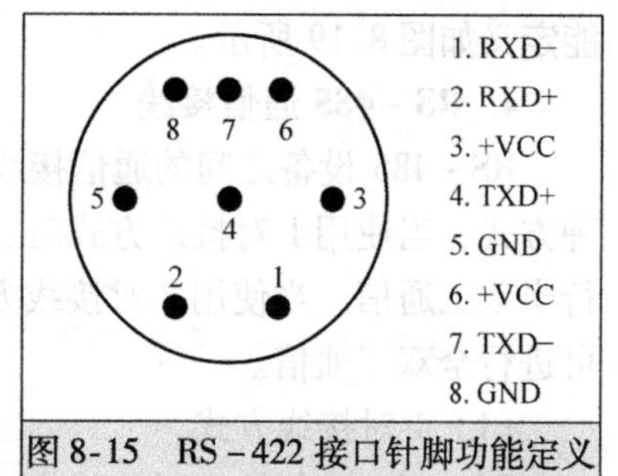

图8-15 RS－422接口针脚功能定义

8.2.3 FX－485－BD通信板

利用FX－485－BD通信板，可让两台PLC连接通信，也可以进行多台PLC的*N*:*N*通信，如果使用RS－485/RS－232C转换器，PLC还可以与具有RS－232C接口的设备（如个人计算机、条码阅读器和打印机等）进行通信。

1. 外形与安装

FX－485－BD通信板如图8-16所示，从左至右依次为FX2N－485－BD、FX3U－485－BD、FX3G－485－BD，分别适合在安装FX2N、FX3U和FX3G基本单元上，FX－485－BD通信板安装方法与FX－232－BD通信板相同。

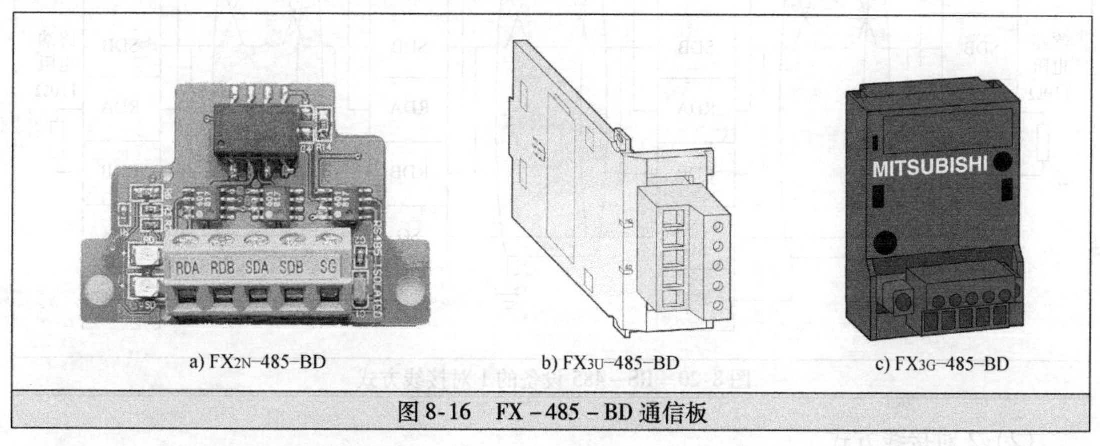

a) FX2N−485−BD　b) FX3U−485−BD　c) FX3G−485−BD

图8-16 FX－485－BD通信板

2. RS－485接口的电气特性

RS－485是RS－422A的变形，RS－485接口可使用一对平衡驱动差分信号线，如图8-17

所示，发送和接收不能同时进行，属于半双工通信方式。使用 RS－485 接口与双绞线可以组成分布式串行通信网络，如图 8-18 所示，网络中最多可接 32 个站。

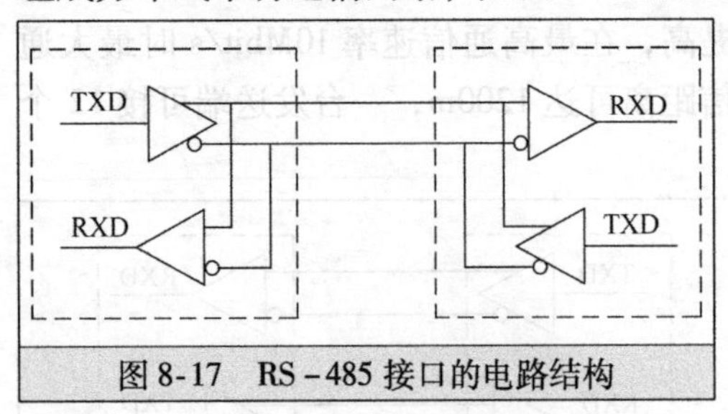

图 8-17　RS－485 接口的电路结构

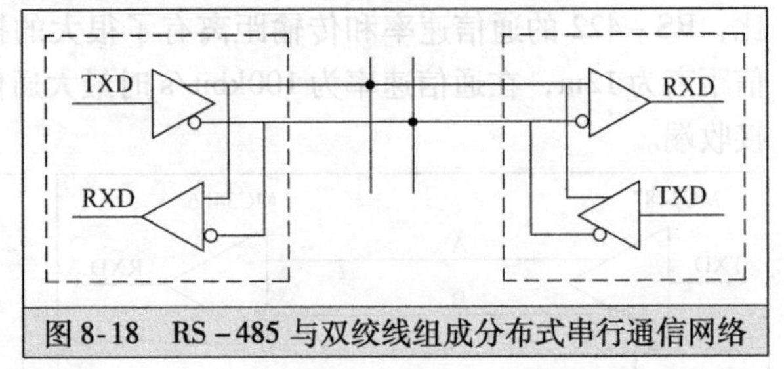

图 8-18　RS－485 与双绞线组成分布式串行通信网络

3. RS－485 接口的针脚功能定义

RS－485 接口没有特定的形状，FX－485－BD 通信板上有一个 5 针的 RS－485 接口，各针脚功能定义如图 8-19 所示。

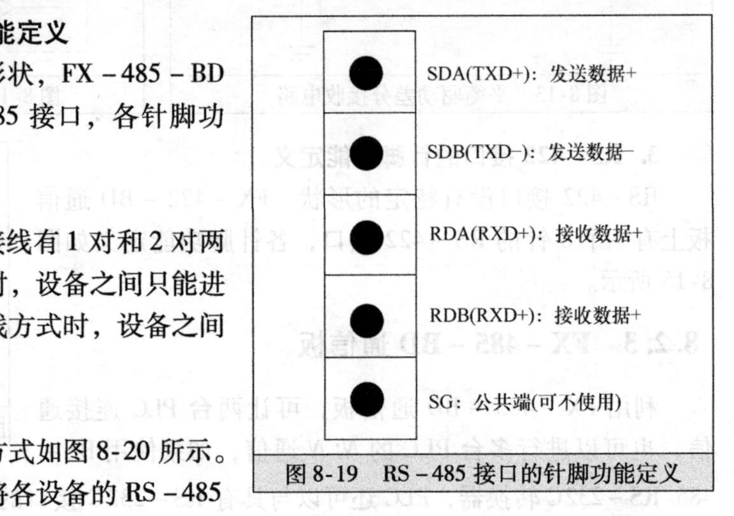

图 8-19　RS－485 接口的针脚功能定义

4. RS－485 通信接线

RS－485 设备之间的通信接线有 1 对和 2 对两种方式，当使用 1 对接线方式时，设备之间只能进行半双工通信。当使用 2 对接线方式时，设备之间可进行全双工通信。

（1）1 对接线方式

RS－485 设备的 1 对接线方式如图 8-20 所示。在使用 1 对接线方式时，需要将各设备的 RS－485 接口的发送端和接收端并接起来，设备之间使用 1 对线接各接口的同名端，另外要在始端和终端设备的 RDA、RDB 端上接上 110Ω 的终端电阻，以提高数据传输质量，减小干扰。

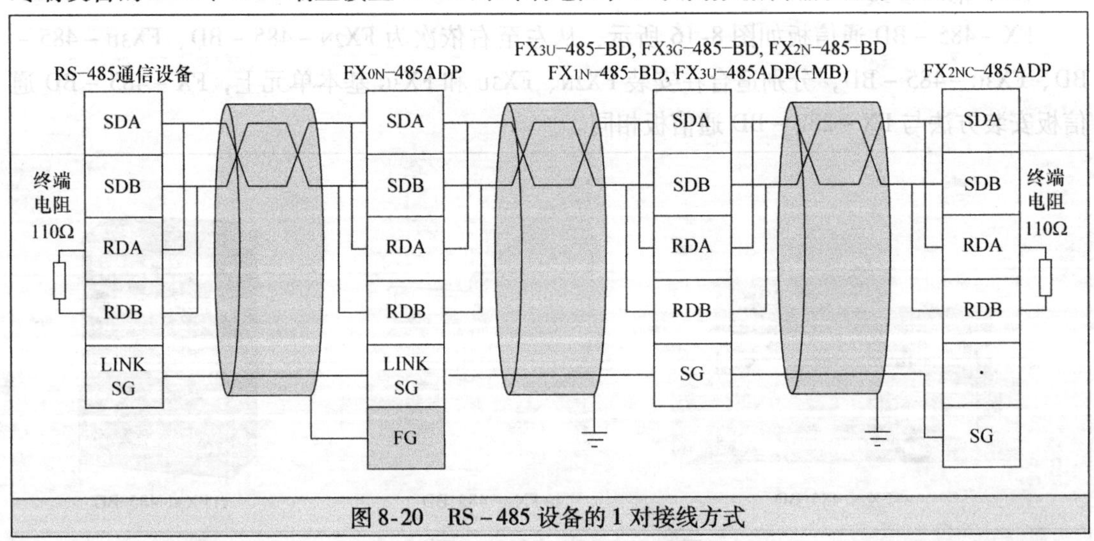

图 8-20　RS－485 设备的 1 对接线方式

（2）2 对接线方式

RS－485 设备的 2 对接线方式如图 8-21 所示。在使用 2 对接线方式时，需要用 2 对线将主设备接口的发送端、接收端分别和从设备的接收端、发送端连接，从设备之间用 2 对线将同名端连接起来，另外要在始端和终端设备的 RDA、RDB 端上接上 330Ω 的终端电阻，以提高数据传输质量，减小干扰。

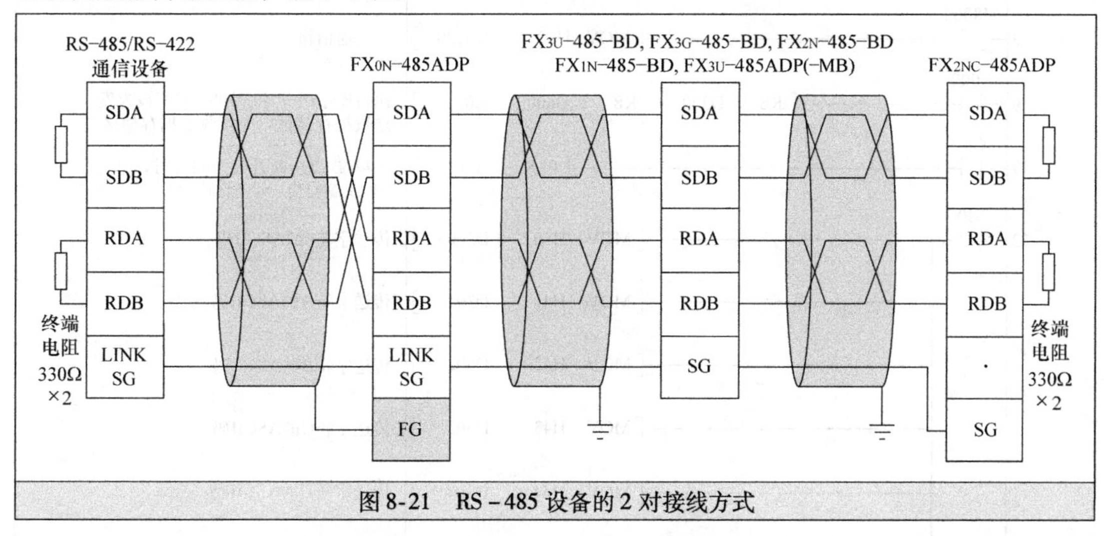

图 8-21　RS-485 设备的 2 对接线方式

8.3 PLC 通信实例

8.3.1 PLC 与打印机通信（无协议通信）

1. 通信要求

用一台三菱 FX3U 系列 PLC 与一台带有 RS-232C 接口的打印机通信，PLC 往打印机发送字符“0ABCDE”，打印机将接收的字符打印出来。

2. 硬件接线

三菱 FX3U 系列 PLC 自身带有 RS422 接口，而打印机的接口类型为 RS-232C，由于接口类型不一致，故两者无法直接通信，给 PLC 安装 FX3U-232-BD 通信板则可解决这个问题。三菱 FX3U 系列 PLC 与打印机的通信连接如图 8-22 所示，其中 RS-232 通信电缆需要用户自己制作，电缆的接线方法见图 8-10。

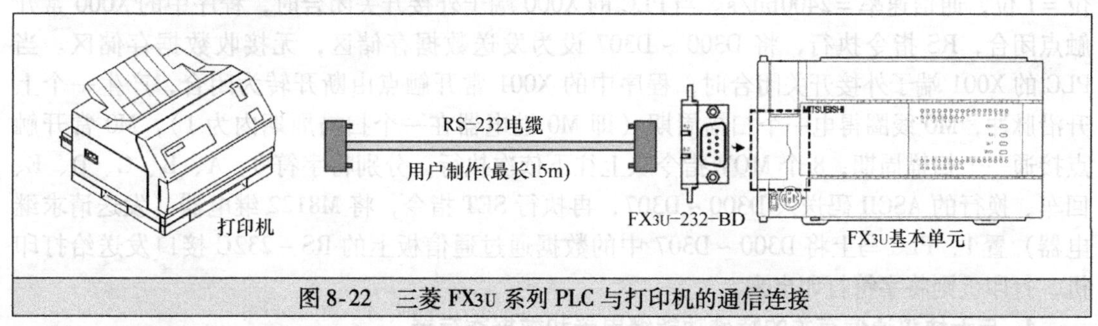

图 8-22　三菱 FX3U 系列 PLC 与打印机的通信连接

3. 通信程序

PLC 的无协议通信一般使用 RS（串行数据传送）指令来编写。PLC 与打印机的通信程序如图 8-23 所示。

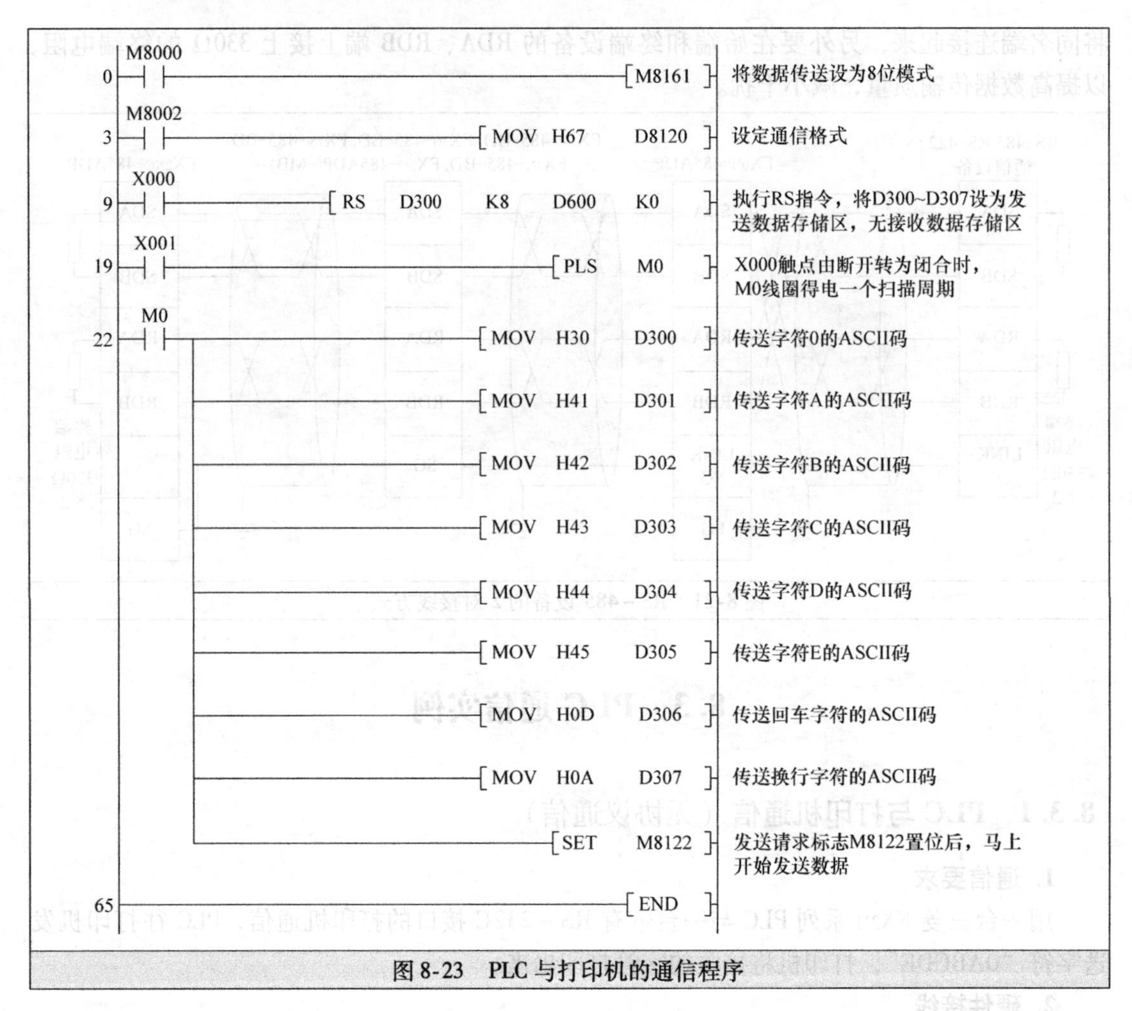

图 8-23　PLC 与打印机的通信程序

程序工作原理说明如下：

PLC 运行期间，M8000 触点始终闭合，M8161 继电器（数据传送模式继电器）为 1，将数据传送设为 8 位模式。PLC 运行时，M8002 触点接通一个扫描周期，往 D8120 存储器（通信格式存储器）写入 H67，将通信格式设为：数据长 =8 位，奇偶校验 = 偶校验，停止位 =1 位，通信速率 =2400bit/s。当 PLC 的 X000 端子外接开关闭合时，程序中的 X000 常开触点闭合，RS 指令执行，将 D300 ~ D307 设为发送数据存储区，无接收数据存储区。当 PLC 的 X001 端子外接开关闭合时，程序中的 X001 常开触点由断开转为闭合，产生一个上升沿脉冲，M0 线圈得电一个扫描周期（即 M0 继电器在一个扫描周期内为 1），M0 常开触点接通一个扫描周期，8 个 MOV 指令从上往下依次执行，分别将字符 0、A、B、C、D、E、回车、换行的 ASCII 码送入 D300 ~ D307，再执行 SET 指令，将 M8122 继电器（发送请求继电器）置 1，PLC 马上将 D300 ~ D307 中的数据通过通信板上的 RS－232C 接口发送给打印机，打印机则将字符打印出来。

4. 与无协议通信有关的特殊功能继电器和数据寄存器

在图 8-23 程序中用到了特殊功能继电器 M8161、M8122 和特殊功能数据存储器 D8120，在使用 RS 指令进行无协议通信时，可以使用表 8-2 中的特殊功能继电器和表 8-3 中的特殊功能数据存储器。

表 8-2 与无协议通信有关的特殊功能继电器

特殊功能继电器	名称	内容	R/W
M8063	串行通信错误（通道1）	发生通信错误时置ON。当串行通信错误（M8063）为ON时，在D8063中保存错误代码	R
M8120	保持通信设定用	保持通信设定状态（FX0N系列PLC）	W
M8121	等待发送标志位	等待发送状态时置ON	R
M8122	发送请求	设置发送请求后，开始发送	R/W
M8123	接收结束标志位	接收结束时置ON。当接收结束标志位（M8123）为ON时，不能再接收数据	R/W
M8124	载波检测标志位	与CD信号同步置ON	R
M8129①	超时判定标志位	当接收数据中断，在超时时间设定（D8129）中设定的时间内，没有收到要接收的数据时置ON	R/W
M8161	8位处理模式	在16位数据和8位数据之间切换发送接收数据，ON：8位模式；OFF：16位模式	W

① FX0N，FX2（FX），FX2C，FX2N（Ver. 2.00以下）尚未对应。

表 8-3 与无协议通信有关的特殊功能数据存储器

特殊功能存储器	名称	内容	R/W
D8063	显示错误代码	当串行通信错误（M8063）为ON时，在D8063中保存错误代码	R/W
D8120	通信格式设定	可以通信格式设定	R/W
D8122	发送数据的剩余点数	保存要发送的数据的剩余点数	R
D8123	接收点数的监控	保存已接收到的数据点数	R
D8124	报头	设定报头。初始值：STX（H02）	R/W
D8125	报尾	设定报尾。初始值：ETX（H03）	R/W
D8129①	超时时间设定	设定超时的时间	R/W
D8405②	显示通信参数	保存在可编程控制器中设定的通信参数	R
D8419②	动作方式显示	保存正在执行的通信功能	R

① FX0N，FX2（FX），FX2C，FX2N（Ver. 2.00以下）尚未对应。
② 仅FX3G，FX3U，FX3UC可编程控制器对应。

8.3.2 两台PLC通信（并联连接通信）

并联连接通信是指两台同系列PLC之间的通信。不同系列的PLC不能采用这种通信方式。两台PLC并联连接通信如图8-24所示。

1. 并联连接的两种通信模式及功能

当两台PLC进行并联通信时，可以将一方特定区域的数据传送入对方特定区域。并联连接通信有普通连接和高速连接两种模式。

（1）普通并联连接通信模式

普通并联连接通信模式如图8-25所示。当某PLC中的M8070继电器为ON时，该PLC规定为主站，当某PLC中的M8071继电器为ON时，该PLC则被设为从站。在该模式下，只要主、从站已设定，并且两者之间已接好通信电缆，主站的M800～M899继电器的状态会自动通过通信电缆传送给从站的M800～M899继电器，主站的D490～D499数据寄存器中的数据会自动送入从站的D490～D499。与此同时，从站的M900～M999继电器状态会自动传送给主站的 M900～M990 继电器，从站的 D500～D509 数据寄存器中的数据会自动传入主站的 D500～D509。

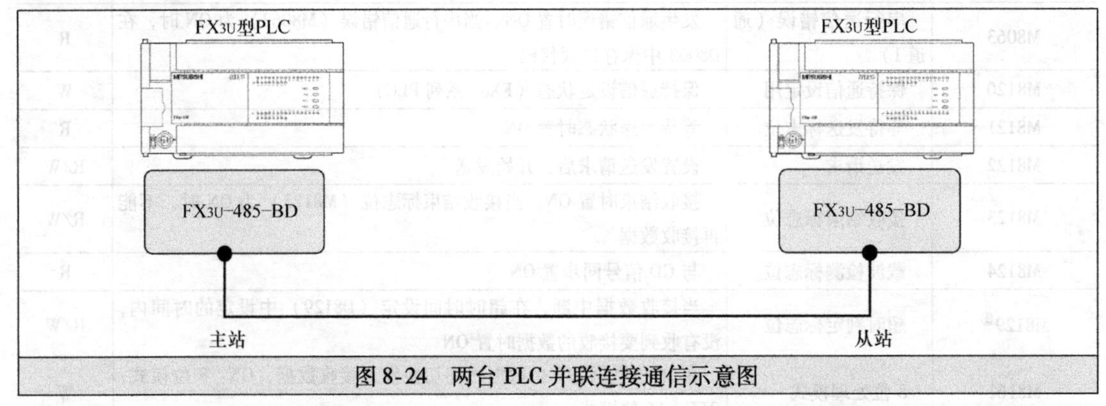

图 8-24　两台 PLC 并联连接通信示意图

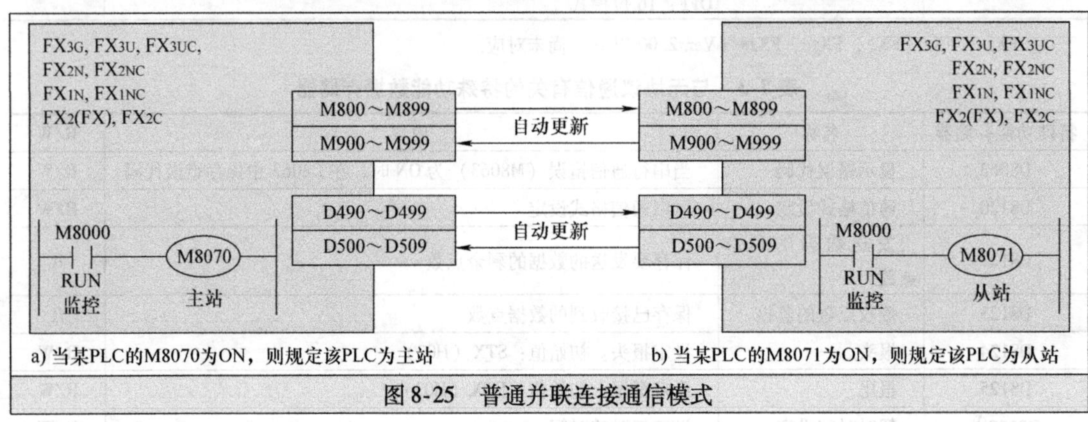

图 8-25　普通并联连接通信模式

（2）高速并联连接通信模式

高速并联连接通信模式如图 8-26 所示。PLC 中的 M8070、M8071 继电器的状态分别用来设定主、从站，M8162 继电器的状态用来设定通信模式为高速并联连接通信。在该模式下，主站的 D490、D491 中的数据自动高速送入从站的 D490、D491 中，而从站的 D500、D501 中的数据自动高速送入主站的 D500、D501 中。

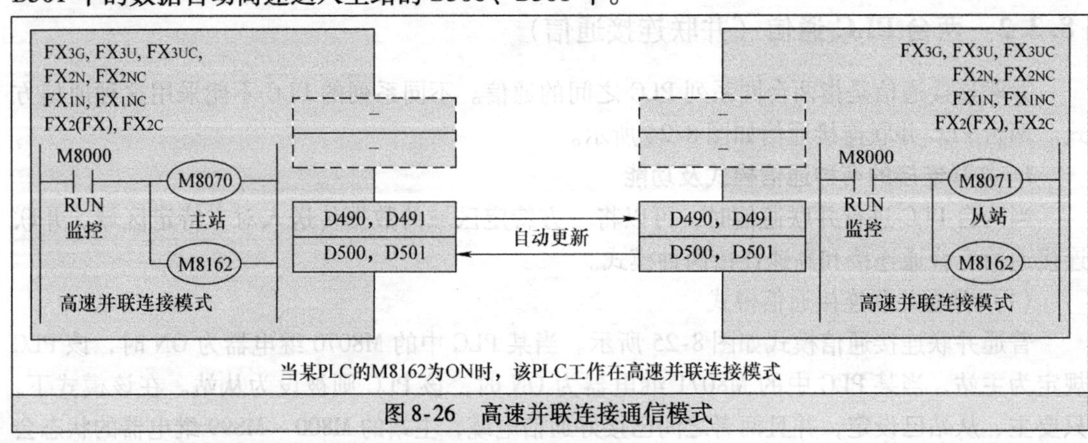

图 8-26　高速并联连接通信模式

2. 与并联连接通信有关的特殊功能继电器

在图 8-26 中用到了特殊功能继电器 M8070、M8071 和 M8162，与并联连接通信模式有关的特殊继电器见表8-4。

表8-4　与并联连接通信模式有关的特殊继电器

特殊功能继电器		名称	内容
通信设定	M8070	设定为并联连接的主站	置ON时，作为主站连接
	M8071	设定为并联连接的从站	置ON时，作为从站连接
	M8162	高速并联连接模式	使用高速并联连接模式时置ON
	M8178	通道的设定	设定要使用的通信口的通道（使用FX3G，FX3U，FX3UC时），OFF：通道1；ON：通道2
	D8070	判断为错误的时间（ms）	设定判断并行连接数据通信错误的时间［初始值：500］
通信错误判断	M8072	并联连接运行中	并联连接运行中置ON
	M8073	主站/从站的设定异常	主站或是从站的设定内容中有误时置ON
	M8063	连接错误	通信错误时置ON

3. 通信接线

并联连接通信采用RS－485端口通信，如果两台PLC都采用安装RS－485－BD通信卡的方式进行通信连接，通信距离不能超过50m，如果两台PLC都采用安装RS－485ADP通信模块进行通信连接，通信最大距离可达500m。并联连接通信的RS－485端口之间有1对接线和2对接线两种方式。

（1）1对接线方式

并联连接通信RS－485端口1对接线方式如图8-27所示。

（2）2对接线方式

并联连接通信RS－485端口2对接线方式如图8-28所示。

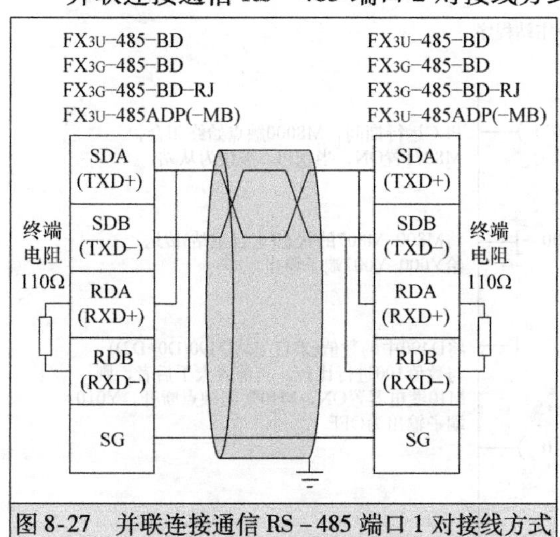

图8-27　并联连接通信RS－485端口1对接线方式

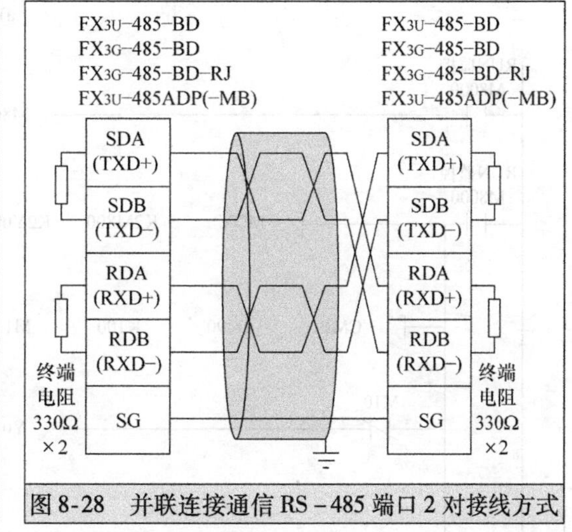

图8-28　并联连接通信RS－485端口2对接线方式

4. 两台PLC并联连接通信实例

（1）通信要求

两台PLC并联连接通信要求如下：

1）将主站X000～X007端子的输入状态传送到从站的Y000～Y007端子输出，例如主站的X000端子输入为ON，通过通信使从站的Y000端子输出为ON。

2）将主站的D0、D2中的数值进行加法运算，如果结果大于100，则让从站的Y010端子输出 OFF。

3）将从站的 M0 ~ M7 继电器的状态传送到主站的 Y000 ~ Y007 端子输出。

4）当从站的 X010 端子输入为 ON 时，将从站 D10 中的数值送入主站，当主站的 X010 端子输入为 ON 时，主站以从站 D10 送来的数值作为计时值开始计时。

（2）通信程序

通信程序由主站程序和从站程序组成，主站程序写入作为主站的 PLC，从站程序写入作为从站的 PLC。两台 PLC 并联连接通信的主、从站程序如图 8-29 所示。

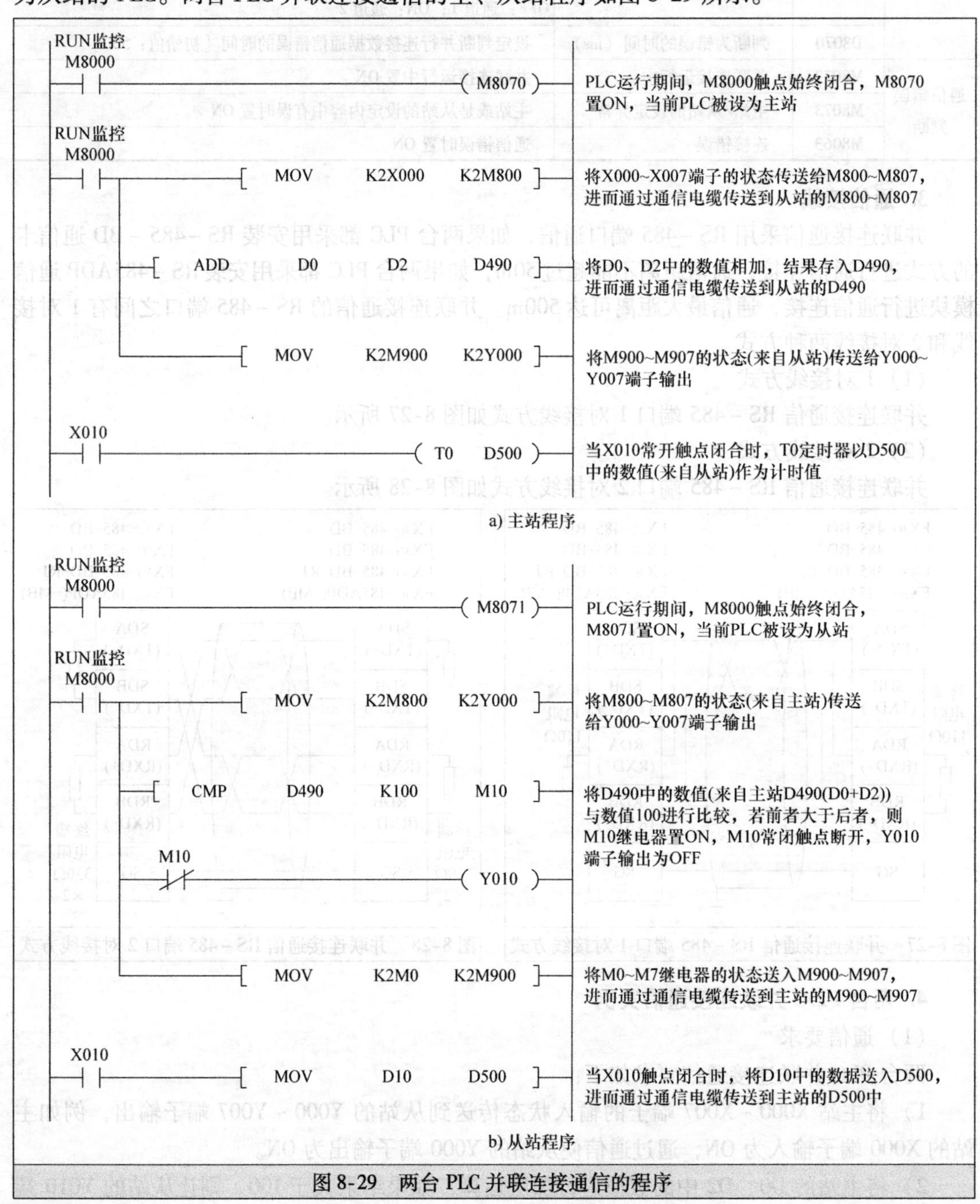

图 8-29　两台 PLC 并联连接通信的程序

主站→从站方向的数据传送途径：

1）主站的 X000 ~ X007 端子→主站的 M800 ~ M807→从站的 M800 ~ M807→从站的 Y000 ~ Y007 端子。

2）在主站中进行 D0、D2 加运算，其和值→主站的 D490→从站的 D490，在从站中将 D490 中的值与数值 100 比较，如果 D490 值 > 100，则让从站的 Y010 端子输出为 OFF。

从站→主站方向的数据传送途径：

1）从站的 M0 ~ M7→从站的 M900 ~ M907→主站的 M900 ~ M907→主站的 Y000 ~ Y007 端子。

2）从站的 D10 值→从站的 D500→主站的 D500，主站以 D500 值（即从站的 D10 值）作为定时器计时值计时。

8.3.3 多台 PLC 通信（N: N 网络通信）

N: N 网络通信是指最多 8 台 FX 系列 PLC 通过 RS – 485 端口进行的通信。图 8-30 为 N: N网络通信示意图，在通信时，如果有一方使用 RS – 485 通信板，通信距离最大为 50m，如果通信各方都使用 RS – 485ADP 模块，通信距离则可达 500m。

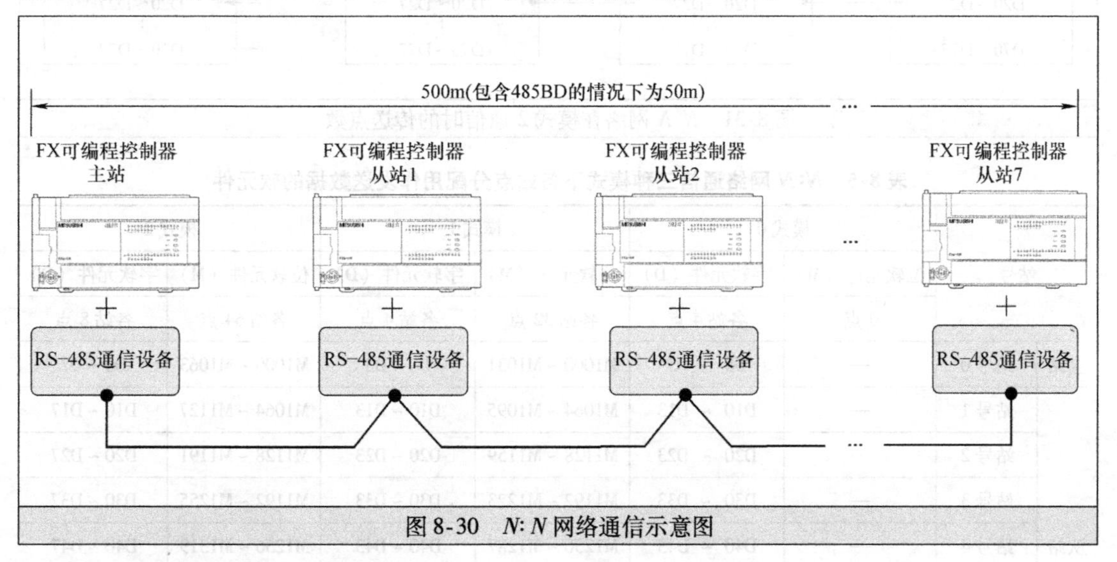

图 8-30　N: N 网络通信示意图

1. N: N 网络通信的三种模式

N: N 网络通信有三种模式，分别是模式 0、模式 1 和模式 2，这些模式的区别在于允许传送的点数不同。

（1）模式 2 说明

当 N: N 网络使用模式 2 进行通信时，其传送点数如图 8-31 所示。在该模式下，主站的 M1000 ~ M1063（64 点）的状态值和 D0 ~ D7（7 点）的数据传送目标为从站 1 ~ 从站 7 的 M1000 ~ M1063 和 D0 ~ D7，从站 1 的 M1064 ~ M1127（64 点）的状态值和 D10 ~ D17（8 点）的数据传送目标为主站、从站 2 ~ 从站 7 的 M1064 ~ M1127 和 D10 ~ D17，依此类推，从站 7 的 M1448 ~ M1511（64 点）的状态值和 D70 ~ D77（8 点）的数据传送目标为主站、从站2～从站8的M1448～M1511和D70～D77。

（2）三种模式传送的点数

在N:N网络通信时，不同的站点可以往其他站点传送自身特定软元件中的数据。在N:N网络通信时，三种模式下各站点分配用作发送数据的软元件见表8-5。在不同的通信模式下，各个站点都分配不同的软元件来发送数据，例如在模式1时主站只能将自己的M1000～M1031（32点）和D0～D3（4点）的数据发送给其他站点相同编号的软元件中，主站的M1064～M1095、D10～D13等软元件只能接收其他站点传送来的数据。在N:N网络中，如果将FX1S、FX0N系列的PLC用作工作站，则通信不能使用模式1和模式2。

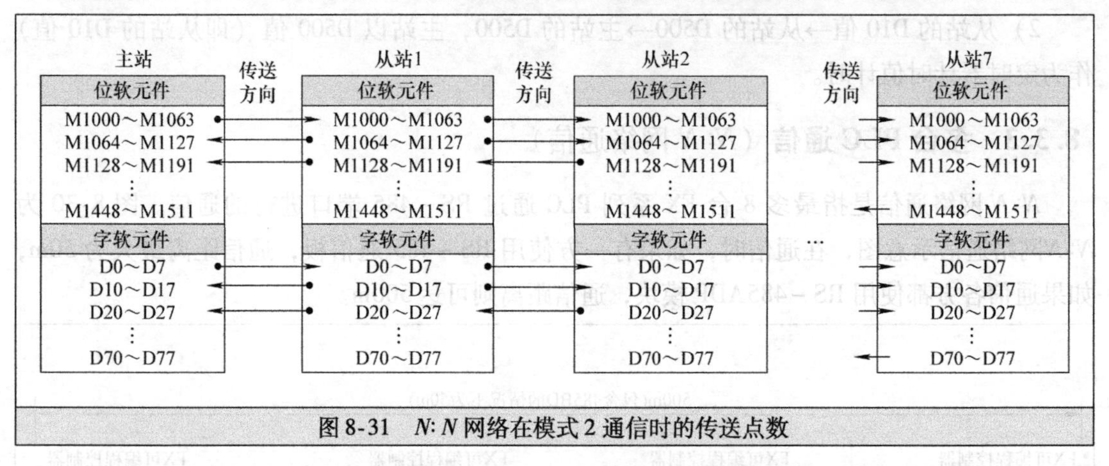

图8-31　N:N网络在模式2通信时的传送点数

表8-5　N:N网络通信三种模式下各站点分配用作发送数据的软元件

站号		模式0		模式1		模式2	
		位软元件（M）	字软元件（D）	位软元件（M）	字软元件（D）	位软元件（M）	字软元件（D）
		0点	各站4点	各站32点	各站4点	各站64点	各站8点
主站	站号0	—	D0 ～ D3	M1000～M1031	D0～D3	M1000～M1063	D0～D7
从站	站号1	—	D10 ～ D13	M1064～M1095	D10～D13	M1064～M1127	D10～D17
	站号2	—	D20 ～ D23	M1128～M1159	D20～D23	M1128～M1191	D20～D27
	站号3	—	D30 ～ D33	M1192～M1223	D30～D33	M1192～M1255	D30～D37
	站号4	—	D40 ～ D43	M1256～M1287	D40～D43	M1256～M1319	D40～D47
	站号5	—	D50 ～ D53	M1320～M1351	D50～D53	M1320～M1383	D50～D57
	站号6	—	D60 ～ D63	M1384～M1415	D60～D63	M1384～M1447	D60～D67
	站号7	—	D70 ～ D73	M1448～M1479	D70～D73	M1448～M1511	D70～D77

2. 与N:N网络通信有关的特殊功能元件

在N:N网络通信时，需要使用一些特殊功能的元件来设置通信和反映通信状态信息，与N:N网络通信有关的特殊功能元件见表8-6。

3. 通信接线

N:N网络通信采用485端口通信，通信采用1对接线方式。N:N网络通信接线如图8-32所示。

表 8-6 与 *N*:*N* 网络通信有关的特殊功能元件

软元件		名称	内容	设定值
通信设定	M8038	设定参数	设定通信参数用的标志位。也可以作为确认有无 N:N 网络程序用的标志位。在顺控程序中请勿置 ON	
	M8179	通道的设定	设定所使用的通信口的通道。(使用 FX3G，FX3U，FX3UC 时) 请在顺控程序中设定。 无程序：通道 1　有 OUT M8179 的程序：通道 2	
	D8176	相应站号的设定	N:N 网络设定使用时的站号。主站设定为 0，从站设定为 1～7［初始值：0］	0～7
	D8177	从站总数设定	设定从站的总站数。从站的可编程控制器中无须设定［初始值：7］	1～7
	D8178	刷新范围的设定	选择要相互进行通信的软元件点数的模式。从站的可编程控制器中无须设定［初始值：0］。当混合有 FX0N，FX1S 系列时，仅可以设定模式 0	0～2
	D8179	重试次数	即使重复指定次数的通信也没有响应的情况下，可以确认错误，以及其他站的错误。从站的可编程控制器中无须设定［初始值：3］	0～10
	D8180	监视时间	设定用于判断通信异常的时间（50～2550ms）。以 10ms 为单位进行设定。从站的可编程控制器中无须设定［初始值：5］	5～255
反映通信错误	M8183	主站的数据传送	当主站中发生数据传送序列错误时置 ON	
	M8184～M8190	从站的数据传送序列错误	当各从站发生数据传送序列错误时置 ON	
	M8191	正在执行数据传送序列	执行 N:N 网络时置 ON	

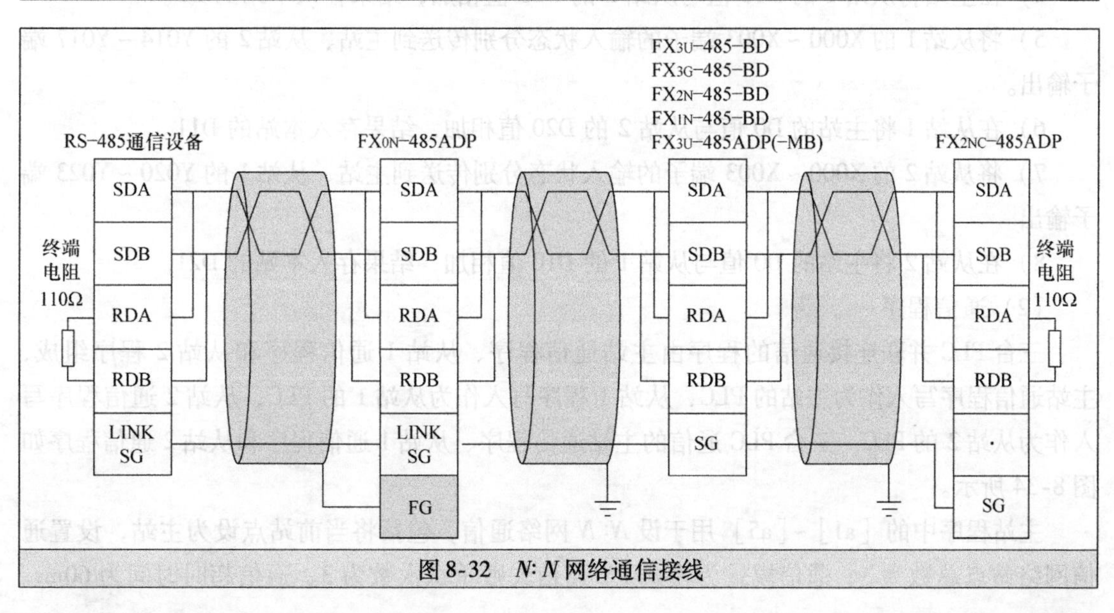

图 8-32　*N*:*N* 网络通信接线

4. 三台PLC的 N:N 网络通信实例

下面以三台FX3U型PLC通信来说明 N: N 网络通信，三台PLC进行 N: N 网络通信的连接如图8-33所示。

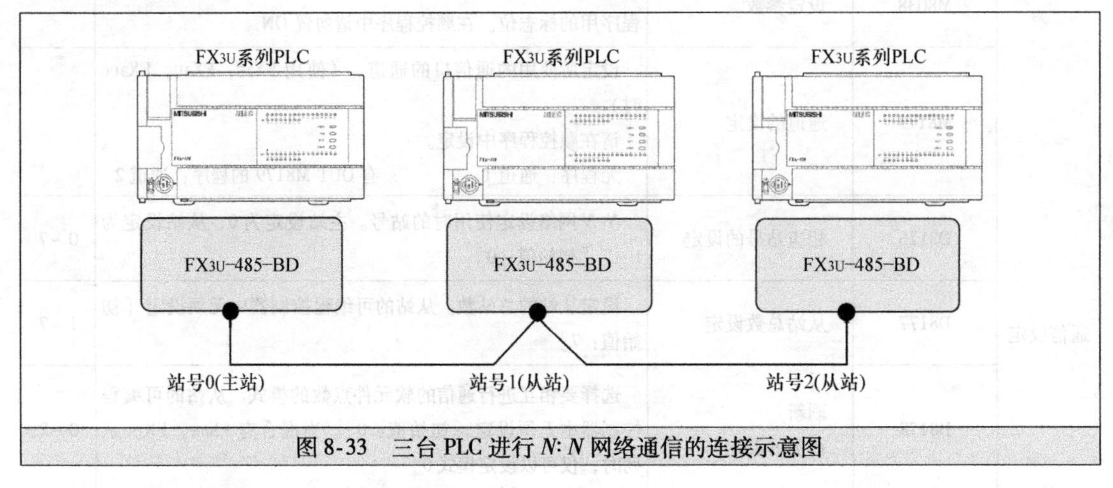

图8-33　三台PLC进行 N: N 网络通信的连接示意图

（1）通信要求

三台PLC并联连接通信要求实现的功能如下：

1）将主站X000～X003端子的输入状态分别传送到从站1、从站2的Y010～Y013端子输出，例如主站的X000端子输入为ON，通过通信使从站1、从站2的Y010端子输出均为ON。

2）在主站将从站1的X000端子输入ON的检测次数设为10，当从站1的X000端子输入ON的次数达到10次时，让主站、从站1和从站2的Y005端子输出均为ON。

3）在主站将从站2的X000端子输入ON的检测次数也设为10，当从站2的X000端子输入ON的次数达到10次时，让主站、从站1和从站2的Y006端子输出均为ON。

4）在主站将从站1的D10值与从站2的D20值相加，结果存入本站的D3。

5）将从站1的X000～X003端子的输入状态分别传送到主站、从站2的Y014～Y017端子输出。

6）在从站1将主站的D0值与从站2的D20值相加，结果存入本站的D11。

7）将从站2的X000～X003端子的输入状态分别传送到主站、从站1的Y020～Y023端子输出。

8）在从站2将主站的D0值与从站1的D10值相加，结果存入本站的D21。

（2）通信程序

三台PLC并联连接通信的程序由主站通信程序、从站1通信程序和从站2程序组成，主站通信程序写入作为主站的PLC，从站1程序写入作为从站1的PLC，从站2通信程序写入作为从站2的PLC。三台PLC通信的主站通信程序、从站1通信程序和从站2通信程序如图8-34所示。

主站程序中的［a1］～［a5］用于设 N: N 网络通信，包括将当前站点设为主站，设置通信网络站点总数为3、通信模式为模式1、通信失败重试次数为3、通信超时时间为60ms。

在 *N*: *N* 网络通信时，三个站点在模式 1 时分配用作发送数据的软元件见表 8-7。

表 8-7 三个站点在模式 1 时分配用作发送数据的软元件

软元件 \ 站号	0 号站（主站）	1 号站（从站 1）	2 号站（从站 2）
位软元件（各 32 点）	M1000 ~ M1031	M1064 ~ M1095	M1128 ~ M1159
字软元件（各 4 点）	D0 ~ D3	D10 ~ D13	D20 ~ D23

下面逐条来说明通信程序实现 8 个功能的过程。

1）在主站通信程序中，［a6］MOV 指令将主站 X000 ~ X003 端子的输入状态送到本站的 M1000 ~ M1003，再通过电缆发送到从站 1、从站 2 的 M1000 ~ M1003 中。在从站 1 通信程序中，［b3］MOV 指令将从站 1 的 M1000 ~ M1003 状态值送到本站 Y010 ~ Y013 端子输出。在从站 2 通信程序中，［c3］MOV 指令将从站 2 的 M1000 ~ M1003 状态值送到本站 Y010 ~ Y013 端子输出。

2）在从站 1 通信程序中，［b4］MOV 指令将从站 1 的 X000 ~ X003 端子的输入状态送到本站的 M1064 ~ M1067，再通过电缆发送到主站 1、从站 2 的 M1064 ~ M1067 中。在主站通信程序中，［a7］MOV 指令将本站的 M1064 ~ M1067 状态值送到本站 Y014 ~ Y017 端子输出。在从站 2 通信程序中，［c4］MOV 指令将从站 2 的 M1064 ~ M1067 状态值送到本站 Y014 ~ Y017 端子输出。

3）在从站 2 通信程序中，［c5］MOV 指令将从站 2 的 X000 ~ X003 端子的输入状态送到本站的 M1128 ~ M1131，再通过电缆发送到主站 1、从站 1 的 M1128 ~ M1131 中。在主站通信程序中，［a8］MOV 指令将本站的 M1128 ~ M1131 状态值送到本站 Y020 ~ Y023 端子输出。在从站 1 程序中，［b5］MOV 指令将从站 1 的 M1128 ~ M1131 状态值送到本站 Y020 ~ Y023 端子输出。

4）在主站通信程序中，［a9］MOV 指令将 10 送入 D1，再通过电缆送入从站 1、从站 2 的 D1 中。在从站 1 程序中，［b6］计数器 C1 以 D1 值（10）计数，当从站 1 的 X000 端子闭合达到 10 次时，C1 计数器动作，［b7］C1 常开触点闭合，本站的 Y005 端子输出为 ON，同时本站的 M1070 为 ON，M1070 的 ON 状态值通过电缆传送给主站、从站 2 的 M1070。在主站通信程序中，主站的 M1070 为 ON，［a10］M1070 常开触点闭合，主站的 Y005 端子输出为 ON。在从站 2 程序中，从站 2 的 M1070 为 ON，［c6］M1070 常开触点闭合，从站 2 的 Y005 端子输出为 ON。

5）在主站通信程序中，［a11］MOV 指令将 10 送入 D2，再通过电缆送入从站 1、从站 2 的 D2 中。在从站 2 程序中，［c7］计数器 C2 以 D2 值（10）计数，当从站 2 的 X000 端子闭合达到 10 次时，C2 计数器动作，［c8］C2 常开触点闭合，本站的 Y006 端子输出为 ON，同时本站的 M1140 为 ON，M1140 的 ON 状态值通过电缆传送给主站、从站 1 的 M1140。在主站通信程序中，主站的 M1140 为 ON，［a12］M1140 常开触点闭合，主站的 Y006 端子输出为 ON。在从站 1 通信程序中，从站 1 的 M1140 为 ON，［b9］M1140 常开触点闭合，从站 1 的 Y006 端子输出为 ON。

6）在主站通信程序中，［a13］ADD 指令将 D10 值（来自从站 1 的 D10）与 D20 值（来自从站 2 的 D20），结果存入本站的 D3。

7）在从站 1 通信程序中，［b11］ADD 指令将 D0 值（来自主站的 D0，为 10）与 D20 值（来自从站 2 的 D20，为 10），结果存入本站的 D11。

8）在从站 2 通信程序中，［c11］ADD 指令将 D0 值（来自主站的 D0，为 10）与 D10 值（来自从站 1 的 D10，为 10），结果存入本站的 D21。

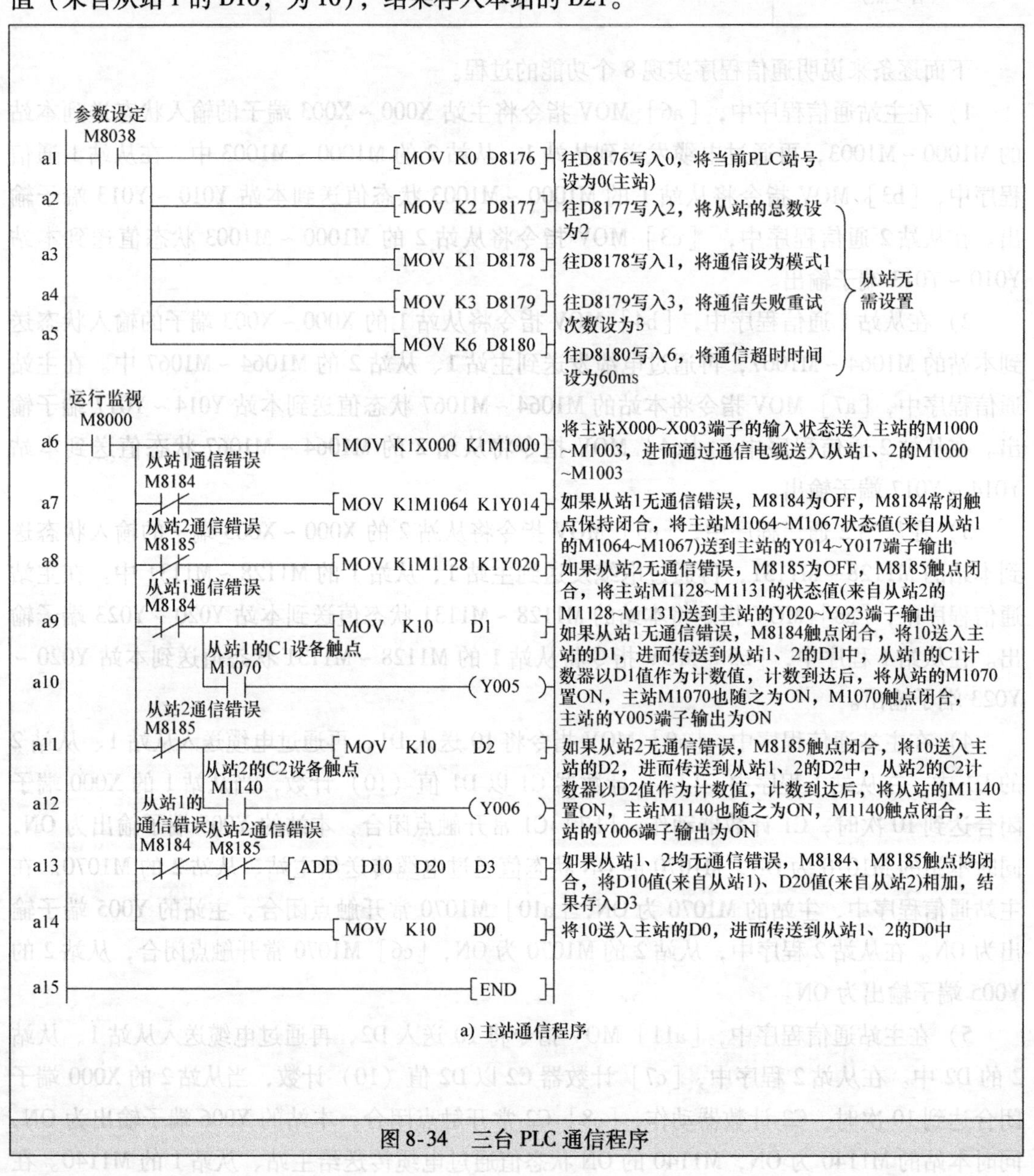

a) 主站通信程序

图 8-34　三台 PLC 通信程序

图 8-34 三台 PLC 通信程序（续）

第9章 变频器的原理与使用

9.1 变频器的基本结构原理

9.1.1 异步电动机的两种调速方式

当三相异步电动机定子绕组通入三相交流电后，定子绕组会产生旋转磁场，旋转磁场的转速 n_0 与交流电源的频率 f 和电动机的磁极对数 p 有如下关系：

$$n_0 = 60f/p$$

电动机转子的旋转速度 n（即电动机的转速）略低于旋转磁场的旋转速度 n_0（又称同步转速），两者的转速差称为转差 s，电动机的转速为

$$n = (1-s)60f/p$$

由于转差 s 很小，一般为 0.01 ~0.05，为了计算方便，可认为电动机的转速近似为

$$n = 60f/p$$

从上面的近似公式可以看出，三相异步电动机的转速 n 与交流电源的频率 f 和电动机的磁极对数 p 有关，当交流电源的频率 f 发生改变时，电动机的转速也会发生变化。通过改变交流电源的频率来调节电动机转速的方法称为变频调速；通过改变电动机的磁极对数 p 来调节电动机转速的方法称为变极调速。

变极调速只适用于笼型异步电动机（不适用于绕线型转子异步电动机），它是通过改变电动机定子绕组的连接方式来改变电动机的磁极对数，从而实现变极调速。适合变极调速的电动机称为多速电动机，常见的多速电动机有双速电动机、三速电动机和四速电动机等。

变极调速方式只适用于结构特殊的多速电动机调速，而且由一种速度转变为另一种速度时，速度变化较大，采用变频调速则可解决这些问题。如果对异步电动机进行变频调速，需要用到专门的电气设备——变频器。变频器先将工频（50Hz 或 60Hz）交流电源转换成频率可变的交流电源并提供给电动机，只要改变输出交流电源的频率，就能改变电动机的转速。由于变频器输出电源的频率可连续变化，故电动机的转速也可连续变化，从而实现电动机无级变速调节。图 9-1 给出了几种常见的变频器。

9.1.2 两种类型的变频器结构与原理

变频器的功能是将工频（50Hz 或 60Hz）交流电源转换成频率可变的交流电源提供给电动机，通过改变交流电源的频率来对电动机进行调速控制。变频器种类很多，主要可分为

交－直－交型变频器和交－交型变频器两类。

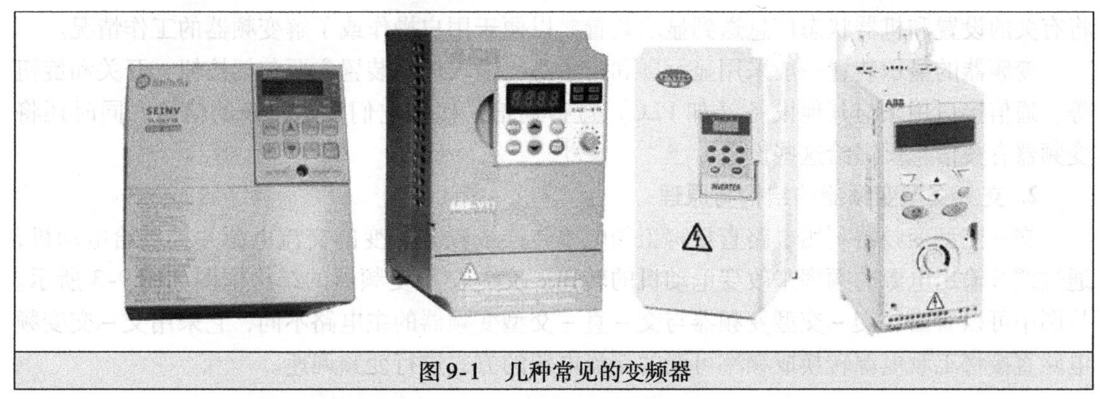

图 9-1 几种常见的变频器

1. 交－直－交型变频器的结构与原理

交－直－交型变频器利用电路先将工频电源转换成直流电源，再将直流电源转换成频率可变的交流电源，然后提供给电动机，通过调节输出电源的频率来改变电动机的转速。交－直－交型变频器的典型结构如图 9-2 所示。

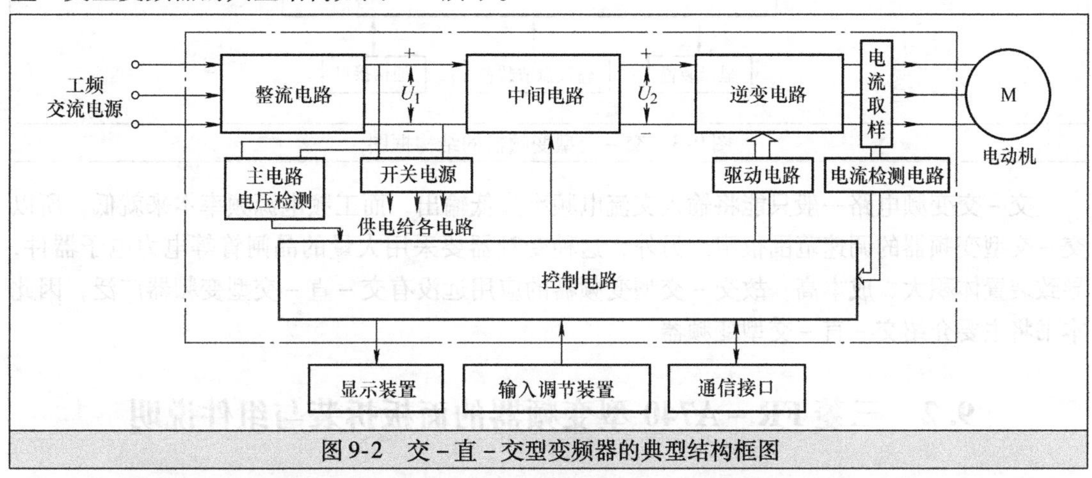

图 9-2 交－直－交型变频器的典型结构框图

下面对照图 9-2 所示框图说明交－直－交型变频器工作原理。

三相或单相工频交流电源经整流电路转换成脉动的直流电，直流电再经中间电路进行滤波平滑，然后送到逆变电路，与此同时，控制系统会产生驱动脉冲，经驱动电路放大后送到逆变电路。在驱动脉冲的控制下，逆变电路将直流电转换成频率可变的交流电并送给电动机，驱动电动机运转。改变逆变电路输出交流电的频率，电动机转速就会发生相应的变化。

整流电路、中间电路和逆变电路构成变频器的主电路，用来完成交－直－交的转换。由于主电路工作在高电压大电流状态，为了保护主电路，变频器通常设有主电路电压检测和输出电流检测电路，当主电路电压过高或过低时，电压检测电路则将该情况反映给控制电路；当变频器输出电流过大（如电动机负荷大）时，电流取样元件或电路会产生过电流信号，经电流检测电路处理后也送到控制电路。当主电路出现电压不正常或输出电流过大时，控制电路通过检测电路获得该情况后，会根据设定的程序做出相应的控制，如让变频器主电路停止工作，并发出相应的报警指示。

控制电路是变频器的控制中心，当它接收到输入调节装置或通信接口送来的指令信号后，会发出相应的控制信号去控制主电路，使主电路按设定的要求工作，同时控制电路还会将有关的设置和机器状态信息送到显示装置，以便于用户操作或了解变频器的工作情况。

变频器的显示装置一般采用显示屏和指示灯；输入调节装置主要包括按钮、开关和旋钮等；通信接口用来与其他设备（如 PLC）进行通信，接收它们发送过来的信息，同时还将变频器有关信息反馈给这些设备。

2. 交 - 交型变频器的结构与原理

交 - 交型变频器利用电路直接将工频电源转换成频率可变的交流电源并提供给电动机，通过调节输出电源的频率来改变电动机的转速。交 - 交型变频器的结构框图如图 9-3 所示。从图中可以看出，交 - 交型变频器与交 - 直 - 交型变频器的主电路不同，它采用交 - 交变频电路直接将工频电源转换成频率可调的交流电源的方式进行变频调速。

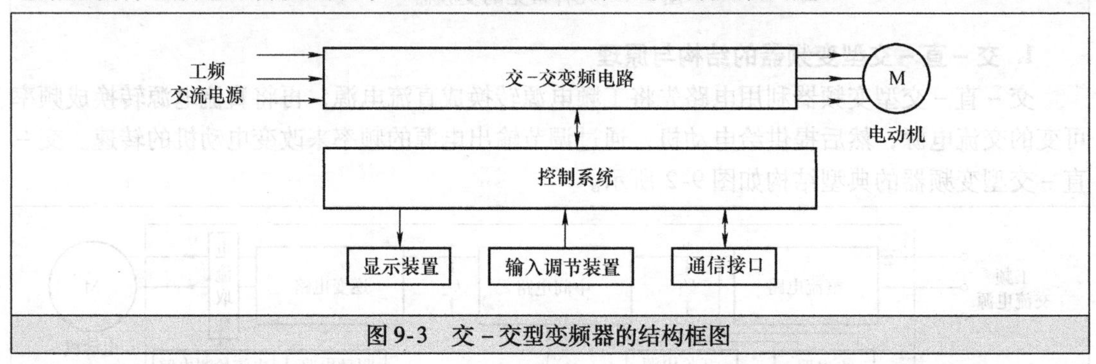

图 9-3　交 - 交型变频器的结构框图

交 - 交变频电路一般只能将输入交流电频率降低输出，而工频电源频率本来就低，所以交 - 交型变频器的调速范围很窄。另外，这种变频器要采用大量的晶闸管等电力电子器件，导致装置体积大、成本高，故交 - 交型变频器的应用远没有交 - 直 - 交型变频器广泛，因此本书将主要介绍交 - 直 - 交型变频器。

9.2　三菱 FR - A740 型变频器的面板拆装与组件说明

变频器生产厂商很多，主要有三菱、西门子、富士、施耐德、ABB、安川和台达等。虽然变频器种类繁多，但由于基本功能是一致的，所以使用方法大同小异。三菱 FR - 700 系列变频器在我国使用非常广泛，该系列变频器包括 FR - A700、FR - L700、FR - F700、FR - E700 和 FR - D700 子系列，本章以功能强大的通用型 FR - A740 型变频器为例来介绍变频器的使用。三菱 FR - 700 系列变频器的型号含义如图 9-4 所示（以 FR - A740 型为例）。

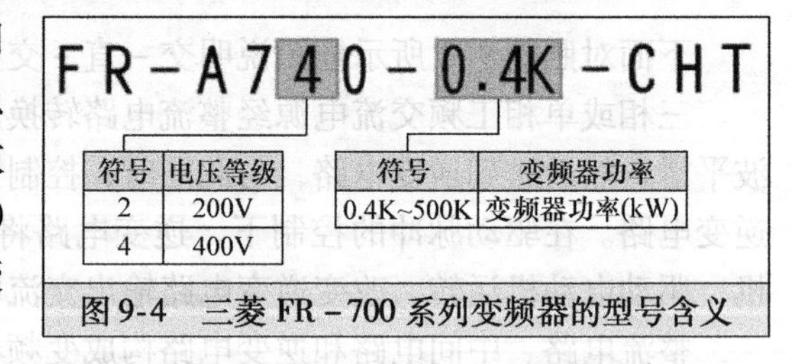

图 9-4　三菱 FR - 700 系列变频器的型号含义

9.2.1　外形

三菱 FR - A740 型变频器外形如图 9-5 所示，面板上的“A700”表示该变频器属于 A700 系列，在变频器左下方有一个标签标注“FR - A740 - 3.7K - CHT”为具体型号，功率越大的变频器，一般体积越大。

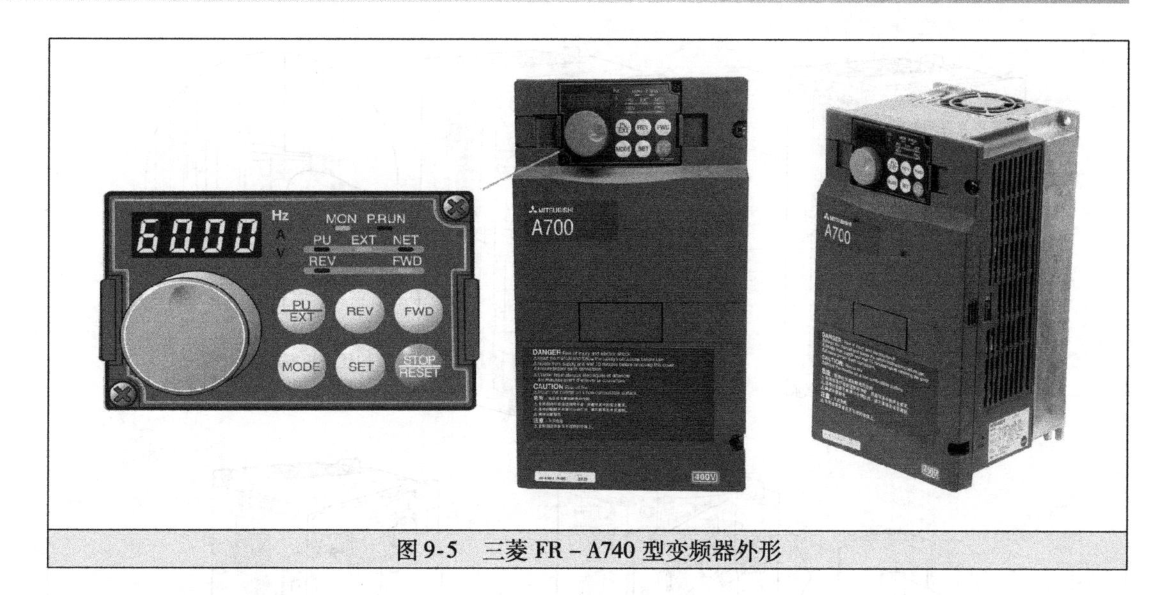

图 9-5　三菱 FR－A740 型变频器外形

9.2.2　面板的拆卸与安装

1. 操作面板的拆卸

三菱 FR－A740 型变频器操作面板的拆卸如图 9-6 所示，先拧松操作面板的固定螺钉，然后按住操作面板两边的卡扣，将其从机体上拉出来。

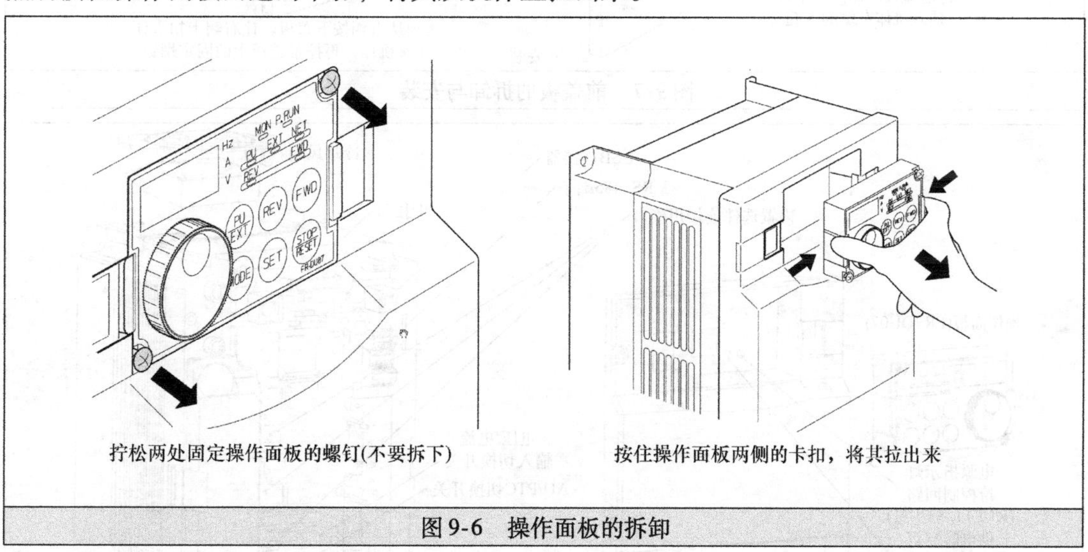

图 9-6　操作面板的拆卸

2. 前盖板的拆卸与安装

三菱 FR－A740 型变频器前盖板的拆卸与安装如图 9-7 所示。有些不同功率的变频器其外形会有所不同，图中以 FR－A740 型变频器功率在 22kW 以下为例，22kW 以上变频器的拆卸与安装与此大同小异。

9.2.3　变频器的面板及内部组件说明

三菱 FR－A740 型变频器的面板及内部组件说明如图 9-8 所示。

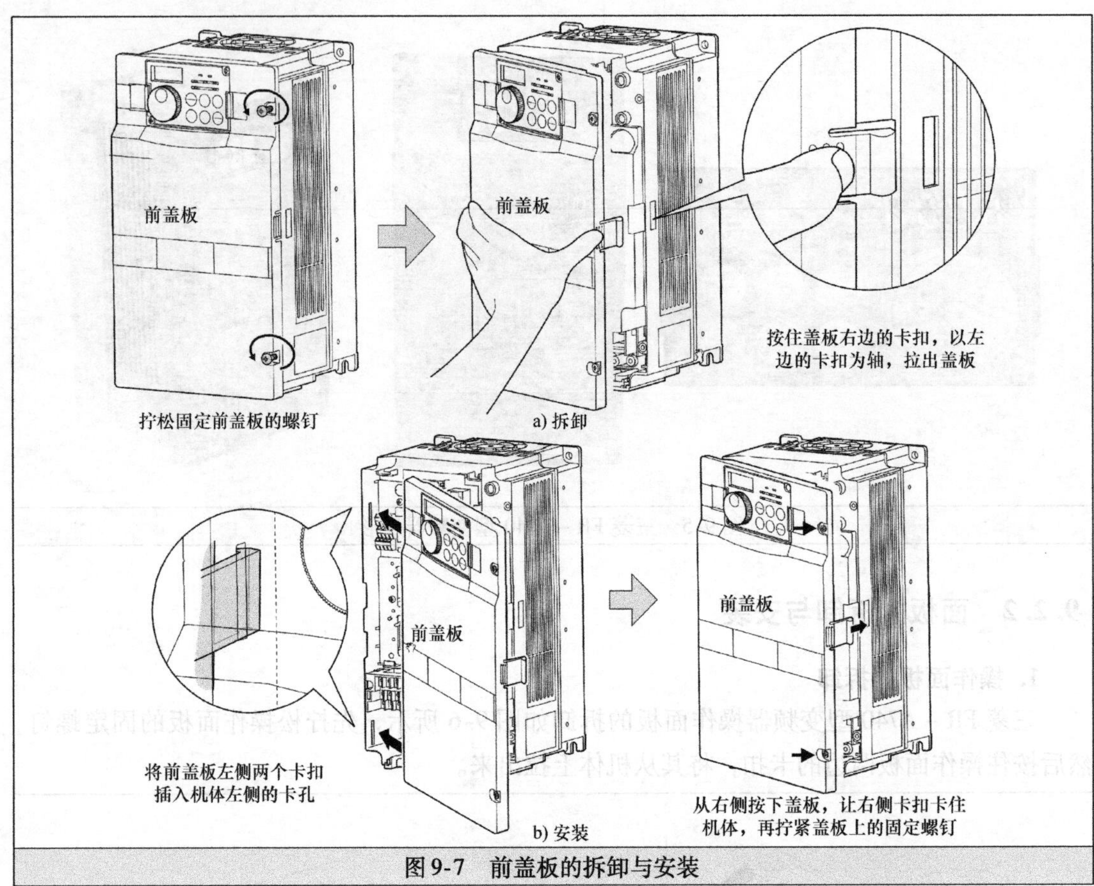

图9-7　前盖板的拆卸与安装

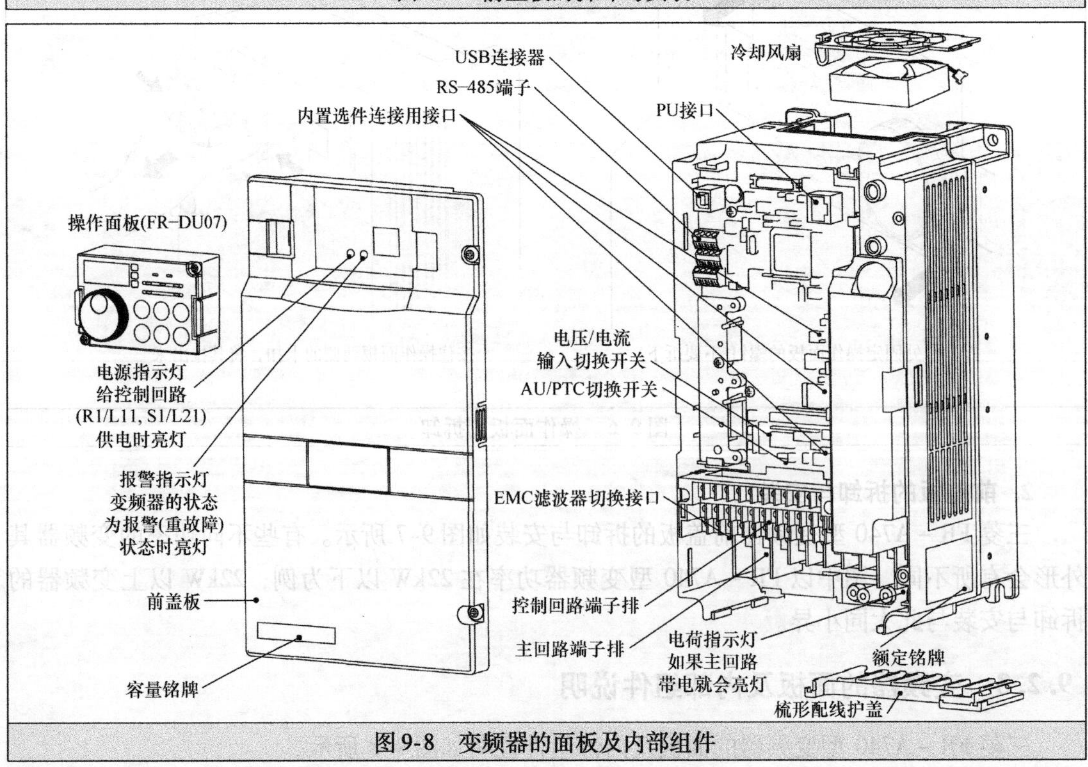

图9-8　变频器的面板及内部组件

9.3　三菱 FR－A740 型变频器的端子功能与接线

9.3.1　总接线图

三菱 FR－A740 型变频器的端子可分为主回路端子、输入端子、输出端子和通信接口，其总接线如图 9-9 所示。

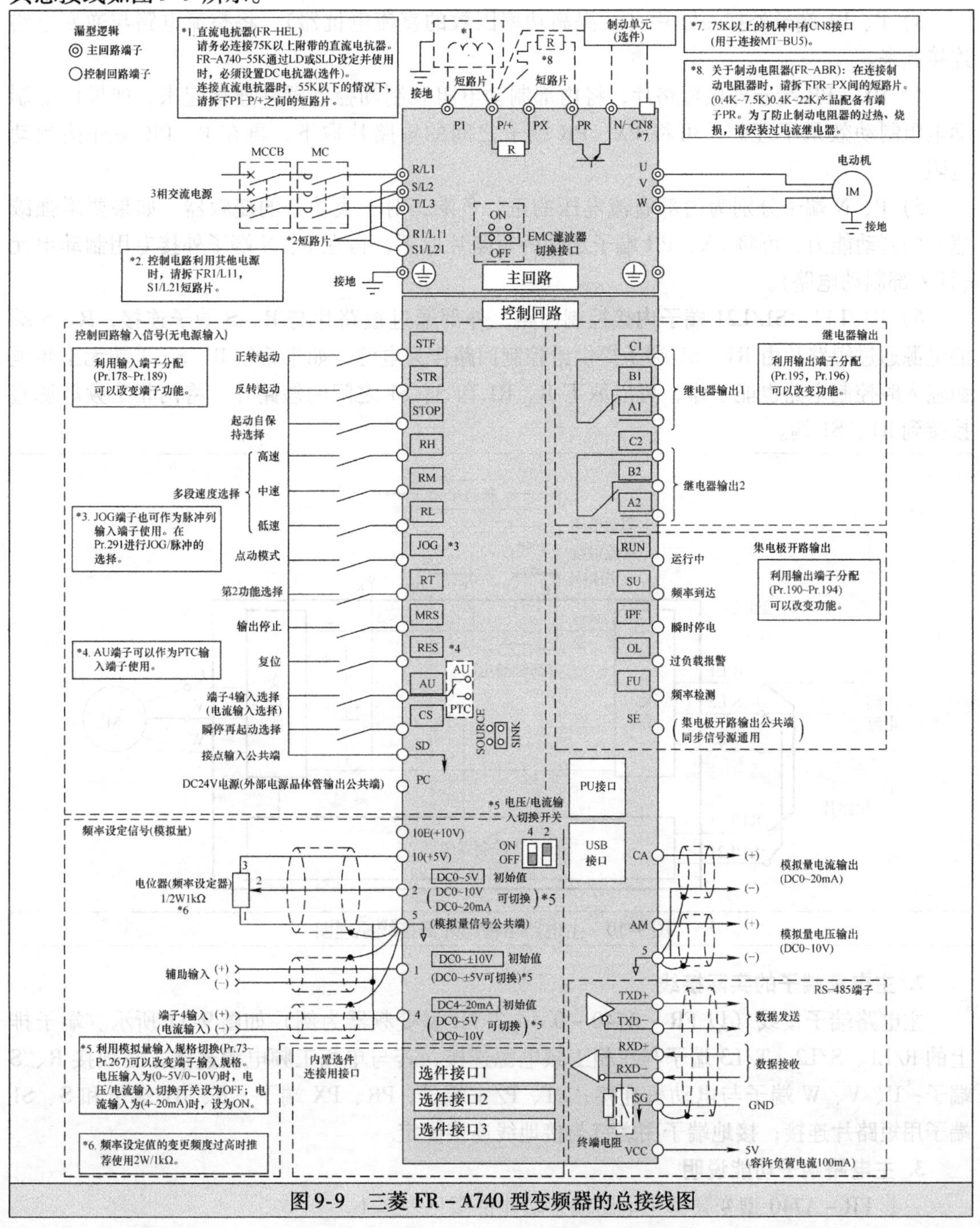

图 9-9　三菱 FR－A740 型变频器的总接线图

9.3.2 主电路端子接线及说明

1. 主电路结构与外部接线原理图

主电路结构与外部接线原理图如图9-10所示。主电路外部端子说明如下：

1）R/L1、S/L2、T/L3端子外接工频电源，内接变频器整流电路。

2）U、V、W端子外接电动机，内接逆变电路。

3）P、P1端子外接短路片（或提高功率因数的直流电抗器），将整流电路与逆变电路连接起来。

4）PX、PR端子外接短路片，将内部制动电阻和制动控制器件连接起来。如果内部制动电阻制动效果不理想，可将PX、PR端子之间的短路片取下，再在P、PR端外接制动电阻。

5）P、N端子分别为内部直流电压的正、负端，对于大功率的变频器，如果要增强减速时的制动能力，可将PX、PR端子之间的短路片取下，再在P、N端子外接专用制动单元（即外部制动电路）。

6）R1/L11、S1/L21端子内接控制回路，外部通过短路片与R、S端子连接，R、S端的电源通过短路片由R1、S1端子提供给控制回路作为电源。如果希望R、S、T端无工频电源输入时控制电路也能工作，可以取下R、R1和S、S1之间的短路片，将两相工频电源直接接到R1、S1端。

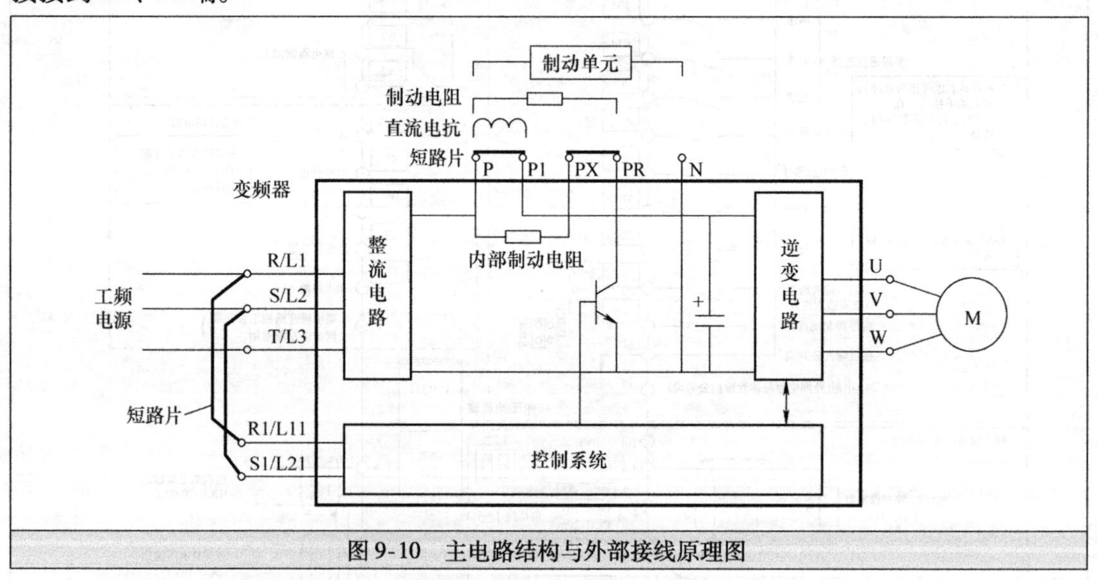

图9-10 主电路结构与外部接线原理图

2. 主电路端子的实际接线

主电路端子接线（以FR－A740－0.4～3.7K型变频器为例）如图9-11所示。端子排上的R/L1、S/L2、T/L3端子与三相工频电源连接，若与单相工频电源连接，必须接R、S端子；U、V、W端子与电动机连接；P1、P/＋端子，PR、PX端子，R、R1端子和S、S1端子用短路片连接；接地端子用螺钉与接地线连接固定。

3. 主电路端子功能说明

三菱FR－A740型变频器主电路端子功能说明见表9-1。

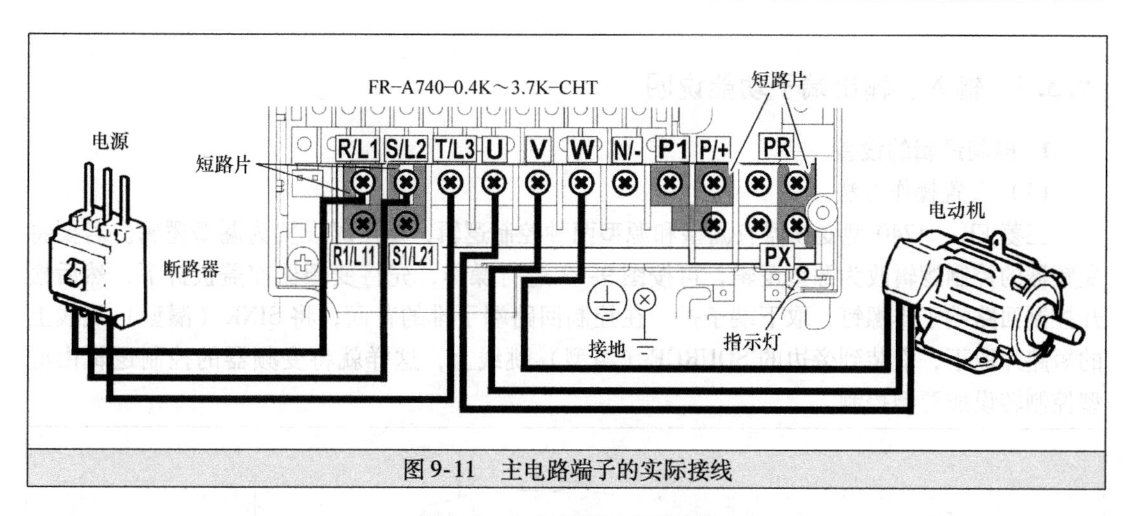

图 9-11　主电路端子的实际接线

表 9-1　主电路端子功能说明

端子符号	名称	说明
R/L1、S/L2、T/L3	交流电源输入	连接工频电源。当使用高功率因数变流器（FR－HC，MT－HC）及共直流母线变流器（FR－CV）时不要连接任何东西
U，V，W	变频器输出	接三相笼型电动机
R1/L11，S1/L21	控制电路用电源	与交流电源端子 R/L1，S/L2 相连。在保持异常显示或异常输出时，以及使用高功率因数变流器（FR－HC，MT－HC），电源再生共通变流器（FR－CV）等时，应拆下端子 R/L1－R1/L11，S/L2－S1/L21 间的短路片，从外部对该端子输入电源。在主回路电源（R/L1，S/L2，T/L3）设为 ON 的状态下请勿将控制电路用电源（R1/L11，S1/L21）设为 OFF。可能造成变频器损坏。控制回路用电源（R1/L11，S1/L21）为 OFF 的情况下，应在回路设计上保证主回路电源（R/L1，S/L2，T/L3）同时也为 OFF 变频器容量：15K 以下 60V·A；18.5K 以上 80V·A 电源容量：15K 以下 60V·A；18.5K 以上 80V·A
P/＋，PR	制动电阻器连接（22K 以下）	拆下端子 PR－PX 间的短路片（7.5K 以下），连接在端子 P/＋－PR 间连接作为任选件的制动电阻器（FR－ABR）。22K 以下的产品通过连接制动电阻，可以得到更大的再生制动力
P/＋，N/－	连接制动单元	连接制动单元（FR－BU2，FR－BU，BU，MT－BU5），共直流母线变流器（FR－CV）电源再生转换器（MT－RC）及高功率因素变流器（FR－HC，MT－HC）
P/＋，P1	连接改善功率因数直流电抗器	对于 55K 以下的产品请拆下端子 P/＋－P1 间的短路片，连接上 DC 电抗器（75K 以上的产品已标准配备有 DC 电抗器，必须连接。FR－A740－55K 通过 LD 或 SLD 设定并使用时，必须设置 DC 电抗器（选件））
PR，PX	内置制动器电路连接	端子 PX－PR 间连接有短路片（初始状态）的状态下，内置的制动器回路为有效（7.5K 以下的产品已配备）
⏚	接地	变频器外壳接地用。必须接大地

9.3.3 输入、输出端子功能说明

1. 控制逻辑的设置

（1）设置操作方法

三菱 FR－A740 型变频器有漏型和源型两种控制逻辑，出厂时设置为漏型逻辑。若要将变频器的控制逻辑改为源型逻辑，可按图 9-12 进行操作，先将变频器前盖板拆下，然后松开控制回路端子排螺钉，取下端子排，在控制回路端子排的背面，将 SINK（漏型）跳线上的短路片取下，安装到旁边的 SOURCE（源型）跳线上，这样就将变频器的控制逻辑由漏型控制转设成源型控制。

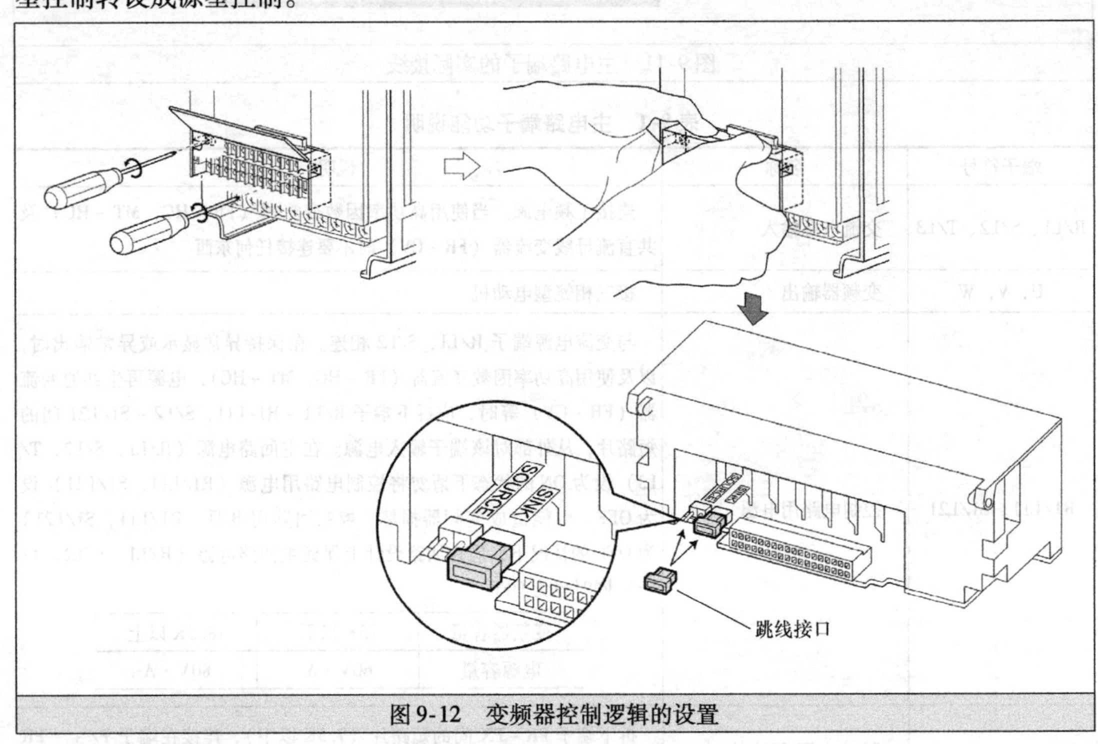

图 9-12　变频器控制逻辑的设置

（2）漏型控制逻辑

变频器工作在漏型控制逻辑时有以下特点：

1）SD 端子是输入端子的公共端，SE 端子是输出端子的公共端。

2）PC、SD 端子内接 24V 电源，PC 接电源正极，SD 接电源负极。

图 9-13 是变频器工作在漏型控制逻辑时的接线图及信号流向。正转按钮接在 STF 端子与 SD 端子之间，当按下正转按钮时，变频器内部电源产生电流从 STF 端子流出，电流流途径为 24V 正极→二极管→电阻 R→光电耦合器的发光管→二极管→STF 端子→正转按钮→SD 端子→24V 负极，光电耦合器的发光管有电流流过而发光，光电耦合器的光电晶体管（图中未画出）受光导通，从而为变频器内部电路送入一个输入信号。当变频器需要从输出端子（图中为 RUN 端子）输出信号时，内部电路会控制三极管导通，有电流流入输出端子，电流流途径为 24V 正极→功能扩展模块→输出端子（RUN 端子）→二极管→晶体管→二极管→SE 端子→24V 负极。图中虚线连接的二极管在漏型控制逻辑下不会导通。

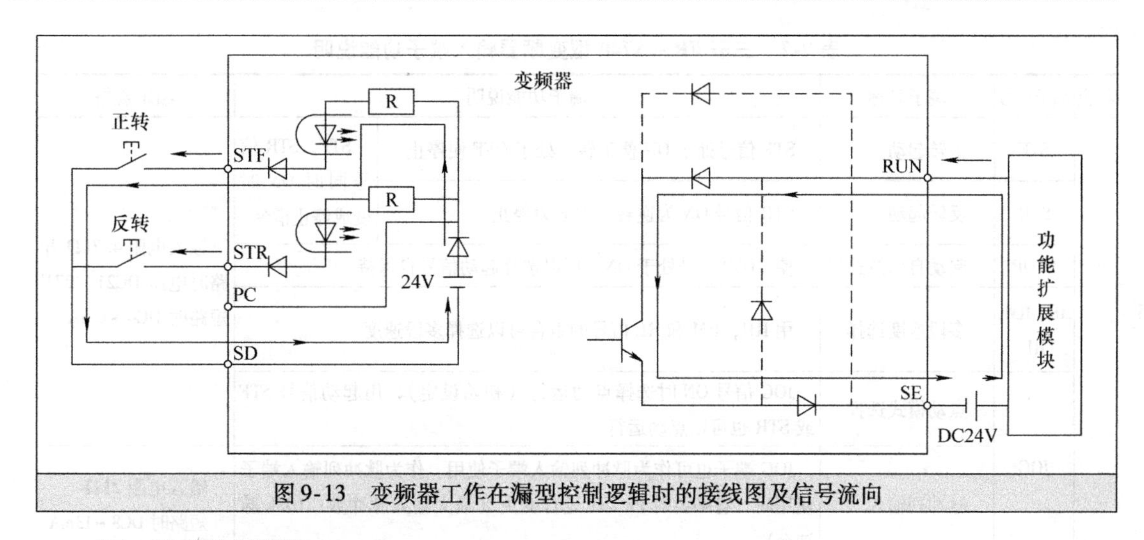

图 9-13　变频器工作在漏型控制逻辑时的接线图及信号流向

（3）源型控制逻辑

变频器工作在源型控制逻辑时有以下特点：

1）PC 端子是输入端子的公共端，SE 端子是输出端子的公共端。

2）PC、SD 端子内接 24V 电源，PC 接电源正极，SD 接电源负极。

图 9-14 是变频器工作在源型控制逻辑时的接线图及信号流向。图中的正转按钮需接在 STF 端子与 PC 端子之间，当按下正转按钮时，变频器内部电源产生电流从 PC 端子流出，经正转按钮从 STF 端子流入，回到内部电源的负极，该电流的途径如图所示。在变频器输出端子外接电路时，应以 SE 端作为输出端子的公共端，当变频器输出信号时，内部晶体管导通，有电流从 SE 端子流入，经内部有关的二极管和晶体管后从输出端子（图中为 RUN 端子）流出，电流的途径如图箭头所示，图中虚线连接的二极管在源型控制逻辑下不会导通。

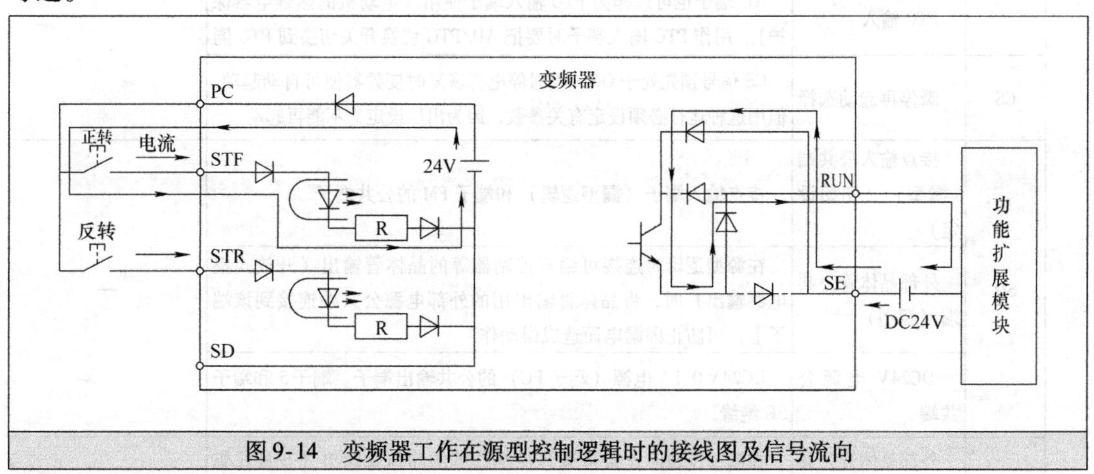

图 9-14　变频器工作在源型控制逻辑时的接线图及信号流向

2. 输入端子功能说明

变频器的输入信号类型有开关信号和模拟信号，开关信号又称接点（触点）信号，用于给变频器输入 ON/OFF 信号，模拟信号是指连续变化的电压或电流信号，用于设置变频器的频率。三菱 FR－A740 型变频器输入端子功能说明见表 9-2。

表 9-2　三菱 FR－A740 型变频器输入端子功能说明

<table>
<tr><th>种类</th><th>端子记号</th><th>端子名称</th><th colspan="2">端子功能说明</th><th>额定规格</th></tr>
<tr><td rowspan="18">接点输入</td><td>STF</td><td>正转起动</td><td>STF 信号处于 ON 便正转，处于 OFF 便停止</td><td rowspan="2">STF，STR 信号同时 ON 时变成停止指令</td><td rowspan="5">输入电阻 4.7kΩ 开路时电压 DC21～27V 短路时 DC4～6mA</td></tr>
<tr><td>STR</td><td>反转起动</td><td>STR 信号 ON 为逆转，OFF 为停止</td></tr>
<tr><td>STOP</td><td>起动自保持选择</td><td colspan="2">使 STOP 信号处于 ON，可以选择起动信号自保持</td></tr>
<tr><td>RH，RM，RL</td><td>多段速度选择</td><td colspan="2">用 RH，RM 和 RL 信号的组合可以选择多段速度</td></tr>
<tr><td rowspan="2">JOG</td><td>点动模式选择</td><td colspan="2">JOG 信号 ON 时选择点动运行（初始设定），用起动信号 STF 或 STR 也可以点动运行</td></tr>
<tr><td>脉冲列输入</td><td colspan="2">JOG 端子也可作为脉冲列输入端子使用。作为脉冲列输入端子使用时，有必要对 Pr. 291 进行变更（最大输入脉冲数：100k 脉冲/s）</td><td>输入电阻 2kΩ 短路时 DC8～13mA</td></tr>
<tr><td>RT</td><td>第 2 功能选择</td><td colspan="2">RT 信号 ON 时，第 2 功能被选择。设定了［第 2 转矩提升］［第 2V/F（基准频率）］时也可以用 RT 信号处于 ON 时选择这些功能</td><td rowspan="6">输入电阻 4.7kΩ 开路时电压 DC21～27V 短路时 DC4～6mA</td></tr>
<tr><td>MRS</td><td>输出停止</td><td colspan="2">MRS 信号 ON（20ms 以上）时，变频器输出停止。用电磁制动停止电机时用于断开变频器的输出</td></tr>
<tr><td>RES</td><td>复位</td><td colspan="2">在保护电路动作时的报警输出复位时使用。使端子 RES 信号处于 ON 在 0.1s 以上，然后断开。出厂时，通常设置为复位。根据 Pr. 75 的设定，仅在变频器报警发生时可能复位。复位解除后约 1s 恢复</td></tr>
<tr><td rowspan="2">AU</td><td>端子 4 输入选择</td><td colspan="2">只有把 AU 信号置为 ON 时端子 4 才能用（频率设定信号在 DC4～20mA 之间可以操作），AU 信号置为 ON 时端子 2（电压输入）的功能将无效</td></tr>
<tr><td>PTC 输入</td><td colspan="2">AU 端子也可以作为 PTC 输入端子使用（电动机的热继电器保护）。用作 PTC 输入端子时要把 AU/PTC 切换开关切换到 PTC 侧</td></tr>
<tr><td>CS</td><td>瞬停再起动选择</td><td colspan="2">CS 信号预先处于 ON，瞬时停电再恢复时变频器便可自动起动。但用这种运行必须设定有关参数，因为出厂设定为不能再起动</td></tr>
<tr><td rowspan="3">SD</td><td>接点输入公共端（漏型）（初始设定）</td><td colspan="2">接点输入端子（漏型逻辑）和端子 FM 的公共端子</td><td rowspan="3">—</td></tr>
<tr><td>外部晶体管公共端（源型）</td><td colspan="2">在源型逻辑时连接可编程控制器等的晶体管输出（开放式集电器输出）时，将晶体管输出用的外部电源公共端连接到该端子上，可防止因漏电而造成误动作</td></tr>
<tr><td>DC24V 电源公共端</td><td colspan="2">DC24V 0.1A 电源（端子 PC）的公共输出端子。端子 5 和端子 SE 绝缘</td></tr>
<tr><td rowspan="3">PC</td><td>外部晶体管公共端（漏型）（初始设定）</td><td colspan="2">在漏型逻辑时连接可编程控制器等的晶体管输出（开放式集电器输出）时，将晶体管输出用的外部电源公共端连接到该端子上，可防止因漏电而造成的误动作</td><td rowspan="3">电源电压范围 DC19.2～28.8V 容许负载电流 100mA</td></tr>
<tr><td>接点输入公共端（源型）</td><td colspan="2">接点输入端子（源型逻辑）的公共端子</td></tr>
<tr><td>DC24V 电源</td><td colspan="2">可以作为 DC24V、0.1A 的电源使用</td></tr>
</table>

（续）

种类	端子记号	端子名称	端子功能说明	额定规格
频率设定	10E	频率设定用电源	按出厂状态连接频率设定电位器时，与端子10连接。当连接到端子10E时，请改变端子2的输入规格	DC10V ±0.4V 容许负载电流10mA
	10			DC5.2V ±0.2V 容许负载电流10mA
	2	频率设定（电压）	输入DC0～5V（或者0～10V、4～20mA）时，最大输出频率5V（10V、20mA），输出输入成正比。DC0～5V（出厂值）与DC0～10V，0～20mA的输入切换用Pr.73进行控制。电流输入为（0～20mA）时，电流/电压输入切换开关设为ON①	电压输入的情况下：输入电阻10kΩ±1kΩ，最大许可电压DC20V。电流输入的情况下：输入电阻245Ω±5Ω 最大许可电流30mA
	4	频率设定（电流）	如果输入DC4～20mA（或0～5V，0～10V），当20mA时成最大输出频率，输出频率与输入成正比。只有AU信号置为ON时此输入信号才会有效（端子2的输入将无效）。4～20mA（出厂值），DC0～5V，DC0～10V的输入切换用Pr.267进行控制。电压输入为（0～5V/0～10V）时，电流/电压输入切换开关设为OFF。端子功能的切换通过Pr.858进行设定	电压/电流输入切换开关 4 2 ON 1 2 开关1 开关2
	1	辅助频率设定	输入DC 0～±5或DC0～±10V时，端子2或4的频率设定信号与这个信号相加，用参数单元Pr.73进行输入DC0～±5V和DC0～±10V（初始设定）的切换。端子功能的切换通过Pr.868进行设定	输入电阻10kΩ±1kΩ 最大许可电压DC±20V
	5	频率设定公共端	频率设定信号（端子2，1或4）和模拟输出端子CA，AM的公共端子，请不要接大地	—

① 请正确设置Pr.73，Pr.267和电压/电流输入切换开关后，输入符合设置的模拟信号。打开电压/电流输入切换开关输入电压（电流输入规格）时和关闭开关输入电流（电压输入规格）时，换流器和外围机器的模拟回路会发生故障。

3. 输出端子功能说明

变频器的输出信号的类型有接点信号、晶体管集电极开路输出信号和模拟量信号。接点信号是输出端子内部的继电器触点通断产生的，晶体管集电极开路输出信号是由输出端子内部的晶体管导通截止产生的，模拟量信号是输出端子输出的连续变化的电压或电流。三菱FR－A740型变频器输出端子功能说明见表9-3。

表9-3　三菱FR－A740型变频器输出端子功能说明

种类	端子记号	端子名称	端子功能说明		额定规格
接点	A1，B1，C1	继电器输出1（异常输出）	指示变频器因保护功能动作时输出停止的1c转换接点。故障时：B－C间不导通（A－C间导通），正常时：B－C间导通（A－C间不导通）		接点容量AC230V 0.3A（功率因数0.4）DC30V　0.3A
	A2，B2，C2	继电器输出2	1个继电器输出（常开/常闭）		
集电极开路	RUN	变频器正在运行	变频器输出频率为起动频率（初始值0.5Hz）以上时为低电平，正在停止或正在直流制动时为高电平①		容许负载为DC24V（最大DC27V），0.1A（打开时最大电压下降为2.8V）
	SU	频率到达	输出频率达到设定频率的±10%（初始值）时为低电平，正在加/减速或停止时为高电平①	报警代码（4位）输出	
	OL	过负载报警	当失速保护功能动作时为低电平，失速保护解除时为高电平①		
	IPF	瞬时停电	瞬时停电，电压不足保护动作时为低电平①		
	FU	频率检测	输出频率为任意设定的检测频率以上时为低电平，未达到时为高电平①		
	SE	集电极开路输出公共端	端子RUN，SU，OL，IPF，FU的公共端子		—
模拟	CA	模拟量电流输出	可以从输出频率等多种监示项目中选一种作为输出② 输出信号与监示项目的大小成比例	输出项目：输出频率（初始值设定）	容许负载阻抗200～450Ω 输出信号DC0～20mA
	AM	模拟量电压输出			输出信号DC0～10V 许可负载电流1mA（负载阻抗10kΩ以上） 分辨率8位

① 低电平表示集电极开路输出用的晶体管处于ON（导通状态），高电平为OFF（不导通状态）。

② 变频器复位中不被输出。

9.3.4　通信接口

三菱FR－A740型变频器通信接口有RS－485接口和USB接口两种类型，变频器使用这两种接口与其他设备进行通信连接。

1. 通信接口功能说明

三菱FR－A740型变频器通信接口功能说明见表9-4。

表 9-4　三菱 FR－A740 型变频器通信接口功能说明

种类	端子记号		端子名称	端子功能说明
RS－485	—		PU 接口	通过 PU 接口，进行 RS－485 通信。（仅 1 对 1 连接） ・遵守标准：EIA－485（RS－485） ・通信方式：多站点通信 ・通信速率：4800～38400bit/s ・最长距离：500m
	RS－485 端子	TXD＋	变频器传输端子	通过 RS－485 端子，进行 RS－485 通信 ・遵守标准：EIA－485（RS－485） ・通信方式：多站点通信 ・通信速率：300～38400bit/s ・最长距离：500m
		TXD－		
		RXD＋	变频器接收端子	
		RXD－		
		SG	接地	
USB	—		USB 接口	与个人计算机通过 USB 连接后，可以实现 FR－Configurator 的操作 ・接口：支持 USB1.1 ・传输速度：12Mbit/s ・连接器：USB B 连接器（B 插口）

2. PU 接口

PU 接口属于 RS－485 类型的接口，操作面板安装在变频器上时，两者是通过 PU 接口连接通信的。有时为了操作方便，可将操作面板从变频器上取下，再用专用延长电缆将两者的 PU 接口连接起来，这样可用操作面板远程操作变频器，如图 9-15 所示。

PU 接口外形与计算机网卡 RJ45 接口相同，但接口的引脚功能定义与网卡 RJ45 接口不同。PU 接口外形与各引脚定义如图 9-15 所示。如果不连接操作面板，变频器可使用 PU 接口与其他设备（如计算机、PLC 等）进行 RS－485 通信，具体连接方法可参考图 9-16 所示的 RS－485 接口连接，连接线可自己制作。

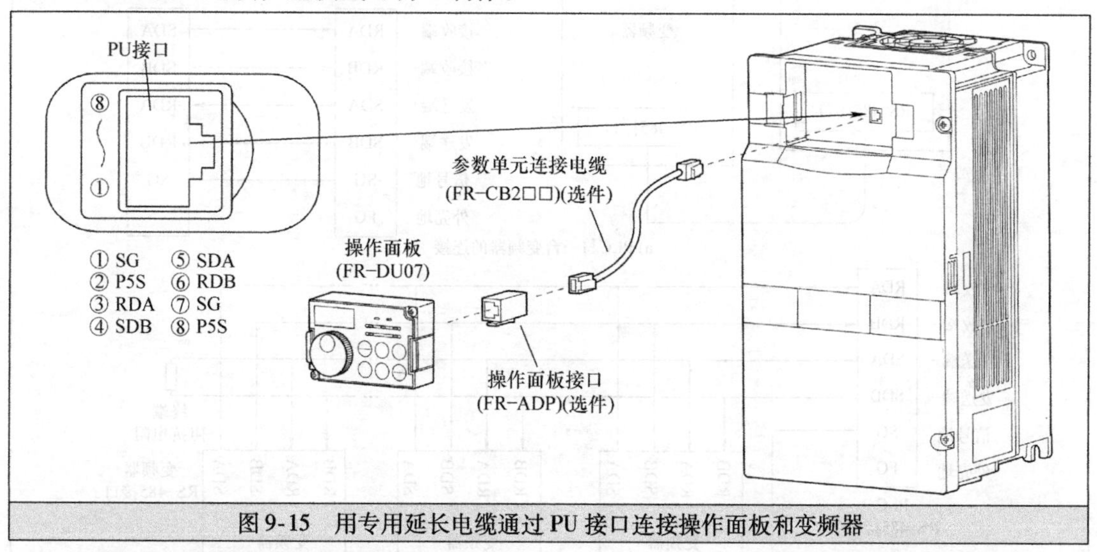

图 9-15　用专用延长电缆通过 PU 接口连接操作面板和变频器

3. RS－485 端子排

三菱 FR－A740 变频器有 2 组 RS－485 接口，可通过 RS－485 端子排与其他设备连接通信。

（1）外形

RS－485 端子排的外形如图 9-16 所示。

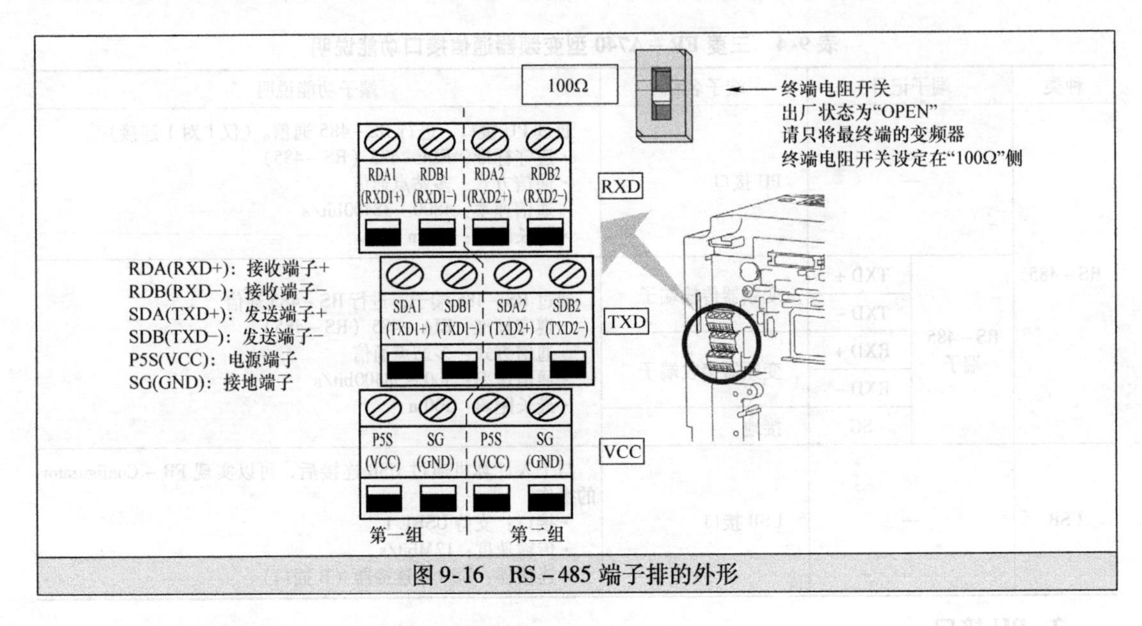

图 9-16　RS－485 端子排的外形

（2）与其他设备 RS－485 接口的连接

变频器可通过 RS－485 接口与其他设备连接通信。图 9-17a 是变频器与一台 PLC 的 RS－485 接口连接，在接线时，要将一台设备的发送端＋、发送端－分别与另一台设备的接收端＋、接收端－连接。图 9-17b 是一台 PLC 连接控制多台变频器的 RS－485 接口连接，在接线时，将所有变频器的相同端连接起来，而变频器与 PLC 之间则要将发送端＋、发送端－分别与对方的接收端＋、接收端－连接。

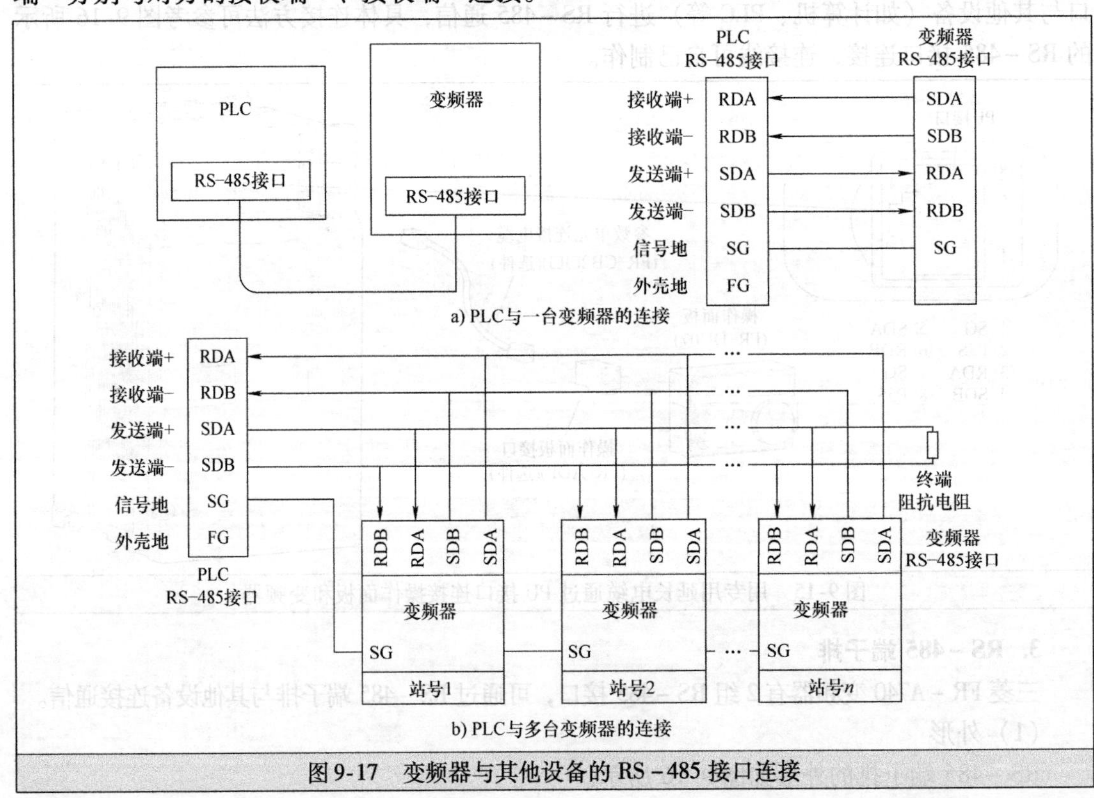

图 9-17　变频器与其他设备的 RS－485 接口连接

4. USB 接口

三菱 FR－A740 变频器有一个 USB 接口，如图 9-18 所示，用 USB 电缆将变频器与计算机连接起来，在计算机中可以使用 FR－Configurator 软件对变频器进行参数设定或监视等。

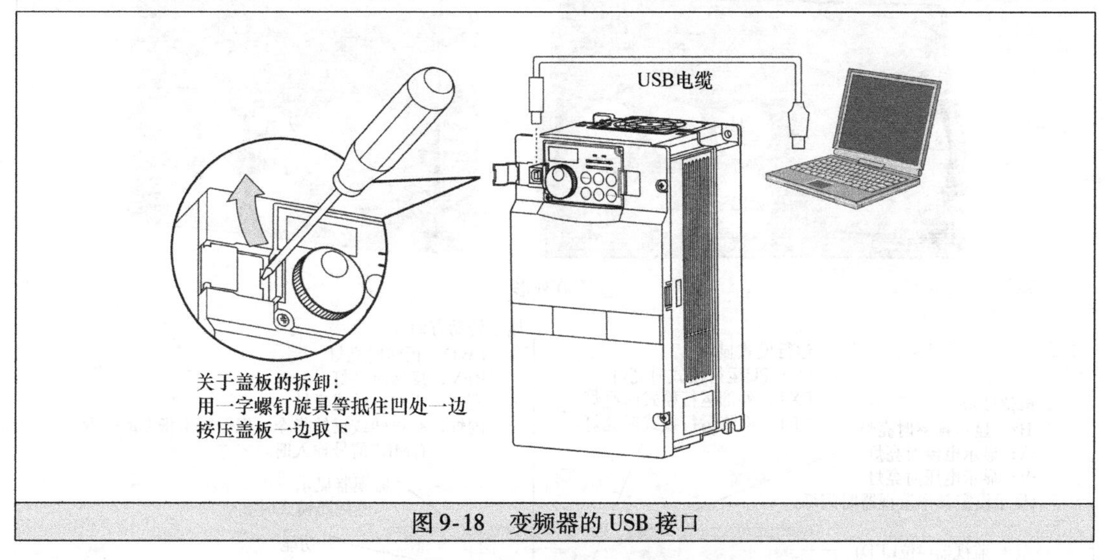

图 9-18　变频器的 USB 接口

9.4　变频器操作面板的使用

9.4.1　操作面板说明

三菱 FR－A740 变频器安装有操作面板（FR－DU07），用户可以使用操作面板操作、监视变频器，还可以设置变频器的参数。FR－DU07 型操作面板外形及组成部分说明如图 9-19所示。

9.4.2　运行模式切换的操作

变频器有外部、PU 和 JOG（点动）三种运行模式。当变频器处于外部运行模式时，可通过操作变频器输入端子外接的开关和电位器来控制电动机运行，并进行调速；当处于 PU 运行模式时，可通过操作面板上的按键和旋钮来控制电动机运行，并进行调速；当处于 JOG（点动）运行模式时，可通过操作面板上的按键来控制电动机点动运行。在操作面板上进行运行模式切换的操作如图 9-20 所示。

9.4.3　输出频率、电流和电压监视的操作

在操作面板的显示器上可查看变频器当前的输出频率、输出电流和输出电压。频率、电流和电压监视的操作如图 9-21 所示。显示器默认优先显示输出频率，如果要优先显示输出电流，可在“A”灯亮时，按下“SET”键持续时间超过 1s；在“V”灯亮时，按下“SET”键超过 1s，即可将输出电压设为优先显示。

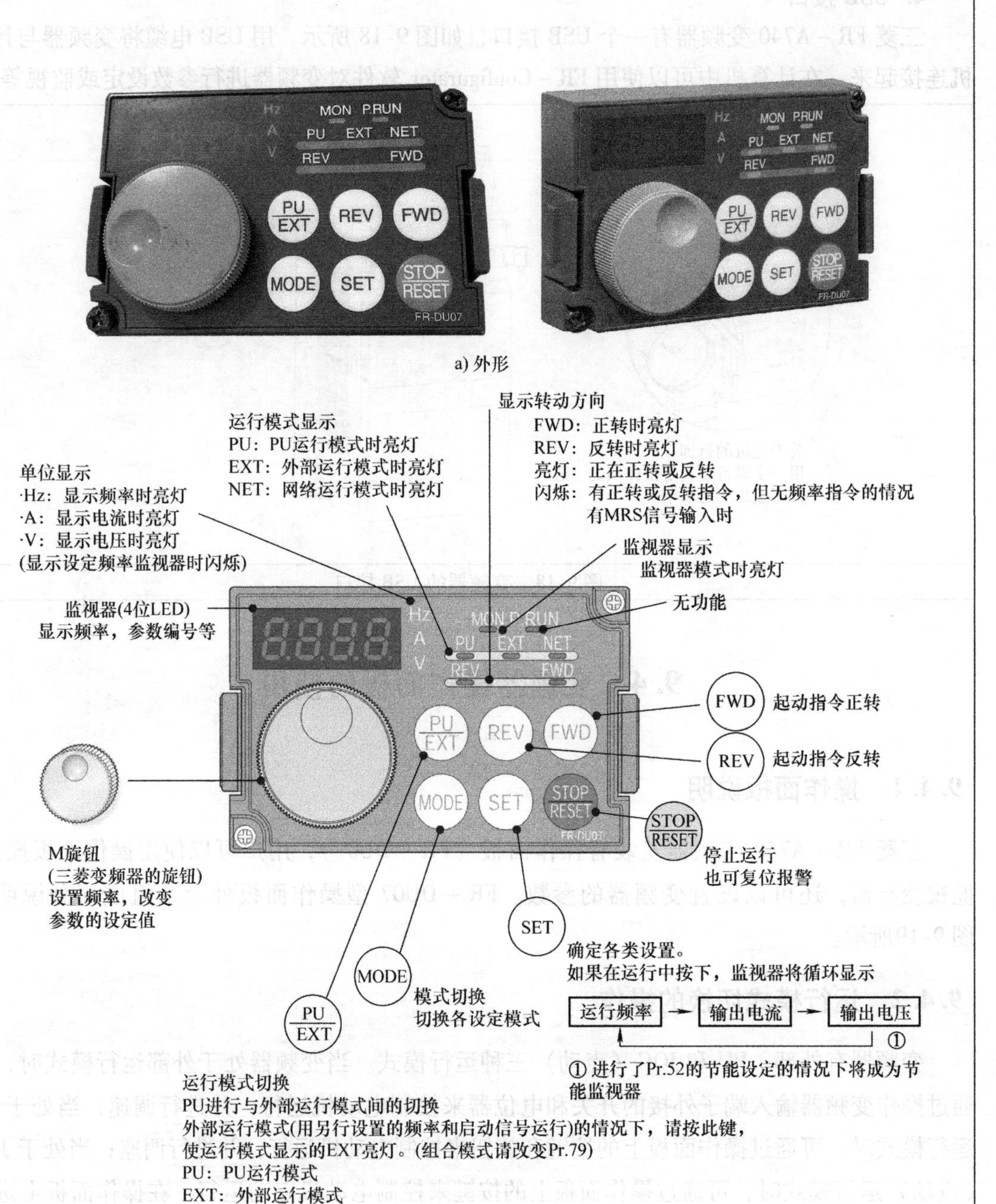

图 9-19 FR－DU07 型操作面板外形及说明

9.4.4 输出频率设置的操作

电动机的转速与变频器的输出频率有关，变频器输出频率设置的操作如图 9-22 所示。

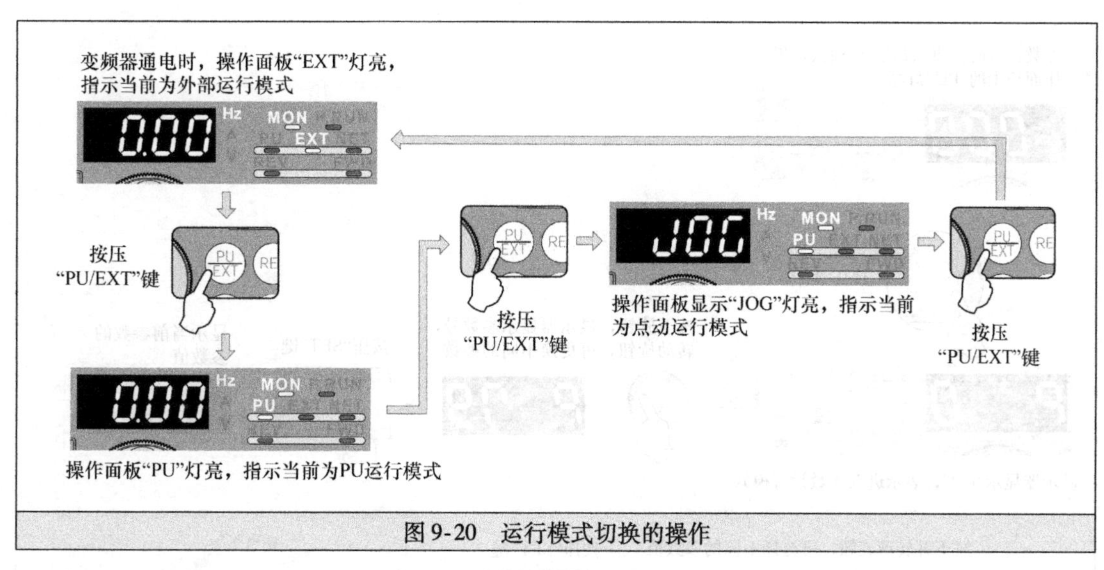

图 9-20　运行模式切换的操作

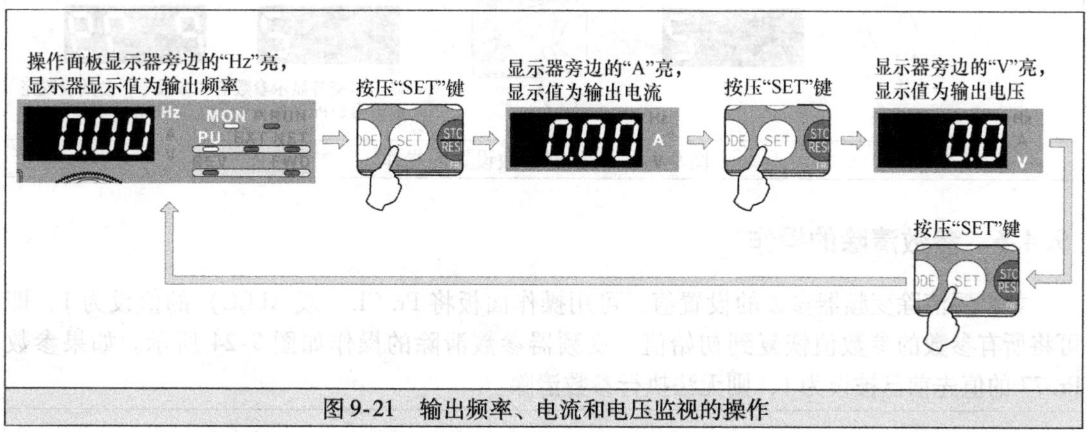

图 9-21　输出频率、电流和电压监视的操作

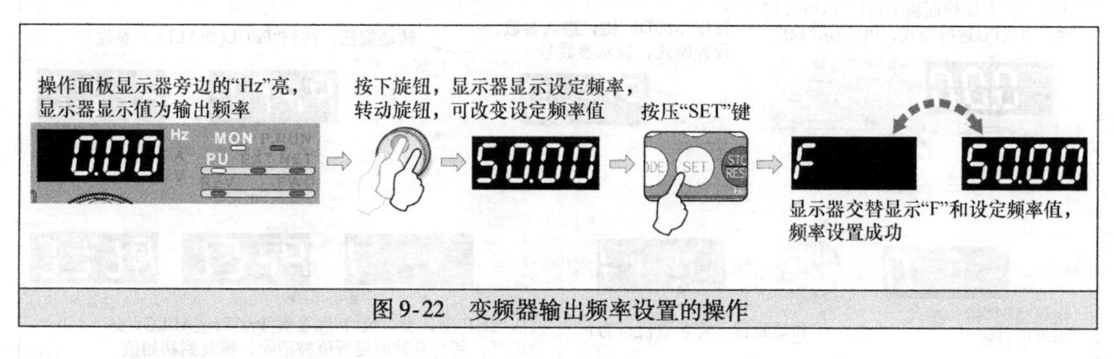

图 9-22　变频器输出频率设置的操作

9.4.5　参数设置的操作

变频器有大量的参数，这些参数就像各种各样的功能指令，变频器是按参数的设置值来工作的。由于参数很多，为了区分各个参数，每个参数都有一个参数号，用户可根据需要设置参数的参数值。比如参数 Pr. 1 用于设置变频器输出频率的上限值，参数值可在 0 ~ 120（Hz）范围内设置，变频器工作时输出频率不会超出这个频率值。变频器参数设置的操作如图 9-23 所示。

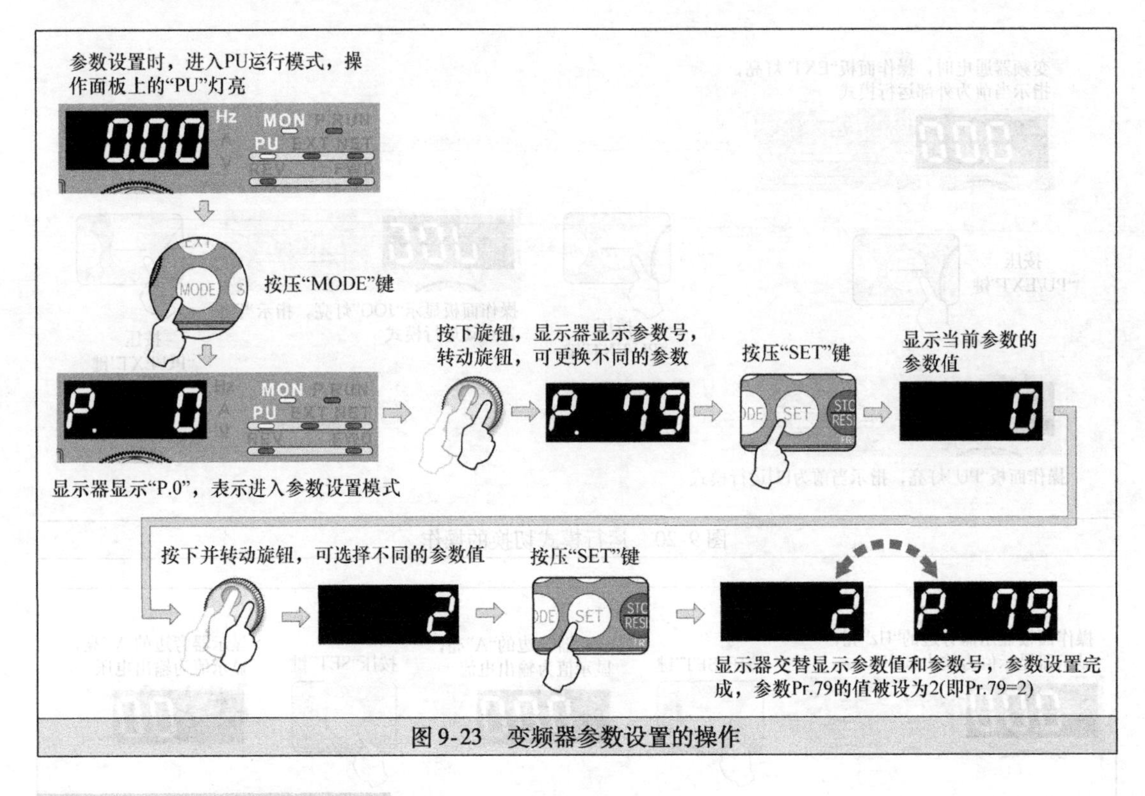

图 9-23　变频器参数设置的操作

9.4.6　参数清除的操作

如果要清除变频器参数的设置值，可用操作面板将 Pr. CL（或 ALCC）的值设为 1，即可将所有参数的参数值恢复到初始值。变频器参数清除的操作如图 9-24 所示。如果参数 Pr. 77 的值先前已被设为 1，则无法执行参数清除。

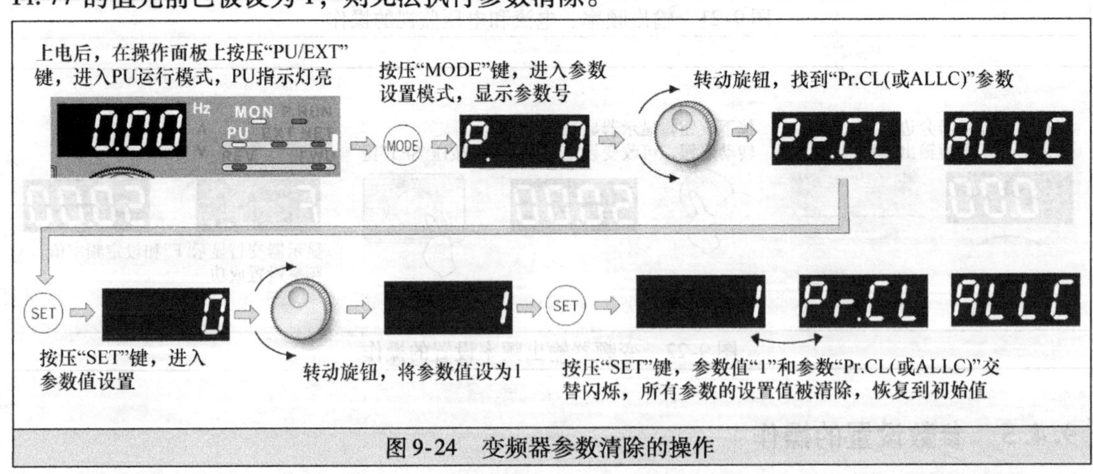

图 9-24　变频器参数清除的操作

9.4.7　变频器之间参数复制的操作

参数的复制是指将一台变频器的参数设置值复制给其他同系列（如 A700 系列）的变频器。在参数复制时，先将源变频器的参数值读入操作面板，然后取下操作面板安装到目标变频器，再将操作面板中的参数值写入目标变频器。变频器之间参数复制的操作如图 9-25 所示。

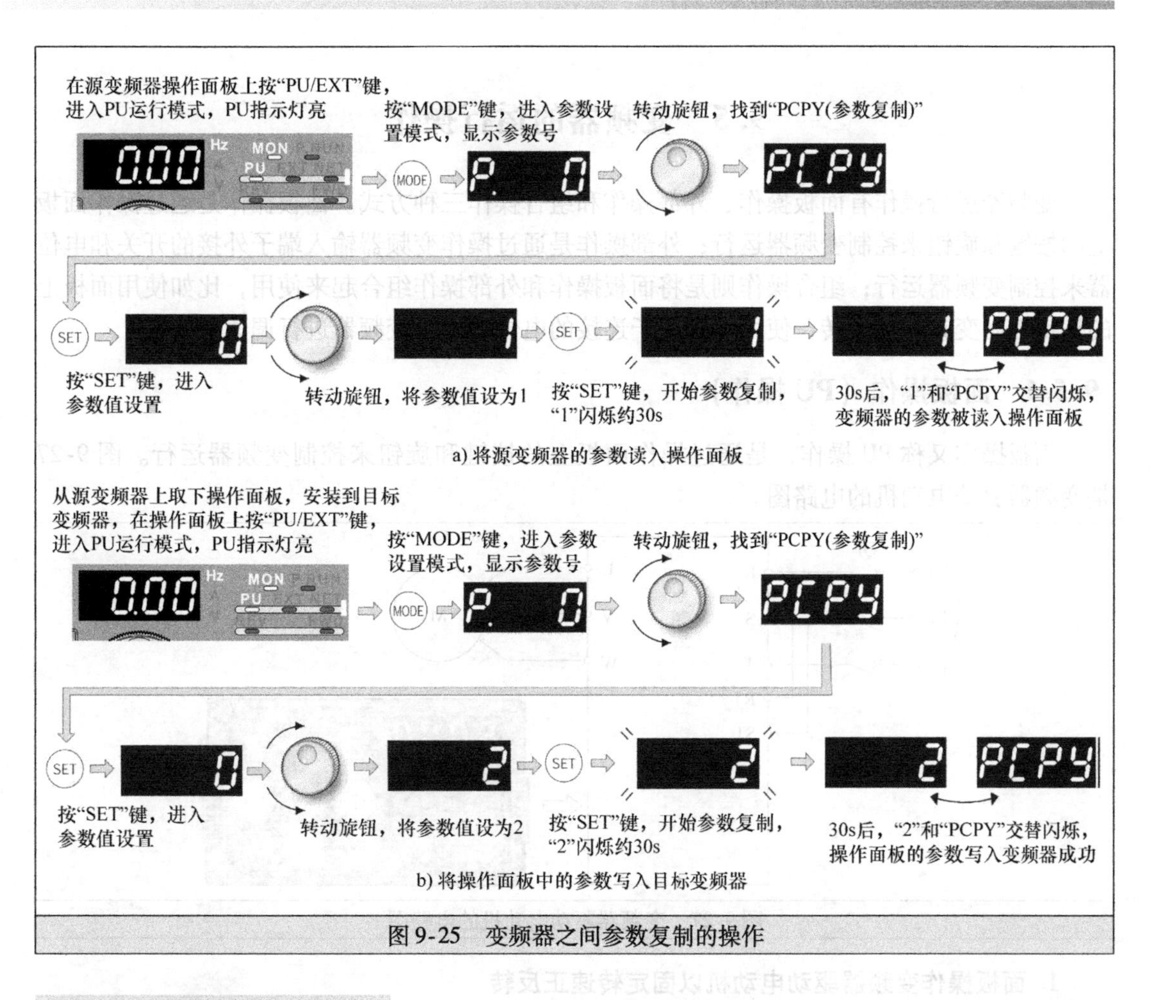

图9-25 变频器之间参数复制的操作

9.4.8 面板锁定的操作

在变频器运行时，为避免误操作面板上的按键和旋钮引起意外，可对面板进行锁定（将参数Pr161的值设为10），面板锁定后，按键和旋钮操作无效。变频器面板锁定操作如图9-26所示。按住“MODE”键持续2s可取消面板锁定。在面板锁定时，“STOP/RESET”键的停止和复位控制功能仍有效。

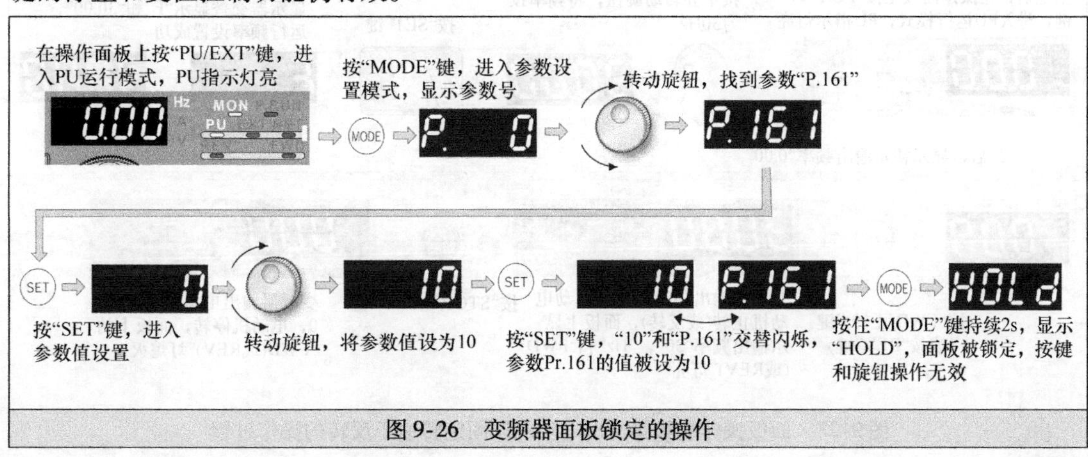

图9-26 变频器面板锁定的操作

9.5 变频器的运行操作

变频器运行操作有面板操作、外部操作和组合操作三种方式。面板操作是通过操作面板上的按键和旋钮来控制变频器运行；外部操作是通过操作变频器输入端子外接的开关和电位器来控制变频器运行；组合操作则是将面板操作和外部操作组合起来使用，比如使用面板上的按键控制变频器正反转，使用外部端子连接的电位器来对变频器进行调速。

9.5.1 面板操作（PU 操作）

面板操作又称 PU 操作，是通过操作面板上的按键和旋钮来控制变频器运行。图 9-27 是变频器驱动电动机的电路图。

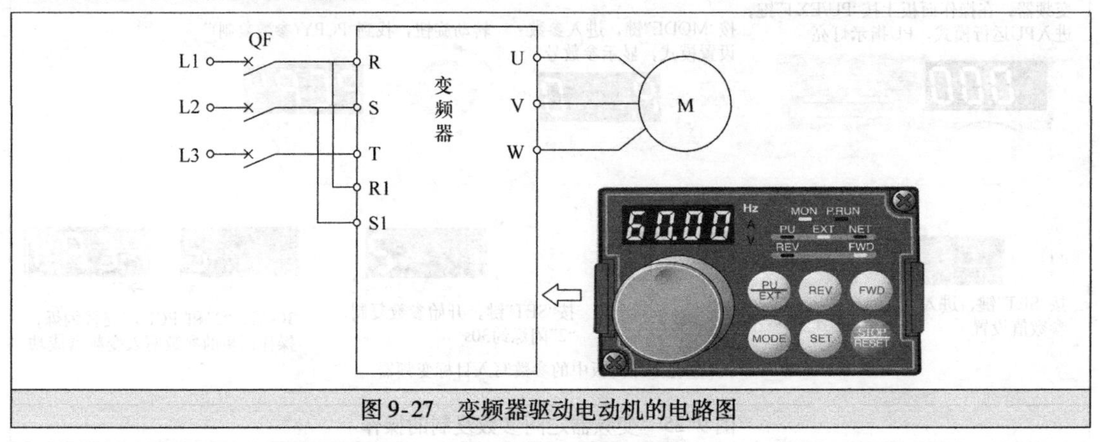

图 9-27　变频器驱动电动机的电路图

1. 面板操作变频器驱动电动机以固定转速正反转

面板（FR－DU07）操作变频器驱动电动机以固定转速正反转的操作过程如图 9-28 所示。图中将变频器的输出频率设为 30Hz，按“FWD（正转）”键时，电动机以 30Hz 的频率正转，按“REV（反转）”键时，电动机以 30Hz 的频率反转，按“STOP/RESET”键，电动机停转。如果要更改变频器的输出频率，可重新用旋钮和 SET 键设置新的频率。

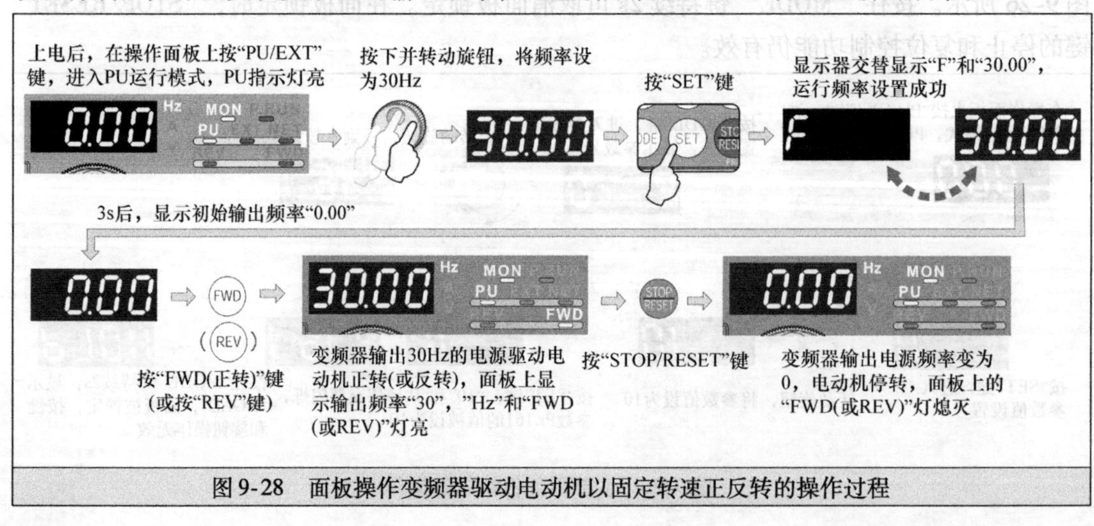

图 9-28　面板操作变频器驱动电动机以固定转速正反转的操作过程

2. 用面板旋钮（电位器）直接调速

用面板旋钮（电位器）直接调速可以很方便地改变变频器的输出频率，在使用这种方式调速时，需要将参数 Pr. 161 的值设为 1（M 旋钮旋转调节模式）。在该模式下，在变频器运行或停止时，均可用旋钮（电位器）设定输出频率。

用面板旋钮（电位器）直接调速的操作过程如下：

1）变频器上电后，按面板上的“PU/EXT”键，切换到 PU 运行模式。

2）在面板上操作，将参数 Pr. 161 的值设为 1（M 旋钮旋转调节模式）。

3）按“FWD”键或“REV”键，启动变频器正转或反转。

4）转动旋钮（电位器）将变频器输出频率调到需要的频率，待该频率值闪烁 5s 后，变频器即输出该频率的电源驱动电动机运转。如果设定的频率值闪烁 5s 后变为 0，一般 Pr. 161 的值不为 1。

9.5.2 外部操作

外部操作是通过给变频器的输入端子输入 ON/OFF 信号和模拟量信号来控制变频器运行。变频器用于调速（设定频率）的模拟量可分为电压信号和电流信号。在进行外部操作时，需要让变频器进入外部运行模式。

1. 电压输入调速电路与操作

图 9-29 是变频器电压输入调速电路。当 SA1 开关闭合时，STF 端子输入为 ON，变频器输出正转电源；当 SA2 开关闭合时，STR 端子输入为 ON，变频器输出反转电源。调节调速电位器 RP，端子 2 的输入电压发生变化，变频器输出电源频率也会发生变化，电动机转速随之变化，电压越高，频率越高，电动机转速就越快。变频器电压输入调速的操作过程见表 9-5。

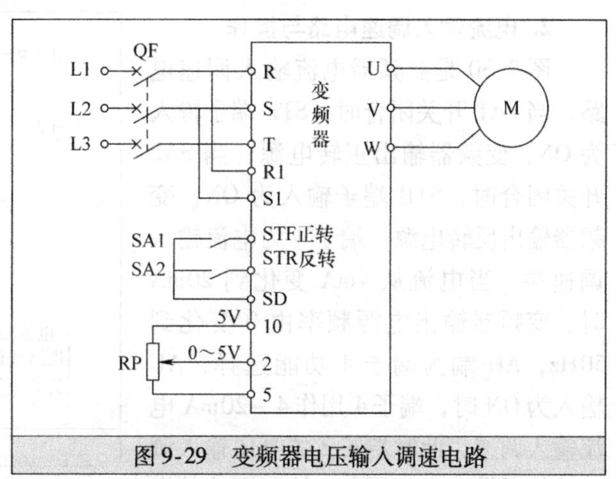

图 9-29 变频器电压输入调速电路

表 9-5 变频器电压输入调速的操作过程

序号	操作说明	操作图
1	将电源开关闭合，给变频器通电，面板上的“EXT”灯亮，变频器处于外部运行模式。如果“EXT”灯未亮，可按“PU/EXT”键，使变频器进入外部运行模式	ON 0.00 Hz MON P.RUN PU EXT NET REV FWD
2	将正转开关闭合，面板上的“FWD”灯亮，变频器输出正转电源	正转 反转 ON 0.00 Hz MON P.RUN PU EXT NET REV FWD 闪烁

（续）

序号	操作说明	操作图
	顺时针转动旋钮（电位器）时，变频器输出频率上升，电动机转速变快	
3	逆时针转动旋钮（电位器）时，变频器输出频率下降，电动机转速变慢，输出频率调到0时，FWD（正转）指示灯闪烁	
	将正转和反转开关都断开，变频器停止输出电源，电动机停转	

2. 电流输入调速电路与操作

图9-30是变频器电流输入调速电路。当SA1开关闭合时，STF端子输入为ON，变频器输出正转电源；当SA2开关闭合时，STR端子输入为ON，变频器输出反转电源。端子4为电流输入调速端，当电流从4mA变化到20mA时，变频器输出电源频率由0变化到50Hz，AU端为端子4功能选择，AU输入为ON时，端子4用作4～20mA电流输入调速，此时端子2的电压输入调速功能无效。变频器电流输入调速的操作过程见表9-6。

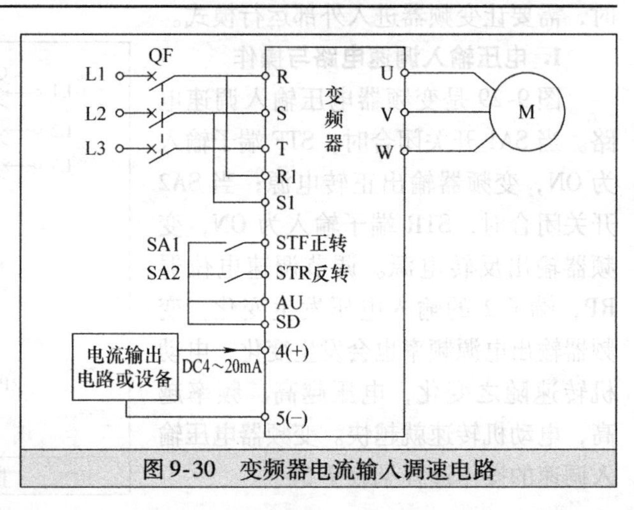

图9-30　变频器电流输入调速电路

表9-6　变频器电流输入调速的操作过程

序号	操作说明	操作图
1	将电源开关闭合，给变频器通电，面板上的“EXT”灯亮，变频器处于外部运行模式。如果“EXT”灯未亮，可按“PU/EXT”键，使变频器进入外部运行模式。如果无法进入外部运行模式，应将参数Pr.79设为2（外部运行模式）	

（续）

序号	操作说明	操作图
2	将正转开关闭合，面板上的“FWD”灯亮，变频器输出正转电源	正转　反转　ON　0.00　Hz　MON　EXT　FWD　闪烁
3	让输入变频器端子4的电流增大，变频器输出频率上升，电动机转速变快，输入电流为20mA时，输出频率为50Hz	4→20mA　50.00　Hz　MON　EXT　FWD
	让输入变频器端子4的电流减小，变频器输出频率下降，电动机转速变慢，输入电流为4mA时，输出频率为0Hz，电动机停转，FWD灯闪烁	20→4mA　0.00　Hz　MON　EXT　FWD　闪烁
	将正转和反转开关都断开，变频器停止输出电源，电动机停转	正转　反转　OFF　0.00　Hz　MON　PU　EXT

9.5.3　组合操作

组合操作又称外部/PU操作，是将外部操作和面板操作组合起来使用，这种操作方式使用灵活，即可以用面板上的按键控制正反转，用外部端子输入电压或电流来调速，也可以用外部端子连接的开关控制正反转，用面板上的旋钮来调速。

1. 面板起动运行外部电压调速的电路与操作

面板起动运行外部电压调速的电路如图9-31所示。操作时将运行模式参数Pr.79的值设为4（外部/PU运行模式2），然后按面板上的“FWD”或“REV”起动正转或反转，再调节电位器RP，端子2输入电压在0～5V范围内变化，变频器输出频率则在0～50Hz范围内变化。面板起动运行外部电压调速的操作过程见表9-7。

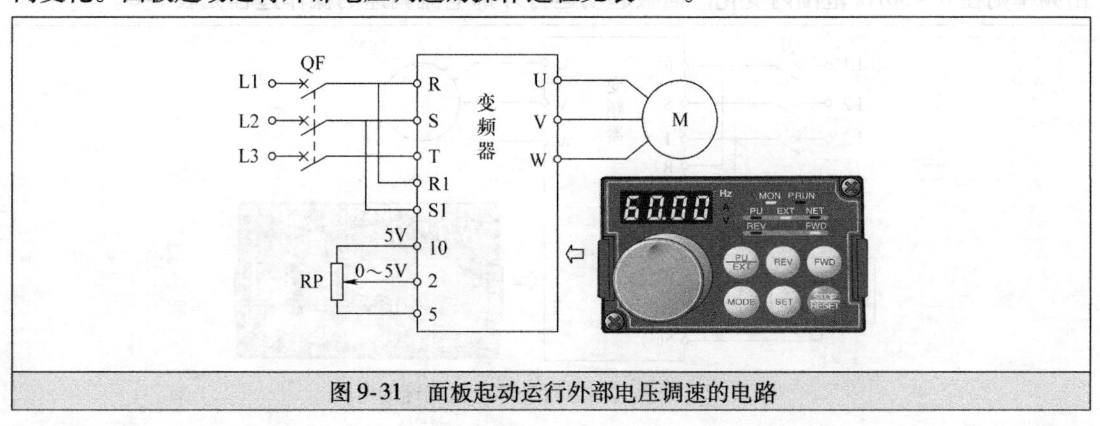

图9-31　面板起动运行外部电压调速的电路

表 9-7　面板起动运行外部电压调速的操作过程

序号	操作说明	操作图
1	将电源开关闭合，给变频器通电，将参数 Pr. 79 的值设为4，使变频器进入外部/PU 运行模式 2	ON；0.00 Hz MON P.RUN PU EXT NET A V REV FWD
2	在面板上按“FWD”键，“FWD”灯闪烁，起动正转。如果同时按“FWD”键和“REV”键，无法起动，运行时同时按两键，会减速至停止	FWD（REV）；0.00 Hz MON P.RUN PU EXT NET A V REV FWD 闪烁
	顺时针转动旋钮（电位器）时，变频器输出频率上升，电动机转速变快	1 2 3 4 5 6 7 8 9 10；50.00 Hz MON P.RUN PU EXT NET A V REV FWD
3	逆时针转动旋钮（电位器）时，变频器输出频率下降，电动机转速变慢，输出频率为 0 时，“FWD”灯闪烁	1 2 3 4 5 6 7 8 9 10；0.00 Hz MON P.RUN PU EXT NET A V REV FWD 闪烁
	按面板上的“STOP/RESET”键，变频器停止输出电源，电动机停转，“FWD”灯熄灭	STOP RESET；0.00 Hz MON P.RUN PU EXT NET A V REV FWD

2. 面板起动运行外部电流调速的电路与操作

面板起动运行外部电流调速的电路如图 9-32 所示。操作时将运行模式参数 Pr. 79 的值设为 4（外部/PU 运行模式 2），为了将端子 4 用作电流调速输入，需要 AU 端子输入为 ON，故将 AU 端子与 SD 端接在一起，然后按面板上的“FWD”或“REV”起动正转或反转，再让电流输出电路或设备输出电流，端子 4 输入直流电流在 4 ~ 20mA 范围内变化，变频器输出频率则在 0 ~ 50Hz 范围内变化。面板起动运行外部电流调速的操作过程见表 9-8。

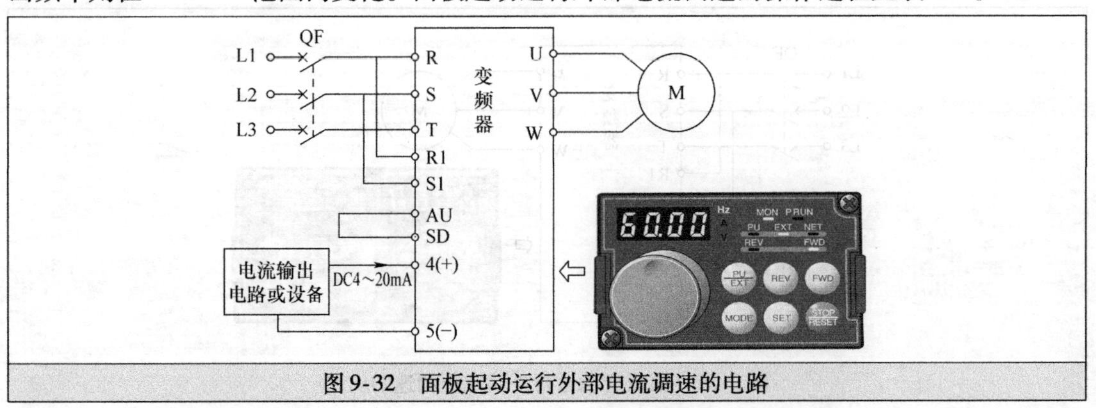

图 9-32　面板起动运行外部电流调速的电路

表 9-8 面板起动运行外部电流调速的操作过程

序号	操作说明	操作图
1	将电源开关闭合，给变频器通电，将参数 Pr. 79 的值设为4，使变频器进入外部/PU 运行模式 2	ON ⇨ 0.00 Hz MON P.RUN PU EXT NET REV FWD
2	在面板上按“FWD”键，“FWD”灯闪烁，起动正转。如果同时按“FWD”键和“REV”键，无法起动，运行时同时按两键，会减速至停止	FWD (REV) ⇨ 0.00 Hz MON P.RUN PU EXT NET REV FWD 闪烁
	将变频器端子 4 的输入电流增大，变频器输出频率上升，电动机转速变快，输入电流为 20mA 时，输出频率为 50Hz	4→20mA ⇨ 50.00 Hz MON P.RUN PU EXT NET REV FWD
3	将变频器端子 4 的输入电流减小，变频器输出频率下降，电动机转速变慢，输入电流为 4mA 时，输出频率为 0Hz，电动机停转，FWD 灯闪烁	20→4mA ⇨ 0.00 Hz MON P.RUN PU EXT NET REV FWD 闪烁
	按面板上的“STOP/RESET”键，变频器停止输出电源，电动机停转，“FWD”灯熄灭	STOP RESET ⇨ 0.00 Hz MON P.RUN PU EXT NET REV FWD

3. 外部起动运行面板旋钮调速的电路与操作

外部起动运行面板旋钮调速的电路如图 9-33 所示，操作时将运行模式参数 Pr. 79 的值设为 3（外部/PU 运行模式 1），将变频器 STF 或 STR 端子外接开关闭合起动正转或反转，然后调节面板上的旋钮，变频器输出频率则在 0～50Hz 范围内变化，电动机转速也随之变化。外部起动运行面板旋钮调速的操作过程见表 9-9。

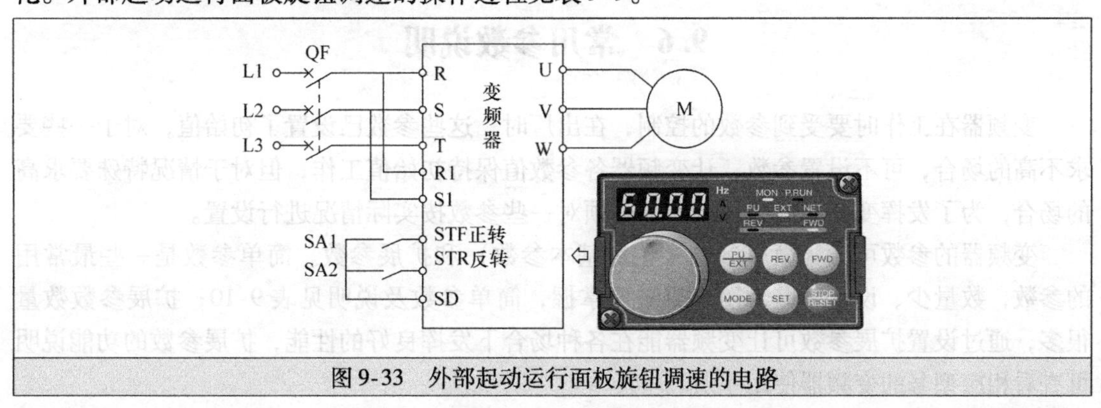

图 9-33 外部起动运行面板旋钮调速的电路

表 9-9　外部起动运行面板旋钮调速的操作过程

序号	操作说明	操作图
1	将电源开关闭合，给变频器通电，将参数 Pr. 79 的值设为3，使变频器进入外部/PU 运行模式 1	
2	将“正转”开关闭合，“FWD”灯闪烁，起动正转	
3	转动面板上的旋钮，设定变频器的输出频率，调到需要的频率后停止转动旋钮]，设定频率闪烁 5s	
3	在设定频率闪烁时按“SET”键，设定频率值与“F”交替显示，频率设置成功。变频器输出设定频率的电源驱动电动机运转	
	将正转和反转开关都断开，变频器停止输出电源，电动机停转	

9.6　常用参数说明

变频器在工作时要受到参数的控制，在出厂时，这些参数已设置了初始值，对于一些要求不高的场合，可不设置参数，让变频器各参数值保持初始值工作，但对于情况特殊要求高的场合，为了发挥变频器的最佳性能，必须对一些参数按实际情况进行设置。

变频器的参数可分为简单参数（也称基本参数）和扩展参数。简单参数是一些最常用的参数，数量少、设置频繁，用户尽量要掌握，简单参数及说明见表 9-10；扩展参数数量很多，通过设置扩展参数可让变频器能在各种场合下发挥良好的性能，扩展参数的功能说明可查看相应型号的变频器使用手册。

表 9-10 简单参数及说明

参数编号	名称	单位	初始值	范围	说明
0	转矩提升	0.1%	6/4/3/2/1%	0～30%	V/F 控制时，想进一步提高起动时的转矩，在负载后电动机不转，输出报警（OL），在（OC1）发生跳闸的情况下使用。初始值因变频器的容量不同而不同（0.4K～0.75K，1.5K～3.7K，5.5K～7.5K，11K～55K，5K 以上）
1	上限频率	0.01Hz	120/60Hz	0～120Hz	想设置输出频率的上限的情况下进行设定。初始值根据变频器容量不同而不同（55K 以下/75K 以上）
2	下限频率	0.01Hz	0Hz	0～120Hz	想设置输出频率的下限的情况下进行设定
3	基底频率	0.01Hz	50Hz	0～400Hz	请看电动机的额定铭牌进行确认
4	3 速设定（高速）	0.01Hz	50Hz	0～400Hz	想用参数设定运转速度，用端子切换速度时进行设定
5	3 速设定（中速）	0.01Hz	30Hz	0～400Hz	
6	3 速设定（低速）	0.01Hz	10Hz	0～400Hz	
7	加速时间	0.1s	5s/15s	0～3600s	可以设定加减速时间。初始值根据变频器的容量不同而不同（7.5K 以下/11K 以上）
8	减速时间	0.1s	5s/15s	0～3600s	
9	电子过电流保护器	0.01/0.1A	变频器额定输出电流	0～500/0～3600A	用变频器对电动机进行热保护。设定电动机的额定电流。单位、范围根据变频器容量不同而不同（55K 以下/75K 以上）
79	运行模式选择	1	0	0，1，2，3，4，6，7	选择起动指令场所和频率设定场所
125	端子 2 频率设定增益频率	0.01Hz	50Hz	0～400Hz	电位器最大值（5V 初始值）对应的频率
126	端子 4 频率设定增益频率	0.01Hz	50Hz	0～400Hz	电流最大输入（20mA 初始值）对应的频率
160	用户参数组读取选择	1	0	0，1，9999	可以限制通过操作面板或参数单元读取的参数

9.6.1 用户参数组读取选择参数

三菱 FR－A740 型变频器有几百个参数，为了设置时查找参数快速方便，可用 Pr.160 参数来设置操作面板显示器能显示出来的参数，比如设置 Pr.160＝9999，面板显示器只会显示简单参数，无法查看到扩展参数。

Pr.160 参数说明如下：

参数号	名称	初始值	设定范围	说明
160	用户参数组读出选择	0	9999	仅能够显示简单模式参数
			0	能够显示简单模式参数＋扩展模式参数
			1	仅能够显示在用户参数组登记的参数

9.6.2 运行模式选择参数

操作变频器主要有 PU（面板）操作、外部（端子）操作和 PU/外部操作，在使用不同的操作方式时，需要让变频器进入相应的运行模式。参数 Pr. 79 用于设置变频器的运行模式，比如设置 Pr. 79 = 1，变频器进入固定 PU 运行模式，无法通过面板“PU/EXT”键切换到外部运行模式。

Pr. 79 参数说明如下：

<table>
<tr><th>参数编号</th><th>名称</th><th>初始值</th><th>设定范围</th><th colspan="2">说明</th></tr>
<tr><td rowspan="11">79</td><td rowspan="11">远行模式选择</td><td rowspan="11">0</td><td>0</td><td colspan="2">外部/PU 切换模式中（通过 PU/EXT 键可以切换 PU 与外部运行模式。电源投入时为外部运行模式</td></tr>
<tr><td>1</td><td colspan="2">PU 运行模式固定</td></tr>
<tr><td>2</td><td colspan="2">外部运行模式固定，可以切换外部和网络运行模式</td></tr>
<tr><td rowspan="3">3</td><td colspan="2">外部/PU 组合运行模式 1</td></tr>
<tr><td>运行频率</td><td>起动信号</td></tr>
<tr><td>用 PU（FR－DU07/FR－PU04－CH）设定或外部信号输入（多段速设定，端子4－5 间（AU 信号 ON 时有效））</td><td>外部信号输入（端子 STF，STR）</td></tr>
<tr><td rowspan="3">4</td><td colspan="2">外部/PU 组合运行模式 2</td></tr>
<tr><td>运行频率</td><td>起动信号</td></tr>
<tr><td>外部信号输入（端子 2，4，1，JOG，多段速选择等）</td><td>在 PU（FR－DU07/FR－PU04－OH）输入（FWD，REV）</td></tr>
<tr><td>6</td><td colspan="2">切换模式。可以一边继续运行状态，一边实施 PU 运行，外部运行，网络运行的切换</td></tr>
<tr><td>7</td><td colspan="2">外部运行模式（PU 操作互锁）：X12 信号 ON①
可切换到 PU 运行模式（正在外部运行时输出停止）：X12 信号 OFF①
禁止切换到 PU 运行模式</td></tr>
</table>

① 对于 X12 信号（PU 运行互锁信号）输入所使用的端子，请通过将 Pr. 178 ~ Pr. 189（输入端子功能选择）设定为“12”来进行功能的分配。未分配 X12 信号时，MRS 信号的功能从 MRS（输出停止）切换为 PU 运行互锁信号。

9.6.3　转矩提升参数

如果电动机施加负载后不转动或变频器出现 OL（过载）、OC（过电流）而跳闸等情况下，可设置参数 Pr. 0 来提升转矩（转力）。Pr. 0 参数说明如图 9-34 所示，提升转矩是在变频器输出频率低时提高输出电压，提供给电动机的电压升高，能产生较大的转矩带动负载。在设置参数时，带上负载观察电机的动作，每次把 Pr. 0 值提高 1%，（最多每次增加 10% 左右）。Pr. 46、Pr. 112 分别为第 2、3 转矩提升参数。

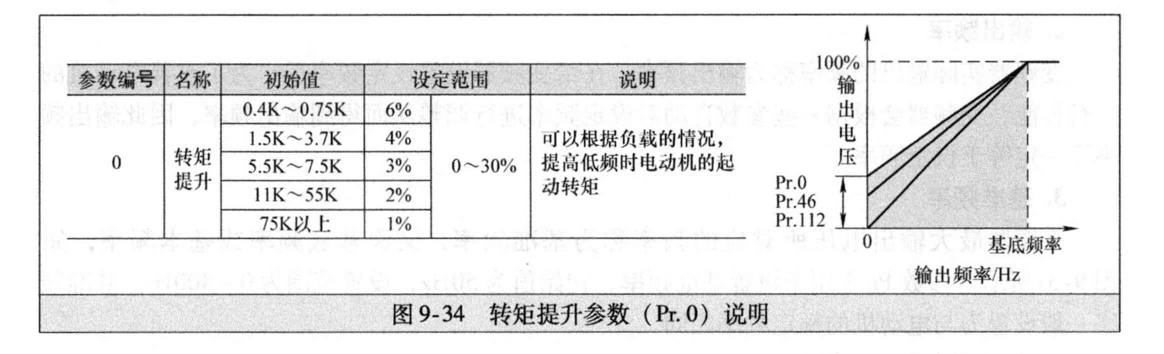

参数编号	名称	初始值		设定范围	说明
0	转矩提升	0.4K～0.75K	6%	0～30%	可以根据负载的情况，提高低频时电动机的起动转矩
		1.5K～3.7K	4%		
		5.5K～7.5K	3%		
		11K～55K	2%		
		75K以上	1%		

图 9-34　转矩提升参数（Pr. 0）说明

9. 6. 4　频率相关参数

变频器常用频率名称有设定（给定）频率、输出频率、基准频率、最高频率、上限频率、下限频率和回避频率等。

1. 设定频率

设定频率是指给变频器设定的运行频率。设定频率可由操作面板设定，也可由外部方式设定，其中外部方式又分为电压设定和电流设定。

（1）操作面板设定频率

操作面板设定频率是指操作变频器面板上的旋钮来设置设定频率。

（2）电压设定频率

电压设定频率是指给变频器有关端子输入电压来设置设定频率，输入电压越高，设置的设定频率越高。电压设定可分为电位器设定、直接电压设定和辅助设定，如图 9-35 所示。

图 9-35a 为电位器设定方式。给变频器 10、2、5 端子按图示方法接一个 1/2W 1kΩ 的电位器，通电后变频器 10 脚会输出 5V 或 10V 电压，调节电位器会使 2 脚电压在 0～5V 或 0～10V 范围内变化，设定频率就在 0～50Hz 之间变化。端子 2 输入电压由 Pr. 73 参数决定，当 Pr. 73 = 1 时，端子 2 允许输入 0～5V，当 Pr. 73 = 0 时，端子允许输入 0～10V。

图 9-35b 为直接电压设定方式。该方式是在 2、5 端子之间直接输入 0～5V 或 0～10V 电压，设定频率就在 0～50Hz 之间变化。

端子 1 为辅助频率设定端，该端输入信号与主设定端输入信号（端子 2 或 4 输入的信号）叠加进行频率设定。

（3）电流设定频率

电流设定频率是指给变频器有关端子输入电流来设置设定频率，输入电流越大，设置的设定频率越高。电流设定频率方式如图 9-36 所示。要选择电流设定频率方式，需要将电流选择端子 AU 与 SD 端接通，然后给变频器端子 4 输入 4～20mA 的电流，设定频率就在 0～50Hz 之间变化。

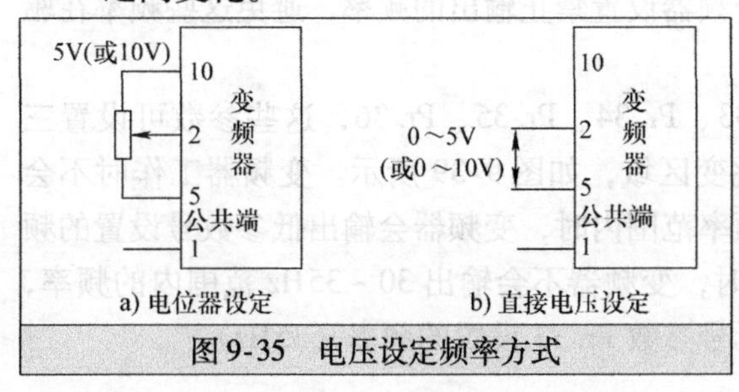

图 9-35　电压设定频率方式

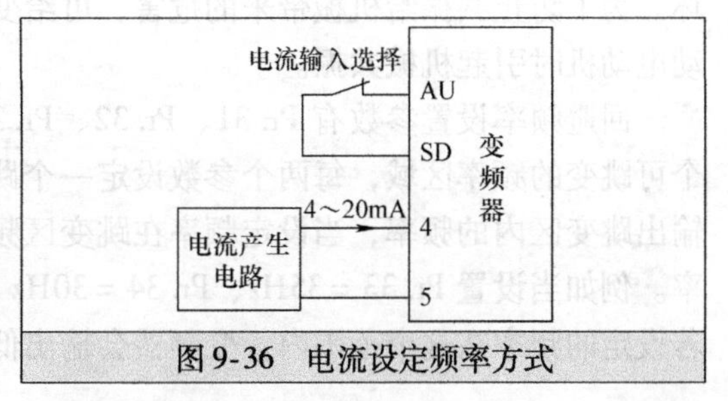

图 9-36　电流设定频率方式

2. 输出频率

变频器实际输出的频率称为输出频率。在给变频器设置设定频率后，为了改善电动机的运行性能，变频器会根据一些参数自动对设定频率进行调整从而得到输出频率，因此输出频率不一定等于设定频率。

3. 基准频率

变频器最大输出电压所对应的频率称为基准频率，又称基底频率或基本频率，如图 9-37所示。参数 Pr. 3 用于设置基准频率，初始值为 50Hz，设置范围为 0 ~ 400Hz，基准频率一般设置为与电动机的额定频率相同。

4. 上限频率和下限频率

上限频率是指不允许超过的最高输出频率；下限频率是指不允许超过的最低输出频率。

Pr. 1 参数用来设置输出频率的上限频率（最大频率），如果运行频率设定值高于该值，输出频率会钳位在上限频率。Pr. 2 参数用来设置输出频率的下限频率（最小频率），如果运行频率设定值低于该值，输出频率会钳位在下限频率。这两个参数值设定后，输出频率只能在这两个频率之间变化，如图 9-38 所示。

在设置上限频率时，一般不要超过变频器的最大频率，若超出最大频率，自动会以最大频率作为上限频率。

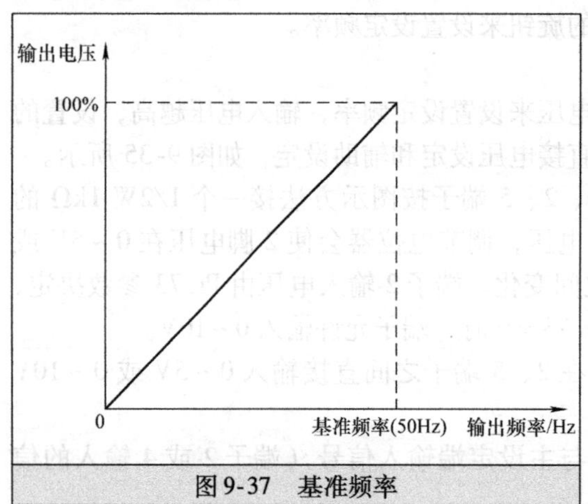

图 9-37　基准频率

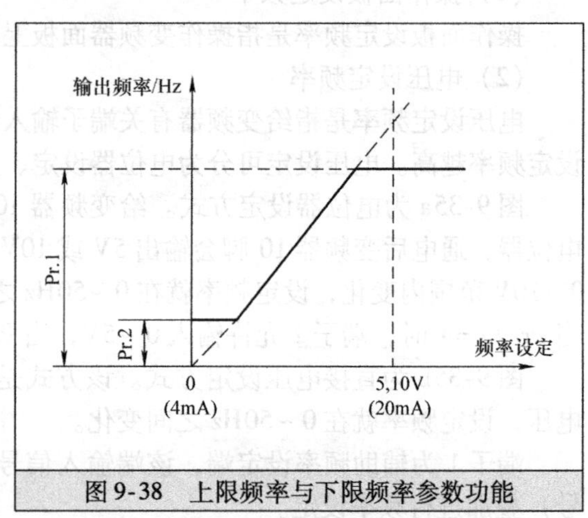

图 9-38　上限频率与下限频率参数功能

5. 回避频率

回避避率又称跳变频率，是指变频器禁止输出的频率。

任何机械都有自己的固有频率（由机械结构、质量等因素决定），当机械运行的振动频率与固有频率相同时，将会引起机械共振，使机械振荡幅度增大，可能导致机械磨损和损坏。为了防止共振给机械带来的危害，可给变频器设置禁止输出的频率，避免这些频率在驱动电动机时引起机械共振。

回避频率设置参数有 Pr. 31、Pr. 32、Pr. 33、Pr. 34、Pr. 35、Pr. 36，这些参数可设置三个可跳变的频率区域，每两个参数设定一个跳变区域，如图 9-39 所示。变频器工作时不会输出跳变区内的频率，当设定频率在跳变区频率范围内时，变频器会输出低参数号设置的频率。例如当设置 Pr. 33 = 35Hz、Pr. 34 = 30Hz 时，变频器不会输出 30 ~ 35Hz 范围内的频率，若设定的频率在这个范围内，变频器会输出低号参数 Pr. 33 设置的频率（35Hz）。

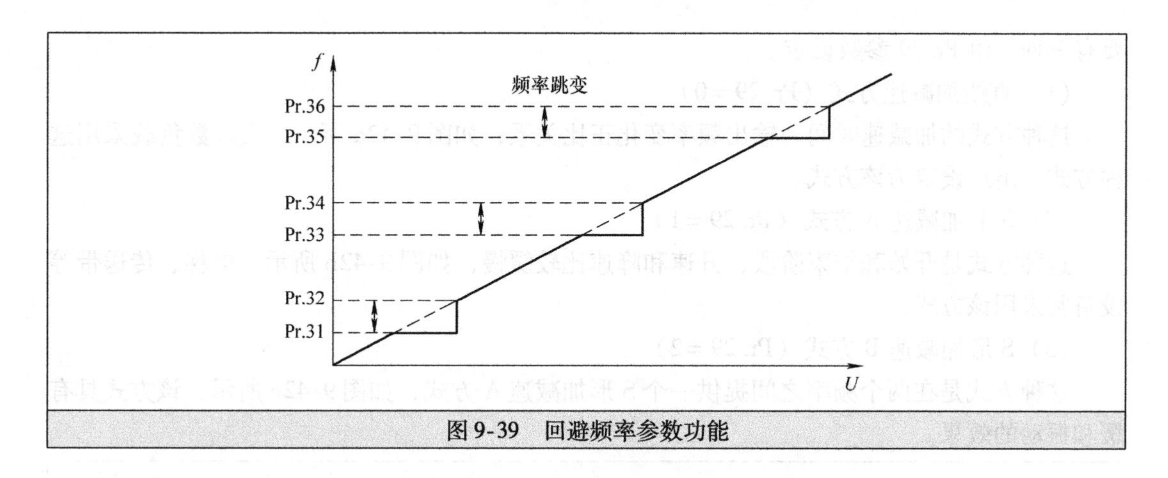

图 9-39　回避频率参数功能

9.6.5　起动、加减速控制参数

与起动、加减速控制有关的参数主要有起动频率、加减速时间、加减速方式。

1. 起动频率

起动频率是指电动机起动时的频率。起动频率可以从 0Hz 开始，但对于惯性较大或摩擦力较大的负载，为了更容易起动，可设置合适的起动频率以增大起动转矩。

Pr. 13 参数用来设置电动机起动时的频率。如果起动频率较设定频率高，电动机将无法起动。Pr. 13 参数功能如图 9-40 所示。

2. 加减速时间

加速时间是指输出频率从 0Hz 上升到基准频率所需的时间。加速时间越长，起动电流越小，起动越平缓，对于频繁起动的设备，加速时间要求短些，对惯性较大的设备，加速时间要求长些。Pr. 7 参数用于设置电动机加速时间，Pr. 7 的值设置越大，加速时间越长。

减速时间是指从输出频率由基准频率下降到 0Hz 所需的时间。Pr. 8 参数用于设置电动机减速时间，Pr. 8 的值设置越大，减速时间越长。

Pr. 20 参数用于设置加、减速基准频率。Pr. 7 设置的时间是指从 0Hz 变化到 Pr. 20 设定的频率所需的时间，Pr. 8 设置的时间是指从 Pr. 20 设定的频率变化到 0Hz 所需的时间，如图 9-41 所示。

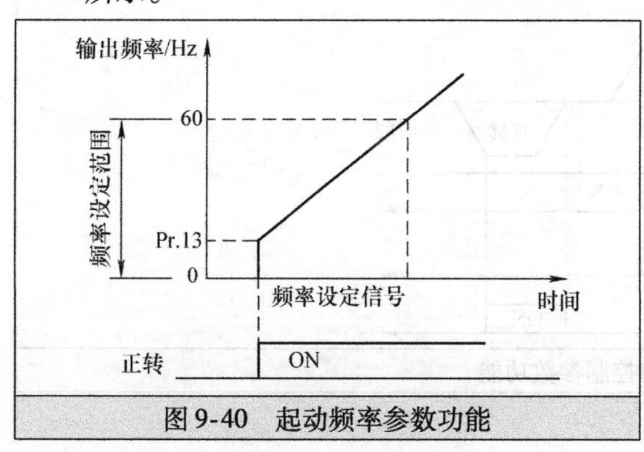

图 9-40　起动频率参数功能

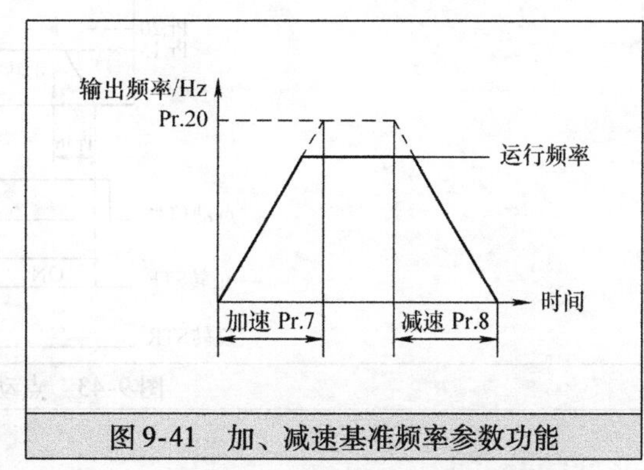

图 9-41　加、减速基准频率参数功能

3. 加减速方式

为了适应不同机械的起动停止要求，可给变频器设置不同的加减速方式。加减速方式主要有三种，由 Pr. 29 参数设定。

（1）直线加减速方式（Pr. 29 =0）

这种方式的加减速时间与输出频率变化正比关系，如图 9-42a 所示，大多数负载采用这种方式，出厂设定为该方式。

（2）S 形加减速 A 方式（Pr. 29 =1）

这种方式是开始和结束阶段，升速和降速比较缓慢，如图 9-42b 所示，电梯、传送带等设备常采用该方式。

（3）S 形加减速 B 方式（Pr. 29 =2）

这种方式是在两个频率之间提供一个 S 形加减速 A 方式，如图 9-42c 所示，该方式具有缓和振动的效果。

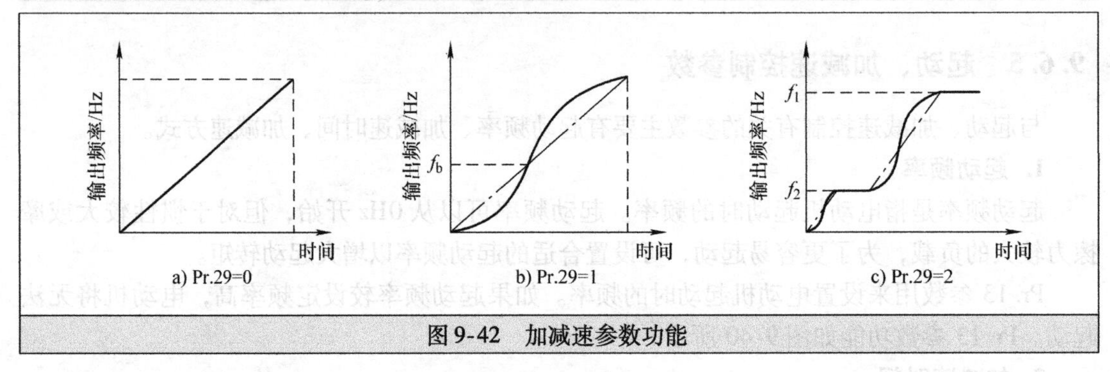

图 9-42　加减速参数功能

9.6.6　点动控制参数

点动控制参数包括点动运行频率参数（Pr. 15）和点动加减速时间参数（Pr. 16）。

Pr. 15 参数用于设置点动状态下的运行频率。当变频器在外部操作模式时，用输入端子选择点动功能（接通 JOG 和 SD 端子即可）；当点动信号 ON 时，用起动信号（STF 或 STR）进行点动运行；在 PU 操作模式时用操作面板上的 FWD 或 REV 键进行点动操作。

Pr. 16 参数用来设置点动状态下的加减速时间，如图 9-43 所示。

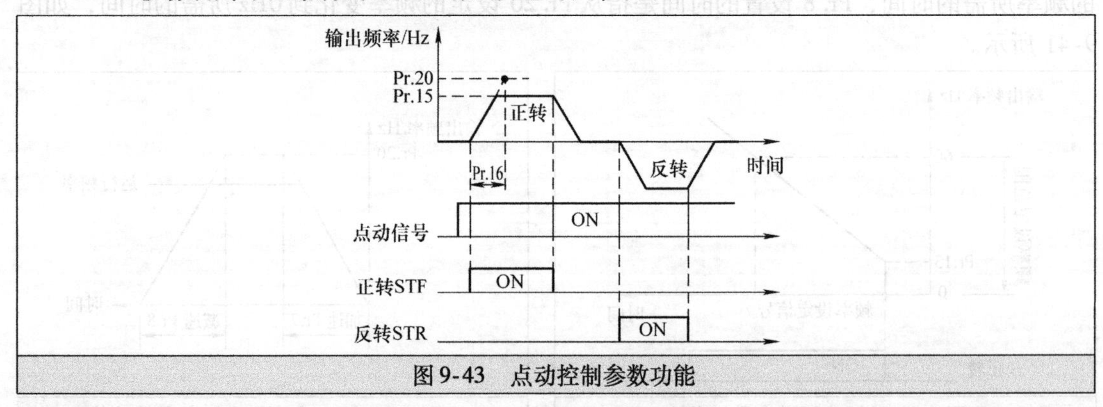

图 9-43　点动控制参数功能

9.6.7　瞬时停电再起动参数

该功能的作用是当电动机由工频切换到变频供电或瞬时停电再恢复供电时，保持一段自由运行时间，然后变频器再自动起动进入运行状态，从而避免重新复位再起动操作，保证系统连续运行。

当需要起用瞬时停电再起动功能时，须将 CS 端子与 SD 端子短接。设定瞬时停电再起动功能后，变频器的 IPF 端子在发生瞬时停电时不动作。瞬时停电再起动功能参数见表 9-11。

表 9-11　瞬时停电再起动功能参数

参数	功能	出厂设定	设置范围	说明
Pr. 57	再起动自由运行时间	9999	0	0.5s（0.4～1.5kΩ），1.0s（2.2～7.5kΩ），3.0s（11kΩ 以上）
			0.1～5s	瞬时停电再恢复后变频器再起动前的等待时间。根据负荷的转动惯量和转矩，该时间可设定在 0.1～5s
			9999	无法起动
Pr. 58	再起动上升时间	1.0s	0～60s	通常可用出厂设定运行，也可根据负荷（转动惯量，转矩）调整这些值
Pr. 162	瞬停再起动动作选择	0	0	频率搜索开始。检测瞬时掉电后开始频率搜索
			1	没有频率搜索。电动机以自由速度独立运行，输出电压逐渐升高，而频率保持为预测值
Pr. 163	再起动第一缓冲时间	0s	0～20s	通常可用出厂设定运行，也可根据负荷（转动惯量，转矩）调整这些值
Pr. 164	再起动第一缓冲电压	0%	0～100%	
Pr. 165	再起动失速防止动作水平	150%	0～200%	

9.6.8　负载类型选择参数

当变频器配接不同负载时，要选择与负载相匹配的输出特性（V/F 特性）。Pr. 14 参数用来设置适合负载的类型。

当 Pr. 14 =0 时，变频器输出特性适用恒转矩负载，如图 9-44a 所示。

当 Pr. 14 =1 时，变频器输出特性适用变转矩负载（二次方律负载），如图 9-44b 所示。

当 Pr. 14 =2 时，变频器输出特性适用提升类负载（势能负载），正转时按 Pr. 0 提升转矩设定值，反转时不提升转矩，如图 9-44c 所示。

当 Pr. 14 =3 时，变频器输出特性适用提升类负载（势能负载），反转时按 Pr. 0 提升转矩设定值，正转时不提升转矩，如图 9-44d 所示。

9.6.9　MRS 端子输入选择参数

Pr. 17 参数用来选择 MRS 端子的逻辑。当 Pr. 17 =0 时，MRS 端子外接常开触点闭合后变频器停止输出，在 Pr. 17 =2 时，MRS 端子外接常闭触点断开后变频器停止输出。Pr. 17 参数功能如图 9-45 所示。

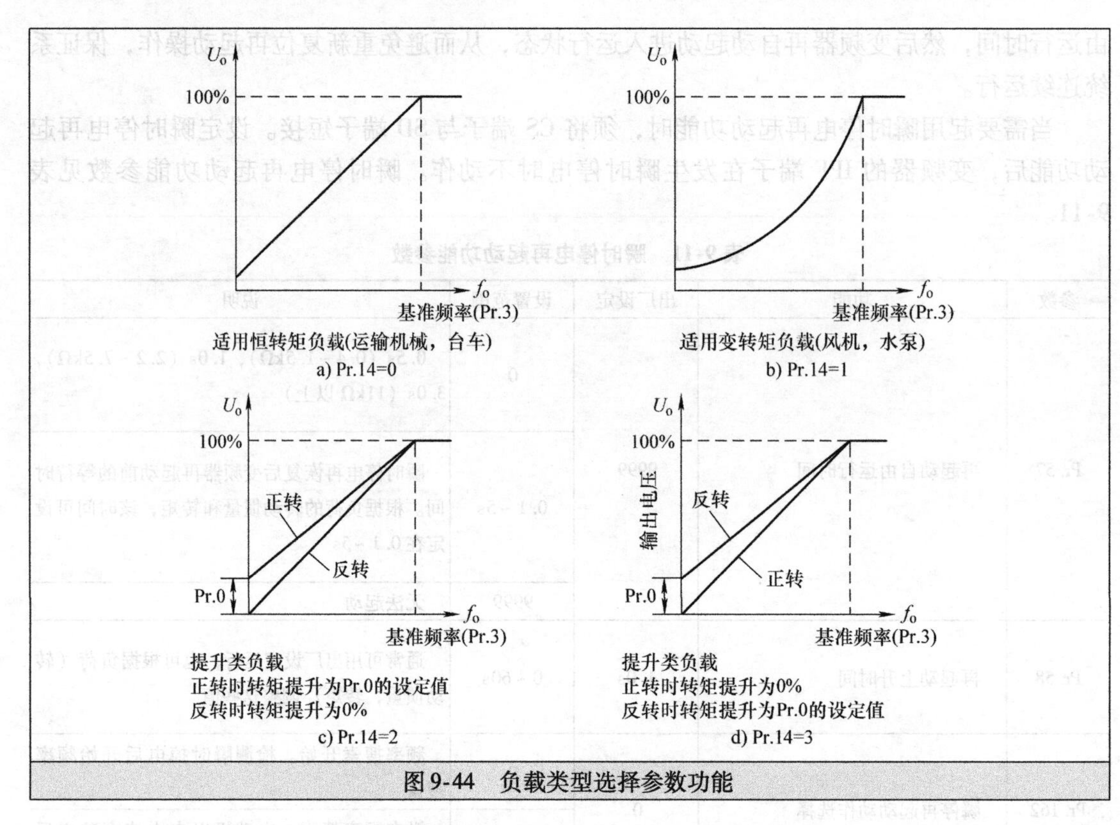

图 9-44　负载类型选择参数功能

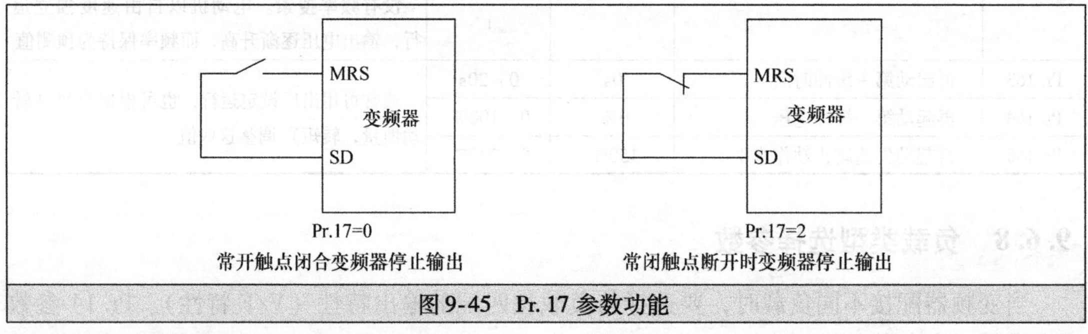

图 9-45　Pr. 17 参数功能

9.6.10　禁止写入和逆转防止参数

Pr. 77 参数用于设置参数写入允许或禁止，可以防止参数被意外改写。Pr. 78 参数用来设置禁止电动机反转，如泵类设备。Pr. 77 和 Pr. 78 参数说明如下：

参数号	名称	初始值	设定范围	说明
77	参数写入选择	0	0	仅限于停止中可以写入
			1	不可写入参数
			2	在所有的运行模式下，不管状态如何都能够写入
78	反转防止选择	0	0	正转、反转都允许
			1	不允许反转
			2	不允许正转

9.6.11　高、中、低速设置参数

Pr.4（高速）、Pr.5（中速）、Pr.6（低速）分别用于设置RH、RM、RL端子输入为ON时的输出频率。Pr.4、Pr.5、Pr.6参数说明如下：

参数号	名称	初始值	设定范围	说明
4	多段速度设定（高速）	50Hz	0~400Hz	设定仅RH为ON时的频率
5	多段速度设定（中速）	30Hz	0~400Hz	设定仅RM为ON时的频率
6	多段速度设定（低速）	10Hz	0~400Hz	设定仅RL为ON时的频率

9.6.12　电子过电流保护参数

Pr.9用于设定变频器的额定输出电流，防止电动机因电流大而过热。Pr.6参数说明如下：

参数号	名称	初始值	设定范围		说明
9	电子过电流保护	变频器额定电流①	55K以下	0~500A	设定电动机额定电流
			75K以上	0~3600A	

① 0.4K，0.75K应设定为变频器额定电流的85%。

在设置电子过电流保护参数时要注意以下几点：

1）当参数值设定为0时，电子过电流保护（电动机保护功能）无效，但变频器输出晶体管保护功能有效。

2）当变频器连接两台或三台电动机时，电子过流保护功能不起作用，应给每台电动机安装外部热继电器。

3）当变频器和电动机容量相差过大和设定过小时，电子过电流保护特性将恶化，在此情况下，应安装外部热继电器。

4）特殊电动机不能用电子过电流保护，应安装外部热继电器。

5）当变频器连接一台电动机时，该参数一般设定为1~1.2倍的电动机额定电流。

9.6.13　端子2、4设定增益频率参数

Pr.125用于设置变频器端子2最高输入电压对应的频率，Pr.126用于设置变频器端子4最大输入电流对应的频率。Pr.125、Pr.126参数说明如下：

参数编号	名称	单位	初始值	范围	说明
125	端子2频率设定增益频率	0.01Hz	50Hz	0~400Hz	电位器最大值（5V初始值）对应的频率
126	端子4频率设定增益频率	0.01Hz	50Hz	0~400Hz	电流最大输入（20mA初始值）对应的频率

Pr.125默认值为50Hz，表示当端子2输入最高电压（5V或10V）时，变频器输出频率为50Hz；Pr.126默认值为50Hz，表示当端子4输入最大电流（20mA）时，变频器输出频率为50Hz。若将Pr.125值设为40，那么端子2输入0~5V时，变频器输出频率为0~40Hz。

9.7 三菱 FR－700 与 FR－500 系列变频器特点与异同比较

三菱变频器有 FR－500 和 FR－700 两个系列，FR－700 系列是从 FR－500 系列升级而来的，故 FR－700 与 FR－500 系列变频器的接线端子功能及参数功能大多数是相同的，不管先掌握哪个系列变频器的使用方法，只要再学习两者的不同，就能很快掌握另一个系列的变频器。

9.7.1 三菱 FR－700 系列变频器的特点说明

三菱 FR－700 系列变频器又可分为 FR－A700、FR－F700、FR－E700、FR－D700 和 FR－L700 系列，各系列变频器的特点说明见表 9-12。

表 9-12 三菱 FR－A700、FR－F700、FR－E700、FR－D700、FR－L700 系列变频器的特点说明

系列	外形	说明
FR－A700		FR－A700 产品适合于各类对负载要求较高的设备，如起重、电梯、印包、印染、材料卷取及其他通用场合。 FR－A700 产品具有高水准的驱动性能： ◆具有独特的无传感器矢量控制模式，在不需要采用编码器的情况下可以使各式各样的机械设备在超低速区域高精度运转。 ◆带转矩控制模式，并且在速度控制模式下可以使用转矩限制功能。 ◆具有矢量控制功能（带编码器），变频器可以实现位置控制和快响应、高精度的速度控制（零速控制，伺服锁定等）及转矩控制
FR－F700		FR－F700 产品除了应用在很多通用场合外，特别适用于风机、水泵、空调等行业。 FR－A700 产品具有丰富的功能： ◆除了具备与其他变频器相同的常规 PID 控制功能外，扩充了多泵控制功能。 FR－A700 产品具有良好的节能效果： ◆具有最佳励磁控制功能，除恒速时可以使用之外，在加减速时也可以起作用，可以进一步优化节能效果。 ◆新开发的节能监视功能、可以通过操作面板、输出端子（端子 CA，AM）和通信来确认节能效果，节能效果一目了然
FR－E700		FR－E700 产品为可实现高驱动性能的经济型产品，其价格相对较低。 FR－E700 产品具有良好的驱动性能： ◆具有多种磁通矢量控制方式：在 0.5Hz 情况下，使用先进磁通矢量控制模式可以使转矩提高到 200（3.7kW 以下）。 ◆短时超载增加到 200 时允许持续时间为 3s，误报警将更少发生。经过改进的限转矩及限电流功能可以为机械提供必要的保护

（续）

系列	外形	说明
FR－D700		FR－D700 产品为多功能、紧凑型产品。 ◆具有通用磁通矢量控制方式：在 1Hz 情况下，可以使转矩提高到 150%扩充浮辊控制和三角波功能。 ◆带安全停止功能，实现紧急停止有两种方法：通过控制 MC 接触器来切断输入电源或对变频器内部逆变模块驱动回路进行直接切断，以符合欧洲标准的安全功能，目的是节约设备投入
FR－L700		FR－L700 产品拥有先进的控制模式，能广泛应用于各种专业用途，特别适用于印刷包装、线缆/材料、纺织印染、橡胶轮胎、物流机械等行业。 ◆具有高标准的驱动性能，进行无传感器矢量控制时，可以驱动不带编码器的普通电机，实现高精度控制和高响应速度 ◆高精度转矩控制（使用在线自动调整）时，可以减小运行时由于电机温度变化而导致的电机转子参数变动所造成的影响。该功能尤其适用于需要进行张力控制的机械，如拉丝机、造纸、印刷等 ◆内置张力控制功能。特别添加了收/放卷的张力控制功能，可实现速度张力控制、转矩张力控制、恒张力控制等多种控制方式 ◆内置 PLC 编程功能，降低成本、结构简化，取代 PLC 主机＋I/O＋模拟量＋变频器的经济型配置，特别适合小设备的简易应用，便于安装调试及维护

9.7.2 三菱 FR－A700、FR－F700、FR－E700、FR－D700、FR－L700 系列变频器异同比较

三菱 FR－A700、FR－F700、FR－E700、FR－D700、FR－L700 系列变频器比较见表 9-13。

9.7.3 三菱 FR－A500 系列变频器的接线图与端子功能说明

三菱 FR－500 是 FR－700 的上一代变频器，社会拥有量也非常大，其端子功能接线与 FR－700 大同小异。图 9-46 为最有代表性的三菱 FR－A500 系列变频器的接线图，其主回路端子功能说明见表 9-14，控制回路端子功能说明见表 9-15。

表 9-13　三菱 FR－A700、FR－F700、FR－E700、FR－D700、FR－L700 系列变频器异同比较

项目		FR－A700	FR－L700	FR－F700	FR－E700	FR－D700
容量范围	三相 200V	0.4K～90K	—	0.75K～110K	0.1K～15K	0.1K～15K
	三相 400V	0.4K～500K	0.75K～55K	0.75K～S630K	0.4K～15K	0.4K～15K
	单相 200V	—	—	—	0.1K～2.2K	0.1K～2.2K
控制方式		V/F 控制、先进磁通矢量控制、无传感器矢量控制、矢量控制（需选件 FR－A7AP/FR－A7AL）	V/F 控制、先进磁通矢量控制、无传感器矢量控制、矢量控制（需选件 FR－A7AP/FR－A7AL）	V/F 控制、最佳励磁控制、简易磁通矢量控制	V/F 控制、先进磁通矢量控制、通用磁通矢量控制、最佳励磁控制	V/F 控制、通用磁通矢量控制、最佳励磁控制
转矩限制		○	○	×	○	×
内置制动晶体管		0.4K～22K	0.75K～22K	—	0.4K～15K	0.4K～7.5K
内置制动电阻		0.4K～7.5K	0.75K～22K	—	—	—
瞬时停电	再起动功能	有频率搜索方式	有频率搜索方式	有频率搜索方式	有频率搜索方式	有频率搜索方式
	停电时继续	○	○	○	○	○
	停电时减速	○	○	○	○	○
运行特性	多段速	15 速	15 速	15 速	15 速	15 速
	极性可逆	○	○	○	×	×
	PID 控制	○	△（仅张力控制 PID）	○	○	○
	工频运行切换功能	○	○	○	×	×
	制动序列功能	○	×	×	○	×
	高速频率控制	○	×	×	×	×
	挡块定位控制	○	×	×	○	×
	输出电流检测	○	○	○	○	○
	冷却风扇 ON－OFF 控制	○	○	○	○	○
	异常时再试功能	○	○	○	○	○
	再生回避功能	○	○	○	○	○
	零电流检测	○	○	○	○	○
	机械分析器	○	○	×	×	×
	其他功能	最短加减速、最佳加减速、升降机模式、节电模式	张力控制、内置 PLC 编程功能	节电模式、最佳励磁控制	最短加减速、节电模式、最佳励磁控制	节电模式、最佳励磁控制

操作面板·参数单元	标准配置	FR－DU07	FR－DU07	FR－DU07	操作面板固定	操作面板固定
	复制功能	○	○	○	×	×
	FR－PU04	△（参数不能复制）	△（参数不能复制）	△（参数不能复制）	△（参数不能复制）	△（参数不能复制）
	FR－DU04	△（参数不能复制）	△（参数不能复制）	△（参数不能复制）	△（参数不能复制）	△（参数不能复制）
	FR－PU07	○（可保存三台变频器参数）	○（可保存三台变频器参数）	○（可保存三台变频器参数）	○（可保存三台变频器参数）	○（可保存三台变频器参数）
	FR－DU07	○（参数能复制）	○（参数能复制）	○（参数能复制）	×	×
	FR－PA07	△（有些功能不能使用）	△（有些功能不能使用）	△（有些功能不能使用）	○（参数能复制）	○（参数能复制）
通信	RS－485	○标准 2 个	○标准 2 个	○标准 2 个	○标准 1 个	○标准 1 个
	Modbus－RTU	○	○	○	○	○
	CC－Link	○（选件 FR－A7NC）	○（选件 FR－A7NC）	○（选件 FR－A7NC）	○（选件 FR－A7NC E kit）	—
	PROFIBUS－DP	○（选件 FR－A7NP）	○（选件 FR－A7NP）	○（选件 FR－A7NP）	○（选件 FR－A7NP E kit）	—
	Device Net	○（选件 FR－A7ND）	○（选件 FR－A7ND）	○（选件 FR－A7ND）	○（选件 FR－A7ND E kit）	—
	LONWORKS	○（选件 FR－A7NL）	○（选件 FR－A7NL）	○（选件 FR－A7NL）	○（选件 FR－A7NL E kit）	—
	USB	○	×	—	○	—
构造	控制电路端子	螺钉式端子	螺钉式端子	螺钉式端子	螺钉式端子	压接式端子
	主电路端子	螺钉式端子	螺钉式端子	螺钉式端子	螺钉式端子	螺钉式端子
	控制电路电源与主电路分开	○	○	○	×	×
	冷却风扇更换方式	○（风扇位于变频器上部）	○（风扇位于变频器上部）	○（风扇位于变频器上部）	○（风扇位于变频器上部）	○（风扇位于变频器上部）
	可脱卸端子排	○	○	○	○	×
内置 EMC 滤波器		○	○	△（55kW 以下不带）	—	—
内置选件		可插 3 个不同性能的选件卡	可插 3 个不同性能的选件卡	可插 1 个选件卡	可插 1 个选件卡	—
设置软件		FR Configurator（FR－SW3、FR－SW2）	FR Configurator（FR－SW3、FR－SW2）	FR Configurator（FR－SW3、FR－SW2）	FR Configurator（FR－SW3）	FR Configurator（FR－SW3）
高次谐波对策	交流电抗器	○（选件）	○（选件）	○（选件）	○（选件）	○（选件）
	直流电抗器	○（选件，75K 以上标准配备）	○（选件）	○（选件，75K 以上标准配备）	○（选件）	○（选件）
	高功率因数变流器	○（选件）	○（选件）	○（选件）	○（选件）	○（选件）

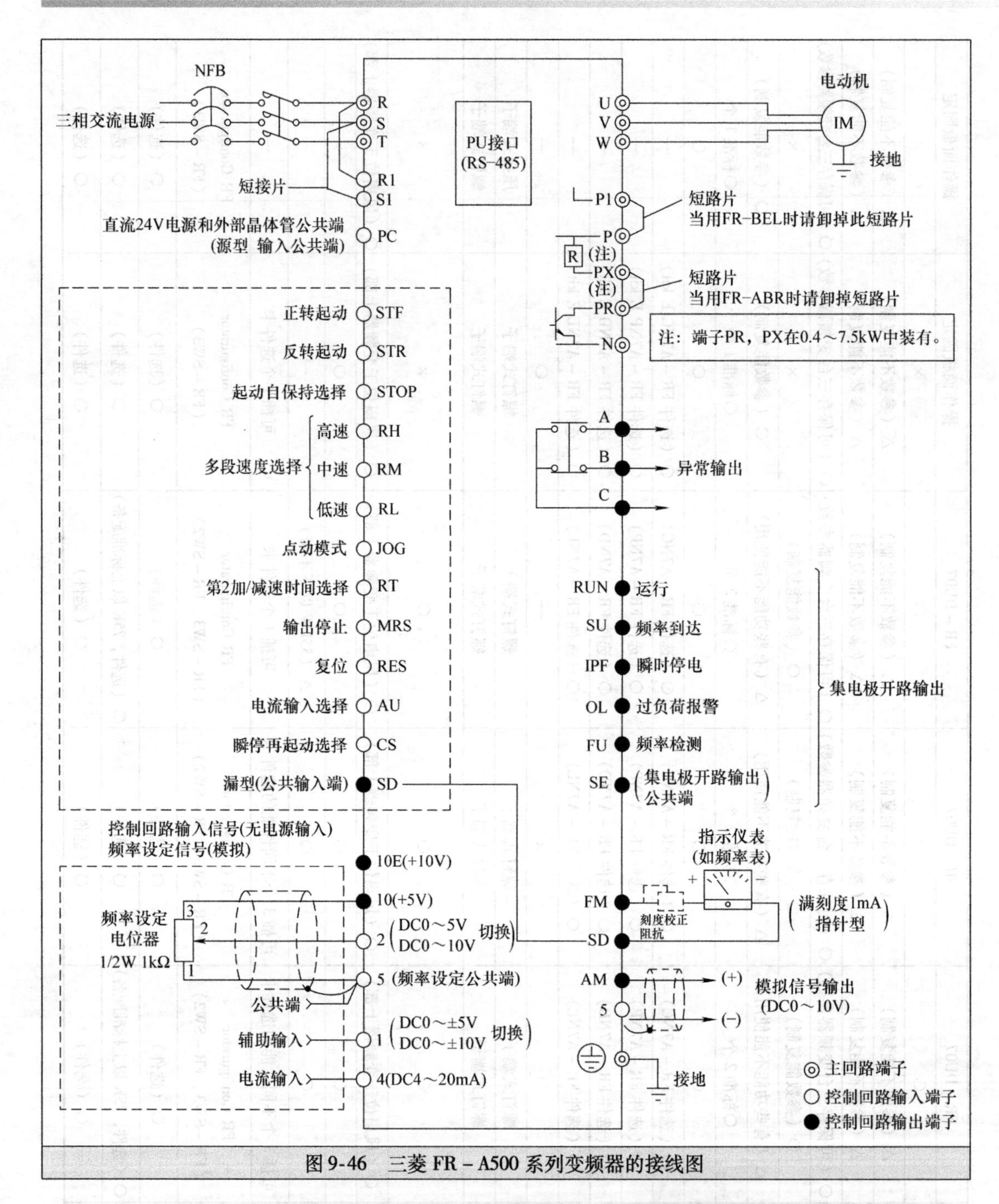

图 9-46 三菱 FR－A500 系列变频器的接线图

表 9-14 三菱 FR－A500 系列变频器的主回路端子功能说明

类型	端子记号	端子名称	说明
主回路	R，S，T	交流电源输入	连接工频电源。当使用高功率因数转换器时，确保这些端子不连接（FR－HC）
	U，V，W	变频器输出	接三相笼型电动机
	R1，S1	控制回路电源	与交流电源端子 R，S 连接。在保持异常显示和异常输出时或当使用高功率因数转换器时（FR－HC）时，请拆下 R－R1 和 S－S1 之间的短路片，并提供外部电源到此端子

（续）

类型	端子记号	端子名称	说明
主回路	P，PR	连接制动电阻器	拆开端子 PR－PX 之间的短路片，在 P－PR 之间连接选件制动电阻器（FR－ABR）
	P，N	连接制动单元	连接选件 FR－BU 型制动单元或电源再生单元（FR－RC）或高功率因数转换器（FR－HC）
	P，P1	连接改善功率因数 DC 电抗器	拆开端子 P－ P1 间的短路片，连接选件改善功率因数用电抗器（FR－ BEL）
	PR，PX	连接内部制动回路	用短路片将 PX－ PR 间短路时（出厂设定）内部制动回路便生效（7.5kW 以下装有）
	⏚	接地	变频器外壳接地用，必须接大地

表 9-15　三菱 FR－A500 系列变频器的控制回路端子功能说明

类型		端子记号	端子名称	说明	
输入信号	起动接点·功能设定	STF	正转起动	STF 信号处于 ON 便正转，处于 OFF 便停止。程序运行模式时为程序运行开始信号，（ON 开始，OFF 静止）	当 STF 和 STR 信号同时处于 ON 时，相当于给出停止指令
		STR	反转起动	STR 信号 ON 为逆转，OFF 为停止	
		STOP	起动自保持选择	使 STOP 信号处于 ON，可以选择起动信号自保持	
		RH，RM，RL	多段速度选择	用 RH、RM 和 RL 信号的组合可以选择多段速度	输入端子功能选择（Pr. 180 到 Pr. 186）用于改变端子功能
		JOG	点动模式	JOG 信号 ON 时选择点动运行（出厂设定）。用起动信号（STF 和 STR）可以点动运行	
		RT	第 2 加/减速时间选择	RT 信号处于 ON 时选择第 2 加减速时间。设定了［第 2 转矩提升］［第 2V/F（基底频率）］时，也可以用 RT 信号处于 ON 时选择这些功能	
		MRS	输出停止	MRS 信号为 ON（20ms 以上）时，变频器输出停止。用电磁制动停止电动机时，用于断开变频器的输出	
		RES	复位	用于解除保护回路动作的保持状态。使端子 RES 信号处于 ON 在 0.1s 以上，然后断开	
		AU	电流输入选择	只在端子 AU 信号处于 ON 时，变频器才可用直流 4～20mA 作为频率设定信号	输入端子功能选择（Pr. 180 到 Pr. 186）用于改变端子功能
		CS	瞬停再起动选择	CS 信号预先处于 ON，瞬时停电再恢复时变频器便可自动起动。但用这种运行必须设定有关参数，因为出厂时设定为不能再起动	
		SD	公共输入端子（漏型）	接点输入端子和 FM 端子的公共端。直流 24V，0.1A（PC 端子）电源的输出公共端	
		PC	直流 24V 电源和外部晶体管公共端 接点输入公共端（源型）	当连接晶体管输出（集电极开路输出），例如可编程控制器时，将晶体管输出用的外部电源公共端接到这个端子时，可以防止因漏电引起的误动作，这端子可用于直流 24V，0.1A 电源输出。当选择源型时，该端子作为接点输入的公共端	

（续）

类型		端子记号	端子名称	说明	
模拟	频率设定	10E	频率设定用电源	10VDC，容许负荷电流 10mA	按出厂设定状态连接频率设定电位器时，与端子 10 连接；当连接到 10E 时，应改变端子 2 的输入规格
		10		5VDC，容许负荷电流 10mA	
		2	频率设定（电压）	输入 DC0 ~ 5V（或 DC0 ~ 10V）时 5V（DC10V）对应于为最大输出频率。输入输出成比例。用参数单元进行输入直流 0 ~ 5V（出厂设定）和 DC0 ~ 10V 的切换。输入阻抗 10kΩ，容许最大电压为直流 20V	
		4	频率设定（电流）	DC4 ~ 20mA，20mA 为最大输出频率，输入，输出成比例，只在端子 AU 信号处于 ON 时，该输入信号有效，输入阻抗 250Ω，容许最大电流为 30mA	
		1	辅助频率设定	输入 DC0 ~ ±5V 或 DC0 ~ ±10V 时，端子 2 或 4 的频率设定信号与这个信号相加。用参数单元进行输入 DC0 ~ ±5V 或 DC0 ~ ±10V（出厂设定）的切换。输入阻抗 10kΩ，容许电压 DC ±20V	
		5	频率设定公共端	频率设定信号（端子 2，1 或 4）和模拟输出端子 AM 的公共端子。不要接大地	
输出信号	接点	A，B，C	异常输出	指示变频器因保护功能动作而输出停止的转换接点，AC200V 0.3A，DC30V 0.3A，异常时：B – C 间不导通（A – C 间导通），正常时：B – C 间导通（A – C 间不导通）	
	集电极开路	RUN	变频器正在运行	变频器输出频率为起动频率（出厂时为 0.5Hz，可变更）以上时为低电平，正在停止或正在直流制动时为高电平。容许负荷为 DC24V，0.1A	输出端子的功能选择通过（Pr. 190 到 Pr. 195）改变端子功能
		SU	频率到达	输出频率达到设定频率的 ±10%（出厂设定，可变更）时为低电平，正在加/减速或停止时为高电平。容许负荷为 DC24V，0.1A	
		OL	过负荷报警	当失速保护功能动作时为低电平，失速保护解除时为高电平。容许负荷为 DC24V，0.1A	
		IPF	瞬时停电	瞬时停电，电压不足保护动作时为低电平，容许负荷为 DC24V，0.1A	
		FU	频率检测	输出频率为任意设定的检测频率以上时为低电平，以下时为高电平，容许负荷为 DC24V，0.1A	
		SE	集电极开路输出公共端	端子 RUN，SU，OL，IPF，FU 的公共端子	
	脉冲	FM	指示仪表用	可以从 16 种监示项目中选一种作为输出，例如输出频率，输出信号与监示项目的大小成比例	出厂设定的输出项目：频率容许负荷电流 1mA 60Hz 时 1440 脉冲/s
	模拟	AM	模拟信号输出		出厂设定的输出项目：频率输出信号 0 到 DC 10V 容许负荷电流 1mA
通信	RS485	—	PU 接口	通过操作面板的接口，进行 RS – 485 通信 · 遵守标准：EIA RS – 485 标准 · 通信方式：多任务通信 · 通信速率：最大：19200bit/s · 最长距离：500m	

9.7.4　三菱 FR-500 与 FR-700 系列变频器的异同比较

三菱 FR-700 系列是以 FR-500 系列为基础升级而来的，因此两个系列有很多共同点，下面将三菱 FR-A500 与 FR-A700 系列变频器进行比较，这样在掌握 FR-A700 系列变频器后就可以很快了解 FR-A500 系列变频器。

1. 总体比较

三菱 FR-A500 与 FR-A700 系列变频器的总体比较见表 9-16。

表 9-16　三菱 FR-A500 与 FR-A700 系列变频器的总体比较

项目	FR-A500	FR-A700
控制系统	V/F 控制方式，先进磁通矢量控制	V/F 控制方式，先进磁通矢量控制，无传感器矢量控制
变更、删除功能	A700 系列对一些参数进行了变更：22、60、70、72、73、76、79、117~124、133、160、171、173、174、240、244、900~905、991 进行了变更	
	A700 系列删除一些参数的功能：175、176、199、200、201~210、211~220、221~230、231	
	A700 系列增加了一些参数的功能：178、179、187~189、196、241~243、245~247、255~260、267~269、989 和 288~899 中的一些参数	
端子排	拆卸式端子排	拆卸式端子排，向下兼容（可以安装 A500 端子排）
PU	FR-PU04-CH，DU04	FR-PU07，DU07，不可使用 DU04（使用 FR-PU04-CH 时有部分制约）
内置选件	专用内置选件（无法兼容）	
	计算机连接，继电器输出选件 FR-A5NR	变频器主机内置（RS-485 端子，继电器输出 2 点）
安装尺寸	FR-A740-0.4K~7.5K，18.5K~55K，110K，160K，可以和同容量 FR-A540 安装尺寸互换，对于 FR-A740-11K，15K，需选用安装互换附件（FR-AAT）	

2. 端子比较

三菱 FR-A500 与 FR-A700 系列变频器的端子比较见表 9-17。从表中可以看出，两个系列变频器的端子绝大多数相同（阴影部分为不同）。

表 9-17　三菱 FR-A500 与 FR-A700 系列变频器的端子比较

种类	A500（L）端子名称	A700 对应端子名称
主回路	R，S，T	R，S，T
	U，V，W	U，V，W
	R1，S1	R1，S1
	P/+，PR	P/+，PR
	P/+，N/-	P/+，N/-
	P/+，P1	P/+，P1
	PR，PX	PR，PX
	⏚	⏚

（续）

种类		A500（L）端子名称	A700 对应端子名称
控制回路与输入信号	接点	STF	STF
		STR	STR
		STOP	STOP
		RH	RH
		RM	RM
		RL	RL
		JOG	JOG
		RT	RT
		AU	AU
		CS	CS
		MRS	MRS
		RES	RES
		SD	SD
		PC	PC
模拟量输入	频率设定	10E	10E
		10	10
		2	2
		4	4
		1	1
		5	5
控制回路输出信号	接点	A，B，C	A1，B1，C1，A2，B2，C2
	集电极开路	RUN	RUN
		SU	SU
		OL	OL
		IPF	IPF
		FU	FU
		SE	SE
	脉冲	FM	CA
	模拟	AM	AM
通信	RS－485	PU 口	PU 口
			RS－485 端子 TXD＋，TXD－，RXD＋，RXD－，SG
制动单元控制信号		CN8（75K 以上装备）	CN8（75K 以上装备）

3. 参数比较

三菱 FR－A500、FR－A700 系列变频器的大多数参数是相同的，在 FR－A500 系列参数的基础上，FR－A700 系列变更、增加和删除了一些参数，具体如下：

1）变更的参数有 22、60、70、72、73、76、79、117 ~ 124、133、160、171、173、174、240、244、900 ~ 905、991。

2）增加的参数有 178、179、187 ~ 189、196、241 ~ 243、245 ~ 247、255 ~ 260、267 ~ 269、989 和 288 ~ 899 中的一些参数。

3）删除的参数有 175、176、199、200、201 ~ 210、211 ~ 220、221 ~ 230、231。

第10章　变频器的典型电路与参数设置

10.1　电动机正转控制电路与参数设置

变频器控制电动机正转是变频器最基本的功能。正转控制既可采用开关操作方式，也可采用继电器操作方式。在控制电动机正转时需要给变频器设置一些基本参数，具体见表10-1。

表10-1　变频器控制电动机正转的参数及设置值

参数名称	参数号	设置值
加速时间	Pr. 7	5s
减速时间	Pr. 8	3s
加减速基准频率	Pr. 20	50Hz
基底频率	Pr. 3	50Hz
上限频率	Pr. 1	50Hz
下限频率	Pr. 2	0Hz
运行模式	Pr. 79	2

10.1.1　开关操作式正转控制电路

开关操作式正转控制电路如图10-1所示，它是依靠手动操作变频器STF端子外接开关SA，来对电动机进行正转控制。

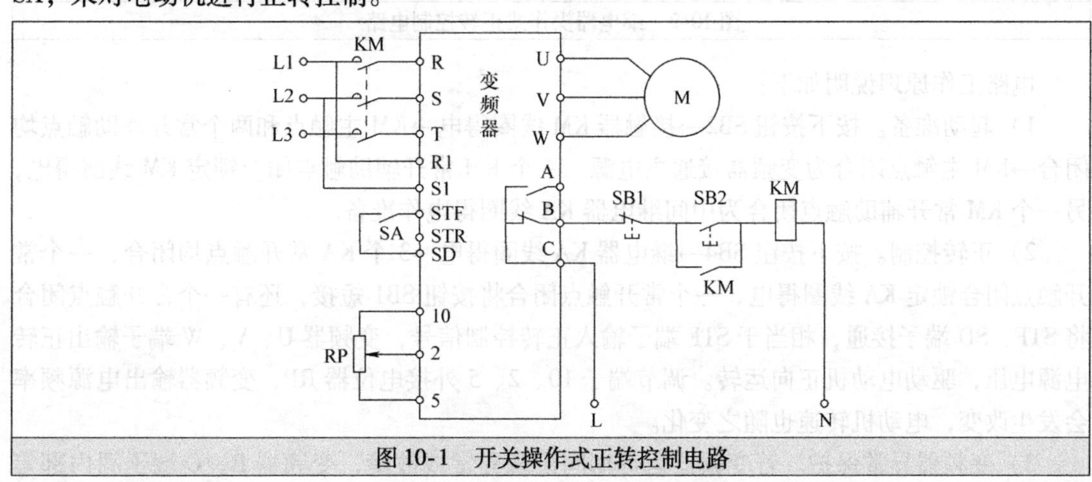

图10-1　开关操作式正转控制电路

电路工作原理说明如下：

1）起动准备。按下按钮 SB2→接触器 KM 线圈得电→KM 常开辅助触点和主触点均闭合→KM 常开辅助触点闭合锁定 KM 线圈得电（自锁），KM 主触点闭合为变频器接通主电源。

2）正转控制。按下变频器 STF 端子外接开关 SA，STF、SD 端子接通，相当于 STF 端子输入正转控制信号，变频器 U、V、W 端子输出正转电源电压，驱动电动机正向运转。调节端子 10、2、5 外接电位器 RP，变频器输出电源频率会发生改变，电动机转速也随之变化。

3）变频器异常保护。若变频器运行期间出现异常或故障，变频器 B、C 端子间内部等效的常闭开关断开，接触器 KM 线圈失电，KM 主触点断开，切断变频器输入电源，对变频器进行保护。

4）停转控制。在变频器正常工作时，将开关 SA 断开，STF、SD 端子断开，变频器停止输出电源，电动机停转。

若要切断变频器输入主电源，可按下按钮 SB1，接触器 KM 线圈失电，KM 主触点断开，变频器输入电源被切断。

10.1.2 继电器操作式正转控制电路

继电器操作式正转控制电路如图 10-2 所示。

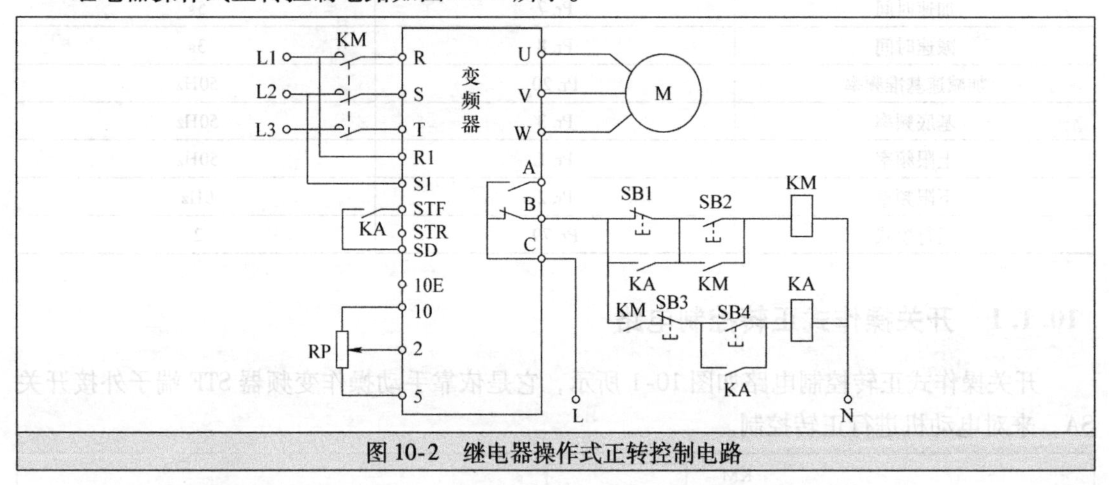

图 10-2 继电器操作式正转控制电路

电路工作原理说明如下：

1）起动准备。按下按钮 SB2→接触器 KM 线圈得电→KM 主触点和两个常开辅助触点均闭合→KM 主触点闭合为变频器接通主电源，一个 KM 常开辅助触点闭合锁定 KM 线圈得电，另一个 KM 常开辅助触点闭合为中间继电器 KA 线圈得电作准备。

2）正转控制。按下按钮 SB4→继电器 KA 线圈得电→3 个 KA 常开触点均闭合，一个常开触点闭合锁定 KA 线圈得电，一个常开触点闭合将按钮 SB1 短接，还有一个常开触点闭合将 STF、SD 端子接通，相当于 STF 端子输入正转控制信号，变频器 U、V、W 端子输出正转电源电压，驱动电动机正向运转。调节端子 10、2、5 外接电位器 RP，变频器输出电源频率会发生改变，电动机转速也随之变化。

3）变频器异常保护。若变频器运行期间出现异常或故障，变频器 B、C 端子间内部等效的常闭开关断开，接触器 KM 线圈失电，KM 主触点断开，切断变频器输入电源，对变频器进行保护。同时继电器 KA 线圈也失电，3 个 KA 常开触点均断开。

4）停转控制。在变频器正常工作时，按下按钮 SB3，KA 线圈失电，KA 3 个常开触点均断开，其中一个 KA 常开触点断开使 STF、SD 端子连接切断，变频器停止输出电源，电动机停转。

在变频器运行时，若要切断变频器输入主电源，须先对变频器进行停转控制，再按下按钮 SB1，接触器 KM 线圈失电，KM 主触点断开，变频器输入电源被切断。如果没有对变频器进行停转控制，而直接去按 SB1，是无法切断变频器输入主电源的，这是因为变频器正常工作时 KA 常开触点已将 SB1 短接，断开 SB1 无效，这样可以防止在变频器工作时误操作 SB1 切断主电源。

10.2 电动机正反转控制电路与参数设置

变频器不但能轻易实现控制电动机正转，控制其正反转也很方便。正反转控制也有开关操作方式和继电器操作方式。在控制电动机正反转时也要给变频器设置一些基本参数，具体见表 10-2。

表 10-2 变频器控制电动机正反转的参数及设置值

参数名称	参数号	设置值
加速时间	Pr. 7	5s
减速时间	Pr. 8	3s
加减速基准频率	Pr. 20	50Hz
基底频率	Pr. 3	50Hz
上限频率	Pr. 1	50Hz
下限频率	Pr. 2	0Hz
运行模式	Pr. 79	2

10.2.1 开关操作式正反转控制电路

开关操作式正反转控制电路如图 10-3 所示，它采用了一个三位开关 SA，SA 有“正转”、“停止”和“反转”3 个位置。

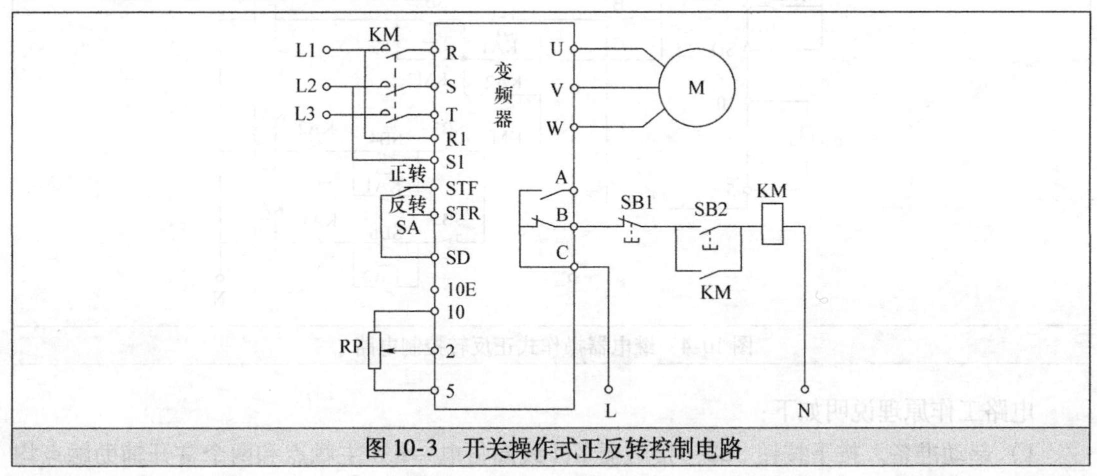

图 10-3 开关操作式正反转控制电路

电路工作原理说明如下：

1）起动准备。按下按钮 SB2→接触器 KM 线圈得电→KM 常开辅助触点和主触点均闭合→KM 常开辅助触点闭合锁定 KM 线圈得电（自锁），KM 主触点闭合为变频器接通主电源。

2）正转控制。将开关 SA 拨至“正转”位置，STF、SD 端子接通，相当于 STF 端子输入正转控制信号，变频器 U、V、W 端子输出正转电源电压，驱动电动机正向运转。调节端子 10、2、5 外接电位器 RP，变频器输出电源频率会发生改变，电动机转速也随之变化。

3）停转控制。将开关 SA 拨至“停转”位置（悬空位置），STF、SD 端子连接切断，变频器停止输出电源，电动机停转。

4）反转控制。将开关 SA 拨至“反转”位置，STR、SD 端子接通，相当于 STR 端子输入反转控制信号，变频器 U、V、W 端子输出反转电源电压，驱动电动机反向运转。调节电位器 RP，变频器输出电源频率会发生改变，电动机转速也随之变化。

5）变频器异常保护。若变频器运行期间出现异常或故障，变频器 B、C 端子间内部等效的常闭开关断开，接触器 KM 线圈失电，KM 主触点断开，切断变频器输入电源，对变频器进行保护。

若要切断变频器输入主电源，须先将开关 SA 拨至“停止”位置，让变频器停止工作，再按下按钮 SB1，接触器 KM 线圈失电，KM 主触点断开，变频器输入电源被切断。该电路结构简单，缺点是在变频器正常工作时操作 SB1 可切断输入主电源，这样容易损坏变频器。

10.2.2 继电器操作式正反转控制电路

继电器操作式正反转控制电路如图 10-4 所示，该电路采用了 KA1、KA2 继电器分别进行正转和反转控制。

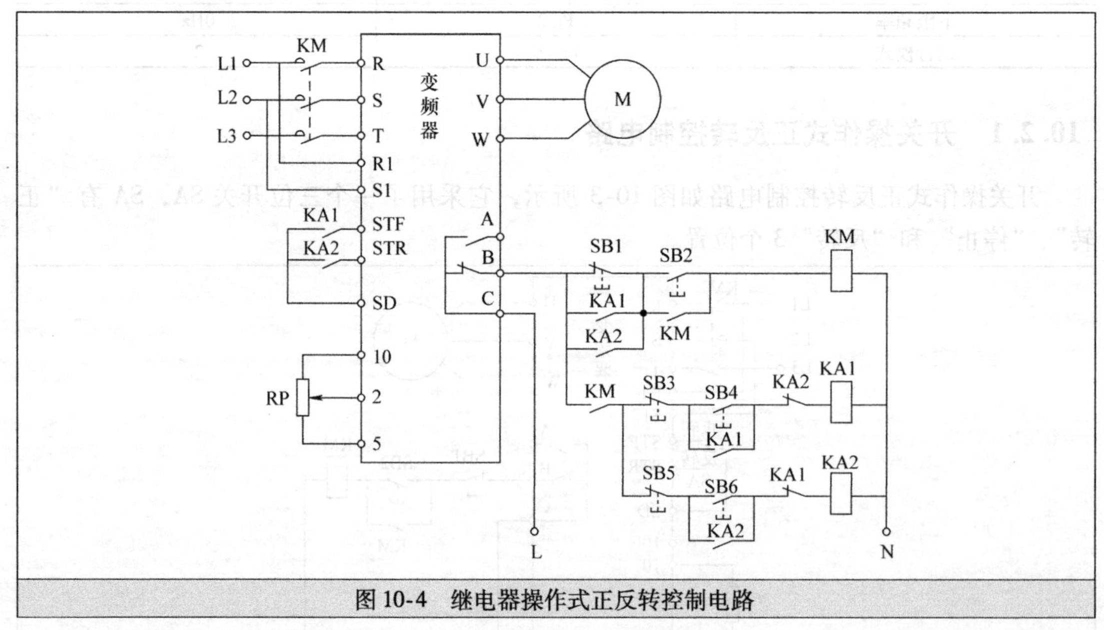

图 10-4 继电器操作式正反转控制电路

电路工作原理说明如下：

1）起动准备。按下按钮 SB2→接触器 KM 线圈得电→KM 主触点和两个常开辅助触点均闭合→KM 主触点闭合为变频器接通主电源，一个 KM 常开辅助触点闭合锁定 KM 线圈得电，另一个 KM 常开辅助触点闭合为中间继电器 KA1、KA2 线圈得电作准备。

2）正转控制。按下按钮 SB4→继电器 KA1 线圈得电→KA1 的 1 个常闭触点断开，3 个常开触点闭合→KA1 的常闭触点断开使 KA2 线圈无法得电，KA1 的 3 个常开触点闭合分别锁定 KA1 线圈得电、短接按钮 SB1 和接通 STF、SD 端子→STF、SD 端子接通，相当于 STF 端子输入正转控制信号，变频器 U、V、W 端子输出正转电源电压，驱动电动机正向运转。调节端子 10、2、5 外接电位器 RP，变频器输出电源频率会发生改变，电动机转速也随之变化。

3）停转控制。按下按钮 SB3→继电器 KA1 线圈失电→3 个 KA 常开触点均断开，其中 1 个常开触点断开切断 STF、SD 端子的连接，变频器 U、V、W 端子停止输出电源电压，电动机停转。

4）反转控制。按下按钮 SB6→继电器 KA2 线圈得电→KA2 的 1 个常闭触点断开，3 个常开触点闭合→KA2 的常闭触点断开使 KA1 线圈无法得电，KA2 的 3 个常开触点闭合分别锁定 KA2 线圈得电、短接按钮 SB1 和接通 STR、SD 端子→STR、SD 端子接通，相当于 STR 端子输入反转控制信号，变频器 U、V、W 端子输出反转电源电压，驱动电动机反向运转。

5）变频器异常保护。若变频器运行期间出现异常或故障，变频器 B、C 端子间内部等效的常闭开关断开，接触器 KM 线圈失电，KM 主触点断开，切断变频器输入电源，对变频器进行保护。

若要切断变频器输入主电源，可在变频器停止工作时按下按钮 SB1，接触器 KM 线圈失电，KM 主触点断开，变频器输入电源被切断。由于在变频器正常工作期间（正转或反转），KA1 或 KA2 常开触点闭合将 SB1 短接，断开 SB1 无效，这样做可以避免在变频器工作时切断主电源。

10.3 工频/变频切换电路与参数设置

在变频调速系统运行过程中，如果变频器突然出现故障，这时若让负载停止工作可能会造成很大损失。为了解决这个问题，可给变频调速系统增设工频与变频切换功能，也就是在变频器出现故障时自动将工频电源切换给电动机，以让系统继续工作。

10.3.1 变频器跳闸保护电路

变频器跳闸保护是指在变频器工作出现异常时切断电源，保护变频器不被损坏。图 10-5 是一种常见的变频器跳闸保护电路。变频器 A、B、C 端子为异常输出端，A、C 之间相当于一个常开开关，B、C 之间相当一个常闭开关，在变频器工作出现异常时，A、C 接通，B、C 断开。

电路工作过程说明如下：

（1）供电控制

按下按钮 SB1，接触器 KM 线圈得电，KM 主触点闭合，工频电源经 KM 主触点为变频器提供电源，同时 KM 常开辅助触点闭合，锁定 KM 线圈供电。按下按钮 SB2，接触器 KM 线圈失电，KM 主触点断开，切断变频器电源。

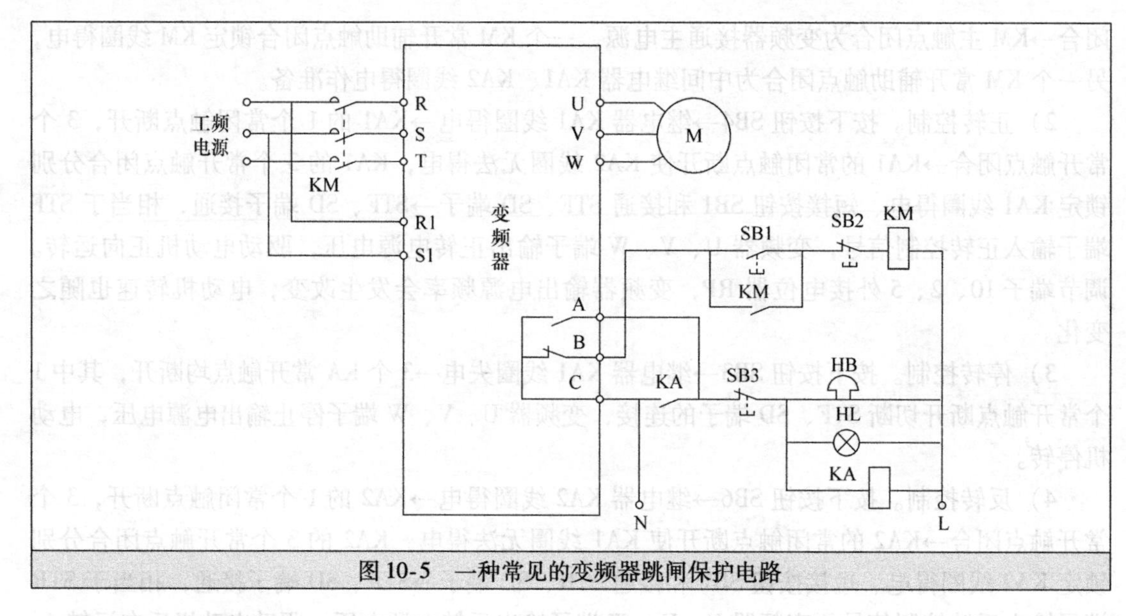

图 10-5　一种常见的变频器跳闸保护电路

（2）异常跳闸保护

若变频器在运行过程中出现异常，A、C 之间闭合，B、C 之间断开。B、C 之间断开使接触器 KM 线圈失电，KM 主触点断开，切断变频器供电；A、C 之间闭合使继电器 KA 线圈得电，KA 触点闭合，振铃 HB 和报警灯 HL 得电，发出变频器工作异常声光报警。

按下按钮 SB3，继电器 KA 线圈失电，KA 常开触点断开，HB、HL 失电，声光报警停止。

10.3.2　工频与变频切换电路

图 10-6 是一个典型的工频与变频切换控制电路。该电路在工作前需要先对一些参数进行设置。

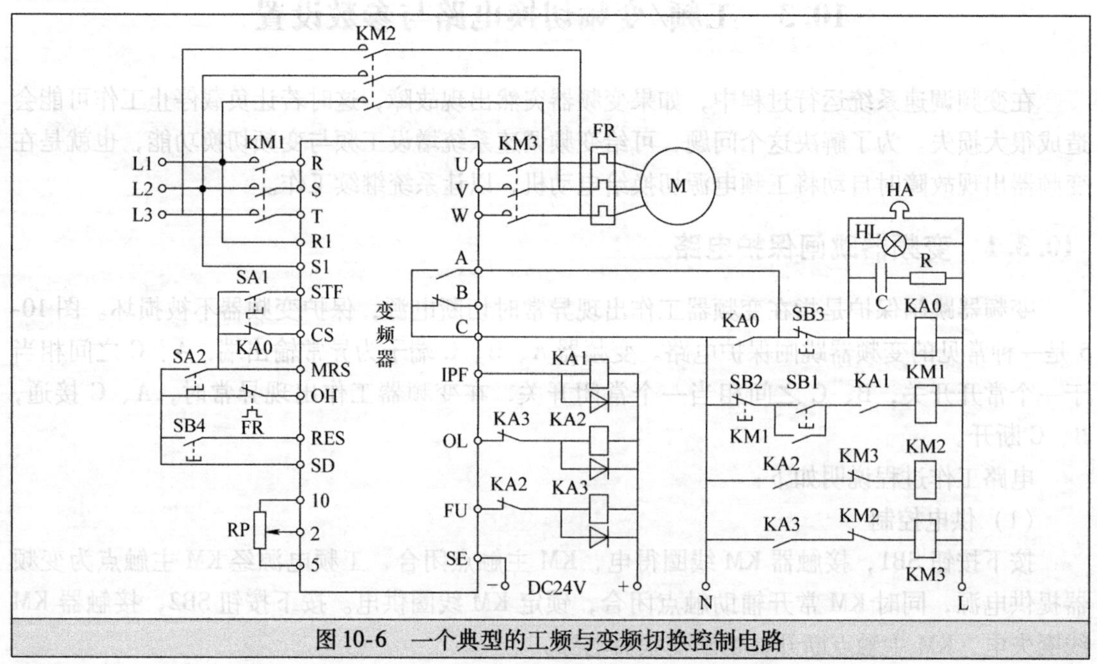

图 10-6　一个典型的工频与变频切换控制电路

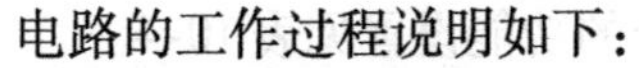

电路的工作过程说明如下：

（1）变频运行控制

1）起动准备。将开关 SA2 闭合，接通 MRS 端子，允许进行工频－变频切换。由于已设置 Pr. 135 =1 使切换有效，IPF、FU 端子输出低电平，中间继电器 KA1、KA3 线圈得电。KA3 线圈得电→KA3 常开触点闭合→接触器 KM3 线圈得电→KM3 主触点闭合，KM3 常闭辅助触点断开→KM3 主触点闭合将电动机与变频器输出端连接；KM3 常闭辅助触点断开使 KM2 线圈无法得电，实现 KM2、KM3 之间的互锁（KM2、KM3 线圈不能同时得电），电动机无法由变频和工频同时供电。KA1 线圈得电→KA1 常开触点闭合，为 KM1 线圈得电作准备→按下按钮 SB1→KM1 线圈得电→KM1 主触点、常开辅助触点均闭合→KM1 主触点闭合，为变频器供电；KM1 常开辅助触点闭合，锁定 KM1 线圈得电。

2）起动运行。将开关 SA1 闭合，STF 端子输入信号（STF 端子经 SA1、SA2 与 SD 端子接通），变频器正转起动，调节电位器 RP 可以对电动机进行调速控制。

（2）变频－工频切换控制

当变频器运行中出现异常，异常输出端子 A、C 接通，中间继电器 KA0 线圈得电，KA0 常开触点闭合，振铃 HA 和报警灯 HL 得电，发出声光报警。与此同时，IPF、FU 端子变为高电平，OL 端子变为低电平，KA1、KA3 线圈失电，KA2 线圈得电。KA1、KA3 线圈失电→KA1、KA3 常开触点断开→KM1、KM3 线圈失电→KM1、KM3 主触点断开→变频器与电源、电动机断开。KA2 线圈得电→KA2 常开触点闭合→KM2 线圈得电→KM2 主触点闭合→工频电源直接提供给电动机（KA1、KA3 线圈失电与 KA2 线圈得电并不是同时进行的，有一定的切换时间，它与 Pr. 136、Pr. 137 设置有关）。

按下按钮 SB3 可以解除声光报警，按下按钮 SB4，可以解除变频器的保护输出状态。若电动机在运行时出现过载，与电动机串接的热继电器 FR 发热元件动作，使 FR 常闭触点断开，切断 OH 端子输入，变频器停止输出，对电动机进行保护。

10.3.3　参数设置

参数设置内容包括以下两个：

1）工频与变频切换功能设置。工频与变频切换有关参数功能及设置值见表 10-3。

表 10-3　工频与变频切换有关参数功能及设置值

参数与设置值	功　能	设置值范围	说　明
Pr. 135 （Pr. 135 =1）	工频－变频切换选择	0	切换功能无效。Pr. 136、Pr. 137、Pr. 138 和 Pr. 139 参数设置无效
		1	切换功能有效
Pr. 136 （Pr. 136 =0.3）	继电器切换互锁时间	0 ~100.0s	设定 KA2 和 KA3 动作的互锁时间
Pr. 137 （Pr. 137 =0.5）	起动等待时间	0 ~100.0s	设定时间应比信号输入到变频器时到 KA3 实际接通的时间稍微长点（为 0.3 ~0.5s）
Pr. 138 （Pr. 138 =1）	报警时的工频－变频切换选择	0	切换无效。当变频器发生故障时，变频器停止输出（KA2 和 KA3 断开）
		1	切换有效。当变频器发生故障时，变频器停止运行并自动切换到工频电源运行（KA2：ON，KA3：OFF）
Pr. 139 （Pr. 139 =9999）	自动变频－工频电源切换选择	0 ~60.0Hz	当变频器输出频率达到或超过设定频率时，会自动切换到工频电源运行
		9999	不能自动切换

2）部分输入/输出端子的功能设置。部分输入/输出端子的功能设置见表10-4。

表10-4　部分输入/输出端子的功能设置

参数与设置值	功能说明
Pr. 185 = 7	将JOG端子功能设置成OH端子，用作过热保护输入端
Pr. 186 = 6	将CS端子设置成自动再起动控制端子
Pr. 192 = 17	将IPF端子设置成KA1控制端子
Pr. 193 = 18	将OL端子设置成KA2控制端子
Pr. 194 = 19	将FU端子设置成KA3控制端子

10.4　多档速度控制电路与参数设置

变频器可以对电动机进行多档转速驱动。在进行多档转速控制时，需要对变频器有关参数进行设置，再操作相应端子外接开关。

10.4.1　多档转速控制说明

变频器的RH、RM、RL为多档转速控制端，RH为高速档，RM为中速档，RL为低速档。RH、RM、RL 3个端子组合可以进行7档转速控制。多档转速控制如图10-7所示。

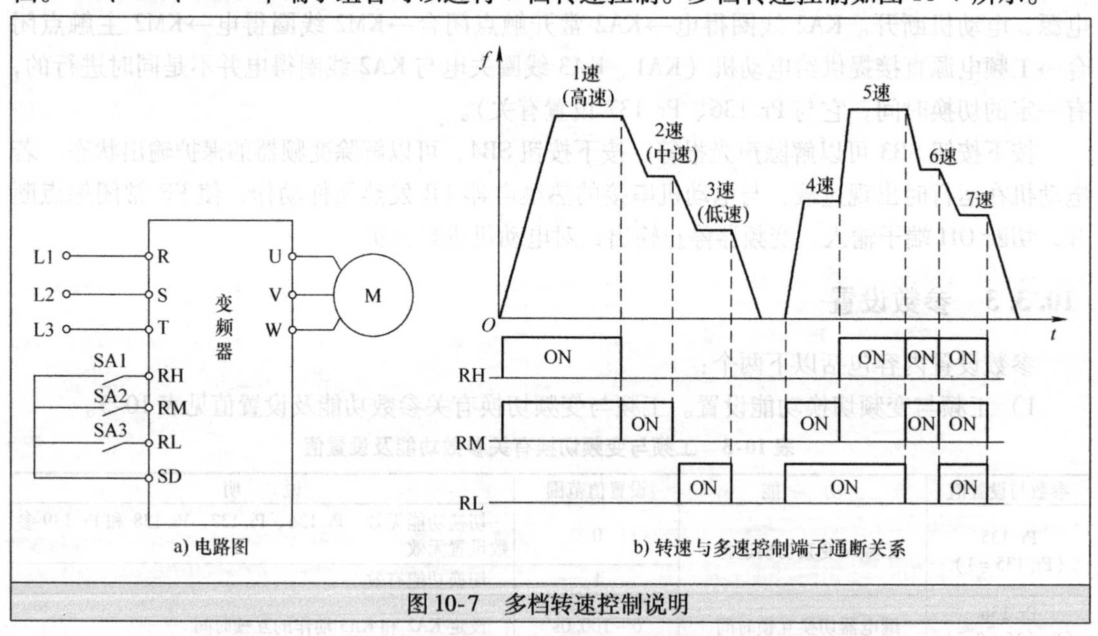

图10-7　多档转速控制说明

当开关SA1闭合时，RH端与SD端接通，相当于给RH端输入高速运转指令信号，变频器马上输出频率很高的电源去驱动电动机，电动机迅速起动并高速运转（1速）。

当开关SA2闭合时（SA1需断开），RM端与SD端接通，变频器输出频率降低，电动机由高速转为中速运转（2速）。

当开关SA3闭合时（SA1、SA2需断开），RL端与SD端接通，变频器输出频率进一步降低，电动机由中速转为低速运转（3速）。

当SA1、SA2、SA3均断开时，变频器输出频率变为0Hz，电动机由低速转为停转。

SA2、SA3 闭合，电动机 4 速运转；SA1、SA3 闭合，电动机 5 速运转；SA1、SA2 闭合，电动机 6 速运转；SA1、SA2、SA3 闭合，电动机 7 速运转。

图 10-45b 所示曲线中的斜线表示变频器输出频率由一种频率转变到另一种频率需经历一段时间，在此期间，电动机转速也由一种转速变化到另一种转速；水平线表示输出频率稳定，电动机转速稳定。

10.4.2 多档转速控制参数的设置

多档转速控制参数包括多档转速端子选择参数和多档运行频率参数。

（1）多档转速端子选择参数

在使用 RH、RM、RL 端子进行多速控制时，先要通过设置有关参数使这些端子控制有效。多档转速端子参数设置如下：

Pr. 180 =0，RL 端子控制有效；

Pr. 181 =1，RM 端子控制有效；

Pr. 182 =2，RH 端子控制有效。

以上某参数若设为 9999，则将该端设为控制无效。

（2）多档运行频率参数

RH、RM、RL 3 个端子组合可以进行 7 档转速控制，各档的具体运行频率需要用相应参数设置。多档运行频率参数设置见表 10-5。

表 10-5 多档运行频率参数设置

参 数	速 度	出厂设定	设定范围	备 注
Pr. 4	高速	60Hz	0～400Hz	
Pr. 5	中速	30Hz	0～400Hz	
Pr. 6	低速	10Hz	0～400Hz	
Pr. 24	速度四	9999	0～400Hz，9999	9999：无效
Pr. 25	速度五	9999	0～400Hz，9999	9999：无效
Pr. 26	速度六	9999	0～400Hz，9999	9999：无效
Pr. 27	速度七	9999	0～400Hz，9999	9999：无效

10.4.3 多档转速控制电路

图 10-8 是一个典型的多档转速控制电路，它由主电路和控制电路两部分组成。该电路采用了 KA0～KA3 4 个中间继电器，其常开触点接在变频器的多档转速控制输入端，电路还用了 SQ1～SQ3 3 个行程开关来检测运动部件的位置并进行转速切换控制。图 10-8 所示电路在运行前需要进行多档转速控制参数的设置。

电路工作过程说明如下：

1）起动并高速运转。按下起动按钮 SB1→中间继电器 KA0 线圈得电→KA0 3 个常开触点均闭合，一个触点锁定 KA0 线圈得电，一个触点闭合使 STF 端与 SD 端接通（即 STF 端输入正转指令信号），还有一个触点闭合使 KA1 线圈得电→KA1 两个常闭触点断开，一个常开触点闭合→KA1 两个常闭触点断开使 KA2、KA3 线圈无法得电，KA1 常开触点闭合将 RH

端与SD端接通（即RH端输入高速指令信号）→STF、RH端子外接触点均闭合，变频器输出频率很高的电源，驱动电动机高速运转。

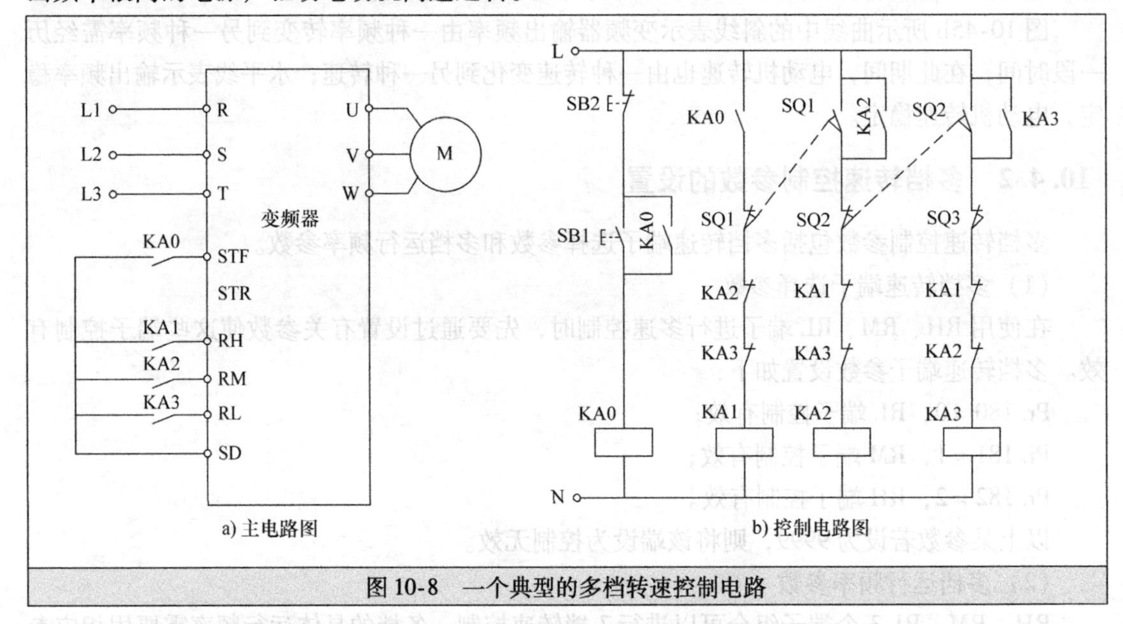

图10-8　一个典型的多档转速控制电路

2）高速转中速运转。高速运转的电动机带动运动部件运行到一定位置时，行程开关SQ1动作→SQ1常闭触点断开，常开触点闭合→SQ1常闭触点断开使KA1线圈失电，RH端子外接KA1触点断开，SQ1常开触点闭合使继电器KA2线圈得电→KA2两个常闭触点断开，两个常开触点闭合→KA2两个常闭触点断开分别使KA1、KA3线圈无法得电；KA2两个常开触点闭合，一个触点闭合锁定KA2线圈得电，另一个触点闭合使RM端与SD端接通（即RM端输入中速指令信号）→变频器输出频率由高变低，电动机由高速转为中速运转。

3）中速转低速运转。中速运转的电动机带动运动部件运行到一定位置时，行程开关SQ2动作→SQ2常闭触点断开，常开触点闭合→SQ2常闭触点断开使KA2线圈失电，RM端子外接KA2触点断开，SQ2常开触点闭合使继电器KA3线圈得电→KA3两个常闭触点断开，两个常开触点闭合→KA3两个常闭触点断开分别使KA1、KA2线圈无法得电；KA3两个常开触点闭合，一个触点闭合锁定KA3线圈得电，另一个触点闭合使RL端与SD端接通（即RL端输入低速指令信号）→变频器输出频率进一步降低，电动机由中速转为低速运转。

4）低速转为停转。低速运转的电动机带动运动部件运行到一定位置时，行程开关SQ3动作→继电器KA3线圈失电→RL端与SD端之间的KA3常开触点断开→变频器输出频率降为0Hz，电动机由低速转为停止。按下按钮SB2→KA0线圈失电→STF端子外接KA0常开触点断开，切断STF端子的输入。

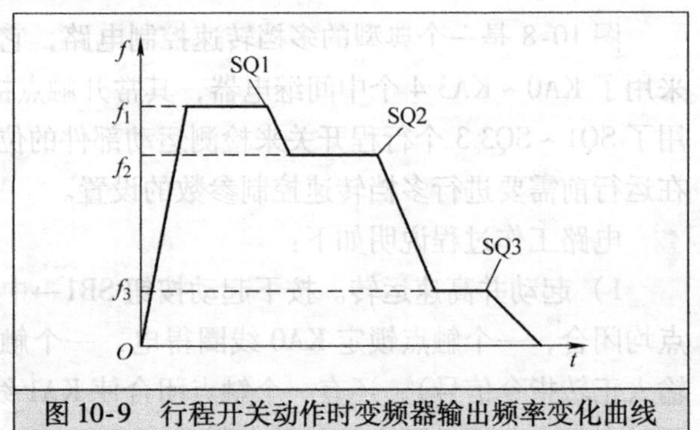

图10-9　行程开关动作时变频器输出频率变化曲线

图10-8所示电路中变频器输出频率变化如图10-9所示。从图中可以看出，在行程开关动作时输出频率开始转变。

10.5 PID 控制电路与参数设置

10.5.1 PID 控制原理

PID 控制又称比例微积分控制，是一种闭环控制。下面以图 10-10 所示的恒压供水系统来说明 PID 控制原理。

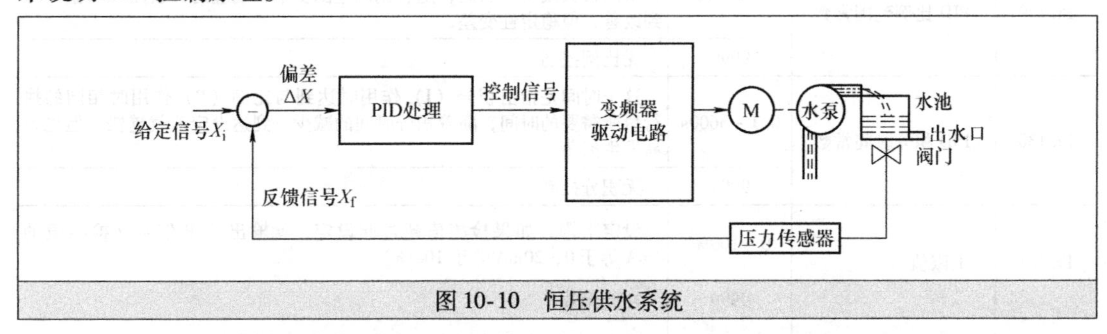

图 10-10 恒压供水系统

电动机驱动水泵将水抽入水池，水池中的水除了经出水口提供用水外，还经阀门送到压力传感器，传感器将水压大小转换成相应的电信号 X_f，反馈到比较器并与给定信号 X_i 进行比较，得到偏差信号 ΔX（$\Delta X = X_i - X_f$）。

若 $\Delta X > 0$，表明水压小于给定值，偏差信号经 PID 处理得到控制信号，控制变频器驱动电路，使之输出频率上升，电动机转速加快，水泵抽水量增多，水压增大。

若 $\Delta X < 0$，表明水压大于给定值，偏差信号经 PID 处理得到控制信号，控制变频器驱动电路，使之输出频率下降，电动机转速变慢，水泵抽水量减少，水压下降。

若 $\Delta X = 0$，表明水压等于给定值，偏差信号经 PID 处理得到控制信号，控制变频器驱动电路，使之输出频率不变，电动机转速不变，水泵抽水量不变，水压不变。

控制回路的滞后性，会使水压值总与给定值有偏差。例如当用水量增多水压下降时，电路需要对有关信号进行处理，再控制电动机转速变快，提高水泵抽水量。从压力传感器检测到水压下降到控制电动机转速加快，提高抽水量，恢复水压需要一定时间。通过提高电动机转速恢复水压后，系统又要将电动机转速调回正常值，这也要一定的时间，在这段回调时间内水泵抽水量会偏多，导致水压又增大，又需进行反调。这样的结果是水池水压会在给定值上下波动（振荡），即水压不稳定。

采用了 PID 处理可以有效减小控制环路滞后和过调问题（无法彻底消除）。PID 包括 P 处理、I 处理和 D 处理。P（比例）处理是将偏差信号 ΔX 按比例放大，提高控制的灵敏度；I（积分）处理是对偏差信号进行积分处理，缓解 P 处理比例放大量过大引起的超调和振荡；D（微分）处理是对偏差信号进行微分处理，以提高控制的迅速性。

10.5.2 PID 控制参数设置

为了让 PID 控制达到理想效果，需要对 PID 控制参数进行设置。PID 控制参数说明见表 10-6。

表 10-6 PID 控制参数说明

<table>
<tr><th>参数</th><th>名　　称</th><th>设 定 值</th><th colspan="3">说　　明</th></tr>
<tr><td rowspan="4">Pr. 128</td><td rowspan="4">选择 PID 控制</td><td>10</td><td>对于加热、压力等控制</td><td rowspan="2">偏差量信号输入
（端子 1）</td><td>PID 负作用</td></tr>
<tr><td>11</td><td>对于冷却等控制</td><td>PID 正作用</td></tr>
<tr><td>20</td><td>对于加热、压力等控制</td><td rowspan="2">检测值输入
（端子 4）</td><td>PID 负作用</td></tr>
<tr><td>21</td><td>对于冷却等控制</td><td>PID 正作用</td></tr>
<tr><td rowspan="2">Pr. 129</td><td rowspan="2">PID 比例范围常数</td><td>0. 1 ~ 10</td><td colspan="3">如果比例范围较窄（参数设定值较小），反馈量的微小变化会引起执行量的很大改变。因此，随着比例范围变窄，响应的灵敏性（增益）得到改善，但稳定性变差</td></tr>
<tr><td>9999</td><td colspan="3">无比例控制</td></tr>
<tr><td rowspan="2">Pr. 130</td><td rowspan="2">PID 积分时间常数</td><td>0. 1 ~ 3600s</td><td colspan="3">这个时间是指由积分（I）作用时达到与比例（P）作用时相同的执行量所需要的时间，随着积分时间的减少，到达设定值就越快，但也容易发生振荡</td></tr>
<tr><td>9999</td><td colspan="3">无积分控制</td></tr>
<tr><td rowspan="2">Pr. 131</td><td rowspan="2">上限值</td><td>0 ~ 100%</td><td colspan="3">设定上限，如果检测值超过此设定，就输出 FUP 信号（检测值的 4mA 等于 0，20mA 等于 100%）</td></tr>
<tr><td>9999</td><td colspan="3">功能无效</td></tr>
<tr><td rowspan="2">Pr. 132</td><td rowspan="2">下限值</td><td>0 ~ 100%</td><td colspan="3">设定下限（如果检测值超出设定范围，则输出一个报警。同样，检测值的 4mA 等于 0，20mA 等于 100%）</td></tr>
<tr><td>9999</td><td colspan="3">功能无效</td></tr>
<tr><td>Pr. 133</td><td>用 PU 设定的 PID 控制设定值</td><td>0 ~ 100%</td><td colspan="3">仅在 PU 操作或 PU/外部组合模式下对于 PU 指令有效
对于外部操作，设定值由端子 2 - 5 间的电压决定
（Pr. 902 值等于 0 和 Pr. 903 值等于 100%）</td></tr>
<tr><td rowspan="2">Pr. 134</td><td rowspan="2">PID 微分时间常数</td><td>0. 01 ~ 10. 00s</td><td colspan="3">时间值仅要求向微分作用提供一个与比例作用相同的检测值。随着时间的增加，偏差改变会有较大的响应</td></tr>
<tr><td>9999</td><td colspan="3">无微分控制</td></tr>
</table>

10. 5. 3 PID 控制应用举例

图 10-11 是一种典型的 PID 控制应用电路。在进行 PID 控制时，先要接好电路，然后设置 PID 控制参数，再设置端子功能参数，最后操作运行。

（1）PID 控制参数设置

图 10-13 所示电路的 PID 控制参数设置见表 10-7。

（2）端子功能参数设置

进行 PID 控制时需要通过设置有关参数定义某些端子功能。端子功能参数设置见表 10-8。

（3）操作运行

1）设置外部操作模式。设定 Pr. 79 = 2，面板 “EXT” 指示灯亮，指示当前为外部操作模式。

2）启动 PID 控制。将 AU 端子外接开关闭合，选择端子 4 电流输入有效；将 RT 端子外接开关闭合，启动 PID 控制；将 STF 端子外接开关闭合，起动电动机正转。

3）改变给定值。调节设定电位器，2 - 5 端子间的电压变化，PID 控制的给定值随之变化，电动机转速会发生变化，例如给定值大，正向偏差（$\Delta X > 0$）增大，相当于反馈值减小，PID 控制使电动机转速变快，水压增大，端子 4 的反馈值增大，偏差慢慢减小，当偏差接近 0 时，电动机转速保持稳定。

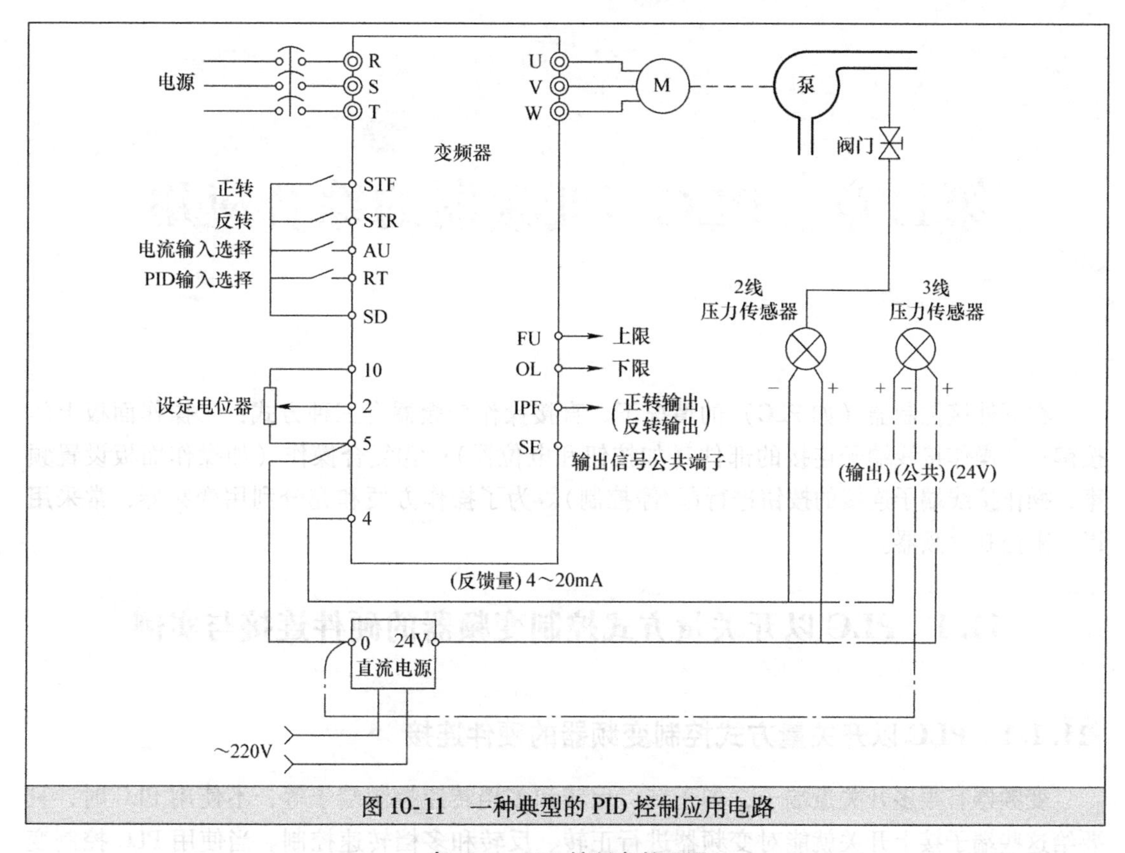

图 10-11　一种典型的 PID 控制应用电路

表 10-7　PID 控制参数设置

参数及设置值	说　明
Pr. 128 = 20	将端子 4 设为 PID 控制的压力检测输入端
Pr. 129 = 30	将 PID 比例调节设为 30%
Pr. 130 = 10	将积分时间常数设为 10s
Pr. 131 = 100%	设定上限值范围为 100%
Pr. 132 = 0	设定下限值范围为 0
Pr. 133 = 50%	设定 PU 操作时的 PID 控制设定值（外部操作时，设定值由 2 – 5 端子间的电压决定）
Pr. 134 = 3s	将积分时间常数设为 3s

表 10-8　端子功能参数设置

参数及设置值	说　明
Pr. 183 = 14	将 RT 端子设为 PID 控制端，用于启动 PID 控制
Pr. 192 = 16	设置 IPF 端子输出正反转信号
Pr. 193 = 14	设置 OL 端子输出下限信号
Pr. 194 = 15	设置 FU 端子输出上限信号

4）改变反馈值。调节阀门，改变水压大小来调节端子 4 输入的电流（反馈值），PID 控制的反馈值变化，电动机转速就会发生变化。例如阀门调大，水压增大，反馈值大，负向偏差（$\Delta X<0$）增大，相当于给定值减小，PID 控制使电动机转速变慢，水压减小，端子 4 的反馈值减小，偏差慢慢减小，当偏差接近 0 时，电动机转速保持稳定。

5）PU 操作模式下的 PID 控制。设定 Pr. 79 = 1，面板“PU”指示灯亮，指示当前为 PU 操作模式。按“FWD”或“REV”键，启动 PID 控制，运行在 Pr. 133 设定值上，按“STOP”键停止 PID 运行。

第11章　PLC与变频器的综合应用

在不外接控制器（如PLC）的情况下，直接操作变频器有三种方式：①操作面板上的按键；②操作接线端子连接的部件（如按钮和电位器）；③复合操作（如操作面板设置频率，操作接线端子连接的按钮进行起/停控制）。为了操作方便和充分利用变频器，常采用PLC来控制变频器。

11.1　PLC以开关量方式控制变频器的硬件连接与实例

11.1.1　PLC以开关量方式控制变频器的硬件连接

变频器有很多开关量端子，如正转、反转和多档转速控制端子等，不使用PLC时，只要给这些端子接上开关就能对变频器进行正转、反转和多档转速控制。当使用PLC控制变频器时，若PLC是以开关量方式对变频进行控制，需要将PLC的开关量输出端子与变频器的开关量输入端子连接起来。为了检测变频器某些状态，同时可以将变频器的开关量输出端子与PLC的开关量输入端子连接起来。

PLC以开关量方式控制变频器的硬件连接如图11-1所示。当PLC内部程序运行使Y001

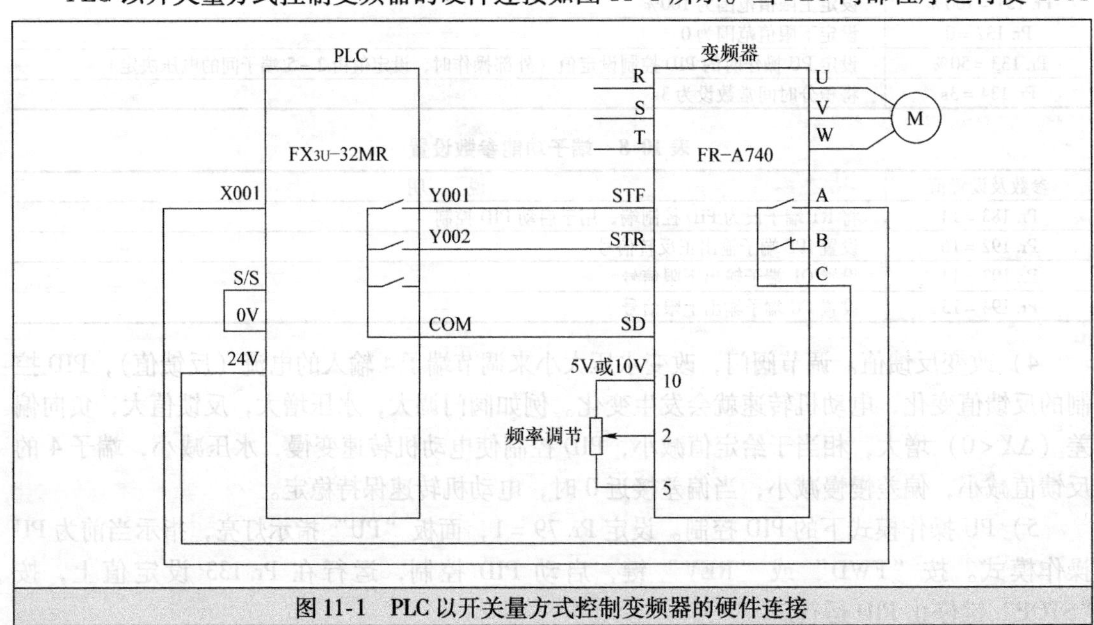

图11-1　PLC以开关量方式控制变频器的硬件连接

端子内部硬触点闭合时，相当于变频器的 STF 端子外部开关闭合，STF 端子输入为 ON，变频器起动电动机正转，调节 10、2、5 端子所接电位器可以改变端子 2 的输入电压，从而改变变频器输出电源的频率，进而改变电动机的转速。如果变频器内部出现异常时，A、C 端子之间的内部触点闭合，相当于 PLC 的 X001 端子外部开关闭合，X001 端子输入为 ON。

11.1.2　PLC 以开关量方式控制变频器实例——电动机正反转控制

1. 控制电路图

PLC 以开关量方式控制变频器驱动电动机正反转的电路图如图 11-2 所示。

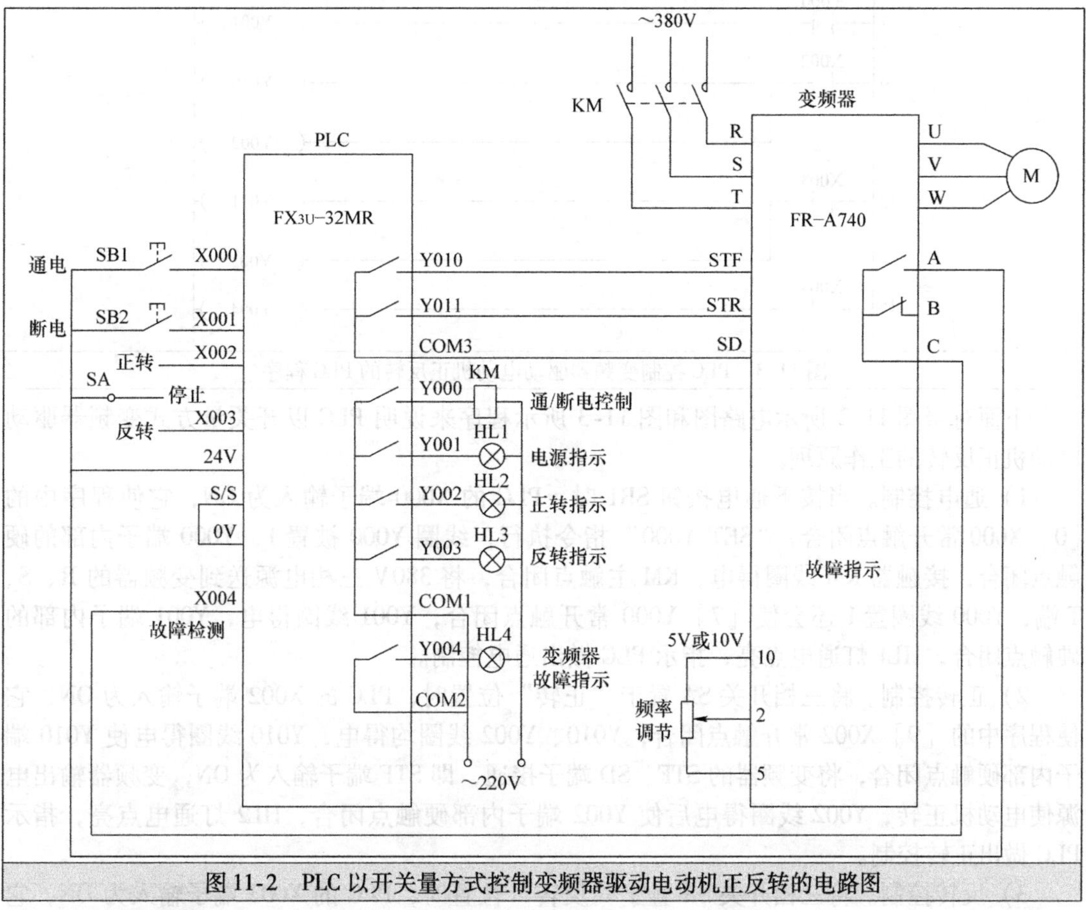

图 11-2　PLC 以开关量方式控制变频器驱动电动机正反转的电路图

2. 参数设置

在使用 PLC 控制变频器时，需要对变频器进行有关参数设置，具体见表 11-1。

表 11-1　变频器的有关参数及设置值

参数名称	参数号	设置值
加速时间	Pr. 7	5s
减速时间	Pr. 8	3s
加减速基准频率	Pr. 20	50Hz
基底频率	Pr. 3	50Hz
上限频率	Pr. 1	50Hz
下限频率	Pr. 2	0Hz
运行模式	Pr. 79	2

3. 编写程序

变频器有关参数设置好后，还要用编程软件编写相应的 PLC 控制程序并下载给 PLC。PLC 控制变频器驱动电动机正反转的 PLC 程序如图 11-3 所示。

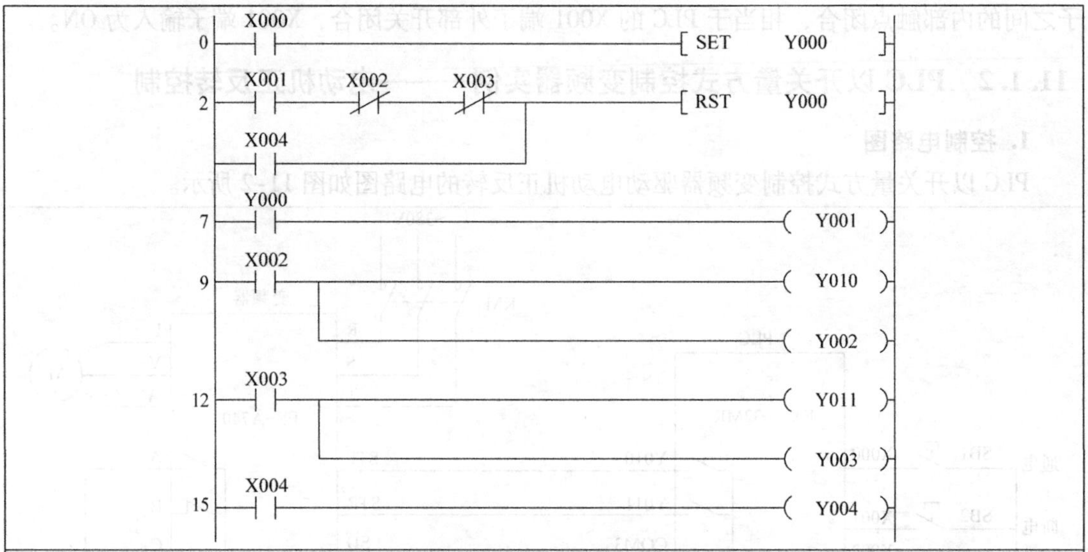

```
0   X000                              [SET  Y000]
2   X001  /X002  /X003                [RST  Y000]
    X004 (并联 X001)
7   Y000                              (Y001)
9   X002                              (Y010)
                                      (Y002)
12  X003                              (Y011)
                                      (Y003)
15  X004                              (Y004)
```

图 11-3　PLC 控制变频器驱动电动机正反转的 PLC 程序

下面对照图 11-2 所示电路图和图 11-3 所示程序来说明 PLC 以开关量方式变频器驱动电动机正反转的工作原理。

1）通电控制。当按下通电按钮 SB1 时，PLC 的 X000 端子输入为 ON，它使程序中的［0］X000 常开触点闭合，“SET Y000”指令执行，线圈 Y000 被置 1，Y000 端子内部的硬触点闭合，接触器 KM 线圈得电，KM 主触点闭合，将 380V 三相电源送到变频器的 R、S、T 端，Y000 线圈置 1 还会使［7］Y000 常开触点闭合，Y001 线圈得电，Y001 端子内部的硬触点闭合，HL1 灯通电点亮，指示 PLC 做出通电控制。

2）正转控制。将三档开关 SA 置于“正转”位置时，PLC 的 X002 端子输入为 ON，它使程序中的［9］X002 常开触点闭合，Y010、Y002 线圈均得电，Y010 线圈得电使 Y010 端子内部硬触点闭合，将变频器的 STF、SD 端子接通，即 STF 端子输入为 ON，变频器输出电源使电动机正转，Y002 线圈得电后使 Y002 端子内部硬触点闭合，HL2 灯通电点亮，指示 PLC 做出正转控制。

3）反转控制。将三档开关 SA 置于“反转”位置时，PLC 的 X003 端子输入为 ON，它使程序中的［12］X003 常开触点闭合，Y011、Y003 线圈均得电，Y011 线圈得电使 Y011 端子内部硬触点闭合，将变频器的 STR、SD 端子接通，即 STR 端子输入为 ON，变频器输出电源使电动机反转，Y003 线圈得电后使 Y003 端子内部硬触点闭合，HL3 灯通电点亮，指示 PLC 做出反转控制。

4）停转控制。在电动机处于正转或反转时，若将 SA 开关置于“停止”位置，X002 或 X003 端子输入为 OFF，程序中的 X002 或 X003 常开触点断开，Y010、Y002 或 Y011、Y003 线圈失电，Y010、Y002 或 Y011、Y003 端子内部硬触点断开，变频器的 STF 或 STR 端子输入为 OFF，变频器停止输出电源，电动机停转，同时 HL2 或 HL3 指示灯熄灭。

5）断电控制。当 SA 置于“停止”位置使电动机停转时，若按下断电按钮 SB2，PLC 的 X001 端子输入为 ON，它使程序中的［2］X001 常开触点闭合，执行“RST Y000”指令，

Y000线圈被复位失电，Y000端子内部的硬触点断开，接触器KM线圈失电，KM主触点断开，切断变频器的输入电源，Y000线圈失电还会使［7］Y000常开触点断开，Y001线圈失电，Y001端子内部的硬触点断开，HL1灯熄灭。如果SA处于"正转"或"反转"位置时，［2］X002或X003常闭触点断开，无法执行"RST Y000"指令，即电动机在正转或反转时，操作SB2按钮是不能断开变频器输入电源的。

6）故障保护。如果变频器内部保护功能动作，A、C端子间的内部触点闭合，PLC的X004端子输入为ON，程序中的｛2｝X004常开触点闭合，执行"RST Y000"指令，Y000端子内部的硬触点断开，接触器KM线圈失电，KM主触点断开，切断变频器的输入电源，保护变频器。另外，［15］X004常开触点闭合，Y004线圈得电，Y004端子内部硬触点闭合，HL4灯通电点亮，指示变频器有故障。

11.1.3 PLC以开关量方式控制变频器实例二——电动机多档转速控制

变频器可以连续调速，也可以分档调速，FR－500系列变频器有RH（高速）、RM（中速）和RL（低速）3个控制端子，通过这3个端子的组合输入，可以实现七档转速控制。如果将PLC的输出端子与变频器这些端子连接，就可以用PLC控制变频器来驱动电动机多档转速运行。

1. 控制电路图

PLC以开关量方式控制变频器驱动电动机多档转速运行的电路图如图11-4所示。

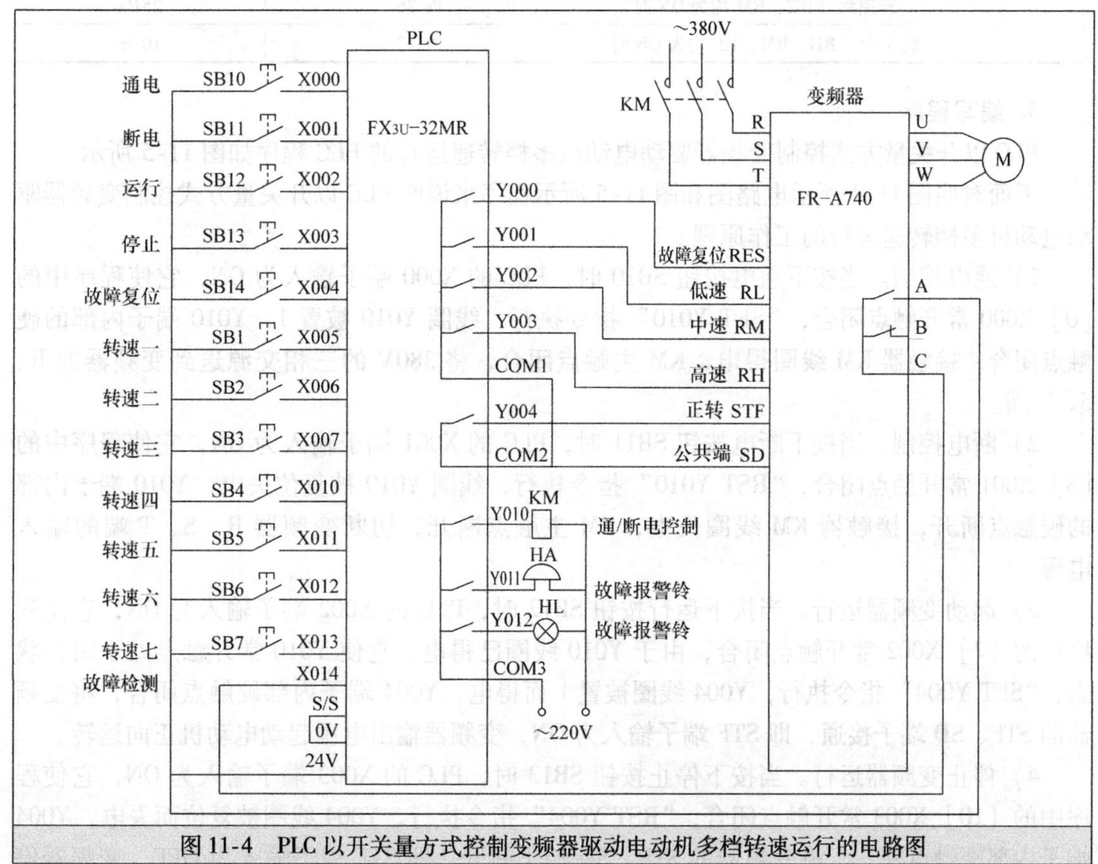

图11-4 PLC以开关量方式控制变频器驱动电动机多档转速运行的电路图

2. 参数设置

在用 PLC 对变频器进行多档转速控制时，需要对变频器进行有关参数设置，参数可分为基本运行参数和多档转速参数，具体见表 11-2。

表 11-2 变频器的有关参数及设置值

分类	参数名称	参数号	设定值
基本运行参数	转矩提升	Pr. 0	5%
	上限频率	Pr. 1	50Hz
	下限频率	Pr. 2	5Hz
	基底频率	Pr. 3	50Hz
	加速时间	Pr. 7	5s
	减速时间	Pr. 8	4s
	加减速基准频率	Pr. 20	50Hz
	操作模式	Pr. 79	2
多档转速参数	转速一（RH 为 ON 时）	Pr. 4	15Hz
	转速二（RM 为 ON 时）	Pr. 5	20Hz
	转速三（RL 为 ON 时）	Pr. 6	50Hz
	转速四（RM、RL 均为 ON 时）	Pr. 24	40Hz
	转速五（RH、RL 均为 ON 时 L）	Pr. 25	30Hz
	转速六（RH、RM 均为 ON 时）	Pr. 26	25Hz
	转速七（RH、RM、RL 均为 ON 时）	Pr. 27	10Hz

3. 编写程序

PLC 以开关量方式控制变频器驱动电动机多档转速运行的 PLC 程序如图 11-5 所示。

下面对照图 11-4 所示电路图和图 11-5 所示程序来说明 PLC 以开关量方式控制变频器驱动电动机多档转速运行的工作原理。

1）通电控制。当按下通电按钮 SB10 时，PLC 的 X000 端子输入为 ON，它使程序中的［0］X000 常开触点闭合，“SET Y010”指令执行，线圈 Y010 被置 1，Y010 端子内部的硬触点闭合，接触器 KM 线圈得电，KM 主触点闭合，将 380V 的三相交源送到变频器的 R、S、T 端。

2）断电控制。当按下断电按钮 SB11 时，PLC 的 X001 端子输入为 ON，它使程序中的［3］X001 常开触点闭合，“RST Y010”指令执行，线圈 Y010 被复位失电，Y010 端子内部的硬触点断开，接触器 KM 线圈失电，KM 主触点断开，切断变频器 R、S、T 端的输入电源。

3）起动变频器运行。当按下运行按钮 SB12 时，PLC 的 X002 端子输入为 ON，它使程序中的［7］X002 常开触点闭合，由于 Y010 线圈已得电，它使 Y010 常开触点处于闭合状态，“SET Y004”指令执行，Y004 线圈被置 1 而得电，Y004 端子内部硬触点闭合，将变频器的 STF、SD 端子接通，即 STF 端子输入为 ON，变频器输出电源起动电动机正向运转。

4）停止变频器运行。当按下停止按钮 SB13 时，PLC 的 X003 端子输入为 ON，它使程序中的［10］X003 常开触点闭合，“RST Y004”指令执行，Y004 线圈被复位而失电，Y004 端子内部硬触点断开，将变频器的 STF、SD 端子断开，即 STF 端子输入为 OFF，变频器停止输出电源，电动机停转。

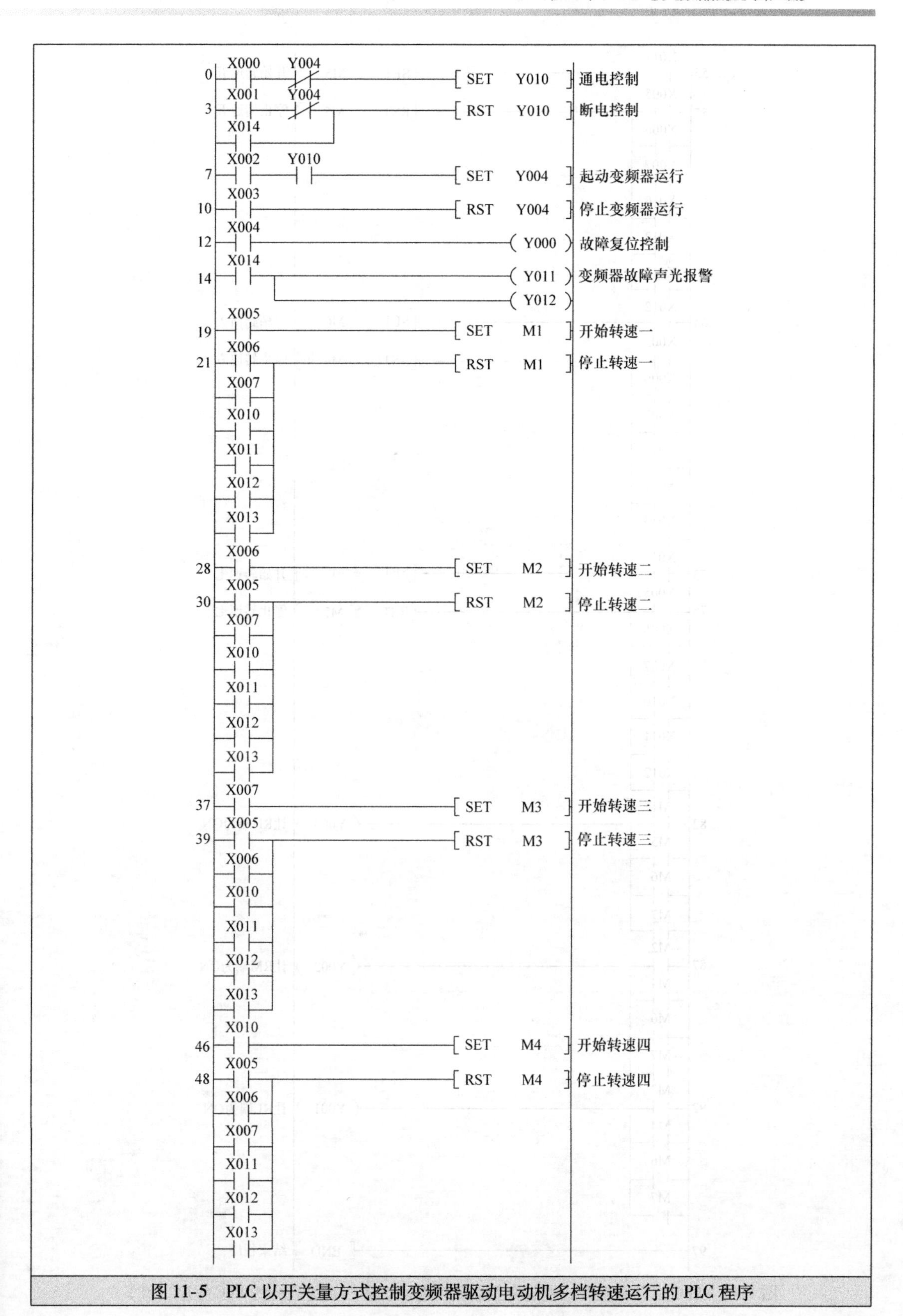

图 11-5　PLC 以开关量方式控制变频器驱动电动机多档转速运行的 PLC 程序

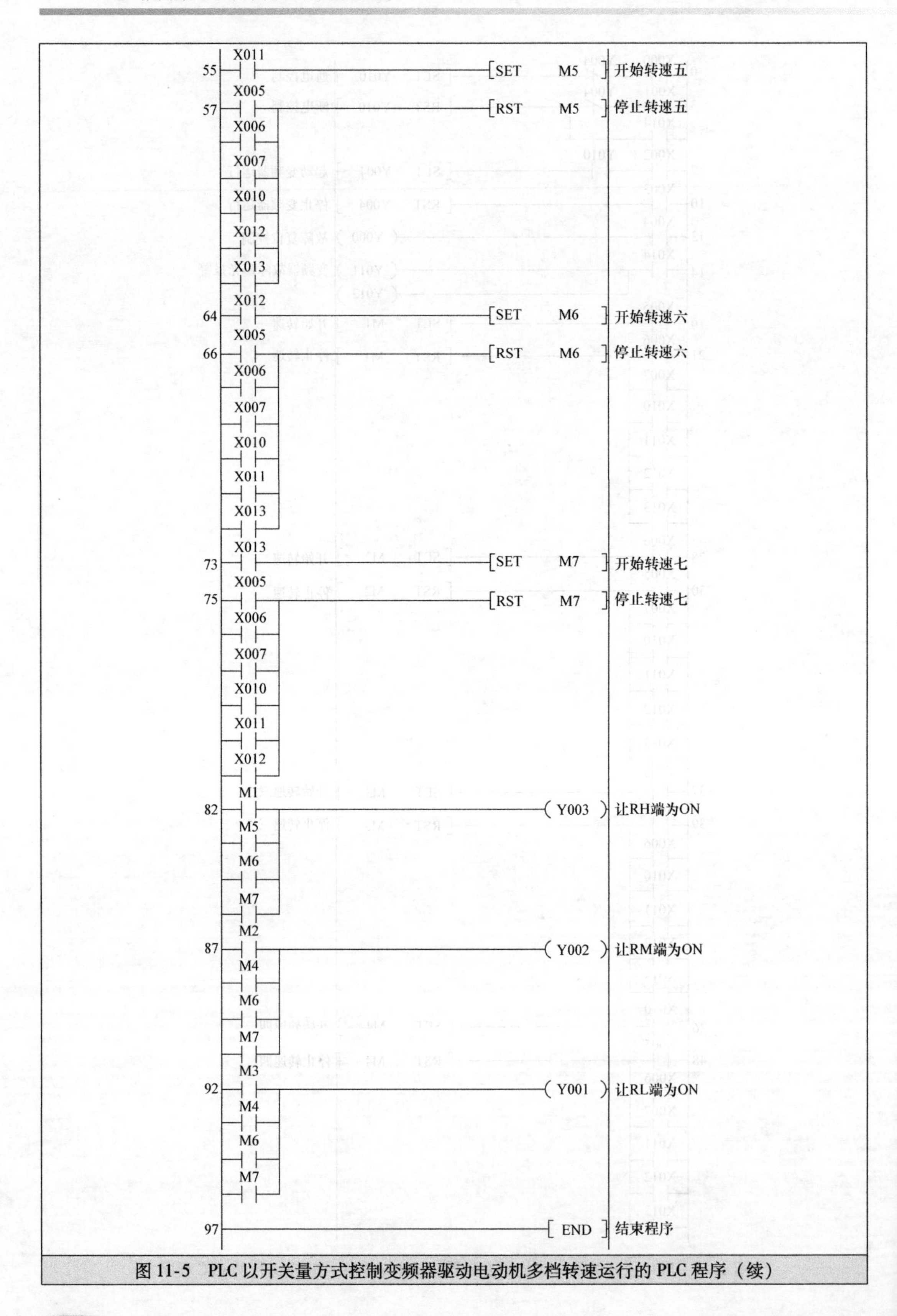

图 11-5 PLC 以开关量方式控制变频器驱动电动机多档转速运行的 PLC 程序（续）

5）故障报警及复位。如果变频器内部出现异常而导致保护电路动作时，A、C 端子间的内部触点闭合，PLC 的 X014 端子输入为 ON，程序中的［14］X014 常开触点闭合，Y011、Y012 线圈得电，Y011、Y012 端子内部硬触点闭合，报警铃和报警灯均得电而发出声光报警，同时［3］X014 常开触点闭合，“RST Y010”指令执行，线圈 Y010 被复位失电，Y010 端子内部的硬触点断开，接触器 KM 线圈失电，KM 主触点断开，切断变频器 R、S、T 端的输入电源。变频器故障排除后，当按下故障按钮 SB14 时，PLC 的 X004 端子输入为 ON，它使程序中的［12］X004 常开触点闭合，Y000 线圈得电，变频器的 RES 端输入为 ON，解除保护电路的保护状态。

6）转速一控制。变频器起动运行后，按下按钮 SB1（转速一），PLC 的 X005 端子输入为 ON，它使程序中的［19］X005 常开触点闭合，“SET M1”指令执行，线圈 M1 被置 1，［82］M1 常开触点闭合，Y003 线圈得电，Y003 端子内部的硬触点闭合，变频器的 RH 端输入为 ON，让变频器输出转速一设定频率的电源驱动电动机运转。按下 SB2 ~ SB7 中的某个按钮，会使 X006 ~ X013 中的某个常开触点闭合，“RST M1”指令执行，线圈 M1 被复位失电，［82］M1 常开触点断开，Y003 线圈失电，Y003 端子内部的硬触点断开，变频器的 RH 端输入为 OFF，停止按转速一运行。

7）转速四控制。按下按钮 SB4（转速四），PLC 的 X010 端子输入为 ON，它使程序中的［46］X010 常开触点闭合，“SET M4”指令执行，线圈 M4 被置 1，［87］、［92］M4 常开触点均闭合，Y002、Y001 线圈均得电，Y002、Y001 端子内部的硬触点均闭合，变频器的 RM、RL 端输入均为 ON，让变频器输出转速四设定频率的电源驱动电动机运转。按下 SB1 ~ SB3 或 SB5 ~ SB7 中的某个按钮，会使 X005 ~ X007 或 X011 ~ X013 中的某个常开触点闭合，“RST M4”指令执行，线圈 M4 被复位失电，［87］、［92］M4 常开触点均断开，Y002、Y001 线圈均失电，Y002、Y001 端子内部的硬触点均断开，变频器的 RM、RL 端输入均为 OFF，停止按转速四运行。

其他转速控制与上述转速控制过程类似，这里不再叙述。RH、RM、RL 端输入状态与对应的速度关系如图 11-6 所示。

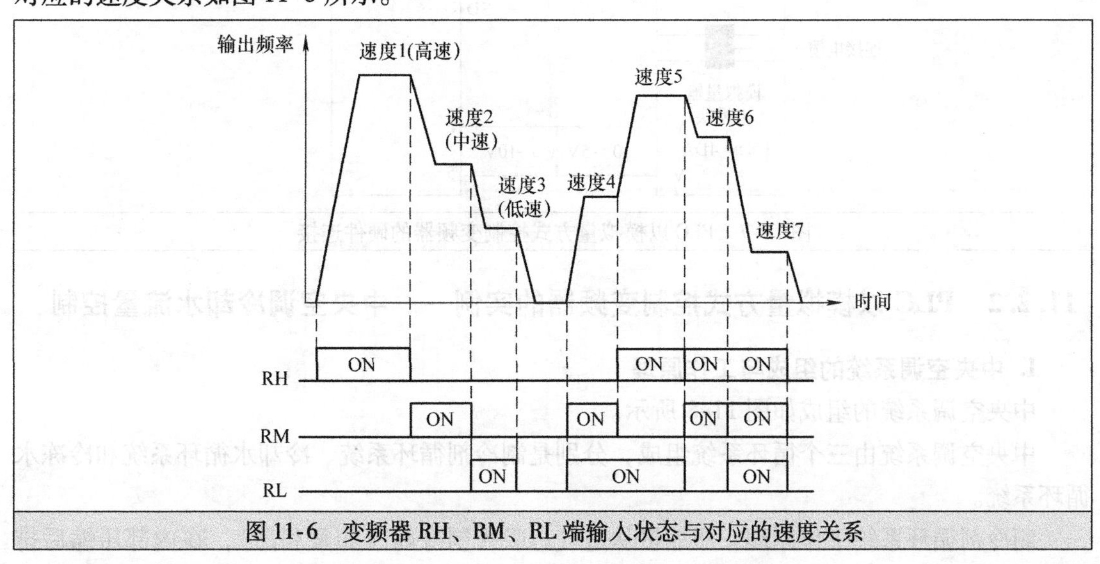

图 11-6　变频器 RH、RM、RL 端输入状态与对应的速度关系

11.2 PLC 以模拟量方式控制变频器的硬件连接与实例

11.2.1 PLC 以模拟量方式控制变频器的硬件连接

变频器有一些电压和电流模拟量输入端子，改变这些端子的电压或电流输入值可以改变电动机的转速，如果将这些端子与 PLC 的模拟量输出端子连接，就可以利用 PLC 控制变频器来调节电动机的转速。模拟量是一种连续变化的量，利用模拟量控制功能可以使电动机的转速连续变化（无级变速）。

PLC 以模拟量方式控制变频器的硬件连接如图 11-7 所示，由于三菱 FX2N－32MR 型 PLC 无模拟量输出功能，需要给它连接模拟量输出模块（如 FX2N－4DA），再将模拟量输出模块的输出端子与变频器的模拟量输入端子连接。当变频器的 STF 端子外部开关闭合时，该端子输入为 ON，变频器起动电动机正转，PLC 内部程序运行时产生的数字量数据通过连接电缆送到模拟量输出模块（DA 模块），由其转换成 0～5V 或 0～10V 范围内的电压（模拟量）送到变频器 2、5 端子，控制变频器输出电源的频率，进而控制电动机的转速，如果 DA 模块输出到变频器 2、5 端子的电压发生变化，变频器输出电源频率也会变化，电动机转速就会变化。

PLC 在以模拟量方式控制变频器的模拟量输入端子时，也可同时采用开关量方式控制变频器的开关量输入端子。

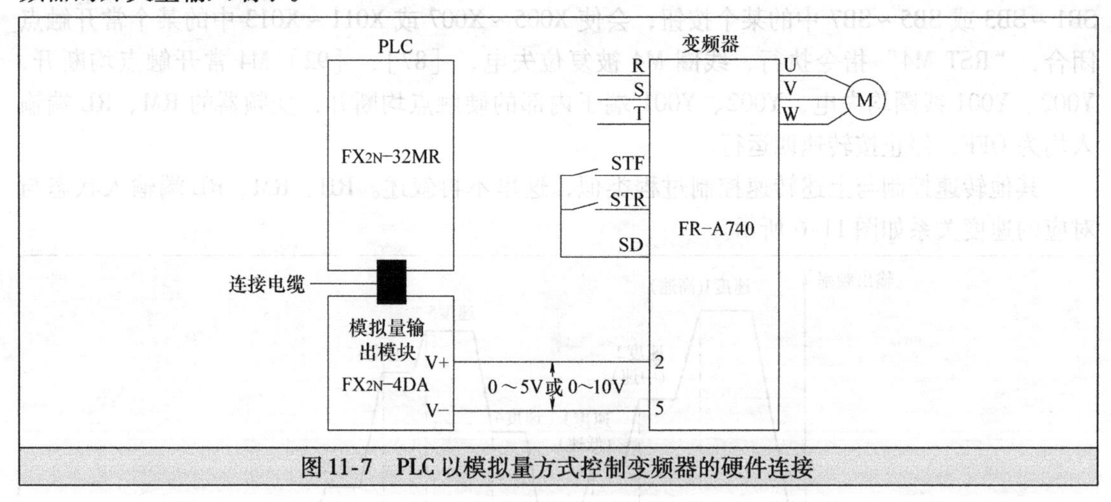

图 11-7　PLC 以模拟量方式控制变频器的硬件连接

11.2.2 PLC 以模拟量方式控制变频器的实例——中央空调冷却水流量控制

1. 中央空调系统的组成与工作原理

中央空调系统的组成如图 11-8 所示。

中央空调系统由三个循环系统组成，分别是制冷剂循环系统、冷却水循环系统和冷冻水循环系统。

制冷剂循环系统工作原理：压缩机从进气口吸入制冷剂（如氟利昂），在内部压缩后排出高温高压的气态制冷剂进入冷凝器（由散热良好的金属管做成），冷凝器浸在冷却水中，冷凝器中的制冷剂被冷却后，得到低温高压的液态制冷剂，然后经膨胀阀（用于控制制冷剂的流量大小）进入蒸发器（由散热良好的金属管做成），由于蒸发器管道空间大，液态制冷剂压力减小，马上汽化成气态制冷剂，制冷剂在由液态变成气态时会吸收大量的热量，蒸发器管道因被吸热而温度降低，由于蒸发器浸在水中，水的温度也因此而下降，蒸发器出来的低温低压的气态制冷剂被压缩机吸入，压缩成高温高压的气态制冷剂又进入冷凝器，开始下一次循环过程。

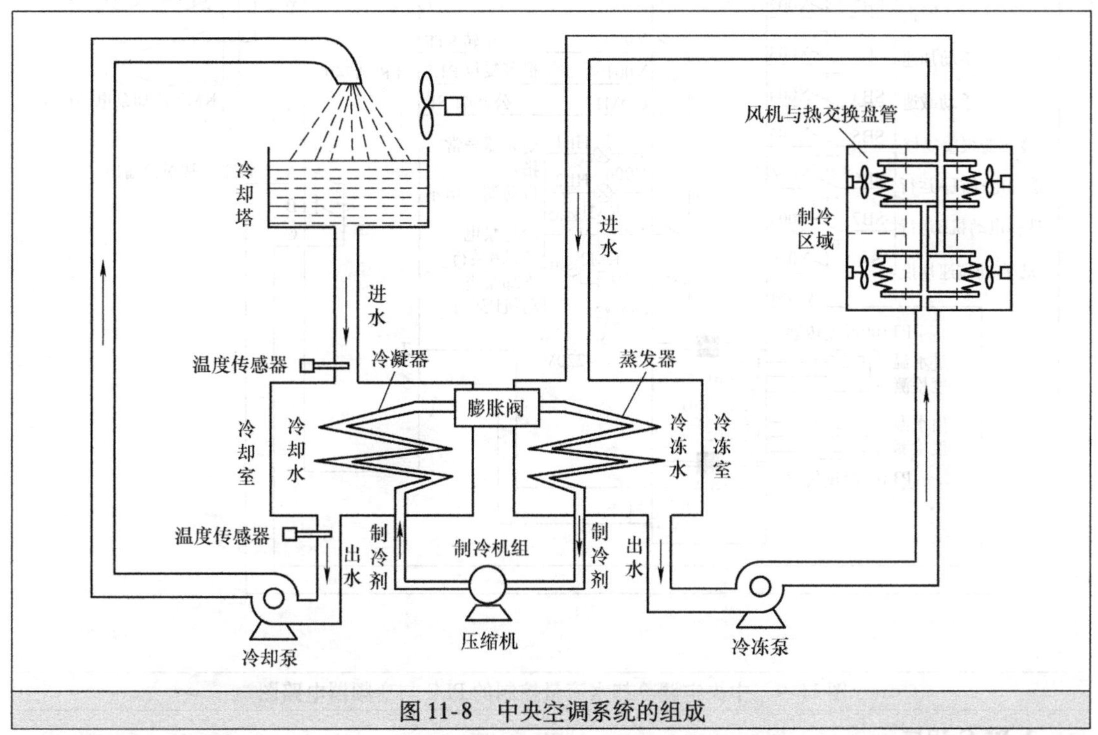

图 11-8　中央空调系统的组成

冷却水循环系统工作原理：冷却塔内的水流入制冷机组的冷却室，高温冷凝器往冷却水散热，使冷却水温度上升（如37℃），升温的冷却水被冷却泵抽吸并排往冷却塔，水被冷却（如冷却到32℃）后流进冷却塔，然后又流入冷却室，开始下一次冷却水循环。冷却室的出水温度要高于进水温度，两者存在温差，出进水温差大小反映冷凝器产生的热量多少，冷凝器产生的热量越多，出水温度越高，出进水温差越大。为了能带走冷凝器更多的热量来提高制冷机组的制冷效率，当出进水温度较大（出水温度高）时，应提高冷却泵电动机的转速，加快冷却室内水的流速来降低水温，使出进水温差减小，实际运行表明，出进水温差控制在3~5℃范围内较为合适。

冷冻水循环系统工作原理：制冷区域的热交换盘管中的水进入制冷机组的冷冻室，经蒸发器冷却后水温降低（如7℃），低温水被冷冻泵抽吸并排往制冷区域的各个热交换盘管，在风机作用下，空气通过低温盘管（内有低温水通过）时温度下降，使制冷区域的室内空气温度下降，热交换盘管内的水温则会升高（如升高到12℃），从盘管中流出的升温水汇集后又流进冷冻室，被低温蒸发器冷却后，再经冷冻泵抽吸并排往制冷区域的各个热交换盘管，开始下一次冷冻水循环。

2. 中央空调冷却水流量控制的PLC与变频器电路图

中央空调冷却水流量控制的PLC与变频器电路图如图11-9所示。

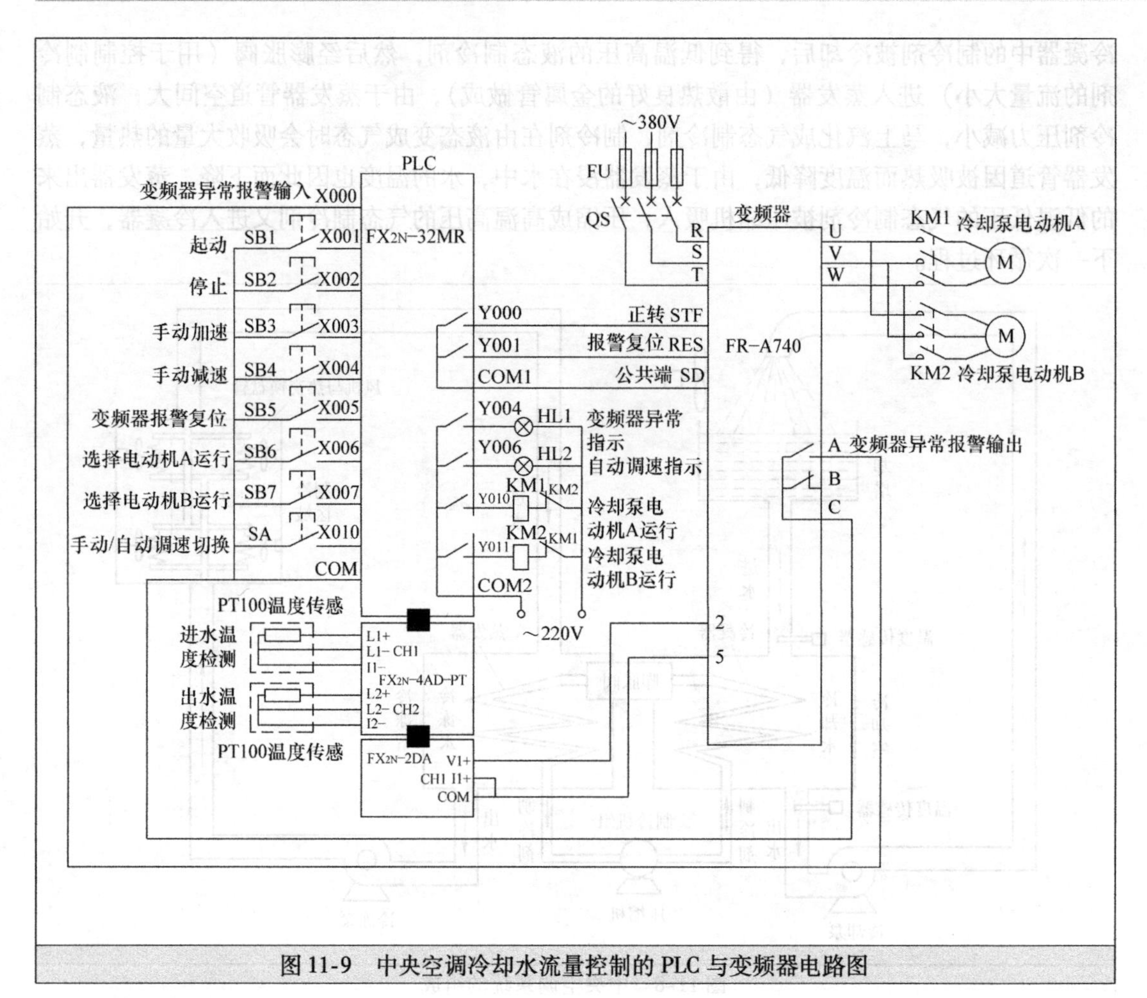

图 11-9　中央空调冷却水流量控制的 PLC 与变频器电路图

3. PLC 程序

中央空调冷却水流量控制的 PLC 程序由 D－A 转换程序、温差检测与自动调速程序、手动调速程序、变频器起/停/报警及电动机选择程序组成。

（1）D－A 转换程序

D－A 转换程序的功能是将 PLC 指定存储单元中的数字量转换成模拟量并输出去变频器的调速端子。本例是利用 FX2N－2DA 模块将 PLC 的 D100 单元中的数字量转换成 0～10V 电压去变频器的 2、5 端子。D－A 转换程序如图 11-10 所示。

（2）温差检测与自动调速程序

温差检测与自动调速程序如图 11-11 所示。温度检测模块（FX2N－4AD－PT）将出水和进水温度传感器检测到的温度值转换成数字量温度值，分别存入 D21 和 D20，两者相减后得到温差值存入 D25。在自动调速方式（X010 常开触点闭合）时，PLC 每隔 4s 检测一次温差，如果温差值＞5℃，自动将 D100 中的数字量提高 40，转换成模拟量去控制变频器，使之频率提升 0.5Hz，冷却泵电动机转速随之加快，如果温差值＜4.5℃，自动将 D100 中的数字量减小 40，使变频器的频率降低 0.5Hz，冷却泵电动机转速随之降低，如果 4.5℃≤温差值≤5℃，D100 中的数字量保持不变，变频器的频率不变，冷却泵电动机转速也不变。为了将变频器的频率限制在 30～50Hz，程序将 D100 的数字量限制在 2400～4000 范围内。

（3）手动调速程序

手动调速程序如图 11-12 所示。在手动调速方式（X010 常闭触点闭合）时，X003 触点每闭合一次，D100 中的数字量就增加 40，由 DA 模块转换成模拟量后使变频器频率提高 0.5Hz，X004 触点每闭合一次，D100 中的数字量就减小 40，由 DA 模块转换成模拟量后使变频器频率降低 0.5Hz，为了将变频器的频率限制在 30～50Hz，程序将 D100 的数字量限制在 2400～4000 范围内。

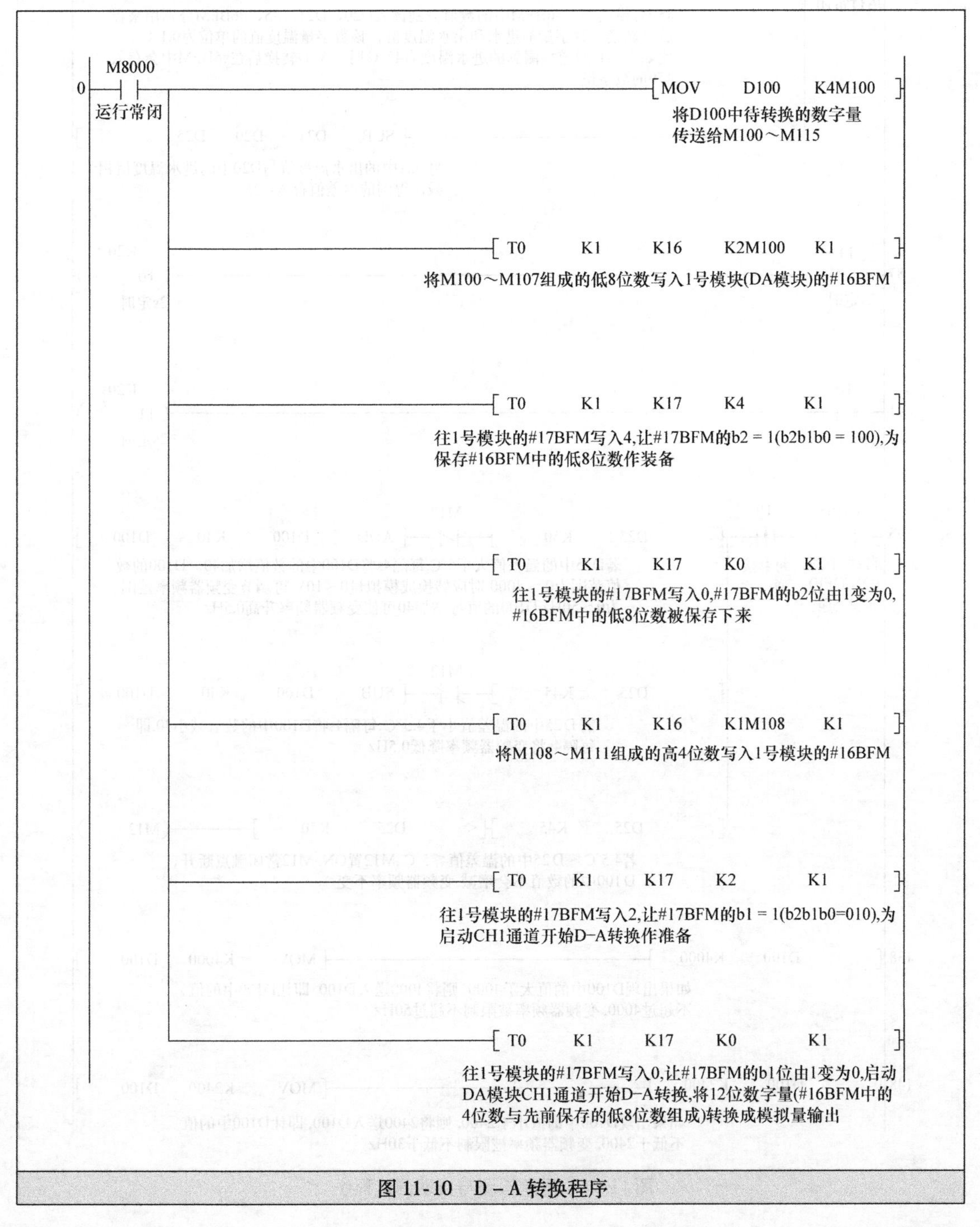

图 11-10　D－A 转换程序

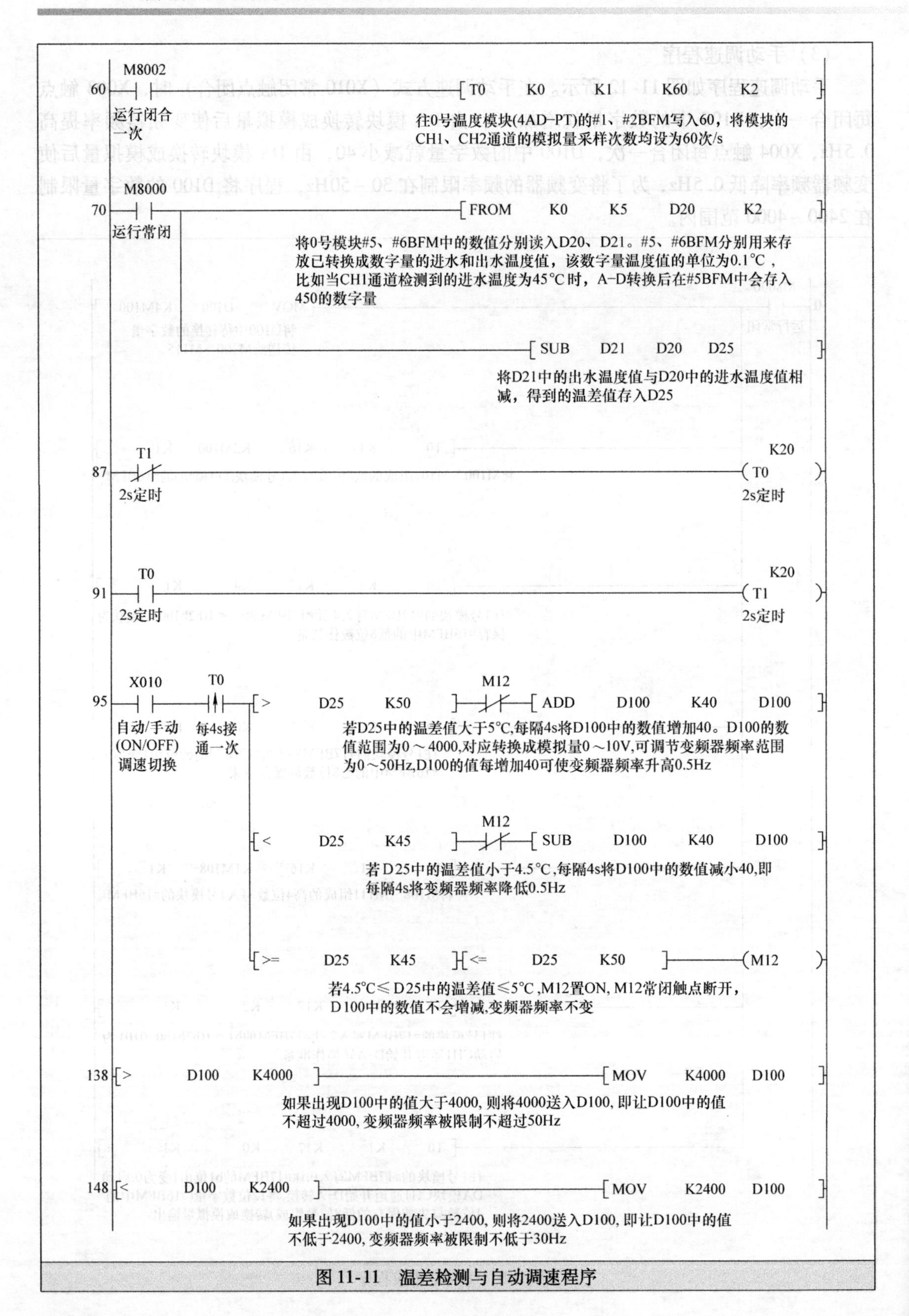

图 11-11　温差检测与自动调速程序

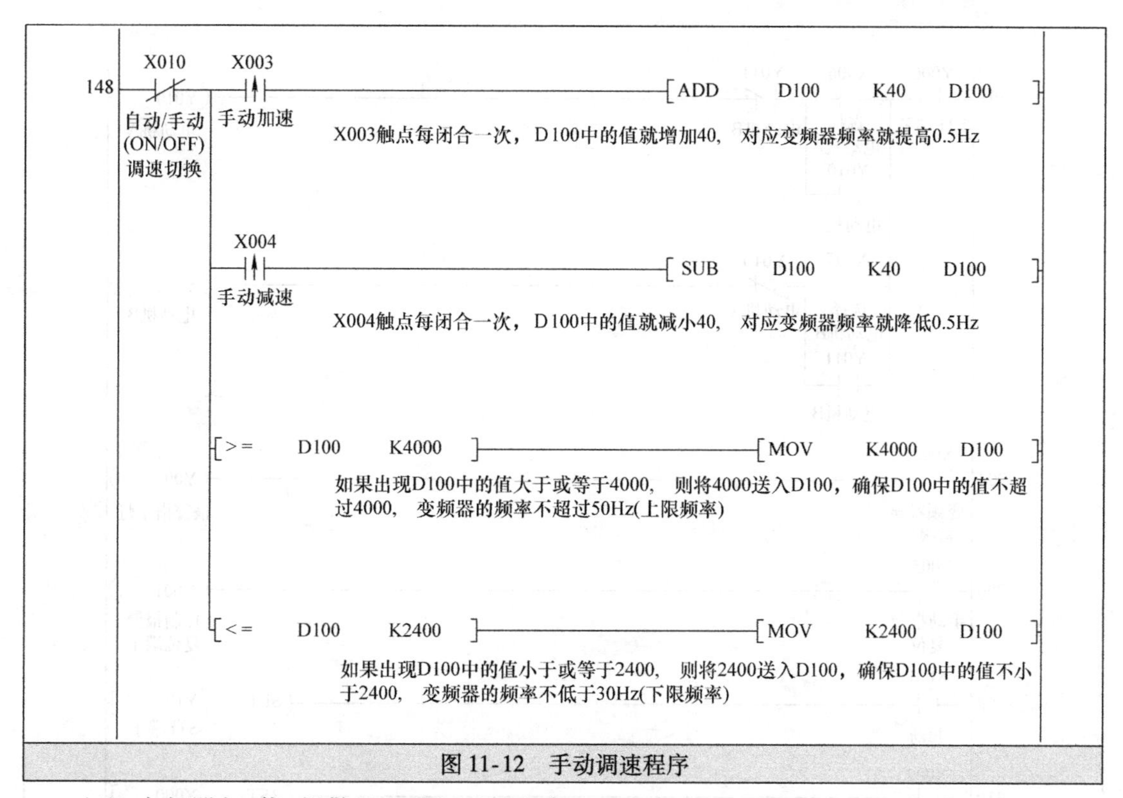

图 11-12 手动调速程序

（4）变频器起/停/报警及电动机选择程序

变频器起/停/报警及电动机选择程序如图 11-13 所示。下面对照图 11-9 线路图和图 11-13来说明该程序工作原理。

1）变频器起动控制。按下起动按钮 SB1，PLC 的 X000 端子输入为 ON，程序中的［208］X001 常开触点闭合，将 Y000 线圈置 1，［191］Y000 常开触点闭合，为选择电动机作准备，［214］Y001 常闭触点断开，停止对 D100（用于存放用作调速的数字量）复位。另外，PLC 的 Y000 端子内部硬触点闭合，变频器 STF 端子输入为 ON，起动变频器从 U、V、W 端子输出正转电源，正转电源频率由 D100 中的数字量决定，Y001 常闭触点断开停止 D100 复位后，自动调速程序的［148］指令马上往 D100 写入 2400，D100 中的 2400 随之由 DA 程序转换成 6V 电压，送到变频器的 2、5 端子，使变频器输出的正转电源频率为 30Hz。

2）冷却泵电动机选择。按下选择电动机 A 运行的按钮 SB6，［191］X006 常开触点闭合，Y010 线圈得电，Y010 自锁触点闭合，锁定 Y010 线圈得电，同时 Y010 硬触点也闭合，Y010 端子外部接触器 KM1 线圈得电，KM1 主触点闭合，将冷却泵电动机 A 与变频器的 U、V、W 端子接通，变频器输出电源驱动冷却泵电动机 A 运行。SB7 接钮用于选择电动机 B 运行，其工作过程与电动机A 相同。

3）变频器停止控制。按下停止按钮 SB2，PLC 的 X002 端子输入为 ON，程序中的［210］X002 常开触点闭合，将 Y000 线圈复位，［191］Y000 常开触点断开，Y010、Y011 线圈均失电，KM1、KM2 线圈失电，KM1、KM2 主触点均断开，将变频器与两台电机断开；［214］Y001 常闭触点闭合，对 D100 复位。另外，PLC 的 Y000 端子内部硬触点断开，变频器 STF 端子输入为 OFF，变频器停止 U、V、W 端子输出电源。

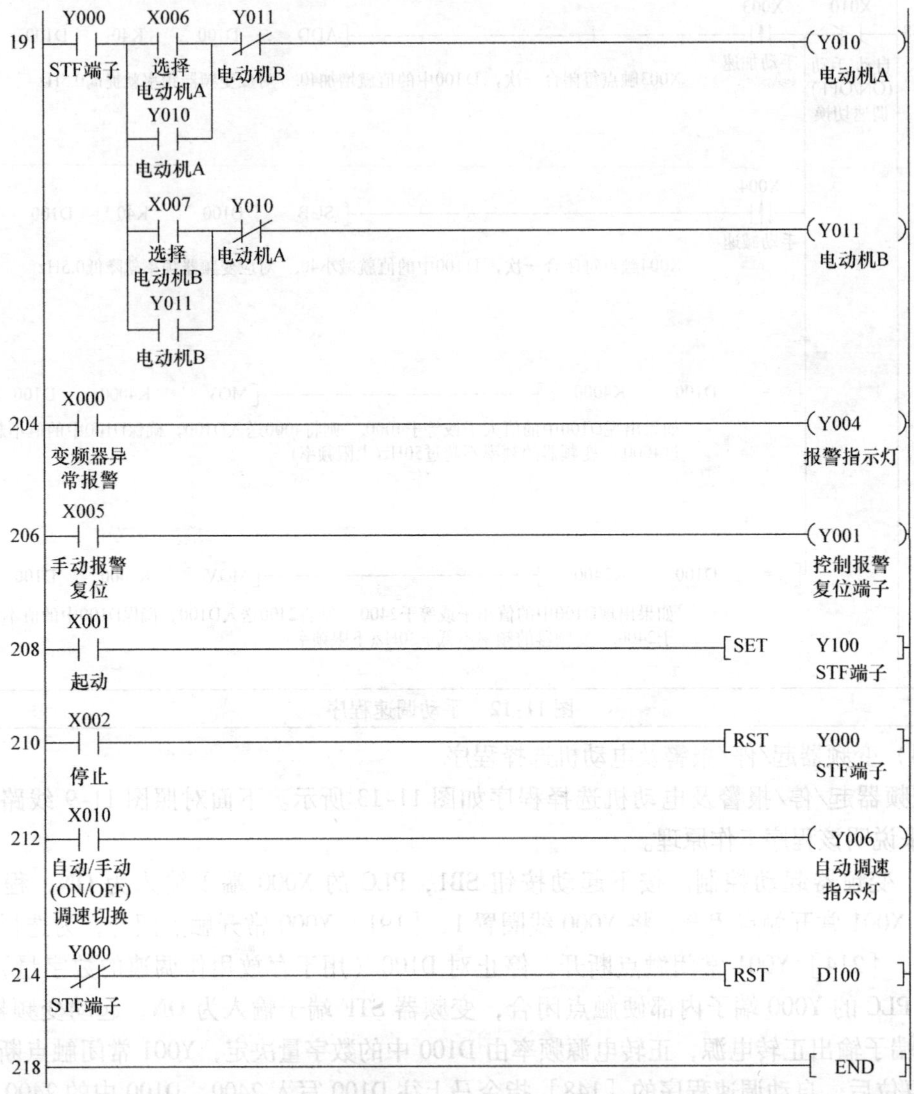

191 Y000 STF端子 X006 选择电动机A Y010 电动机A Y011 电动机B (Y010 电动机A)
X007 选择电动机B Y011 电动机B Y010 电动机A (Y011 电动机B)
204 X000 变频器异常报警 (Y004 报警指示灯)
206 X005 手动报警复位 (Y001 控制报警复位端子)
208 X001 起动 [SET Y100 STF端子]
210 X002 停止 [RST Y000 STF端子]
212 X010 自动/手动(ON/OFF)调速切换 (Y006 自动调速指示灯)
214 Y000 STF端子 [RST D100]
218 [END]

图 11-13 变频器起/停/报警及电动机选择程序

4）自动调速控制。将自动/手动调速切换开关闭合，选择自动调速方式，［212］X010 常开触点闭合，Y006 线圈得电，Y006 硬触点闭合，Y006 端子外接指示灯通电点亮，指示当前为自动调速方式；［95］X010 常开触点闭合，自动调速程序工作，系统根据检测到的出进水温差来自动改变用作调速的数字量，该数字量经 DA 模块转换成相应的模拟量电压，去调节变频器的输出电源频率，进而自动调节冷却泵电动机的转速；［148］X010 常闭触点断开，手动调速程序不工作。

5）手动调速控制。将自动/手动调速切换开关断开，选择手动调速方式，［212］X010 常开触点断开，Y006 线圈失电，Y006 硬触点断开，Y006 端子外接指示灯断电熄灭；［95］X010 常开触点断开，自动调速程序不工作；［148］X010 常闭触点闭合，手动调速程序工作，以手动加速控制为例，每按一次手动加速按钮 SB3，X003 上升沿触点就接通一个扫描周期，ADD 指令就将 D100 中用作调速的数字量增加 40，经 DA 模块转换成模拟量电压，去控制变频器频率提高 0.5Hz。

6）变频器报警及复位控制。在运行时，如果变频器出现异常情况（如电动机出现短路导致变频器过电流），其 A、C 端子内部的触点闭合，PLC 的 X000 端子输入为 ON，程序［204］X000 常开触点闭合，Y004 线圈得电，Y004 端子内部的硬触点闭合，变频器异常报警指示灯 HL1 通电点亮。排除异常情况后，按下变频器报警复位按钮 SB5，PLC 的 X005 端子输入为 ON，程序［206］X005 常开触点闭合，Y001 端子内部的硬触点闭合，变频器的 RES 端子（报警复位）输入为 ON，变频器内部报警复位，A、C 端子内部的触点断开，PLC 的 X000 端子输入变为 OFF，最终使 Y004 端子外接报警指示灯 HL1 断电熄灭。

4. 变频器参数的设置

为了满足控制和运行要求，需要对变频器一些参数进行设置。本例中变频器需设置的参数及参数值见表 11-3。

表 11-3 变频器的有关参数及设置值

参数名称	参数号	设置值
加速时间	Pr. 7	3s
减速时间	Pr. 8	3s
基底频率	Pr. 3	50Hz
上限频率	Pr. 1	50Hz
下限频率	Pr. 2	30Hz
运行模式	Pr. 79	2（外部操作）
0～5V 和 0～10V 调频电压选择	Pr. 73	0（0～10V）

第12章　三菱通用伺服驱动器介绍

12.1　交流伺服系统的组成及说明

交流伺服系统是以交流伺服电动机为控制对象的自动控制系统，主要由伺服控制器、伺服驱动器和伺服电动机组成。交流伺服系统主要有三种控制模式，分别是位置控制模式、速度控制模式和转矩控制模式，在不同的模式下，其工作原理略有不同。交流伺服系统的控制模式可通过设置伺服驱动器的参数来改变。

12.1.1　工作在位置控制模式时的系统组成及说明

当交流伺服系统工作在位置控制模式时，能精确控制伺服电动机的转数，因此可以精确控制执行部件的移动距离，即可对执行部件进行运动定位。

交流伺服系统工作在位置控制模式的组成结构如图12-1所示。伺服控制器发出控制信号和脉冲信号给伺服驱动器，伺服驱动器输出U、V、W三相电源给伺服电动机，驱动其工作。与电动机同轴旋转的编码器会将电动机的旋转信息反馈给伺服驱动器，如电动机每旋转一周编码器会产生一定数量的脉冲送给驱动器。伺服控制器输出的脉冲信号用来确定伺服电动机的转数。在驱动器中，该脉冲信号与编码器送来的脉冲信号进行比较，若两者相等，表明电动机旋转的转数已达到要求，电动机驱动的执行部件已移动到指定的位置，控制器发出的脉冲个数越多，电动机会旋转更多的转数。

伺服控制器既可以是PLC，也可以是定位模块（如FX_{2N}-1PG、FX_{2N}-10GM和FX_{2N}-20GM）。

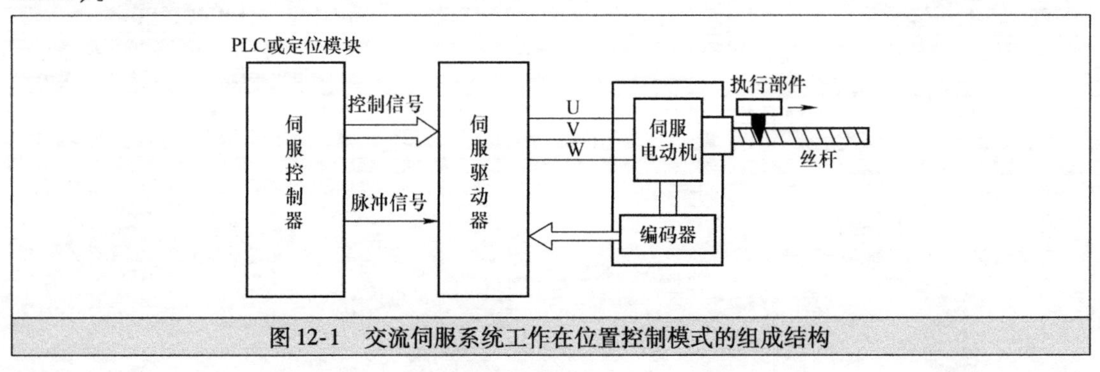

图12-1　交流伺服系统工作在位置控制模式的组成结构

12.1.2　工作在速度控制模式时的系统组成及说明

当交流伺服系统工作在速度控制模式时，伺服驱动器无须输入脉冲信号，故可取消伺服控制器，此时的伺服驱动器类似于变频器，但由于驱动器能接收伺服电动机编码器送来的转速信息，不但能调节电动机转速，还能让电动机转速保持稳定。

交流伺服系统工作在速度控制模式的组成结构如图12-2所示。伺服驱动器输出U、V、W三相电源给伺服电动机，驱动其工作。编码器会将伺服电动机的旋转信息反馈给伺服驱动器，如电动机旋转速度越快，编码器反馈给伺服驱动器的脉冲频率就越高。操作伺服驱动器的相关输入开关，可以控制伺服电动机的起动、停止和旋转方向等，调节伺服驱动器的有关输入电位器，可以调节电动机的转速。

伺服驱动器的输入开关、电位器等输入的控制信号也可以用PLC等控制设备来产生。

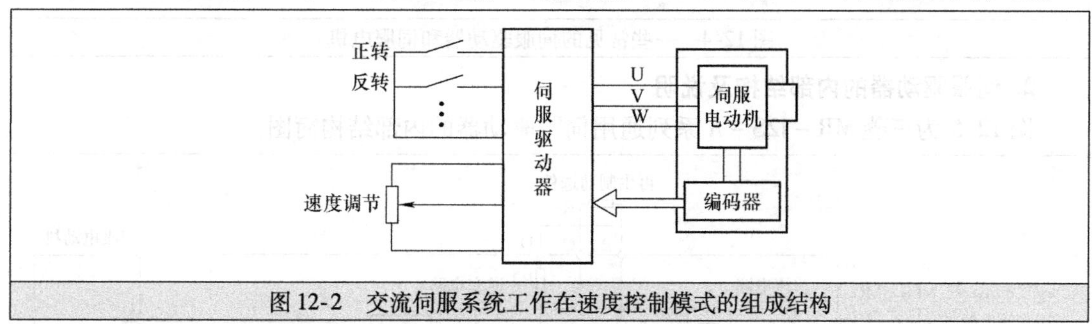

图12-2　交流伺服系统工作在速度控制模式的组成结构

12.1.3　工作在转矩控制模式时的系统组成及说明

当交流伺服系统工作在转矩控制模式时，伺服驱动器无须输入脉冲信号，故可取消伺服控制器，通过操作伺服驱动器的输入电位器，可以调节伺服电动机的输出转矩（又称扭矩，即转力）。

交流伺服系统工作在转矩控制模式的组成结构如图12-3所示。

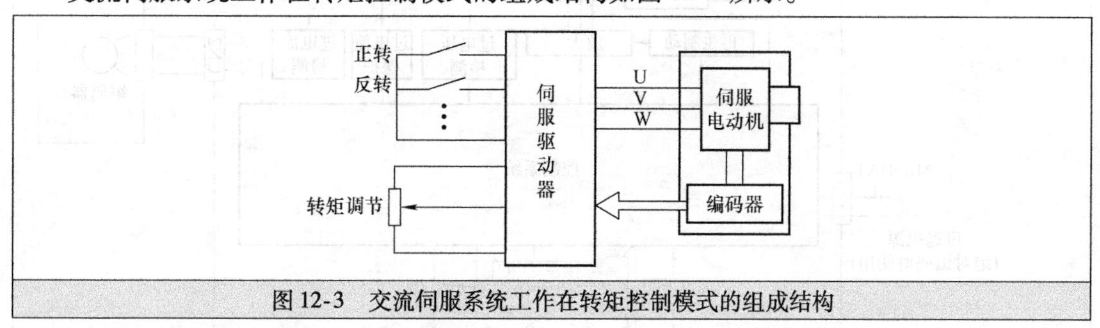

图12-3　交流伺服系统工作在转矩控制模式的组成结构

12.1.4　伺服驱动器的结构与原理

伺服驱动器又称伺服放大器，是交流伺服系统的核心设备。伺服驱动器的品牌很多，常见的有三菱、安川、松下和三洋等。

1. 外形

图12-4列出了一些常见的伺服驱动器和伺服电机。伺服驱动器的功能是将工频（50Hz或60Hz）交流电源换成幅度和频率均可变的交流电源提供给伺服电动机。当伺服驱动器工

作在速度控制模式时，通过控制输出电源的频率对电动机进行调速；当工作在转矩控制模式时，通过控制输出电源的幅度来对电动机进行转矩控制；当工作在位置控制模式时，根据输入脉冲来决定输出电源的通断时间。

图 12-4　一些常见的伺服驱动器和伺服电机

2. 伺服驱动器的内部结构及说明

图 12-5 为三菱 MR－J2S－A 系列通用伺服驱动器的内部结构简图。

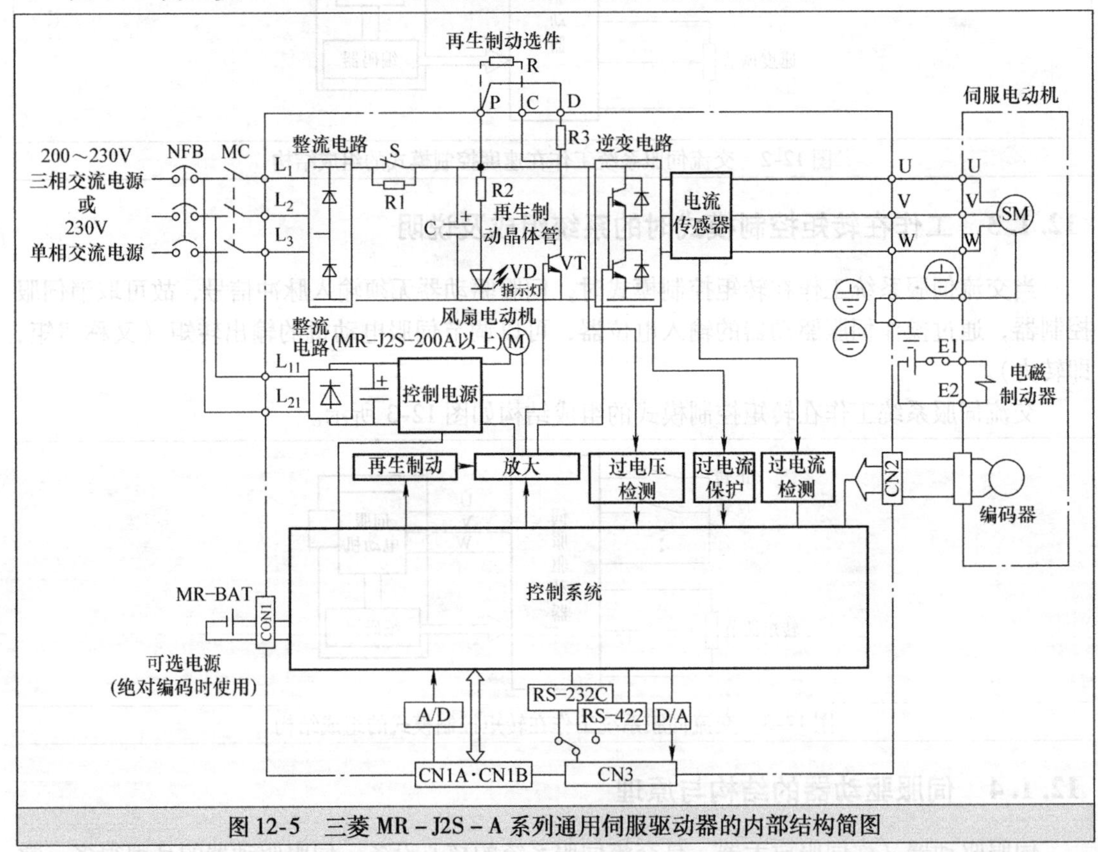

图 12-5　三菱 MR－J2S－A 系列通用伺服驱动器的内部结构简图

伺服驱动器工作原理说明如下：

三相交流电源（200～230V）或单相交流电源（230V）经断路器 NFB 和接触器触点 MC 送到伺服驱动器内部的整流电路，交流电源经整流电路、开关 S（S 断开时经 R1）对电容 C 充电，在电容上得到上正下负的直流电压，该直流电压送到逆变电路，逆变电路将直流电压转换成 U、V、W 三相交流电压，输出送给伺服电动机，驱动电动机运转。

R1、S 为浪涌保护电路，在开机时 S 断开，R1 对输入电流进行限制，用于保护整流电路中的二极管不被开机冲击电流烧坏，正常工作时 S 闭合，R1 不再限流；R2、VD 为电源指示电路，当电容 C 上存在电压时，VD 就会发光；VT、R3 为再生制动电路，用于加快制动速度，同时避免制动时电机产生的电压损坏有关电路；电流传感器用于检测伺服驱动器输出电流大小，并通过电流检测电路反馈给控制系统，以便控制系统能随时了解输出电流情况并做出相应控制。有些伺服电动机除了带有编码器外，还带有电磁制动器，在制动器线圈未通电时伺服电机转轴被抱闸，线圈通电后抱闸松开，电动机可正常运行。

控制系统有单独的电源电路，它除了为控制系统供电外，对于大功率型号的驱动器，它还要为内置的散热风扇供电；主电路中的逆变电路工作时需要提供驱动脉冲信号，它由控制系统提供，主电路中的再生制动电路所需的控制脉冲也由控制系统提供。过电压检测电路用于检测主电路中的电压，过电流检测电路用于检测逆变电路的电流，它们都反馈给控制系统，控制系统根据设定的程序做出相应的控制（如过电压或过电流时让驱动器停止工作）。

如果给伺服驱动器接上备用电源（MR－BAT），就能构成绝对位置系统，这样在首次原点（零位）设置后，即使驱动器断电或报警后重新运行，也不需要进行原点复位操作。控制系统通过一些接口电路与驱动器的外接端口（如 CN1A、CN1B 和 CN3 等）连接，以便接收外部设备送来的指令，也能将驱动器有关信息输出给外部设备。

12.2　伺服驱动器的面板与型号说明

伺服驱动器型号很多，但功能大同小异，本书以三菱 MR－J2S－A 系列通用伺服驱动器为例进行介绍。

12.2.1　面板介绍

1. 外形

图 12-6 为三菱 MR－J2S－100A 以下的伺服驱动器外形，MR－J2S－200A 以上的伺服驱动器的功能与之基本相同，但输出功率更大，并带有冷却风扇，故体积较大。

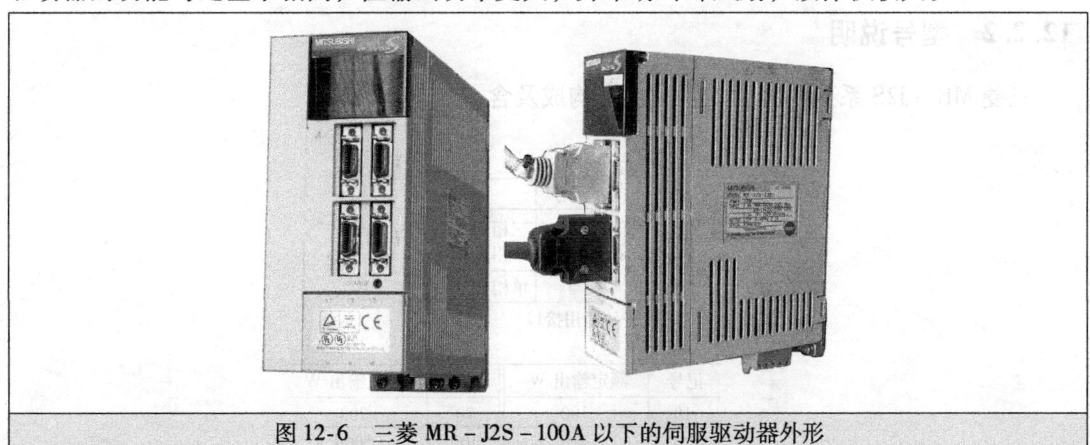

图 12-6　三菱 MR－J2S－100A 以下的伺服驱动器外形

2. 面板说明

三菱 MR－J2S－100A 以下的伺服驱动器的面板说明如图 12-7 所示。

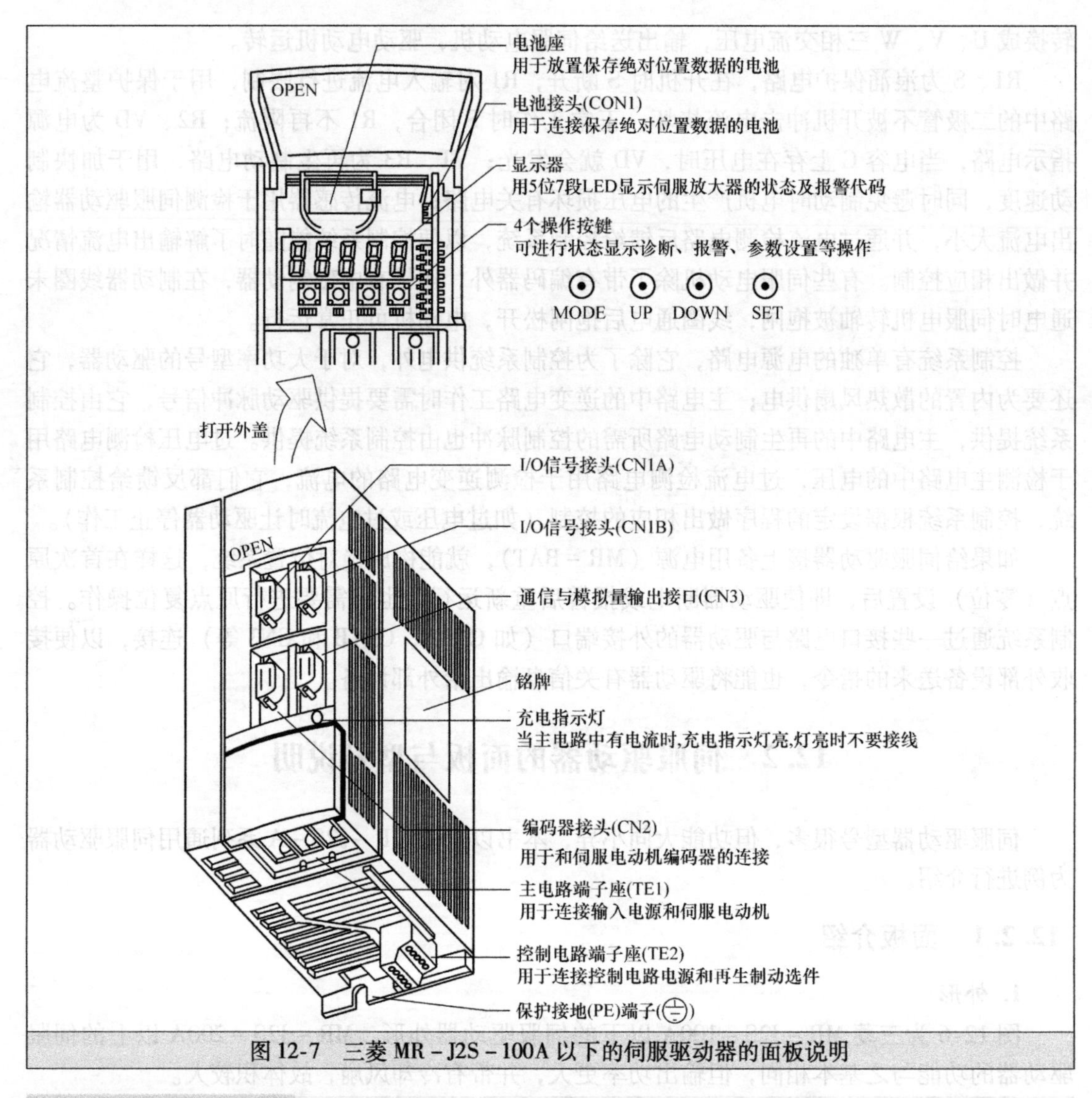

图 12-7　三菱 MR－J2S－100A 以下的伺服驱动器的面板说明

12.2.2　型号说明

三菱 MR－J2S 系列伺服驱动器的型号构成及含义如下：

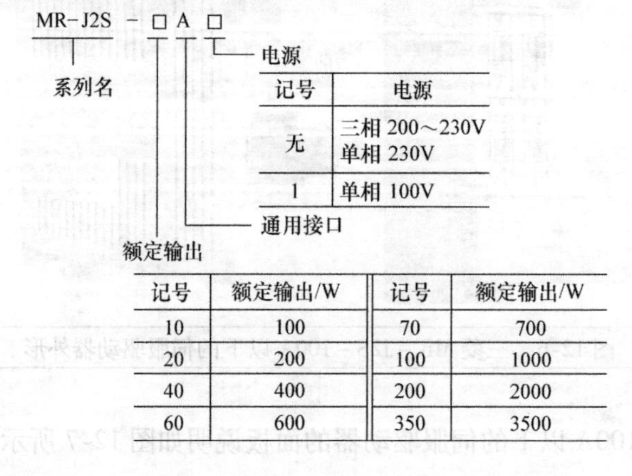

记号	电源
无	三相 200～230V 单相 230V
1	单相 100V

记号	额定输出/W	记号	额定输出/W
10	100	70	700
20	200	100	1000
40	400	200	2000
60	600	350	3500

12.2.3　规格

三菱 MR－J2S 系列伺服驱动器的标准规格见表 12-1。

表 12-1　三菱 MR－J2S 系列伺服驱动器的标准规格

项目 \ 伺服放大器 MR－J2S－□		10A	20A	40A	60A	70A	100A	200A	350A	10A1	20A1	40A1
电源	电压·频率	三相 AC200~230V，50/60Hz 或单相 AC230V，50/60Hz					三相 AC200~230V，50/60Hz			单相 AC100~120V，50/60Hz		
	容许电压波动范围	三相 AC200~230V 的场合：AC170~253V 单相 AC230 的场合：AC207~253					三相 AV170~253V			单相 AC85~127V		
	容许频率波动范围	±5%以内										
控制方式		正弦波 PWM 控制，电流控制方式										
动态制动		内置										
保护功能		过电流、再生制动过电压、过载（电子热继电器）、伺服电机过热、编码器异常、再生制动异常、欠电压，瞬时停电、超速、误差过大										
速度频率响应		550Hz 以上										
位置控制模式	最大输入脉冲频率	500kbit/s（差动输入的场合），200kbit/s（集电极开路输入的场合）										
	指令脉冲倍率（电子齿轮）	电子齿轮比（A/B）A：1~65535·131072　B：1~65535 1/50<A/B<500										
	定位完毕范围设定	0~±10000 脉冲（指令脉冲单位）										
	误差过大	±10 转										
	转矩限制	通过参数设定或模拟量输入指令设定（DC0~+10V/最大转矩）										
速度控制模式	速度控制范围	模拟量速度指令 1:2000，内部速度指令 1:5000										
	模拟量速度指令输入	DC0~10V/额定速度										
	速度波动范围	+0.01%以下（负载变动 0~100%） 0%（电源变动±10%） +0.2%以下（环境温度 25℃±10℃），仅在使用模拟量速度指令时										
	转矩限制	通过参数设定或模拟量输入指令设定 DC0~10V/最大转矩）										
转矩控制模式	模拟量速度指令输入	DC0~±8V/最大转矩（输入阻抗 10~12kΩ）										
	速度限制	通过参数设定或模拟量输入指令设定（0~10VDC/最大额定速度）										
冷却方式		自冷，开放（IP00）					强冷，开放（IP00）			自冷，开放（IP00）		
环境	环境温度	0~+55℃（不冻结），保存：−20~+65℃（不冻结）										
	湿度	90%RH 以下（不凝结），保存：90%RH（不凝结）										
	周围环境	室内（无日晒）、无腐蚀性气体、无可燃性气体、无油气、无尘埃										
	海拔高度	海拔 1000m 以下										
	振动	5.9m/s² 以下										
质量/kg		0.7	0.7	1.1	1.1	1.7	1.7	2.0	2.0	0.7	0.7	1.1

12.3　伺服驱动器与辅助设备的总接线

伺服驱动器工作时需要连接伺服电动机、编码器、伺服控制器（或控制部件）和电源等设备，如果使用软件来设置参数，则还需要连接计算机。三菱 MR－J2S 系列伺服驱动器有大功率和中小功率之分，它们的接线端子略有不同。

12.3.1 MR－J2S－100A 以下的伺服驱动器与辅助设备的总接线

三菱 MR－J2S－100A 以下伺服驱动器与辅助设备的连接如图 12-8 所示。这种小功率的伺服驱动器可以使用 200～230V 的三相交流电压供电，也可以使用 230V 的单相交流电压供电。由于我国三相交流电压通常为 380V，故使用 380V 三相交流电压供电时需要使用三相降压变压器，将 380V 降到 220V 再供给伺服驱动器。如果使用 220V 单相交流电压供电，只需将 220V 电压接到伺服驱动器的 L1、L2 端。

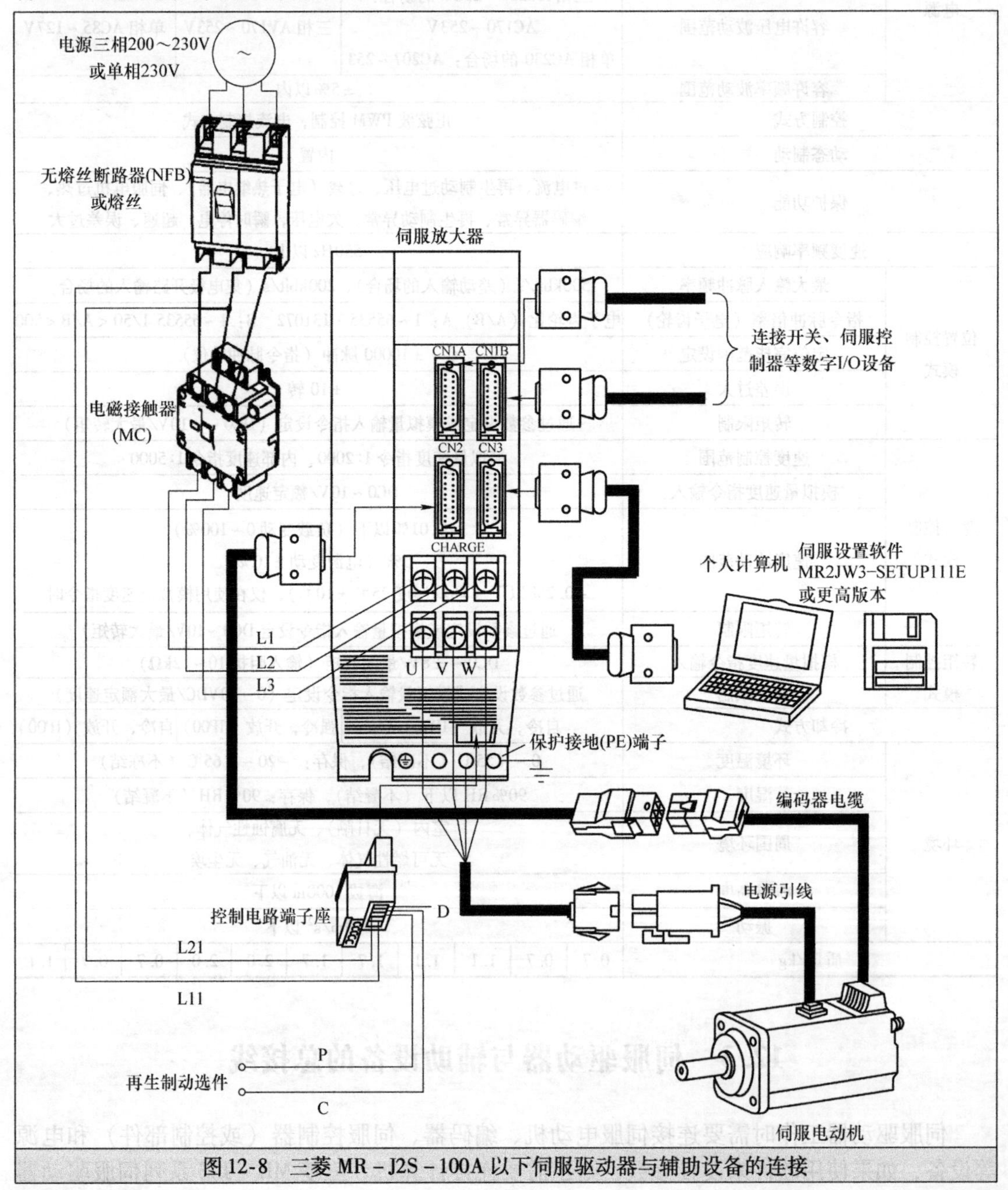

图 12-8 三菱 MR－J2S－100A 以下伺服驱动器与辅助设备的连接

12.3.2 MR-J2S-100A以上的伺服驱动器与辅助设备的总接线

三菱 MR-J2S-100A 以上伺服驱动器与辅助设备的连接如图12-9所示。这类中大功率的伺服驱动器只能使用200~230V的三相交流电压供电，可采用三相降压变压器将380V降到220V再供给伺服驱动器。

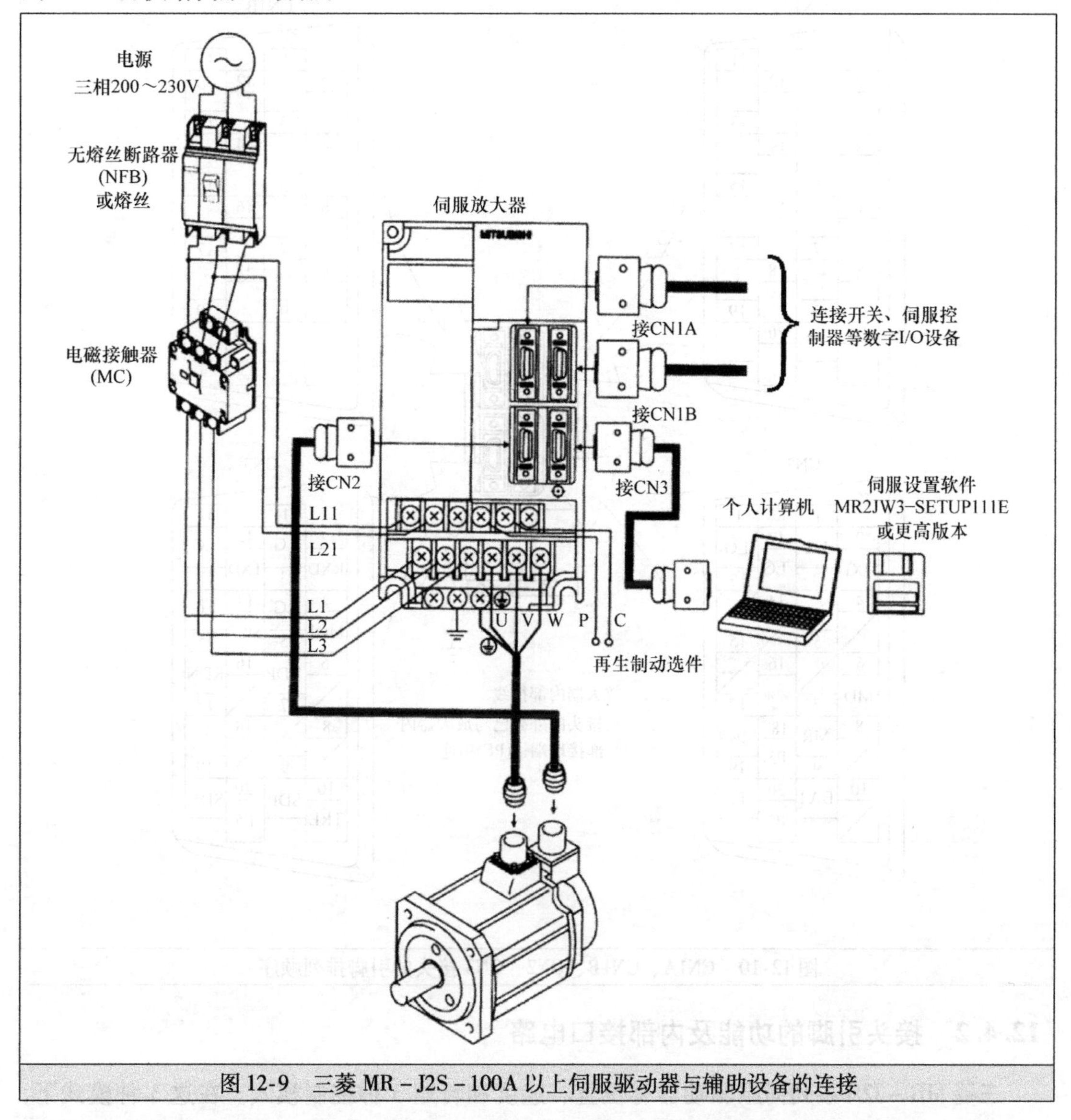

图12-9 三菱 MR-J2S-100A 以上伺服驱动器与辅助设备的连接

12.4 伺服驱动器的接头引脚功能及内部接口电路

12.4.1 接头引脚的排列规律

三菱 MR-J2S 系列伺服驱动器有 CN1A、CN1B、CN2、CN3 4个接头与外部设备连接，这4个接都由20个引脚组成，它们不但外形相同，引脚排列规律也相同，引脚排列顺序如图12-10所示。图中CN2、CN3接头有些引脚下方标有英文符号，用于说明该引脚的功能，引脚下方的斜线表示该脚无功能（即空脚）。

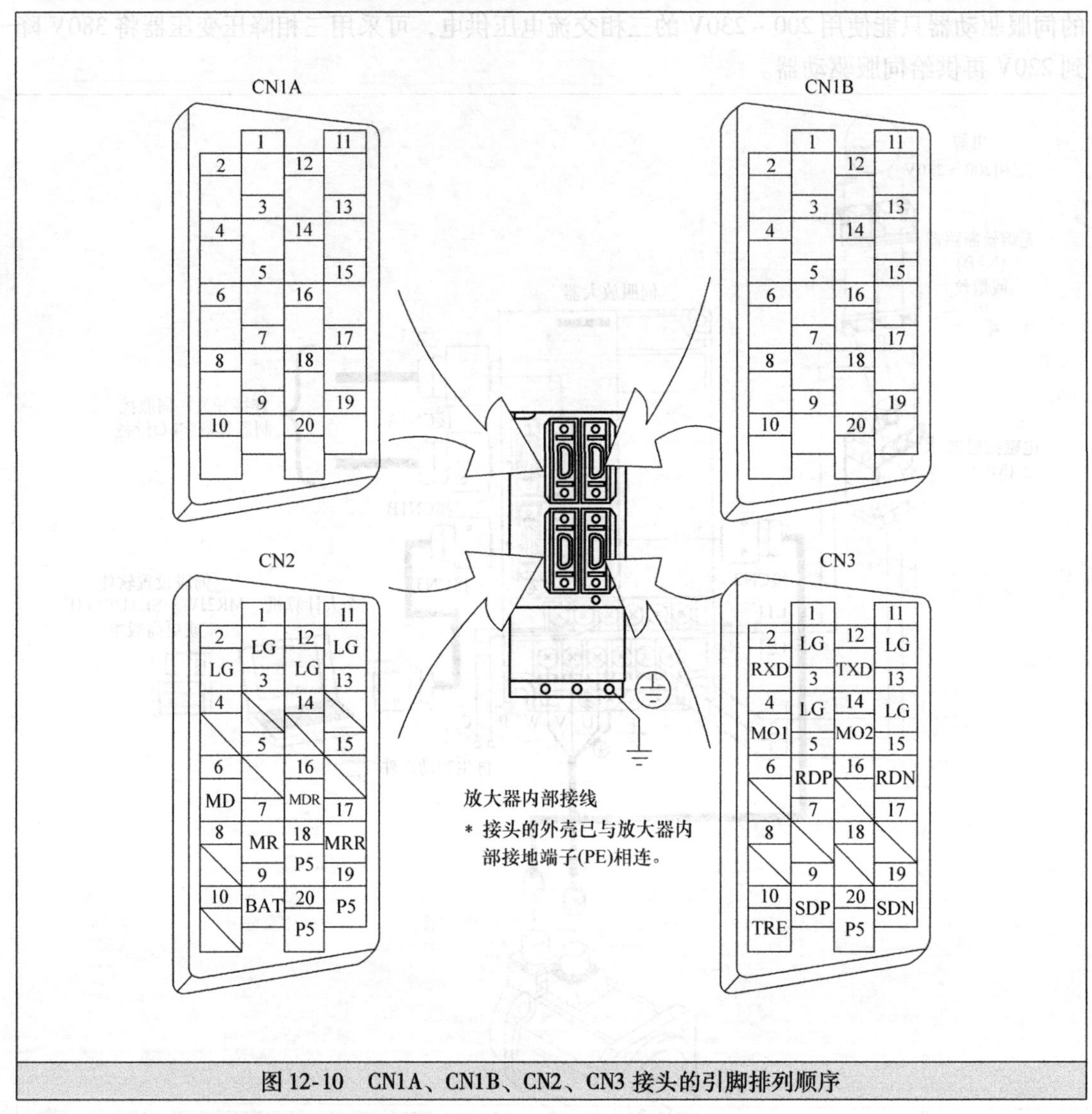

图12-10 CN1A、CN1B、CN2、CN3接头的引脚排列顺序

12.4.2 接头引脚的功能及内部接口电路

三菱MR－J2S系列伺服驱动器有位置、速度和转矩3种控制模式。在这3种模式下，CN2、CN3接头各引脚功能定义相同，具体如图12-10所示；而CN1A、CN1B接头中有些引脚在不同模式时功能有所不同，如图12-11所示，P表示位置模式，S表示速度模式，T表示转矩模式，例如CN1B接头的2号引脚在位置模式时无功能（不使用），在速度模式时功能为VC（模拟量速度指令输入），在转矩模式时的功能为VLA（模拟量速度限制输入）。在图12-11中，左边引脚为输入引脚，右边引脚为输出引脚。

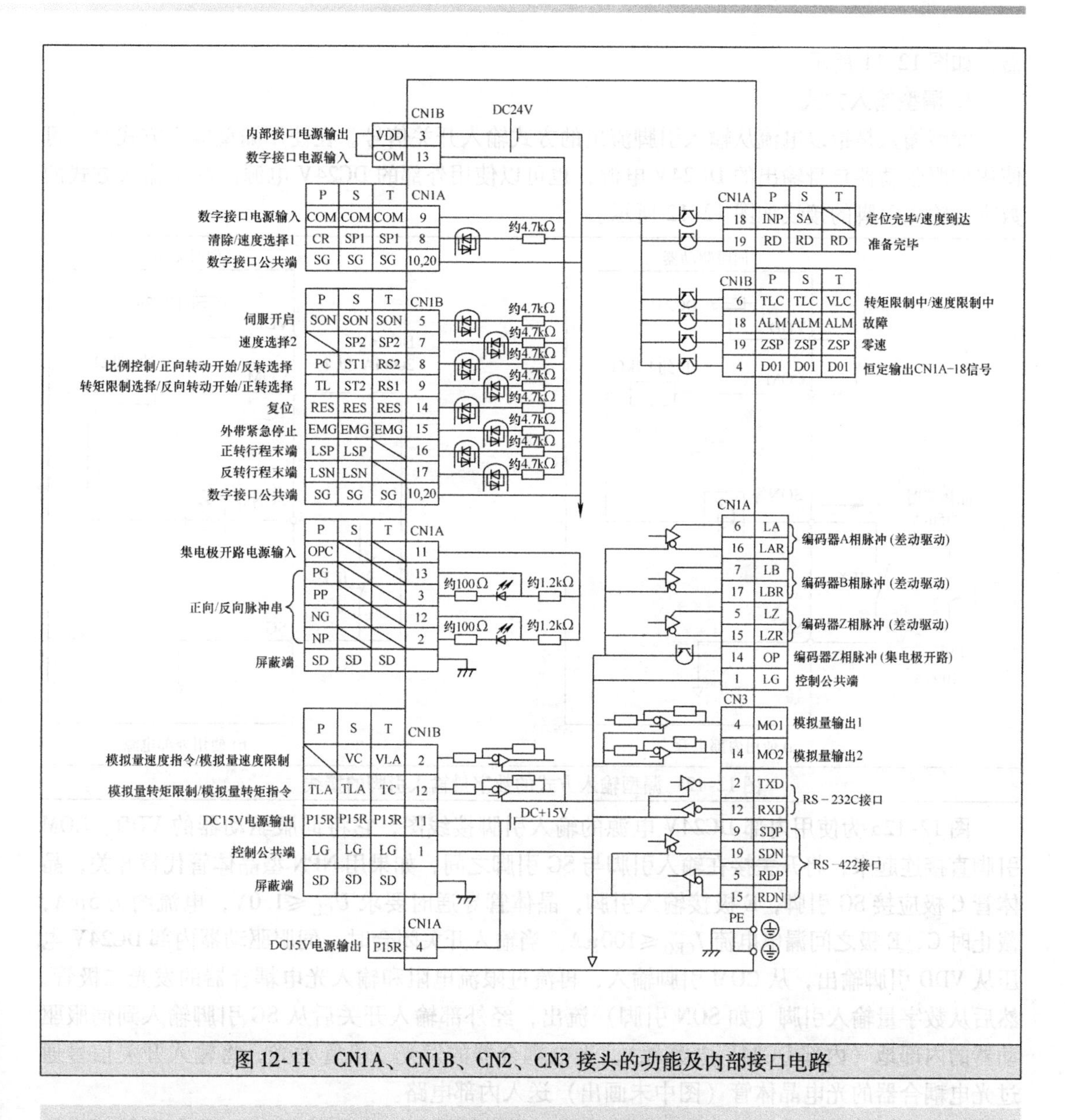

图12-11　CN1A、CN1B、CN2、CN3接头的功能及内部接口电路

12.5　伺服驱动器的接线

伺服驱动器的接线主要包括数字量输入引脚的接线、数字量输出引脚的接线、脉冲输入引脚的接线、编码器脉冲输出引脚的接线、模拟量输入引脚的接线、模拟量输出引脚的接线、电源接线、再生制动器接线、伺服电动机接线和接地的接线。

12.5.1　数字量输入引脚的接线

伺服驱动器的数字量输入引脚用于输入开关信号，如起动、正转、反转和停止信号等。根据开关闭合时输入引脚的电流方向不同，可分为漏型输入方式和源型输入方式，不管采用哪种输入方式，伺服驱动器都能接收，这是因为数字量输入引脚的内部采用双向光电耦合器，如图 12-11 所示。

1. 漏型输入方式

漏型输入是指以电流从输入引脚流出的方式输入开关信号。在使用漏型输入方式时，可使用伺服驱动器自身输出的 DC24V 电源，也可以使用外部的 DC24V 电源。漏型输入方式的数字量输入引脚的接线如图 12-12 所示。

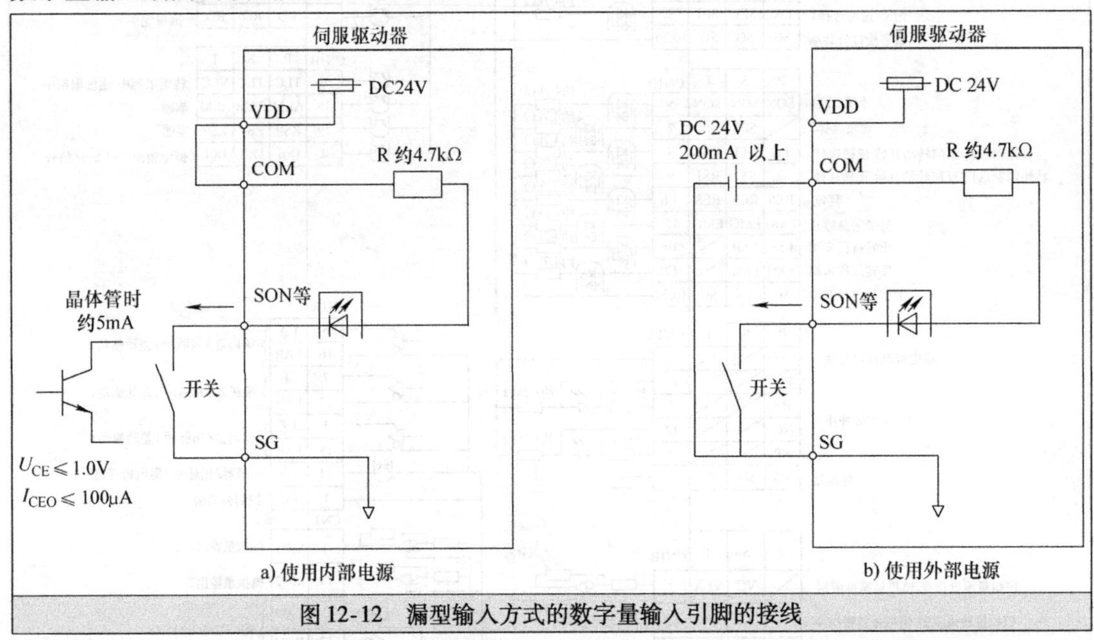

图 12-12　漏型输入方式的数字量输入引脚的接线

图 12-12a 为使用内部 DC24V 电源的输入引脚接线图，它将伺服驱动器的 VDD、COM 引脚直接连起来，将开关接在输入引脚与 SG 引脚之间，如果用 NPN 型晶体管代替开关，晶体管 C 极应接 SG 引脚，E 极接输入引脚，晶体管导通时要求 $U_{CE} \leq 1.0V$，电流约为 5mA，截止时 C、E 极之间漏电电流 $I_{CEO} \leq 100\mu A$。当输入开关闭合时，伺服驱动器内部 DC24V 电压从 VDD 引脚输出，从 COM 引脚输入，再流过限流电阻和输入光电耦合器的发光二极管，然后从数字量输入引脚（如 SON 引脚）流出，经外部输入开关后从 SG 引脚输入到伺服驱动器的内部地（内部 DC24V 电源地），光电耦合器的发光二极管发光，将输入开关信号通过光电耦合器的光电晶体管（图中未画出）送入内部电路。

图 12-12b 为使用外部 DC24V 电源的输入引脚接线图，它将外部 DC24V 电源的正极接 COM 引脚，负极接 SG 引脚，VDD、COM 引脚之间断开，当输入开关闭合时，有电流流经输入引脚内部的光电耦合器的发光二极管，发光二极管发光，将开关信号送入伺服驱动器内部电路。使用外部 DC 电源时，要求电源的输出电压为 24V，输出电流应大于 200mA。

2. 源型输入方式

源型输入是指以电流从输入引脚流入的方式输入开关信号。在使用源型输入方式时，可使用伺服驱动器自身输出的 DC24V 电源，也可以使用外部的 DC24V 电源。源型输入方式的数字量输入引脚的接线如图 12-13 所示。

图 12-13a 为使用内部 DC24V 电源的输入引脚接线图。它将伺服驱动器的 SG、COM 引脚直接连起来，将开关接在输入引脚与 VDD 引脚之间，如果用晶体管 NPN 型代替开关，晶体管 C 极应接 VDD 引脚，E 极接输入引脚。当输入开关闭合时，有电流流过输入开关和光

电耦合器的发光二极管，电流途径是：伺服驱动器内部DC24V电源正极→VDD引脚流出→输入开关→数字量输入引脚流入→发光二极管→限流电阻→COM引脚流出→SG引脚流入→伺服驱动器内部地。光电耦合器的发光二极管发光，将输入开关信号通过光电耦合器的光电晶体管送入内部电路。

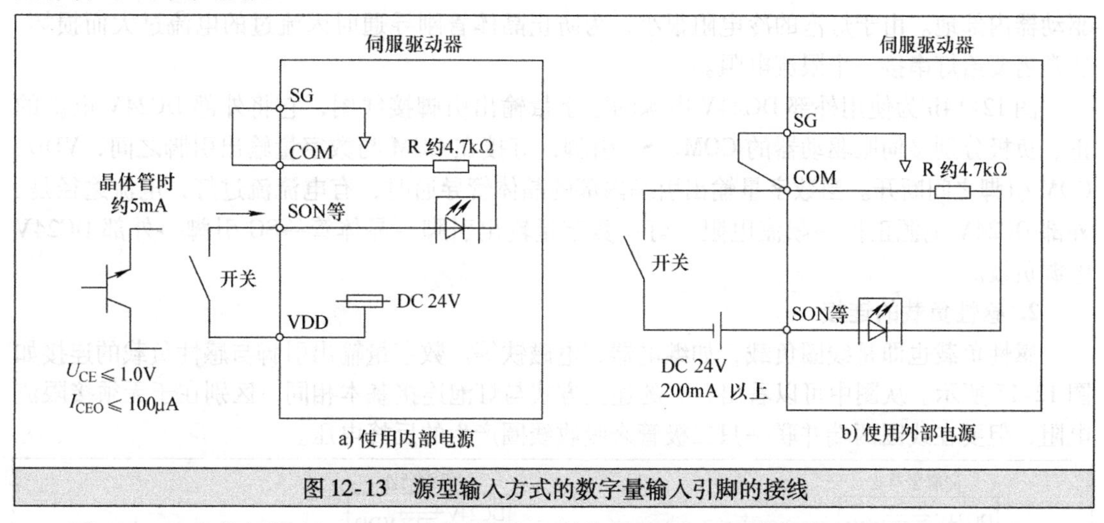

图12-13　源型输入方式的数字量输入引脚的接线

图12-13b为使用外部DC24V电源的输入引脚接线图，它将伺服驱动器的SG、COM引脚直接连起来，将开关接在输入引脚与外部DC24V电源的负极之间，DC24V电源的正极接数字量输入引脚。输入开关闭合时，电流从输入引脚流入并流过光电耦合器的发光二极管，最终流到DC24V电源的负极。

12.5.2　数字量输出引脚的接线

伺服驱动器的数字量输出引脚是通过内部晶体管导通截止来输出0、1信号，数字量输出引脚可以连接灯和感性负载（线圈）。

1. 灯的连接

数字量输出引脚与灯的连接如图12-14所示。

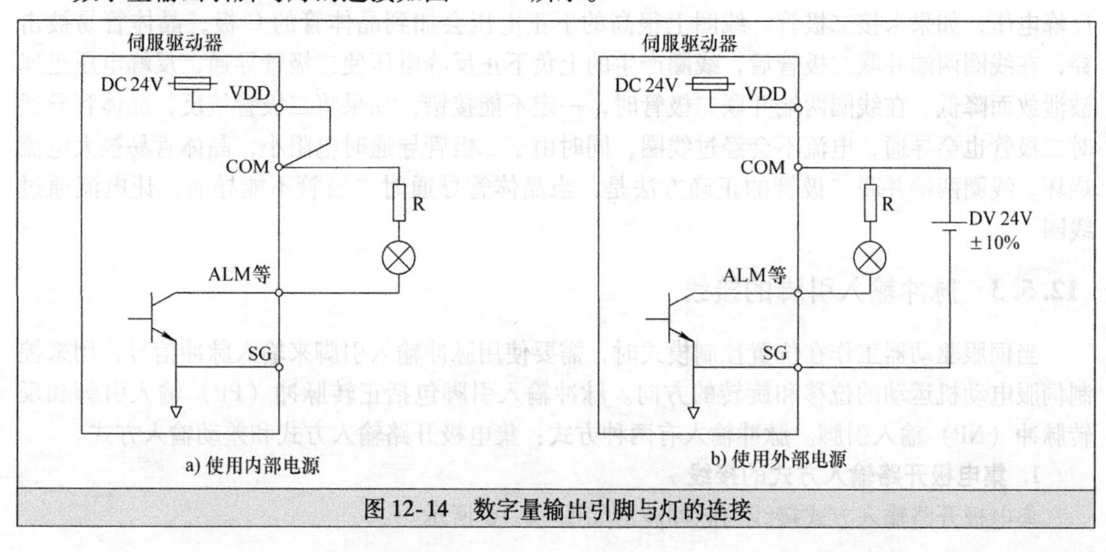

图12-14　数字量输出引脚与灯的连接

图 12-14a 为使用内部 DC24V 电源的数字量输出引脚接线图，它将 VDD 端与 COM 直接连起来，灯接在 COM 与数字量输出引脚（如 ALM 故障引脚）之间。当数字量输出引脚内部的晶体管导通时（相当于输出 0），有电流流过灯泡，电流途径是：伺服驱动器内部 DC24V 电源正极→VDD 引脚→COM 引脚→限流电阻→灯→数字量输出引脚→晶体管→伺服驱动器内部地。由于灯泡的冷电阻很小，为防止晶体管刚导通时因流过的电流过大而损坏，通常需要给灯串接一个限流电阻。

图 12-14b 为使用外部 DC24V 电源的数字量输出引脚接线图，它将外部 DC24V 电源的正、负极分别接伺服驱动器的 COM、SG 引脚，灯接在 COM 与数字量输出引脚之间，VDD、COM 引脚之间断开。当数字量输出引脚内部的晶体管导通时，有电流流过灯，电流途径是：外部 DC24V 电源正极→限流电阻→灯→数字量输出引脚→晶体管→SG 引脚→外部 DC24V 电源负极。

2. 感性负载的连接

感性负载也即是线圈负载，如继电器、电磁铁等。数字量输出引脚与感性负载的连接如图 12-15 所示。从图中可以看出，它的连接方式与灯泡连接基本相同，区别在于无须接限流电阻，但要在线圈两端并联一只二极管来吸收线圈产生的反峰电压。

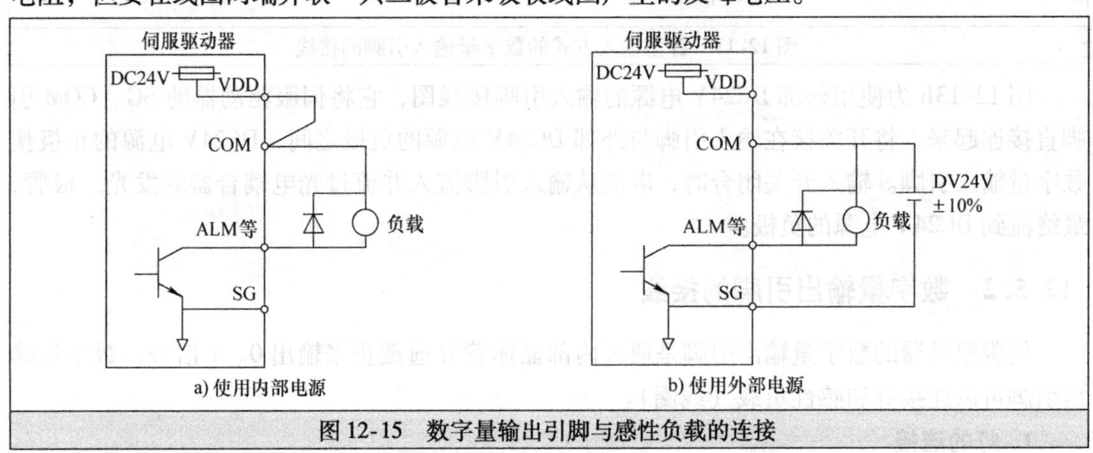

图 12-15 数字量输出引脚与感性负载的连接

二极管吸收反峰电压原理：当晶体管由导通转为截止时，线圈会产生很高的上负下正的反峰电压，如果未接二极管，线圈上很高的下正电压会加到晶体管的 C 极，晶体管易被击穿，在线圈两端并联二极管后，线圈产生的上负下正反峰电压使二极管导通，反峰电压迅速被泄放而降低。在线圈两端并联二极管时，一定不能接错，如果将二极管接反，晶体管导通时二极管也会导通，电流不会经过线圈，同时由于二极管导通时电阻小，晶体管易被大电流烧坏。线圈两端并联二极管的正确方法是，当晶体管导通时二极管不能导通，让电流通过线圈。

12.5.3 脉冲输入引脚的接线

当伺服驱动器工作在位置控制模式时，需要使用脉冲输入引脚来输入脉冲信号，用来控制伺服电动机运动的位移和旋转的方向。脉冲输入引脚包括正转脉冲（PP）输入引脚和反转脉冲（NP）输入引脚。脉冲输入有两种方式：集电极开路输入方式和差动输入方式。

1. 集电极开路输入方式的接线

集电极开路输入方式接线与脉冲波形如图 12-16 所示。

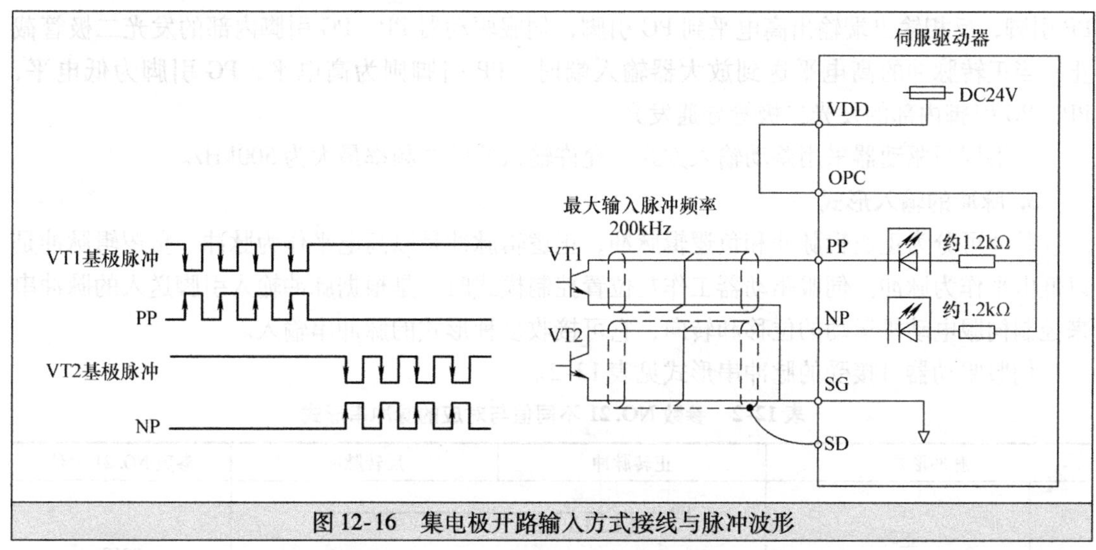

图 12-16　集电极开路输入方式接线与脉冲波形

在接线时，将伺服驱动器的 VDD、OPC 端直接连起来，使用内电源为脉冲输入电路供电。PP 端为正转脉冲输入端，NP 端为反转脉冲输入端，SG 端为公共端，SD 端为屏蔽端。图中的 VT1、VT2 通常为伺服控制器（如 PLC 或定位控制模块）输出端子内部的晶体管。如果使用外部 DC24V 电源，应断开 VDD、OPC 端子之间的连线，将 DC24V 电源接在 OPC 与 SG 端子之间，其中 OPC 端子接电源的正极。

当 VT1 基极输入图示的脉冲时，经 VT1 放大并倒相后得到 PP 脉冲信号（正转脉冲）送入 PP 引脚，在 VT1 基极为高电平时导通，PP 脉冲为低电平，PP 引脚内部光电耦合器的发光二极管导通，在 VT1 基极为低电平时截止，PP 脉冲为高电平，PP 引脚内部光电耦合器的发光二极管截止。当 VT2 基极输入图示的脉冲时，经 VT1 放大并倒相后得到 NP 脉冲信号（反转脉冲）送入 NP 引脚。

如果采用集电极开路输入方式，允许输入的脉冲频率最大为 200kHz。

2. 差动方式的接线

差动输入方式接线与脉冲波形如图 12-17 所示。

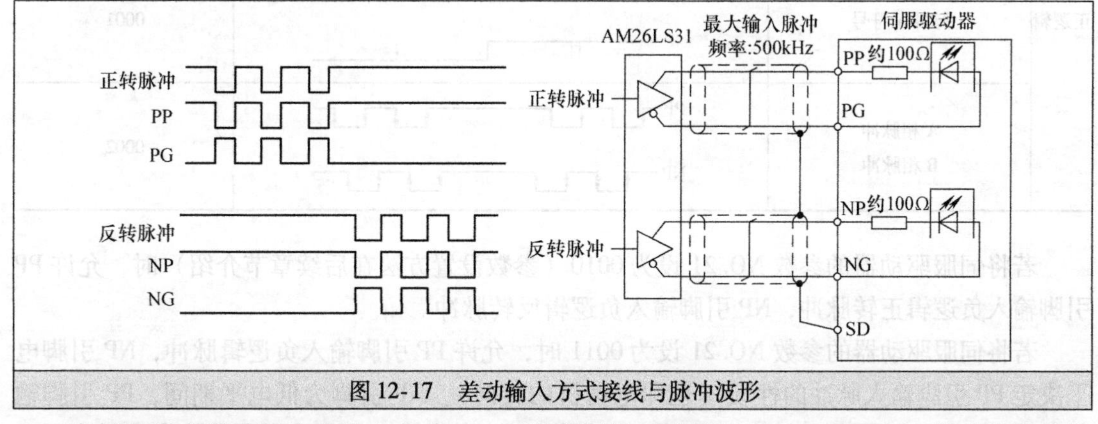

图 12-17　差动输入方式接线与脉冲波形

当伺服驱动器采用差动输入方式时，可以利用接口芯片（如 AM26LS31）将单路脉冲信号转换成双路差动脉冲信号，这种输入方式需要使用 PP、PG、NP、NG 4 个引脚。以正转脉冲输入为例，当正转脉冲的低电平送到放大器输入端时，放大器同相输出端输出低电平到

PP 引脚，反相输出端输出高电平到 PG 引脚，伺服驱动器 PP、PG 引脚内部的发光二极管截止；当正转脉冲的高电平送到放大器输入端时，PP 引脚则为高电平，PG 引脚为低电平，PP、PG 引脚内部的发光二极管导通发光。

如果伺服驱动器采用差动输入方式，允许输入的脉冲频率最大为 500kHz。

3. 脉冲的输入形式

脉冲可分为正逻辑脉冲和负逻辑脉冲，正逻辑脉冲是以高电平作为脉冲，负逻辑脉冲是以低电平作为脉冲。伺服驱动器工作在位置控制模式时，是根据脉冲输入引脚送入的脉冲串来控制伺服电动机运动的位移和转向，它可接收多种形式的脉冲串输入。

伺服驱动器可接受的脉冲串形式见表 12-2。

表 12-2　参数 NO. 21 不同值与对应的脉冲串形式

脉冲形式		正转脉冲	反转脉冲	参数 NO. 21 的值
负逻辑	正转 反转脉冲	PP NP		0010
	脉冲 + 符号	PP NP　L	H	0011
	A 相脉冲 B 相脉冲	PP NP		0012
正逻辑	正转脉冲 反转脉冲	PP NP		0000
	脉冲 + 符号	PP NP　H	L	0001
	A 相脉冲 B 相脉冲	PP NP		0002

若将伺服驱动器的参数 NO. 21 设为 0010（参数设置方法在后续章节介绍）时，允许 PP 引脚输入负逻辑正转脉冲，NP 引脚输入负逻辑反转脉冲。

若将伺服驱动器的参数 NO. 21 设为 0011 时，允许 PP 引脚输入负逻辑脉冲，NP 引脚电平决定 PP 引脚输入脉冲的性质（也即电动机的转向），NP 引脚为低电平期间，PP 引脚输入的脉冲均为正转脉冲，NP 引脚为高电平期间，PP 引脚输入的脉冲均为反转脉冲。

若将伺服驱动器的参数 NO. 21 设为 0012 时，允许 PP、NP 引脚同时输入负逻辑脉冲，当 PP 脉冲相位超前 NP 脉冲 90°时，控制电动机正转；当 PP 脉冲相位落后 NP 脉冲 90°时，控制电动机反转，电动机运行的位移由 PP 脉冲或 NP 脉冲的个数决定。

若将伺服驱动器的参数 NO. 21 设为 0000 ~ 0002 时，允许输入三种形式的正逻辑脉冲来确定电动机运动的位移和转向。各种形式的脉冲都可以采用集电极开路输入或差动输入方式进行输入。

12.5.4　编码器脉冲输出引脚的接线

伺服驱动器在工作时，可通过编码器脉冲输出引脚送出反映伺服电动机当前转速和位置的脉冲信号，用于与其他电动机控制器进行同步和跟踪，单机控制时不使用该引脚。编码器脉冲输入有两种方式：集电极开路输入方式和差动输入方式。

1. 集电极开路输出方式的接线

集电极开路输出方式接线及接口电路如图 12-18 所示，一路编码器 Z 相脉冲输入采用这种方式。图 a 采用整形电路作为接口电路，它将 OP 引脚输出的 Z 相脉冲整形后送给其他电动机控制器；图 b 采用光电耦合器作为接口电路，对 OP 引脚输出的 Z 相脉冲进行电 – 光 – 电转换，再送给其他电动机控制器。

采用集电极开路输出方式时，OP 引脚最大允许流入的电流为 35mA。

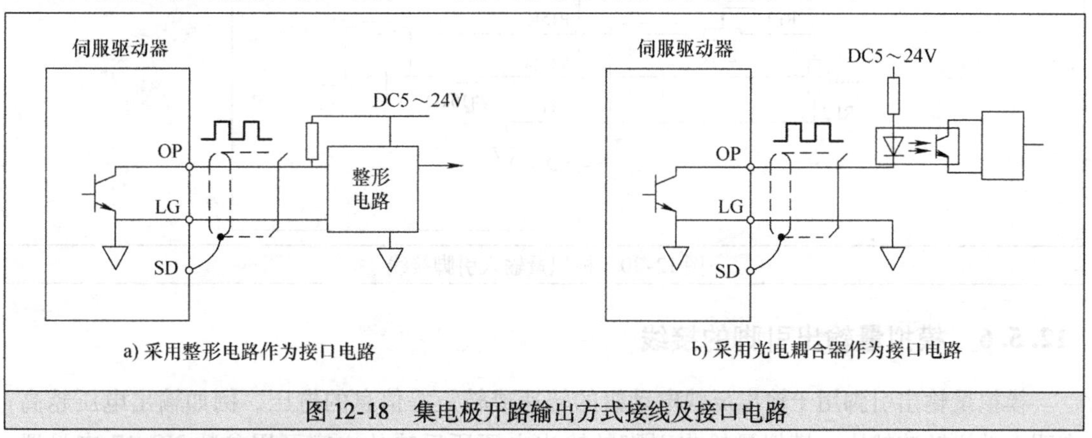

图 12-18　集电极开路输出方式接线及接口电路

2. 差动输出方式的接线

差动输出方式接线及接口电路如图 12-19 所示，编码器 A、B 相和一路 Z 相脉冲采用这种输出方式。图 a 采用 AM26LS32 芯片作为接口电路，它对 LA（或 LB、LZ）引脚和 LAR（或 LBR、LZR）引脚输出的极性相反的脉冲信号进行放大，再输出单路脉冲信号送给其他

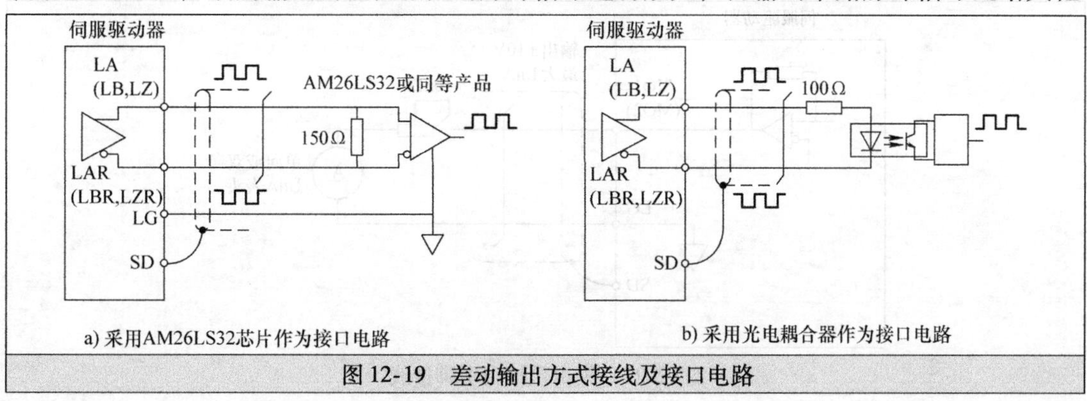

图 12-19　差动输出方式接线及接口电路

电机控制器；图 b 采用光电耦合器作为接口电路，当 LA 端输出脉冲的高电平时，LAR 引脚输出脉冲的低电平，光电耦合器的发光二极管导通，再通过光电晶体管和后级电路转换成单路脉冲送给其他电动机控制器。

采用差动输出方式时，LA 引脚最大输出电流为 35mA。

12.5.5 模拟量输入引脚的接线

模拟量输入引脚可以输入一定范围的连续电压，用来调节和限制电动机的速度和转矩。模拟量输入引脚接线如图 12-20 所示。

伺服驱动器内部的 DC15V 电压通过 P15R 引脚引出，提供给模拟量输入电路，电位器 RP1 用来设定模拟量输入的上限电压，一般将上限电压调到 10V，RP2 用来调节模拟量输入电压。调节 RP2 可以使 VC 引脚（或 TLA 引脚）在 0～10V 范围内变化，该电压经内部的放大器放大后送给有关电路，从而调节或限制电动机的速度或转矩。

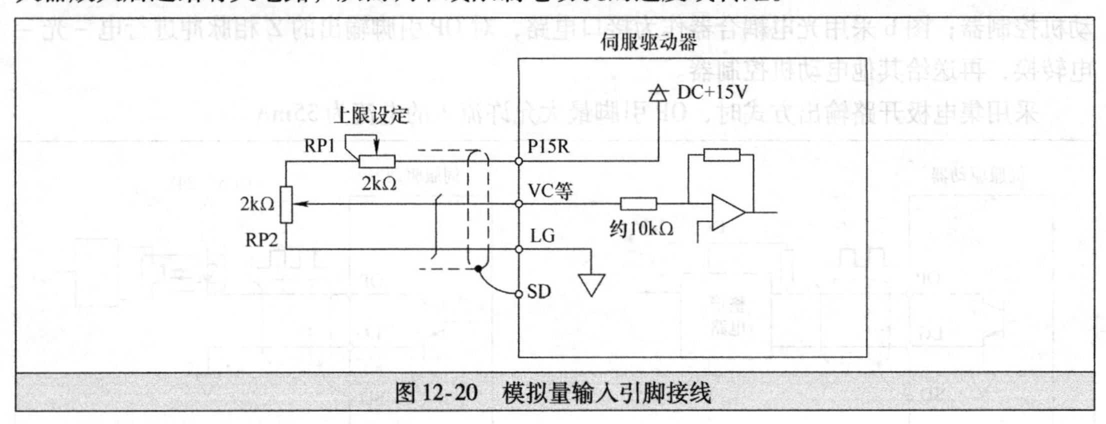

图 12-20 模拟量输入引脚接线

12.5.6 模拟量输出引脚的接线

模拟量输出引脚用于输出反映电动机的转速或转矩等信息的电压，例如输出电压越高，表明电动机转速越快。模拟量输出引脚的输出电压所反映的内容可用参数 NO. 17 来设置。模拟量输出引脚接线如图 12-21 所示，模拟量输出引脚有 MO1 和 MO2，它们内部电路结构相同，图中画出了 MO1 引脚的外围接线，当将参数 NO. 17 设为 0102 时，MO1 引脚输出 0～8V 电压反映电动机转速，MO2 引脚输出 0～8V 电压反映电动机输出转矩。

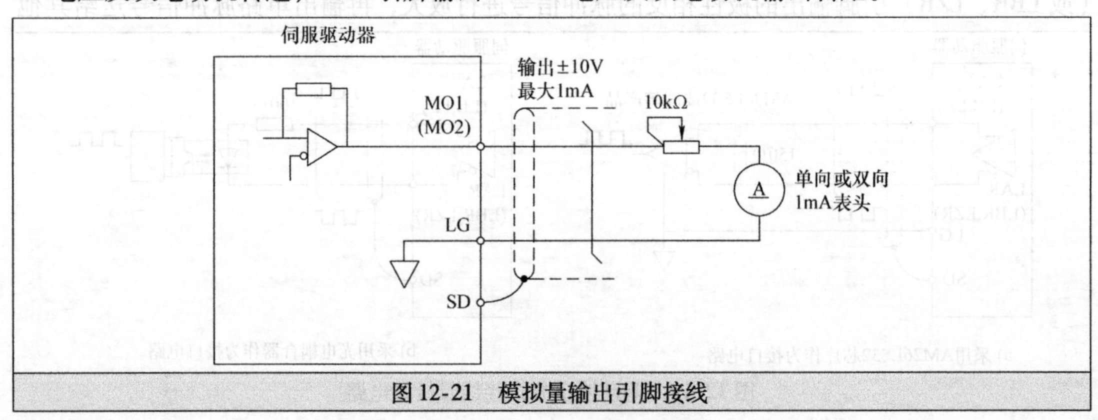

图 12-21 模拟量输出引脚接线

12.5.7 电源、再生制动电阻、伺服电动机及起停保护电路的接线

电源、再生制动电阻、伺服电动机及起停保护电路的接线如图 12-22 所示。

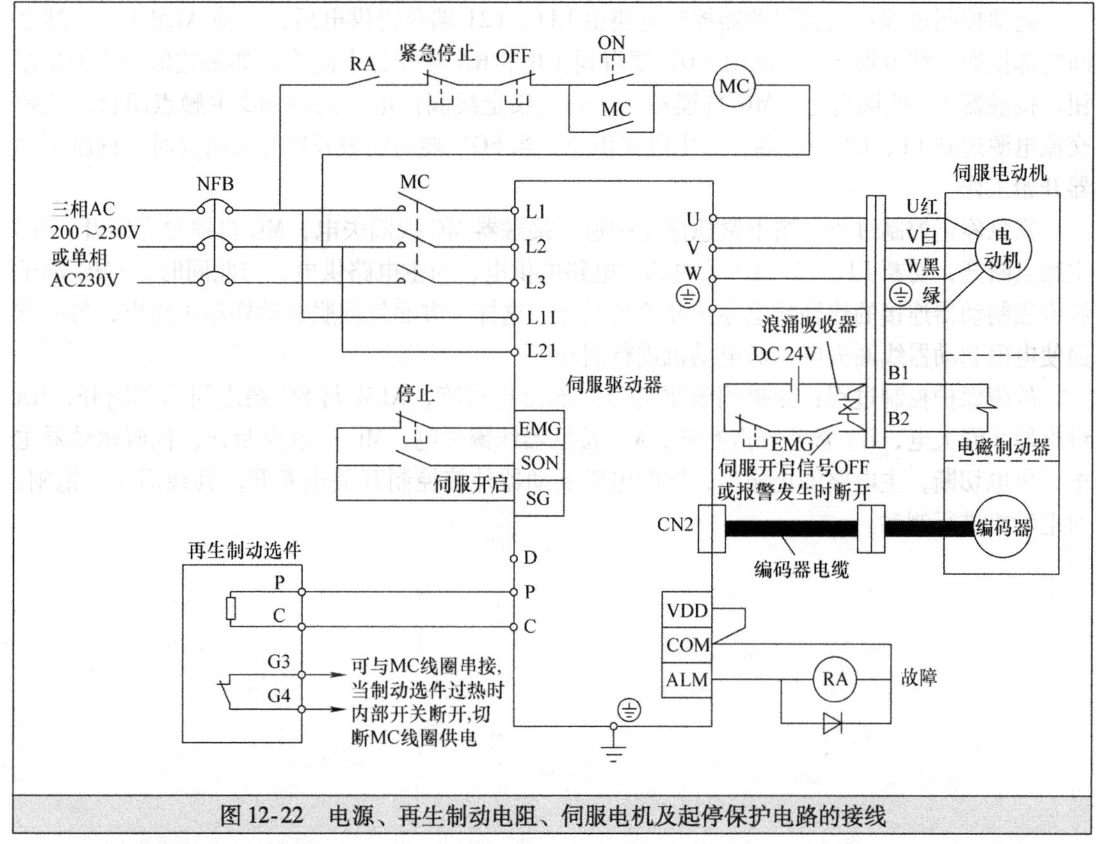

图 12-22　电源、再生制动电阻、伺服电机及起停保护电路的接线

（1）电源的接线说明

三相交流（200～230V）经三相开关 NFB 和接触器 MC 的三个触点接到伺服驱动器的 L1、L2、L3 端，送给内部的主电路。另外，三相交流中的两相电源接到 L11、L21 端，送给内部的控制电路作为电源。伺服驱动器也可使用单相 AC230V 电源供电，此时 L3 端不用接电源线。

（2）伺服电动机与驱动器的接线说明

伺服电动机通常包括电动机、电磁制动器和编码器。在电动机接线时，将电动机的红、白、黑、绿 4 根线分别与驱动器的 U、V、W 相输出端子和接地端子连接起来；在电磁制动器接线时，应外接 DC24V 电源、控制开关和浪涌保护器（如压敏电阻）。若要让电动机运转，应给电磁制动器线圈通电，让抱闸松开，在电动机停转时，可让外部控制开关断开，切断电磁制动器线圈供电，对电动机进行制动；在编码器接线时，应用配套的电缆将编码器与驱动器的 CN2 接头连接起来。

（3）再生制动选件的接线说明

如果伺服驱动器连接的伺服电动机功率较大，或者电动机需要频繁制动或调速，可给伺服驱动器外接功率更大的再生制动选件。在外接再生制动选件时，要去掉 P、D 端之间的短路片，将再生制动选件的 P、C 端（内接制动电阻）与驱动器的 P、C 端连接。

（4）起停及保护电路的接线说明

在工作时，伺服驱动器要先接通控制电路的电源，然后再接通主电路电源，在停机或出现故障时，要求能断开主电路电源。

起动控制过程：伺服驱动器控制电路由 L11、L21 端获得供电后，会使 ALM 与 SG 端之间内部接通，继电器 RA 线圈由 VDD 端得到供电，RA 常开触点闭合，如果这时按下 ON 按钮，接触器 MC 线圈得电，MC 自锁触点闭合，锁定线圈供电，同时 MC 主触点闭合，三相交流电源送到 L1、L2、L3 端，为主电路供电，当 SON 端的伺服开启开关闭合时，伺服驱动器开始工作。

紧急停止控制过程：按下紧急停止按钮，接触器 MC 线圈失电，MC 自锁触点断开，MC 主触点断开，切断 L1、L2、L3 端内部主电路的供电，为主电路供电，与此同时，EMG 端子和电磁制动器连接的连轴紧急停止开关均断开，这样一方面使伺服驱动器停止输出，另一方面使电磁制动器线圈失电，对电动机进行制动。

故障保护控制过程：如果伺服驱动器内部出现故障，ALM 与 SG 端之间内部断开，RA 继电器线圈失电，RA 常开触点断开，MC 接触器线圈失电，MC 主触点断开，伺服驱动器主电路供电切断，主电路停止输出，同时电磁制动器外接控制开关也断开，其线圈失电抱闸，对电动机进行制动。

第13章 伺服驱动器三种工作模式应用举例

13.1 速度控制模式的应用举例与标准接线

13.1.1 伺服电动机多段速运行控制实例

1. 控制要求

采用PLC控制伺服驱动器，使之驱动伺服电动机按图13-1所示的速度曲线运行，主要运行要求如下：

1）按下起动按钮后，伺服电动机在0～5s内停转，在5～15s内以1000r/min（转/分）的速度运转，在15～21s内以800r/min的速度运转，在21～30s内以1500r/min的速度运转，在30～40s内以300r/min的速度运转，在40～48s内以900r/min的速度反向运转，48s后重复上述运行过程。

2）在运行过程中，若按下停止按钮，要求运行完当前周期后再停止。

3）由一种速度转为下一种速度运行的加、减速时间均为1s。

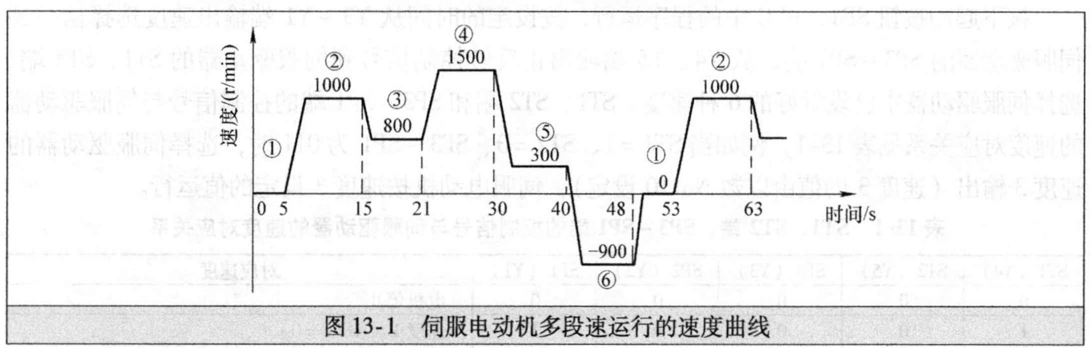

图13-1 伺服电动机多段速运行的速度曲线

2. 控制电路图

伺服电动机多段速运行控制的电路图如图13-2所示。

电路工作过程说明如下：

（1）电路的工作准备

220V的单相交流电源经开关NFB送到伺服驱动器的L11、L21端，伺服驱动器内部的控制电路开始工作，ALM端内部变为ON，VDD端输出电流经继电器RA线圈进入ALM端，电磁制动器外接RA触点闭合，制动器线圈得电而使抱闸松开，停止对伺服电动机制动，同时驱动器起停保护电路中的RA触点也闭合，如果这时按下起动ON触点，接触器MC线圈得电，MC 自锁触点闭合，锁定 MC 线圈供电。另外，MC 主触点也闭合，220V 电源送到伺服驱动器的 L1、L2 端，为内部的主电路供电。

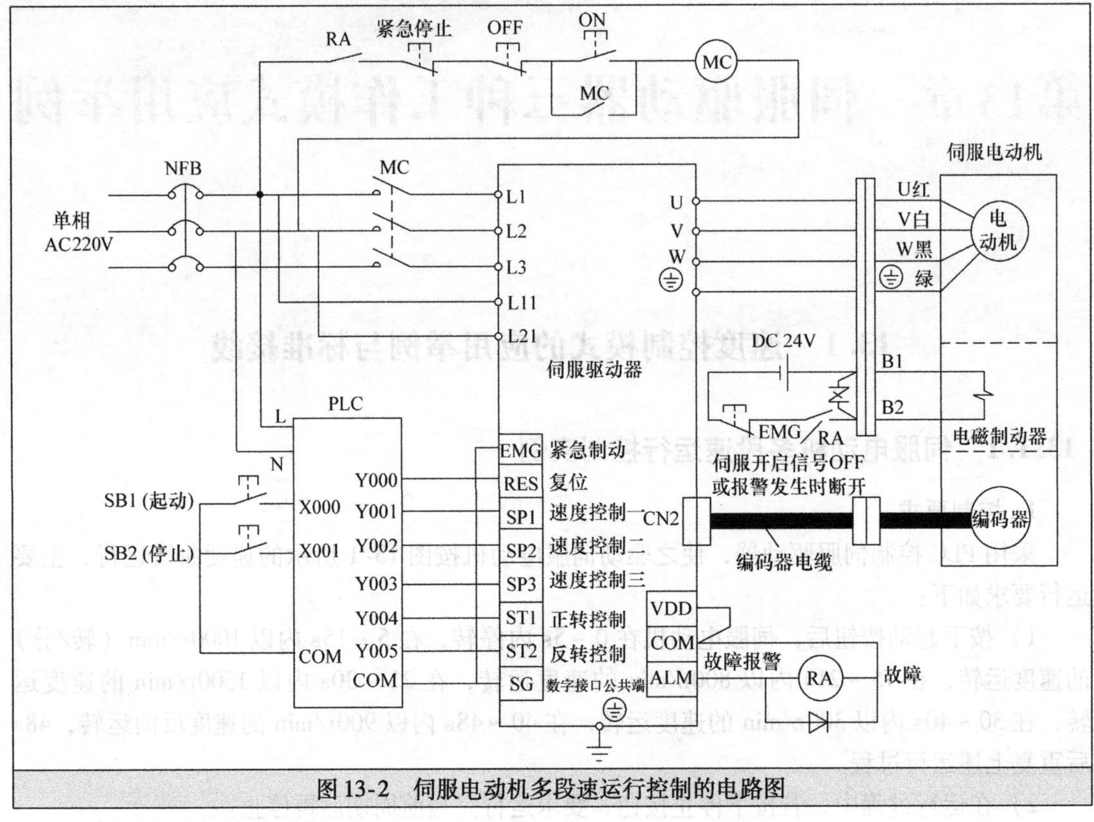

图 13-2　伺服电动机多段速运行控制的电路图

（2）多段速运行控制

按下起动按钮 SB1，PLC 中的程序运行，按设定的时间从 Y3 ~ Y1 端输出速度选择信号到伺服驱动器的 SP3 ~ SP1 端，从 Y4、Y5 端输出正反转控制信号到伺服驱动器的 ST1、ST2 端，选择伺服驱动器中已设置好的 6 种速度。ST1、ST2 端和 SP3 ~ SP1 端的控制信号与伺服驱动器的速度对应关系见表 13-1，例如当 ST1 = 1、ST2 = 0、SP3 ~ SP1 为 011 时，选择伺服驱动器的速度 3 输出（速度 3 的值由以数 No. 10 设定），伺服电动机按速度 3 设定的值运行。

表 13-1　ST1、ST2 端、SP3 ~ SP1 端的控制信号与伺服驱动器的速度对应关系

ST1（Y4）	ST2（Y5）	SP3（Y3）	SP2（Y2）	SP1（Y1）	对应速度
0	0	0	0	0	电机停止
1	0	0	0	1	速度 1（NO. 8 = 0）
1	0	0	1	0	速度 2（NO. 9 = 1000）
1	0	0	1	1	速度 3（NO. 10 = 800）
1	0	1	0	0	速度 4（NO. 72 = 1500）
1	0	1	0	1	速度 5（NO. 73 = 300）
0	1	1	1	0	速度 6（NO. 74 = 900）

注：0—OFF，该端子与 SG 端断开；1—ON，该端子与 SG 端接通。

3. 参数设置

由于伺服电动机运行速度有 6 种，故需要给伺服驱动器设置 6 种速度值，但还要对相关参数进行设置。伺服驱动器参数设置内容见表 13-2。

在表中，将NO.0参数设为0002，让伺服驱动器的工作在速度控制模式；NO.8～NO.10和NO.72～NO.74用来设置伺服驱动器的6种输出速度；将NO.11、NO.12参数均设为1000，让速度转换的加、减速度时间均为1s（1000ms）；由于伺服驱动器默认无SP3端子，这里将NO.43参数设为0AA1，这样在速度和转矩模式下SON端（CN1B－5脚）自动变成SP3端；因为SON端已更改成SP3端，无法通过外接开关给伺服驱动器输入伺服开启SON信号，为此将NO.41参数设为0111，让伺服驱动器在内部自动产生SON、LSP、LSN信号。

表13-2 伺服驱动器的参数设置内容

参数	名称	初始值	设定值	说明
NO.0	控制模式选择	0000	0002	设置成速度控制模式
NO.8	内部速度1	100	0	0r/min
NO.9	内部速度2	500	1000	1000r/min
NO.10	内部速度3	1000	800	800r/min
NO.11	加速时间常数	0	1000	1000ms
NO.12	减速时间常数	0	1000	1000ms
NO.41	用于设定SON、LSP、LSN的自动置ON	0000	0111	SON、LSP、LSN内部自动置ON
NO.43	输入信号选择2	0111	0AA1	在速度模式、转矩模式下把CN1B－5（SON）改成SP3
NO.72	内部速度4	200	1500	速度是1500r/min
NO.73	内部速度5	300	300	速度是300r/min
NO.74	内部速度6	500	900	速度是900r/min

4. 编写PLC控制程序

根据控制要求，PLC程序可采用步进指令编写。为了更容易编写梯形图，通常先绘出状态转移图，再依据状态转移图编写梯形图。

（1）绘制状态转移图

图13-3为伺服电动机多段速运行控制的状态转移图。

（2）绘制梯形图

起动编程软件，按照图13-3所示的状态转移图编写梯形图，伺服电动机多段速运行控制的梯形图如图13-4所示。

下面对照图13-2来说明图13-4所示梯形图的工作原理。

PLC上电时，［0］M8002触点接通一个扫描周期，“SET S0”指令执行，状态继电器S0置位，［7］S0常开触点闭合，为起动作准备。

①起动控制。按下起动按钮SB1，梯形图中的［7］X000常开触点闭合，“SET S20”

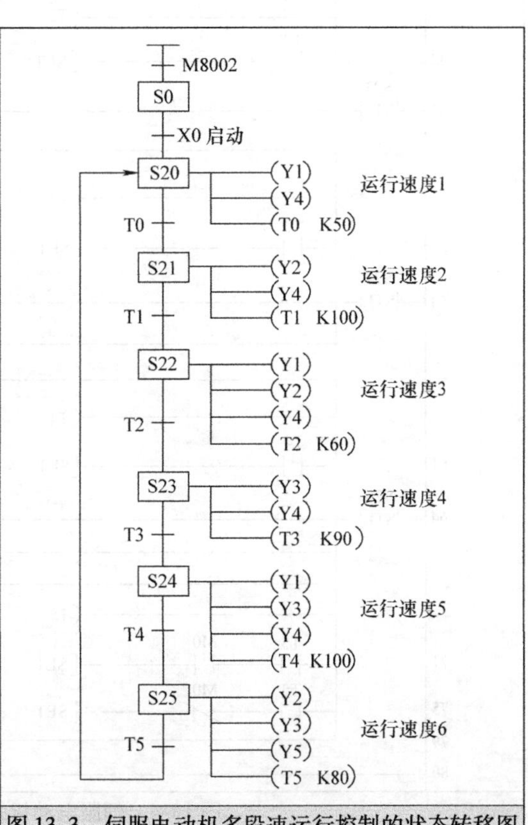

图13-3 伺服电动机多段速运行控制的状态转移图

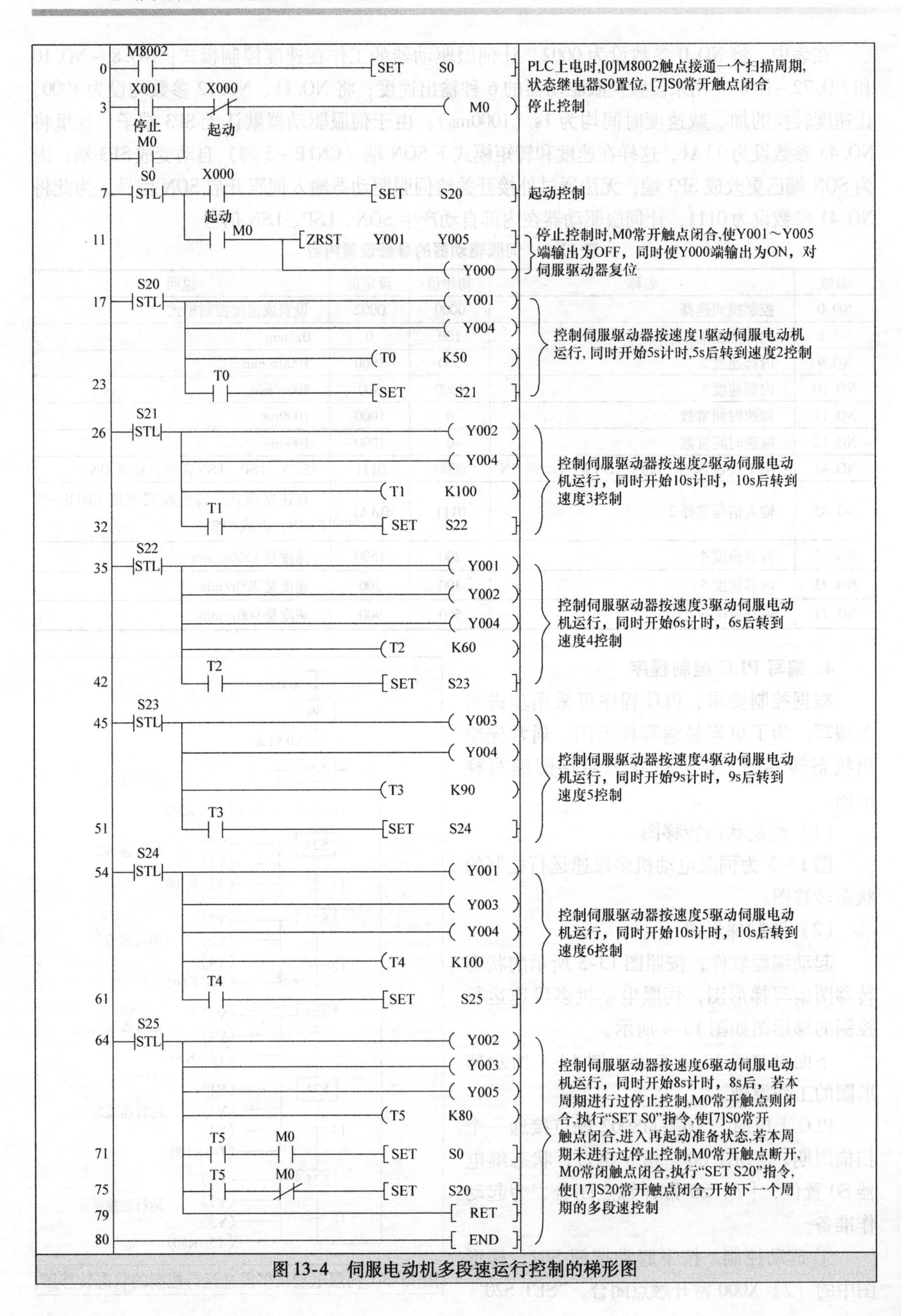

图 13-4 伺服电动机多段速运行控制的梯形图

指令执行，状态继电器 S20 置位，[17] S20 常开触点闭合，Y001、Y004 线圈得电，Y001、Y004 端子的内部硬触点闭合，同时 T0 定时器开始 5s 计时，伺服驱动器 SP1 端通过 PLC 的 Y001、COM 端之间的内部硬触点与 SG 端接通，相当于 SP1 = 1，同理 ST1 = 1，伺服驱动选择设定好的速度 1（0r/min）驱动电动机。

5s 后，T0 定时器动作，[23] T0 常开触点闭合，“SET S21”指令执行，状态继电器 S21 置位，[26] S21 常开触点闭合，Y002、Y004 线圈得电，Y002、Y004 端子的内部硬触点闭合，同时 T1 定时器开始 10s 计时，伺服驱动器 SP2 端通过 PLC 的 Y002、COM 端之间的内部硬触点与 SG 端接通，相当于 SP2 = 1，同理 ST1 = 1，伺服驱动选择设定好的速度 2（1000r/min）驱动伺服电动机运行。

10s 后，T1 定时器动作，[32] T1 常开触点闭合，“SET S22”指令执行，状态继电器 S22 置位，[35] S22 常开触点闭合，Y001、Y002、Y004 线圈得电，Y001、Y002、Y004 端子的内部硬触点闭合，同时 T2 定时器开始 6s 计时，伺服驱动器的 SP1 = 1、SP2 = 1、ST1 = 1，伺服驱动选择设定好的速度 3（800r/min）驱动伺服电动机运行。

6s 后，T2 定时器动作，[42] T2 常开触点闭合，“SET S23”指令执行，状态继电器 S23 置位，[45] S23 常开触点闭合，Y003、Y004 线圈得电，Y003、Y004 端子的内部硬触点闭合，同时 T3 定时器开始 9s 计时，伺服驱动器的 SP4 = 1、ST1 = 1，伺服驱动选择设定好的速度 4（1500r/min）驱动伺服电动机运行。

9s 后，T3 定时器动作，[51] T3 常开触点闭合，“SET S24”指令执行，状态继电器 S24 置位，[54] S24 常开触点闭合，Y001、Y003、Y004 线圈得电，Y001、Y003、Y004 端子的内部硬触点闭合，同时 T4 定时器开始 10s 计时，伺服驱动器的 SP1 = 1、SP3 = 1、ST1 = 1，伺服驱动选择设定好的速度 5（300r/min）驱动伺服电动机运行。

10s 后，T4 定时器动作，[61] T4 常开触点闭合，“SET S25”指令执行，状态继电器 S25 置位，[64] S25 常开触点闭合，Y002、Y003、Y005 线圈得电，Y002、Y003、Y005 端子的内部硬触点闭合，同时 T5 定时器开始 8s 计时，伺服驱动器的 SP2 = 1、SP3 = 1、ST2 = 1，伺服驱动选择设定好的速度 6（－900r/min）驱动伺服电动机运行。

8s 后，T5 定时器动作，[75] T5 常开触点均闭合，“SET S20”指令执行，状态继电器 S20 置位，[17] S20 常开触点闭合，开始下一个周期的伺服电动机多段速控制。

② 停止控制。在伺服电动机多段速运行时，如果按下停止按钮 SB2，[3] X001 常开触点闭合，M0 线圈得电，[4]、[11]、[71] M0 常开触点闭合，[71] M0 常闭触点断开，当程序运行 [71] 梯级时，由于 [71] M0 常开触点闭合，“SET S0”指令执行，状态继电器 S0 置位，[7] S0 常开触点闭合，因为 [11] M0 常开触点闭合，“ZRST Y001 Y005”指令执行，Y001～Y005 线圈均失电，Y001～Y005 端输出均为 0，同时线圈 Y000 得电，Y000 端子的内部硬触点闭合，伺服驱动器 RES 端通过 PLC 的 Y000、COM 端之间的内部硬触点与 SG 端接通，即 RES 端输入为 ON，伺服驱动器主电路停止输出，伺服电动机停转。

13.1.2 工作台往返限位运行控制实例

1. 控制要求

采用 PLC 控制伺服驱动器来驱动伺服电动机运转，通过与电动机同轴的丝杆带动工作台移动，如图 13-5a 所示。具体要求如下：

1）在自动工作时，按下起动按钮后，丝杆带动工作台往右移动，当工作台到达 B 位置（该处安装有限位开关 SQ2）时，工作台停止 2s，然后往左返回，当到达 A 位置（该处安装有限位开关 SQ2）时，工作台停止 2s，又往右运动，如此反复，运行速度 - 时间曲线如图 13-5b 所示。按下停止按钮，工作台停止移动。

2）在手动工作时，通过操作慢左、慢右按钮，可使工作台在 A、B 间慢速移动。

3）为了安全起见，在 A、B 位置的外侧再安装两个极限保护开关 SQ3、SQ4。

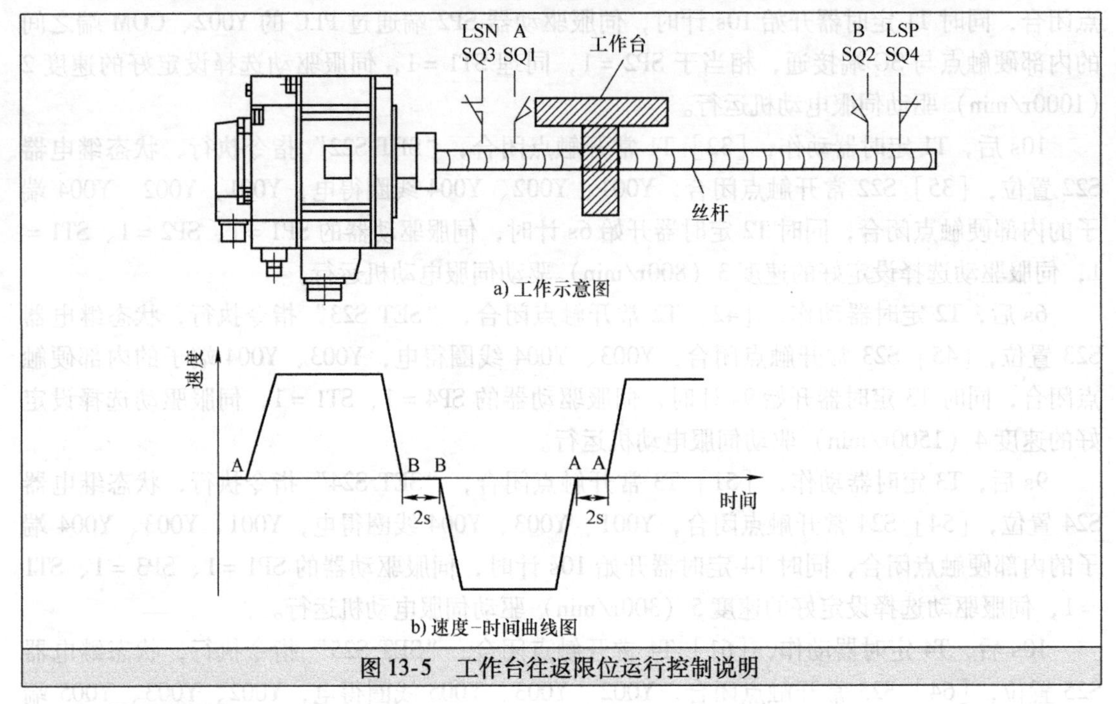

图 13-5　工作台往返限位运行控制说明

2. 控制电路图

工作台往返限位运行控制的电路图如图 13-6 所示。

电路工作过程说明如下：

（1）电路的工作准备

220V 的单相交流电源经开关 NFB 送到伺服驱动器的 L11、L21 端，伺服驱动器内部的控制电路开始工作，ALM 端内部变为 ON，VDD 端输出电流经继电器 RA 线圈进入 ALM 端，RA 线圈得电，电磁制动器外接 RA 触点闭合，制动器线圈得电而使抱闸松开，停止对伺服电动机制动，同时附属电路中的 RA 触点也闭合，接触器 MC 线圈得电，MC 主触点闭合，220V 电源送到伺服驱动器的 L1、L2 端，为内部的主电路供电。

（2）工作台往返限位运行控制

① 自动控制过程。将手动/自动开关 SA 闭合，选择自动控制，按下自动起动按钮 SB1，PLC 中的程序运行，让 Y000、Y003 端输出为 ON，伺服驱动器 SP1、ST2 端输入为 ON，选择已设定好的高速度驱动伺服电动机反转，伺服电动机通过丝杆带动工作台快速往右移动，当工作台碰到 B 位置的限位开关 SQ2，SQ2 闭合，PLC 的 Y000、Y003 端输出为 OFF，电动机停转，2s 后，PLC 的 Y000、Y002 端输出为 ON，伺服驱动器 SP1、ST1 端输入为 ON，伺服电动机通过丝杆带动工作台快速往左移动，当工作台碰到 A 位置的限位开关 SQ1，SQ1 闭

合，PLC 的 Y000、Y002 端输出为 OFF，电动机停转，2s 后，PLC 的 Y000、Y003 端输出又为 ON，以后重复上述过程。

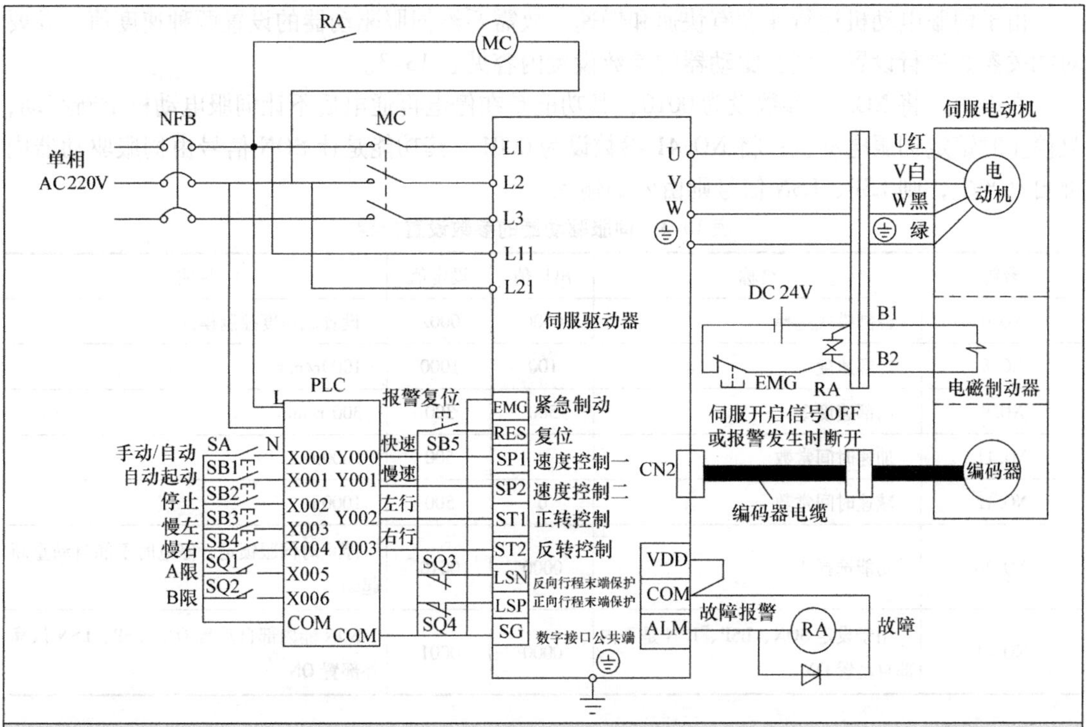

图 13-6 工作台往返限位运行控制的电路图

在自动控制时，按下停止按钮 SB2，Y000 ~ Y003 端输出均为 OFF，伺服驱动器停止输出，电动机停转，工作台停止移动。

② 手动控制过程。将手动/自动开关 SA 断开，选择手动控制，按住慢右按钮 SB4，PLC 的 Y001、Y003 端输出为 ON，伺服驱动器 SP2、ST2 端输入为 ON，选择已设定好的低速度驱动伺服电动机反转，伺服电动机通过丝杆带动工作台慢速往右移动，当工作台碰到 B 位置的限位开关 SQ2，SQ2 闭合，PLC 的 Y000、Y003 端输出为 OFF，电动机停转；按住慢左按钮 SB3，PLC 的 Y001、Y002 端输出为 ON，伺服驱动器 SP2、ST1 端输入为 ON，伺服电动机通过丝杆带动工作台慢速往左移动，当工作台碰到 A 位置的限位开关 SQ1，SQ1 闭合，PLC 的 Y000、Y002 端输出为 OFF，电动机停转。在手动控制时，松开慢左、慢右按钮时，工作台马上停止移动。

③ 保护控制。为了防止 A、B 位置限位开关 SQ1、SQ2 出现问题无法使工作台停止而发生事故，在 A、B 位置的外侧再安装有正、反向行程末端保护开关 SQ3、SQ4，如果限位开关出现问题、工作台继续往外侧移动时，会使保护开关 SQ3 或 SQ4 断开，LSN 端或 LSP 端输入为 OFF，伺服驱动器主电路会停止输出，从而使工作台停止。

在工作时，如果伺服驱动器出现故障，故障报警 ALM 端输出会变为 OFF，继电器 RA 线圈会失电，附属电路中的常开 RA 触点断开，接触器 MC 线圈失电，MC 主触点断开，切断伺服驱动器的主电源。故障排除后，按下报警复位按钮 SB5，RES 端输入为 ON，进行报警复位，ALM 端输出变为 ON，继电器 RA 线圈得电，附属电路中的常开 RA 触点闭合，接触器 MC 线圈得电，MC 主触点闭合，重新接通伺服驱动器的主电源。

3. 参数设置

由于伺服电动机运行速度有快速和慢速，故需要给伺服驱动器的设置两种速度值，并要对相关参数进行设置。伺服驱动器的参数设置内容见表 13-3。

在表中，将 NO. 20 参数设为 0010，其功能是在停电再通电后不让伺服电动机重新起动，且停止时锁定伺服电动机；将 NO. 41 参数设为 0001，其功能是让 SON 信号由伺服驱动器内部自动产生，则 LSP、LSN 信号则由外部输入。

表 13-3 伺服驱动器的参数设置内容

参数	名称	出厂值	设定值	说明
NO. 0	控制模式选择	0000	0002	设置成速度控制模式
NO. 8	内部速度 1	100	1000	1000r/min
NO. 9	内部速度 2	500	300	300 r/min
NO. 11	加速时间常数	0	500	1000ms
NO. 12	减速时间常数	0	500	1000ms
NO. 20	功能选择 2	0000	0010	停止时伺服锁定，停电时不能自动重新起动
NO. 41	用于设定 SON、LSP、LSN 是否内部自动置 ON	0000	0001	SON 能内部自动置 ON. LSP、LSN 依靠外部置 ON

4. 编写 PLC 控制程序

根据控制要求，PLC 程序可采用步进指令编写，为了更容易编写梯形图，通常先绘出状态转移图，然后依据状态转移图编写梯形图。

(1) 绘制状态转移图

图 13-7 为工作台往返限位运行控制的自动控制部分状态转移图。

(2) 绘制梯形图

起动编程软件，按照图 13-7 所示的状态转移图编写梯形图，工作台往返限位运行控制的梯形图如图 13-8 所示。

下面对照图 13-6 来说明图 13-8 梯形图的工作原理。

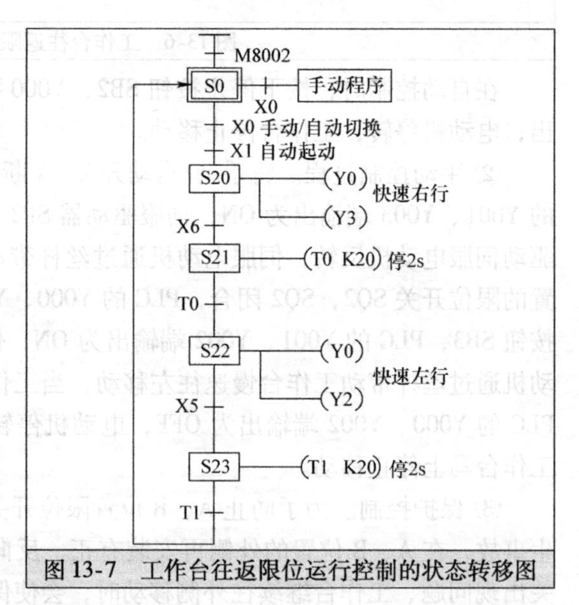

图 13-7 工作台往返限位运行控制的状态转移图

PLC 上电时，[0] M8002 触点接通一个扫描周期，“SET S0”指令执行，状态继电器 S0 置位，[15] S0 常开触点闭合，为起动作准备。

① 自动控制。将自动/手动切换开关 SA 闭合，选择自动控制，[20] X000 常闭触点断开，切断手动控制程序，[15] X000 常开触点闭合，为接通自动控制程序作准备。如果按下自动起动按钮 SB1，[3] X001 常开触点闭合，M0 线线圈得电，[4] M0 自锁触点闭合，

［15］M0常开触点闭合，“SET S20”指令执行，状态继电器S20置位，［31］S20常开触点闭合，开始自动控制程序。

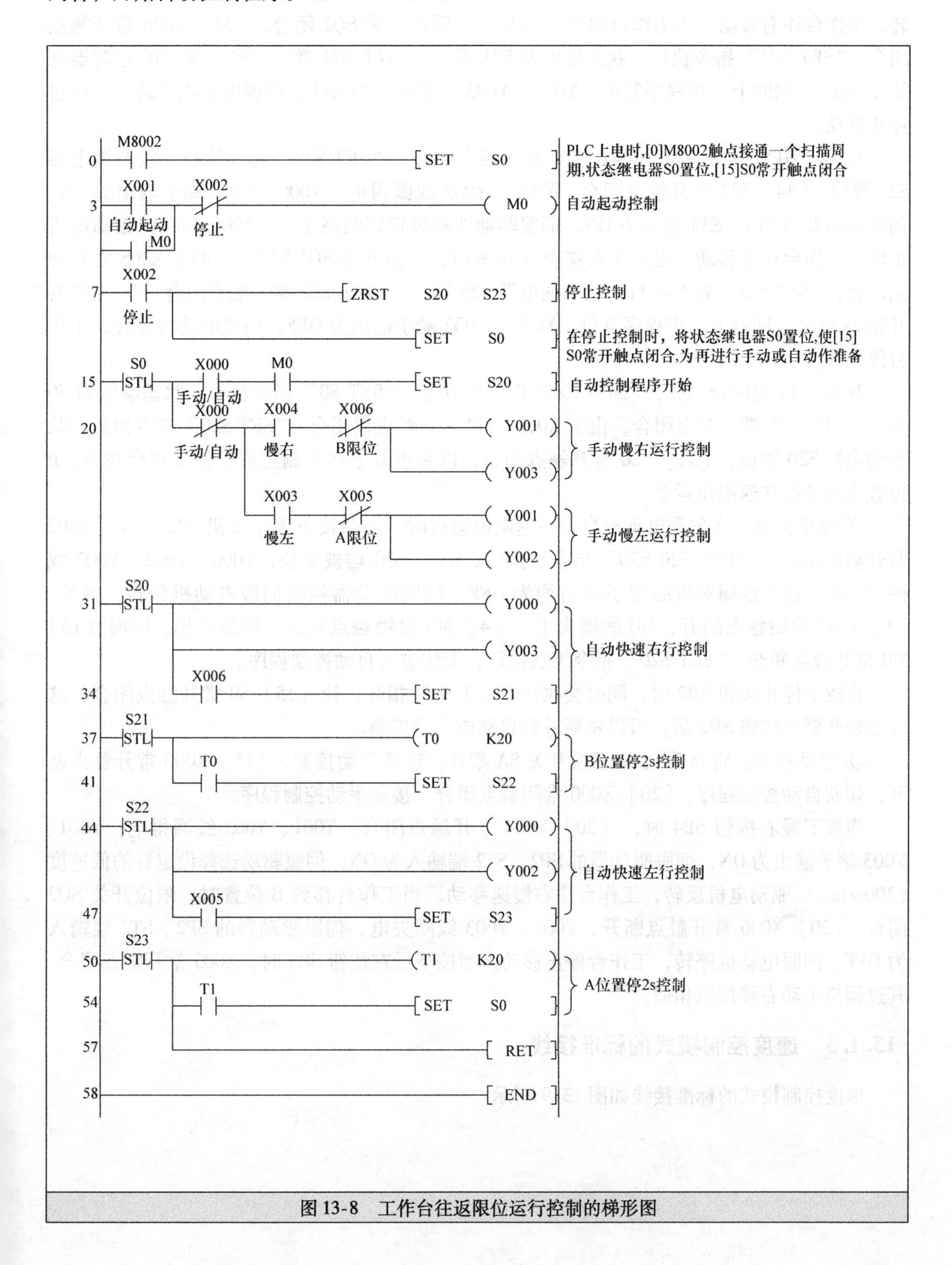

图13-8　工作台往返限位运行控制的梯形图

[31] S20常开触点闭合后，Y000、Y003线圈得电，Y000、Y003端子输出为ON，伺服驱动器的SP1、ST2输入为ON，伺服驱动选择设定好的高速度（1000r/min）驱动电机反转，工作台往右移动。当工作台移到B位置时，限位开关SQ2闭合，[34] X006常开触点闭合，“SET S21”指令执行，状态继电器S21置位，[37] S21常开触点闭合，T0定时器开始2s计时，同时上一步程序复位，Y000、Y003端子输出为OFF，伺服电动机停转，工作台停止移动。

2s后，T0定时器动作，[41] T0常开触点闭合，“SET S22”指令执行，状态继电器S22置位，[44] S22常开触点闭合，Y000、Y002线圈得电，Y000、Y002端子输出为ON，伺服驱动器的SP1、ST1输入为ON，伺服驱动选择设定好的高速度（1000r/min）驱动电机正转，工作台往左移动。当工作台移到A位置时，限位开关SQ1闭合，[47] X005常开触点闭合，“SET S23”指令执行，状态继电器S23置位，[50] S23常开触点闭合，T1定时器开始2s计时，同时上一步程序复位，Y000、Y002端子输出为OFF，伺服电动机停转，工作台停止移动。

2s后，T1定时器动作，[54] T0常开触点闭合，“SET S0”指令执行，状态继电器S0置位，[15] S0常开触点闭合，由于X000、M0常开触点仍闭合，“SET S20”指令执行，状态继电器S20置位，[31] S20常开触点闭合，以后重复上述控制过程，使工作台在A、B位置之间进行往返限位运动。

② 停止控制。在伺服电动机自动往返限位运行时，如果按下停止按钮SB2，[7] X002常开触点闭合，“ZRST S20 S30”指令法执行，S20～S30均被复位，Y000、Y002、Y003线圈均失电，这些线圈对应的端子输出均为OFF，伺服驱动器控制伺服电动机停转。另外，[3] X002常闭触点断开，M0线圈失电，[4] M0自锁触点断开，解除自锁，同时[15] M0常开触点断开，“SET S20”指令无法执行，无法进入自动控制程序。

在按下停止按钮SB2时，同时会执行“SET S0”指令，让[15] S0常开触点闭合，这样在松开停止按钮SB2后，可以重新进行自动或手动控制。

③ 手动控制。将自动/手动切换开关SA断开，选择手动控制，[15] X000常开触点断开，切断自动控制程序，[20] X000常闭触点闭合，接通手动控制程序。

当按下慢右按钮SB4时，[20] X004常开触点闭合，Y001、Y003线圈得电，Y001、Y003端子输出为ON，伺服驱动器的SP2、ST2端输入为ON，伺服驱动选择设定好的低速度（300r/min）驱动电机反转，工作台往右慢速移动，当工作台移到B位置时，限位开关SQ2闭合，[20] X006常开触点断开，Y001、Y003线圈失电，伺服驱动器的SP2、ST2端输入为OFF，伺服电动机停转，工作台停止移动。当按下慢左按钮SB3时，X003常开触点闭合，其过程与手动右移控制相似。

13.1.3 速度控制模式的标准接线

速度控制模式的标准接线如图13-9所示。

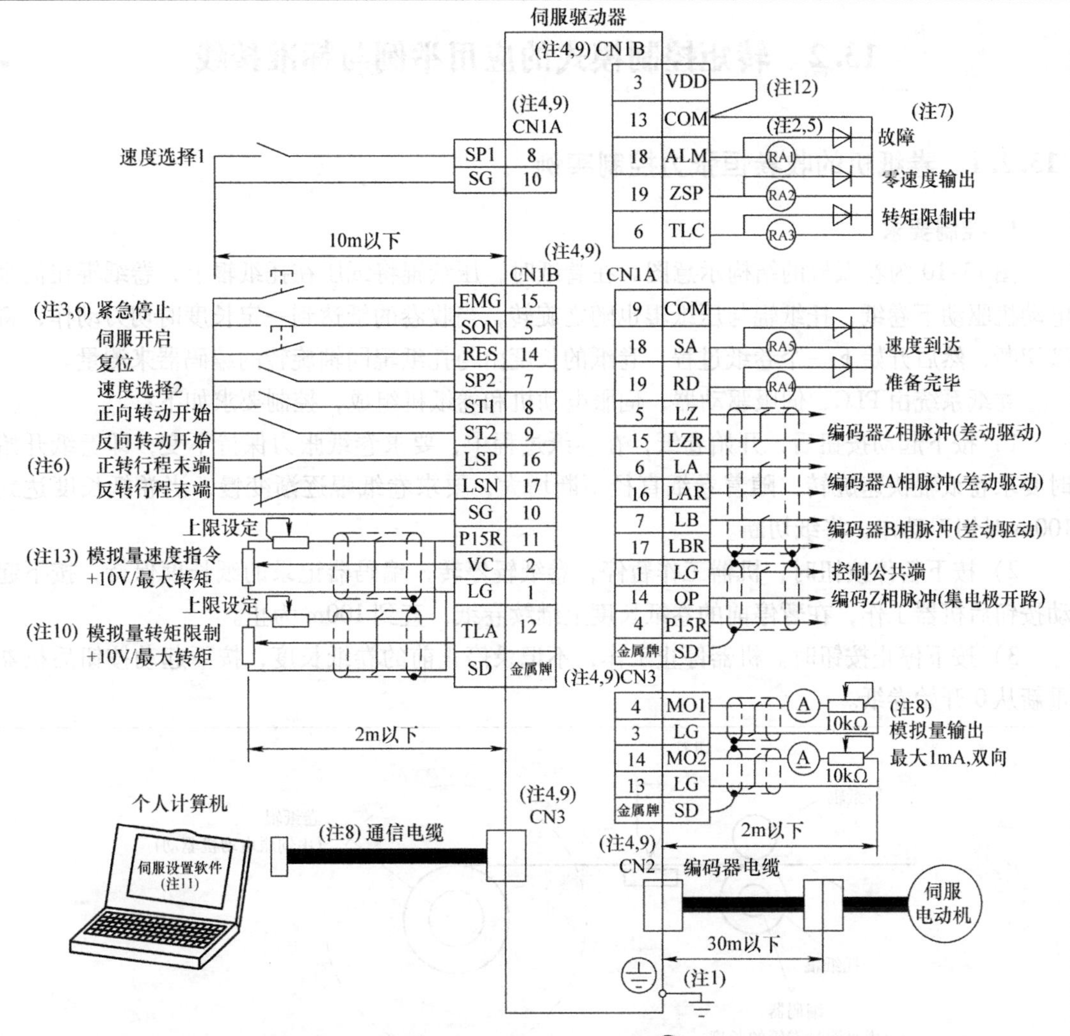

注：1. 为防止触电，必须将伺服放大器保护接地（PE）端子（标有⏚）连接到控制柜的保护接地端子上。

2. 二极管的方向不能接错，否则紧急停止和其他保护电路可能无法正常工作。

3. 必须安装紧急停止开关（常闭）。

4. CN1A、CN1B、CN2 和 CN3 为同一形状，如果将这些接头接错，可能会引起故障。

5. 外部继电器线圈中的电流总和应控制在 80mA 以下。如果超过 80mA，I/O 接口使用的电源应由外部提供。

6. 运行时，异常情况下的紧急停止信号（EMG）、正向/反向行程末端（LSP、LSN）与 SG 端之间必须接通。（常闭接点）

7. 故障端子（ALM）在无报警（正常运行）时与 SG 之间是接通的。

8. 同时使用模拟量输出通道 1、2 和个人计算机通信时，应使用维护用接口卡（MR－J2CN3TM）。

9. 同名信号在伺服驱动器内部是接通的。

10. 通过设定参数 NO. 43～48，能使用 TL（转矩限制选择）和 TLA 功能。

11. 伺服设置软件应使用 MRAJW3－SETUP111E 或更高版本。

12. 使用内部电源（VDD）时，必须将 VDD 连到 COM 上，当使用外部电源时，VDD 不要与 COM 连接。

13. 微小电压输入的场合，应使用外部电源。

图 13-9 速度控制模式的标准接线

13.2 转矩控制模式的应用举例与标准接线

13.2.1 卷纸机的收卷恒张力控制实例

1. 控制要求

图13-10为卷纸机的结构示意图。在卷纸时，压纸辊将纸压在托纸辊上，卷纸辊在伺服电动机驱动下卷纸，托纸辊与压纸辊也随之旋转，当收卷的纸达到一定长度时切刀动作，将纸切断，然后开始下一个卷纸过程，卷纸的长度由与托纸辊同轴旋转的编码器来测量。

卷纸系统由PLC、伺服驱动器、伺服电动机和卷纸机组成，控制要求如下：

1）按下起动按钮后，开始卷纸，在卷纸过程中，要求卷纸张力保持不变，即卷纸开始时要求卷纸辊快速旋转，随着卷纸直径不断增大，要求卷纸辊逐渐变慢，当卷纸长度达到100m时切刀动作，将纸切断。

2）按下暂停按钮时，机器工作暂停，卷纸辊停转，编码器记录的纸长度保持，按下起动按钮后机器工作，在暂停前的卷纸长度上继续卷纸，直到100m为止。

3）按下停止按钮时。机器停止工作，不记录停止前的卷纸长度，按下起动按钮后机器重新从0开始卷纸。

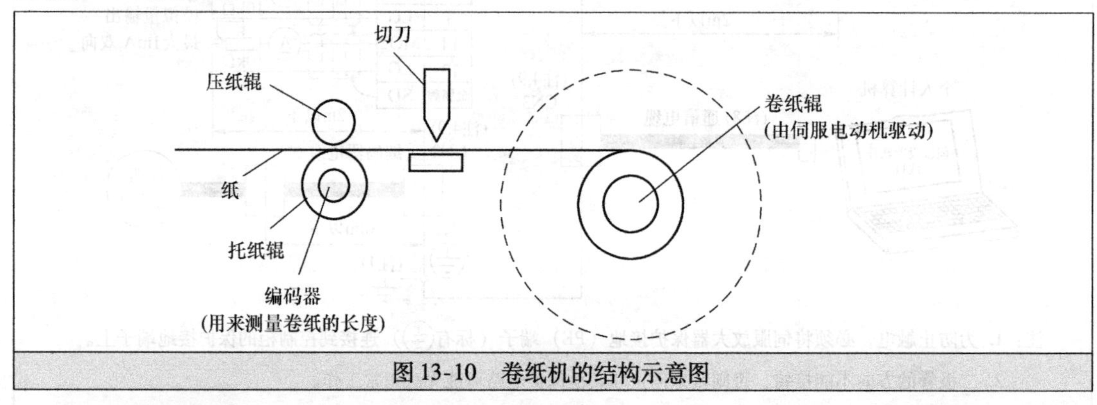

图13-10 卷纸机的结构示意图

2. 控制电路图

卷纸机的收卷恒张力控制电路图如图13-11所示。

电路工作过程说明如下：

（1）电路的工作准备

220V的单相交流电源经开关NFB送到伺服驱动器的L11、L21端，伺服驱动器内部的控制电路开始工作，ALM端内部变为ON，VDD端输出电流经继电器RA线圈进入ALM端，RA线圈得电，电磁制动器外接RA触点闭合，制动器线圈得电而使抱闸松开，停止对伺服电动机制动，同时附属电路中的RA触点也闭合，接触器MC线圈得电，MC主触点闭合，220V电源送到伺服驱动器的L1、L2端，为内部的主电路供电。

（2）收卷恒张力控制

①起动控制。按下起动按钮SB1，PLC的Y000、Y001端输出为ON，伺服驱动器的SP1、ST1端输入为ON，伺服驱动器按设定的速度输出驱动信号，驱动伺服电动机运转，电

动机带动卷纸辊旋转进行卷纸。在卷纸开始时，伺服驱动器 U、V、W 端输出的驱动信号频率较高，电动机转速较快，随着卷纸辊上的卷纸直径不断增大时，伺服驱动器输出的驱动信号频率自动不断降低，电动机转速逐渐下降，卷纸辊的转速变慢，这样可保证卷纸时卷纸辊对纸的张力（拉力）恒定。在卷纸过程中，可调节电位器 RP1、RP2，使伺服驱动器的 TC 端输入电压在 0～8V 范围内变化，TC 端输入电压越高，伺服驱动器输出的驱动信号幅度越大，伺服电动机运行转矩（转力）越大。在卷纸过程中，PLC 的 X000 端不断输入测量卷纸长度的编码器送来的脉冲，脉冲数量越多，表明已收卷的纸张越长，当输入脉冲总数达到一定值时，说明卷纸已达到指定的长度，PLC 的 Y005 端输出为 ON，KM 线圈得电，控制切刀动作，将纸张切断，同时 PLC 的 Y000、Y001 端输出为 OFF，伺服电动机停止输出驱动信号，伺服电动机停转，停止卷纸。

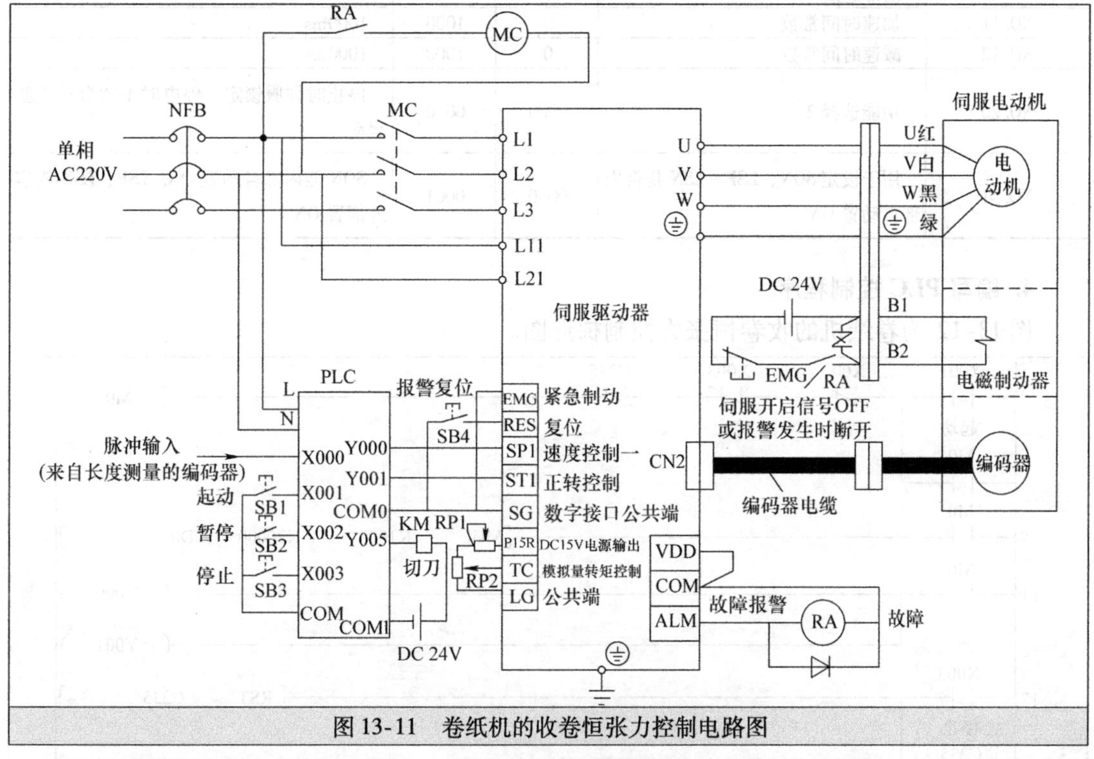

图 13-11 卷纸机的收卷恒张力控制电路图

② 暂停控制。在卷纸过程中，若按下暂停按钮 SB2，PLC 的 Y000、Y001 端输出为 OFF，伺服驱动器的 SP1、ST1 端输入为 OFF，伺服驱动器停止输出驱动信号，伺服电动机停转，停止卷纸。与此同时，PLC 将 X000 端输入的脉冲数量记录，保持下来。按下起动按钮 SB1 后，PLC 的 Y000、Y001 端输出又为 ON，伺服电动机又开始运行，PLC 在先前记录的脉冲数量上累加计数，直到达到指定值时才让 Y005 端输出 ON，进行切纸动作，并从 Y000、Y001 端输出 OFF，让伺服电动机停转，停止卷纸。

③ 停止控制。在卷纸过程中，若按下停止按钮 SB3，PLC 的 Y000、Y001 端输出为 OFF，伺服驱动器的 SP1、ST1 端输入为 OFF，伺服驱动器停止输出驱动信号，伺服电动机停转，停止卷纸，与此同时 Y005 端输出 ON，切刀动作，将纸切断。另外，PLC 将 X000 端输入反映卷纸长度的脉冲数量清 0，这时可取下卷纸辊上的卷纸，再按下起动按钮 SB1 后可重新开始卷纸。

3. 参数设置

伺服驱动器的参数设置内容见表13-4。

在表中，将NO.0参数设为0004，让伺服驱动器的工作在转矩控制模式；将NO.8参数均设为1000，让输出速度为1000r/min；将NO.11、NO.12参数均设为1000，让速度转换的加、减速度时间均为1s（1000ms）；将NO.20参数设为0010，其功能是在停电再通电后不让伺服电动机重新起动，且停止时锁定伺服电动机；将NO.41参数设为0001，其功能是让SON信号由伺服驱动器内部自动产生，则LSP、LSN信号则由外部输入。

表13-4　伺服驱动器的参数设置内容

参数	名称	出厂值	设定值	说明
NO.0	控制模式选择	0000	0004	设置成转矩控制模式
NO.8	内部速度1	100	1000	1000r/min
NO.11	加速时间常数	0	1000	1000ms
NO.12	减速时间常数	0	1000	1000ms
NO.20	功能选择2	0000	0010	停止时伺服锁定，停电时不能自动重新起动
NO.41	用于设定SON、LSP、LSN是否内部自动置ON	0000	0001	SON能内部自动置ON. LSP、LSN依靠外部置ON

4. 编写PLC控制程序

图13-12为卷纸机的收卷恒张力控制梯形图。

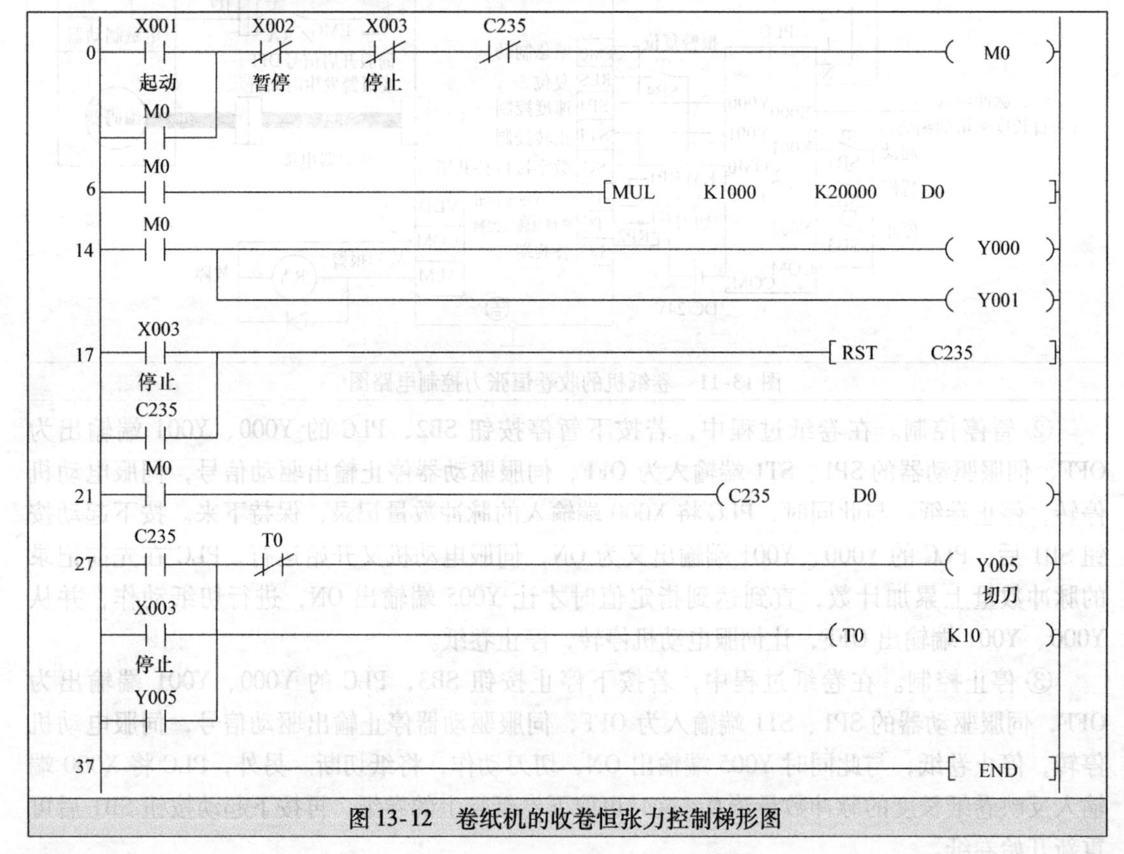

图13-12　卷纸机的收卷恒张力控制梯形图

下面对照图13-11来说明图13-12梯形图工作原理。

卷纸系统采用与托纸辊同轴旋转的编码器来测量卷纸的长度，托纸辊每旋转一周，编码器会产生N个脉冲，同时会传送与托纸辊周长S相同长度的纸张。

传送纸张的长度L、托纸辊周长S、编码器旋转一周产生的脉冲个数N与编码器产生的脉冲总个数D满足下面的关系：

$$编码器产生的脉冲总个数D=\frac{传送纸张的长度L}{托纸辊周长S}\times编码器旋转一周产生的脉冲个数N$$

对于一个卷纸系统，N、S值一般是固定的，而传送纸张的长度L可以改变，为了程序编写方便，可将上式变形为$D=L\frac{N}{S}$。例如托纸辊的周长S为0.05m，编码器旋转一周产生的脉冲个数N为1000个脉冲，那么传送长度L为100m的纸张时，编码器产生的脉冲总个数$D=100\times\frac{1000}{0.05}=100\times20000=2000000$。

PLC采用高速计数器C235对输入脉冲进行计数，该计数器对应的输入端子为X000。

① 起动控制。

按下起动按钮SB1→梯形图中的[0]X001常开触点闭合→辅助继电器M0线圈得电→

- [1]M0触点闭合→锁定M0线圈得电
- [6]M0触点闭合→MUL乘法指令执行，将传送纸张长度值100与20000相乘，得到2000000作为脉冲总数存入数据存储器D0
- [14]M0触点闭合→Y000、Y001线圈得电，Y000、Y001端子输出为ON，伺服驱动器驱动伺服电动机运转开始卷纸
- [21]M0触点闭合→C235计数器对X000端子输入的脉冲进行计数，当卷纸长度达到100m时，C235的计数值会达到D0中的值(2000000)，C235动作→
  - [27] C235常开触点闭合
    - [27] Y005线圈得电，Y005端子输出为ON，KM线圈得电切刀动作切断纸张
    - [29] Y005自锁触点闭合，锁定Y005线圈得电
    - [28] T0定时器开始1s计时，1s后T0动作，[27]T0常闭触点断开，Y005线圈失电，KM线圈失电，切刀返回
  - [0] C235常闭触点断开，M0线圈失电
    - [1] M0触点断开，解除M0线圈自锁
    - [6] M0触点断开，MUL乘法指令无法执行
    - [14] M0触点断开，Y000、Y001线圈失电，Y000、Y001端子输出为OFF，伺服驱动器使伺服电动机停转，停止卷纸
    - [21] M0触点断开，C235计数器停止计数
  - [18] C235常开触点闭合，RST指令执行，将计数器C235复位清0

② 暂停控制。

按下暂停按钮SB2，[0]X002常闭触点断开→M0线圈失电

- [1] M0触点断开，解除M0线圈自锁
- [6] M0触点断开，MUL乘法指令无法执行
- [14] M0触点断开，Y000、Y001线圈失电，Y000、Y001端子输出为OFF，伺服驱动器使伺服电动机停转，停止卷纸
- [21] M0触点断开，C235计数器停止计数

在暂停控制时，只是让伺服电动机停转从而停止卷纸，但不会对计数器的计数值复位，切刀也不会动作，当按下起动按钮时，会在先前卷纸长度的基础上继续卷纸，直到纸张长度达到100m。

③ 停止控制。

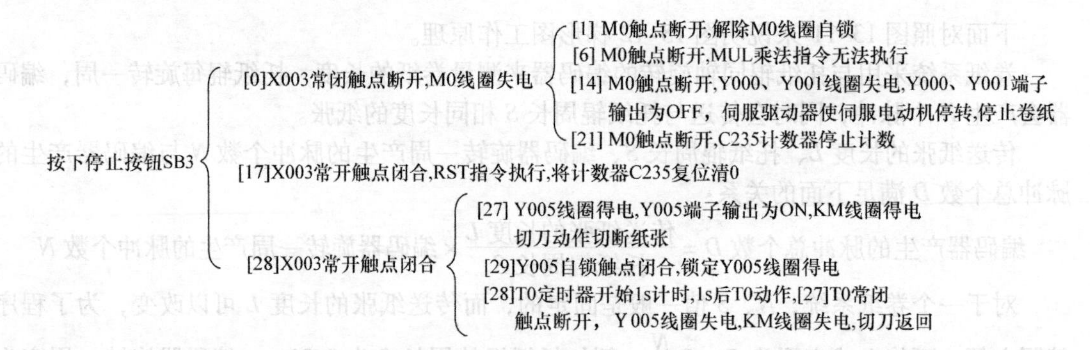

13.2.2 转矩控制模式的标准接线

转矩控制模式的标准接线如图 13-13 所示。

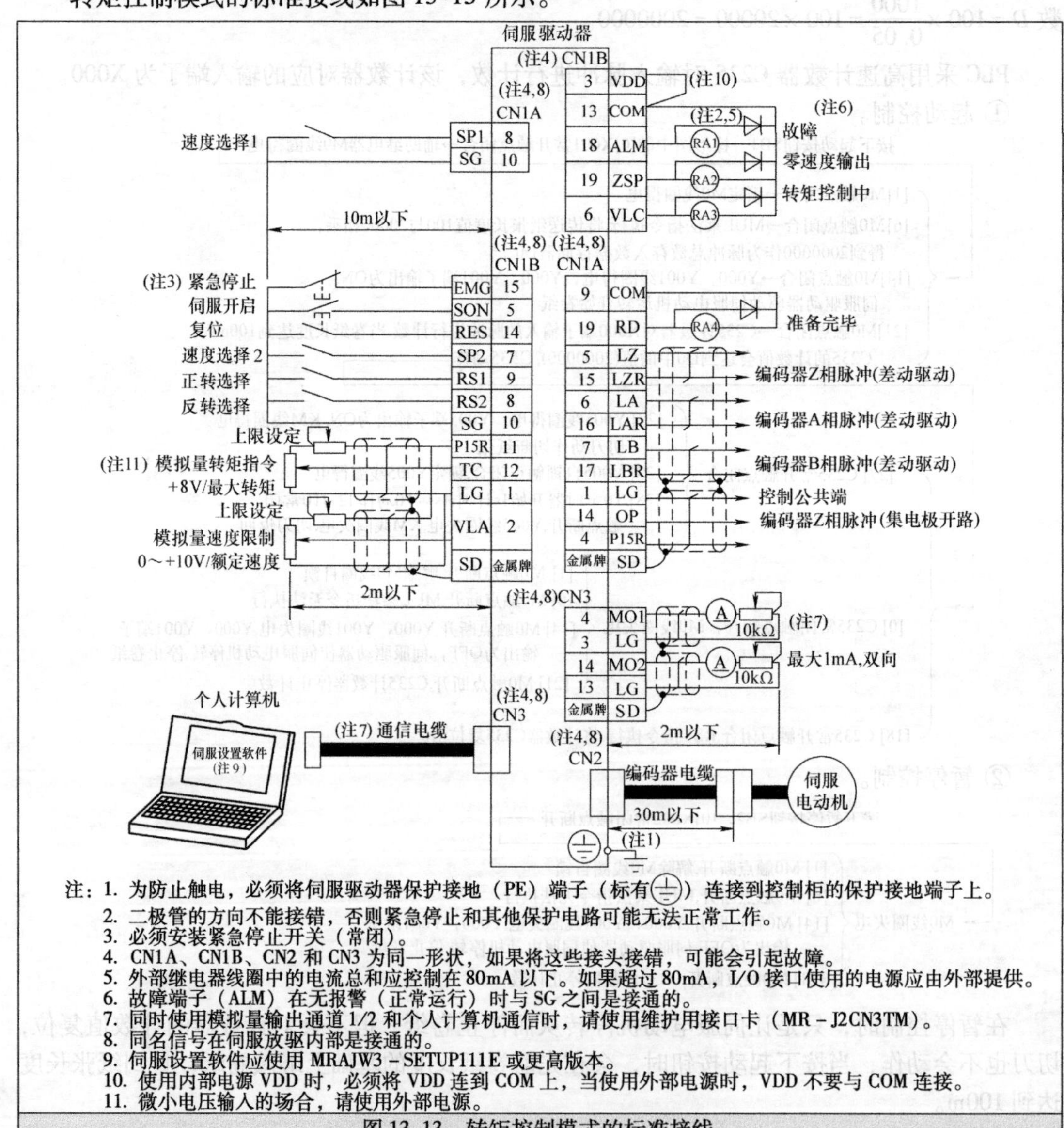

注：1. 为防止触电，必须将伺服驱动器保护接地（PE）端子（标有⏚）连接到控制柜的保护接地端子上。
2. 二极管的方向不能接错，否则紧急停止和其他保护电路可能无法正常工作。
3. 必须安装紧急停止开关（常闭）。
4. CN1A、CN1B、CN2 和 CN3 为同一形状，如果将这些接头接错，可能会引起故障。
5. 外部继电器线圈中的电流总和应控制在 80mA 以下。如果超过 80mA，I/O 接口使用的电源应由外部提供。
6. 故障端子（ALM）在无报警（正常运行）时与 SG 之间是接通的。
7. 同时使用模拟量输出通道 1/2 和个人计算机通信时，请使用维护用接口卡（MR－J2CN3TM）。
8. 同名信号在伺服放驱内部是接通的。
9. 伺服设置软件应使用 MRAJW3－SETUP111E 或更高版本。
10. 使用内部电源 VDD 时，必须将 VDD 连到 COM 上，当使用外部电源时，VDD 不要与 COM 连接。
11. 微小电压输入的场合，请使用外部电源。

图 13-13 转矩控制模式的标准接线

13.3　位置控制模式的应用举例与标准接线

13.3.1　工作台往返定位运行控制实例

1. 控制要求

采用PLC控制伺服驱动器来驱动伺服电动机运转，通过与电动机同轴的丝杆带动工作台移动，如图13-14a所示。具体要求如下：

1）按下起动按钮，伺服电动机通过丝杆驱动工作台从A位置（起始位置）往右移动，当移动30mm后停止2s，然后往左返回，当到达A位置，工作台停止2s，又往右运动，如此反复。

2）在工作台移动时，按下停止按钮，工作台运行完一周后返回到A点并停止移动。

3）要求工作台移动速度为10mm/s，已知丝杆的螺距为5mm。

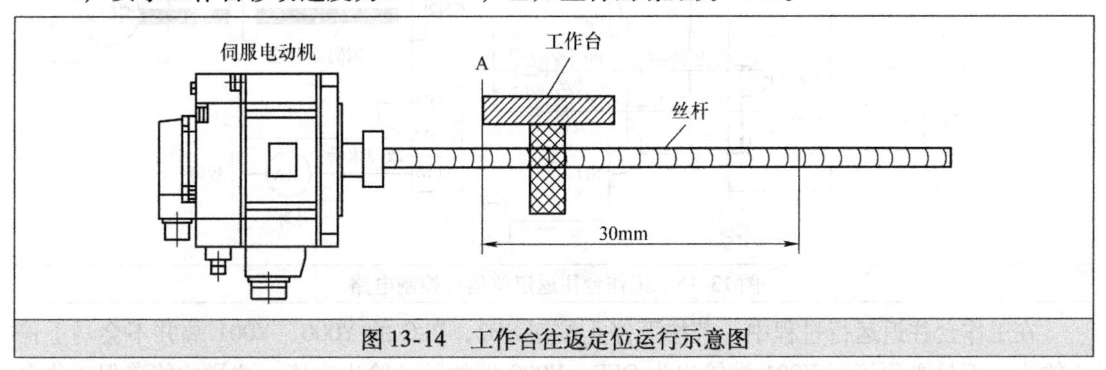

图13-14　工作台往返定位运行示意图

2. 控制电路图

工作台往返定位运行控制电路如图13-15所示。

电路工作过程说明如下：

（1）电路的工作准备

220V的单相交流电源经开关NFB送到伺服驱动器的L11、L21端，伺服驱动器内部的控制电路开始工作，ALM端内部变为ON，VDD端输出电流经继电器RA线圈进入ALM端，RA线圈得电，电磁制动器外接RA触点闭合，制动器线圈得电而使抱闸松开，停止对伺服电动机制动，同时附属电路中的RA触点也闭合，接触器MC线圈得电，MC主触点闭合，220V电源送到伺服驱动器的L1、L2端，为内部的主电路供电。

（2）往返定位运行控制

按下起动按钮SB1，PLC的Y001端子输出为ON（Y001端子内部晶管导通），伺服驱动器NP端输入为低电平，确定伺服电动机正向旋转。与此同时，PLC的Y000端子输出一定数量的脉冲信号进入伺服驱动器的PP端，确定伺服电动机旋转的转数。在NP、PP端输入信号控制下，伺服驱动器驱动伺服电动机正向旋转一定的转数，通过丝杆带动工作台从起始位置往右移动30mm，然后Y000端子停止输出脉冲，伺服电动机停转，工作台停止，2s后，Y001端子输出为OFF（Y001端子内部晶管截止），伺服驱动器NP端输入为高电平。同时Y000端子又输出一定数量的脉冲到PP端，伺服驱动器驱动伺服电动机反向旋转一定的转数，通过丝杆带动工作台往左移动 30mm 返回起始位置，停止 2s 后又重复上述过程，从而使工作台在起始位置至右方 30mm 之间往返运行。

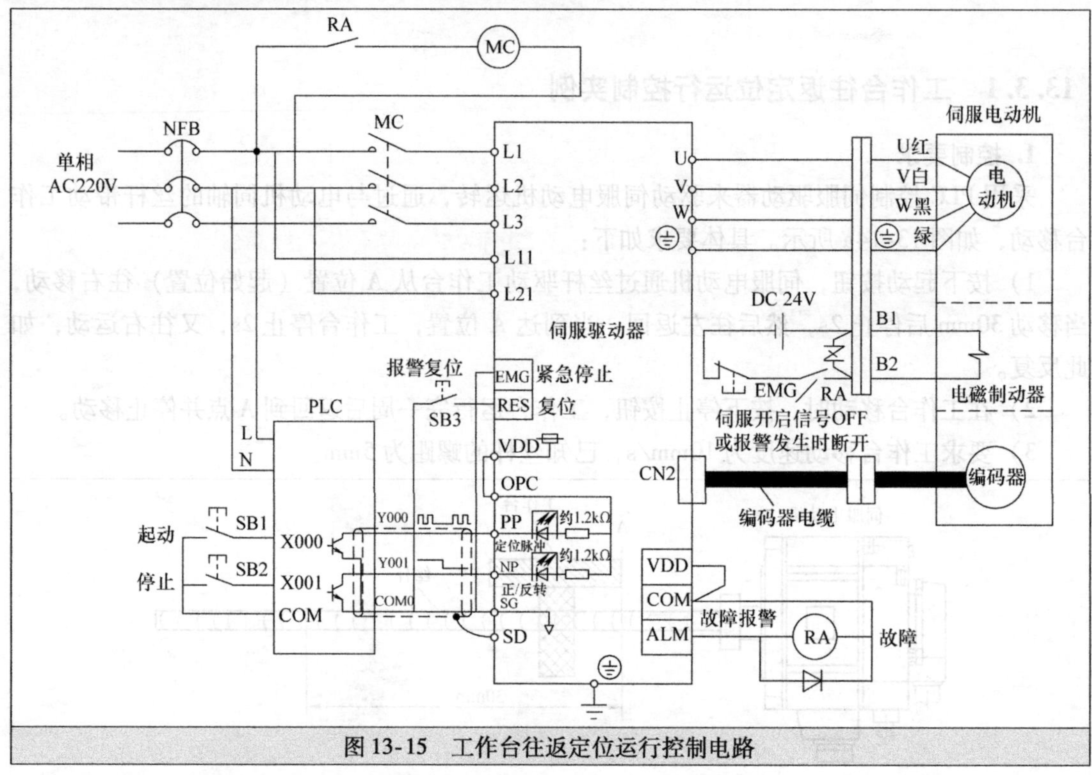

图 13-15　工作台往返定位运行控制电路

在工作台往返运行过程中，若按下停止按钮 SB2，PLC 的 Y000、Y001 端并不会马上停止输出，而是必须等到 Y001 端输出为 OFF，Y000 端的脉冲输出完毕，这样才能确保工作台停在起始位置。

3. 参数设置

伺服驱动器的参数设置内容见表 13-5。在表中，将 NO. 0 参数设为 0000，让伺服驱动器的工作在位置控制模式；将 NO. 21 参数设为 0000，其功能是将伺服电动机转数和转向的控制形式设为脉冲（PP）+方向（NP），将 NO. 41 参数设为 0001，其功能是让 SON 信号由伺服驱动器内部自动产生，则 LSP、LSN 信号则由外部输入。

表 13-5　伺服驱动器的参数设置内容

参数	名 称	出厂值	设定值	说 明
NO. 0	控制模式选择	0000	0000	设定位置控制模式
NO. 3	电子齿轮分子	1	16384	设定上位机 PLC 发出 5000 个脉冲电动机转一周
NO. 4	电子齿轮分母	1	625	
NO. 21	功能选择 3	0000	0001	用于设定电动机转数和转向的脉冲串输入形式为脉冲＋方向
NO. 41	用于设定 SON、LSP、LSN 是否自动为 ON	0000	0001	设定 SON 内部自动置 ON，LSP、LSN 需外部置 ON

在位置控制模式时需要设置伺服驱动器的电子齿轮值。电子齿轮设置规律为：电子齿轮

值＝编码器产生的脉冲数/输入脉冲数。由于使用的伺服电动机编码器分辨率为131072（即编码器每旋转一周会产生131072个脉冲），如果要求伺服驱动器输入5000个脉冲电动机旋转一周，电子齿轮值应为131072/5000＝16384/625，故将电子齿轮分子NO.3设为16384、电子齿轮分母NO.4设为625。

4. 编写PLC控制程序

图13-16为工作台往返定位运行控制梯形图。

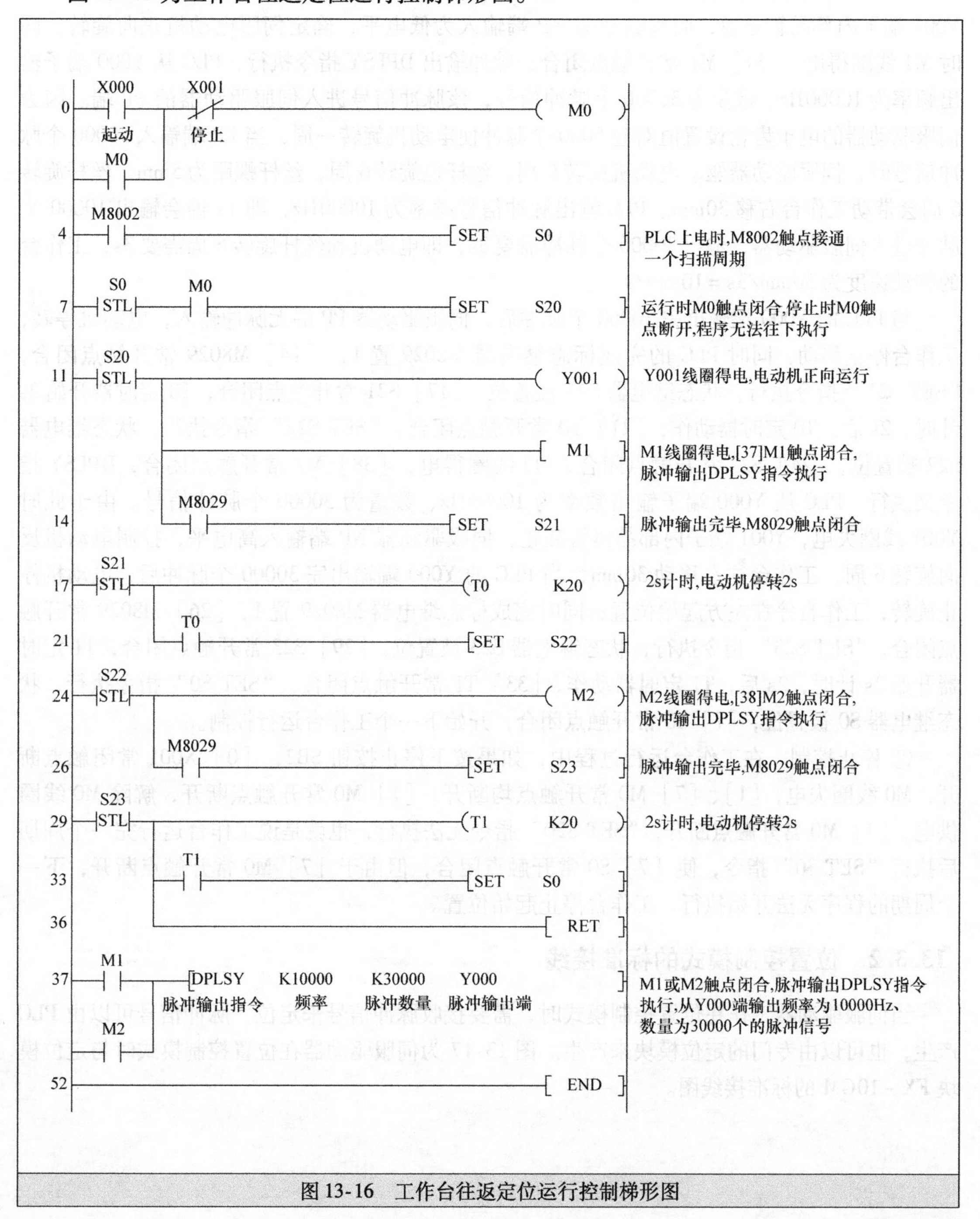

图13-16　工作台往返定位运行控制梯形图

下面对照图13-15来说明图13-16梯形图工作原理。

在PLC上电时，[4] M8002常开触点接通一个扫描周期，“SET S0”指令执行，状态继电器S0被置位，[7] S0常开触点闭合，为起动作准备。

① 起动控制。按下起动按钮SB1，[0] X000常开触点闭合，M0线圈得电，[1]、[7] M0常开触点均闭合，[1] M0常开触点闭合，锁定M0线圈供电，[7] M0常开触点闭合，“SET S20”指令执行，状态继电器S20被置位，[11] S20常开触点闭合，Y001线圈得电，Y001端子内部晶管导通，伺服驱动器NP端输入为低电平，确定伺服电动机正向旋转，同时M1线圈得电，[37] M1常开触点闭合，脉冲输出DPLSY指令执行，PLC从Y000端子输出频率为10000Hz、数量为30000个脉冲信号，该脉冲信号进入伺服驱动器的PP端。因为伺服驱动器的电子齿轮设置值对应5000个脉冲使电动机旋转一周，当PP端输入30000个脉冲信号时，伺服驱动器驱动电动机旋转6周，丝杆也旋转6周，丝杆螺距为5mm，丝杆旋转6周会带动工作台右移30mm。PLC输出脉冲信号频率为10000Hz，即1s钟会输出10000个脉冲进入伺服驱动器，输出30000个脉冲需要3s，即电动机和丝杆旋转6周需要3s，工作台的移动速度为30mm/3s=10mm/s。

当PLC的Y000端输出完30000个脉冲后，伺服驱动器PP端无脉冲输入，电动机停转，工作台停止移动，同时PLC的完成标志继电器M8029置1，[14] M8029常开触点闭合，“SET S21”指令执行，状态继电器S21被置位，[17] S21常开触点闭合，T0定时器开始2s计时，2s后，T0定时器动作，[21] T0常开触点闭合，“SET S22”指令执行，状态继电器S22被置位，[24] S22常开触点闭合，M2线圈得电，[38] M2常开触点闭合，DPLSY指令又执行，PLC从Y000端子输出频率为10000Hz、数量为30000个脉冲信号。由于此时Y001线圈失电，Y001端子内部晶体管截止，伺服驱动器NP端输入高电平，控制电动机反向旋转6周，工作台往左移动30mm，当PLC的Y000端输出完30000个脉冲后，电动机停止旋转，工作台停在左方起始位置，同时完成标志继电器M8029置1，[26] M8029常开触点闭合，“SET S23”指令执行，状态继电器S23被置位，[29] S23常开触点闭合，T1定时器开始2s计时，2s后，T1定时器动作，[33] T1常开触点闭合，“SET S0”指令执行，状态继电器S0被置位，[7] S0常开触点闭合，开始下一个工作台运行控制。

② 停止控制。在工作台运行过程中，如果按下停止按钮SB2，[0] X001常闭触点断开，M0线圈失电，[1]、[7] M0常开触点均断开，[1] M0常开触点断开，解除M0线圈供电，[7] M0常开触点断开，“SET S20”指令无法执行，也就是说工作台运行完一个周期后执行“SET S0”指令，使[7] S0常开触点闭合，但由于[7] M0常开触点断开，下一个周期的程序无法开始执行，工作台停止起始位置。

13.3.2 位置控制模式的标准接线

当伺服驱动器工作在位置控制模式时，需要接收脉冲信号来定位。脉冲信号可以由PLC产生，也可以由专门的定位模块来产生。图13-17为伺服驱动器在位置控制模式时与定位模块FX-10GM的标准接线图。

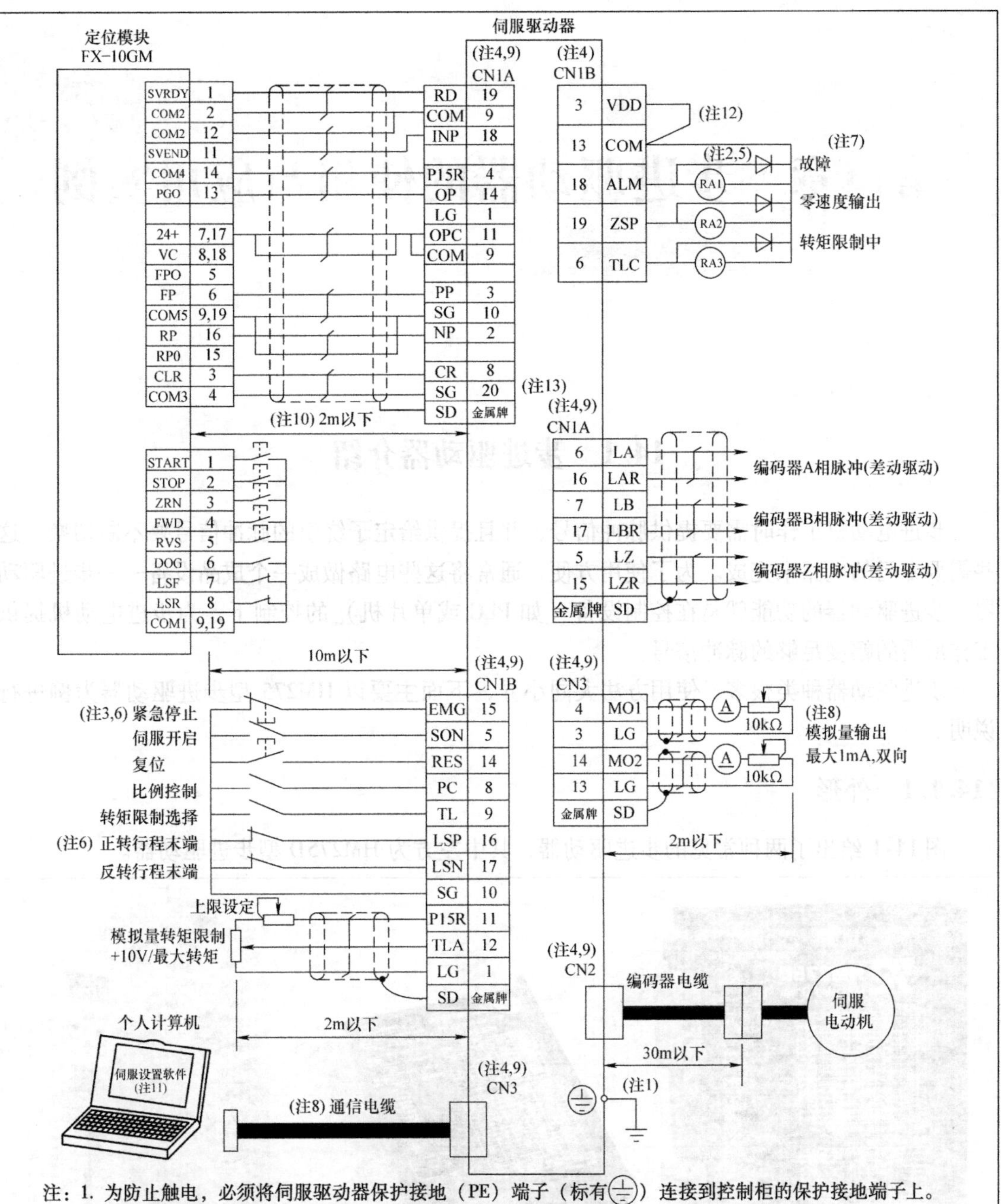

注：1. 为防止触电，必须将伺服驱动器保护接地（PE）端子（标有⏚）连接到控制柜的保护接地端子上。

2. 二极管的方向不能接错，否则紧急停止和其他保护电路可能无法正常工作。
3. 必须安装紧急停止开关（常闭）。
4. CN1A、CN1B、CN2 和 CN3 为同一形状，如果将这些接头接错，可能会引起故障。
5. 外部继电器线圈中的电流总和应控制在 80mA 以下。如果超过 80mA，I/O 接口使用的电源应由外部提供。
6. 运行时，异常情况下的紧急停止信号（EMG）、正向/反向行程末端（LSP、LSN）与 SG 端之间必须接通（常闭）。
7. 故障端子（ALM）在无报警（正常运行）时与 SG 之间是接通的，在 OFF（发生故障）时应通过程序停止伺服放大器的输出。
8. 同时使用模拟量输出通道 1/2 和个人计算机通信时，请使用维护用接口卡（MR－J2CN3TM）。
9. 同名信号在伺服放大器内部是接通的。
10. 指令脉冲串的输入采用集电极开路的方式，差动驱动方式为 10m 以下。
11. 伺服设置软件应使用 MRAJW3－SETUP111E 或更高版本。
12. 使用内部电源 VDD 时，必须将 VDD 连到 COM 上，当使用外部电源时，VDD 不要与 COM 连接。
13. 使用中继端子台的场合，需连接 CN1A－10。

图 13-17 伺服驱动器在位置控制模式时与定位模块 FX－10GM 的标准接线图

第14章　步进驱动器的使用与应用实例

14.1　步进驱动器介绍

步进电动机工作时需要提供脉冲信号，并且提供给定子绕组的脉冲信号要不断切换，这些需要专门的电路来完成。为了使用方便，通常将这些电路做成一个成品设备——步进驱动器。步进驱动器的功能就是在控制设备（如PLC或单片机）的控制下，为步进电动机提供工作所需的幅度足够的脉冲信号。

步进驱动器种类很多，使用方法大同小异，下面主要以HM275型步进驱动器为例进行说明。

14.1.1　外形

图14-1给出了两种常见的步进驱动器，其中左方为HM275D型步进驱动器。

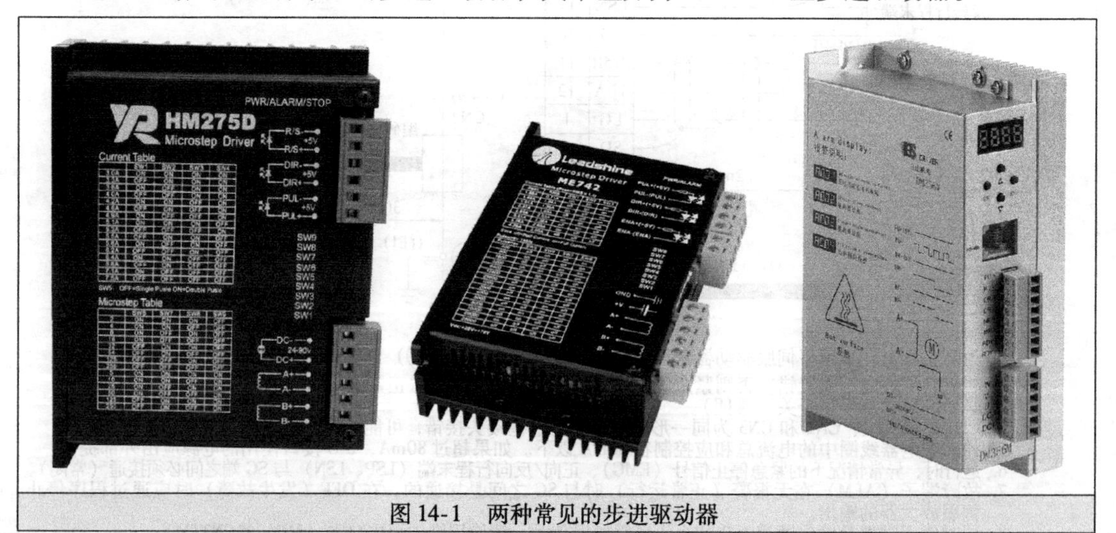

图14-1　两种常见的步进驱动器

14.1.2　内部组成与原理

图14-2虚线框内部分为步进驱动器，其内部主要由环形分配器和功率放大器组成。

步进驱动器有三种输入信号，分别是脉冲信号、方向信号和使能信号，这些信号来自控制器（如PLC、单片机等）。在工作时，步进驱动器的环形分配器将输入的脉冲信号分成多路脉冲，再送到功率放大器进行功率放大，然后输出大幅度脉冲去驱动步进电动机；方向信号的功能是控制环形分配器分配脉冲的顺序，比如先送A相脉冲再送B相脉冲会使步进电动机逆时针旋转，那么先送B相脉冲再送A相脉冲则会使步进电动机顺时针旋转；使能信号的功能是允许或禁止步进驱动器工作，当使能信号为禁止时，即使输入脉冲信号和方向信号，步进驱动器也不会工作。

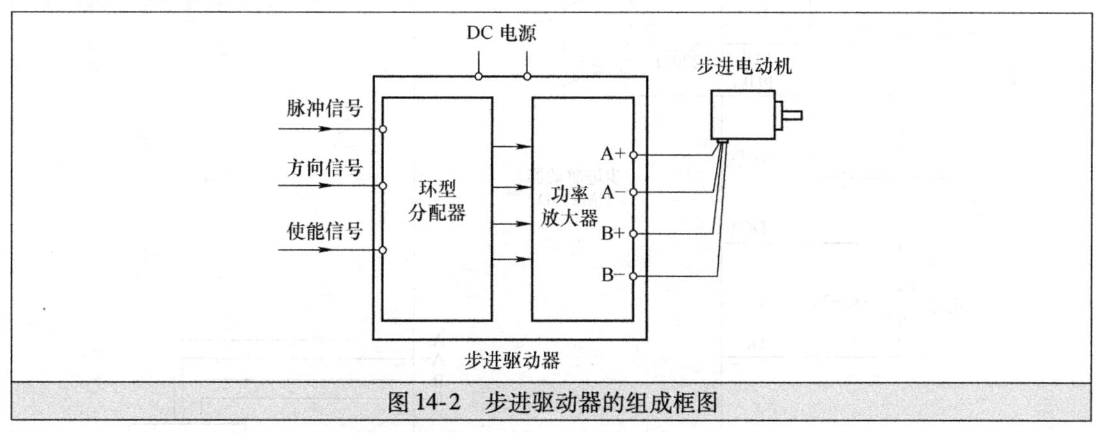

图14-2　步进驱动器的组成框图

14.1.3　步进驱动器的接线及说明

步进驱动器的接线包括输入信号接线、电源接线和电动机接线。HM275D型步进驱动器的典型接线如图14-3所示。

1. 输入信号接线

HM275D型步进驱动器输入信号有6个接线端子，如图14-4所示。这6个端子分别是R/S+、R/S-、DIR+、DIR-、PUL+和PUL-。

1）R/S+（+5V）、R/S-（R/S）端子：使能信号。此信号用于使能和禁止，R/S+接+5V，R/S-接低电平时，驱动器切断电动机各相电流使电动机处于自由状态，此时步进脉冲不被响应。如不需要这项功能，悬空即可。

2）DIR+（+5V）、DIR-（DIR）端子：单脉冲控制方式时为方向信号，用于改变电动机的转向；双脉冲控制方式时为反转脉冲信号。单、双脉冲控制方式由SW5控制，为了保证电动机可靠响应，方向信号应先于脉冲信号至少5μs建立。

3）PUL+（+5V）、PUL-（PUL）端子：单脉冲控制时为步进脉冲信号，此脉冲上升沿有效；双脉冲控制时为正转脉冲信号，脉冲上升沿有效。脉冲信号的低电平时间应大于3μs，以保证电动机可靠响应。

2. 电源与输出信号接线

HM275D型步进驱动器电源与输出信号有6个接线端子，如图14-5所示。这6个端子分别是DC+、DC-、A+、A-、B+和B-。

1）DC-端子：直流电源负极，也即电源地。

2）DC+端子：直流电源正极，电压范围24~90V，推荐理论值DC70V左右。电源电压在DC24~90V之间都可以正常工作，本驱动器最好采用无稳压功能的直流电源供电，也可以采用变压器降压+桥式整流+电容滤波，电容容量可取大于2200μF。但注意应使整流后电压纹波峰值不超过95V，避免电网波动超过驱动器电压工作范围。

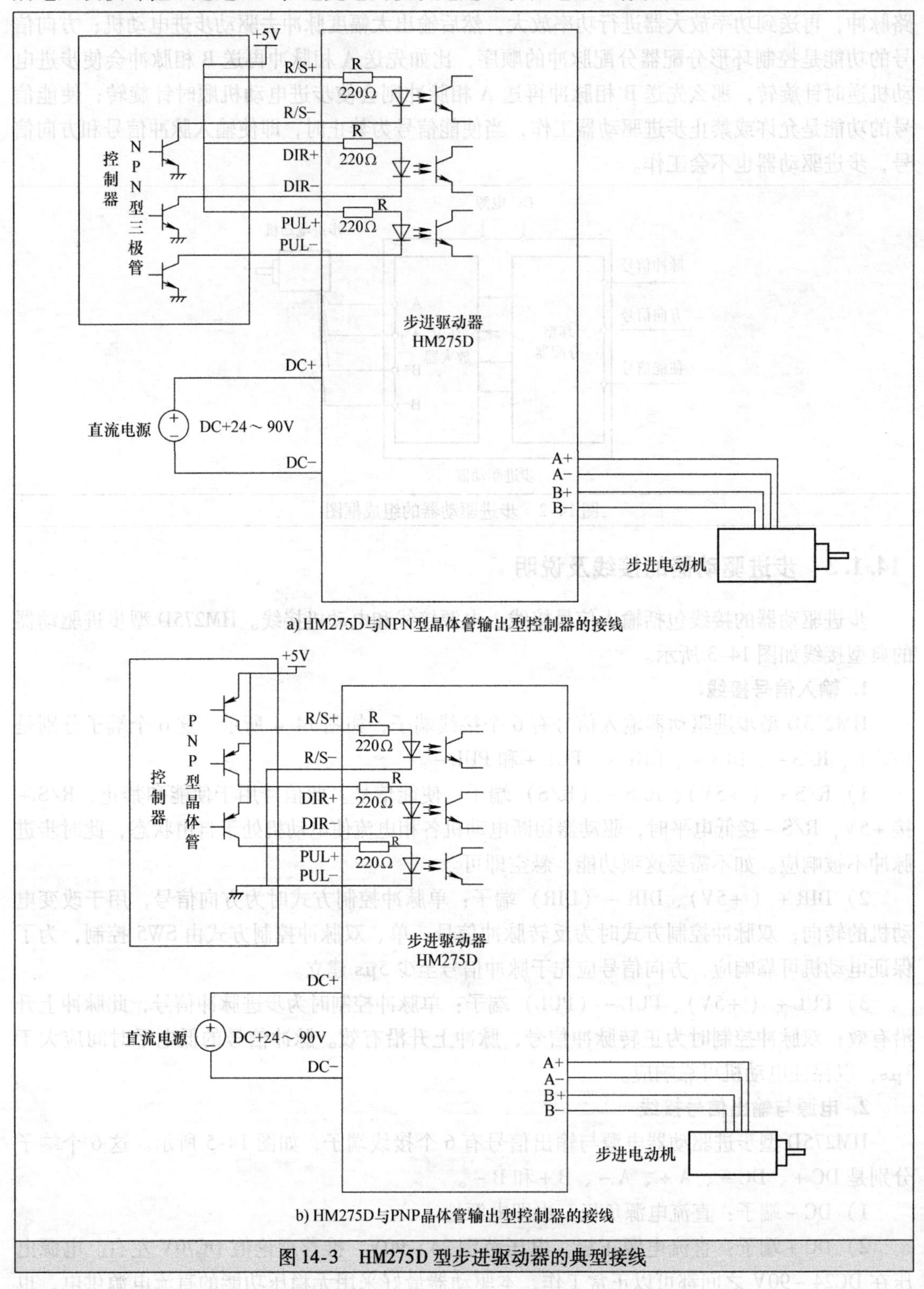

a) HM275D与NPN型晶体管输出型控制器的接线

b) HM275D与PNP晶体管输出型控制器的接线

图 14-3　HM275D 型步进驱动器的典型接线

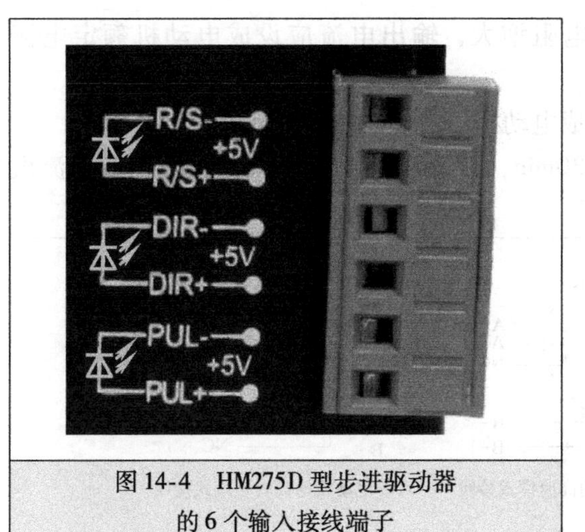

图 14-4　HM275D 型步进驱动器的 6 个输入接线端子

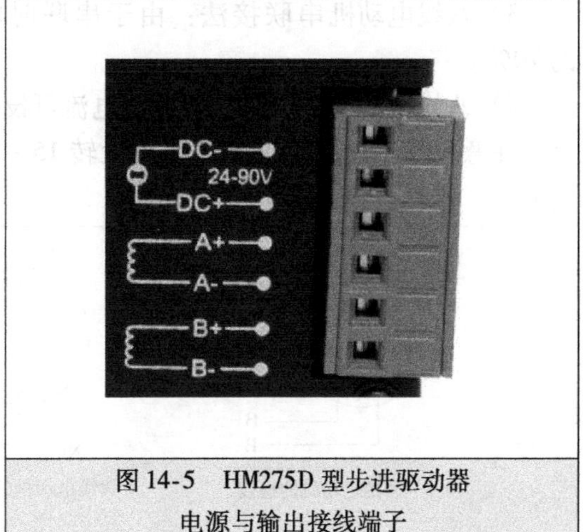

图 14-5　HM275D 型步进驱动器电源与输出接线端子

在连接电源时要特别注意：

① 接线时电源正负极切勿反接。

② 最好采用非稳压型电源。

③ 采用非稳压电源时，电源电流输出能力应大于驱动器设定电流的 60%，采用稳压电源时，应大于驱动器设定电流。

④ 为了降低成本，两三个驱动器可共用一个电源。

3）A+、A-端子：A 相脉冲输出。A+，A-互调，电动机运转方向会改变。

4）B+、B-端子：B 相脉冲输出。B+，B-互调，电动机运转方向会改变。

14.1.4　步进电动机的接线及说明

HM275D 型步进驱动器可驱动所有相电流为 7.5A 以下的四线、六线和八线的两相、四相步进电动机。由于 HM275D 型步进驱动器只有 A+、A-、B+和 B- 4 个脉冲输出端子，故连接四线以上的步进电动机时需要先对步进电动机进行必要的接线。步进电动机的接线如图 14-6 所示，图中的 NC 表示该接线端悬空不用。

为了达到最佳的电动机驱动效果，需要给步进驱动器选取合理的供电电压并设定合适的输出电流值。

（1）供电电压的选择

一般来说，供电电压越高，电动机高速时转矩越大，越能避免高速时掉步。但电压太高也会导致过电压保护，甚至可能损害驱动器，而且在高压下工作时，低速运动振动较大。

（2）输出电流的设定

对于同一电动机，电流设定值越大，电动机输出的转矩越大，同时电动机和驱动器的发热也比较严重。因此一般情况下应把电流设定成电动机长时间工作出现温热但不过热的数值。

输出电流的具体设置如下：

1）四线电动机和六线电动机高速度模式：输出电流设成等于或略小于电动机额定电流值。

2）六线电动机高力矩模式：输出电流设成电动机额定电流的 70%。

3）八线电动机串联接法：由于串联时电阻增大，输出电流应设成电动机额定电流的70%。

4）八线电动机并联接法：输出电流可设成电动机额定电流的1.4倍。

注意，电流设定后应让电动机运转15～30min，如果电动机温升太高，应降低电流设定值。

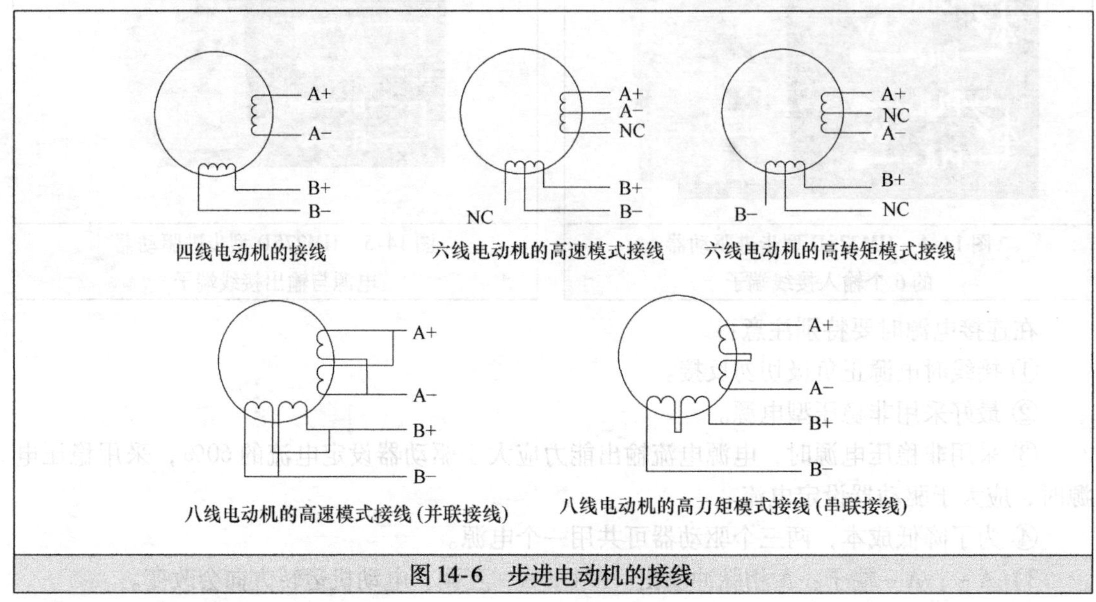

图14-6　步进电动机的接线

14.1.5　细分设置

为了提高步进电动机的控制精度，现在的步进驱动器都具备了细分设置功能。所谓细分是指通过设置驱动器来减小步距角，例如若步进电动机的步距角为1.8°，旋转一周需要200步，若将细分设为10，则步距角被调整为0.18°，旋转一周需要2000步。

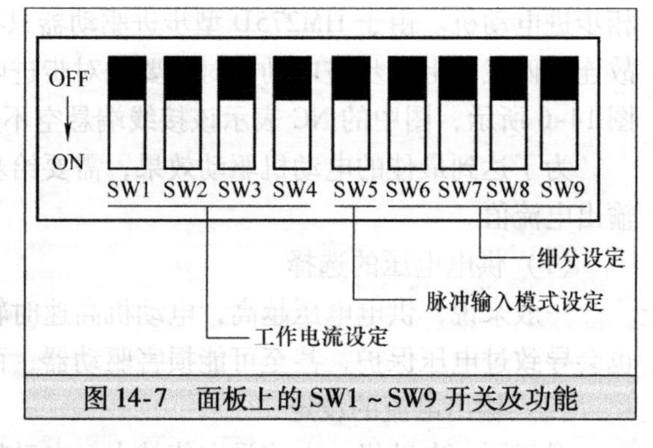

图14-7　面板上的SW1～SW9开关及功能

HM275D型步进驱动器面板上有SW1～SW9共9个开关，如图14-7所示。SW1～SW4用于设置驱动器的输出工作电流，SW5用于设置驱动器的脉冲输入方式，SW6～SW9用于设置细分。SW6～SW9开关的位置与细分关系见表14-1。例如，当SW6～SW9分别为ON、ON、OFF、OFF位置时，将细分数设为4，电动机旋转一周需要800步。

表14-1　SW6～SW9开关的位置与细分关系

SW6	SW7	SW8	SW9	细分数	步数/圈（1.8°/整步）
ON	ON	ON	OFF	2	400
ON	ON	OFF	OFF	4	800
ON	OFF	ON	OFF	8	1600
ON	OFF	OFF	OFF	16	3200

（续）

SW6	SW7	SW8	SW9	细分数	步数/圈（1.8°/整步）
OFF	ON	ON	OFF	32	6400
OFF	ON	OFF	OFF	64	12800
OFF	OFF	ON	OFF	128	25600
OFF	OFF	OFF	OFF	256	51200
ON	ON	ON	ON	5	1000
ON	ON	OFF	ON	10	2000
ON	OFF	ON	ON	25	5000
ON	OFF	OFF	ON	50	10000
OFF	ON	ON	ON	125	25000
OFF	ON	OFF	ON	250	50000

在设置细分时要注意以下事项：

1）一般情况下，细分不能设置过大，因为在步进驱动器输入脉冲不变的情况下，细分设置越大，电动机转速越慢，而且电动机的输出转矩会变小。

2）步进电动机的驱动脉冲频率不能太高，否则电动机输出转矩会迅速减小，而细分设置过大会使步进驱动器输出的驱动脉冲频率过高。

14.1.6 工作电流的设置

为了能驱动多种功率的步进电动机，大多数步进驱动器具有工作电流（也称动态电流）设置功能，当连接功率较大的步进电动机时，应将步进驱动器的输出工作电流设得大一些。对于同一电动机，工作电流设置越大，电动机输出转矩越大，发热也越严重，因此通常将工作电流设定在电动机长时间工作出现温热但不过热的数值。

HM275D 型步进驱动器面板上有 SW1 ~ SW4 4 个开关用来设置工作电流大小，SW1 ~ SW4 开关的位置与工作电流值关系见表 14-2。

表 14-2 SW1 ~ SW4 开关的位置与工作电流值关系

SW1	SW2	SW3	SW4	电流值
ON	ON	ON	ON	3.0A
OFF	ON	ON	ON	3.3A
ON	OFF	ON	ON	3.6A
OFF	OFF	ON	ON	4.0A
ON	ON	OFF	ON	4.2A
OFF	ON	OFF	ON	4.6A
ON	OFF	OFF	ON	4.9A
ON	ON	ON	OFF	5.1A
OFF	OFF	OFF	ON	5.3A
OFF	ON	ON	OFF	5.5A
ON	OFF	ON	OFF	5.8A
OFF	OFF	ON	OFF	6.2A
ON	ON	OFF	OFF	6.4A
OFF	ON	OFF	OFF	6.8A
ON	OFF	OFF	OFF	7.1A
OFF	OFF	OFF	OFF	7.5A

14.1.7 静态电流的设置

在停止时，为了锁住步进电动机，步进驱动器仍会输出一路电流给电动机的某相定子线圈，该相定子凸极产生的磁场像磁铁一样吸引住转子，使转子无法旋转。步进驱动器在停止时提供给步进电动机的单相锁定电流称为静态电流。

HM275D 型步进驱动器的静态电流由内部 S3 跳线来设置，如图 14-8 所示。当 S3 接通时，静态电流与设定的工作电流相同，即静态电流为全流；当 S3 断开（出厂设定）时，静态电流为待机自动半电流，即静态电流为半流。一般情况下，如果步进电动机负载为提升类负载（如升降机），静态电流应设为全流，对于平移动类负载，静态电流可设为半流。

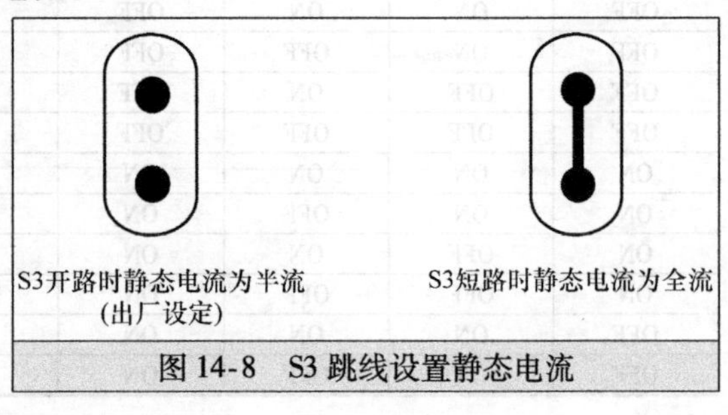

图 14-8　S3 跳线设置静态电流

14.1.8　脉冲输入模式的设置

HM275D 型步进驱动器的脉冲输入模式有单脉冲和双脉冲两种。脉冲输入模式由 SW5 开关来设置，当 SW5 为 OFF 时为单脉冲输入模式，即脉冲 + 方向模式，PUL 端定义为脉冲输入端，DIR 定义为方向控制端；当 SW5 为 ON 时为双脉冲输入模式，即脉冲 + 脉冲模式，PUL 端定义为正向（CW）脉冲输入端，DIR 定义为反向（CCW）脉冲输入端。

单脉冲输入模式和双脉冲输入模式的输入信号波形如图 14-9 所示。下面对照图 14-3a 来说明两种模式的工作过程。

当步进驱动器工作在单脉冲输入模式时，控制器首先送高电平（控制器内的晶体管截止）到驱动器的 R/S－端，R/S＋、R/S－端之间的内部光电耦合器不导通，驱动器内部电路被允许工作，然后控制器送低电平（控制器内的晶体管导通）到驱动器的 DIR－端，DIR＋、DIR－端之间的内部光电耦合器导通，让驱动器内部电路控制步进电动机正转，接着控制器输出脉冲信号送到驱动器的 PUL－端，当脉冲信号为低电平时，PUL＋、PUL－端之间光电耦合器导通，当脉冲信号为高电平时，PUL＋、PUL－端之间光电耦合器截止，光电耦合器不断导通截止，为内部电路提供脉冲信号，在 R/S、DIR、PUL 端输入信号控制下，驱动器控制电动机正向旋转。

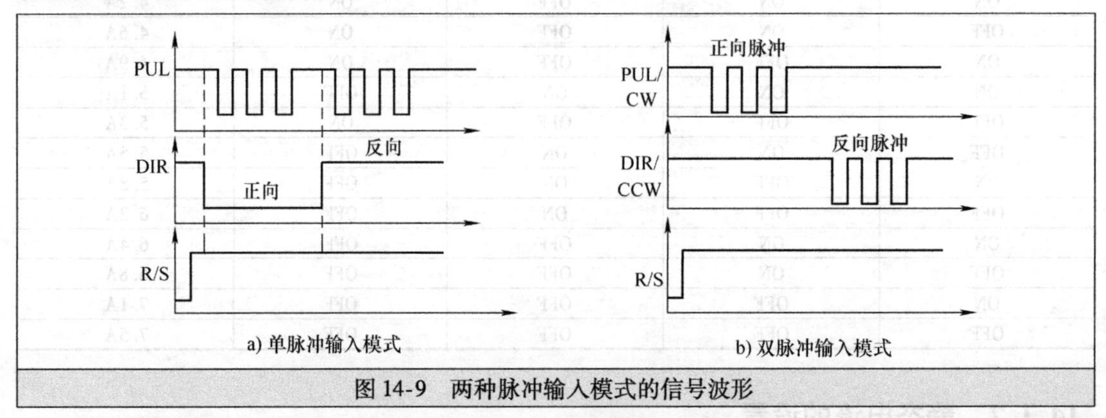

图 14-9　两种脉冲输入模式的信号波形

当步进驱动器工作在双脉冲输入模式时，控制器先送高电平到驱动器的 R/S－端，驱动器内部电路被允许工作，然后控制器输出脉冲信号送到驱动器的 PUL－端，同时控制器送高电平到驱动器的 DIR－端，驱动器控制步进电动机正向旋转，如果驱动器 PUL－端变为高电平、DIR－端输入脉冲信号，驱动器则控制电动机反向旋转。

为了让步进驱动器和步进电动机均能可靠运行，应注意以下要点：

1）R/S 要提前 DIR 至少 5μs 为高电平，通常建议 R/S 悬空。

2）DIR 要提前 PUL 下降沿至少 5μs 确定其状态高或低。

3）输入脉冲的高、低电平宽度均不能小于 2.5μs。

4）输入信号的低电平要低于 0.5V，高电平要高于 3.5V。

14.2　步进电动机正反向定角循环运行控制电路及编程

14.2.1　控制要求

采用 PLC 作为上位机来控制步进驱动器，使之驱动步进电动机定角循环运行。具体控制要求如下：

1）按下起动按钮，控制步进电动机顺时针旋转 2 周（720°），停 5s，再逆时针旋转 1 周（360°），停 2s，如此反复运行。按下停止按钮，步进电动机停转，同时电动机转轴被锁住。

2）按下脱机按钮，松开电动机转轴。

14.2.2　控制电路图

步进电动机正反向定角循环运行控制的电路如图 14-10 所示。

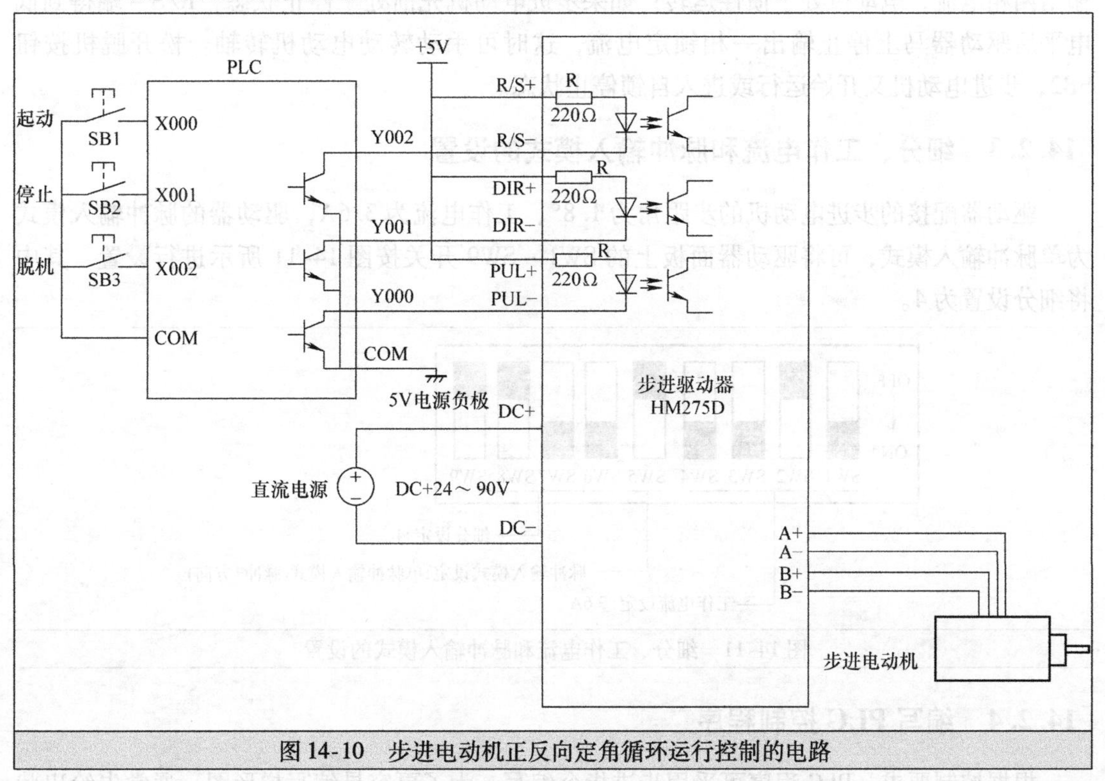

图 14-10　步进电动机正反向定角循环运行控制的电路

电路工作过程说明如下：

（1）起动控制

按下起动按钮SB1，PLC的X000端子输入为ON，内部程序运行，从Y002端输出高电平（Y002端子内部晶体管处于截止），从Y001端输出低电平（Y001端子内部晶体管处于导通状态），从Y000端子输出脉冲信号（Y000端子内部晶体管导通、截止状态不断切换），结果驱动器的R/S-端得到高电平、DIR-端得到低电平、PUL-端输入脉冲信号，驱动器输出脉冲信号驱动步进电动机顺时针旋转2周，然后PLC的Y000端停止输出脉冲、Y001端输出高电平、Y002端输出仍为高电平，驱动器只输出一相电流到电动机，锁住电动机转轴，电动机停转；5s后，PLC的Y000端又输出脉冲、Y001端输出高电平、Y002端仍输出高电平，驱动器驱动电动机逆时针旋转1周，接着PLC的Y000端又停止输出脉冲、Y001端输出高电平、Y002端输出仍为高电平，驱动器只输出一相电流锁住电动机转轴，电动机停转；2s后，又开始顺时针旋转2周控制，以后重复上述过程。

（2）停止控制

在步进电动机运行过程中，如果按下停止按钮SB2，PLC的Y000端停止输出脉冲（输出为高电平）、Y001端输出高电平、Y003端输出为高电平，驱动器只输出一相电流到电动机，锁住电动机转轴，电动机停转，此时手动无法转动电动机转轴。

（3）脱机控制

在步进电动机运行或停止时，按下脱机按钮SB3，PLC的Y002端输出低电平，R/S-端得到低电平，如果步进电动机先前处于运行状态，R/S-端得到低电平后驱动器马上停止输出两相电流，电动机处于惯性运转；如果步进电动机先前处于停止状态，R/S-端得到低电平后驱动器马上停止输出一相锁定电流，这时可手动转动电动机转轴。松开脱机按钮SB2，步进电动机又开始运行或进入自锁停止状态。

14.2.3 细分、工作电流和脉冲输入模式的设置

驱动器配接的步进电动机的步距角为1.8°、工作电流为3.6A，驱动器的脉冲输入模式为单脉冲输入模式，可将驱动器面板上的SW1~SW9开关按图14-11所示进行设置，其中将细分设置为4。

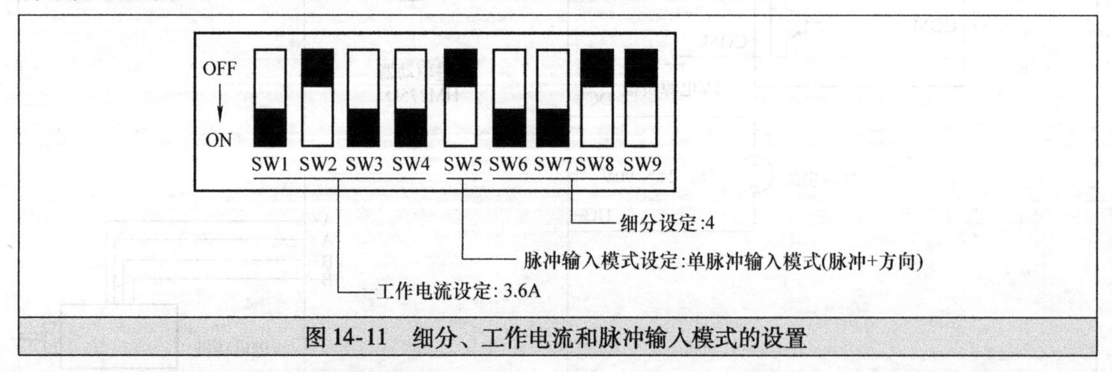

图14-11 细分、工作电流和脉冲输入模式的设置

14.2.4 编写PLC控制程序

根据控制要求，PLC程序可采用步进指令编写，为了更容易编写梯形图，通常先绘出状

态转移图，然后依据状态转移图编写梯形图。

1. 绘制状态转移图

图14-12为步进电动机正反向定角循环运行控制的状态转移图。

2. 绘制梯形图

启动编程软件，按照图14-12所示的状态转移图编写梯形图，步进电动机正反向定角循环运行控制的梯形图如图14-13所示。

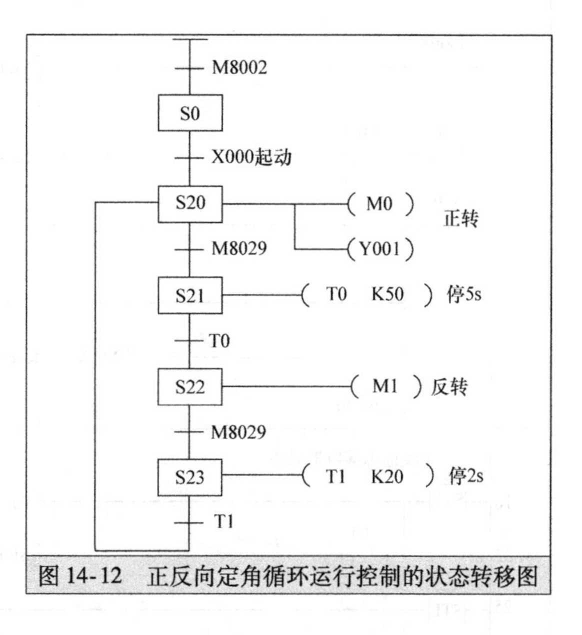

图14-12 正反向定角循环运行控制的状态转移图

下面对照图14-10来说明图14-13梯形图的工作原理。

步进电动机的步距角为1.8°，如果不设置细分，电动机旋转1周需要走200步(360°/1.8°=200)，步进驱动器相应要求需要输入200个脉冲，当步进驱动器细分设为4时，需要输入800个脉冲才能旋转让电动机旋转1周，旋转2周则要输入1600个脉冲。

PLC上电时，[0] M8002触点接通一个扫描周期，“SET S0”指令执行，状态继电器S0置位，[3] S0常开触点闭合，为起动作准备。

(1) 起动控制

按下起动按钮SB1，梯形图中的[3] X000常开触点闭合，“SET S20”指令执行，状态继电器S20置位，[7] S20常开触点闭合，M0线圈和Y001线圈均得电。另外，“MOV K1600 D0”指令执行，将1600送入数据存储器D0中作为输出脉冲的个数值，M0线圈得电使[43] M0常开触点闭合，“PLSY K800 D0 Y000”指令执行，从Y000端子输出频率为800Hz、个数为1600(D0中的数据)的脉冲信号，送到驱动器的PUL-端，Y001线圈得电，Y001端子内部的晶体管导通，Y001端子输出低电平，送到驱动器的DIR-端，驱动器驱动电动机顺时针旋转，当脉冲输出指令PLSY送完1600个脉冲后，电动机正好旋转2周，[15]完成标志继电器M8029常开触点闭合，“SET S21”指令执行，状态继电器S21置位，[18] S21常开触点闭合，T0定时器开始5s计时，计时期间电动机处于停止状态。

5s后，T0定时器动作，[22] T0常开触点闭合，“SET S22”指令执行，状态继电器S22置位，[25] S22常开触点闭合，M1线圈得电，“MOV K800 D0”指令执行，将800送入数据存储器D0中作为输出脉冲的个数值，M1线圈得电使[44] M1常开触点闭合，PLSY指令执行。从Y000端子输出频率为800Hz、个数为800(D0中的数据)的脉冲信号，送到驱动器的PUL-端，由于此时Y001线圈已失电，Y001端子内部的晶体管截止，Y001端子输出高电平，送到驱动器的DIR-端，驱动器驱动电动机逆时针旋转，当PLSY送完800个脉冲后，电动机正好旋转1周，[32]完成标志继电器M8029常开触点闭合，“SET S23”指令执行，状态继电器S23置位，[35] S23常开触点闭合，T1定时器开始2s计时，计时期间电动机处于停止状态。

```
0   M8002 ─┤ ├──────────────[SET S0]          PLC上电时M8002常开触点接通一个扫描周期,将状态继电器S0置位,让[3]S0常开触点闭合,为起动作准备
3   S0 STL ─ X000(起动) ─┤ ├─[SET S20]
7   S20 STL ──────────────( M0 )              M0线圈得电会使[43]M0常开触点闭合,起动顺时针运转脉冲的发送
            ──────────────( Y001 )            Y001线圈得电正转,失电反转
            ──────[MOV K1600 D0]              将1600送入数据存储器D0作为需发送的顺时针运转脉冲的个数
15          M8029(完成标志继电器触点) ─[SET S21]   脉冲发送完成后,M8029常开触点闭合
18  S21 STL ──────────────(T0 K50)            5s定时,此期间电动机处于停止状态
22          T0 ───────────[SET S22]
25  S22 STL ──────────────( M1 )              M1线圈得电会使[44]M1常开触点闭合,起动逆时针运转脉冲的发送
            ──────[MOV K800 D0]               将800送入数据存储器D0作为需发送的逆时针运转脉冲的个数
32          M8029(完成标志继电器触点) ─[SET S23]
35  S23 STL ──────────────(T1 K20)            2s定时,此期间电动机处于停止
39          T1 ───────────[SET S20]
42  ──────────────────────[RET]
43  M0 / M1 ──[PLSY K800 D0 Y000]             M0或M1常开触点闭合,执行PLSY指令,从Y000端子输出频率为800Hz、个数为D0的运转脉冲
              脉冲发送指令 频率 个数 输出端
52  X001(停止) ──[ZRST S20 S23]
               ──[SET S0]
60  X002(脱机) ──( Y002 )                     Y002线圈得电脱机,电动机可自由转动
62  ──────────────────────[END]
```

图 14-13　步进电动机正反向定角循环运行控制的梯形图

2s 后，T1 定时器动作，［39］T1 常开触点闭合，“SET S20”指令执行，状态继电器 S20 置位，［7］S20 常开触点闭合，开始下一个周期的步进电动机正反向定角运行控制。

（2）停止控制

在步进电动机正反向定角循环运行时，如果按下停止按钮 SB2，［52］X001 常开触点闭合，ZRST 指令执行，将 S20 ~ S23 状态继电器均复位，S20 ~ S23 常开触点均断开，［7］~［42］之间的程序无法执行，［43］程序也无法执行，PLC 的 Y000 端子停止输出脉冲，

Y001 端输出高电平，驱动器仅输出一相电流给电动机绕组，锁住电动机转轴。另外，[52] X001 常开触点闭合同时会使“SET S0”指令执行，将［3］S0 常开触点闭合，为重新起动电动机运行作准备，如果按下起动按钮 SB1，X000 常开触点闭合，程序会重新开始电动机正反向定角运行控制。

(3) 脱机控制

在步进电动机运行或停止时，按下脱机按钮 SB3，［60］X002 常开触点闭合，Y002 线圈得电，PLC 的 Y002 端子内部的晶体管导通，Y002 端输出低电平，R/S－端得到低电平。如果步进电动机先前处于运行状态，R/S－端得到低电平后驱动器马上停止输出两相电流，PUL－端输入脉冲信号无效，电动机处于惯性运转；如果步进电动机先前处于停止状态，R/S－端得到低电平后驱动器马上停止输出一相锁定电流，这时可手动转动电动机转轴。松开脱机按钮 SB2，步进电动机又开始运行或进入自锁停止状态。

14.3 步进电动机定长运行控制电路及编程

14.3.1 控制要求

图 14-14 是一个自动切线装置，采用 PLC 作为上位机来控制步进驱动器，使之驱动步进电动机运行，让步进电动机抽送线材，每抽送完指定长度的线材后切刀动作，将线材切断。具体控制要求如下：

1）按下起动按钮，步进电动机运转，开始抽送线材，当达到设定长度时电动机停转，切刀动作，切断线材，然后电动机又开始抽送线材，如此反复，直到切刀动作次数达到指定值时，步进电动机停转并停止剪切线材。在切线装置工作过程中，按下停止按钮，步进电动机停转自锁转轴并停止剪切线材。按下脱机按钮，步进电动机停转并松开转轴，可手动抽拉线材。

2）步进电动机抽送线材的压辊周长为 50mm。剪切线材（即短线）的长度值用两位 BCD 数字开关来输入。

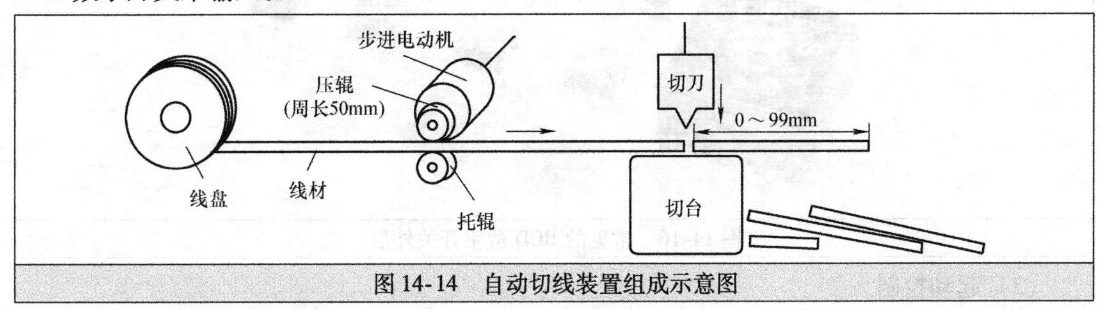

图 14-14 自动切线装置组成示意图

14.3.2 控制电路图

步进电动机定长运行控制的电路如图 14-15 所示。

下面对照图 14-14 来说明图 14-15 电路的工作原理，具体如下：

(1) 设定移动的长度值

步进电动机通过压辊抽拉线材，抽拉的线材长度达到设定值时切刀动作，切断线材。本系统采用2位BCD数字开关来设定切割线材的长度值。BCD数字开关是一种将十进制数0～9转换成BCD数0000～1001的电子元件。常见的BCD数字开关外形如图14-16所示，其内部结构如图14-15所示。从图中可以看出，1位BCD数字开关内部由4个开关组成，当BCD数字开关拨到某个十进制数字时，如拨到数字6位置，内部4个开关通断情况分别为d7断、d6通、d5通、d4断，X007～X004端子输入分别为OFF、ON、ON、OFF，也即给X007～X004端子输入BCD数0110。如果高、低位BCD数字开关分别拨到7、2位置时，则X007～X004输入为0111，X003～X000输入为0010，即将72转换成01110010并通过X007～X000端子送入PLC内部的输入继电器X007～X000。

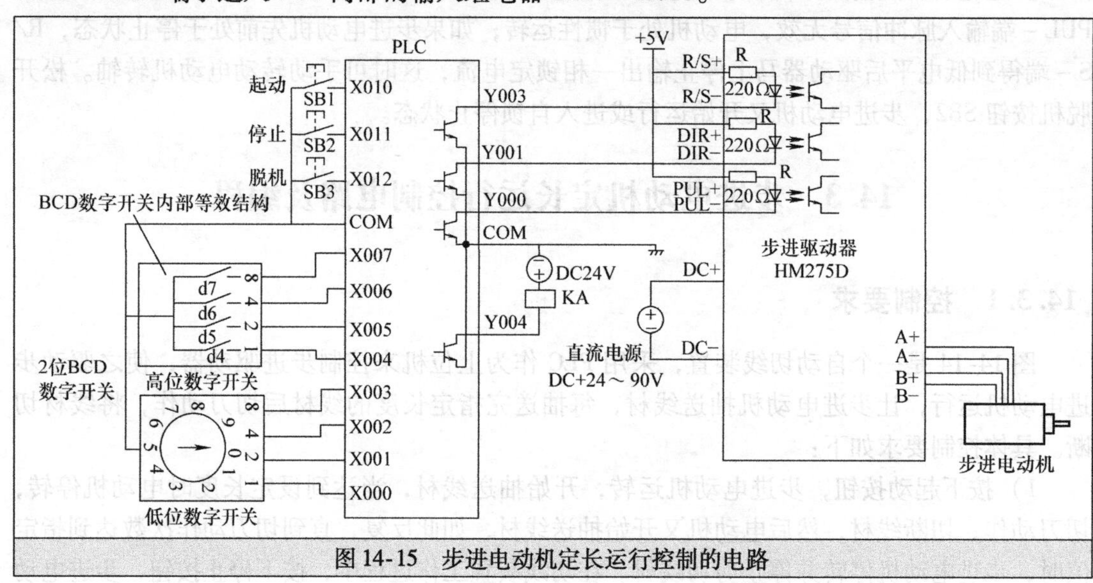

图14-15 步进电动机定长运行控制的电路

图14-16 常见的BCD数字开关外形

（2）起动控制

按下起动按钮SB1，PLC的X010端子输入为ON，内部程序运行，从Y003端输出高电平（Y003端子内部晶体管处于截止状态），从Y001端输出低电平（Y001端子内部晶体管处于导通状态），从Y000端子输出脉冲信号（Y000端子内部晶体管导通、截止状态不断切换），结果驱动器的R/S－端得到高电平、DIR－端得到低电平、PUL－端输入脉冲信号，驱动器驱动步进电动机顺时针旋转，通过压辊抽拉线材。当Y000端子发送完指定数量的脉冲信号后，线材会抽拉到设定长度值，电动机停转并自锁转轴，同时Y004端子内部晶体管导

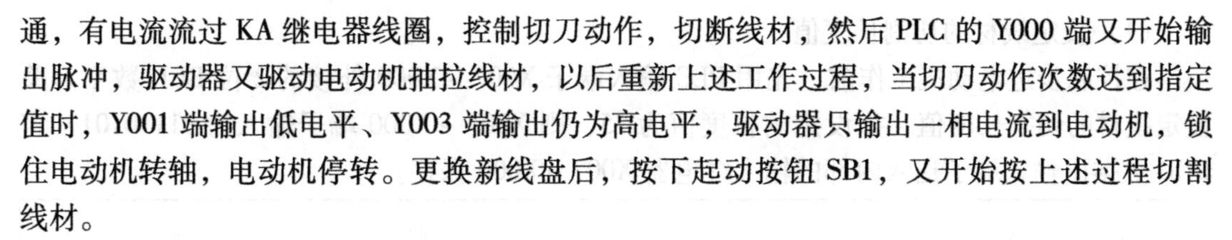

通，有电流流过 KA 继电器线圈，控制切刀动作，切断线材，然后 PLC 的 Y000 端又开始输出脉冲，驱动器又驱动电动机抽拉线材，以后重新上述工作过程，当切刀动作次数达到指定值时，Y001 端输出低电平、Y003 端输出仍为高电平，驱动器只输出一相电流到电动机，锁住电动机转轴，电动机停转。更换新线盘后，按下起动按钮 SB1，又开始按上述过程切割线材。

（3）停止控制

在步进电动机运行过程中，如果按下停止按钮 SB2，PLC 的 X011 端子输入为 ON，PLC 的 Y000 端停止输出脉冲（输出为高电平）、Y001 端输出高电平、Y003 端输出为高电平，驱动器只输出一相电流到电动机，锁住电动机转轴，电动机停转，此时手动无法转动电动机转轴。

（4）脱机控制

在步进电动机运行或停止时，按下脱机按钮 SB3，PLC 的 X012 端子输入为 ON，Y003 端子输出低电平，R/S－端得到低电平。如果步进电动机先前处于运行状态，R/S－端得到低电平后驱动器马上停止输出两相电流，电动机处于惯性运转；如果步进电动机先前处于停止状态，R/S－端得到低电平后驱动器马上停止输出一相锁定电流，这时可手动转动电动机转轴来抽拉线材。松开脱机按钮 SB2，步进电动机又开始运行或进入自锁停止状态。

14.3.3　细分、工作电流和脉冲输入模式的设置

驱动器配接的步进电动机的步距角为 1.8°、工作电流为 5.5A，驱动器的脉冲输入模式为单脉冲输入模式，可将驱动器面板上的 SW1～SW9 开关按图 14-17 所示进行设置，其中细分设为 5。

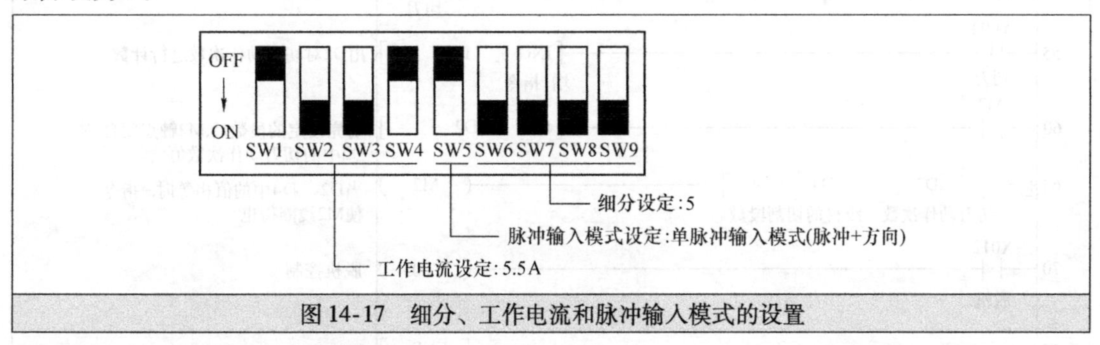

图 14-17　细分、工作电流和脉冲输入模式的设置

14.3.4　编写 PLC 控制程序

步进电动机定长运行控制的梯形图如图 14-18 所示。

下面对照图 14-14 和图 14-15 来说明图 14-18 梯形图的工作原理。

步进电动机的步距角为 1.8°，如果不设置细分，电动机旋转 1 周需要走 200 步（360°/1.8°＝200），步进驱动器相应要求输入 200 个脉冲，当步进驱动器细分设为 5 时，需要输入 1000 个脉冲才能让电动机旋转 1 周，与步进电动机同轴旋转的用来抽送线材的压辊周长为 50mm，它旋转一周会抽送 50mm 线材，如果设定线材的长度为 D0，则抽送 D0 长度的线材需旋转 D0/50 周，需要给驱动器输入脉冲数为$\frac{D0}{50}\times 1000 = D0\times 20$。

（1）设定线材的切割长度值

在控制步进电动机工作前，先用 PLC 输入端子 X007～X000 外接的 2 位 BCD 数字开关设定线材的切割长度值，如设定的长度值为 75，则 X007～X000 端子输入为 01110101，该 BCD 数据由输入端子送入内部的输入继电器 X007～X000 保存。

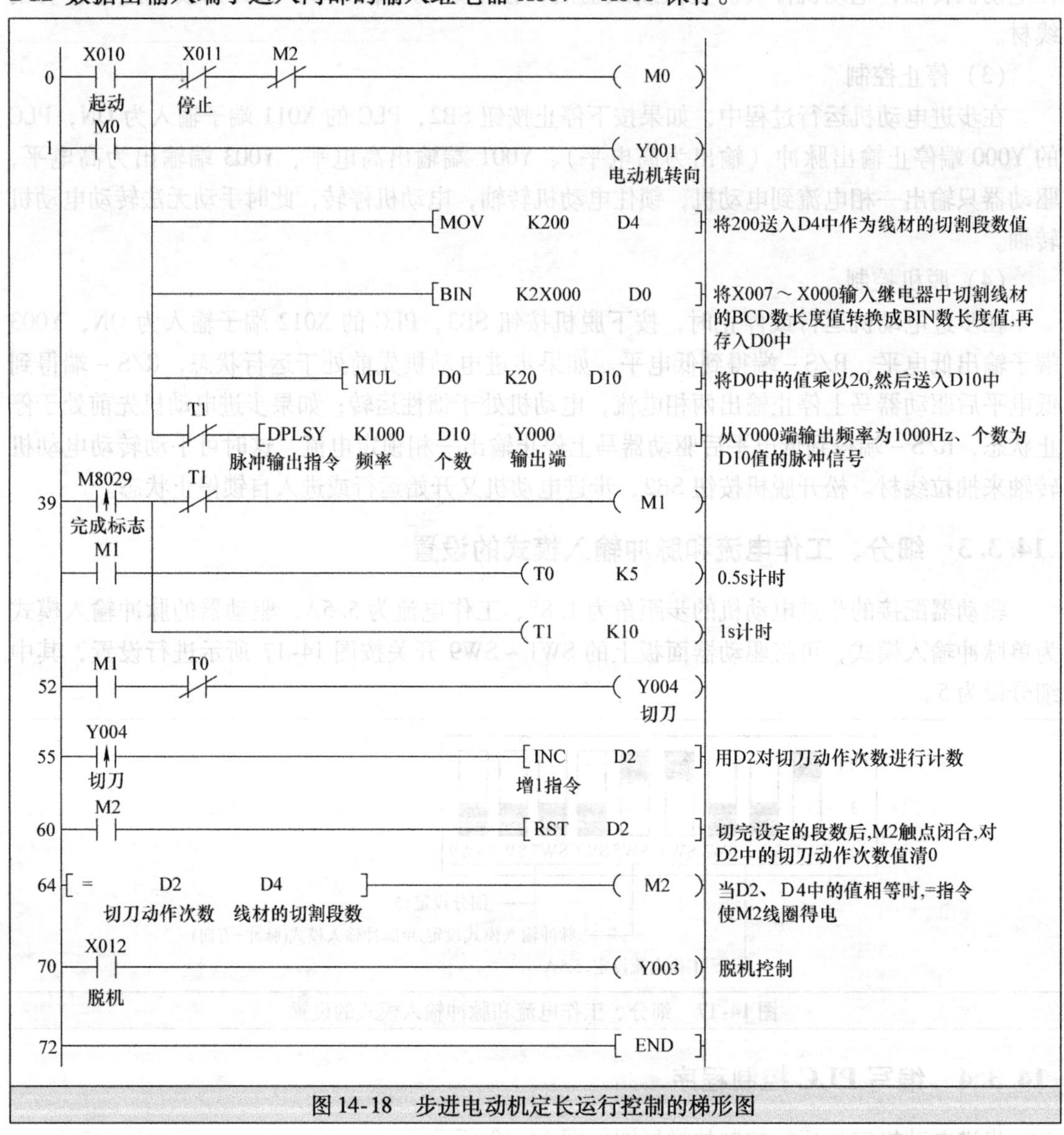

图 14-18　步进电动机定长运行控制的梯形图

（2）起动控制

按下起动按钮 SB1，PLC 的 X010 端子输入为 ON，梯形图中的 X010 常开触点闭合，［0］M0 线圈得电，［1］M0 常开自锁触点闭合，锁定 M0 线圈供电，X010 触点闭合还会使 Y001 线圈得电和使 MOV、BIN、MUL、DPLSY 指令相继执行。Y001 线圈得电，Y001 端子内部晶体管导通，步进驱动器的 DIR－端输入为低电平，驱动器控制步进电动机顺时针旋转，如果电动机旋转方向不符合线材的抽拉方向，可删除梯形图中的 Y001 线圈，让 DIR－端输入高电平，使电动机逆时针旋转（另外将电动机的任意一相绕组的首尾端互换，也可以改变电动机的转向）。这时 MOV 指令执行，将 200 送入 D4 中作为线材切割的段数值；BIN 指令执行，将输入继电器 X007 ~ X000 中的 BCD 数长度值 01110101 转换成 BIN 数长度值 01001011，存入数据存储器 D0 中；MUL 指令执行，将 D0 中的数据乘以 20，所得结果存入 D11、D10（使用 MUL 指令进行乘法运算时，操作结果为 32 位，故结果存入 D11、D10）中作为 PLC 输出脉冲的个数；DPLSY 指令执行，从 Y000 端输出频率为 1000Hz、个数为 D11、D10 值的脉冲信号送入驱动器，驱动电动机旋转，通过压辊抽拉线材。

当 PLC 的 Y000 端发送脉冲完毕，电动机停转，压辊停止抽拉线材，同时［39］完成标志继电器上升沿触点 M8029 闭合，M1 线圈得电，［40］、［52］ M1 常开触点均闭合，［40］ M1 常开触点闭合，锁定 M1 线圈及定时器 T0、T1 供电，T0 定时器开始 0.5s 计时，T1 定时器开始 1s 计时，［52］ M1 常开触点闭合，Y004 线圈得电，Y004 端子内部晶体管导通，继电器 KA 线圈通电，控制切刀动作，切断线材。0.5s 后，T0 定时器动作，［52］ T0 常闭触点断开，Y004 线圈失电，切刀回位，1s 后，T1 定时器动作，［39］ T1 常闭触点断开，M1 线圈失电，［40］、［52］ M1 常开触点均断开，［40］ M1 常开触点断开，会使 T0、T1 定时器均失电，［38］、［39］ T1 常闭触点闭合，［52］ T0 常闭触点闭合，［40］ M1 常开触点断开还可使［39］ T1 常闭触点闭合后 M1 线圈无法得电，［52］ M1 常开触点断开，可保证［52］ T0 常闭触点闭合后 Y004 线圈无法得电，［38］ T1 常闭触点由断开转为闭合，DPLSY 指令又开始执行，重新输出脉冲信号来抽拉下一段线材。

在工作时，Y004 线圈每得电一次，［55］ Y004 上升沿触点会闭合一次，自增 1 指令 INC 会执行一次，这样使 D2 中的值与切刀动作的次数一致，当 D2 值与 D4 值（线材切断的段数值）相等时，= 指令使 M2 线圈得电，［0］ M2 常闭触点断开，［0］ M0 线圈失电，［1］ M0 常开自锁触点断开，［1］ ~ ［39］之间的程序不会执行，即 Y001 线圈失电，Y001 端输出高电平，驱动器 DIR - 端输入高电平，DPLSY 指令也不执行，Y000 端停止输出脉冲信号，电动机停转并自锁，M2 线圈得电还会使［60］ M2 常开触点闭合，RST 指令执行，将 D2 中的切刀动作次数值清 0，以便下一次启动时从零开始重新计算切刀动作次数，清 0 后，D2、D4 中的值不再相等，= 指令使 M2 线圈失电，［0］ M2 常闭触点闭合，为下一次起动作准备，［60］ M2 常开触点断开，停止对 D2 复位清 0。

（3）停止控制

在自动切线装置工作过程中，若按下停止按钮 SB2，［0］ X011 常开触点断开，M0 线圈失电，［1］ M0 常开自锁触点断开，［1］ ~ ［64］之间的程序都不会执行，即 Y001 线圈失电，Y000 端输出高电平，驱动器 DIR - 端输入高电平，DPLSY 指令也不执行，Y000 端停止输出脉冲信号，电动机停转并自锁。

（4）脱机控制

在自动切线装置工作或停止时，按下脱机按钮 SB3，［70］ X012 常开触点闭合，Y003 线圈得电，PLC 的 Y003 端子内部的晶体管导通，Y003 端输出低电平，R/S - 端得到低电平，如果步进电动机先前处于运行状态，R/S - 端得到低电平后驱动器马上停止输出两相电流，PUL - 端输入脉冲信号无效，电动机处于惯性运转；如果步进电动机先前处于停止状态，R/S - 端得到低电平后驱动器马上停止输出一相锁定电流，这时可手动转动电动机转轴。松开脱机按钮 SB2，步进电动机又开始运行或进入自锁停止状态。

第15章　西门子精彩系列触摸屏（SMART LINE）入门

15.1　西门子精彩系列触摸屏（SMART LINE）介绍

15.1.1　SMART LINE 触摸屏的特点

SIMATIC 精彩系列触摸屏（SMART LINE）是西门子根据市场需求新推出的具有触摸操作功能的 HMI（人机界面）设备，具有人机界面的标准功能，且经济适用，具备高性价比。最新一代精彩系列触摸屏 - SMART LINE V3 的功能更是得到了大幅度提升，与西门子 S7 - 200 SMART PLC 一起，可组成完美的自动化控制与人机交互平台。

西门子精彩系列触摸屏（SMART LINE）主要有以下特点：

1）屏幕尺寸有宽屏 7in⊖、10in 两种，支持横向和竖向安装。

2）屏幕高分辨率有 800×480（7in）、1024×600（10in）两种，64K 色，LED 背光。

3）集成以太网接口（俗称网线接口），可与 S7 - 200 SMART 系列 PLC、LOGO！等进行通信（最多可连接 4 台）。

4）具有隔离串口（RS - 422/485 自适应切换），可连接西门子、三菱、施耐德、欧姆龙及部分台达系列 PLC。

5）支持 Modbus RTU 协议通信。

6）具有硬件实时时钟功能。

7）集成 USB 2.0 host 接口，可连接鼠标、键盘、Hub 以及 USB 存储器。

8）具有数据和报警记录归档功能。

9）具有强大的配方管理，趋势显示，报警功能。

10）通过 Pack & Go 功能，可轻松实现项目更新与维护。

11）编程绘制画面使用全新的 WinCC flexible SMART 组态软件，简单直观，功能强大。

15.1.2　常用型号及外形

在使用 WinCC flexible SMART 软件（SMART LINE 触摸屏的组态软件）组态项目选择设备时，可以发现 SMART LINE 触摸屏有 8 种型号，7in 和 10in 屏各 4 种，如图 15-1 所示。其

⊖ 1in = 0.0254m，后同。

中 Smart 700 IE V3 型和 Smart 1000 IE V3 型两种最为常用，其外形如图 15-2 所示。

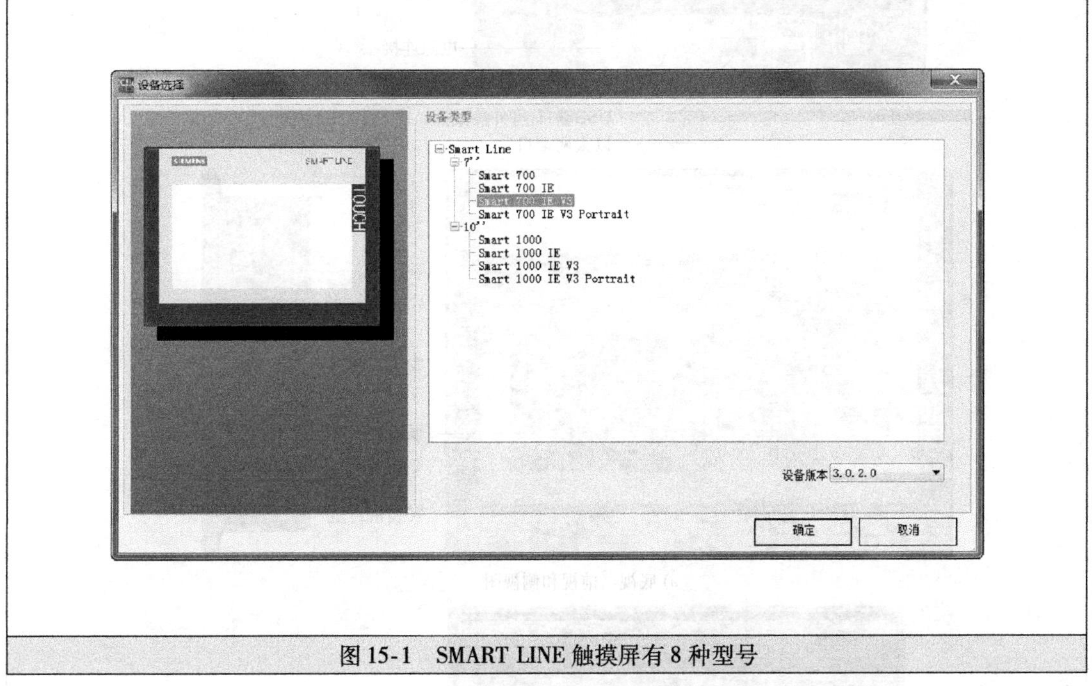

图 15-1　SMART LINE 触摸屏有 8 种型号

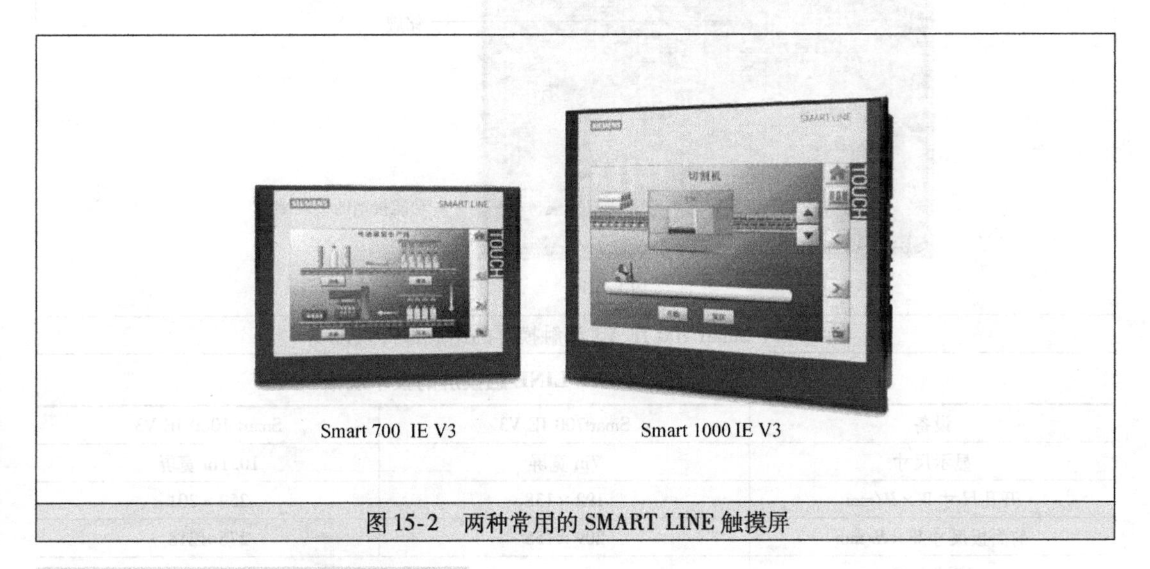

图 15-2　两种常用的 SMART LINE 触摸屏

15.1.3　触摸屏主要部件说明

SMART LINE 触摸屏的各型号外形略有不同，但组成部件大同小异，图 15-3 为 Smart 700 IE V3 型触摸屏的组成部件及说明。

15.1.4　技术规格

西门子 SMART LINE 触摸屏的技术规格见表 15-1。

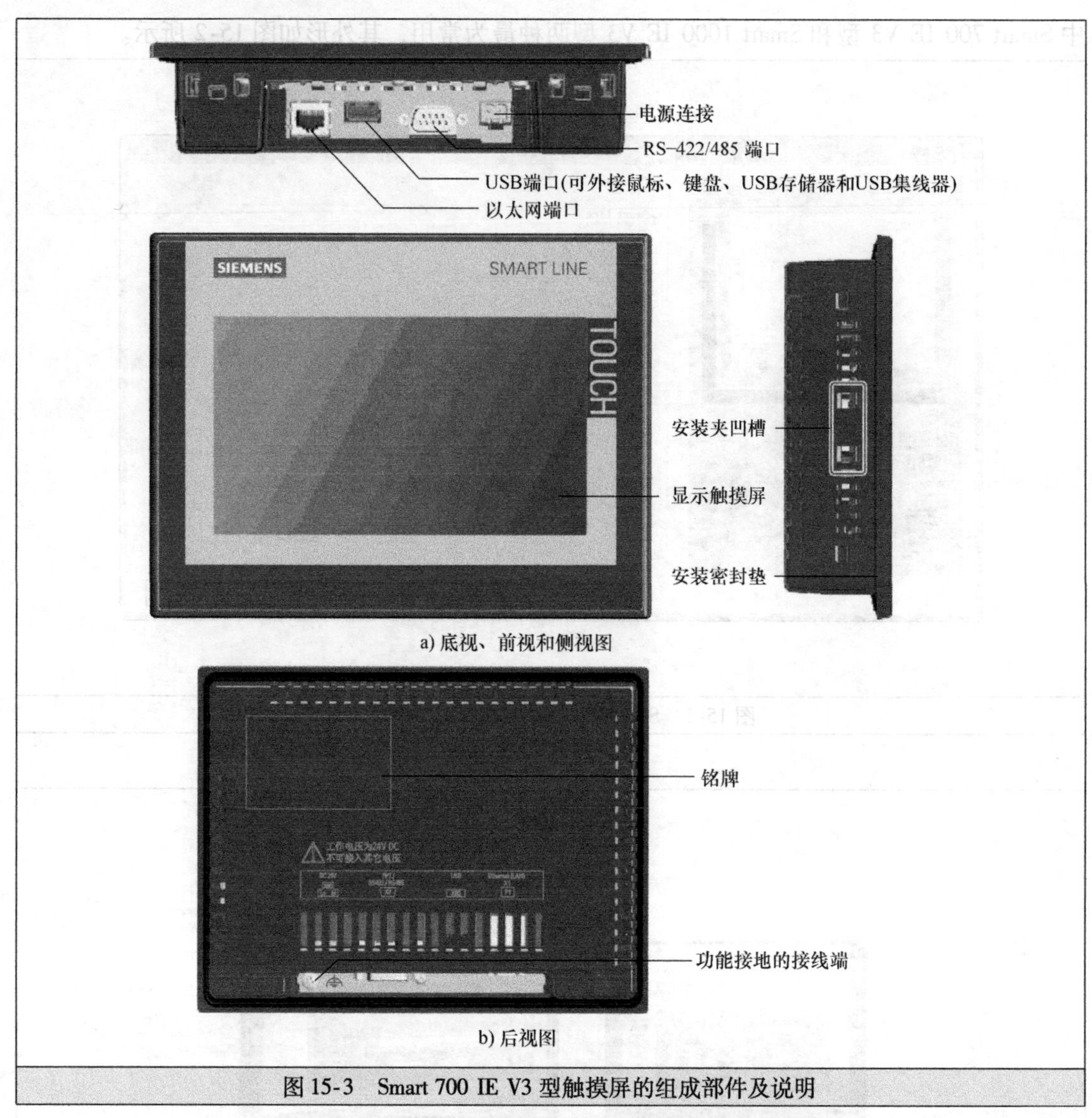

a) 底视、前视和侧视图

b) 后视图

图 15-3　Smart 700 IE V3 型触摸屏的组成部件及说明

表 15-1　西门子 SMART LINE 触摸屏的技术规格

设备	Smart700 IE V3	Smart 1000 IE V3
显示尺寸	7in 宽屏	10.1in 宽屏
开孔尺寸 $W \times H$/mm	192×138	259×201
前面板尺寸 $W \times H$/mm	209×155	276×218
安装方式	横向/竖向	
显示类型	LCD-TFT	
分辨率（$W \times H$，像素）	800×480	1024×600
颜色	65536	
亮度	250cd/m^2	
背光寿命（25℃）	最大 20000h	
触屏类型	高灵敏度 4 线电阻式触摸屏	
CPU	ARM，600MHz	

（续）

设备		Smart700 IE V3	Smart 1000 IE V3
内存		128MB DDR 3	
项目内存		8MB Flash	
供电电源		DC24V	
电压允许范围		DC19.2～28.8V	
蜂鸣器		√	
时钟		硬件实时时钟	
串口通信		1×RS－422/485，带隔离串口，最大通信速率187.5kbit/s	
以太网接口		1×RJ45，最大通信速率100Mbits/s	
USB		USB 2.0 host，支持USB存储器、鼠标、键盘、Hub	
认证		CE，RoHS	
环境条件	操作温度	0～50℃（垂直安装）	
	存储/运输温度	－20～60℃	
	最大相对湿度	90%（无冷凝）	
	耐冲击性	15g/11ms	
防护等级	前面	IP65	
	背面	IP20	
软件功能	组态软件	WinCCFlexible SMARTV3	
	可连接的西门子PLC	S7－200/S7－200 SMART/LOGO!	
	第三方PLC	三菱FX/Protocol4；施耐德Modicon Modbus；欧姆龙CP/CJ	
	变量	800	
	画面数	150	
	报警缓存（掉电保持）	256	
	配方	10×100	
	趋势曲线	√	
	掉电保持	√	
	变量归档	5个变量	
	报警归档	√	

15.2 触摸屏与其他设备的连接

15.2.1 触摸屏的供电接线

Smart 700 IE V3型触摸屏的供电电压为直流24V，允许范围为19.2～28.2V，其电源接线如图15-4所示。电源连接器为触摸屏自带，无须另外购置。

15.2.2 触摸屏与组态计算机（PC）的以太网连接

SMART LINE触摸屏中的控制和监控画面是使用安装在计算机的WinCC Flexible SMART组态软件制作的，画面制作完成后，计算机通过电缆将画面项目下载到触摸屏。计算机与SMART LINE触摸屏一般使用以太网连接通信，具体连接如图15-5所示，将一根网线的两个 RJ45 头分别插入触摸屏和计算机的以太网端口（LAN 口）。

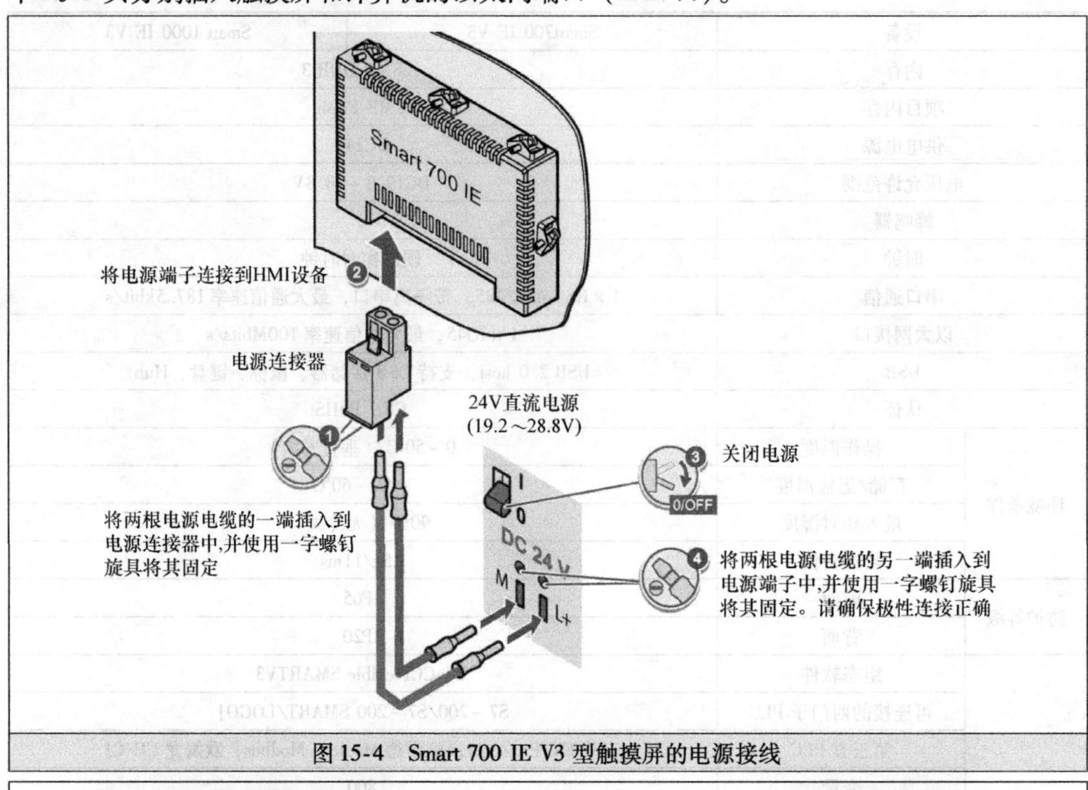

图 15-4　Smart 700 IE V3 型触摸屏的电源接线

图 15-5　SMART LINE 触摸屏与组态计算机用网线连接通信

15.2.3　触摸屏与西门子 PLC 的连接

对于具有以太网端口（或安装了以太网通信模块）的西门子 PLC，可采用网线与 SMART LINE 触摸屏连接，对于无以太网端口的西门子 PLC，可采用 RS－485 端口与 SMART LINE 触摸屏连接。SMART LINE 触摸屏支持连接的西门子 PLC 及支持的通信协议见表 15-2。

表 15-2　SMART LINE 触摸屏支持连接的西门子 PLC 及支持的通信协议

SMART LINE 面板支持连接的西门子 PLC	支持的协议
S7－200	以太网、PPI、MPI
S7－200 CN	以太网、PPI、MPI
S7－200 Smart	以太网、PPI、MPI
LOGO!	以太网

1. 触摸屏与西门子 PLC 的以太网连接

SMART LINE 触摸屏与西门子 PLC 的以太网连接如图 15-6 所示。对于无以太网端口的西门子 PLC，需要先安装以太网通信模块，再将网线头插入通信模块的以太网端口。

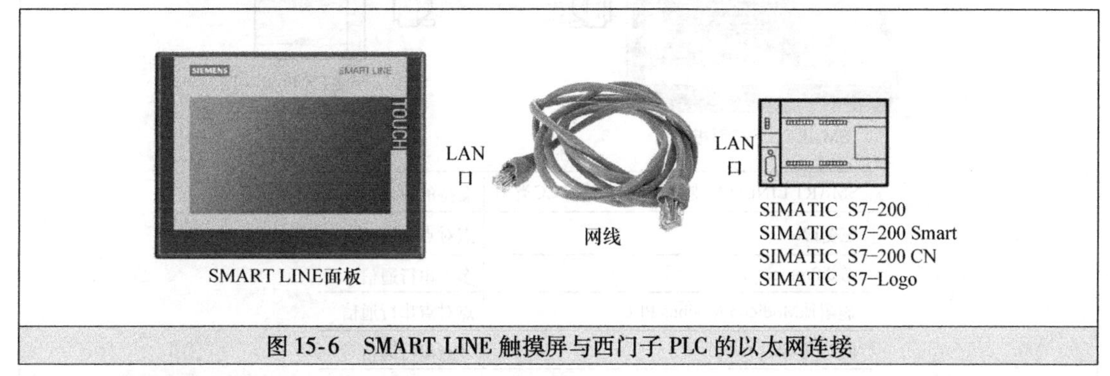

图 15-6 SMART LINE 触摸屏与西门子 PLC 的以太网连接

2. 触摸屏与西门子 PLC 的 RS-485 串行连接

SMART LINE 触摸屏与西门子 PLC 的 RS-485 串行连接如图 15-7 所示，两者连接使用 9 针 D-SUB 接口，但通信只用到了其中的第 3 针和第 8 针。

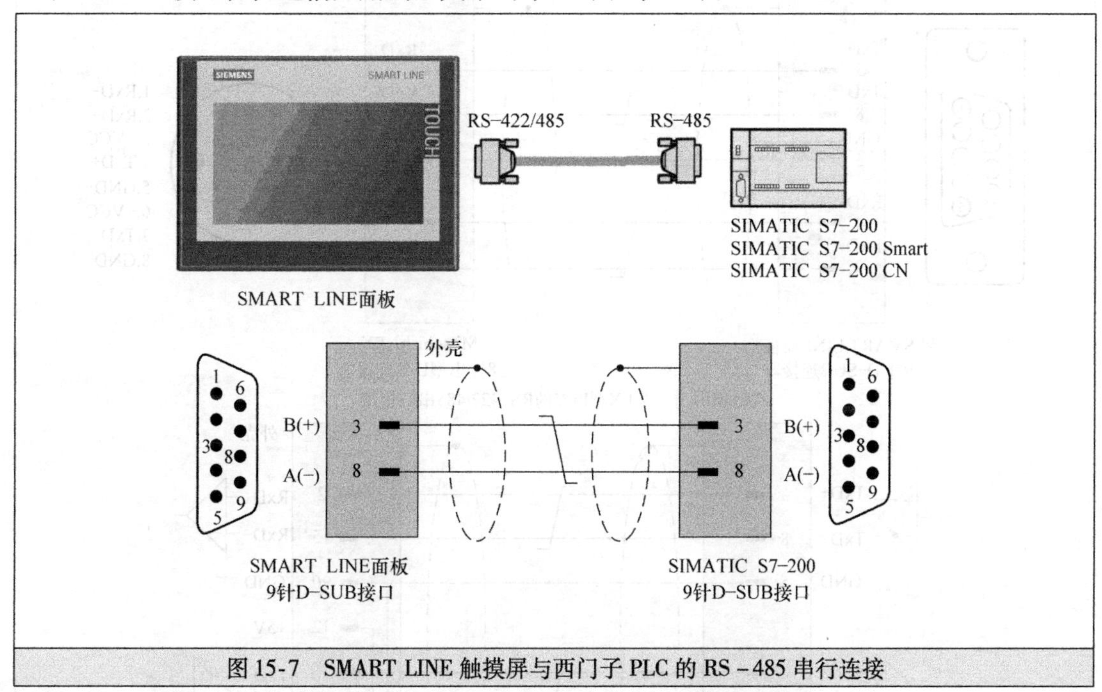

图 15-7 SMART LINE 触摸屏与西门子 PLC 的 RS-485 串行连接

15.2.4 触摸屏与三菱、施耐德和欧姆龙 PLC 的连接

SMART LINE 触摸屏除了可以与西门子 PLC 连接外，还可以与三菱、施耐德、欧姆龙及部分台达 PLC 进行 RS-422/RS485 串行连接，如图 15-8 所示。

1. 触摸屏与三菱 PLC 的 RS-422/485 串行连接

SMART LINE 触摸屏与三菱 PLC 的 RS-422/485 串行连接如图 15-9 所示。

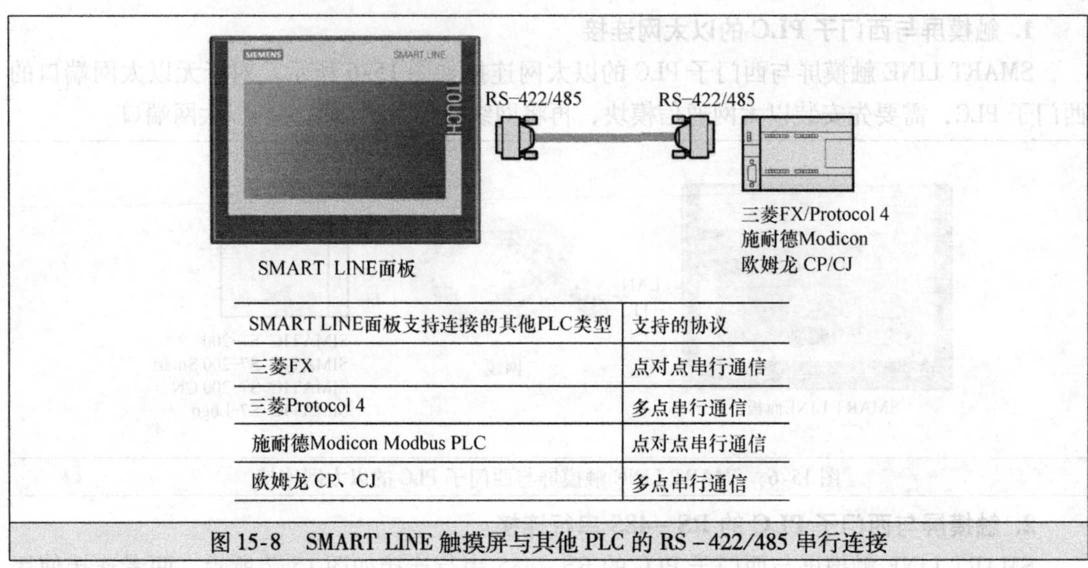

SMART LINE面板支持连接的其他PLC类型	支持的协议
三菱FX	点对点串行通信
三菱Protocol 4	多点串行通信
施耐德Modicon Modbus PLC	点对点串行通信
欧姆龙 CP、CJ	多点串行通信

图 15-8　SMART LINE 触摸屏与其他 PLC 的 RS-422/485 串行连接

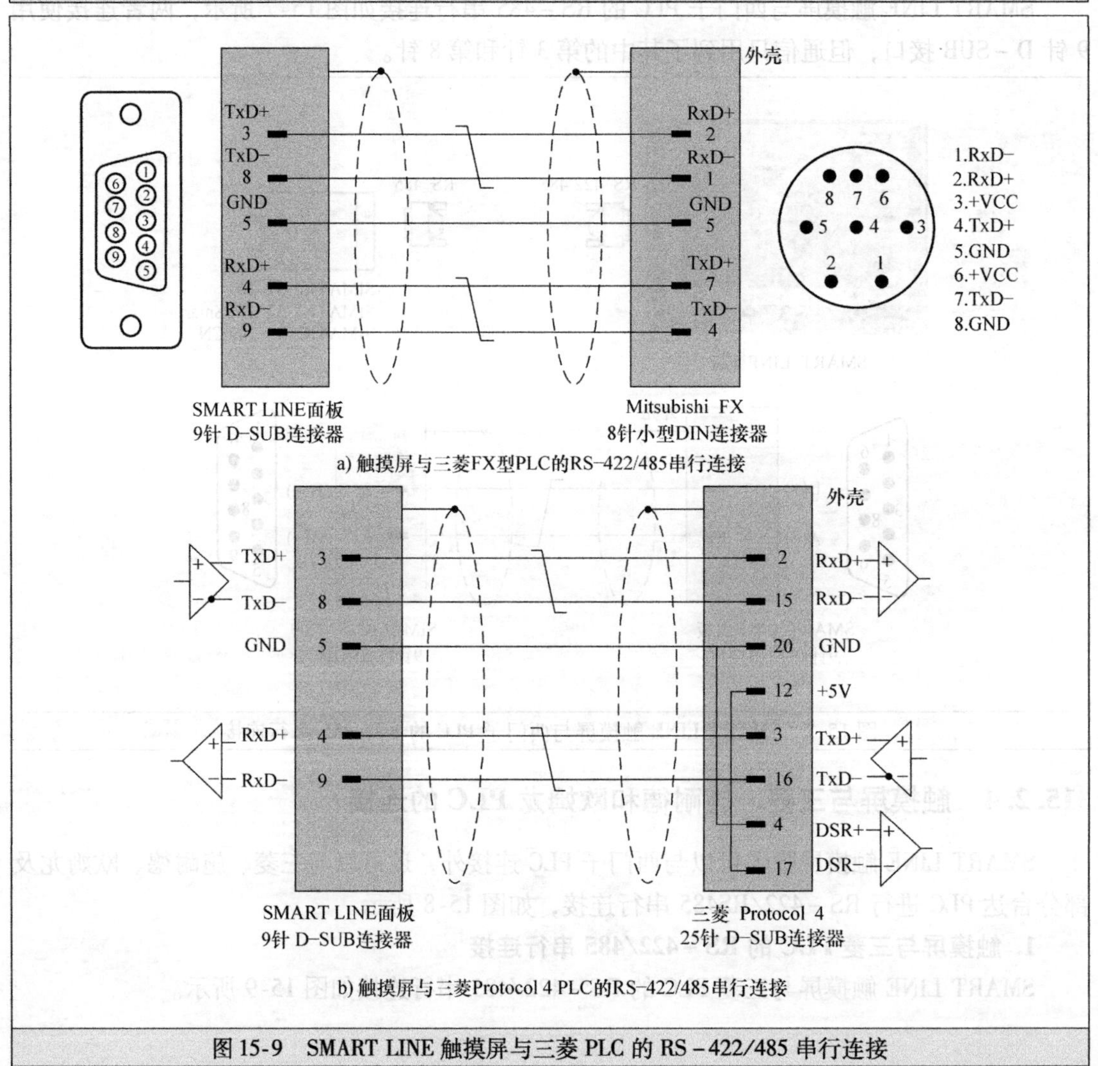

图 15-9　SMART LINE 触摸屏与三菱 PLC 的 RS-422/485 串行连接

2. 触摸屏与施耐德 PLC 的 RS－422/485 串行连接

SMART LINE 触摸屏与施耐德 PLC 的 RS－422/485 串行连接如图 15-10 所示。

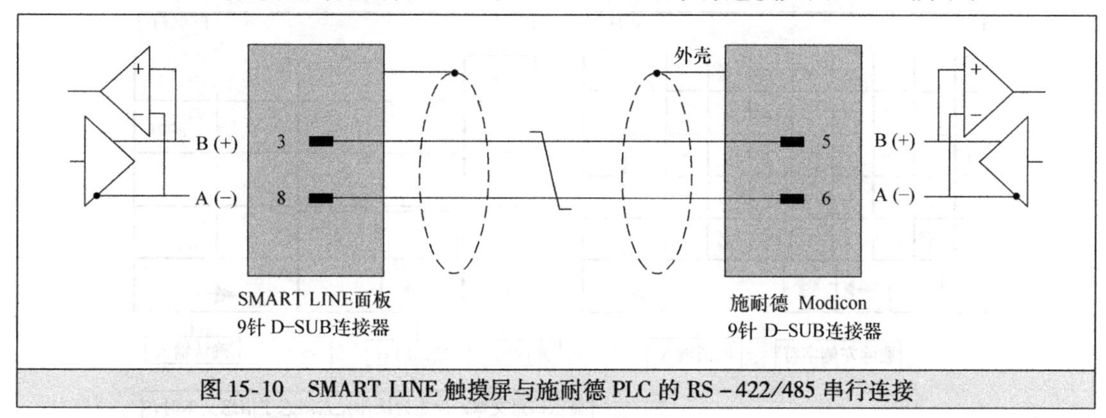

图 15-10 SMART LINE 触摸屏与施耐德 PLC 的 RS－422/485 串行连接

3. 触摸屏与欧姆龙 PLC 的 RS－422/485 串行连接

SMART LINE 触摸屏与欧姆龙 PLC 的 RS－422/485 串行连接如图 15-11 所示。

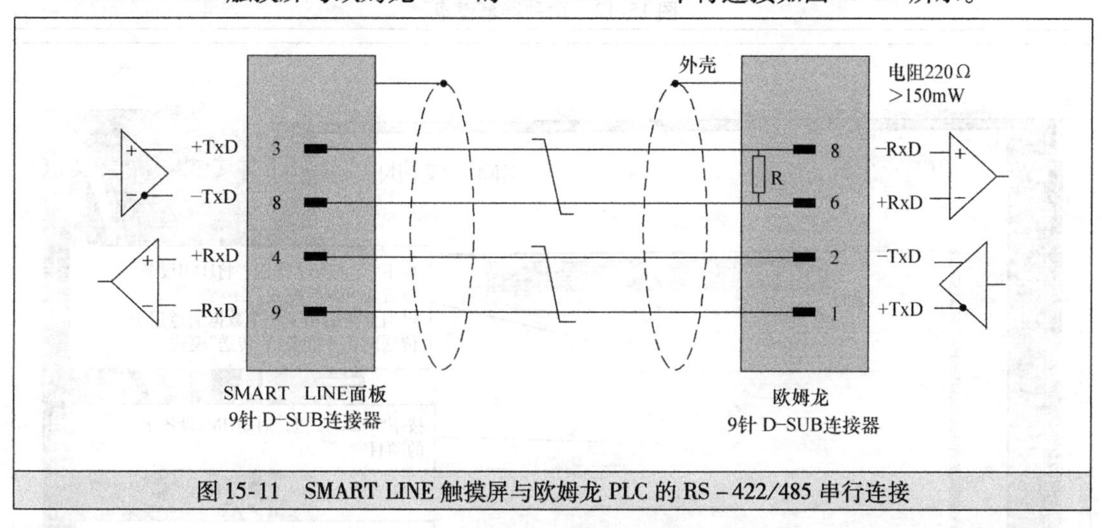

图 15-11 SMART LINE 触摸屏与欧姆龙 PLC 的 RS－422/485 串行连接

15.3 触摸屏的操作设置

15.3.1 触摸屏的屏幕键盘

在触摸屏上输入字符时，屏幕上会自动出现键盘，触摸屏幕键盘上的按键即可输入字符。SMART LINE 触摸屏有字母数字键盘和数字键盘两种，如图 15-12 所示，出现何种键盘由输入对象的类型决定。

15.3.2 触摸屏的启动

SMART LINE 触摸屏接通电源后开始启动，并出现图 15-13 所示的启动界面，有 3 个按钮（图中的 HMI 意为人机界面，此处是指 SMART LINE 触摸屏），可以直接触摸按钮进行操作，也可以外接鼠标或键盘进行操作。

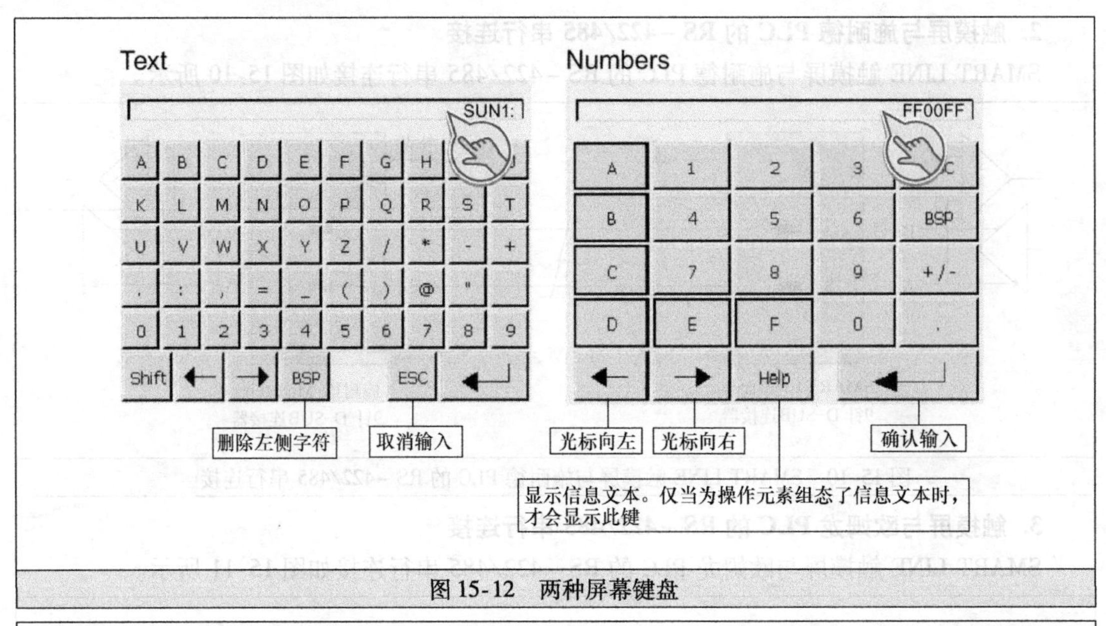

图 15-12　两种屏幕键盘

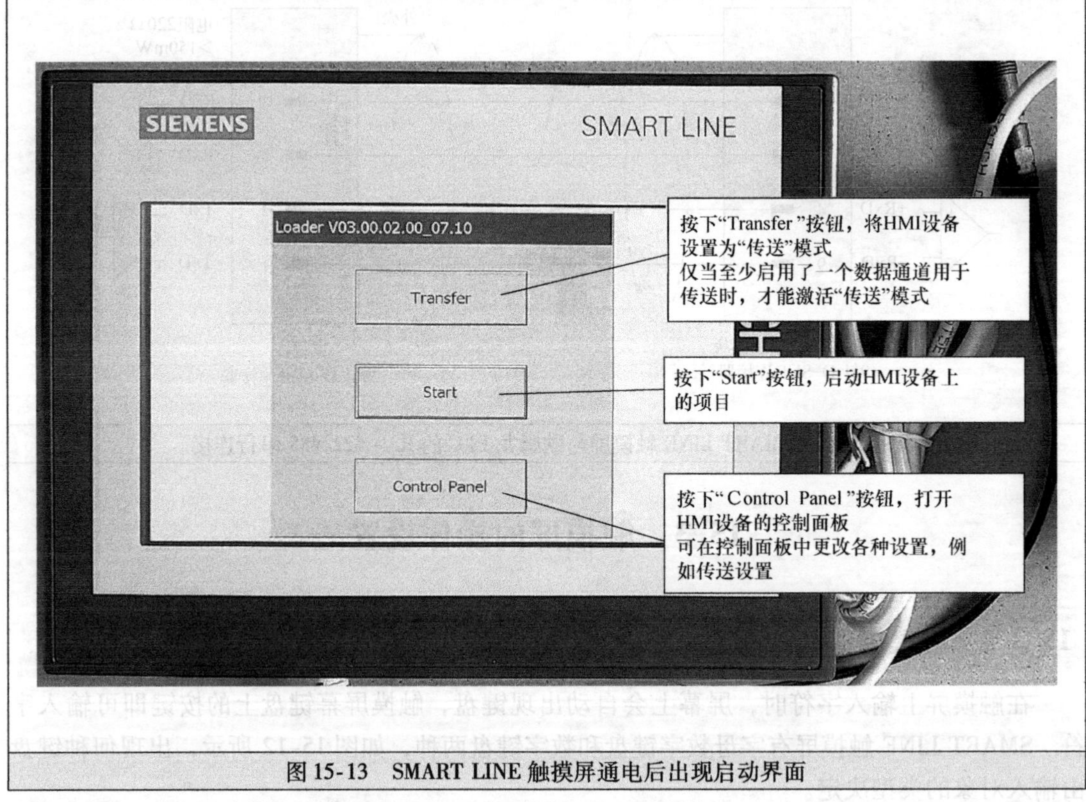

图 15-13　SMART LINE 触摸屏通电后出现启动界面

15.3.3　触摸屏的控制面板

SMART LINE 触摸屏接通电源启动后，会出现启动界面，按下其中的“Control Panel（控制面板）”按钮，出现“Control Panel”窗口，如图 15-14 所示。窗口中有 7 个设置项，利用这些设置项可对触摸屏进行各种设置。

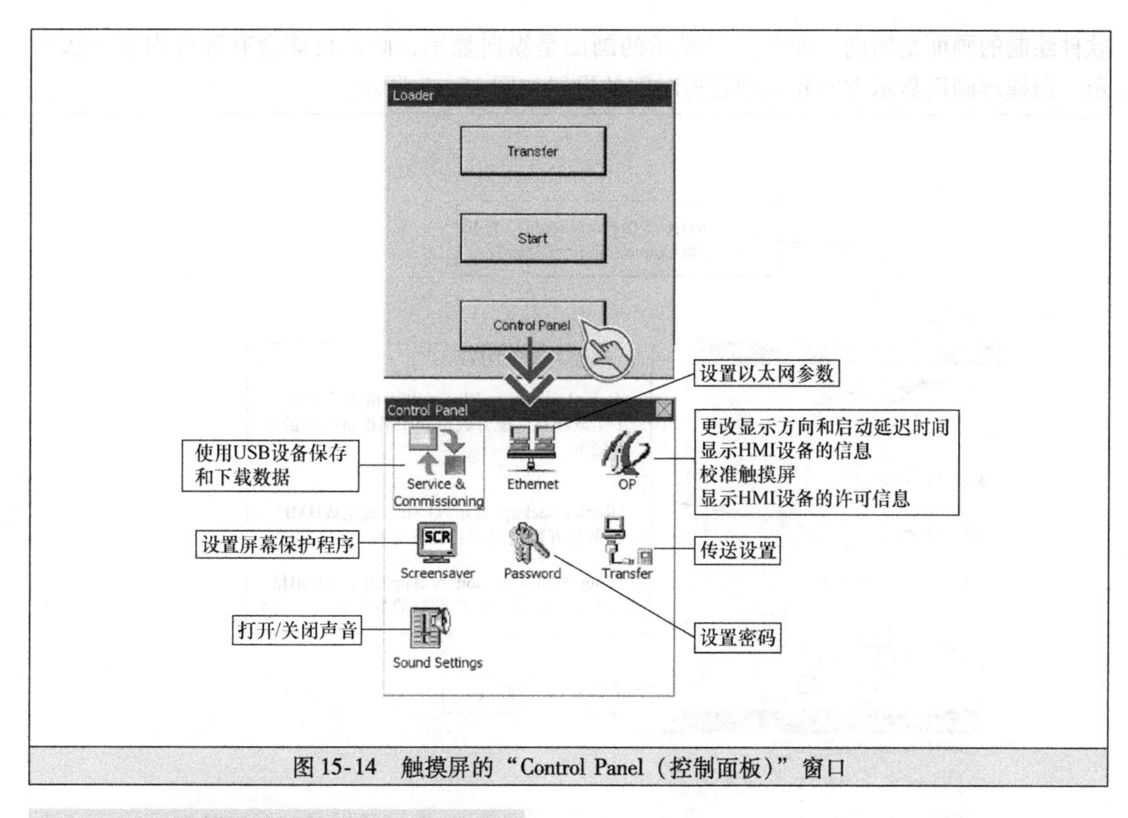

图 15-14　触摸屏的“Control Panel（控制面板）”窗口

15.3.4　触摸屏的数据备份和恢复

1. 备份数据

在 Control Panel（控制面板）窗口中，使用“Service and Commissioning”的“Backup”可将设备数据保存到外部的 USB 存储设备中，具体操作过程如图 15-15 所示。在备份数据时，需要将 USB 存储器插入触摸屏的 USB 接口。

2. 恢复数据

在 Control Panel（控制面板）窗口中，使用“Service and Commissioning”的“Restore”可将先前备份在 USB 存储设备中的数据加载恢复到触摸屏中，具体操作过程如图 15-16 所示。在恢复数据时，需要将 USB 存储器（含有备份数据）插入触摸屏的 USB 接口。

15.3.5　触摸屏的以太网参数设置

如果 SMART LINE 触摸屏与其他设备使用以太网连接通信，需要进行以太网参数设置，具体设置过程如图 15-17 所示。注意同一网络中的设备应设置不相同的 IP 地址，否则会产生冲突而无法通信。

15.3.6　触摸屏的画面方向、设备信息和触摸位置校准

利用 Control Panel（控制面板）窗口中的“OP”项可设置触摸屏画面显示方向，进行屏幕触摸位置校准，还可查看触摸屏的设备信息和许可信息。

1. 触摸屏画面显示方向和启动延迟时间的设置

SMART LINE 触摸屏画面显示方向默认为横向，也可以将画面设为纵向显示，如果组态

软件绘制的画面是横向，而触摸屏显示的画面是纵向显示，画面可能会有部分内容无法显示。触摸屏画面显示方向和启动延迟时间的设置如图 15-18 所示。

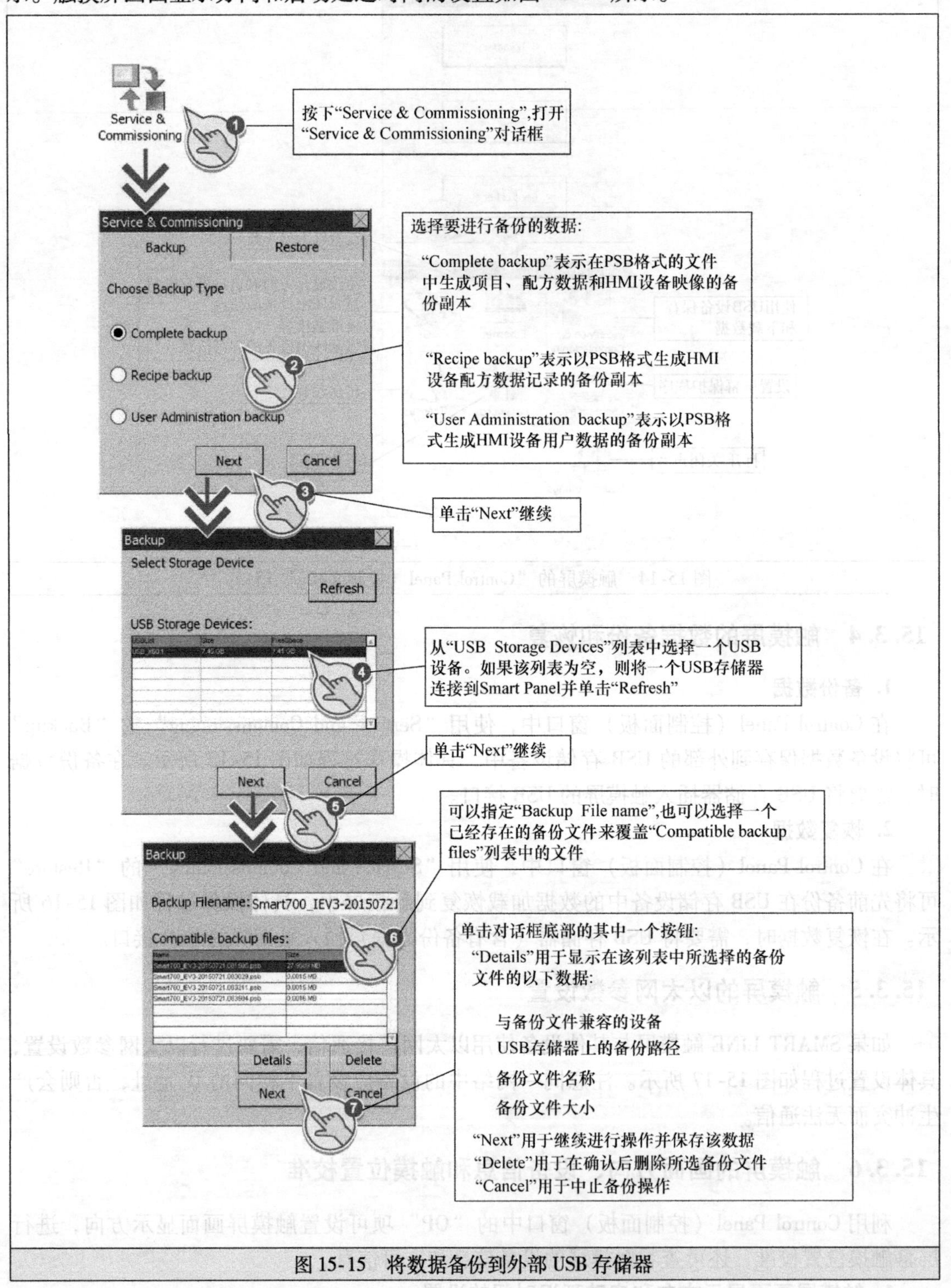

图 15-15　将数据备份到外部 USB 存储器

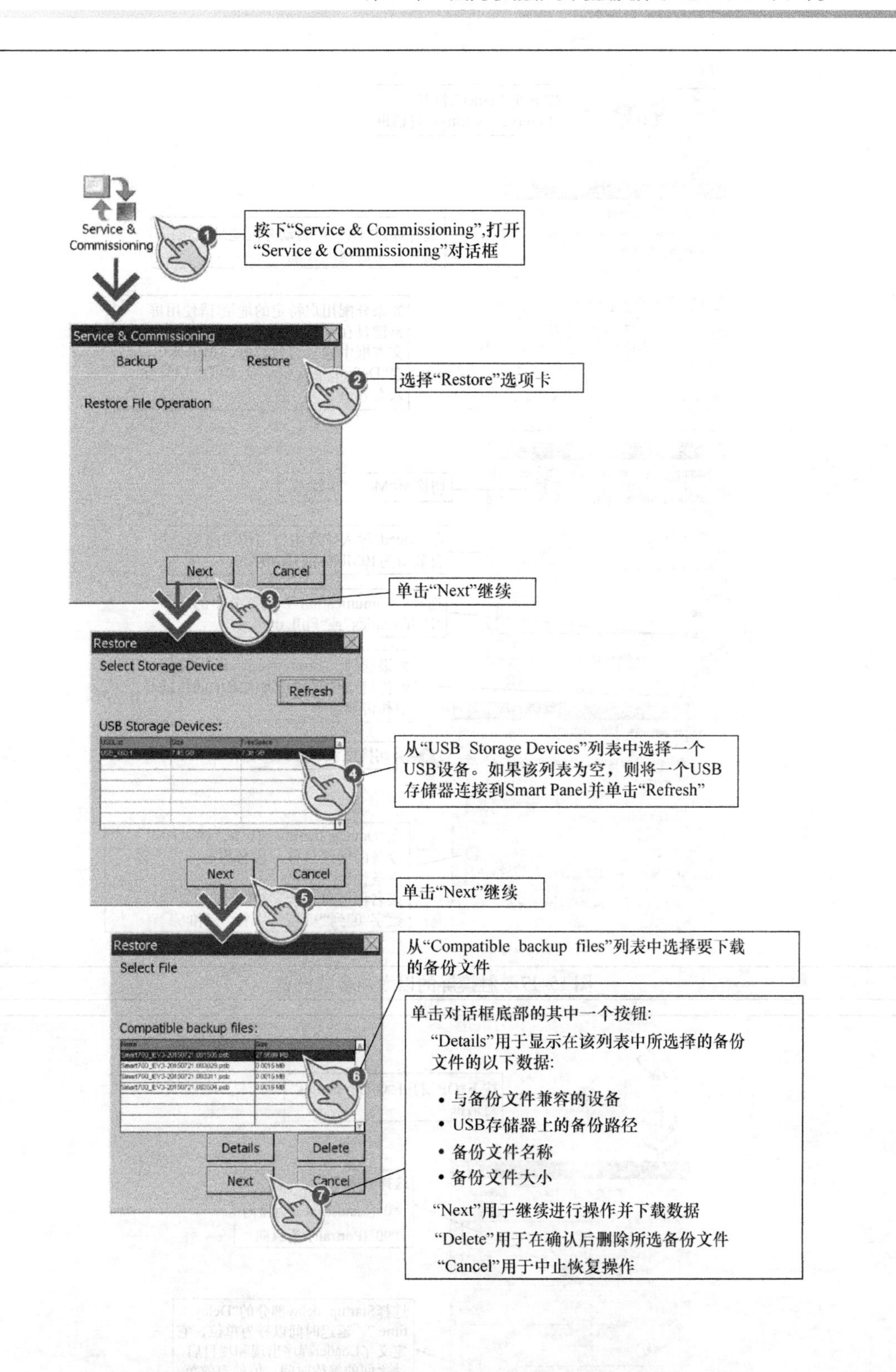

图 15-16　将 USB 存储设备的备份数据恢复到触摸屏

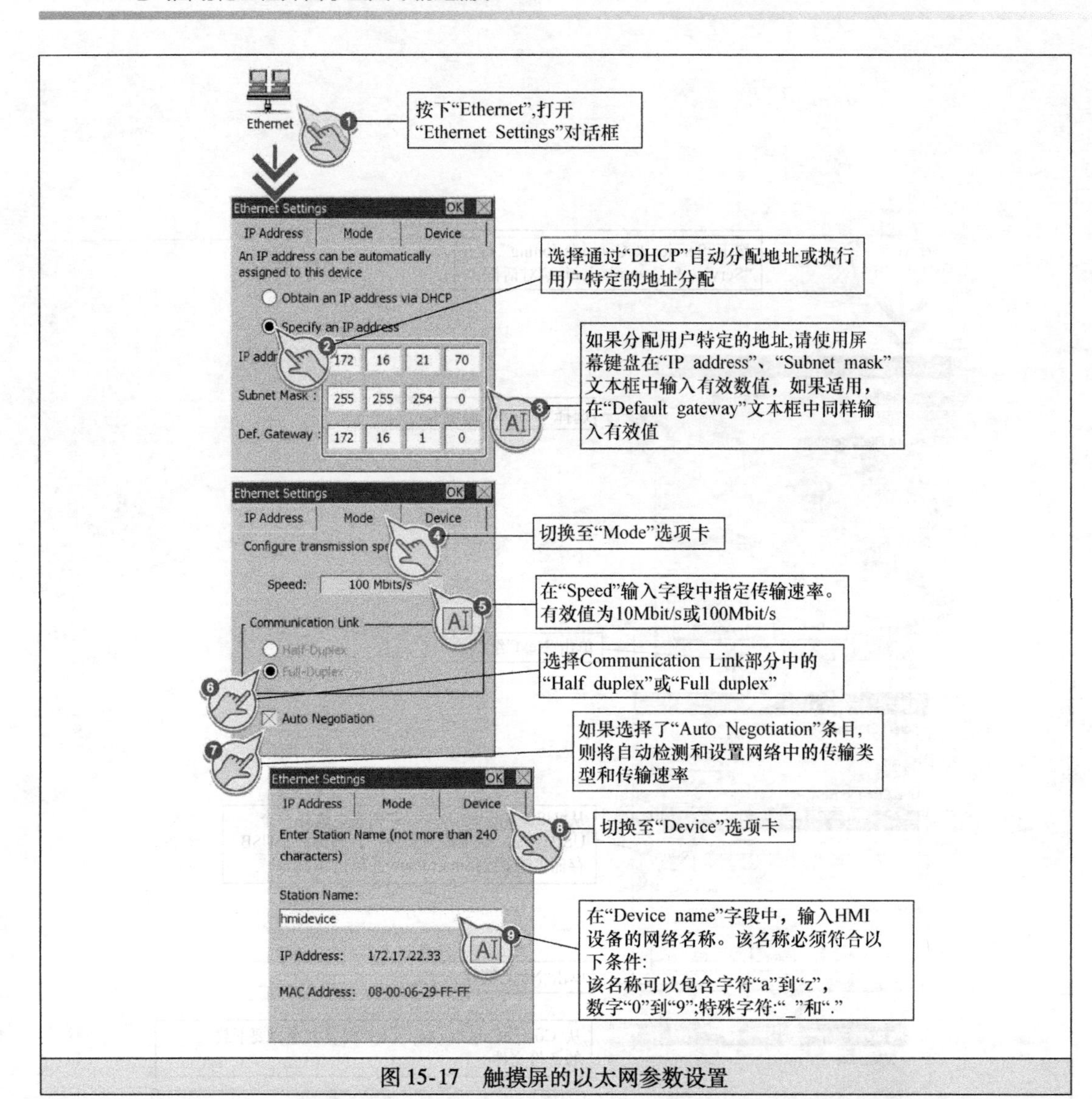

图 15-17　触摸屏的以太网参数设置

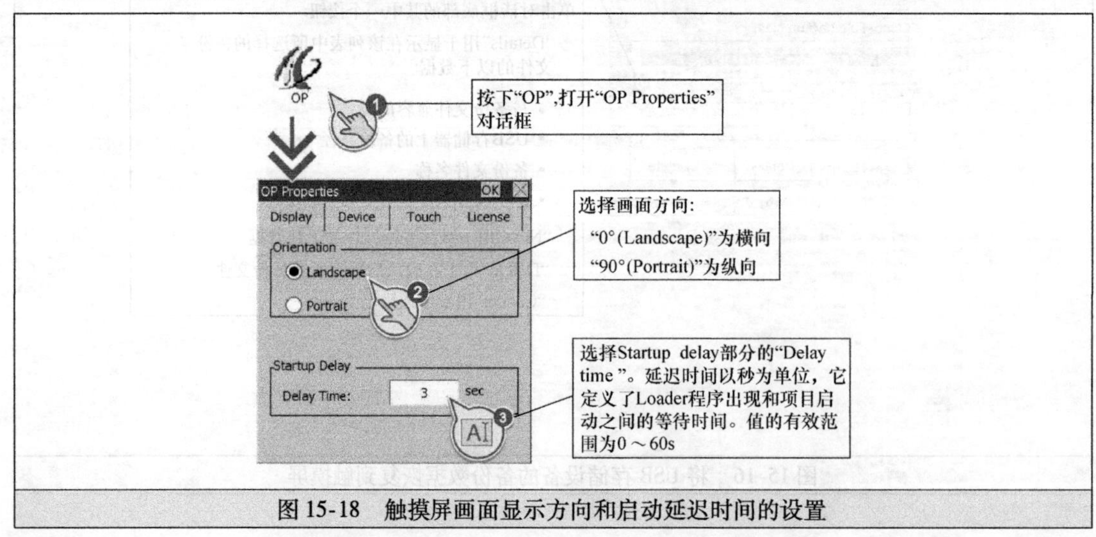

图 15-18　触摸屏画面显示方向和启动延迟时间的设置

2. 触摸屏设备信息的查看

SMART LINE 触摸屏设备信息的查看操作如图 15-19 所示。

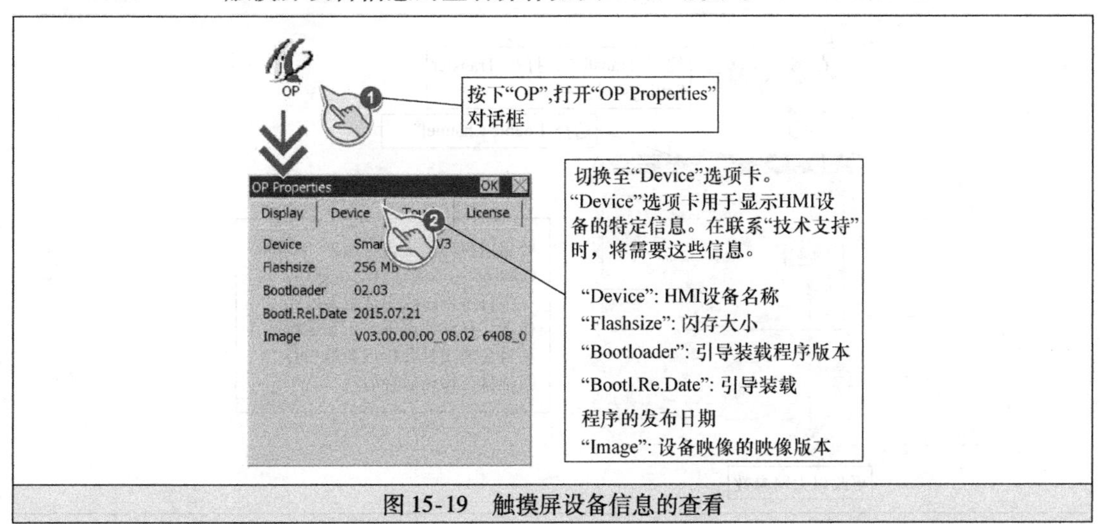

图 15-19 触摸屏设备信息的查看

3. 触摸屏的触摸校准

SMART LINE 触摸屏的触摸位置校准如图 15-20 所示。

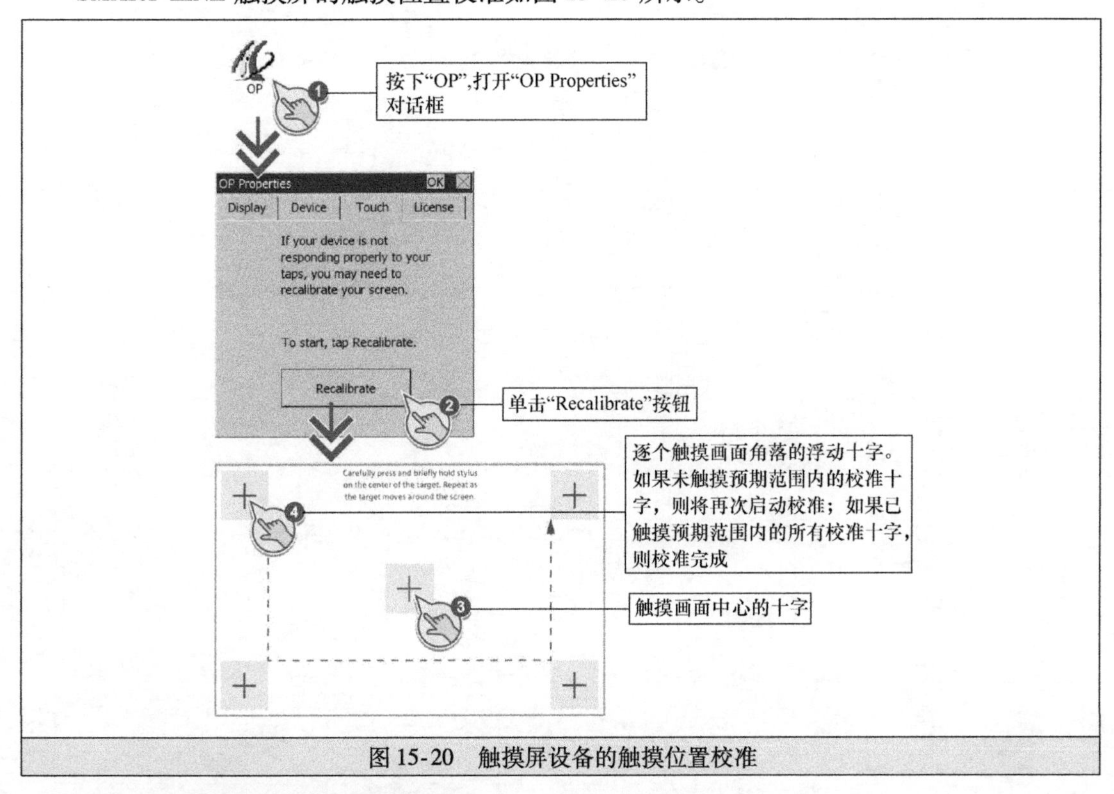

图 15-20 触摸屏设备的触摸位置校准

15.3.7 触摸屏传送通道的开启

触摸屏的数据传送通道必须开启才能接收组态计算机传送过来的项目，完成项目传送后，可以通过关闭所有数据通道来保护触摸屏，以免无意中覆盖原有的项目及映像数据。触摸屏传送通道的开启如图 15-25 所示。不选择 “Enable Channel（允许传送通道）” 和 “Remote Control（远程控制）”，即可关闭传送通道。

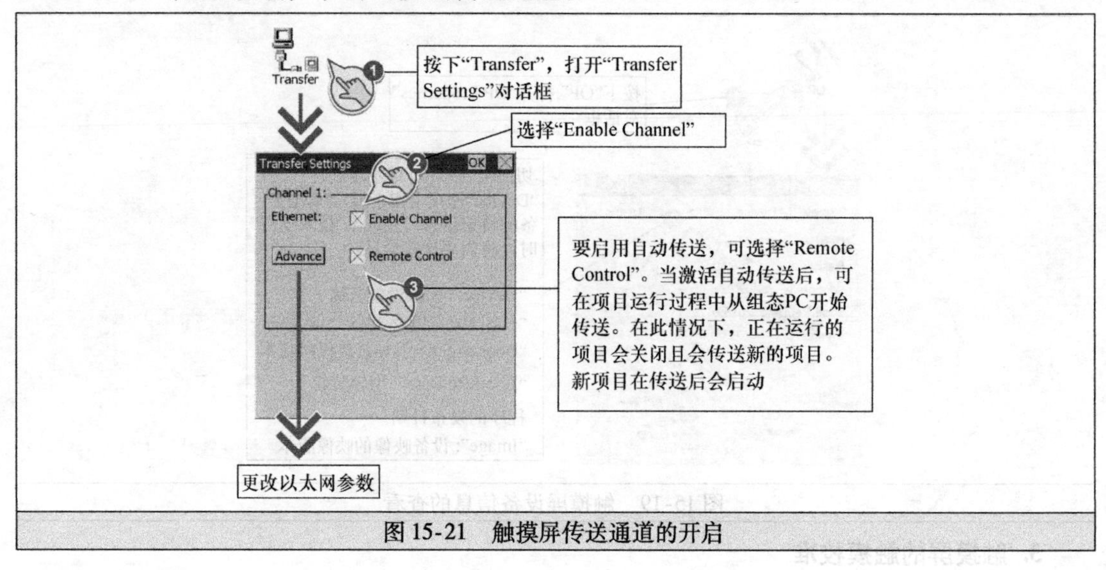

图 15-21　触摸屏传送通道的开启

第16章　西门子WinCC组态软件快速入门

WinCC 软件是西门子人机界面（HMI）设备的组态（意为设计、配置）软件，根据使用方式不同，可分为 SIMATIC WinCC V14（TIA 博途平台中的组态软件）、WinCC V7.4（单独使用的组态软件）和 WinCC flexible SMART V3（SMART LINE 触摸屏的组态软件）。以上版本均为目前最新版本，前两种 WinCC 安装文件体积庞大（接近 10GB），而 WinCC flexible SMART 安装文件体积小巧（1GB 左右），可直接下载使用，无须授权且使用容易上手。由于这三种 WinCC 软件在具体使用上大同小异，故这里以 WinCC flexible SMART V3 来介绍西门子 WinCC 软件的使用。

16.1　WinCC flexible SMART V3 软件的安装与卸载

1. 系统要求

WinCC flexible SMART V3 软件安装与使用的系统要求见表 16-1。

表 16-1　WinCC flexible SMART V3 软件安装与使用的系统要求

操作系统	Windows 7/Windows 10 操作系统
RAM	最小 1.5GB，推荐 2GB
处理器	最低要求 Pentium IV 或同等 1.6GHz 的处理器 推荐使用 Core 2 Duo
图形	XGA 1024×768 WXGA 用于笔记本 16 位色深
硬盘空闲存储空间	最小 3GB 如果 WinCC flexible SMART 未安装在系统分区中，则所需存储空间的分配如下： • 大约 2.6GB 分配到系统分区 • 大约 400MB 分配到安装分区 例如，确保留出足够的剩余硬盘空间用于页面文件。更多信息，请查阅 Windows 文档
可同时安装的西门子其他软件	• STEP7（TIA Portal）V14 SP1 • WinCC（TIA Portal）V13 SP2 • WinCC（TIA Portal）V14 SP1 • WinCC（TIA Portal）V15 • WinCC flexible 2008 SP3 • WinCC flexible 2008 SP5 • WinCC flexible 2008 SP4 CHINA

2. 软件的免费下载

WinCC flexible SMART V3 软件安装包可在西门子自动化官网（www.ad.siemens.com.cn）搜

索免费下载。

3. 软件的安装

（1）解压文件

在西门子自动化官网下载的 WinCC flexible SMART V3 软件安装包是一个压缩的可执行文件，双击该文件即开始解压，按照提示单击“下一步”，依次选择安装语言、存放位置后，直到解压完成。

（2）无法安装的解决方法

WinCC flexible SMART V3 安装包文件解压完成，开始安装时，如果出现图 16-1 所示的对话框，可重新启动计算机，再重新解压安装包，如果重新解压的文件存放位置未改变，由于现在解压的文件与先前已解压文件相同，会弹出图 16-2 所示的对话框，询问是否覆盖文件，单击“全部皆是”按钮，重新解压的文件会全部覆盖先前解压的文件。

图 16-1　安装时提示重新启动计算机

如果启动计算机后重新解压仍无法安装，可删除注册表有关项后再进行安装。单击计算机桌面左下角的“开始”按钮，在弹出的菜单最下方的框内输入“regedit”，回车后弹出注册表编辑器窗口，如图 16-3 所示。在窗口的左方依次展开 HKEY _ LOCAL _ MACHINE→System→CurrentControlSet→Control→SessionManager，再在窗口的右边找到“PendingFileRenameOperations”项，将其删除，如图 16-7 所示。此时不要重新启动计算机，继续安装或重新解压安装。

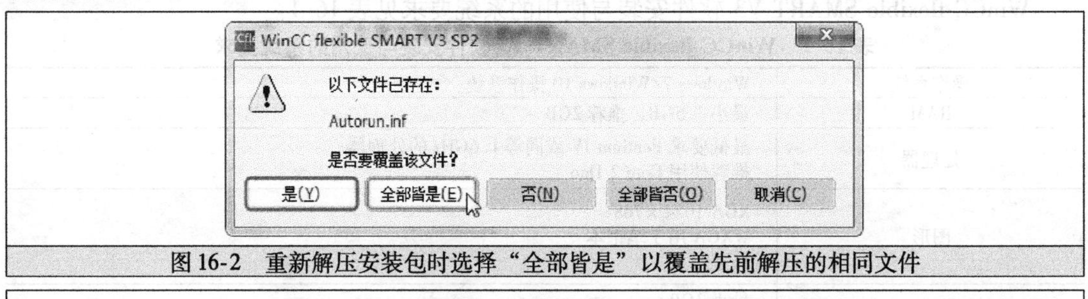

图 16-2　重新解压安装包时选择“全部皆是”以覆盖先前解压的相同文件

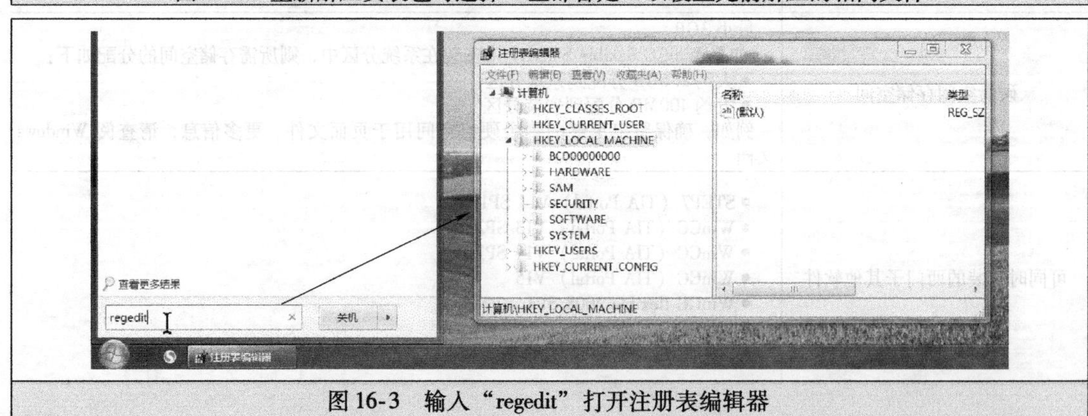

图 16-3　输入“regedit”打开注册表编辑器

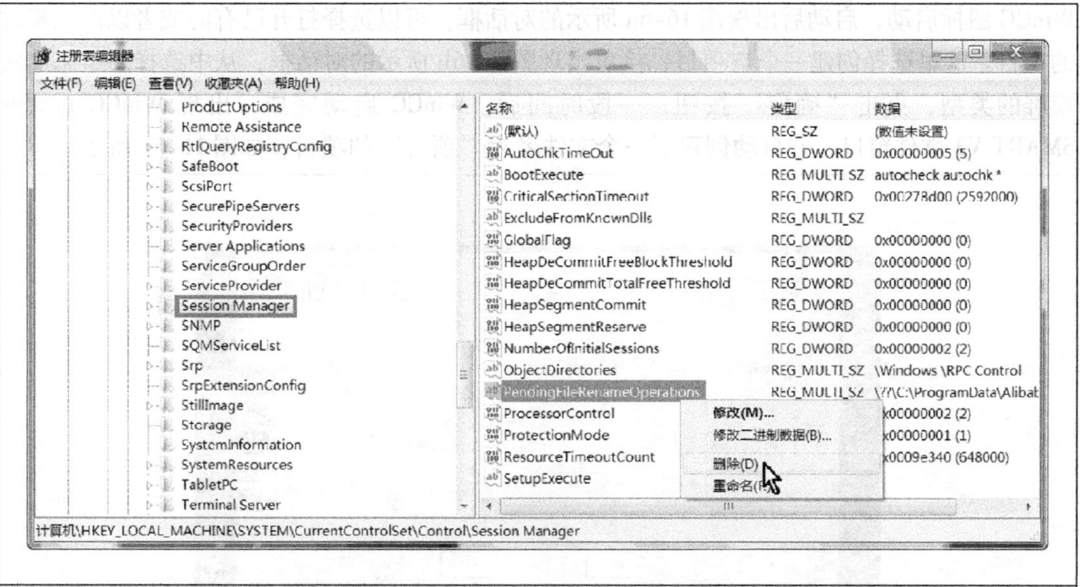

图 16-4　将注册表编辑器中的“PendingFileRenameOperations”项删掉

（3）安装软件

WinCC flexible SMART V3 安装包文件解压完成后开始安装，具体安装过程可按照提示，单击“下一步”并选择相应选项即可。安装完成后，选择“立即重启计算机”。

4. 软件的启动及卸载

（1）软件的启动

软件安装后，单击计算机桌面左下角的“开始”按钮，从“程序”中找到“WinCC flexible SMART V3”，单击即可启动该软件，也可以直接双击计算机桌面上的“WinCC flexible SMART V3”图标来启动软件。

（2）软件的卸载

WinCC flexible SMART V3 软件可以使用计算机控制面板的“卸载或更改程序”来卸载。单击计算机桌面左下角的“开始”按钮，在弹出的菜单中找到“控制面板”，单击打开“控制面板”窗口，在其中找到并打开“程序和功能”，出现“卸载或更改程序”，找到“WinCC flexible SMART V3”项，单击右键，在弹出的菜单中选择“卸载”，即可将软件从计算机中卸载掉。

16.2　用 WinCC 软件组态一个简单的项目

WinCC flexible SMART V3 软件功能强大，下面通过组态一个简单的项目来快速了解该软件的使用。图 16-5 是组态完成的项目画面，当单击画面中的“开灯”按钮时，圆形（代表指示灯）颜色变为红色，单击画面中的“关灯”按钮时，圆形颜色变为灰色。

16.2.1　项目的创建与保存

1. 软件的启动和创建项目

WinCC flexible SMART V3 软件可使用开始菜单启动，也可以直接双击计算机桌面上的

WinCC 图标启动，启动后出现图 16-6a 所示的对话框，可以选择打开已有的或者以前编辑过的项目。这里选择创建一个空项目，接着出现图 16-6b 所示的对话框，从中选择要组态的触摸屏的类型，点击“确定”按钮，一段时间后，WinCC 启动完成，出现 WinCC flexible SMART V3 软件窗口，并自动创建了一个文件名为“项目”的项目，如图 16-6c 所示。

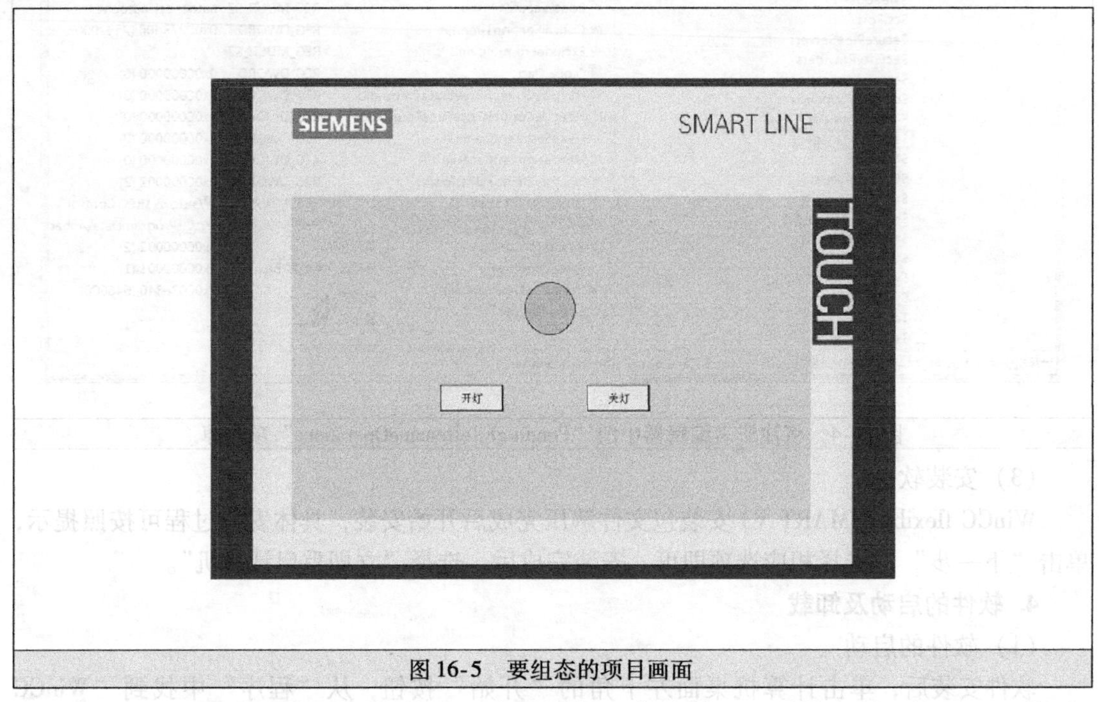

图 16-5　要组态的项目画面

WinCC flexible SMART V3 软件界面由标题栏、菜单栏、工具栏、项目视图、工作区、工具箱和属性视图组成。

2. 项目的保存

为了防止计算机断电造成组态的项目丢失，也为了以后查找管理项目方便，建议创建项目后将项目更名并保存下来。在 WinCC flexible SMART V3 软件中执行菜单命令“项目”→“保存”，将出现项目保存对话框，将当前项目保存在“灯控制”文件夹，并将项目更名为“灯亮灭控制”。“灯控制”文件夹和“WinCC 学习例程”文件夹均可以在项目保存时新建。项目保存后，打开“灯控制”文件夹，可以看到该文件夹中有 4 个含“灯亮灭控制”文字的文件，如图 16-7 所示，第 1 个是项目文件，后面 3 个是软件自动建立的与项目有关的文件。

16.2.2　组态变量

项目创建后，如果组态的项目是传送到触摸屏来控制 PLC 的，需要建立通信连接，以设置触摸屏连接的 PLC 类型和通信参数。为了让无触摸屏和 PLC 的用户快速掌握 WinCC 的使用，本项目仅在计算机中模拟运行，无须建立通信连接（建立通信连接的方法在后面的实例中会介绍），可直接进行变量组态。

1. 组态变量的操作

组态变量是指在 WinCC 中定义项目要用来的变量。组态变量的操作过程见表 16-2。

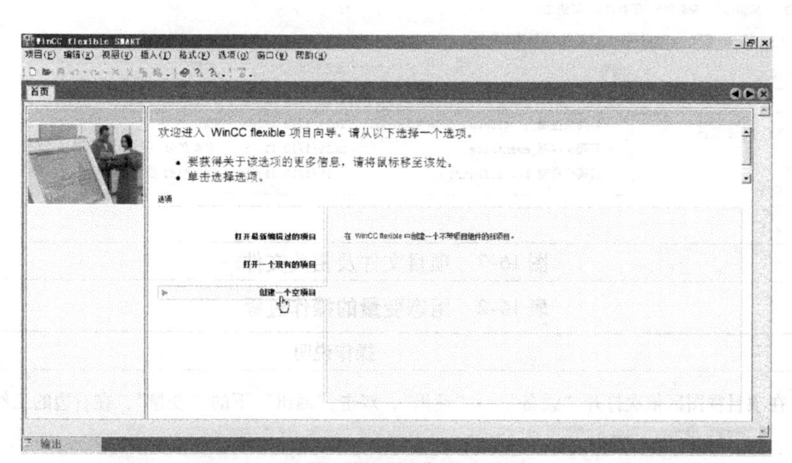

a) 选择创建空项目

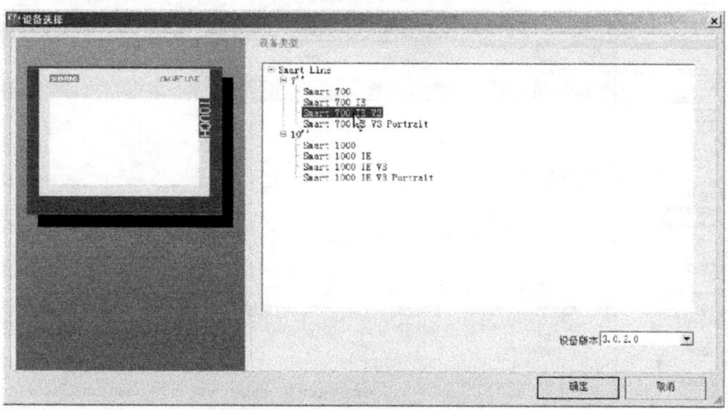

b) 选择要组态的触摸屏型号

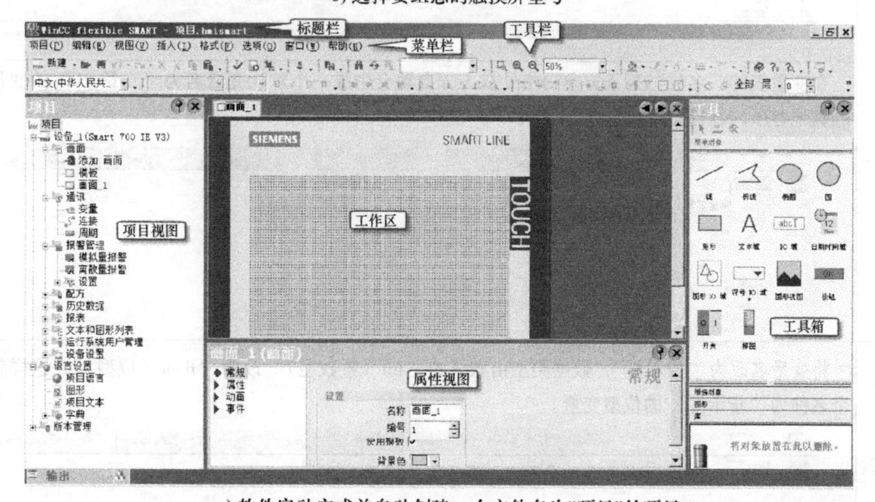

c) 软件启动完成并自动创建一个文件名为“项目”的项目

图 16-6　WinCC flexible SMART V3 的启动和创建项目

图 16-7 项目文件及相关文件

表 16-2 组态变量的操作过程

序号	操作说明
1	在项目视图区依次打开“设备”→“通讯”，双击“通讯”下的“变量”，在右边的工作区出现变量表 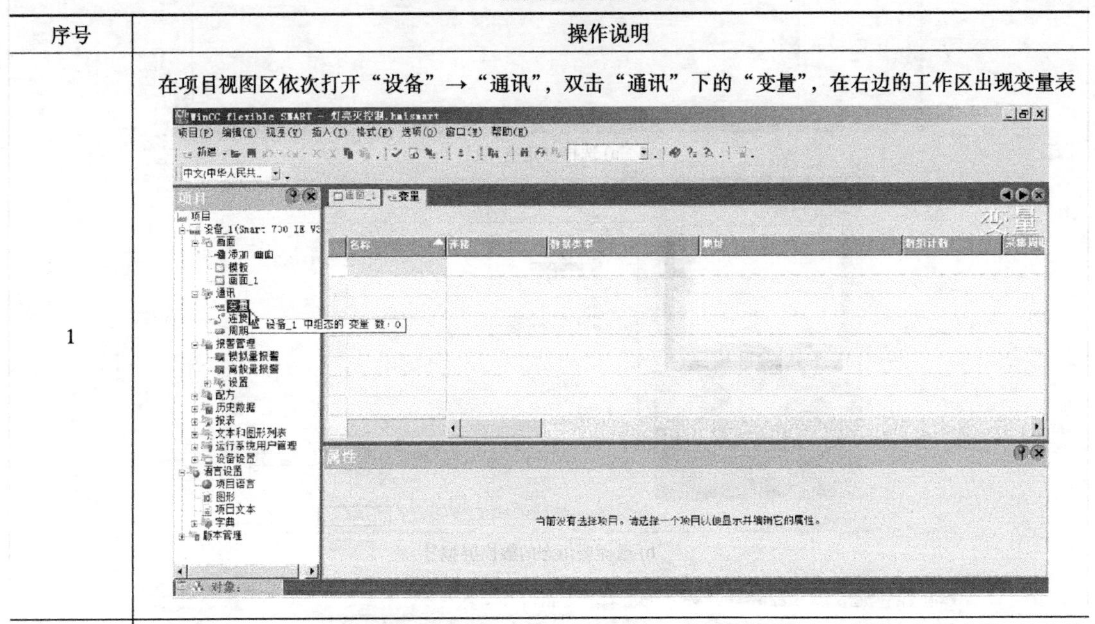
2	在变量表的“名称”列下方空白格处双击，自动会生成一个默认变量名为“变量_1”的变量，该变量的其他各项内容也会自动生成。 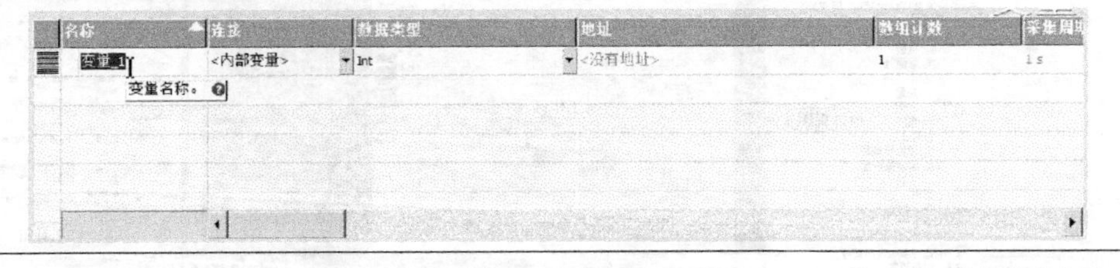
3	将变量名改为“指示灯”，数据类型由默认的“Int（整数型）”改为“Bool（位型）”，这样就定义了一个名称为“指示灯”的位型变量。 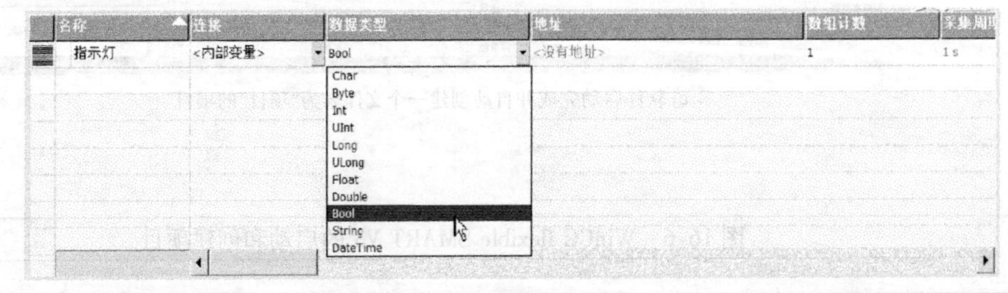

2. 变量说明

变量分为内部变量和外部变量，变量都有一个名称和数据类型。触摸屏内部有一定的存储空间，组态一个变量就是从存储空间分出一个区块，变量名就是这个区块的名称，区块大小由数据类型确定，Byte（字节）型变量就是一个8位的存储区块。

定义为内部变量的存储区块只能供触摸屏自身使用，与外部的PLC无关联。定义为外部变量的存储区块可供触摸屏使用，也可供外部连接的PLC使用。例如当触摸屏连接S7-200 PLC时，如果组态一个变量名为I0.0的位型外部变量，当在触摸屏中让变量I0.0=1时，与触摸屏连接的PLC的I0.0值会随之变为1，相当于PLC的I0.0端子输入ON，如果将变量I0.0设为内部变量，触摸屏的I0.0值变化时PLC中的I0.0值不会随之变化。WinCC可组态的变量数据类型及取值范围见表16-3。

表16-3 WinCC可组态的变量数据类型及取值范围

变量类型	符号	位数/bit	取值范围
字符	Char	8	—
字节	Byte	8	0~255
有符号整数	Int	16	-32768~32767
无符号整数	Unit	16	0~65535
长整数	Long	32	-2147483648~2147483647
无符号长整数	Ulong	32	0~4294967295
实数（浮点数）	Float	32	±1.175495e-38~±3.402823e+38
双精度浮点数	Double	64	—
布尔（位）变量	Bool	1	True（1）、False（0）
字符串	String	—	—
日期时间	Date Time	64	日期/时间

16.2.3 组态画面

触摸屏项目是由一个个画面组成的，组态画面就是先建立画面，然后在画面上放置一些对象（如按钮、图形、图片等），并根据显示和控制要求对画面及对象进行各种设置。

1. 新建或打开画面

在WinCC软件的项目视图区双击“画面”下的“添加画面”即可新建一个画面，右边的工作区会出现该画面。在创建空项目时，WinCC会自动建立一个名称为“画面_1”的画面，在项目视图区双击“画面_1”，工作区就会打开该画面，如图16-8所示。在窗口下方的属性视图窗口有“常规”、“属性”、“动画”和“事件”4个设置项，默认打开“常规”项，可以设置画面的名称、背景色等。

2. 组态按钮

（1）组态开灯按钮

组态开灯按钮的操作过程见表16-4。

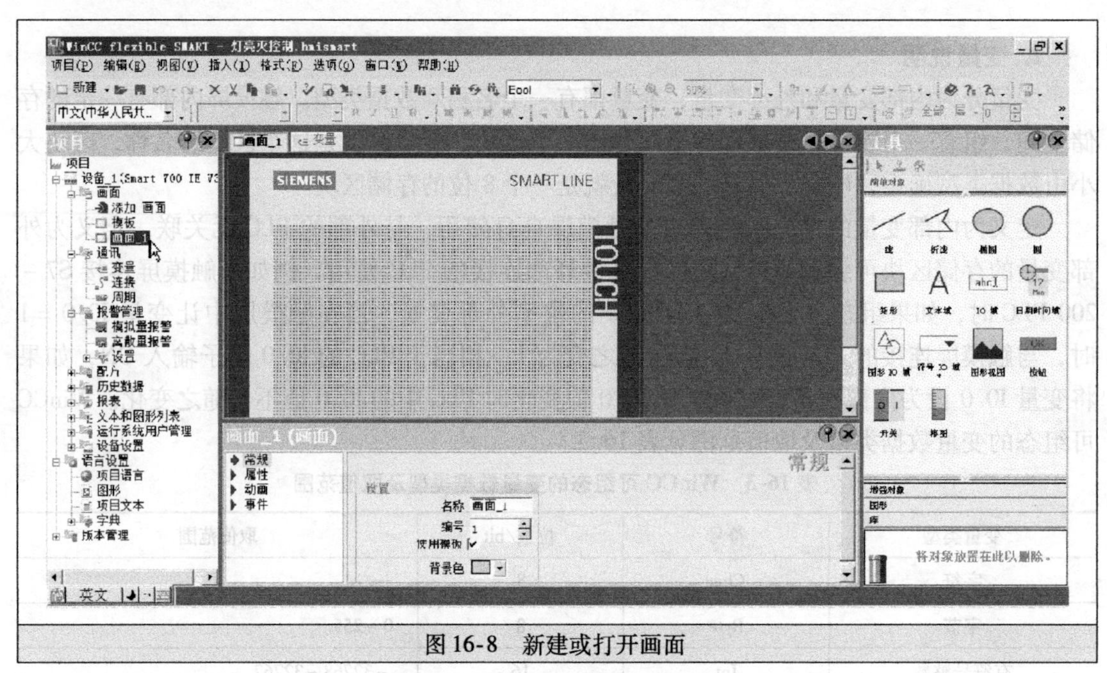

图 16-8　新建或打开画面

表 16-4　组态开灯按钮的操作过程

序号	操作说明
1	在 WinCC 软件窗口右边的工具箱中找到按钮工具 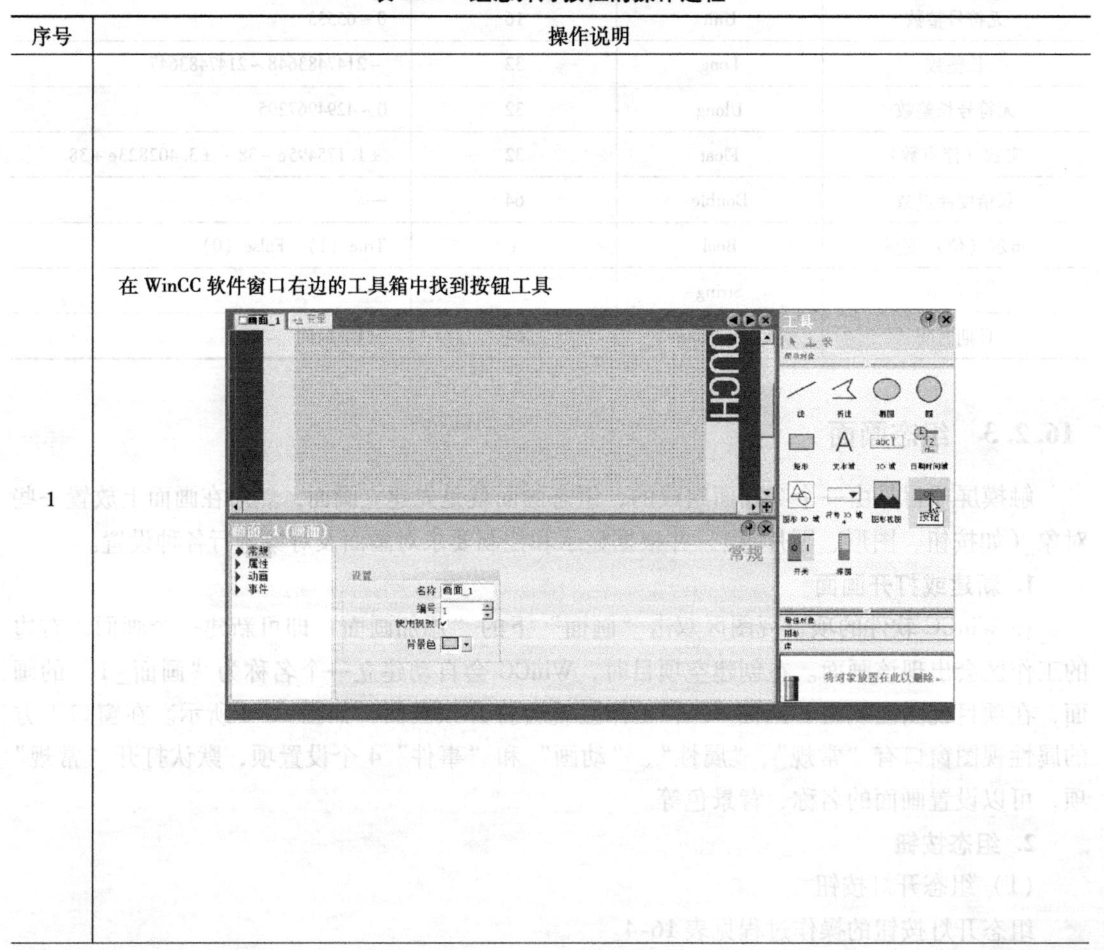

（续）

序号	操作说明
2	将按钮拖放到工作区画面合适的位置，在下方属性视图窗口选择“常规”项，将按钮的“OFF 状态文本”改为“开灯”，“ON 状态文本”框清空或将“ON 状态文本”旁边的勾选取消，这样按钮在 ON 状态时不会显示文本 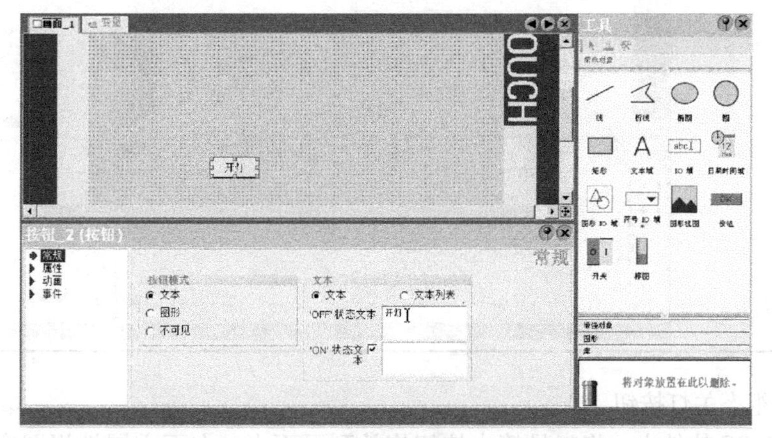
3	在属性视图窗口选中“事件”项中的“单击”，在右边选择函数 SetBit（置位） 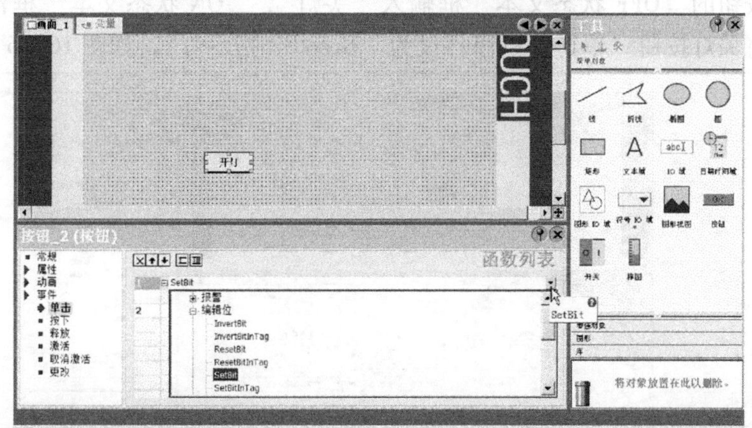
4	在函数 SetBit 下方的变量栏单击右边的向下按钮，弹出变量选择框，选择“指示灯”变量，再单击选择框右下角的对钩按钮 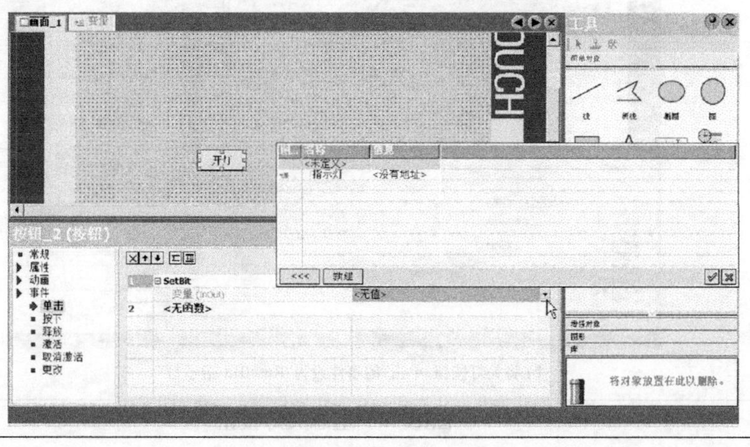

（续）

序号	操作说明
5	这样就将开灯按钮的单击事件设为“SetBit 指示灯”，即将变量“指示灯”的值置1 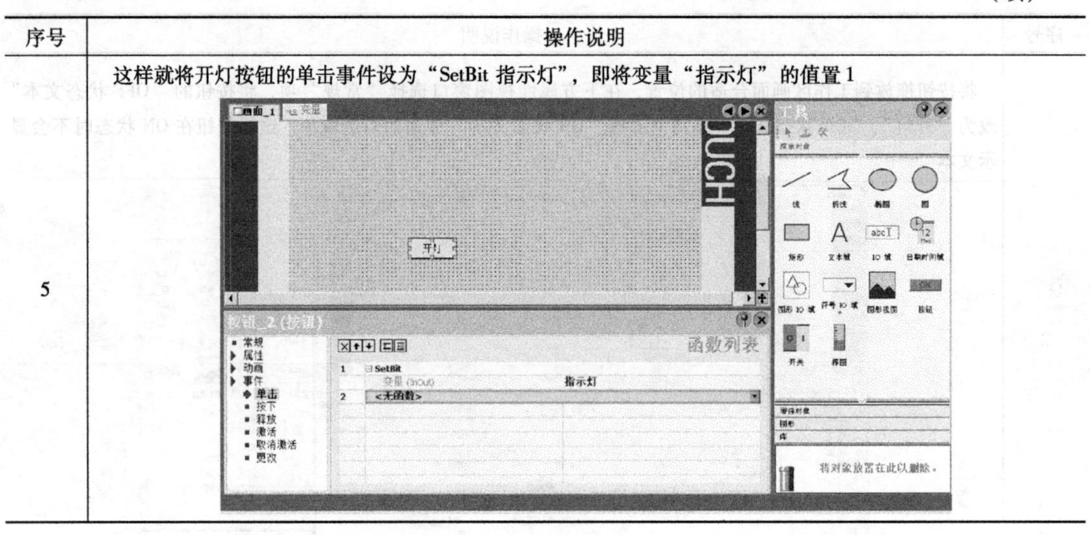

（2）组态关灯按钮

在WinCC软件中，将工具箱中按钮拖放到画面中，在下方属性视图窗口打开“常规”项，并在按钮的“OFF状态文本”框输入“关灯”，“ON状态文本”框清空，如图16-9a所示，再将关灯按钮“单击”的事件设为“ResetBit 指示灯”，如图16-9b所示。

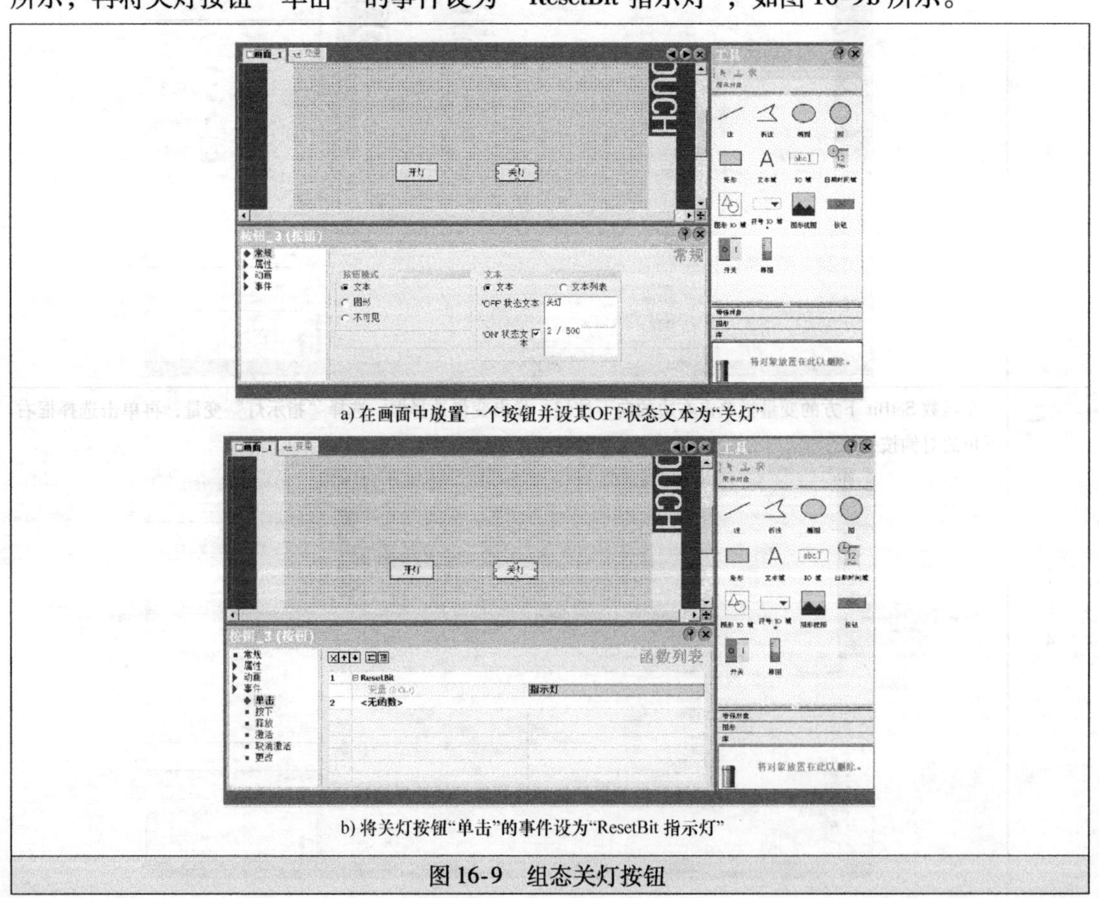

a) 在画面中放置一个按钮并设其OFF状态文本为“关灯”

b) 将关灯按钮“单击”的事件设为“ResetBit 指示灯”

图16-9　组态关灯按钮

3. 组态指示灯图形

在 WinCC 软件窗口右边的工具箱中找到圆形，将其拖放到工作区画面的合适位置，在下方属性视图窗口选中“动画”项下的“外观”，并在右边勾选“启用”，变量选择“指示灯”，类型选择“位”，再在值表中分别设置值“0”的背景色为灰色，值“1”的背景色为红色，如图 16-10 所示。这样设置后，如果“指示灯”变量的值为“0”时，圆形（指示灯图形）颜色为灰色，“指示灯”变量的值为“1”时，圆形颜色为红色。

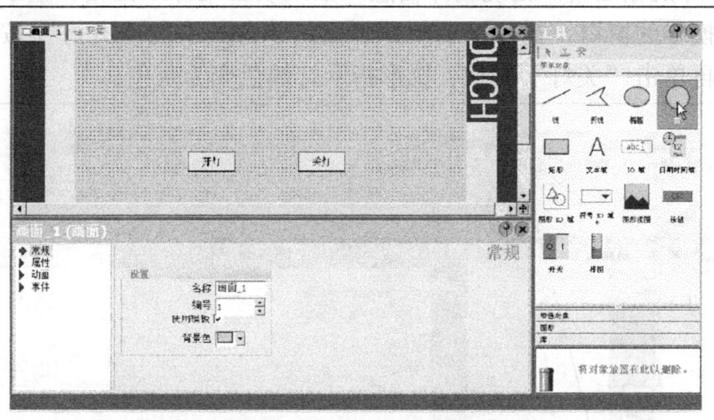

a) 在工具箱中找到圆形

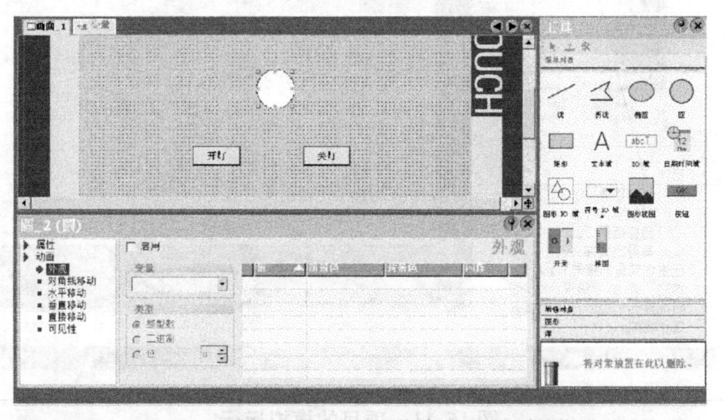

b) 将工具箱中的圆形拖放到画面合适的位置

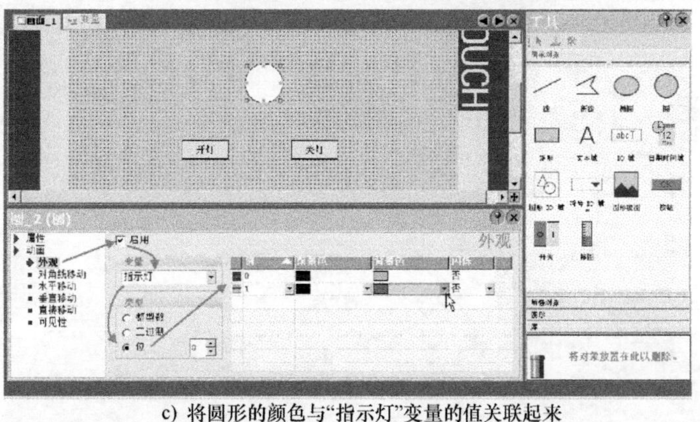

c) 将圆形的颜色与“指示灯”变量的值关联起来

图 16-10　组态指示灯图形

16.2.4 项目的模拟运行

变量和画面组态后，一个简单的项目就完成了，在 WinCC 中可以执行模拟运行操作，来查看项目运行效果。在 WinCC 软件的工具栏中单击（启动运行系统）工具，也可执行菜单命令“项目”→“编译器”→“启动运行系统”，软件马上对项目进行编译，如图16-11所示。在下方的输出窗口出现编译信息，如果项目编译未出错，显示编译完成后，会弹出一个类似触摸屏的窗口，窗口显示项目画面，单击其中的“开灯”按钮，圆形指示灯颜色变为红色，再单击“关灯”按钮，圆形指示灯颜色变为灰色。

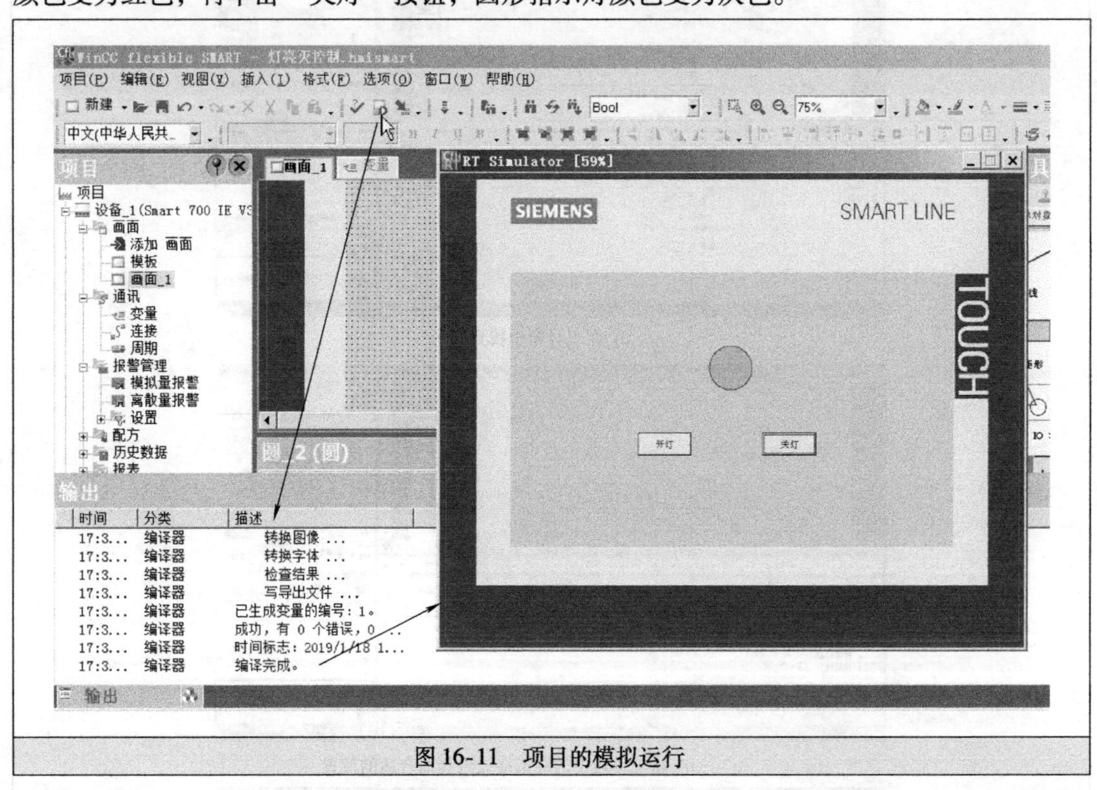

图 16-11 项目的模拟运行

第17章　西门子触摸屏操作和监视三菱PLC实战

单独一台触摸屏是没有多大使用价值的，如果将其与 PLC 连接起来使用，不但可以当作输入设备，给 PLC 输入指令或数据，还能用作显示设备，将 PLC 内部软元件的状态和数值直观显示出来，也就是说，使用触摸屏可以操作 PLC，也可以监视 PLC。

要使用触摸屏操控 PLC，一般过程是：①明确系统的控制要求，考虑需要用的变量，再绘制电气线路图；②在计算机中用编程软件为 PLC 编写相应的控制程序，再把程序下载到 PLC；③在计算机中用组态软件为触摸屏组态操控 PLC 的画面项目，并将项目下载到触摸屏；④将触摸屏和 PLC 用通信电缆连接起来，然后通电对触摸屏和 PLC 进行各种操作和监控测试。本章以触摸屏连接 PLC 控制电动机正转、反转和停转，并监视 PLC 输出状态为例来介绍上述各个过程。

17.1　明确要求、规划变量和电路

17.1.1　控制要求

用触摸屏上的 3 个按钮分别控制电动机正转、反转和停转。当单击触摸屏上的正转按钮时，电动机正转，画面上的正转指示灯亮；当单击反转按钮时，电动机反转，画面上的反转指示灯亮；当单击停转按钮时，电动机停转，画面上的正转和反转指示灯均熄灭。另外，在触摸屏的一个区域（监视器）可以实时查看 PLC 的 Y7 ~ Y0 端的输出状态。

17.1.2　选择 PLC 和触摸屏型号，分配变量

触摸屏是通过改变 PLC 内部的变量值来控制 PLC 的。本例中的 PLC 选用三菱 FX3U - 32MT 型，触摸屏选用 Smart 700 IE V3 型（属于西门子精彩系列触摸屏 SMART LINE）。PLC 变量分配见表 17-1。

表 17-1　PLC 变量分配

变量或端子	外接部件	功能
M0	无	正转控制
M1	无	反转控制
M2	无	停转控制
Y0	外接正转接触器线圈	正转控制输出
Y1	外接反转接触器线圈	反转控制输出

17.1.3 设备连接与控制电路

西门子 Smart 700 IE V3 型触摸屏与三菱 FX3U－32MT 型 PLC 的连接及电动机正反转控制电路如图 17-1 所示。

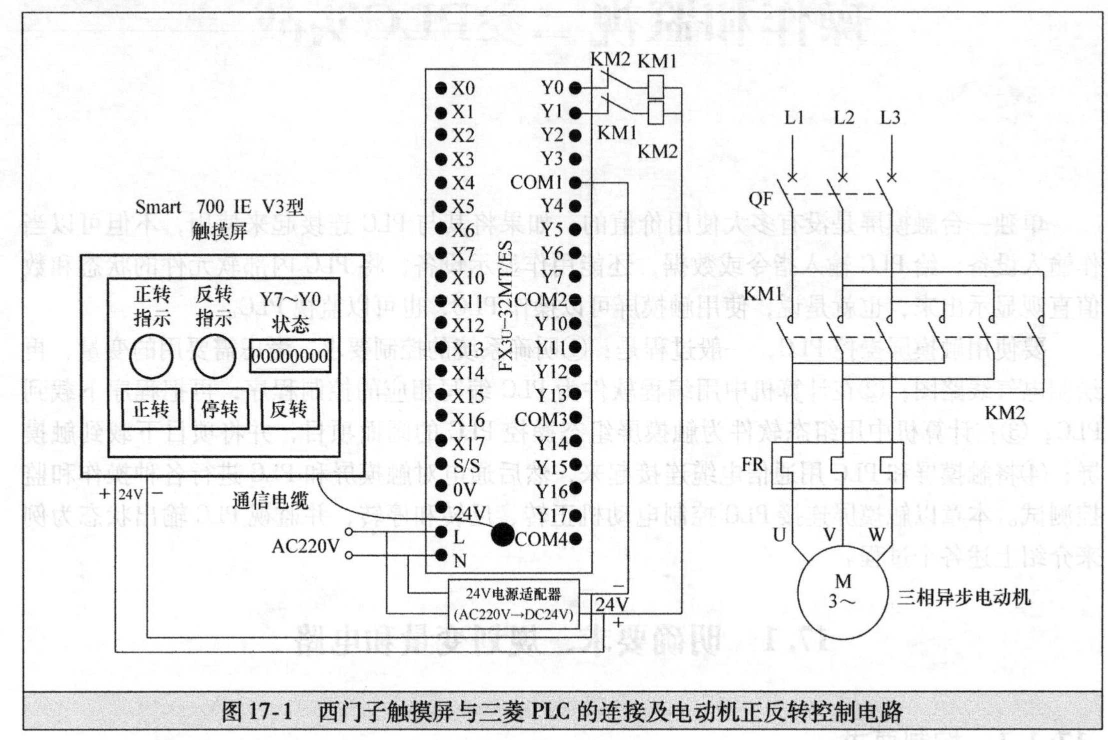

图 17-1　西门子触摸屏与三菱 PLC 的连接及电动机正反转控制电路

该线路的软、硬件完成后，可达到以下控制功能：

当点按触摸屏画面上的“正转”按钮时，画面上的“正转指示”灯亮，画面上状态监视区显示值为 00000001，同时 PLC 上的 Y0 端指示灯（图中未画出）亮，Y0 端内部触点导通，有电流流过 KM1 接触器线圈，线圈产生磁场吸合 KM1 主触点，三相电源送到三相异步电动机，电动机正转；当点按触摸屏画面上的“停转”按钮时，画面上的“正转指示”灯熄灭，画面上状态监视区显示值为 00000000，同时 PLC 上的 Y0 端指示灯也熄灭，Y0 端内部触点断开，KM1 接触器线圈失电，KM1 主触点断开，电动机失电停转；当点按触摸屏画面上的“反转”按钮时，画面上的“反转指示”灯亮，画面上状态监视区显示值为 00000010，PLC 上的 Y1 端指示灯同时变亮，Y1 端内部触点导通，KM2 接触器线圈有电流流过，KM2 主触点闭合，电动机反转。

17.2 编写和下载 PLC 程序

17.2.1 编写 PLC 程序

在计算机中启动 GX Developer 软件（三菱 FX 型 PLC 的编程软件），编写电动机正反转控制的 PLC 程序，如图 17-2 所示。

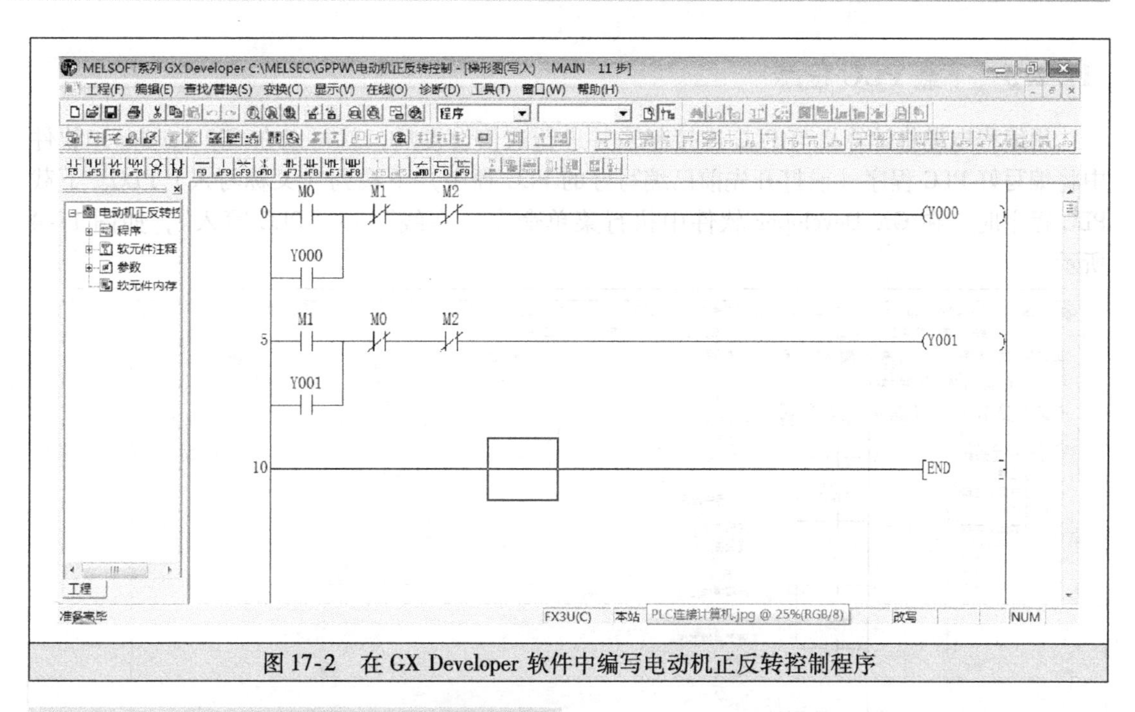

图 17-2　在 GX Developer 软件中编写电动机正反转控制程序

17.2.2　PLC 与计算机的连接与设置

若要将计算机中编写好的程序传送到 PLC，应使用通信电缆（如 FX－USB 型编程电缆）把 PLC 和计算机连接起来。三菱 FX3U－32MT 型 PLC 与计算机的硬件连接如图 17-3 所示。为了让计算机能识别通信电缆，需要在计算机中安装通信电缆的驱动程序。PLC 与计算机硬件连接好后，还要在计算机编程软件中进行通信设置，让计算机与 PLC 建立通信连接。下载程序时，PLC 需要接通电源。

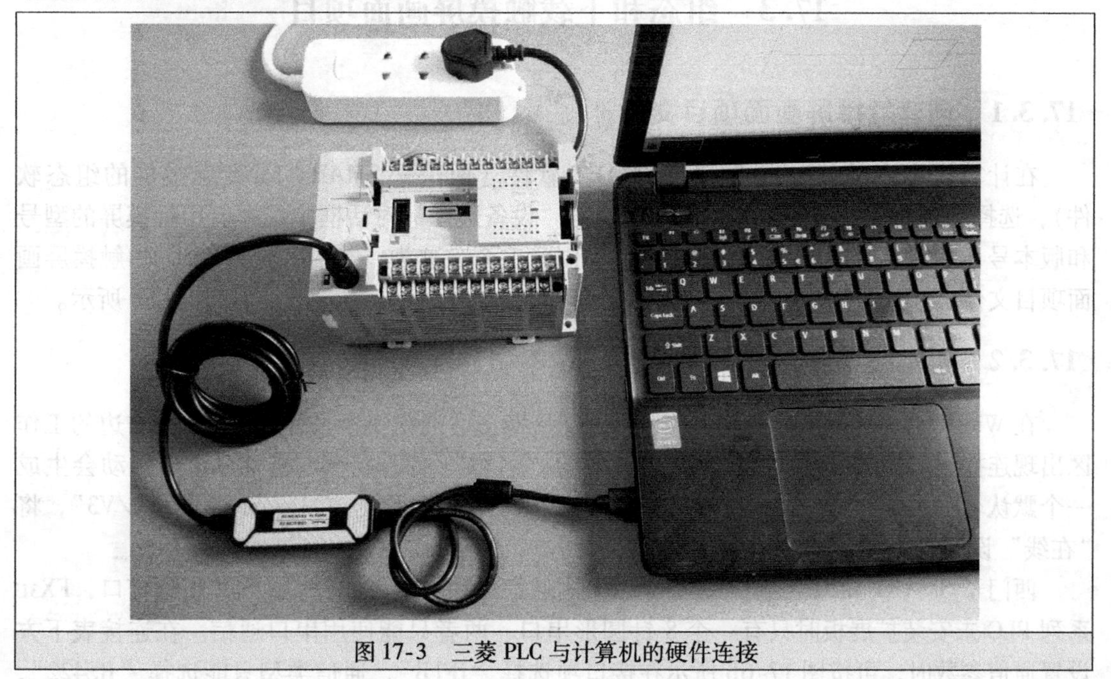

图 17-3　三菱 PLC 与计算机的硬件连接

17.2.3 下载PLC程序

用编程电缆将计算机与PLC连接起来并进行通信设置后，就可以在GX Developer软件中将编写好PLC程序（或打开先前已编写好的PLC程序）下载到（又称写入）PLC。下载PLC程序时，在GX Developer软件中执行菜单命令“在线”→“PLC写入”，如图17-4所示。

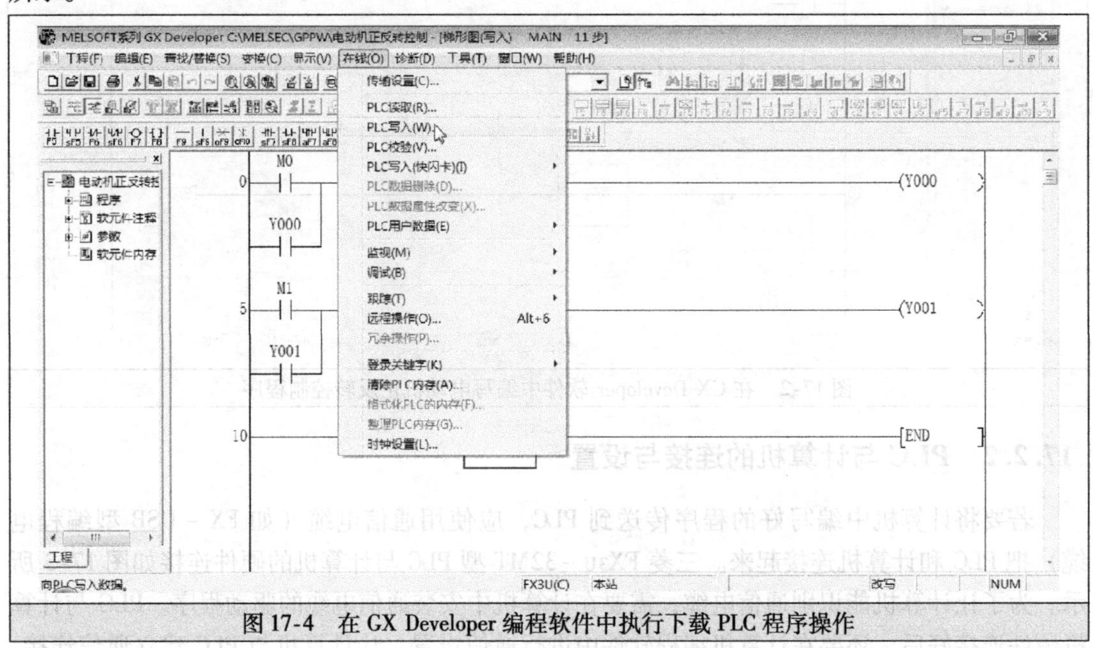

图17-4 在GX Developer编程软件中执行下载PLC程序操作

17.3 组态和下载触摸屏画面项目

17.3.1 创建触摸屏画面项目文件

在计算机中启动WinCC flexible SMART软件（西门子SMART LINE触摸屏的组态软件），选择创建一个空项目，并在随后出现的“设备选择”对话框中选择所用触摸屏的型号和版本号，如图17-5a所示，确定后会自动创建一个名称为“项目.hmismart”的触摸屏画面项目文件，将其保存并更名为“电动机正反转控制画面.hmismart”，如图17-5b所示。

17.3.2 组态触摸屏与PLC的连接

在WinCC flexible SMART软件的项目视图区双击“通讯”下的“连接”，在右边的工作区出现连接表，如图17-6a所示。在连接表的“名称”列下方空白格处双击，自动会生成一个默认名称为“连接_1”的连接，将“通讯驱动程序”设为“Mitsubishi FX V2/V3”，将“在线”设为“开”，如图17-6b所示。

西门子SMART LINE触摸屏有一个以太网通信口和一个9针D-SUB串行通信口，FX_{3U}系列PLC未安装扩展板时只有一个8针圆形串口，两者只能使用串口通信。在连接表下方设置通信参数时，可按图17-6b所示在接口项选择“IF1B”，通信类型只能选择“RS422”，通信波特率（通信速率）默认为9600，奇偶校验默认为“偶校验”，各项参数保持默认即可。

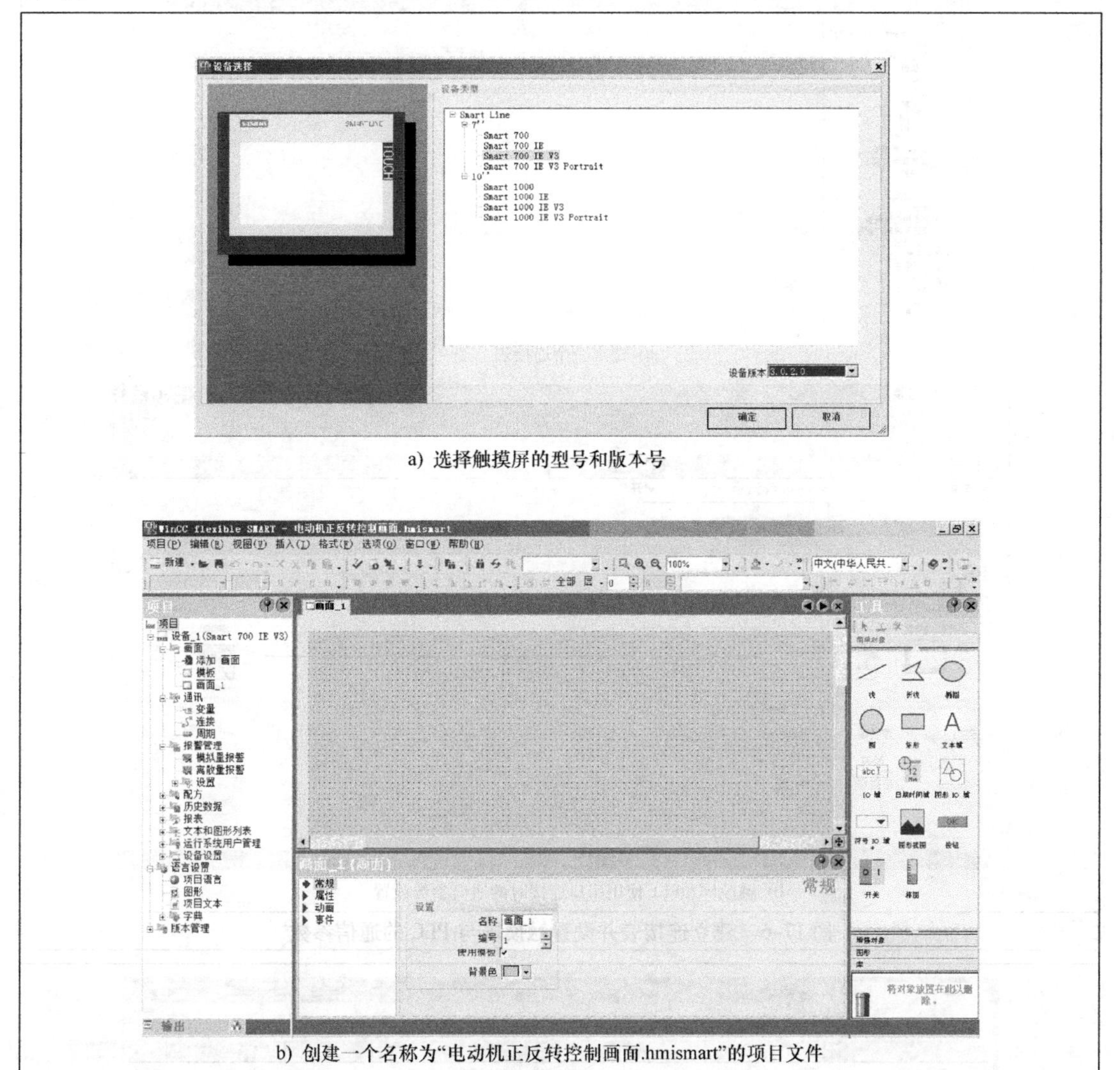

a) 选择触摸屏的型号和版本号

b) 创建一个名称为“电动机正反转控制画面.hmismart”的项目文件

图17-5　创建触摸屏画面项目文件

17.3.3　组态变量

在项目视图区双击“通讯”下的“变量”，在右边的工作区出现变量表，在变量表按如图17-7所示建立6个变量，其中“变量_K2Y0”的数据类型选择“8 bit block”（8位构成一组，相当于一个字节），其他变量的数据类型均设为bit（位型），这些变量都属于“连接1”。在变量地址栏中，将“变量_M0”对应的地址设为M0，“变量_K2Y0”的地址是8个位，在地址栏只要设置首位“Y0”即可，其他连续的7个位“Y7～Y1”会自动赋给“变量_K2Y0”。

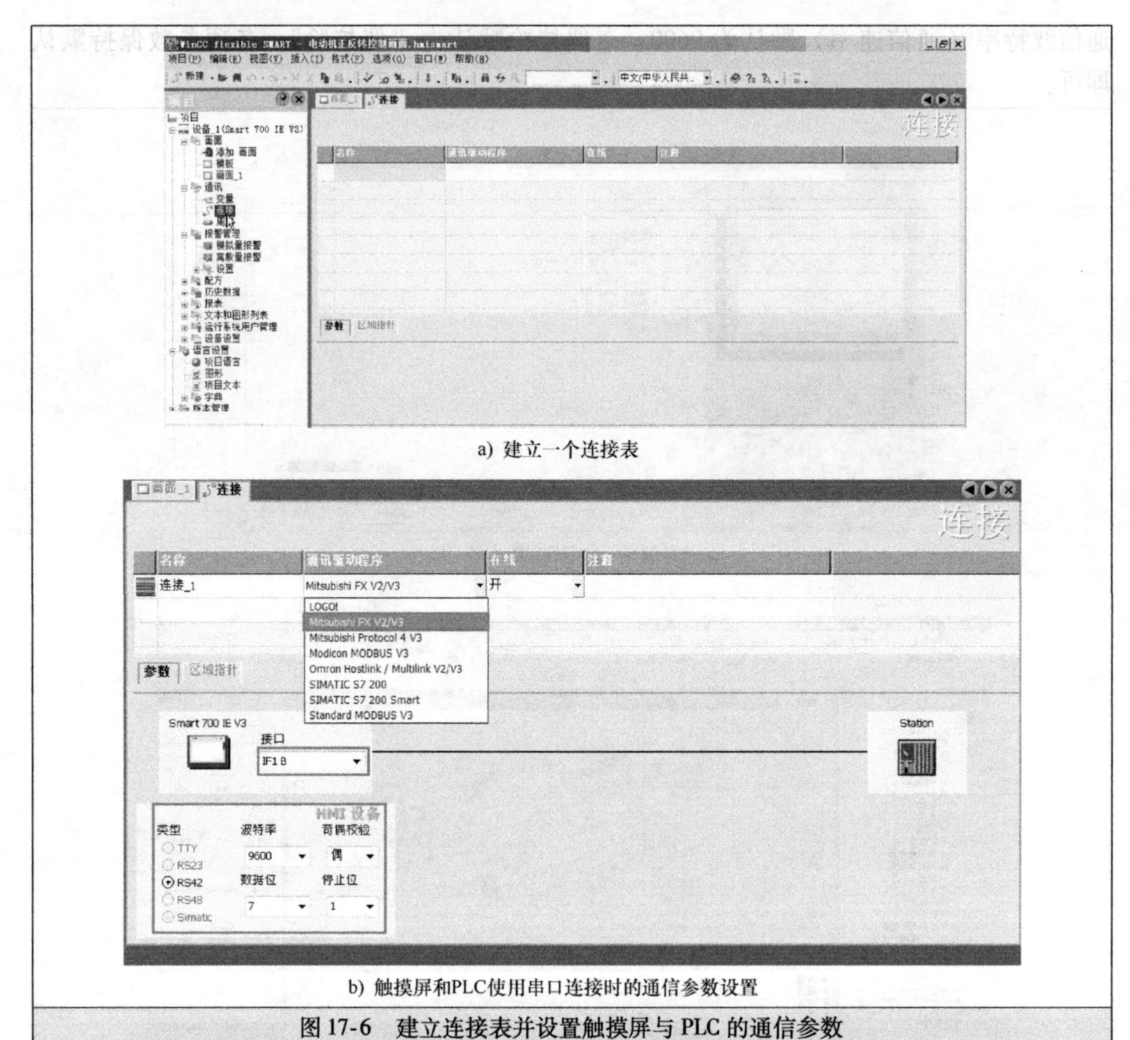

a) 建立一个连接表

b) 触摸屏和PLC使用串口连接时的通信参数设置

图 17-6　建立连接表并设置触摸屏与 PLC 的通信参数

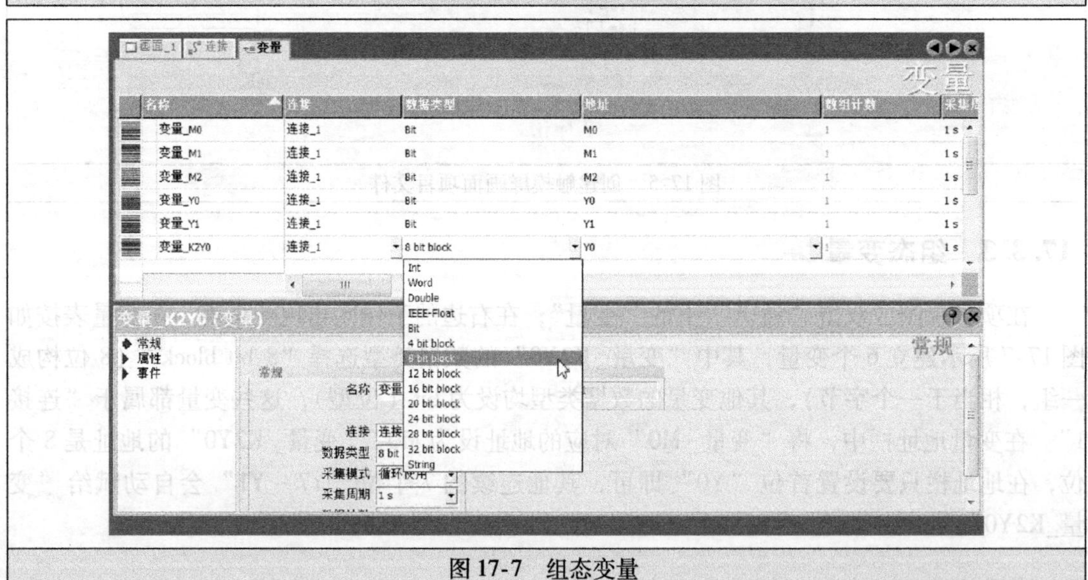

图 17-7　组态变量

17.3.4　组态指示灯

在工具箱中单击圆形工具，将鼠标移到工作区合适的位置单击，放置一个圆形，在下方属性窗口中选择“动画”中的“外观”，在右边勾选“启用”，变量选择“变量_ Y0”，类型选择“位”，将变量值为0时的背景色设为白色，将变量值为1时的背景色设为红色，如图17-8a所示。在画面上选中圆形，用右键菜单的复制和粘贴功能，在画面上复制出一个相同的圆形，然后将属性窗口“外观”中的变量改为“变量_ Y1”，其他属性保持不变，如图17-8b所示。

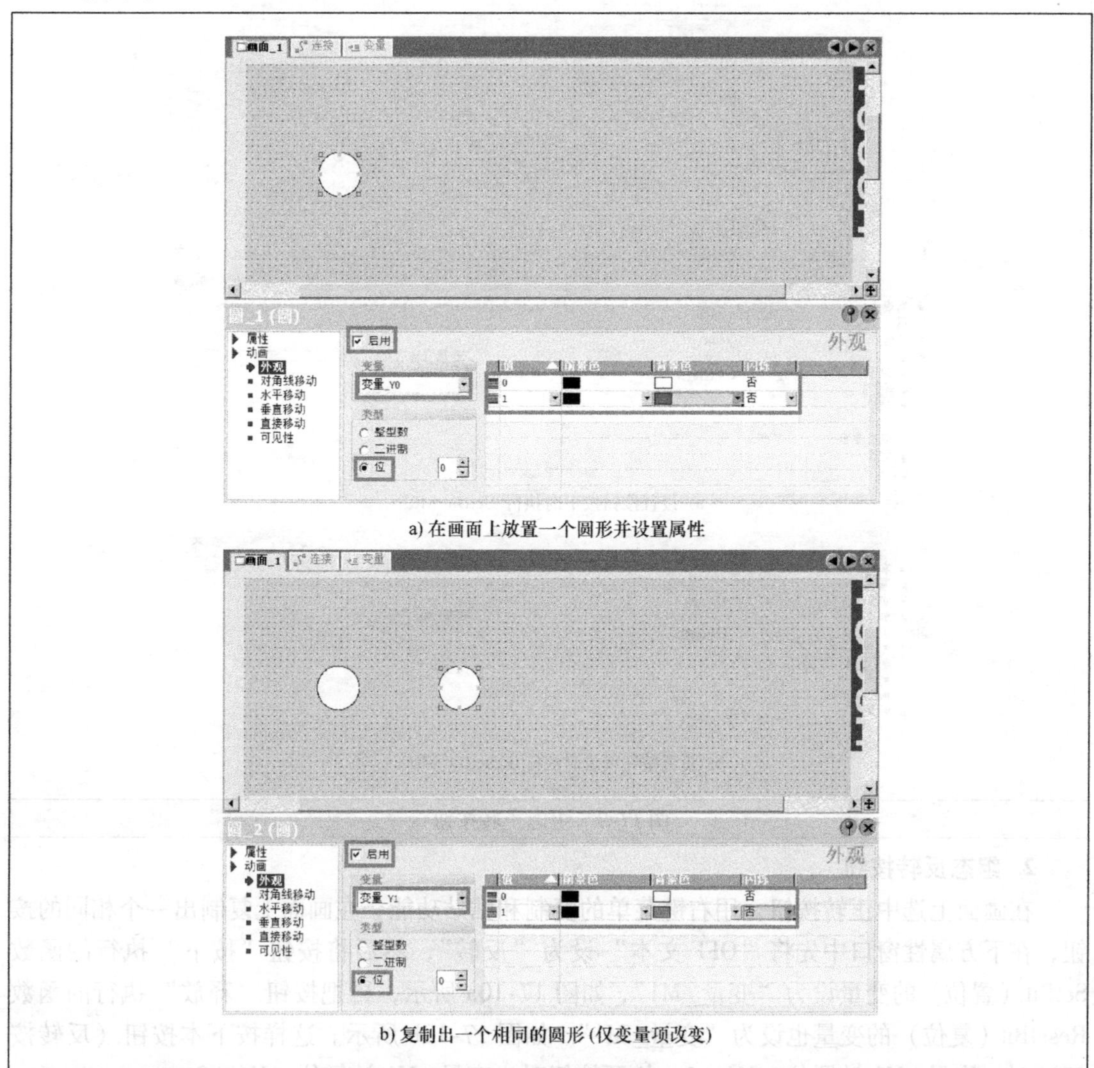

a) 在画面上放置一个圆形并设置属性

b) 复制出一个相同的圆形 (仅变量项改变)

图17-8　组态指示灯

17.3.5　组态按钮

1. 组态正转按钮

在工具箱中单击按钮工具，将鼠标移到工作区合适的位置单击，放置一个按钮，在下方属性窗口的“常规”项中将“OFF 文本”设为“正转”，然后选择“事件”中的“按下”，在右边的函数列表中选择“SetBit（置位）”函数，变量栏选择“变量_M0”，如图 17-9a 所示，再选择“事件”中的“释放”，在右边的函数列表中选择“ResetBit（复位）”函数，变量栏选择“变量_M0”，如图 17-9b 所示。这样按下本按钮（正转按钮）时，变量_M0 被置位，M0 = 1，松开按钮时，变量_M0 被复位，M0 = 0。单击触摸屏画面上的按钮时，相当于先按下按钮，再松开（释放）按钮。

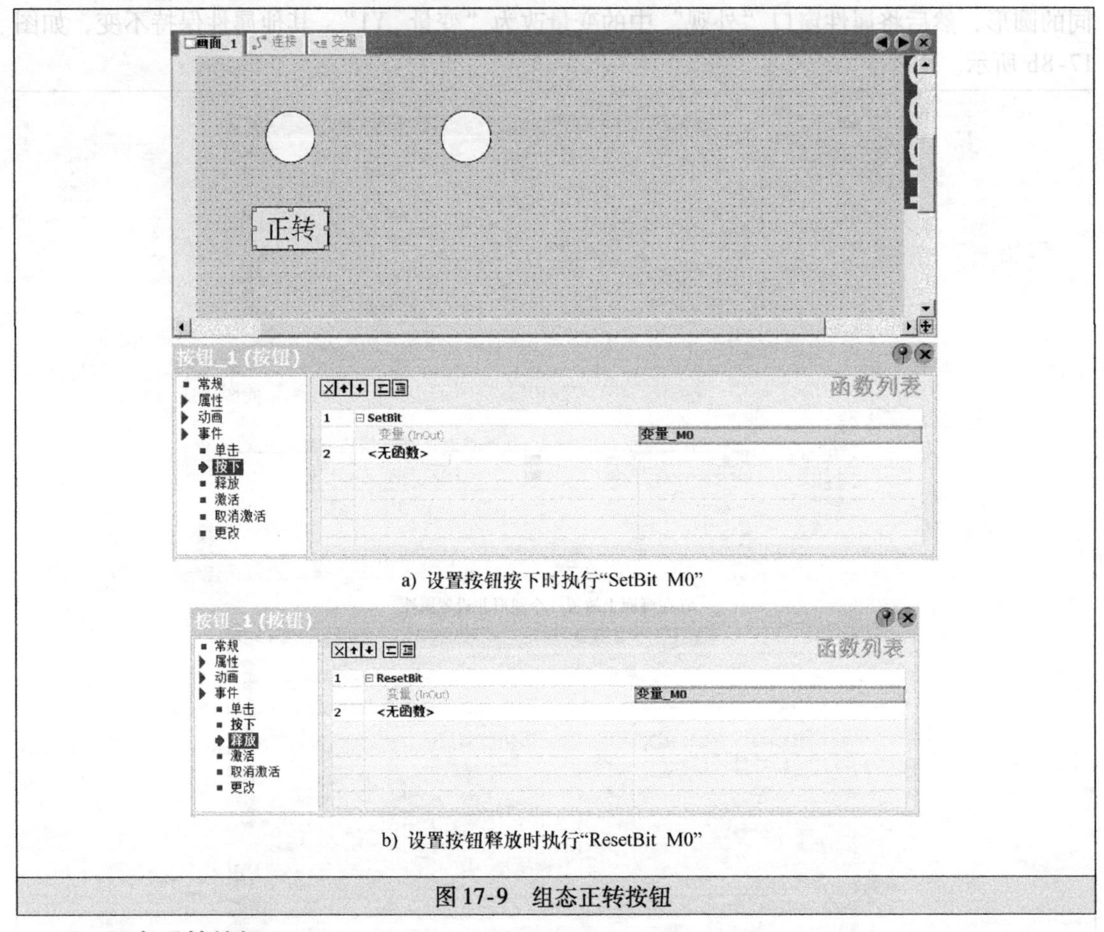

a) 设置按钮按下时执行“SetBit M0”

b) 设置按钮释放时执行“ResetBit M0”

图 17-9　组态正转按钮

2. 组态反转按钮

在画面上选中正转按钮，用右键菜单的复制和粘贴功能，在画面上复制出一个相同的按钮，在下方属性窗口中先将“OFF 文本”设为“反转”，然后将按钮“按下”执行的函数 SetBit（置位）的变量设为“变量_M1”，如图 17-10a 所示，再把按钮“释放”执行的函数 ResetBit（复位）的变量也设为“变量_M1”，如图 17-10b 所示。这样按下本按钮（反转按钮）时，变量_M1 被置位，M1 = 1，松开按钮时，变量_M1 被复位，M1 = 0。

3. 组态停转按钮

在画面上选中正转按钮，用右键菜单的复制和粘贴功能，在画面上复制出一个相同的按钮，在下方属性窗口中先将“OFF 文本”设为“停转”，然后将按钮“按下”执行的函数 SetBit 的变量设为“变量_M2”，如图 17-11 a 所示，再把按钮“释放”执行的函数 ResetBit 的变量也设为“变量_M2”，如图 17-11b 所示。这样按下停转按钮时，变量_M2 被置位，

M2 =1，松开按钮时，变量_ M2 被复位，M2 =0。

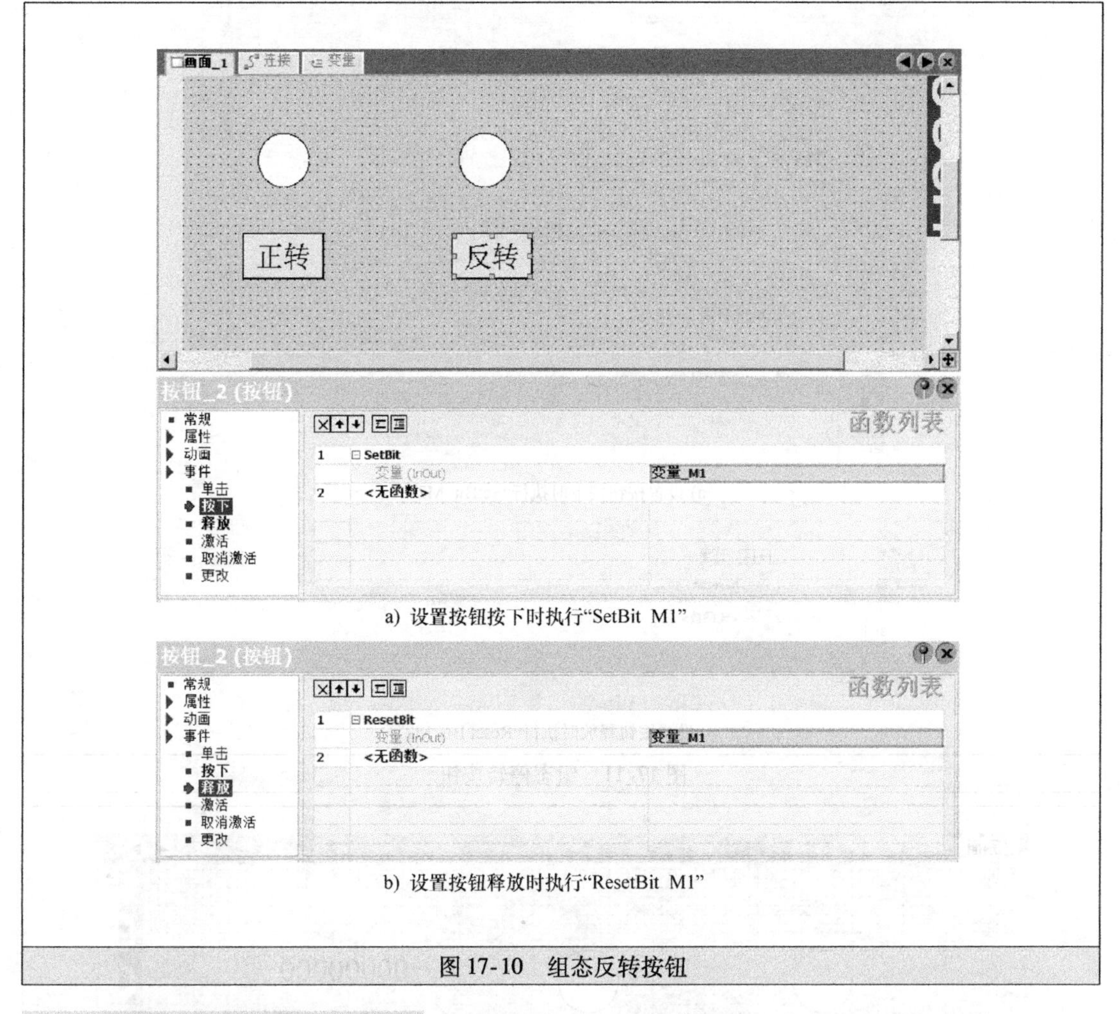

a) 设置按钮按下时执行"SetBit M1"

b) 设置按钮释放时执行"ResetBit M1"

图 17-10　组态反转按钮

17.3.6　组态状态值监视器

在工具箱中单击 IO 域工具，将鼠标移到工作区合适的位置单击，在画面上放置一个 IO 域，在下方属性窗口的"常规"项中将类型设为"输入/输出"，将过程变量设为"变量_ K2Y0"，将格式设为"二进制"，将格式样式设为"11111111"，如图 17-12 所示。这个 IO 域用于实时显示 PLC 的 Y7 ~ Y0 的状态值，由于该 IO 域为"输入/输出"类型，故也可以在此输入 8 位二进制数，直接改变 PLC 的 Y7 ~ Y0 的状态值。

17.3.7　组态说明文本

利用工具箱中的文本域工具，在正转指示灯上方放置"正转指示（Y0）"文本，在反转指示灯上方放置"反转指示（Y1）"文本，在状态值监视器上方放置"Y7 ~ Y0 状态"文本，如图 17-13 所示。

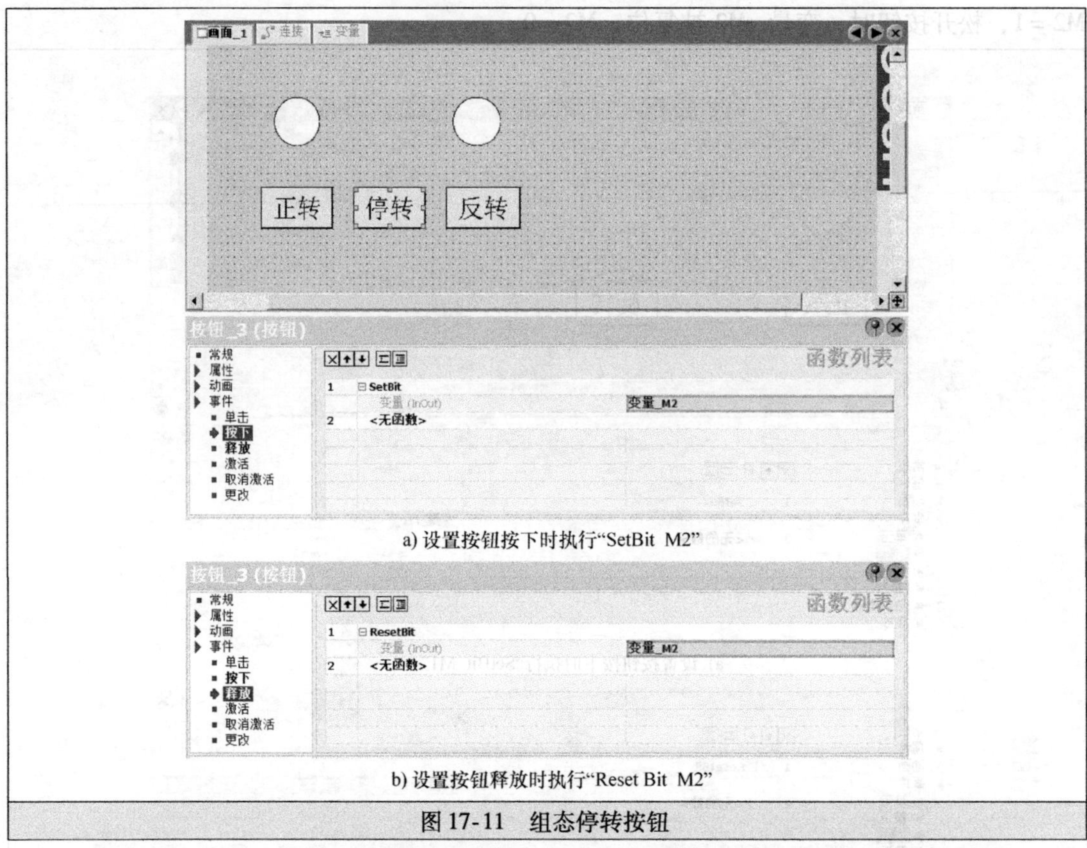

a) 设置按钮按下时执行“SetBit M2”

b) 设置按钮释放时执行“Reset Bit M2”

图 17-11　组态停转按钮

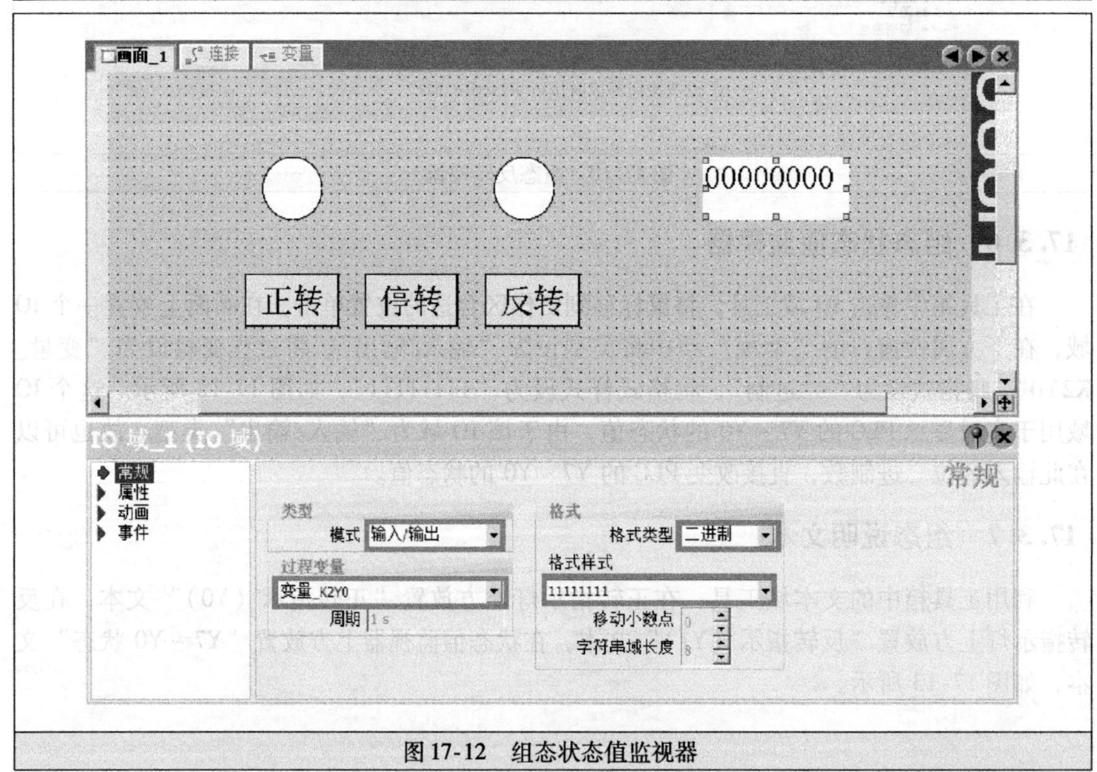

图 17-12　组态状态值监视器

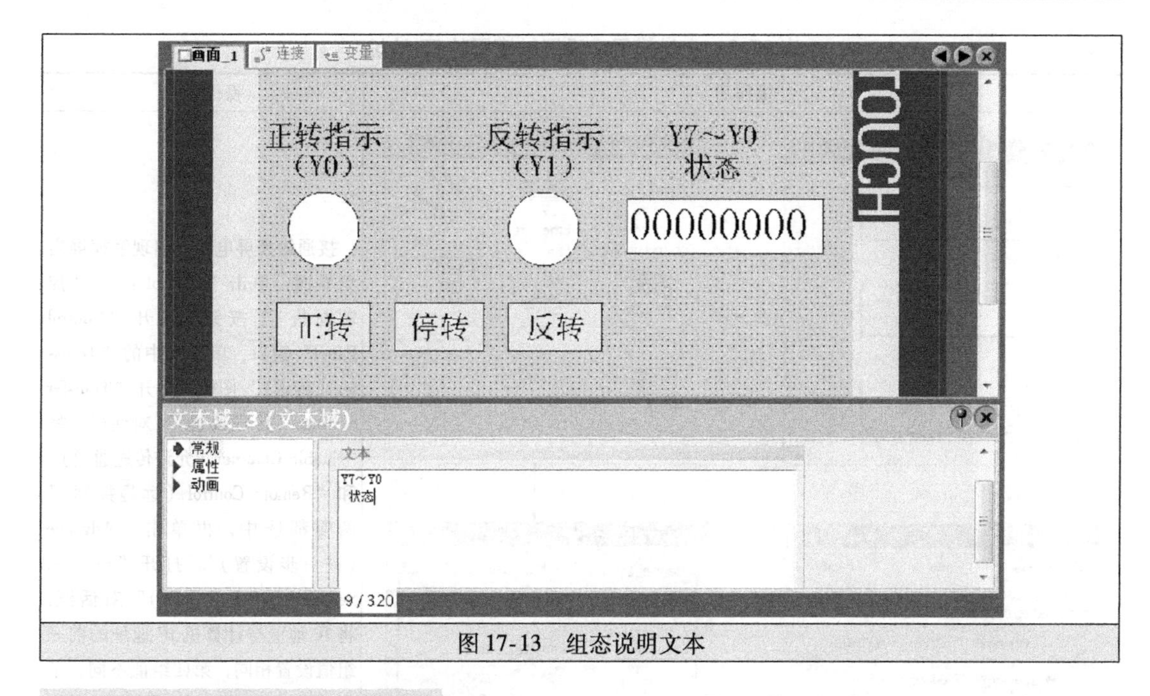

图 17-13　组态说明文本

17.3.8　下载项目到触摸屏

1. 触摸屏与计算机的连接与设置

西门子 Smart 700 IE V3 触摸屏仅支持以太网方式下载画面项目文件，在下载前，用一根网线将触摸屏和计算机连接起来，如图 17-14 所示。然后接通触摸屏电源，进入触摸屏的控制面板，将触摸屏的 IP 地址与计算机 IP 地址的前三组值设置相同，第四组值不同，具体设置过程见表 17-2。下载项目时，触摸屏一定要接通 24V 电源。

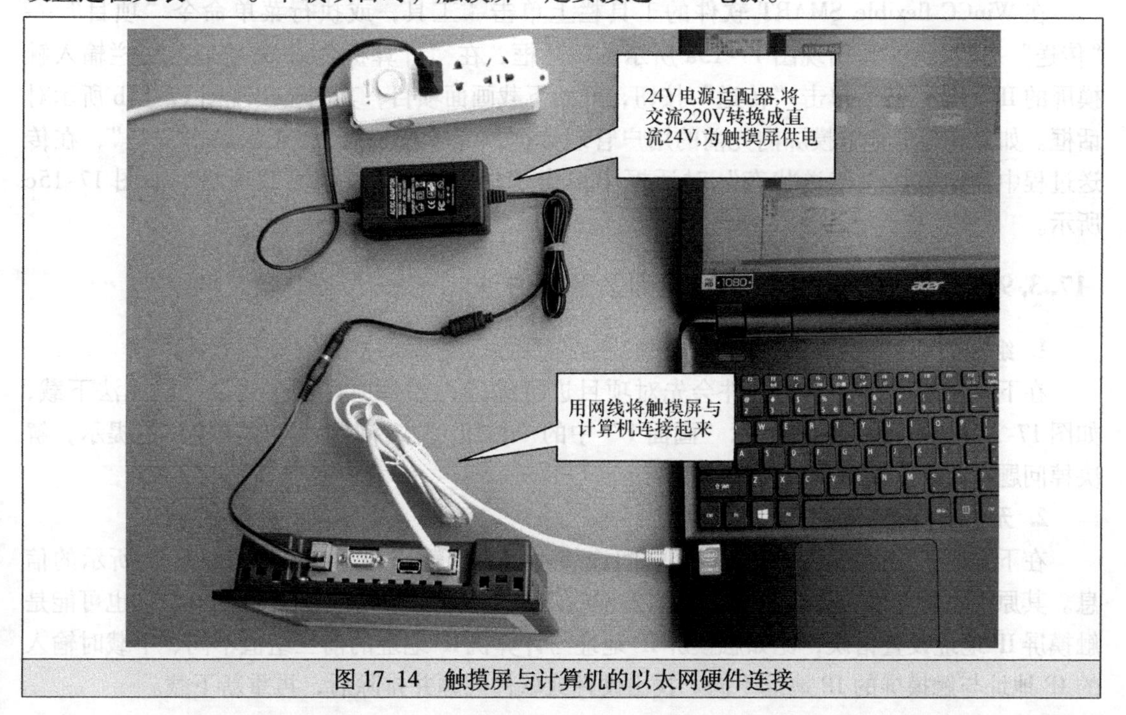

图 17-14　触摸屏与计算机的以太网硬件连接

表 17-2　在触摸屏中设置触摸屏的 IP 地址

<table>
<tr><th>操作图</th><th>操作说明</th></tr>
<tr><td>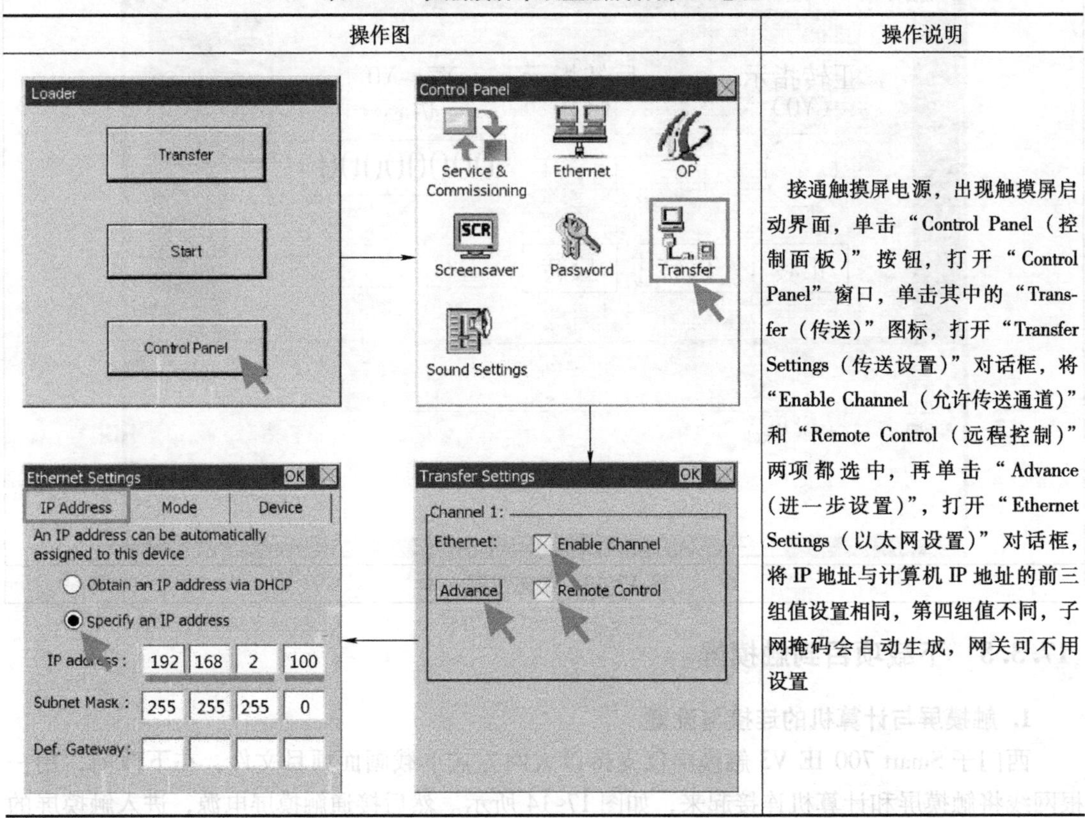
</td><td>接通触摸屏电源，出现触摸屏启动界面，单击“Control Panel（控制面板）”按钮，打开“Control Panel”窗口，单击其中的“Transfer（传送）”图标，打开“Transfer Settings（传送设置）”对话框，将“Enable Channel（允许传送通道）”和“Remote Control（远程控制）”两项都选中，再单击“Advance（进一步设置）”，打开“Ethernet Settings（以太网设置）”对话框，将 IP 地址与计算机 IP 地址的前三组值设置相同，第四组值不同，子网掩码会自动生成，网关可不用设置</td></tr>
</table>

2. 下载项目

在 WinCC flexible SMART 软件的工具栏上单击工具，或执行菜单命令“项目”→“传送”→“传输”，出现图 17-15a 所示的对话框，在“计算机名或 IP 地址”一栏输入触摸屏的 IP 地址，然后单击“传送”按钮，开始下载画面项目，其间会出现图 17-15b 所示对话框。如果希望保存触摸屏内先前的用户管理数据，应单击“否”，否则单击“是”，在传送过程中，如果在“传送状态”对话框中单击“取消”，可取消下载项目，如图 17-15c 所示。

17.3.9　无法下载项目的常见原因及解决方法

1. 组态的项目有问题

在下载项目时，WinCC 软件会先对项目进行编译，如果项目存在错误，将无法下载，如图 17-16 所示。输出窗口提示“画面 1”中的“按钮 1”有问题。按输出窗口的提示，解决掉问题再重新下载即可。

2. 无法连接导致无法下载

在下载时，如果触摸屏和计算机之间连接不正常，输出窗口会出现图 17-17 所示的信息。其原因可能是硬件连接不正常，比如网线端口接触不良、触摸屏未接通电源，也可能是触摸屏 IP 地址设置错误，比如触摸屏 IP 地址与计算机 IP 地址的前三组值不同、下载时输入的 IP 地址与触摸屏的 IP 地址不同。找出硬件或软件问题并排除后，再重新下载。

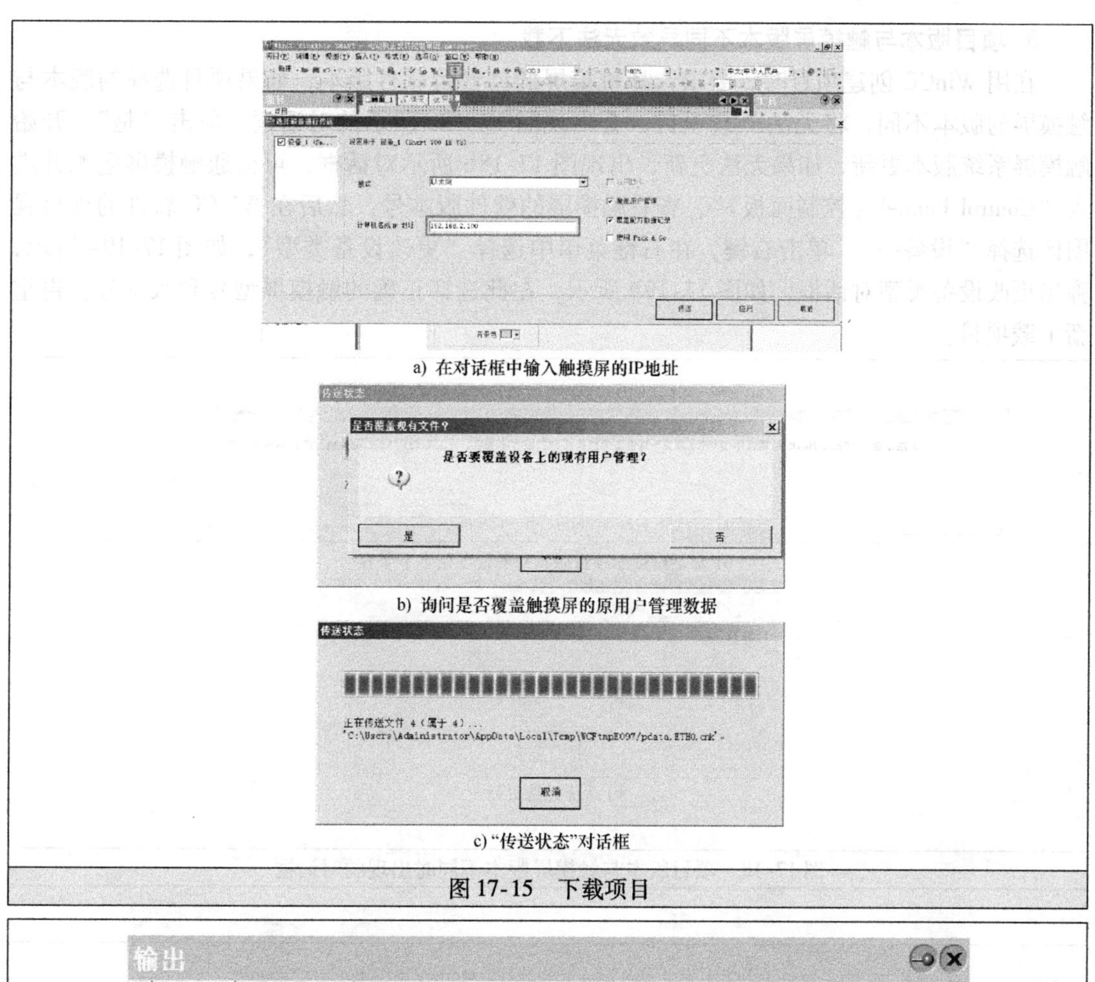

a) 在对话框中输入触摸屏的IP地址

b) 询问是否覆盖触摸屏的原用户管理数据

c) "传送状态"对话框

图 17-15　下载项目

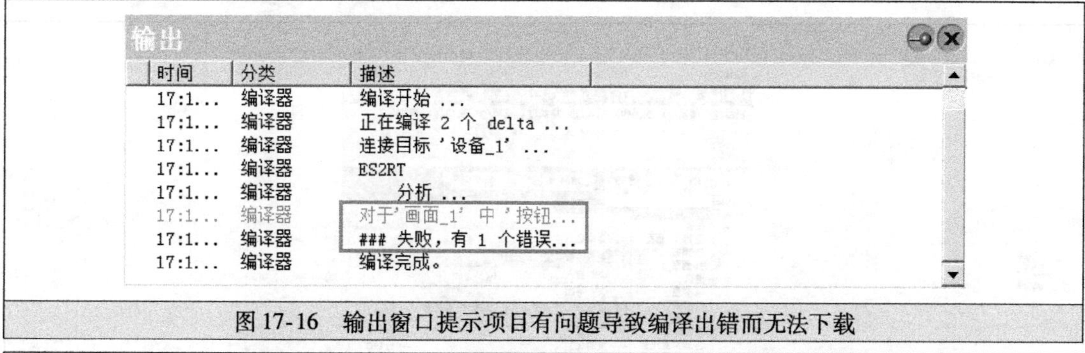

图 17-16　输出窗口提示项目有问题导致编译出错而无法下载

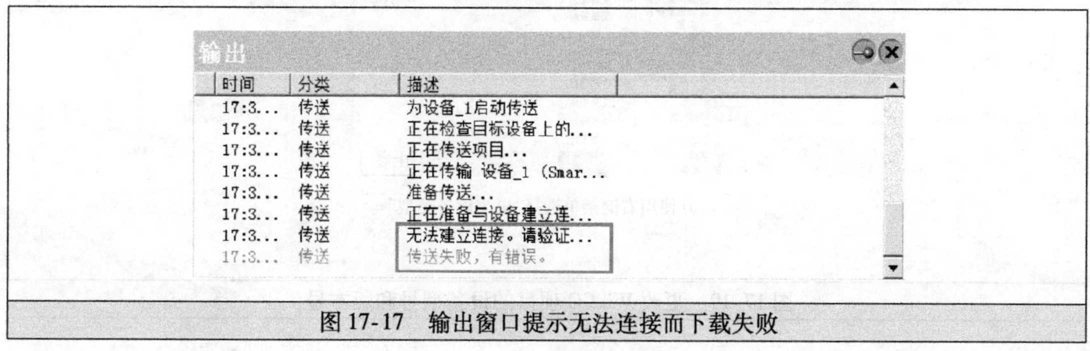

图 17-17　输出窗口提示无法连接而下载失败

3. 项目版本与触摸屏版本不同导致无法下载

在用 WinCC 创建项目时，要求选择触摸屏的型号及软件版本，如果项目选择的版本与触摸屏的版本不同，将无法下载项目，会出现图 17-18a 所示的对话框，单击“是”，开始触摸屏系统版本更新，如果无法更新，出现图 17-18b 所示对话框，可接通触摸屏电源并进入“Control Pannel（控制面板）”，查看触摸屏的软件版本号，然后在 WinCC 软件的项目视图区选择“设备…”，单击右键，在右键菜单中选择“更改设备类型”，如图 17-19a 所示，弹出更改设备类型对话框，如图 17-19b 所示，在此选择正确的触摸屏型号和版本号，再重新下载项目。

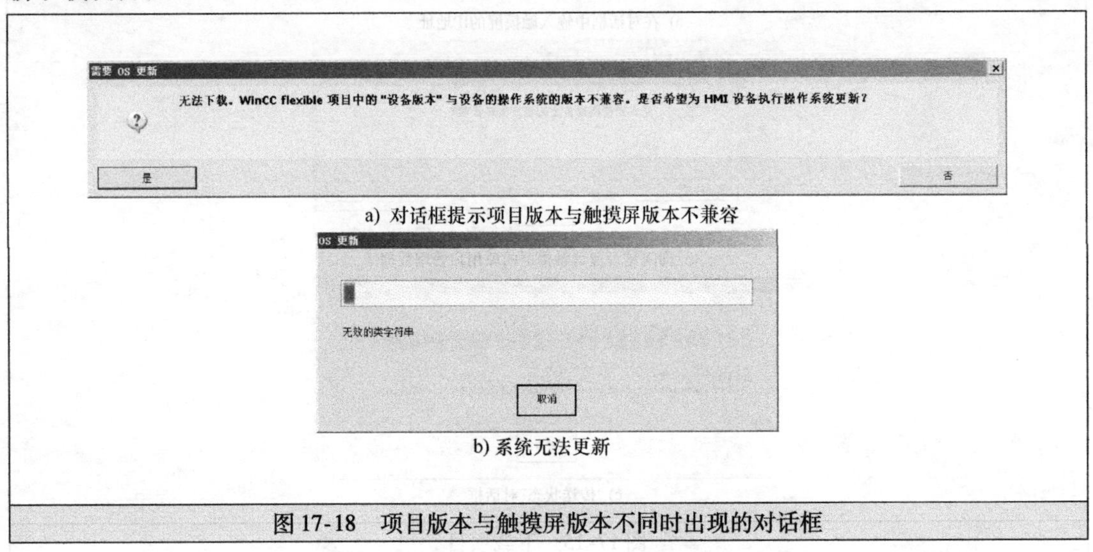

a) 对话框提示项目版本与触摸屏版本不兼容

b) 系统无法更新

图 17-18　项目版本与触摸屏版本不同时出现的对话框

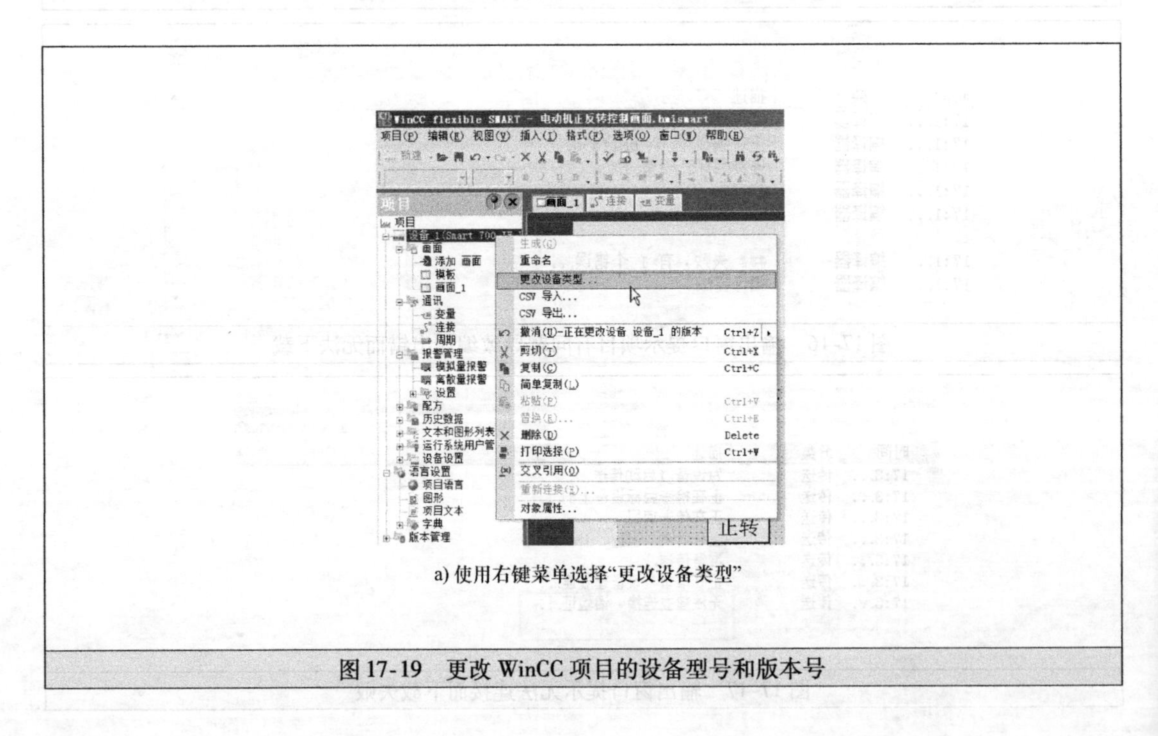

a) 使用右键菜单选择“更改设备类型”

图 17-19　更改 WinCC 项目的设备型号和版本号

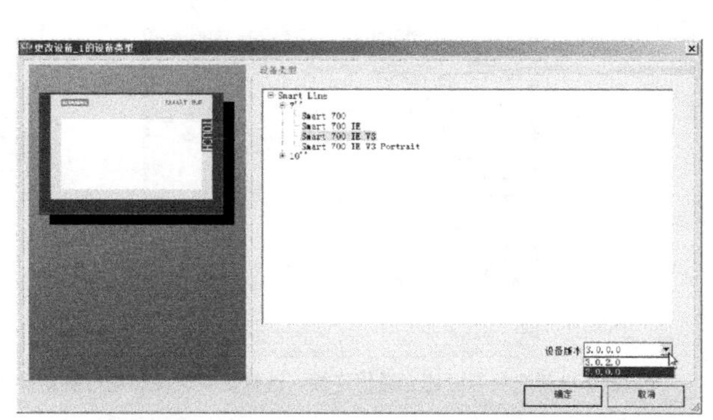

b) 在对话框中选择正确的设备型号和版本号

图 17-19 更改 WinCC 项目的设备型号和版本号（续）

17.3.10 用 ProSave 软件更新触摸屏版本

ProSave 是一款 SMART LINE 系列人机界面（HMI）的管理软件，用户可登录 www. industry. siemens. com. cn（西门子自动化官网）搜索本软件下载。计算机与 HMI 通过 ProSave 软件可实现：①备份/恢复 HMI 数据；②更新操作系统；③恢复出厂设置。

如果在 WinCC 中无法将项目下载到触摸屏，在尝试前面介绍的各种方法后仍无法下载，可以使用 ProSave 软件更新触摸屏的软件版本。图 17-20a 是启动后的 ProSave 软件界面，默认打开“常规”选项卡，在此可以设置 HMI 的类型、HMI 与计算机通信方式（Ethernet 意为以太网）和 HMI 的地址。这些要按实际的 HMI 进行设置，然后切换到“OS（操作系统）更新”选项卡，如图 17-20b 所示，单击“设备状态”按钮，计算机会与 HMI 进行通信连接（连接时会出现连接提示），如果要更新 HMI 软件版本，可单击“…”按钮，弹出“打开”对话框，在此选择要更新的 OS 版本文件，如图 17-20c 所示，然后回到图 17-20b 所示窗口，单击右下角的“更新”按钮，ProSave 软件就会将选择的 OS 版本安装到 HMI。

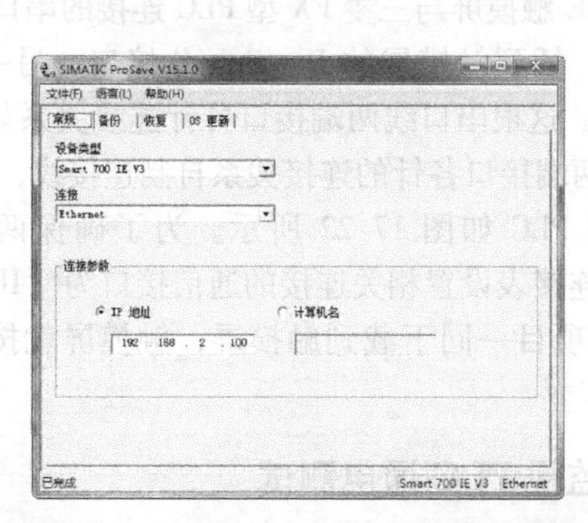

a) 在常规选项卡可设置HMI的类型，与计算机通信方式和地址

图 17-20 使用 ProSave 软件更新触摸屏的软件版本

b) 在OS更新选项卡可建立通信连接、选择更新文件和进行更新操作

c) 单击“…”按钮可选择要更新版本的OS文件

图 17-20　使用 ProSave 软件更新触摸屏的软件版本（续）

17.4　触摸屏连接 PLC 实际操作测试

17.4.1　触摸屏与 PLC 的硬件连接

图 17-21a 是 SMART LINE 触摸屏与三菱 FX 型 PLC 连接的串口线，该线一端为 9 针 D－Sub 母接口（也称 COM 口），插到触摸屏的 D－Sub 公接口，另一端为 8 针圆公头，插到 PLC 的 RS485/RS422 母接口。这根串口线两端接口各针连接关系如图 17-21b 所示，若用户没买到成品连接线，可根据两端接口各针的连接关系自制连接线，没用到的针可悬空不用。

用串口线连接触摸屏和 PLC 如图 17-22 所示。为了确保两者能进行串行通信，在 WinCC 组态项目时，需要在连接表设置相关连接的通信接口为“IF1B”，其他参数可保持默认值，这个设置会随 WinCC 项目一同下载到触摸屏，触摸屏就按此设置与 PLC 进行串行通信。

17.4.2　触摸屏操作和监视 PLC 通电测试

触摸屏与 PLC 连接起来后，接通电源，触摸屏先显示启动界面，等待几秒后（该时间可在触摸屏控制面板中设置），会进入组态的项目画面，然后对触摸屏画面的对象进行操作，同时查看画面上的指示灯、状态监视器和 PLC 上的各输出指示灯，测试操作是否达到了要求。触摸屏连接 PLC 进行操作测试的过程见表 17-3。

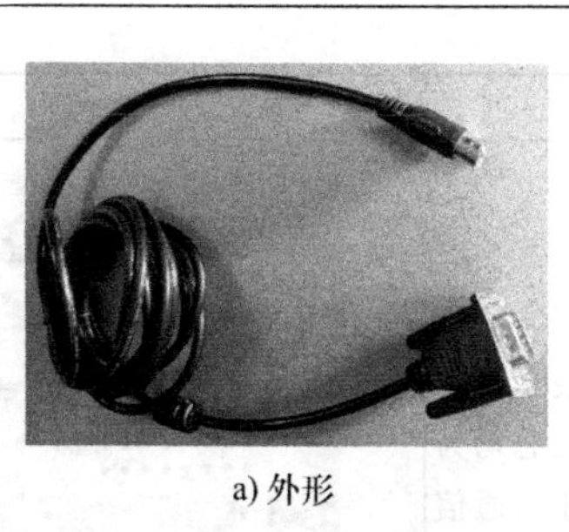

a) 外形

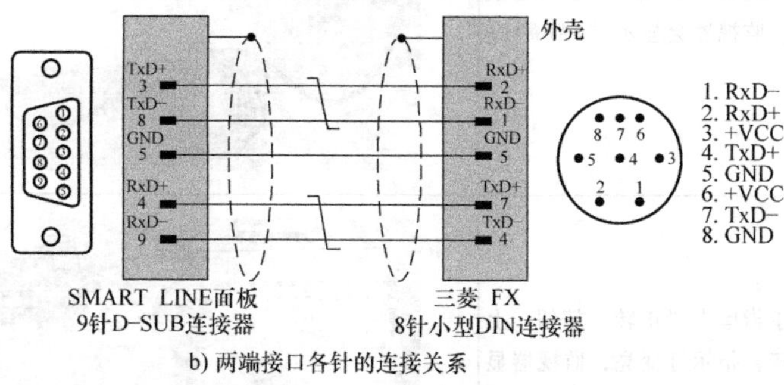

b) 两端接口各针的连接关系

图 17-21　SMART LINE 触摸屏与三菱 FX 型 PLC 的连接串口线

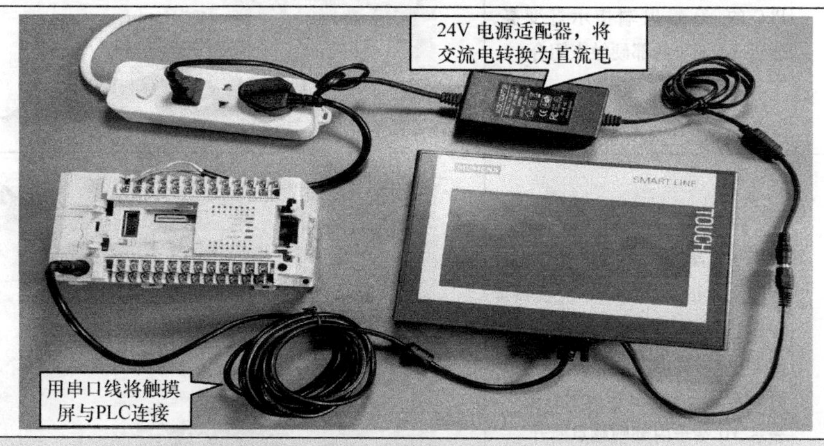

图 17-22　用串口线连接触摸屏和 PLC

表 17-3　触摸屏连接 PLC 进行操作测试的过程

序号	操作说明	操作图
1	接通电源后，触摸屏启动，先显示启动界面，单击“Transfer”进入传送模式，单击“Star”进入项目画面，单击“Control Panel”打开控制面板，不作任何操作，几秒后自动进入项目画面	

（续）

序号	操作说明	操作图
2	触摸屏进入项目画面后，监视器显示“00000000”，表示PLC的Y7～Y0输出继电器状态均为0，若触摸屏与PLC未建立通信连接，监视器会显示“########”	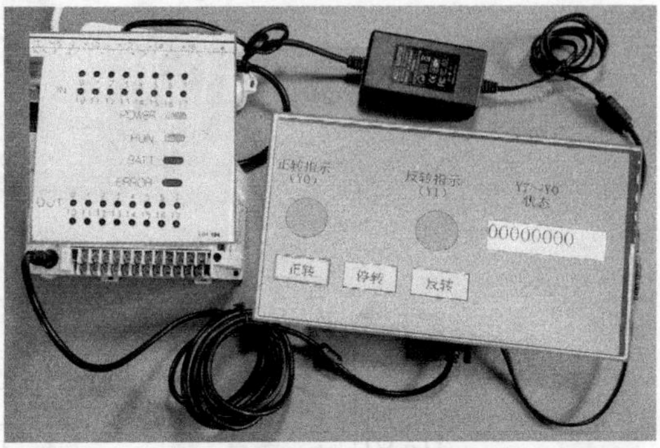
3	用手指单击“正转”按钮，上方的正转指示灯变亮，监视器显示值为“00000001”，说明PLC的Y0输出继电器状态为1，同时PLC的Y0输出端指示灯变亮，表示Y0端子内部硬触点闭合	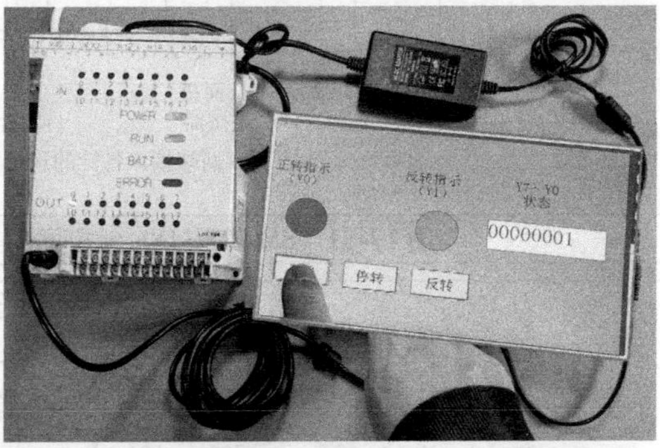
4	用手指单击“停转”按钮，上方的正转指示灯熄灭，监视器显示值为“00000000”，说明PLC的Y0输出继电器状态变为0，同时PLC的Y0输出端指示灯熄灭，表示Y0端子内部硬触点断开	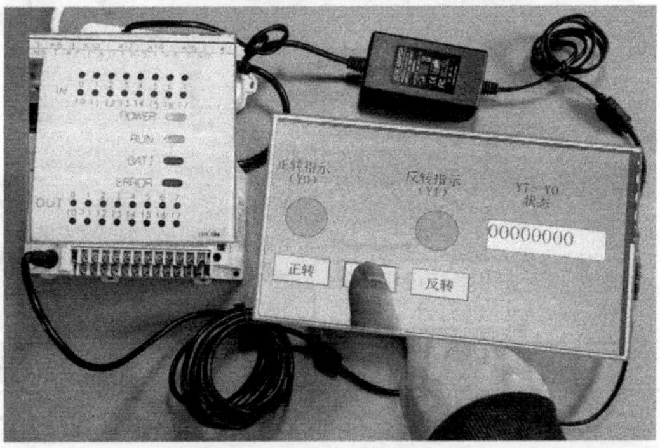
5	用手指单击“反转”按钮，上方的反转指示灯变亮，监视器显示值为“00000010”，说明PLC的Y1输出继电器状态为1，同时PLC的Y1输出端指示灯变亮，表示Y1端子内部硬触点闭合	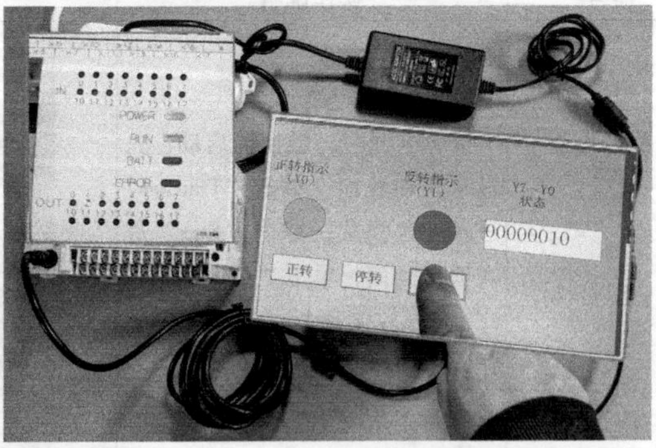

（续）

序号	操作说明	操作图
6	用手指单击“停转”按钮，上方的反转指示灯熄灭，监视器显示值为“00000000”，说明PLC的Y1输出继电器状态变为0，同时PLC的Y1输出端指示灯熄灭，表示Y1端子内部硬触点断开	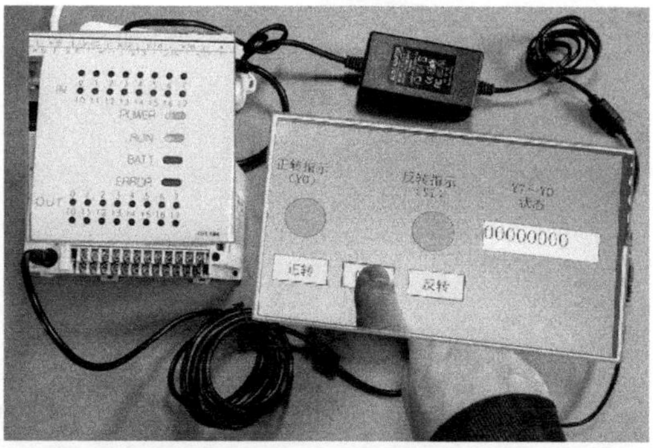
7	用手指在画面的监视器上单击，弹出屏幕键盘，输入“11111111”，再单击回车键，即将该值输入给监视器	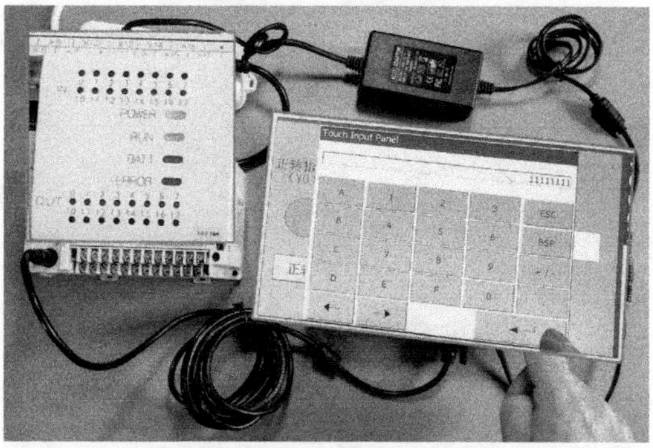
8	在监视器输入“11111111”，将PLC的Y7～Y0输出继电器全部置1，PLC的这些端子的指示灯均变亮，由于Y0、Y1继电器状态均为1，故画面上的正转和反转指示灯都变亮。 在电动机正反转实际电路时，不能让Y0、Y1状态同时为1，以免正转和反转接触器同时导通而产生短路	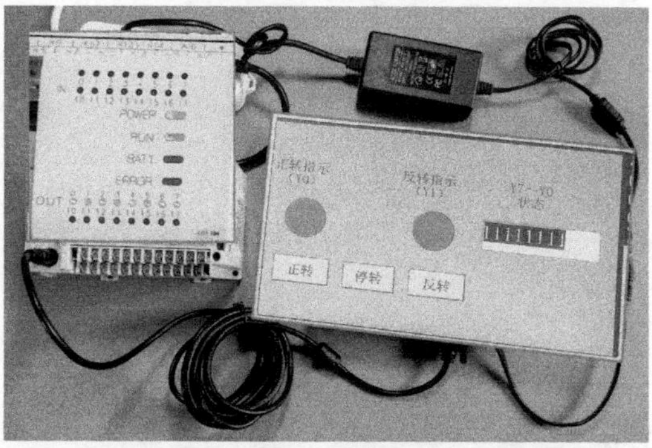
9	用手指单击“停转”按钮，正转和反转指示灯都熄灭，监视器的显示值变为“11111100”，PLC的Y0、Y1输出端指示灯熄灭，这说明停转按钮不能改变Y7～Y2输出继电器的状态	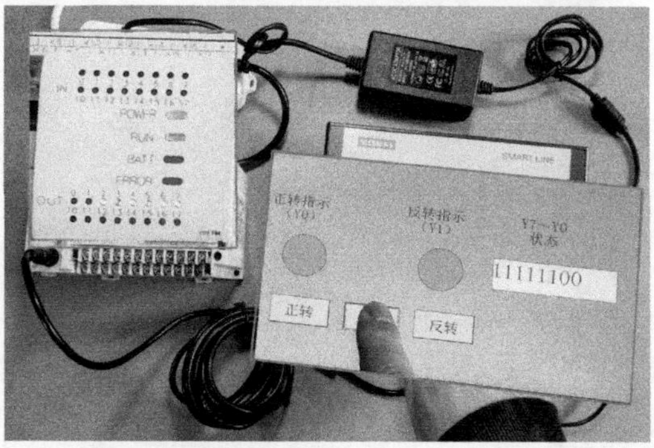